JN002111

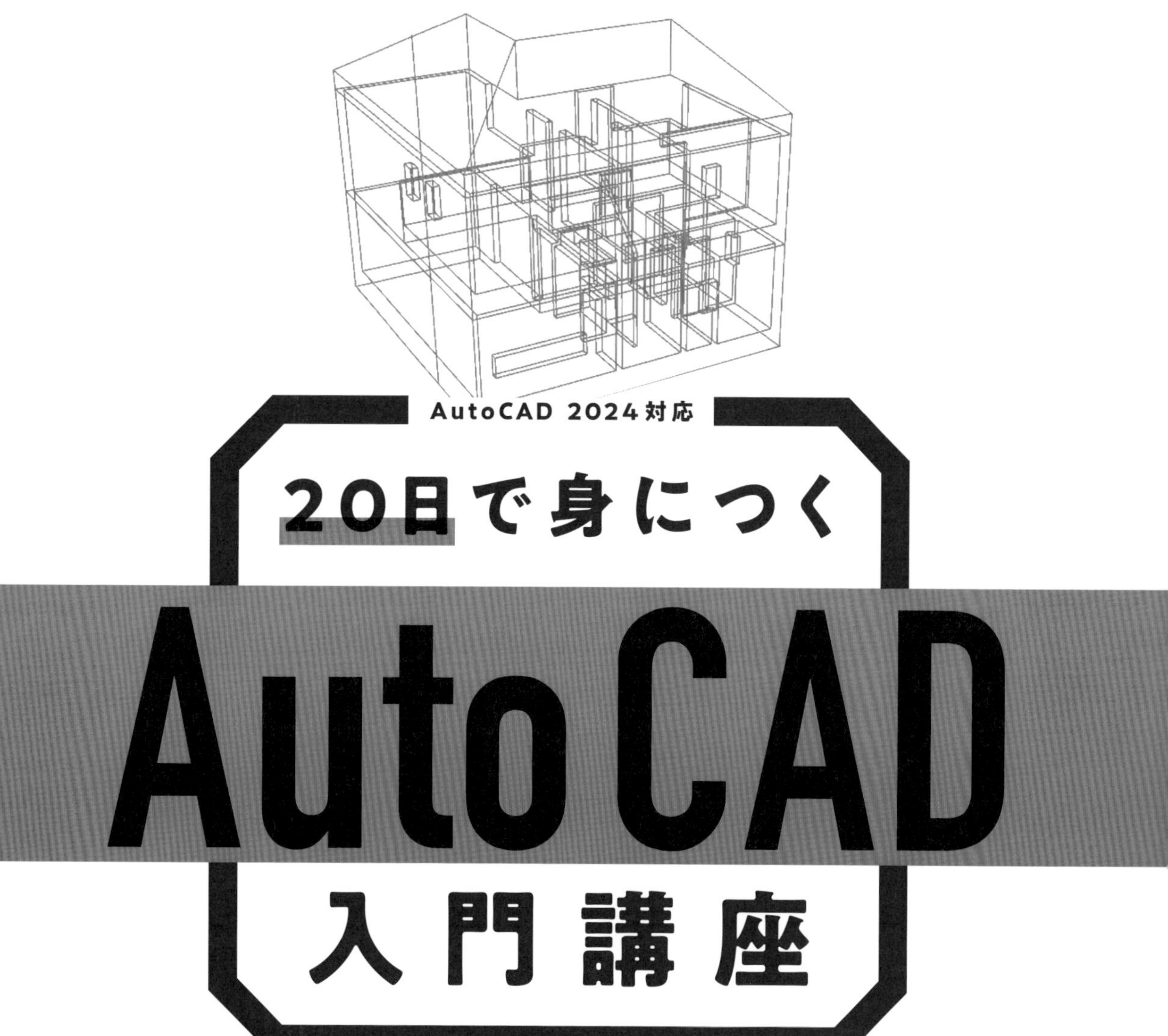

AutoCAD 2024対応

20日で身につく AutoCAD 入門講座

著
ObraClub

日経BP

本書の前提

◆本書は2023年7月現在の情報をもとに、「Windows 11」に「AutoCAD 2024」がインストールされているパソコンで、インターネットに接続されている環境を前提に紙面を制作しています。

◆本書の発行後に「AutoCAD 2024」の操作や画面が変更された場合、本書の掲載内容通りに操作できなくなる可能性があります。

◆本書についての最新情報、訂正、重要なお知らせについては下記Webページを開き、書名もしくはISBNで検索してください。ISBNで検索する際は-(ハイフン)を抜いて入力してください。
https://bookplus.nikkei.com/catalog/

◆本書の運用によって生じる直接的または間接的な損害について、著者ならびに弊社では一切の責任を負いかねます。

◆本書に記載されている会社名、製品名、サービス名などは、一般に各開発メーカーおよびサービス提供元の登録商標または商標です。なお、本文中では™、®などのマークを省略しています。

教材ファイルのダウンロード

本書で使用する教材ファイルを、弊社ダウンロードページからダウンロードできます。ダウンロードしたファイルは、Cドライブに展開してご利用ください

◆教材ファイルのダウンロードページ
https://nkbp.jp/070725

◆本書で提供する教材ファイルに使用している、以下の4点のデータの著作権は株式会社LIXILに帰属します。
BCK21S_005_SA.dwg／S21S_002_SA.dwg／UA31AP_001_SA.dwg／YLA558SG_SA.dwg

◆教材ファイルは本書の学習目的に限り使用できます。株式会社LIXILの提供データは私的使用のための複製、翻訳、引用などの場合に限り使用できます。いずれもご利用制限を超えて使用することはできません。

◆なお、株式会社LIXILの提供データは商品の改廃などにより予告なく変更されることがあります。

◆著者のObraClub、株式会社日経BPおよび一部データの著作権者である株式会社LIXILは、本ファイルの使用によって、あるいは使用できなかったことによって起きたいかなる損害についても責任を負いません。ご了承ください。

はじめに

何年か前までは、AutoCADを使うのには2つの大きな壁がありました（※個人の感想です）。そのひとつは価格です。サブスクリプション契約という形に移行した現在は、月単位の契約もあり、ひと月数千円でAutoCADを使用できます。また、30日間の無料トライアル期間があり、自身で使えるかどうかを確認するのにも充分な期間と言えます。

そしてもうひとつは、「難しそう」というイメージです。オブジェクトスナップトラッキング？　グローバル線種尺度？　注釈尺度？　異尺度対応？　ビューポート？　……と、耳慣れない言葉が盛沢山で、用紙サイズも縮尺も設定無しでモデル空間に実寸で描けーと言われても……モデル空間とペーパー空間って何なの？？　って思いますよね。

図面は線と円弧と文字で出来ているのだから、それらの描き方を覚えれば図面を描けるでしょーと思ったものの、果たしてAutoCADには通用するのか？　……そう、AutoCADでの作図は、製図板で図面を描くプロセスとは全く勝手が違うのです。そもそもAutoCADは、製図板に代わるCADではありません。その点を知らずに操作を覚えようとしても「よく分からないけど何か難しい」になってしまいます。

本書では、製図板に代わる2次元汎用CADとは異なる、AutoCADの考え方を理解したうえで、AutoCADの基本操作や実践的な平面図・平面詳細図の作成を行います。所要時間30～90分目安の単元を1日1単元進めることで、20日間で、実務でAutoCADを使う知識とスキルを身につけていただける構成になっています。

本書が、皆様方のAutoCADのはじめの一歩の手助けになることを願っています。

2023年7月　ObraClub

目　次

1章

基本操作を学ぶ

この章では、AutoCADの基本操作を学習していきます。線や円、円弧など、基本的な図形の作成や、作成した図形の編集方法のほか、ブロックや画層、文字・寸法の記入方法などをひと通り身につけていきましょう。

Day 01

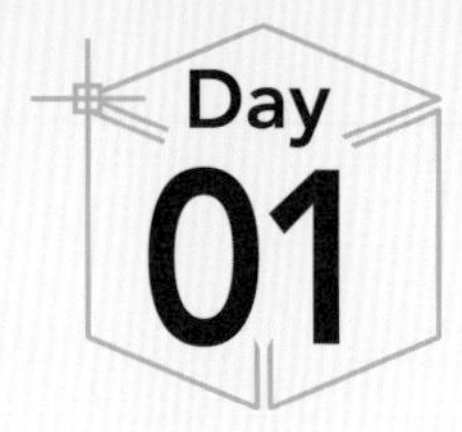

本書でAutoCADを学習するための準備

AutoCADの特徴や画面各部の名称を確認し、本書での学習準備を行います。また、AutoCADのデータファイルであるDWGファイルを開いて、拡大表示などのズーム操作を学習しましょう。

AutoCADってどんなCAD

■ 汎用2次元CADは製図板をパソコンに置き換えたもの

Jw_cadに代表される汎用2次元CADは、従来、製図板上で行ってきた設計製図をパソコンに置き換えたものです。コンピュータ上に用意した用紙に、縮尺を設定し、鉛筆、定規、消しゴムなどに代わるツール(コマンド)を使い、完成図面のレイアウトを想定して作図します。それを印刷することで、従来、製図板で作図していたのと同じ図面が得られます。

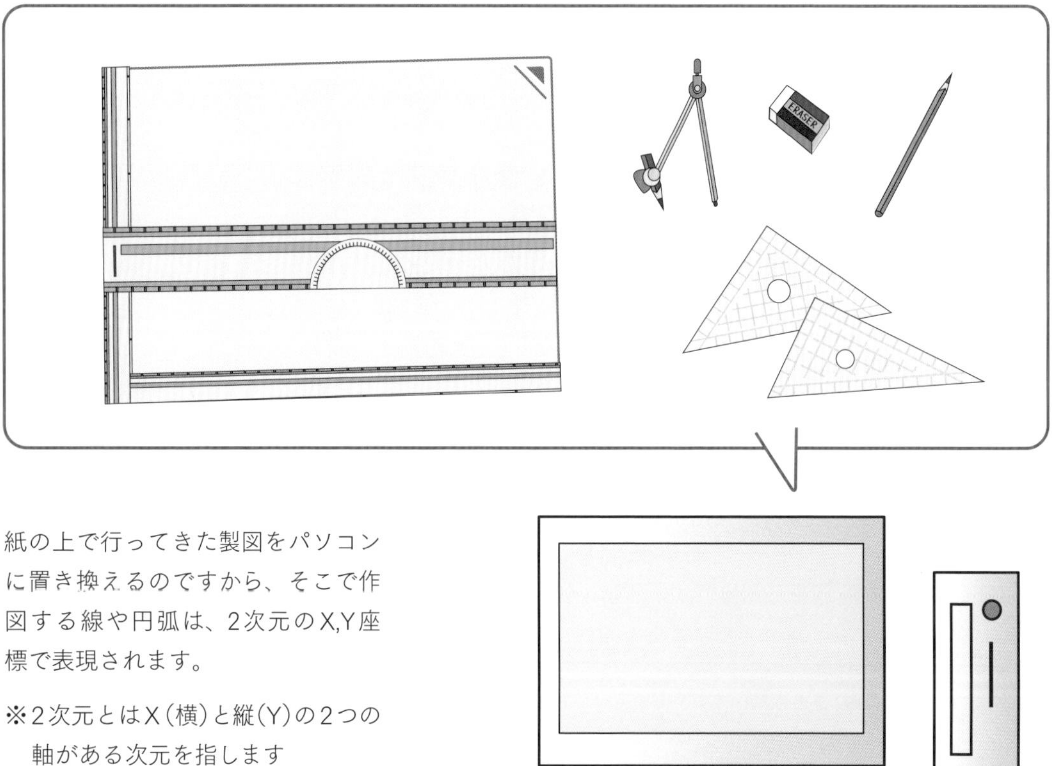

ERASER

紙の上で行ってきた製図をパソコンに置き換えるのですから、そこで作図する線や円弧は、2次元のX,Y座標で表現されます。

※2次元とはX(横)と縦(Y)の2つの軸がある次元を指します

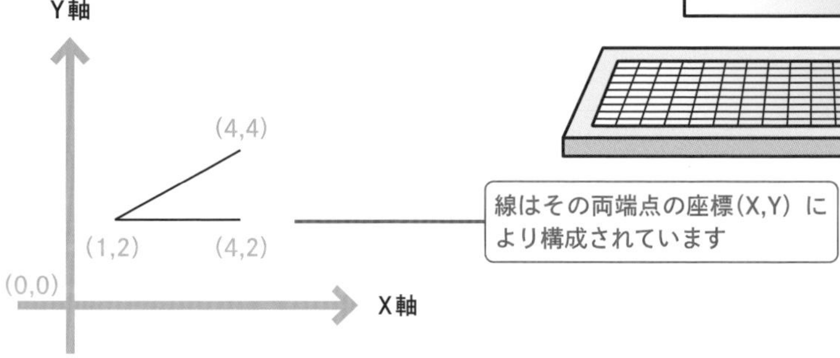

Y軸
(4,4)
(1,2)
(4,2)
(0,0)
X軸
線はその両端点の座標(X,Y) により構成されています

■ 汎用3次元CADであるAutoCADはパソコン内でモデルを作成

AutoCADは、汎用2次元CADとは考え方がまったく違います。AutoCADでは、パソコン内の仮想空間（モデル空間と呼ぶ）に実寸大のモデルを作成します。立体を作成するのですから、X軸とY軸に加え、高さを示すZ軸がある3次元で表現されます。

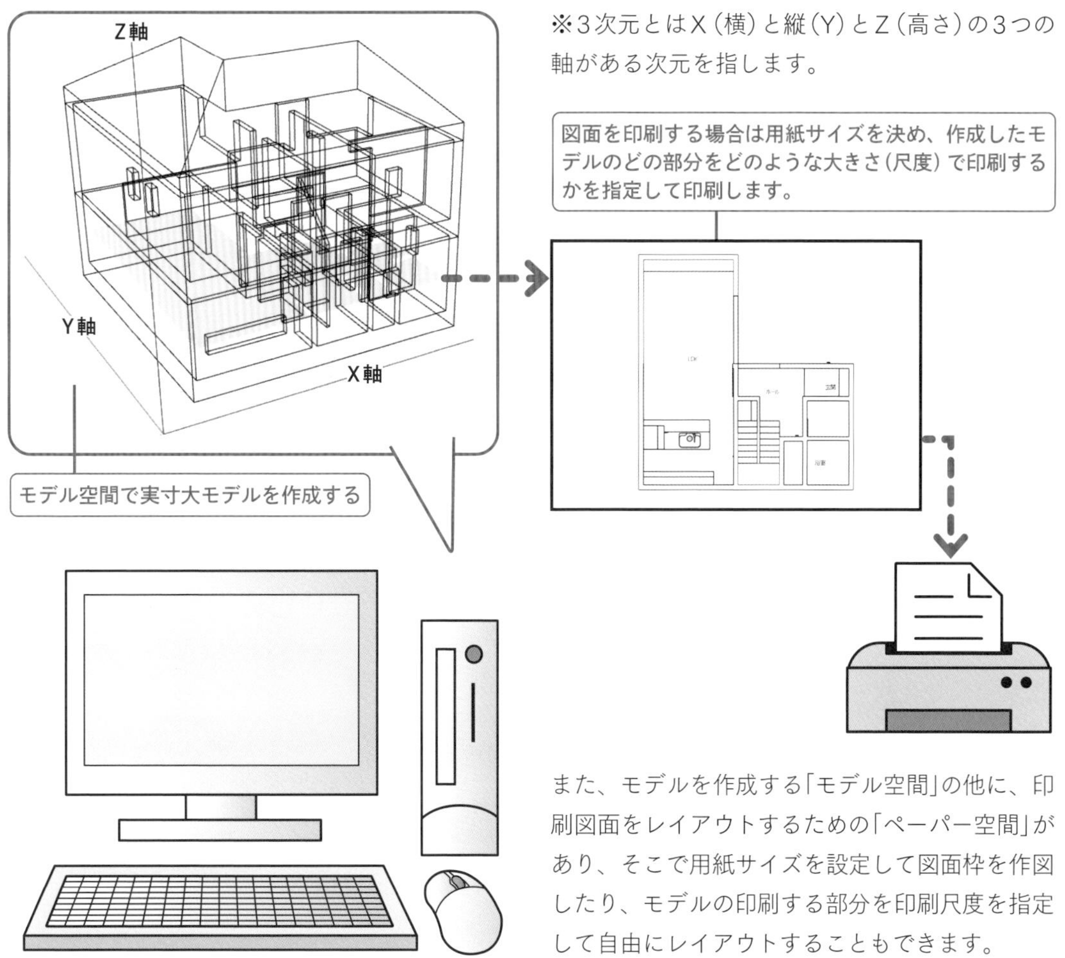

※3次元とはX（横）と縦（Y）とZ（高さ）の3つの軸がある次元を指します。

また、モデルを作成する「モデル空間」の他に、印刷図面をレイアウトするための「ペーパー空間」があり、そこで用紙サイズを設定して図面枠を作図したり、モデルの印刷する部分を印刷尺度を指定して自由にレイアウトすることもできます。

本書は、従来、製図板で作図していた図面をAutoCADで作成することを目的としています。そのため、AutoCADの3次元の機能については扱いませんが、AutoCADがこのような考え方のCADであることを知っておいてください。AutoCADの仕組みを理解するうえで役立ちます。

●本書の読み方

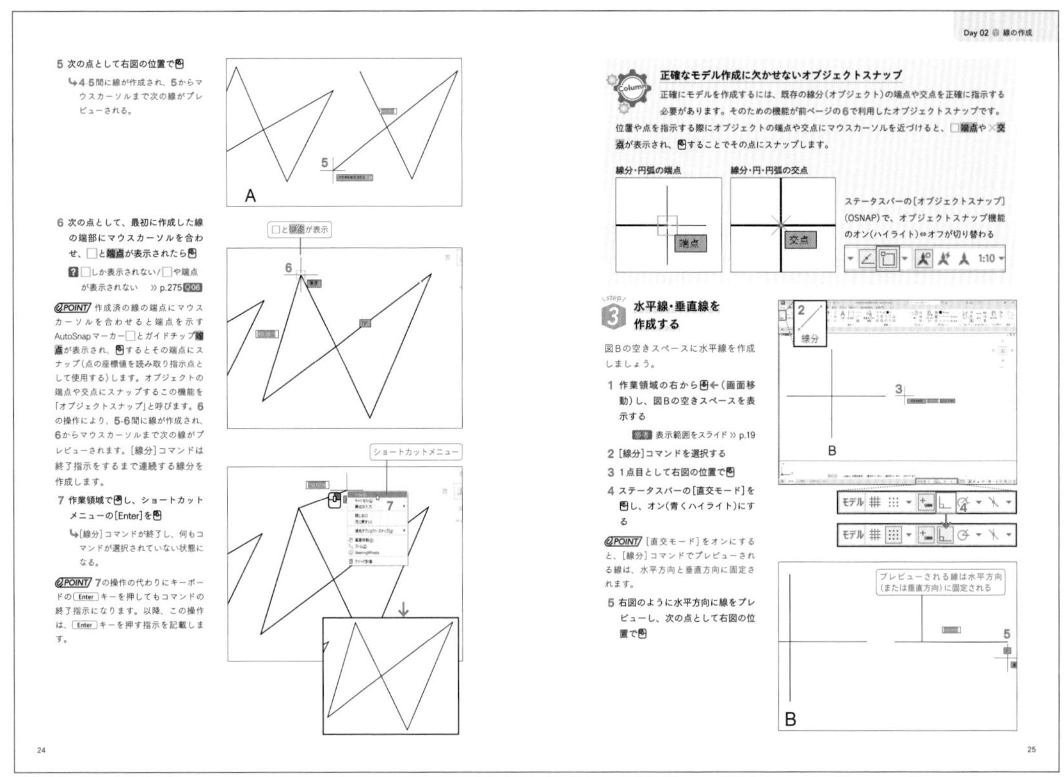

■ 本文中の凡例

POINT
必ず覚えておきたい重要なポイントや操作上の注意事項

?
本書の説明どおりにできない場合の原因と対処方法の参照ページ

参考
以前に学習した機能の詳しい操作などを解説した参照ページ

知っておきたい関連知識や操作方法

■ キーボードからの入力と指示の表記

数値や文字の入力指示は、入力する数値や文字に「」を付けて表記します。

日本語を入力する際は、日本語入力をオンにして入力し、入力が完了したら、日本語入力機能をオフにしてください。半角/全角キーを押すことで、日本語入力のオン⇔オフの切り替えができます。

入力した数値や文字を確定するには、Enterキーや場合によってはTabキーを押します。Enterキーや Tabキーを押す指示は、その都度記載しますので、その指示に従ってください。

例:「500」を入力し Tab キーを押す

■ マウスによる指示の表記

マウスによる指示は、クリック、右クリック、中央クリック、ダブルクリック、中央ダブルクリック、中央ドラッグがあり、それぞれ下記のように表記します。

左ボタン・右ボタンを使用する操作

クリック(左ボタンを1回押す)

右クリック(右ボタンを1回押す)

ダブルクリック(左ボタンを立て続けに2回押す)

ドラッグ(左ボタンを押したまま、矢印の方向に移動し、目的の場所でボタンをはなす)

ホイールボタンを使用する操作

中央クリック(ホイールボタンを1回押す)

中央ダブルクリック(ホイールボタンを立て続けに2回押す)

中央ドラッグ(ホイールボタンを押したまま、マウスを矢印の方向に移動し、ボタンをはなす)

ホイールを前方(右図赤矢印)に回転する

ホイールを後ろ(右図青矢印)に回転する

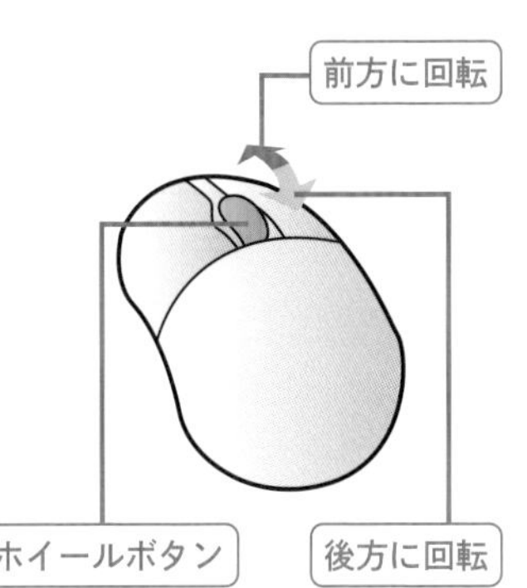

操作画面上でのマウスなどの操作の表記例

基本、マウスカーソルを合わせるのみ(しない)の操作や操作のマークは、画面上に表記しません。それ以外の操作の例を以下に表記します

Shift + / Shift + 　指定のキーを併用

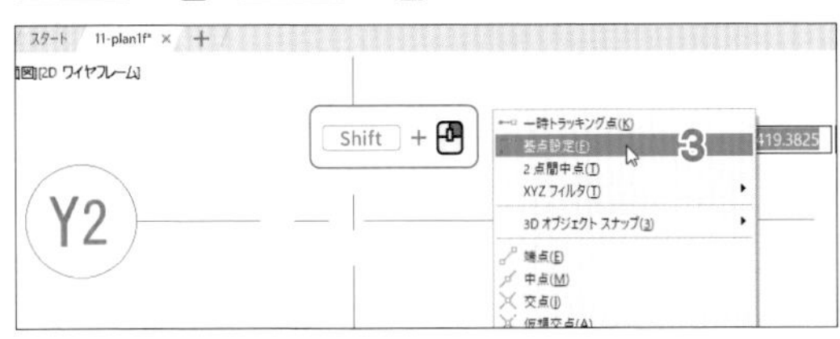

で囲んだキー名称とマウスを押すボタン(または)を記載します。上図ではShiftキーを押したまましします。

ドラッグ

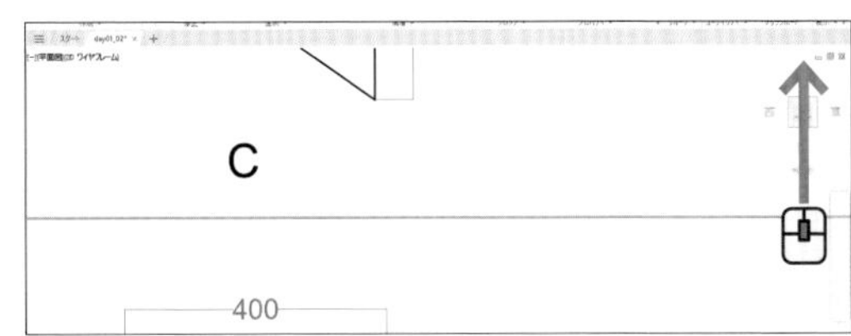

マウスのボタンを押したまま、マウスカーソルを移動するドラッグ操作は、マウスの押すボタンのマークとドラッグ方向を示す矢印で表記します。

マウスカーソルの移動

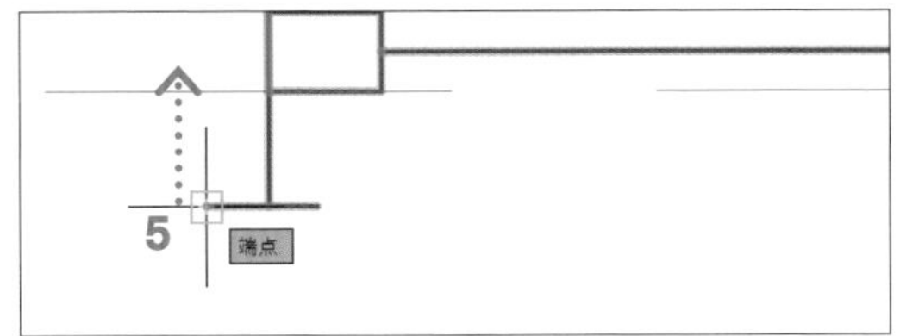

マウスのボタンをはなした状態でマウスカーソルを移動する操作は、マウスカーソルの移動方向に点線の矢印を表記します。

↓キー　指定のキーを押す

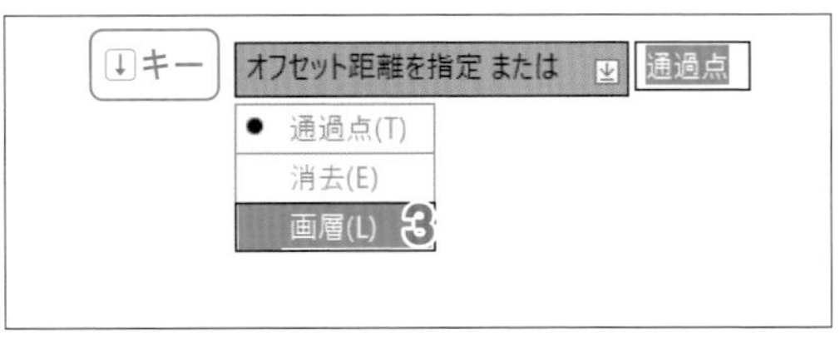

で囲んだキー名称を記載します。上図では↓キーを押します。

●AutoCADの画面の各部名称と役割をみてみよう

下図はWindows11の解像度1920×1080ピクセル（125%拡大）の画面で、p.14～の操作環境の設定変更を行ったAutoCAD2024の画面です。画面のサイズ、タイトルバーの表示色、リボン上のコマンド表示などは、Windowsのバージョンやパソコンの設定によって多少異なります。

※本書の本文では、紙面を見やすくする目的から下図とは異なる解像度の画面を使用していますことご了承ください。

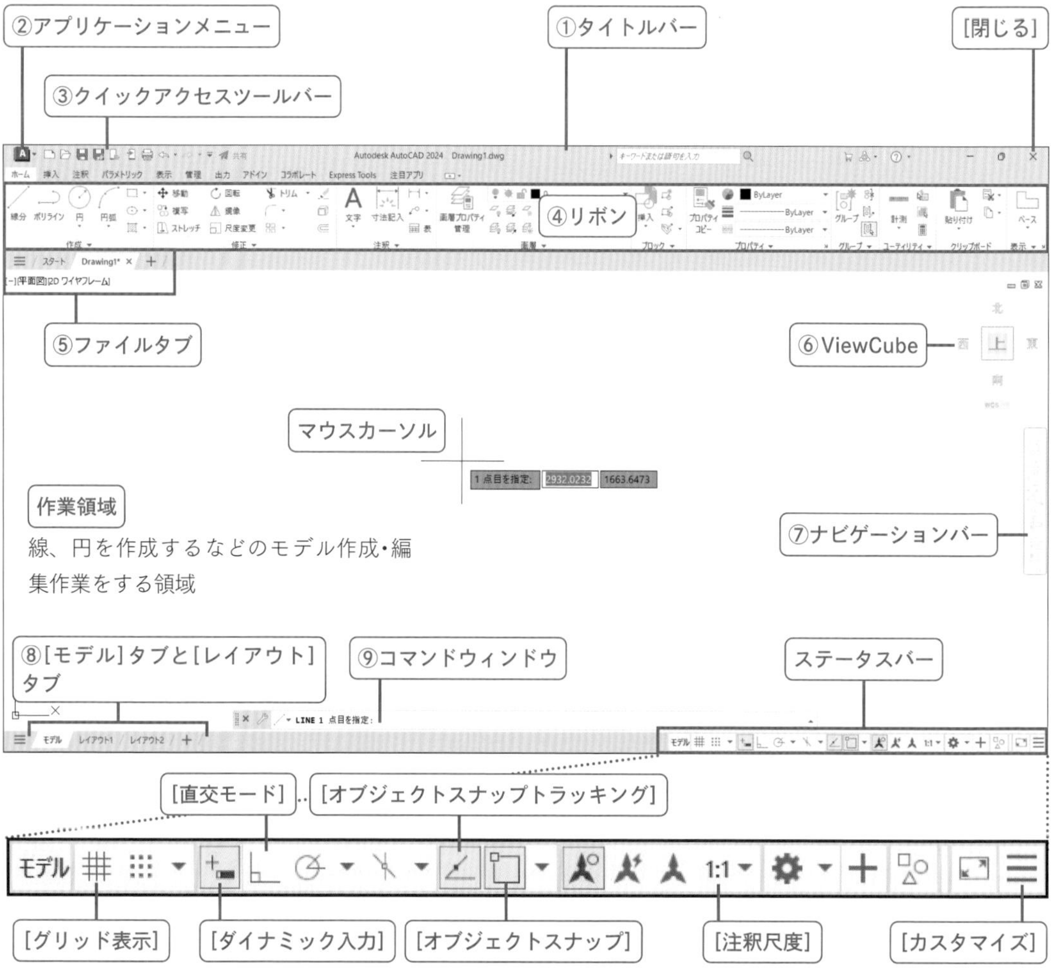

②アプリケーションメニュー
①タイトルバー
[閉じる]
③クイックアクセスツールバー
④リボン
⑤ファイルタブ
⑥ViewCube
マウスカーソル
作業領域
線、円を作成するなどのモデル作成・編集作業をする領域
⑦ナビゲーションバー
⑧[モデル]タブと[レイアウト]タブ
⑨コマンドウィンドウ
ステータスバー
[直交モード]
[オブジェクトスナップトラッキング]
[グリッド表示]
[ダイナミック入力]
[オブジェクトスナップ]
[注釈尺度]
[カスタマイズ]

グリッド表示やスナップ設定などモデル作成・編集を補助する機能をコントロールします

マウスカーソル

作業領域内で位置や対象図形などを指示します。

［ダイナミック入力］（» p.15）をオンにすることで、操作メッセージと数値の入力ボックスをマウスカーソル右下に表示します。

1 点目を指定:
2932.0232
1663.6473
操作メッセージ
[ダイナミック入力]ボックス

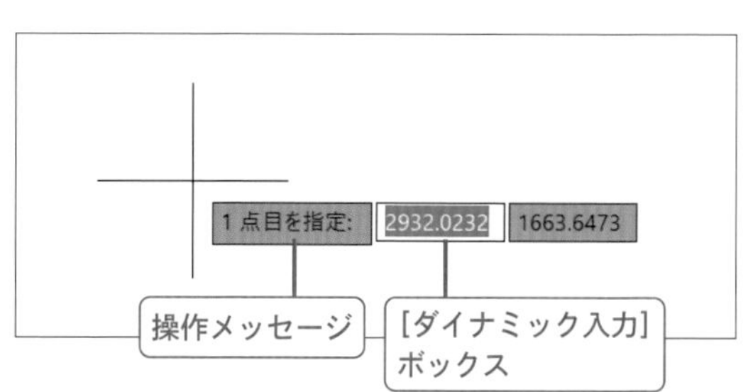

①タイトルバー

以下の②～③などが配置されているほか、編集中のファイル名を表示し、右端に[閉じる]ボタンが配置されています。

②アプリケーションメニュー

ファイルおよび印刷関連のメニューを表示します。(右図)

アプリケーションメニュー

③クイックアクセスツールバー

使用頻度の高いコマンドが配置されています。

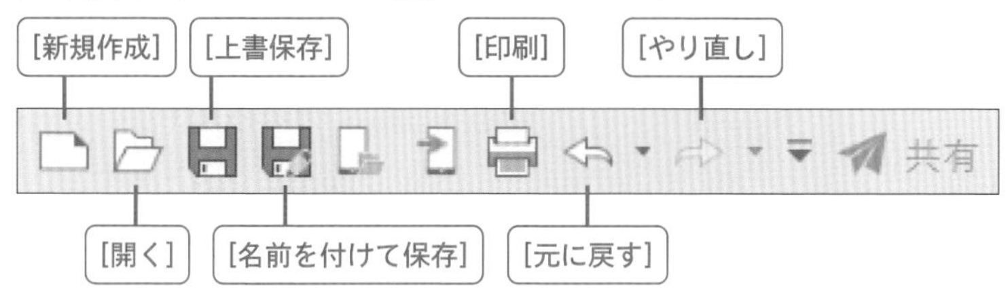

④リボン

リボンタブをクリックすることで、カテゴリー別のコマンドが配置されたリボンの表示を切り替えます。

⑤ファイルタブ

複数のファイルを開いている場合、このタブでファイルを切り替えます。

ファイルタブ

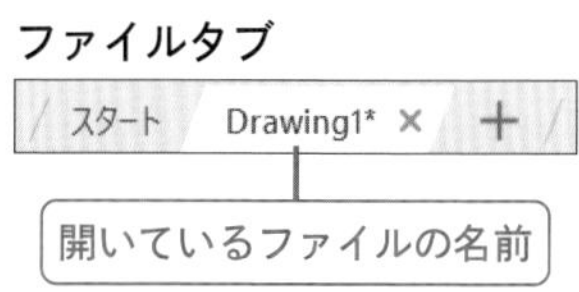

⑥ViewCube

3Dビューの視点等を変更します。3Dモデルを作成しない本書では利用しません。

⑦ナビゲーションバー

画面移動、ズームなどのコマンドが配置されています。

⑧[モデル]タブと[レイアウト]タブ

モデルを作成するモデル空間と印刷のためのペーパー空間(レイアウト)を切り替えます。» p.134

[モデル]タブと[レイアウト]タブ

モデル　レイアウト1　レイアウト2

ペーパー空間に切り替え

モデル空間に切り替え

⑨コマンドラインウィンドウ

操作メッセージを表示し、数値やコマンドオプションを入力するウィンドウです。本書では[ダイナミック入力]を使用するため、利用しません。

●本書で学習するための準備

step 1

操作環境を変更する

AutoCADの初期状態から、本書と同じ画面で同じ動作をするように設定を変更します。

1 AutoCADを起動し、[スタート]タブの[新規作成]を

POINT 初期状態ではモデル作成のための作業領域は黒背景です。本書では紙面を見やすくする目的から背景色を白に変更します。

2 作業領域でし、ショートカットメニューの[オプション]を

↳[オプション]ダイアログが開く。

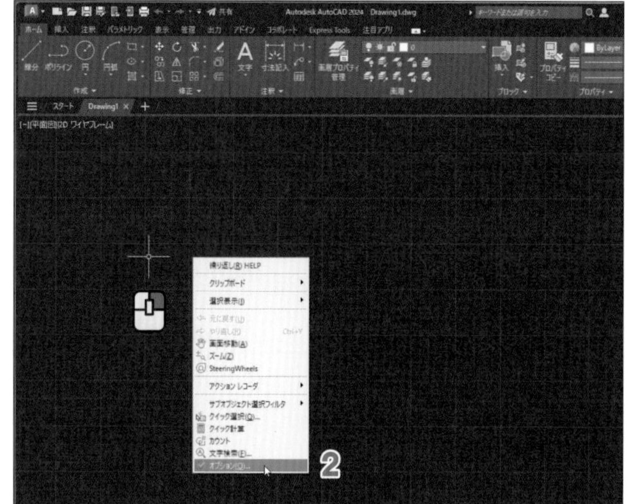

3 [表示]タブを

4 [色]ボタンを

↳[作図ウィンドウの色]ダイアログが開く。

5 [コンテキスト]欄で[2Dモデル空間]が、[インターフェース要素]欄で[共通の背景色]が選択されている状態で、[色]ボックスの▽をし、リストの[□White]をで選択する

6 [適用して閉じる]ボタンを

↳作業領域の背景色が白になる。

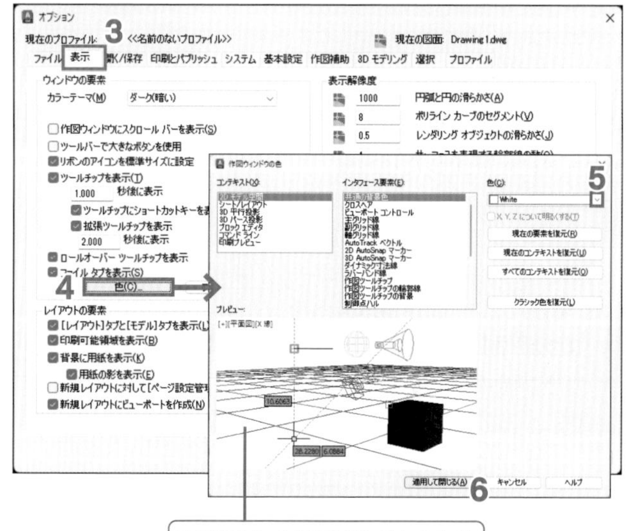

5の操作により背景色が白くなる

7 ［オプション］ダイアログの［カラーテーマ］ボックスの▽を🖱し、リストの［ライト（明るい）］を選択する

POINT ［オプション］ダイアログでは、様々な操作環境を設定します。マークが付いた項目設定は、データファイル毎に保存されます。

8 ［OK］ボタンを🖱

↳リボン部分の色が明るい色に変更される。

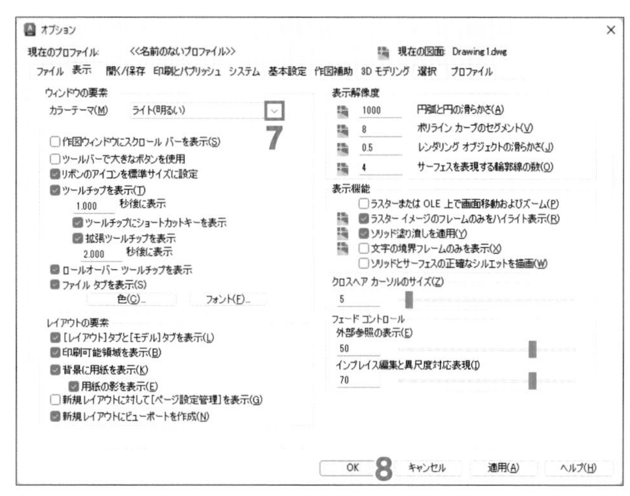

作図補助機能のダイナミック入力を使えるように設定しましょう。

9 ステータスバー右端の［カスタマイズ］を🖱

10 チェックの付いていない［ダイナミック入力］を🖱

↳［ダイナミック入力］にチェックが付き、ステータスバーに青くハイライトされた［ダイナミック入力］が表示される。

POINT 以降、ステータスバーの［ダイナミック入力］を🖱することで、［ダイナミック入力］のオン（青くハイライト）とオフを切り替えできます。

11 再度［カスタマイズ］を🖱してメニューを閉じる

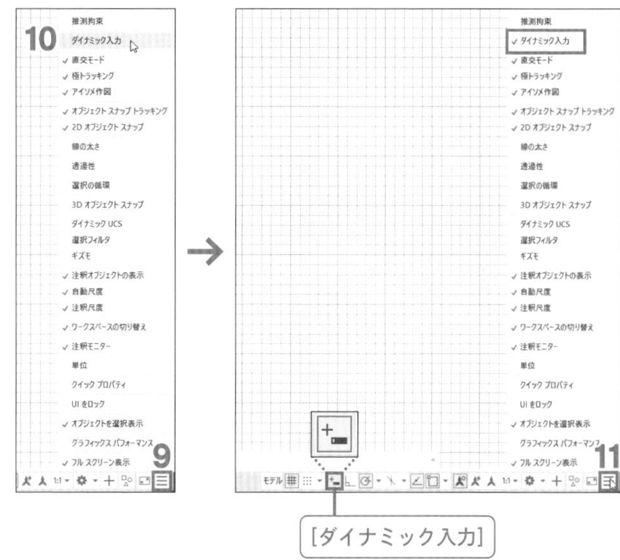

ここで一旦、AutoCADを終了しましょう。設定変更した操作環境は、AutoCADを終了した後も有効です。

12 タイトルバー右上の✕（閉じる）を🖱

13 「Drawing1.dwgへの変更を保存しますか？」と記載されたウィンドウが開いたら［いいえ］ボタンを🖱

step 2 教材ファイルをダウンロードしてセットする

本書での学習を進めるにあたり必要な教材ファイルをダウンロードし、パソコンにセットしましょう。

1 ブラウザを起動し、右図のURLのWebページにアクセスする

2 ACAD20day.zipを[クリック]して、ダウンロードする

ダウンロードした教材ACAD20day.zipはZIP形式で圧縮されています。以降の操作で指定の場所に展開したうえでご使用ください。

3 エクスプローラーでダウンロードフォルダを開く

4 ACAD20day.zipを[ダブルクリック]

5 「ACAD20day」フォルダを「ドキュメント」まで[ドラッグ]（ドラッグ）

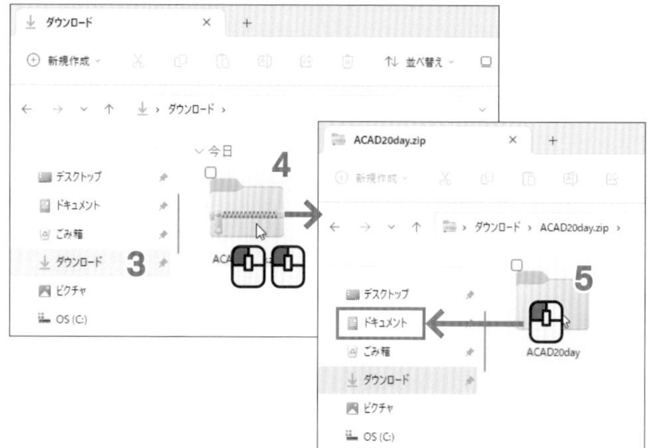

Column 教材ファイル（AutoCADのデータファイル）

「ドキュメント」に展開された「ACAD20day」フォルダには、章ごとの教材ファイルを収録した「Chap1」「Chap2」「Chap3」フォルダと完成図のサンプルを収録した「sample」フォルダが収録されています。

教材ファイルはすべてAutoCADのデータファイルです。AutoCADのデータファイルは、その拡張子（ファイル名.後ろの文字を指す）が「dwg」であることからDWGファイルとも呼ばれます。

エクスプローラーやAutoCADの画面で拡張子が表示されるか否かは、エクスプローラーでの［表示］メニューの設定によります。

? 拡張子を表示するには
» p.272 Q01

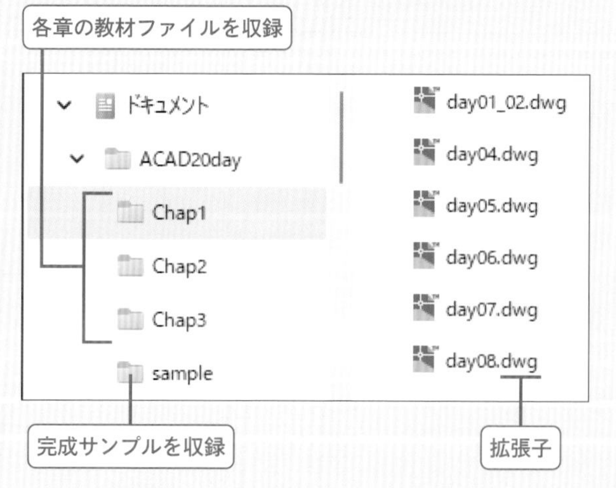

●教材のファイルを開き、ズーム操作を学習する

step

3 教材ファイルを開く

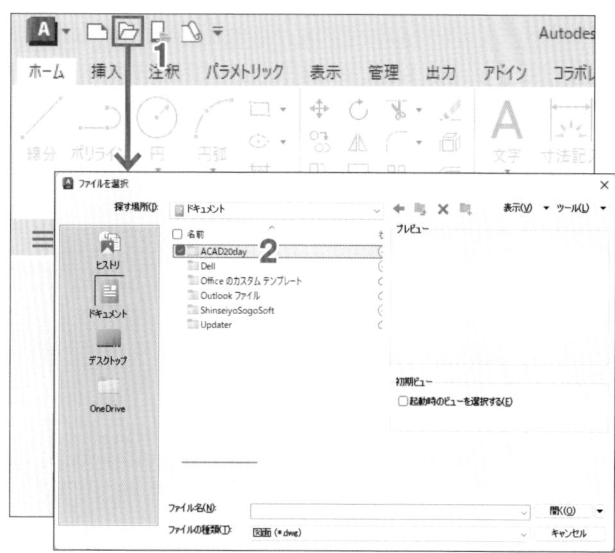

選択したファイルのプレビュー

3
4
5

教材ファイル 01_02.dwg を開きましょう。

1 クイックアクセスツールバーの[開く]コマンドを

↳[ファイルを選択]ダイアログが開く。初期値では[探す場所]は「ドキュメント」になっており、「ドキュメント」内のフォルダが表示される。

2 「ACAD20day」フォルダを

? 「ACAD20day」フォルダがない » p.273 Q02

3 さらに表示される「Chap1」フォルダをし、[探す場所]を「ACAD20day」フォルダ内の「Chap1」フォルダにする

4 01_02.dwgをで選択する

5 [開く]ボタンを

↳4で選択したファイルが開く。

step

4 図全体を表示する

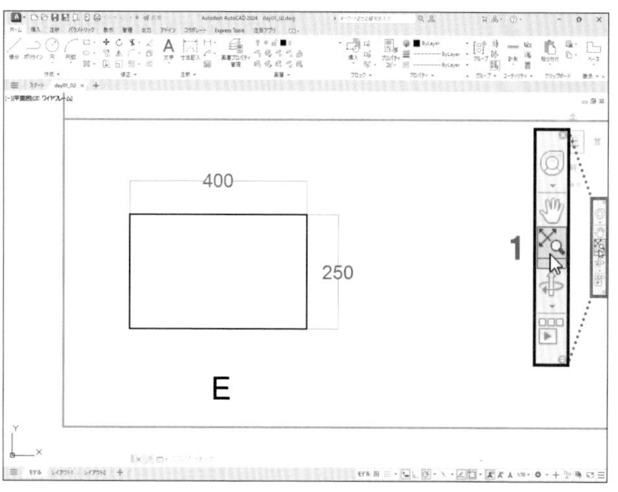

AutoCADのデータファイルは保存時の表示範囲で開きます。図全体を表示しましょう。

1 右側のナビゲーションバーの[オブジェクト範囲ズーム]を

? ナビゲーションバーがない/アイコンが右図と違う » p.273 Q03

↳作業領域の表示が右図のようになる。

POINT AutoCADでは線・円・弧・点・文字など図面を構成している要素を「オブジェクト」と呼びます。また作業領域の表示を拡大・縮小するなど表示範囲を変更する操作を総称してズーム操作と呼びます。[オブジェクト範囲ズーム]、データファイル内のすべてのオブジェクトが作業領域に入る大きさにズームする機能です。

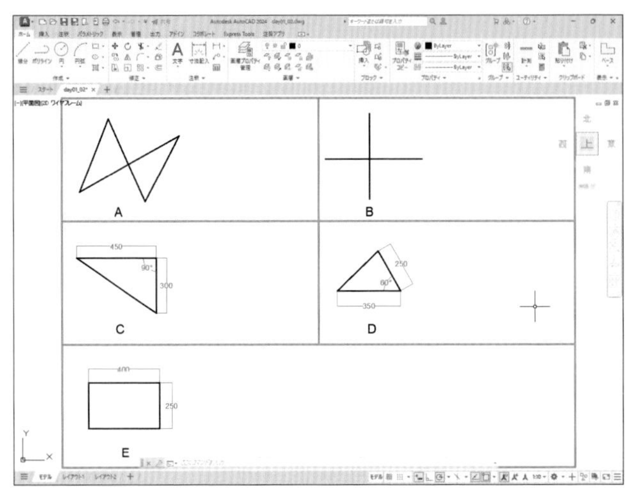

step

指定範囲を拡大表示する

図Cとその右の空きスペースを拡大表示しましょう。

1 右側のナビゲーションバーの[オブジェクト範囲ズーム]の▼を🖱

2 メニューの[窓ズーム]を🖱

POINT [窓ズーム]は、窓ズーム枠の対角2点を指示することで囲んだ範囲を拡大表示します。

3 最初のコーナーとして拡大する範囲の左上で🖱

↳**3**からマウスカーソルまで拡大範囲指定のための窓ズーム枠が表示され、マウスカーソルには操作メッセージ**もう一方のコーナーを指定:**が表示される。

POINT コマンド選択時はマウスカーソルに表示される操作メッセージに従って操作を行います。

? 操作メッセージが表示されない

» p.15

4 表示される窓ズーム枠で拡大する範囲を囲み、もう一方のコーナーを🖱

↳**3**-**4**を対角とする窓ズーム枠で囲んだ範囲が次図のように拡大表示される。

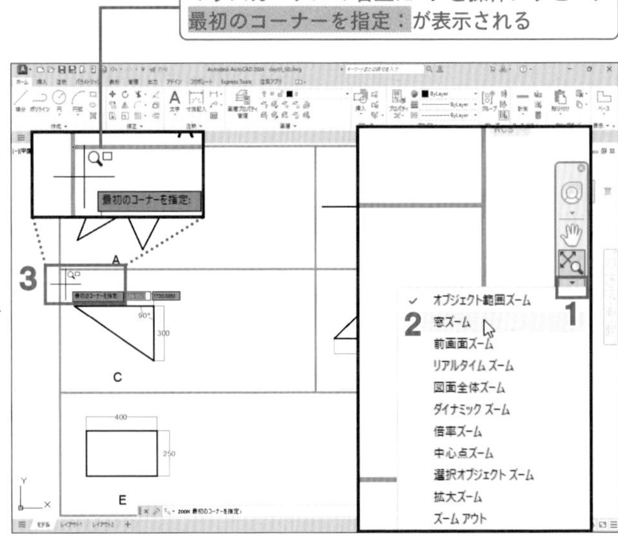

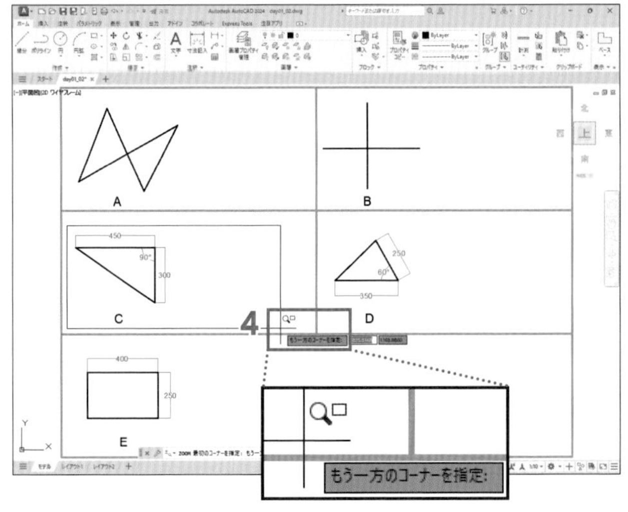

表示範囲をスライドする

表示範囲をスライドして下の図Eを表示しましょう。

1 作業領域の右図の位置から↑（マウスのホイールボタンを押したまま上方向へ移動しボタンをはなす）

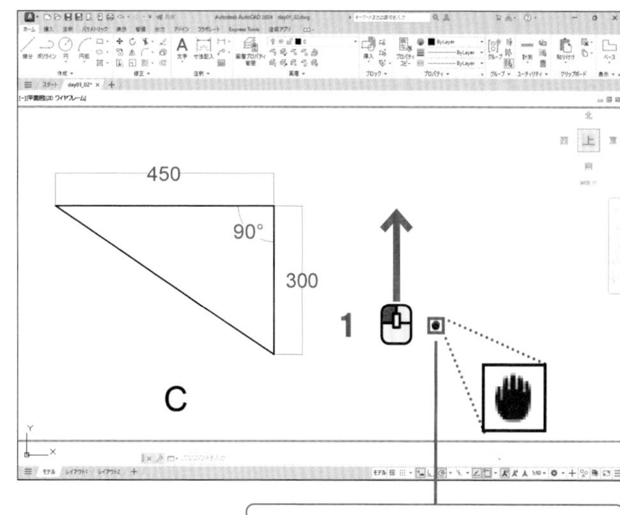

POINT マウスのホイールボタンを押したままにするとマウスカーソルの形状がになり、マウスを移動することで表示範囲を移動方向にスライドできます。**1**の操作の代わりにナビゲーションバーの[画面移動]をし、作業領域で↑することでも表示範囲をスライドできます。但し、その場合は画面移動後にコマンドの終了操作（作業領域でしショートカットメニューの[終了]を）が必要です。

2 スライドした作業領域から再度、↑し、図E全体が入るように表示する。

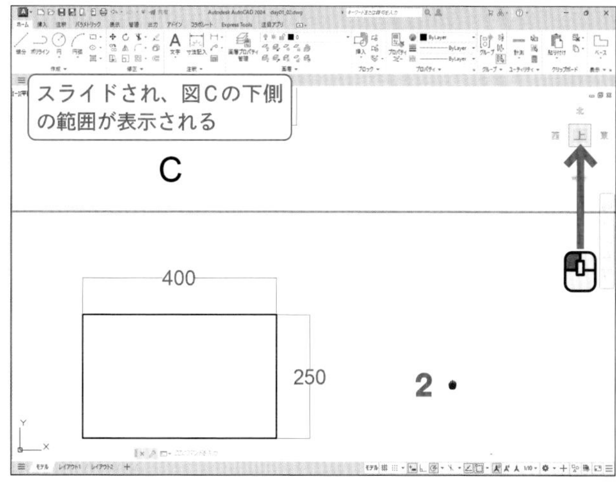

POINT 1回の↑操作で目的の場所が表示されない場合は、↑を何度か行って目的の場所を表示しましょう。

ホイールボタンでオブジェクト範囲ズームを行う

マウスのホイールボタンを使って、[オブジェクト範囲ズーム]をしましょう。

1 作業領域で（マウスのホイールボタンをダブルクリック）

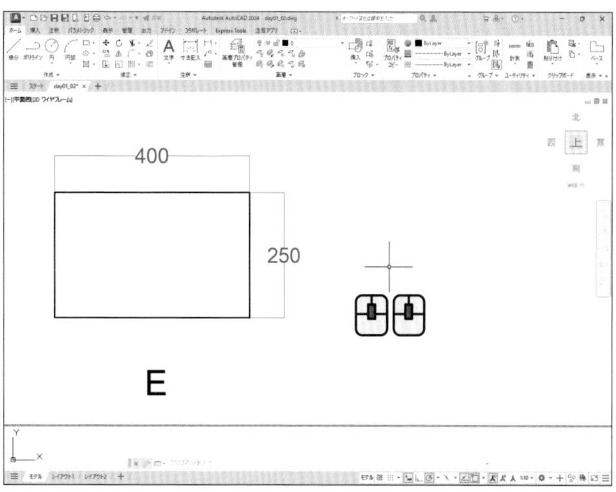

POINT 作業領域で中央ダブルクリック（マウスのホールボタンをダブルクリック）することで[オブジェクト範囲ズーム]が行えます。**1**の操作の代わりにナビゲーションバーの[オブジェクト範囲ズーム]をしても同じです。

step 8

マウスホイールで拡大・縮小する

マウスホイールを使って縮小表示しましょう。

1 右図の位置にマウスカーソルをおき、マウスホイールを後方(手前)に回転する

POINT 作業領域でマウスホイールを後方(手前)に回転することで、マウスカーソルの位置を基準に縮小表示されます。縮小表示は、ナビゲーションバーの▼を🖱し、[ズームアウト]を🖱することでも行えます。

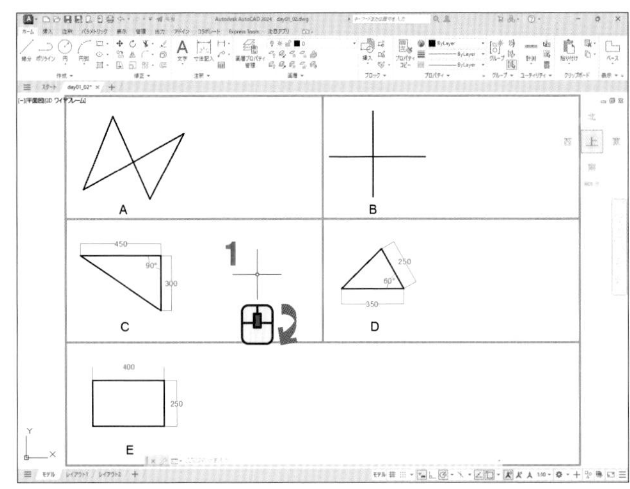

回転に伴い、縮小表示される

図Dの空きスペース付近を拡大表示しましょう。

2 図Dの空きスペースにマウスカーソルをおき、マウスホイールを前方に回転する

POINT 作業領域でマウスホイールを前方に回転することで、マウスカーソルの位置を基準に拡大表示されます。拡大表示は、ナビゲーションバーの▼を🖱し、[拡大ズーム]を🖱することでも行えます。

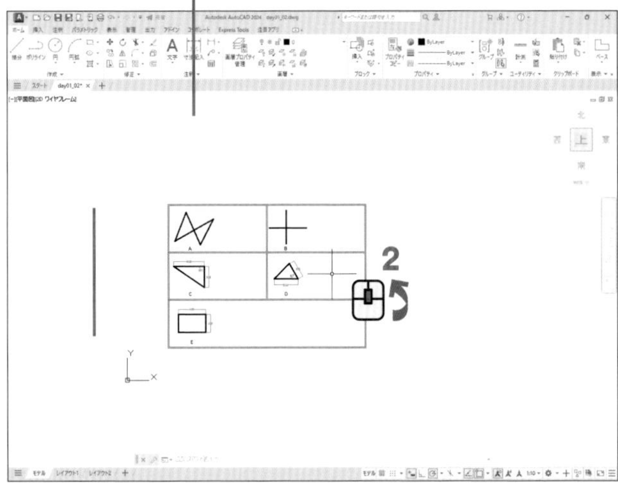

回転に伴い、拡大表示される

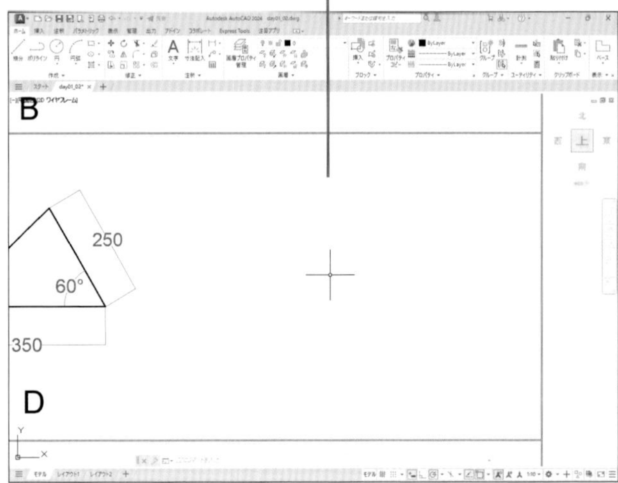

ファイルを保存せずに終了する

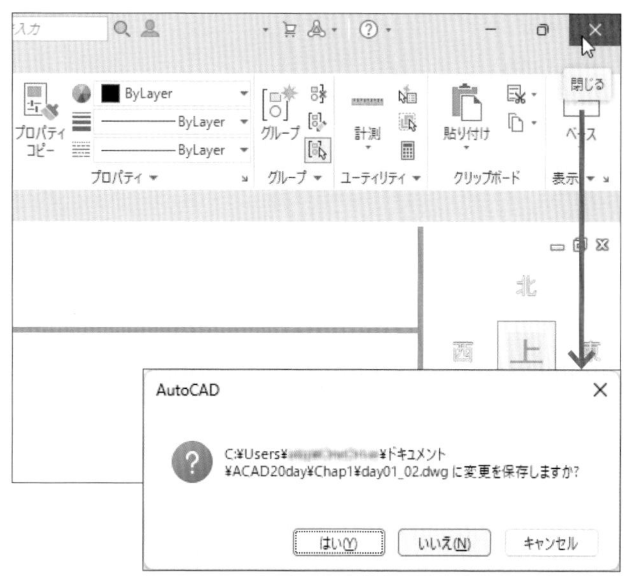

データファイルを保存せずにAutoCADを終了しましょう。

1 タイトルバー右上の✕(閉じる)を🖱

↳右図のウィンドウが開く。

POINT データファイルのモデルを編集するなどの操作はしていませんが、表示範囲を変更する操作を行ったため、その結果を保存せずに終了してよいのかを問うメッセージウィンドウが開きます。

2 [いいえ]ボタンを🖱

以上でDay01は終了です。

Column 確実に覚えておきたいズーム操作

パソコン画面の作業領域で、家やビルなどの大きな建物を作成するのですから、その一部を拡大表示するなどのズーム操作は欠かせません。下表にナビゲーションバーのズーム機能とマウスホイールでの操作方法をまとめています。マウスホイールによるズーム操作は、ズーム機能のコマンドをその都度選択することなく、作成・編集操作途中いつでも行えます。確実に身につけておいてください。

	マウスホイールでの操作	ナビゲーションバー
図全体を表示	🖱🖱ホイールボタンをダブルクリック》p.19	[オブジェクト範囲ズーム]》p.17
表示範囲をスライド	🖱→ホイールボタンを押したまま移動》p.19	[画面移動]》p.19
縮小表示	🖱ホイールを後方に回転》p.20	[ズームアウト]
拡大表示	🖱ホイールを前方に回転》p.20	[拡大ズーム]
窓ズーム枠で囲んだ範囲を拡大表示		[窓ズーム]》p.18
ひとつ前の範囲を表示		[前範囲ズーム]

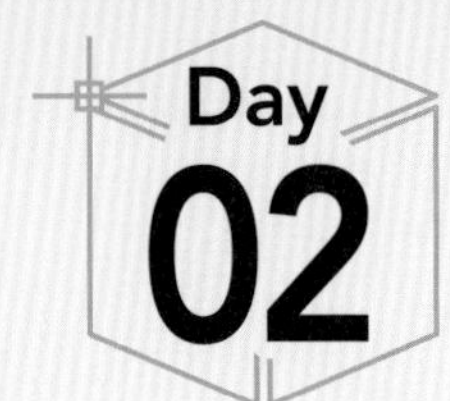

線の作成

教材ファイルday01_02.dwgを開き、空きスペースに以下の図形を作成しましょう。

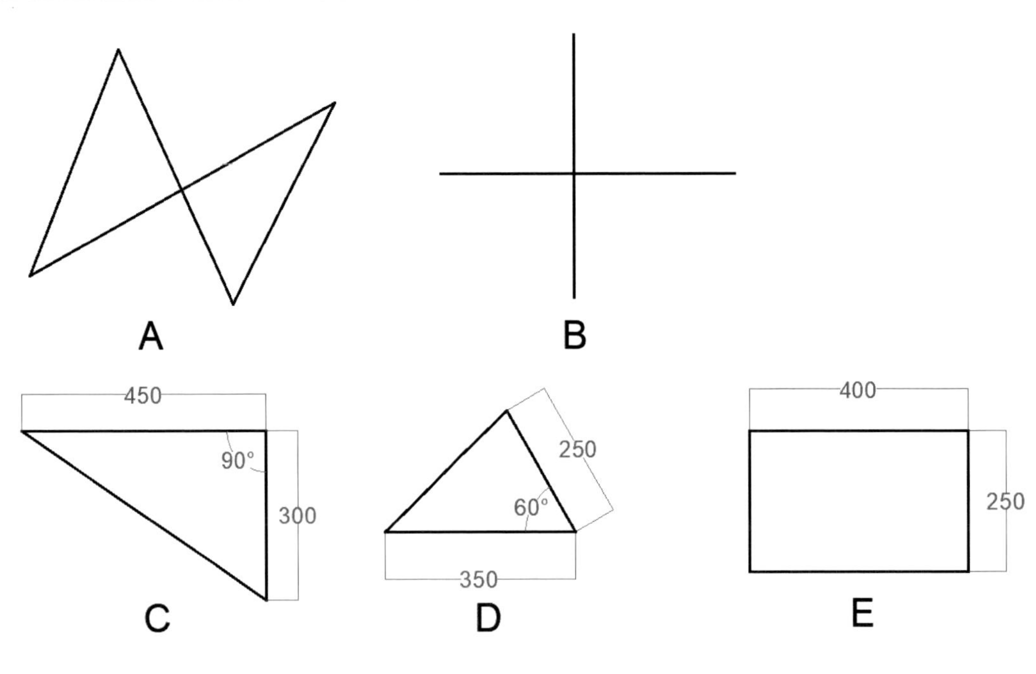

教材ファイルを開き、図Aを拡大表示する

教材ファイル 01_02.dwgを開き、図Aとその右の空きスペースを拡大表示しましょう。

1 ［開く］コマンドを選択し、教材ファイル01_02.dwgを開く

参考 ［開く］» p.17

2 ［オブジェクト範囲ズーム］や［窓ズーム］などを利用して、図Aとその右の空きスペースを作業領域に拡大表示する

参考 ズーム操作 » p.21

POINT **2**の操作の代わりに、ホイールボタンによるズーム操作を利用してもいいでしょう。

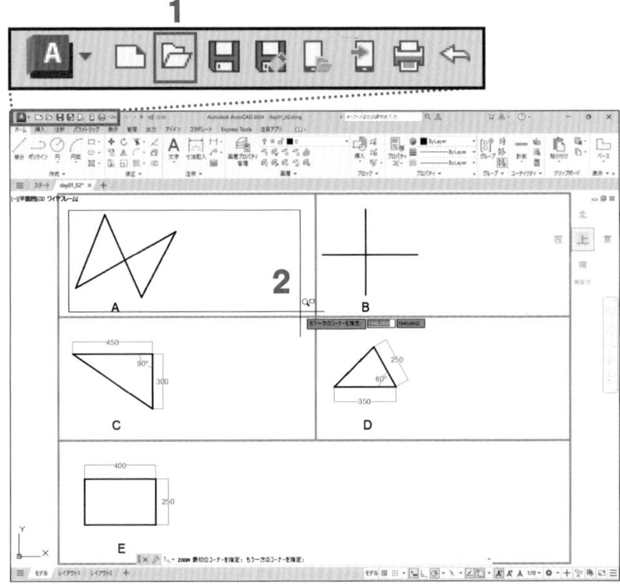

step 2 連続線を作成する

図Aのような連続線を作成しましょう。

1 [線分]コマンドを🖱で選択する

POINT コマンドを選択すると、次に行うべき操作を示すメッセージがマウスカーソルに表示されます。

? 操作メッセージが表示されない

» p.274 Q04

2 1点目として右図の位置で🖱

POINT 作業領域の何もない位置を🖱します。以降、「右図の位置で🖱」と記載されていたら、図でマウスカーソルがあるあたり、おおよその位置で🖱してください。**2**からマウスカーソルまで線がプレビューされ、[ダイナミック入力]ボックスには、その線の長さと角度が表示されます。

? プレビューの線が垂直線になる

» p.274 Q05

3 次の点として右図の位置で🖱

POINT **2-3**間に線分が作成され、**3**からマウスカーソルまで次の線がプレビューされます。[線分]コマンドは、1点目、2点目、3点目と順次点(位置)を指示することで、それらを結ぶ連続した線分を作成します。CADにおける1本の線分は、始点と終点の2つの座標値(X,Y,Z)により構成されています。

4 次の点として右図の位置で🖱

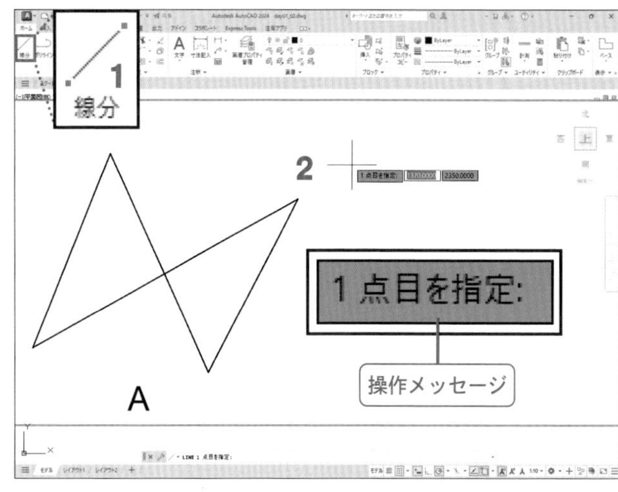

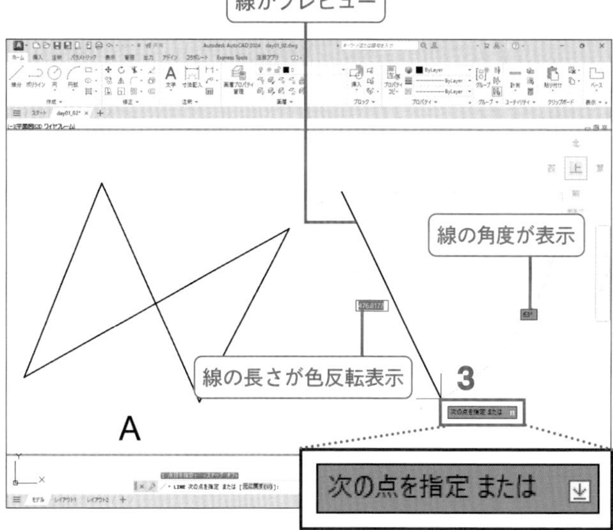

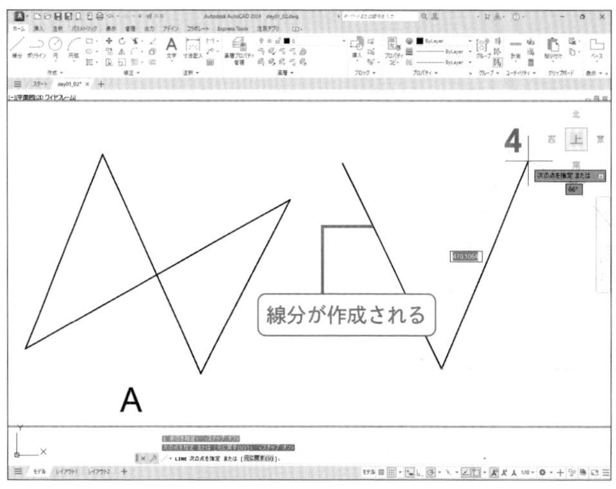

5 次の点として右図の位置で

↳**4**-**5**間に線が作成され、**5**からマウスカーソルまで次の線がプレビューされる。

6 次の点として、最初に作成した線の端部にマウスカーソルを合わせ、□と**端点**が表示されたら

? □しか表示されない/□や端点が表示されない 》p.275 Q06

POINT 作成済の線の端点にマウスカーソルを合わせると端点を示すAutoSnapマーカー□とガイドチップ**端点**が表示され、するとその端点にスナップ(点の座標値を読み取り指示点として使用する)します。オブジェクトの端点や交点にスナップするこの機能を「オブジェクトスナップ」と呼びます。**6**の操作により、**5**-**6**間に線が作成され、**6**からマウスカーソルまで次の線がプレビューされます。[線分]コマンドは終了指示をするまで連続する線分を作成します。

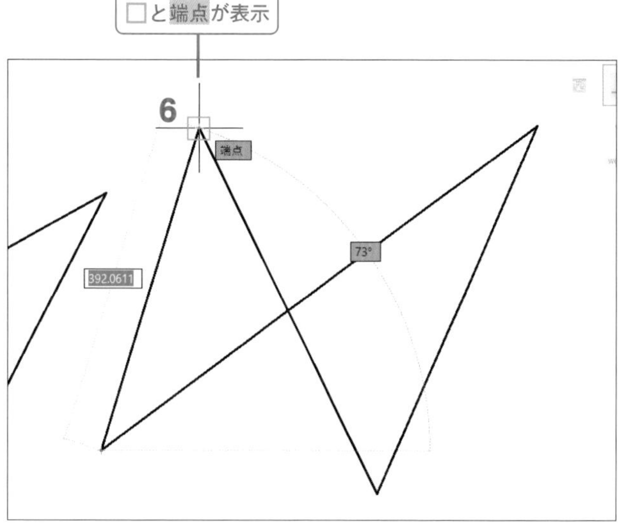

7 作業領域でし、ショートカットメニューの[Enter]を

↳[線分]コマンドが終了し、何もコマンドが選択されていない状態になる。

POINT **7**の操作の代わりにキーボードの Enter キーを押してもコマンドの終了指示になります。以降、この操作は、Enter キーを押す指示を記載します。

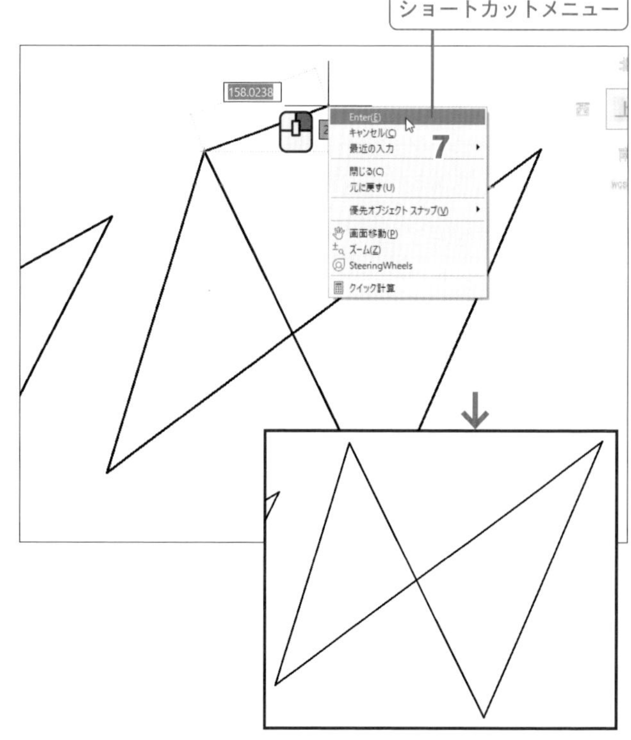

正確なモデル作成に欠かせないオブジェクトスナップ

正確にモデルを作成するには、既存の線分（オブジェクト）の端点や交点を正確に指示する必要があります。そのための機能が前ページの**6**で利用したオブジェクトスナップです。位置や点を指示する際にオブジェクトの端点や交点にマウスカーソルを近づけると、□端点や×交点が表示され、クリックすることでその点にスナップします。

線分・円弧の端点

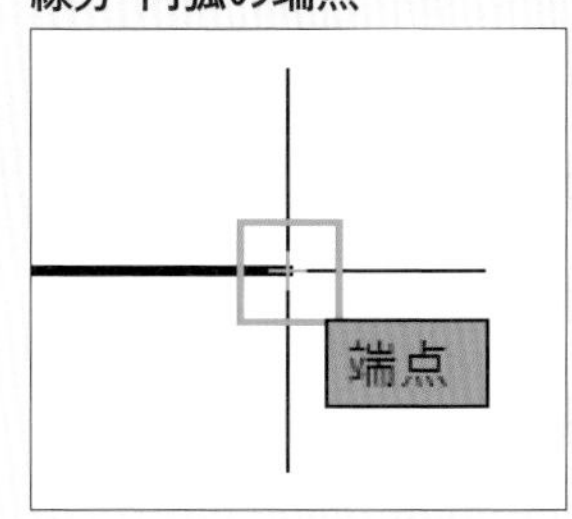

線分・円・円弧の交点

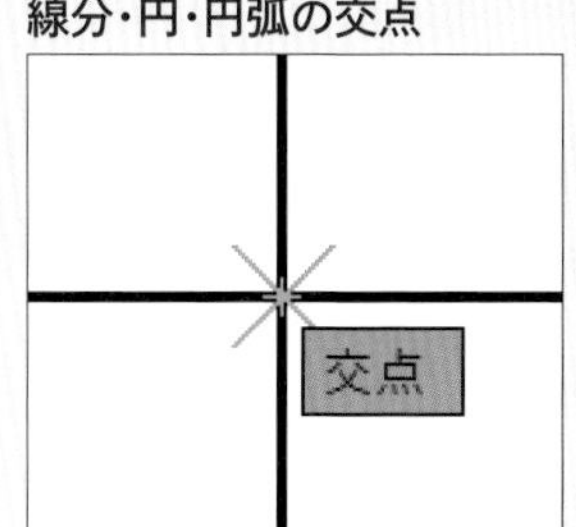

ステータスバーの[オブジェクトスナップ]（OSNAP）で、オブジェクトスナップ機能のオン（ハイライト）⇔オフが切り替わる

水平線・垂直線を作成する

図Bの空きスペースに水平線を作成しましょう。

1 作業領域の右から←（画面移動）し、図Bの空きスペースを表示する

参考 表示範囲をスライド » p.19

2 [線分]コマンドを選択する

3 1点目として右図の位置でクリック

4 ステータスバーの[直交モード]をクリックし、オン（青くハイライト）にする

POINT [直交モード]をオンにすると、[線分]コマンドでプレビューされる線は、水平方向と垂直方向に固定されます。

5 右図のように水平方向に線をプレビューし、次の点として右図の位置でクリック

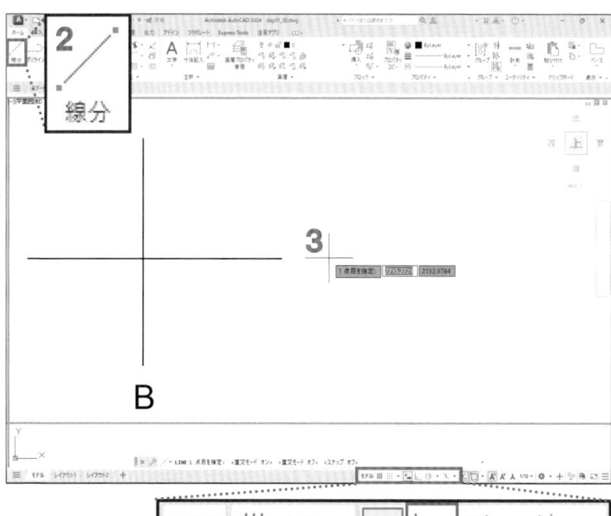

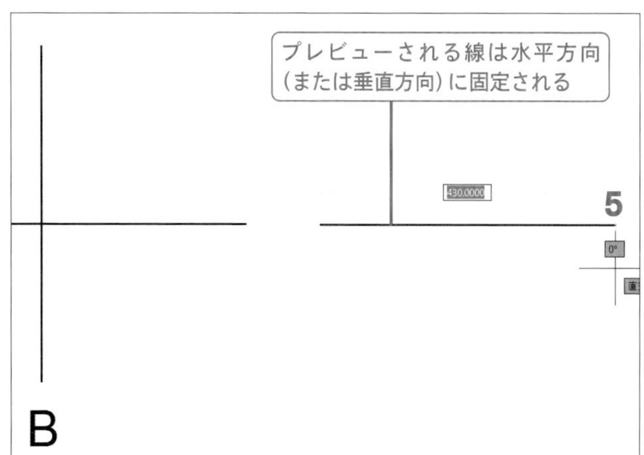

6 Enter キーを押して[線分]コマンドを終了する

再度、[線分]コマンドを選択して垂直線を作成しましょう。

7 作業領域で右クリックし、ショートカットメニューの[繰り返し(R)LINE]をクリック

↳[線分]コマンドが選択される。

POINT 直前に終了したコマンドは、右クリックで表示されるショートカットメニューの[繰り返し]から選択できます。7の操作の代わりに Enter キーを押しても直前に終了したコマンドを再選択します。以降、この操作は、Enter キーを押す指示を記載します。

8 1点目として右図の位置でクリック

9 下方向にマウスカーソルを移動して垂直線をプレビューし、次の点位置として右図の位置をクリック

10 Enter キーを押して[線分]コマンドを終了する

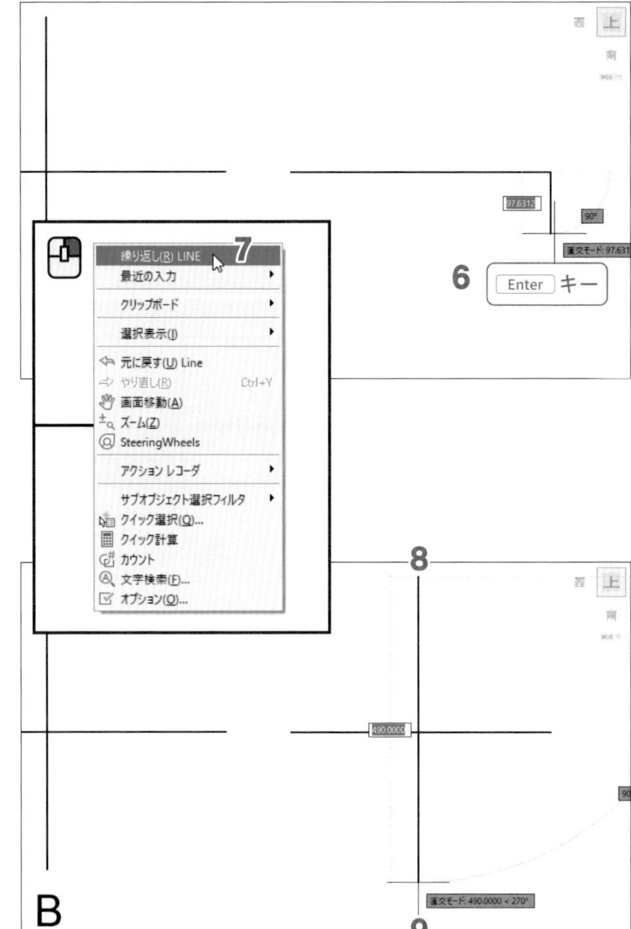

step 4 指定寸法の線を作成する

図Cの空きスペースに長さ450mmの水平線を作成しましょう。

1 図Cとその右の空きスペースを作業領域に拡大表示する

2 Enter キーを押して[線分]コマンドを選択する

3 1点目として右図の位置でクリックし、マウスカーソルを右方向に移動する

4 水平線をプレビューした状態でキーボードから「450」を入力し、Enter キーを押す

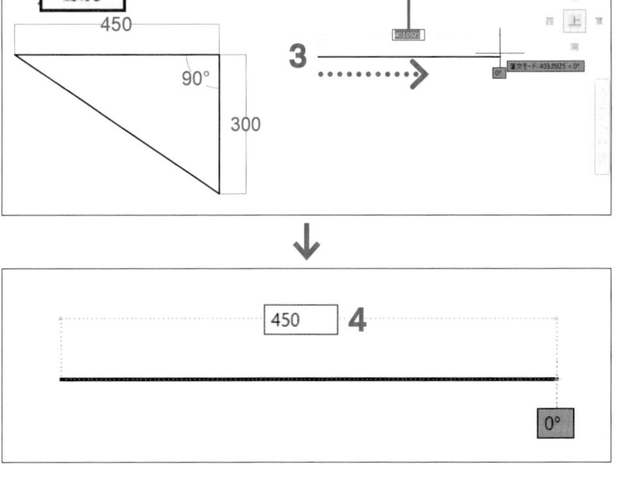

↳450mmの水平線が作成され、その右端点からマウスカーソルの方向に直交モードで固定された次の線がプレビューされる。

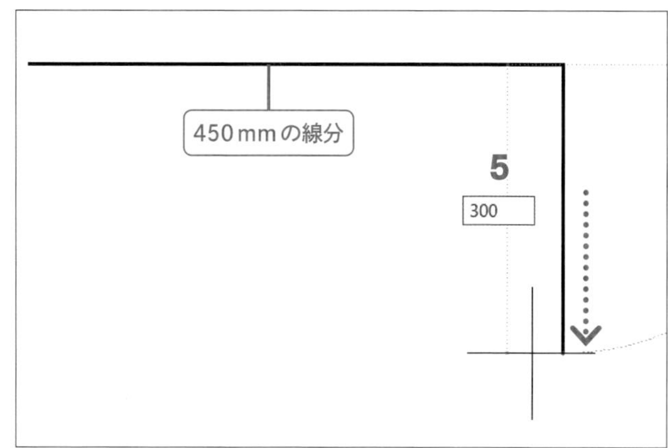

続けて長さ300mmの垂直線を作成しましょう。

5 マウスカーソルを下方向に移動し、垂直線をプレビューした状態で、「300」を入力して Enter キーを押す

↳300mmの垂直線が作成され、その下端点からマウスカーソルの方向に直交モードで固定された次の線がプレビューされる。

水平線の左端点まで線を作成して三角形を完成しましょう。

6 1本目の線の左端点にマウスカーソルを合わせ、□と**端点**が表示されたら🖱

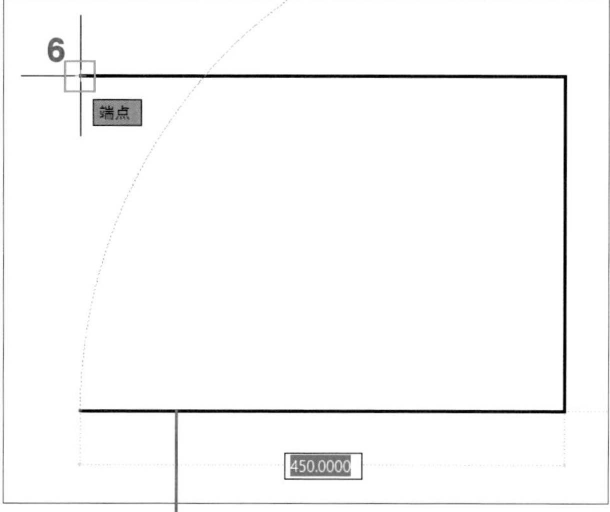

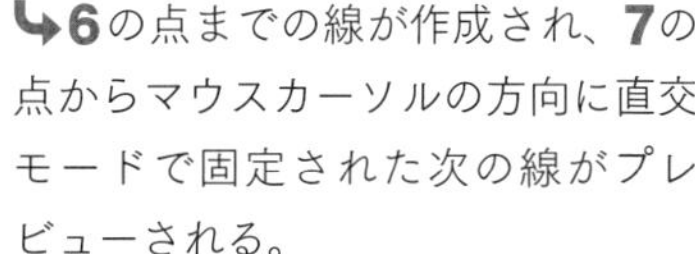

↳**6**の点までの線が作成され、**7**の点からマウスカーソルの方向に直交モードで固定された次の線がプレビューされる。

POINT [直交モード]がオンでも水平・垂直以外の角度の線を作成できます。

7 Enter キーを押して[線分]コマンドを終了する

163.4663
90°
直交モード: 163.4663 < 270°
7 Enter キー

指定寸法・指定角度の線を作成する

図D右のスペースに長さ350mmの三角形の底辺を作成しましょう。

1 🖱→でスライドして図C右のスペースを表示する

2 [Enter] キーを押して[線分]コマンドを選択する

3 1点目として右図の位置で🖱し、マウスカーソルを右方向に移動する

4 水平線をプレビューした状態で長さ「350」を入力して [Enter] キーを押す

↳350mmの水平線が作成され、その右端点からマウスカーソルの方向に直交モードで固定された次の線がプレビューされる

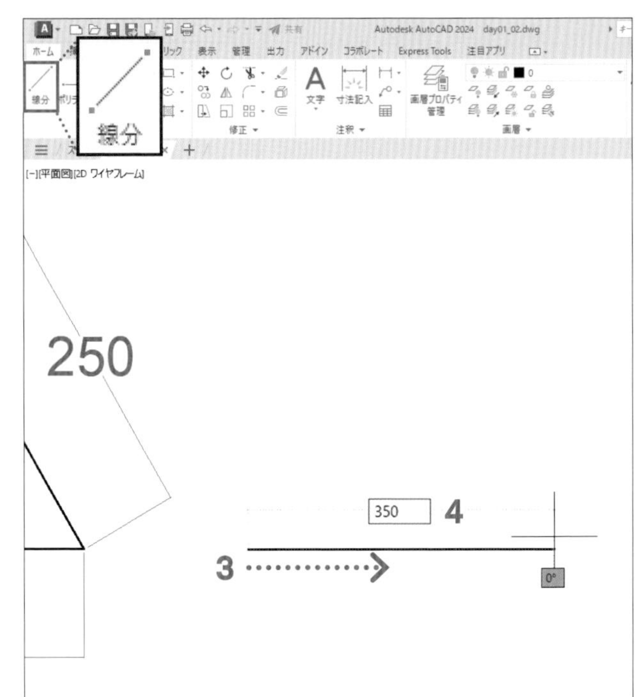

続けて長さ250mmの2辺目を角度を指定して作成しましょう。

5 マウスカーソルを上方向に移動し、垂直線をプレビューした状態で長さ「250」を入力して [Tab] キーを押す

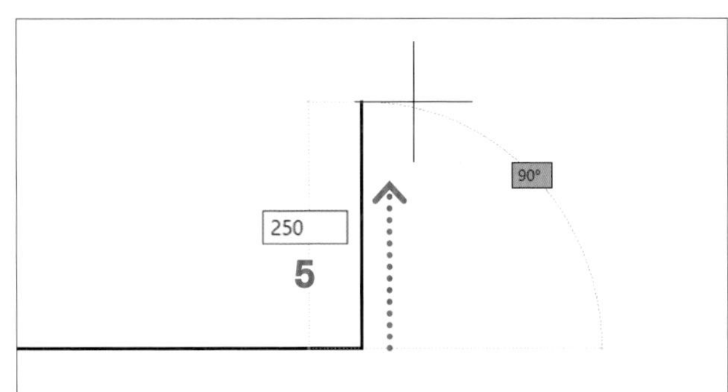

POINT 2辺目の線は長さと合わせて角度も指定します。長さ入力後、[Tab] キーを押すことで角度入力に切り替わります。[直交モード]がオンでも角度を入力することで指定角度の線を作成できます。

? 誤って [Enter] キーを押した

» p.276 Q07

6 角度「60」を入力し、[Enter] キーを押す

↳底辺の右端点から長さ250mm、角度60°の線が作成される。

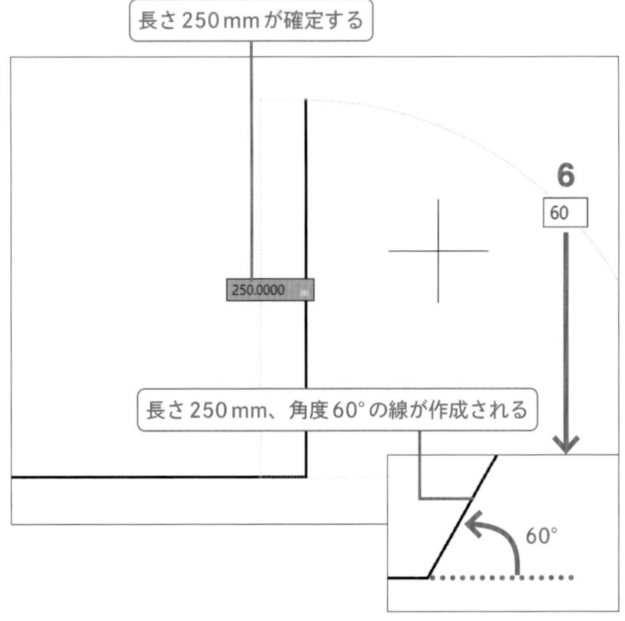

POINT 角度は原点から水平方向右を0°とし、反時計回りで指定します。そのため、右図の線が作成されました。目的の線を作成するには、「120」(180-60)を入力します。

直前に作成した線を取り消し、正しく作成しましょう。

7 **作業領域で し、ショートカットメニューの[元に戻す]を 。**

↳直前に作成した線が取り消され、その線を作成する前の状態になる。

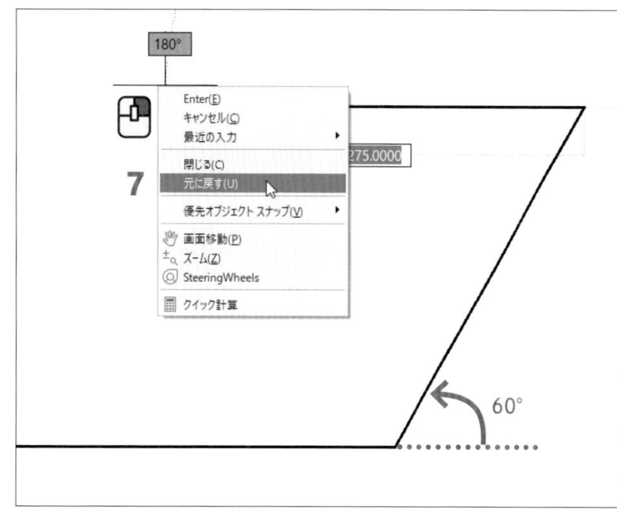

POINT コマンドの操作途中に作業領域で し、ショートカットメニューの[元に戻す]を選択すると、直前の操作が取り消され、その前の状態になります。キーボードから、Ctrl キーを押したまま Z キーを押しても同じです。

8 **マウスカーソルを上方向に移動し、長さ「250」を入力して Tab キーを押す**

9 **角度「120」を入力し、Enter キーを押す**

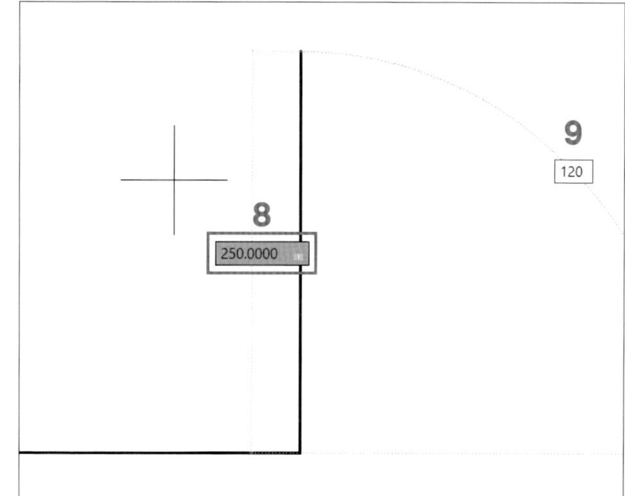

↳底辺の右端点から長さ250mm、角度120°の線が作成され、マウスカーソルの方向に直交モードで固定された次の線がプレビューされる。

長さ250mm、角度120°の線が作成される

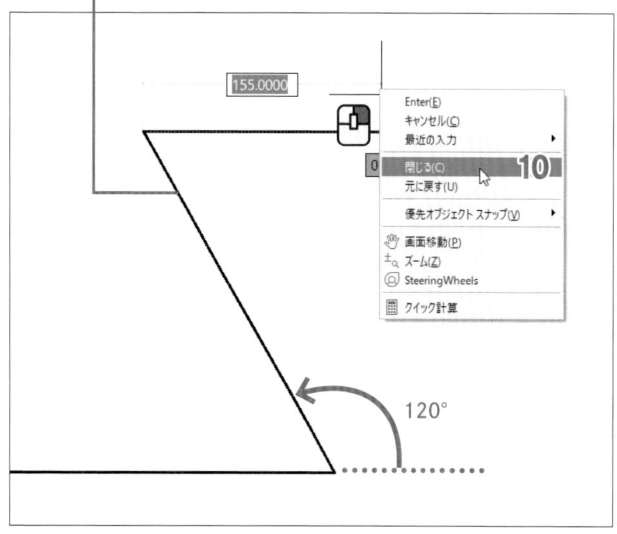

10 **作業領域で し、ショートカットメニューの[閉じる]を **

↳次図のように三角形が作成される

POINT ショートカットメニューの[閉じる]を すると、1点目の点までの線分を作成し、閉じた図形にして[線分]コマンドを終了します。

step 6 元に戻す／やり直し

前項の**7**と同様に、作業領域でし、[元に戻す]を選択しましょう。

1 作業領域でし、ショートカットメニューの[元に戻す　line]を

↳直前に使用した[線分]コマンドで行ったすべての操作（三角形の作成）が取り消され、三角形を作成する前の状態に戻る。

POINT 前項の**7**では、[線分]コマンドでの操作途中のため、[元に戻す]コマンドでは、直前に作成した線分が取り消されました。ここでは、[線分]コマンドを終了した後に[元に戻す]コマンドを選択したため、直前の[線分]コマンドで行ったすべての操作が取り消されます。**1**の操作の代わりにクイックアクセスツールバーの[元に戻す]コマンドをしても同じ結果になります。[元に戻す]コマンドはした回数分、操作前の状態に戻ります。

2 クイックアクセスツールバーの[元に戻す]コマンドを

↳その前のスライド操作が取り消され、p.28でスライドする前の画面表示になる。

元に戻す前の状態にしましょう。

3 クイックアクセスツールバーの[やり直し]コマンドを

↳スライド操作を取り消す前の状態になる。

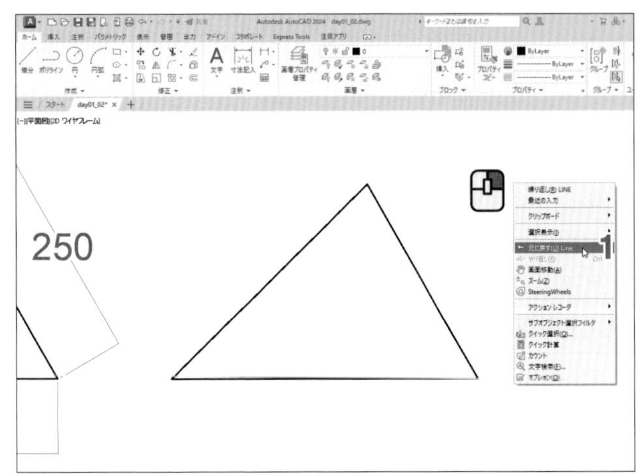

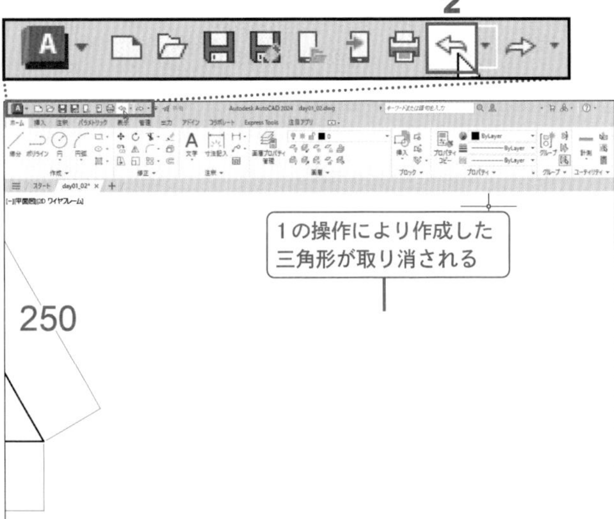

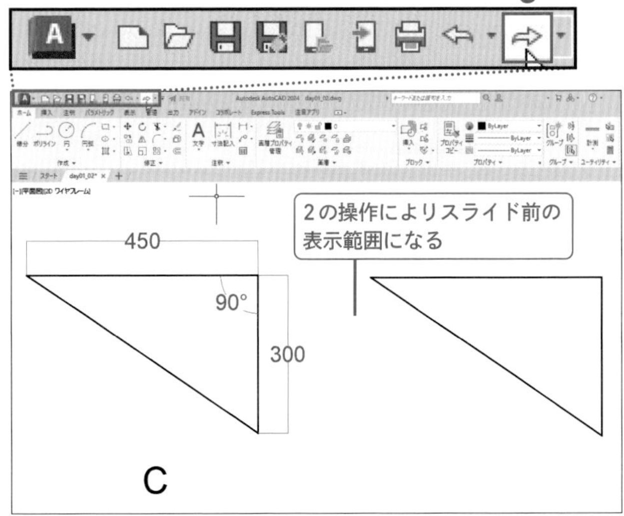

POINT [やり直し]コマンドは、直前に[元に戻す]コマンドで戻した操作をやり直し、元に戻す前の状態にします。**3**の操作の代わりに作業領域で🖱し、ショートカットメニューの[やり直し]を🖱しても同じです。また、キーボードからの指示で行う場合は、Ctrlキーを押したままYキーを押します。

4 [やり直し]コマンドを🖱

↳**1**で元に戻す前の状態になり、三角形が復元する。

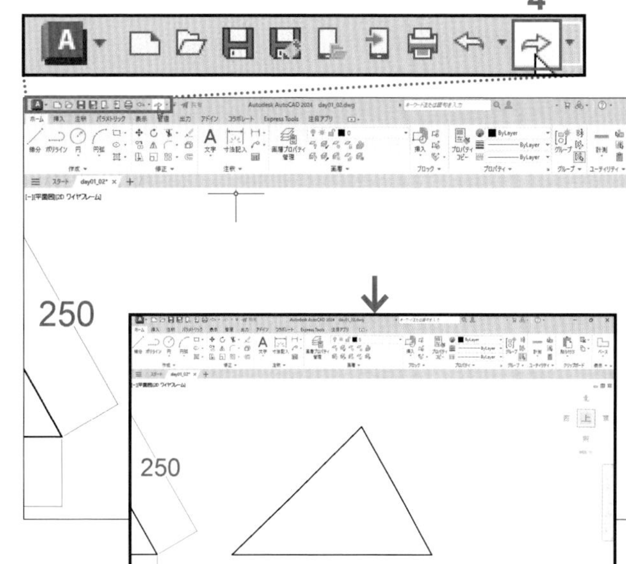

2つの[元に戻す]と[キャンセル]

Column

コマンドの操作途中は、🖱で表示されるショートカットの[元に戻す](» p.29)とクイックツールバーの[元に戻す](» p.30)では違う働きをするので、注意しましょう。ここでは、p.28の操作**6**の後に、それぞれの[元に戻す]を選択した結果と合わせて、[キャンセル]を選択した結果を見てみます。

作業領域で🖱、ショートカットメニューの[元に戻す]を🖱(またはCtrlキー+Zキー)

選択コマンドは[線分]コマンドのまま、直前の操作6が取り消され、再び6の操作をやり直す状態(p.29と同じ)になる。

クイックツールバーの[元に戻す]コマンドを🖱

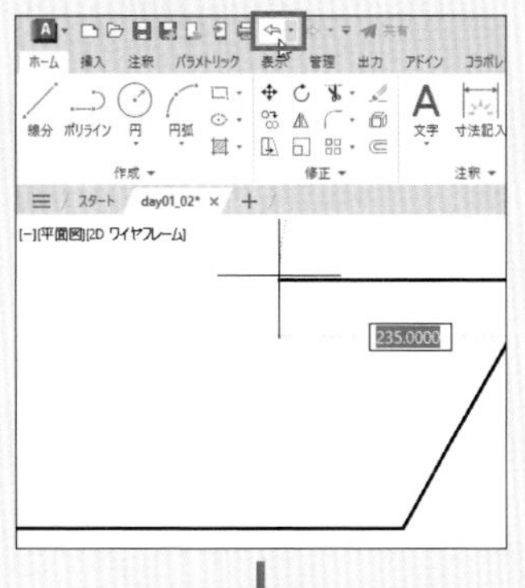

p.28での[線分]コマンドの選択(操作2)から6の操作までが取り消され、コマンドを選択していない状態になる。
操作3～6で作成した線も消える

作業領域で🖱、ショートカットメニューの[キャンセル]を🖱(またはEscキー)

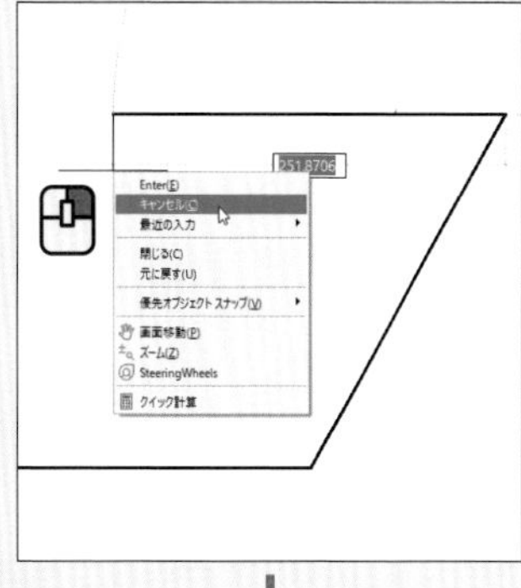

操作3～6で作成した線はそのまま残り、[線分]コマンドが終了する

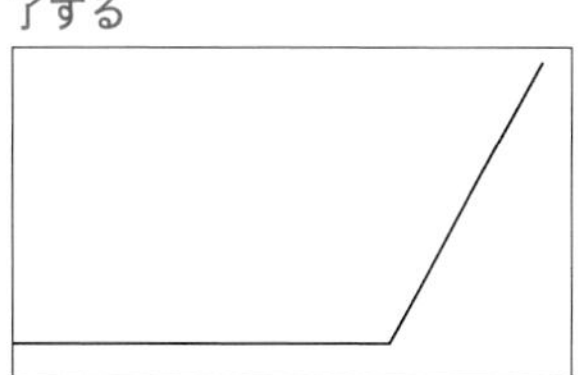

[線分]コマンドで長方形を作成する

図Eの右に[線分]コマンドで、幅400mm、高さ250mmの長方形を作成しましょう。

1 図Eの右のスペースを表示し、[線分]コマンドを🖱

2 底辺として長さ400mmの水平線を作成する

3 続けて右辺として長さ250mmの垂直線を作成する

4 ステータスバーの[オブジェクトスナップトラッキング]がオンであることを確認する

5 マウスカーソルを底辺の左端点に合わせ、□と**端点**が表示されたら、マウスカーソルをそのまま上方向に移動する

POINT プレビューされた水平線上の終点位置を指示するための操作を行います。**5**ではマウスカーソルを合わせるだけで🖱はしません。誤って🖱した場合は、作業領域で🖱し、[元に戻す]コマンドを選択してください。

POINT [オブジェクトスナップトラッキング]をオンにすると、マウスカーソルを合わせた点からマウスカーソルの移動方向に従い、水平または垂直方向の位置合わせパス(緑の点線)が表示されます。🖱することで、位置合わせパス上を点指示できます。

? 位置合わせパスが表示されない

» p.276 Q08

6 プレビューされた水平線上に、5の端点を通る位置合わせパスとの交点を示す✕が表示された状態で🖱

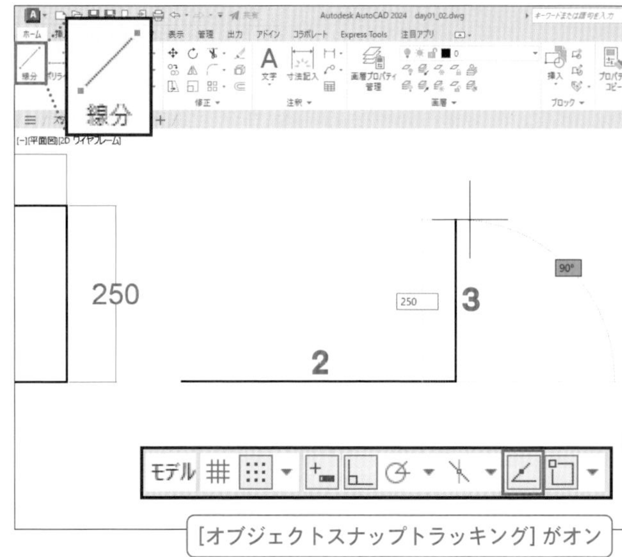

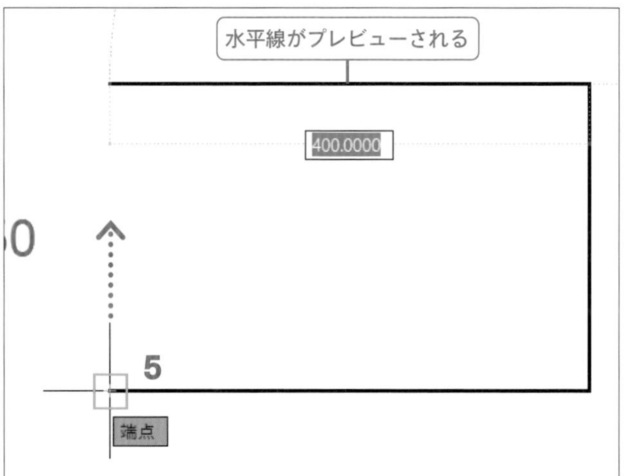

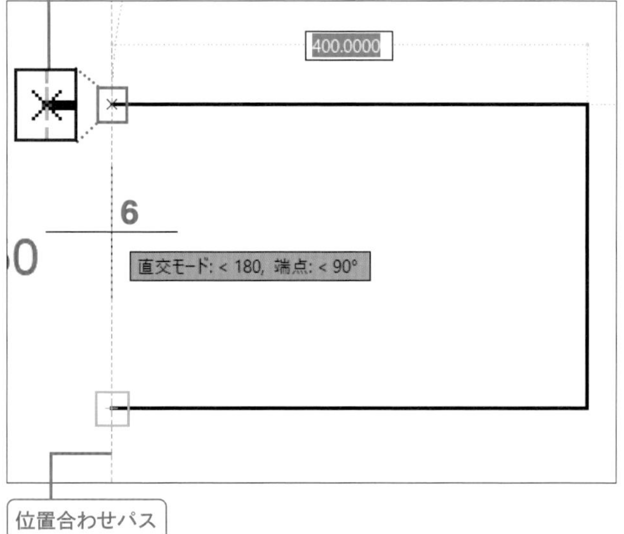

↳表示されていた✕の位置までの水平線が作成され、その右端点からマウスカーソルの方向に直交モードで固定された次の線がプレビューされる。

7 作業領域で🖱し、ショートカットメニューの[閉じる]を🖱

↳閉じた図形(長方形)になり、[線分]コマンドが終了する。

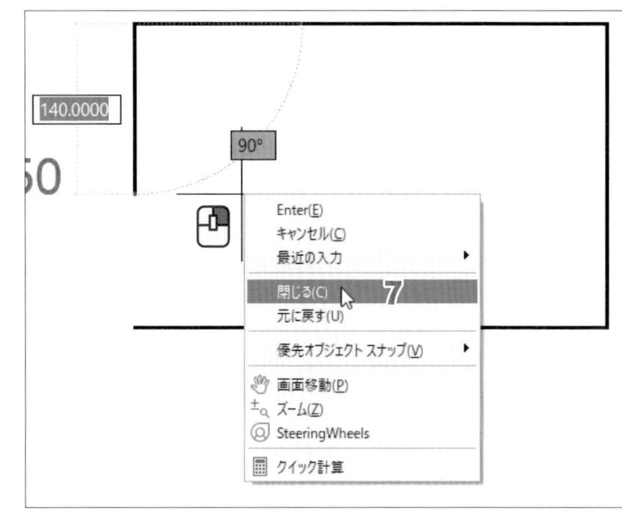

step 8 [ポリライン]コマンドで長方形を作成する

右の空きスペースに[ポリライン]コマンドで、前項で作成した長方形と底辺位置を揃え、同サイズの長方形を作成しましょう。

1 右の空きスペースを表示して、[ポリライン]コマンドを🖱

POINT [ポリライン]コマンドは連続線(円弧含む)を作成します。線を作成する際の操作手順は[線分]コマンドと同じです。

2 前項で作成した長方形の右下角にマウスカーソルを合わせ、□と**端点**が表示されたら水平右方向に移動する

POINT **2**ではマウスカーソルを合わせるだけで🖱はしません。オブジェクトスナップの[延長]がオン(初期値)であれば、**2**から右図のような延長パスが表示され、長方形下辺の延長上の🖱位置にスナップできます。オブジェクトスナップの[延長]がオフの場合は、**2**の操作で、前項で利用したオブジェクトスナップトラッキングが働き、位置合わせパスが表示されます。以降の操作は同じです。

3 ポリラインの始点として右図の位置で🖱

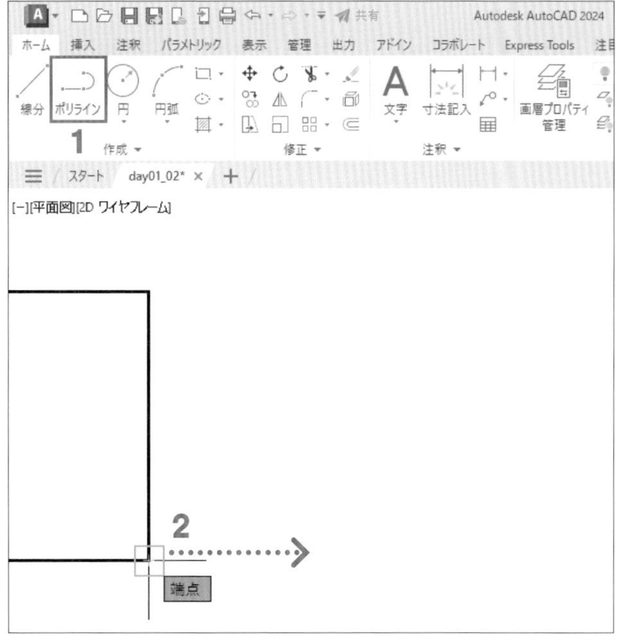

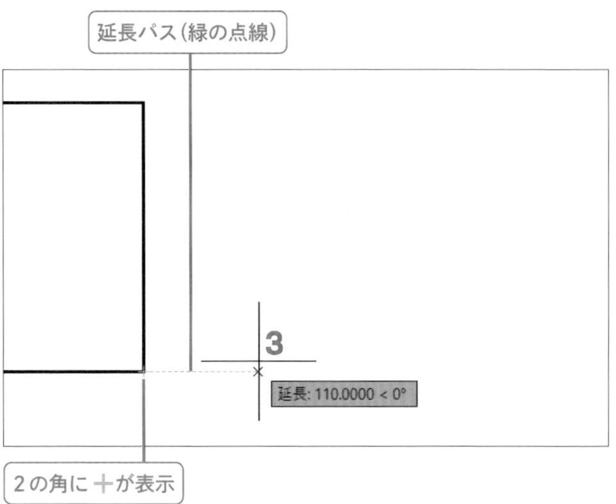

Column オブジェクトスナップ[延長]

オブジェクトスナップの[延長]では、オブジェクトの端点にマウスカーソルを合わせた後、オブジェクトの延長上にマウスカーソルを移動することで、延長パスが表示され、延長上の任意位置に🖱(スナップ)できます。

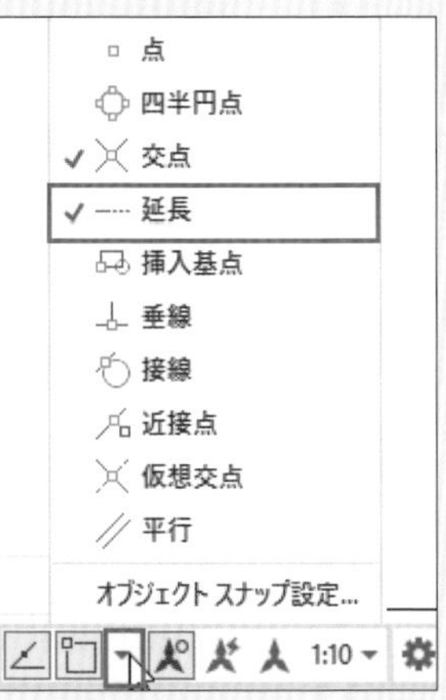

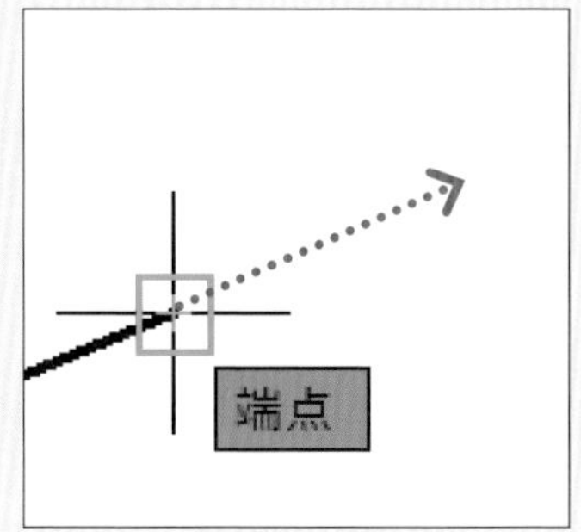

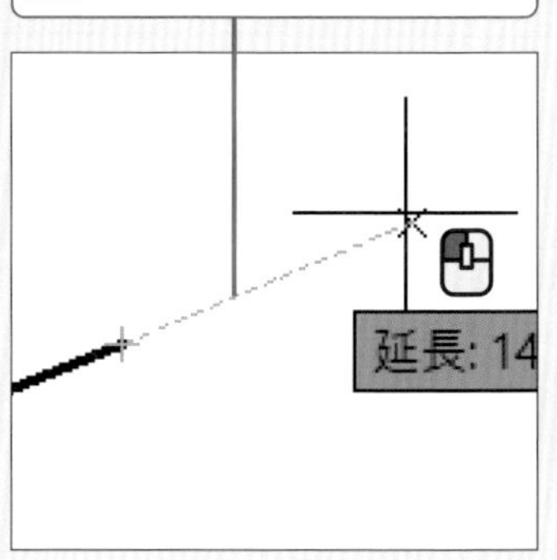

↳前項で作成した長方形下辺の延長上に**3**の始点が確定し、マウスカーソルまで[直交モード]で固定された水平線がプレビューされる。

4 マウスカーソルを右方向に移動し、長さ「400」を入力して Enter キーを押す

↳400mmの水平線が作成され、その右端点からマウスカーソルの方向に直交モードで固定された次の線がプレビューされる。

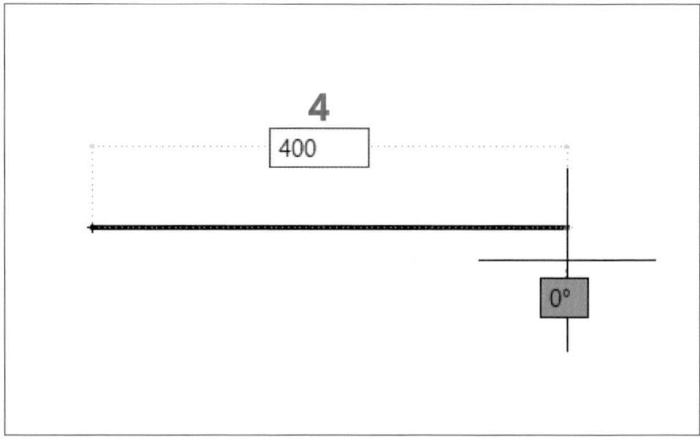

5 マウスカーソルを上方向に移動し、長さ「250」を入力して Enter キーを押す

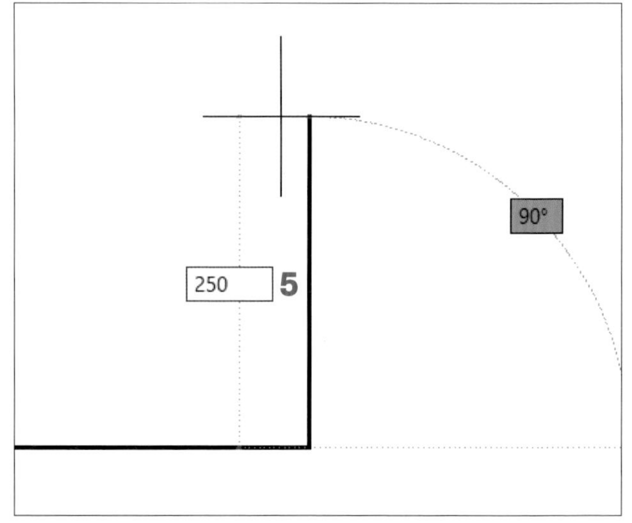

上辺は、p.32の**4**～**6**と同様にオブジェクトスナップトラッキング機能を使って作成しましょう。

6 マウスカーソルを底辺の左端点に合わせ□が表示されたら上方向に移動する

7 **6**からの垂直な位置合わせパスと水平線上に✕が表示された状態で

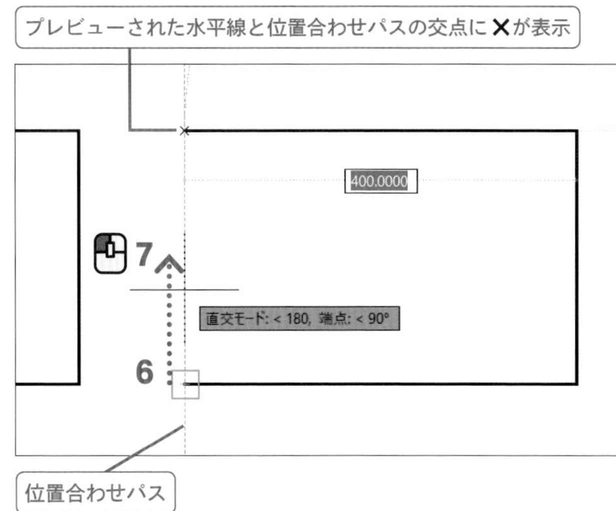

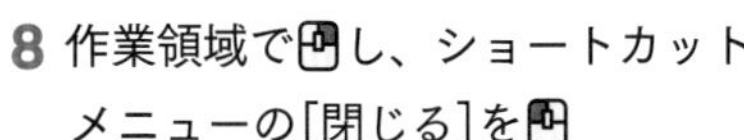

8 作業領域でし、ショートカットメニューの[閉じる]を

↳閉じた図形(長方形)になり、[ポリライン]コマンドが終了する。

POINT [線分]コマンドで作成した長方形と[ポリライン]コマンドで作成した長方形の違いについては、次の単元「day03」で説明します。

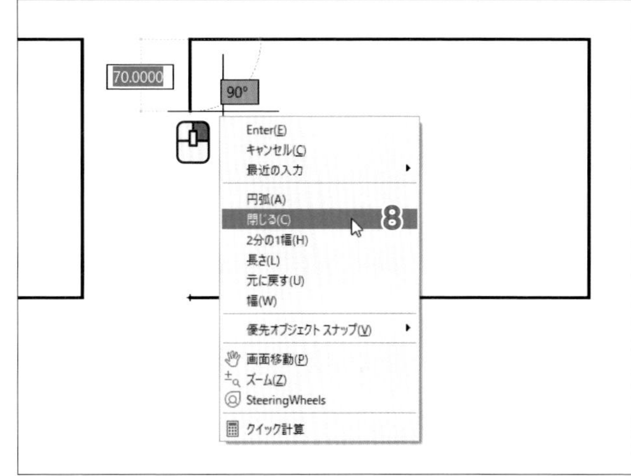

step 9

[長方形]コマンドで長方形を作成する

さらに右の空きスペースに同サイズの長方形を[長方形]コマンドで作成しましょう。

1 右の空きスペースを表示し、[長方形]コマンドを

POINT [長方形]コマンドは2つの対角を指示することで長方形を作成します。

2 前項で作成した長方形の右下角にマウスカーソルを合わせ、□が表示されたら水平右方向に移動する

3 長方形の一方のコーナーとして右図の位置で

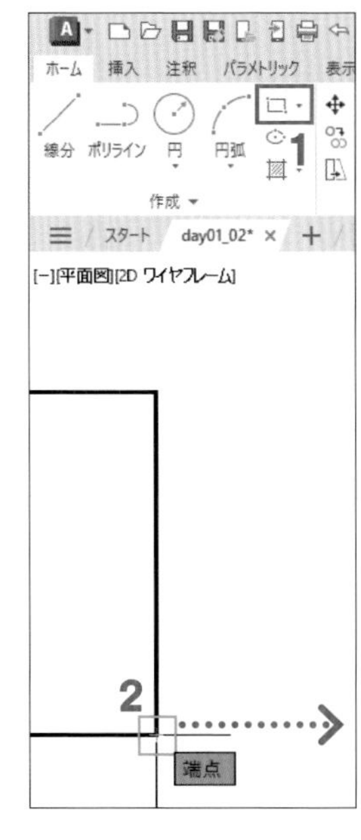

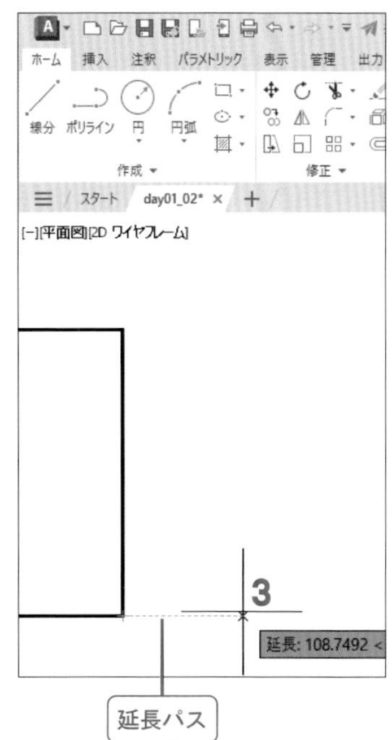

4 マウスカーソルを右上方向に移動する

↳マウスカーソルに従い右図のように長方形がプレビューされる

5 幅「400」を入力して Tab キーを押す

↳幅400mmが確定し、高さを入力する状態になる。

POINT 幅と高さの入力は Tab キーを押すことで切り替えできます。

6 高さ「250」を入力して Enter キーを押す

↳幅400mm、高さ250mmの長方形が作成され、[長方形]コマンドが終了する。

POINT [長方形]コマンドは、1つの長方形を作成すると自動的に終了します。

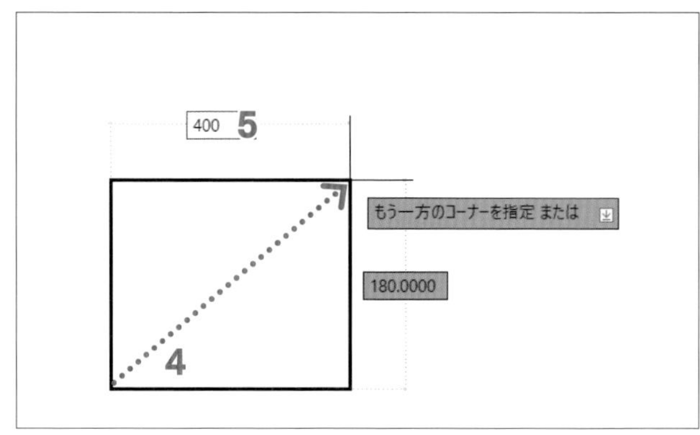

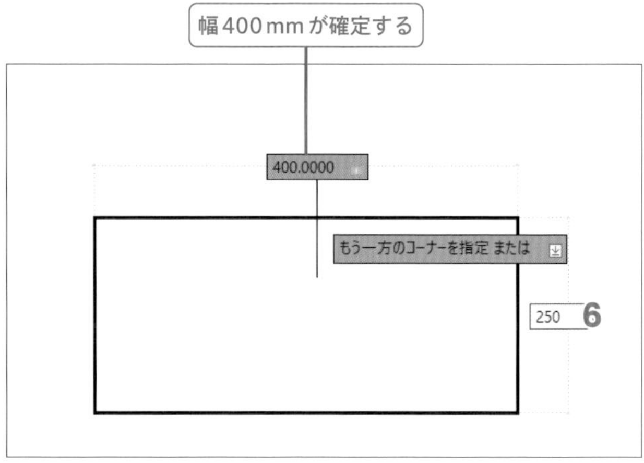

step 10 別の名前で保存する

教材ファイル 01_02.dwg をそのまま残すため、ここまでを別の名前で保存しましょう。

1 クイックアクセスツールバーの[名前を付けて保存]コマンドを

↳[ファイル名]ボックスに現在のファイル「01_02.dwg」が色反転した[名前を付けて保存]ダイアログが開く。

2 [保存先]が「Chap1」フォルダであることを確認し、[ファイル名]ボックスに新しいファイル名「02」を入力する

3 [保存]ボタンを

↳「Chap1」フォルダに02.dwgとして保存される。

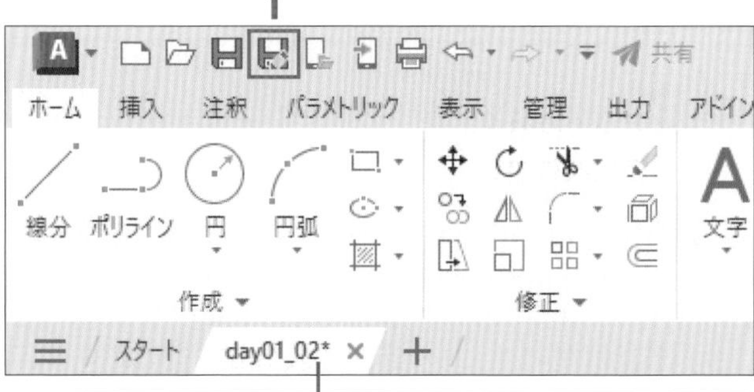

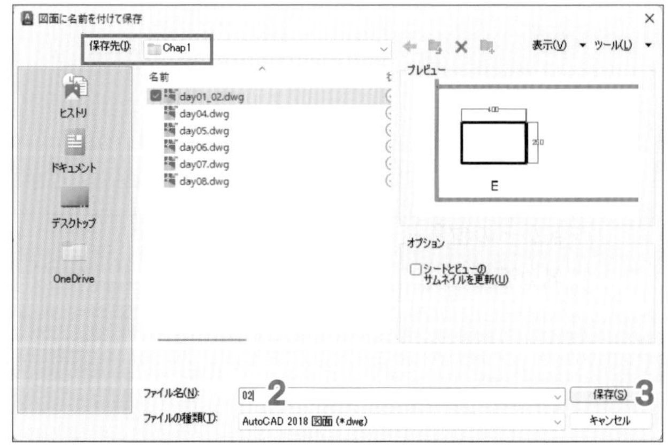

4 タイトルバー右上の✕（閉じる）を🖱して、AutoCADを終了する

以上でDay02は終了です。

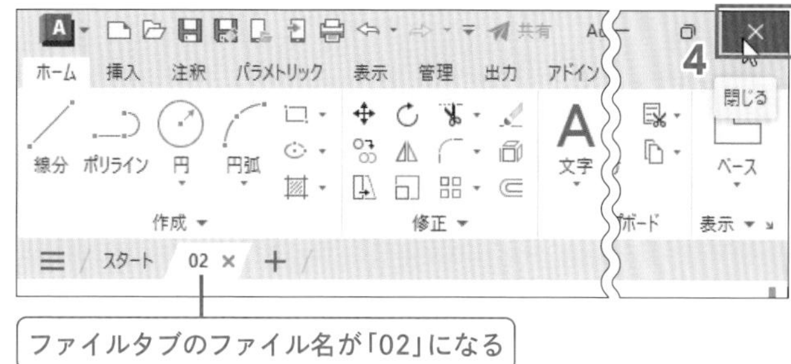

Column オブジェクトスナップトラッキング

p.???で行ったようにオブジェクトスナップトラッキングを利用することで、既存の点から水平方向上の位置（Y座標が同じ）や垂直方向上の位置（X座標が同じ）にスナップできます。ここでは、2つの点から水平・垂直方向に位置合わせパスを伸ばして交差する位置にスナップする手順を、［線分］コマンドの始点を指示する例で紹介します。

1 ［線分］コマンドを選択し、水平線の右端点にマウスカーソルを合わせ、□端点を表示する

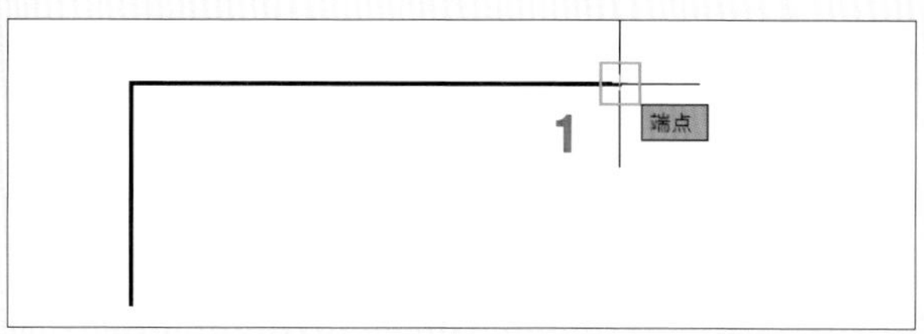

POINT マウスカーソルを合わせるだけで🖱はしません。AutoSnapマーカー□が表示されたことを確認したら、マウスカーソルを移動して結構です。

2 垂直線の下端点にマウスカーソルを合わせ、□端点が表示されたら、水平線右端点の下付近まで水平方向右にマウスカーソルを移動する

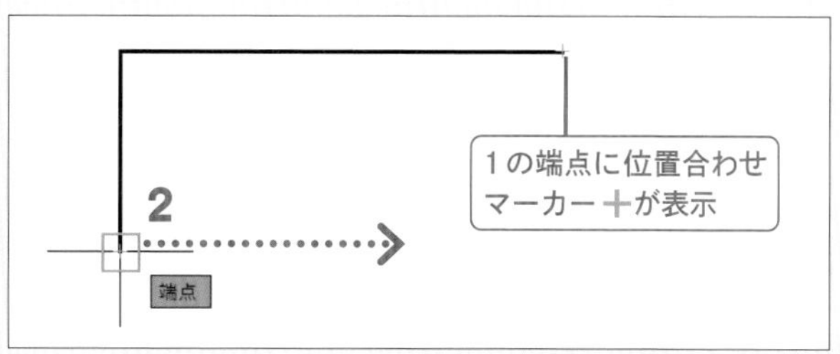

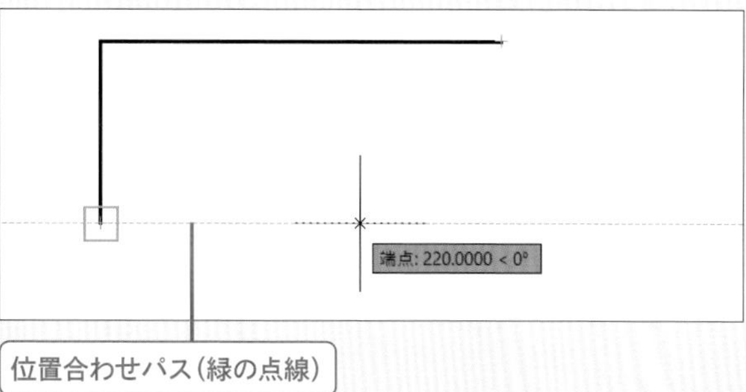

3 **1**の点からの位置合わせパスと**2**の点からの位置合わせパスの交点に✕が表示されたら🖱

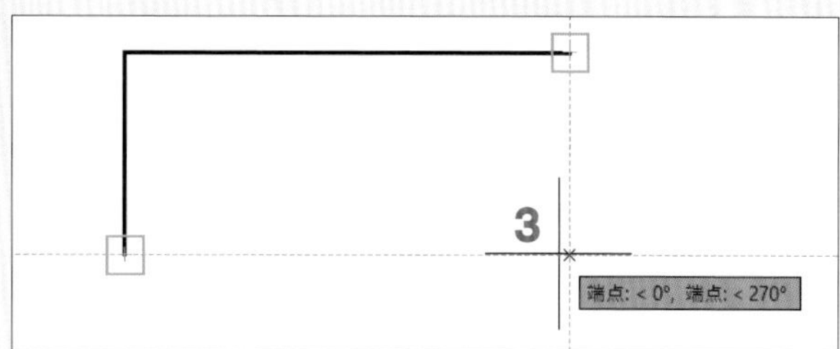

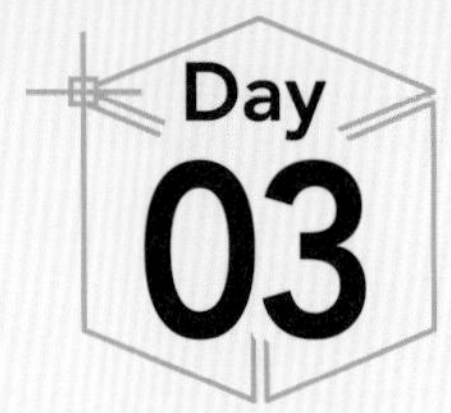

印刷と線の編集

Day02で保存したファイル02.dwgを開き、A4用紙に尺度1：10で印刷しましょう。実寸でモデルを作成するAutoCADでは、用紙サイズや尺度は印刷時に指定します。印刷される線の太さの指定方法やその変更方法についても学習します。また、02.dwgに作成済の線を消去したり、移動、伸縮したり、平行複写するなど、様々な編集操作を行ってみます。

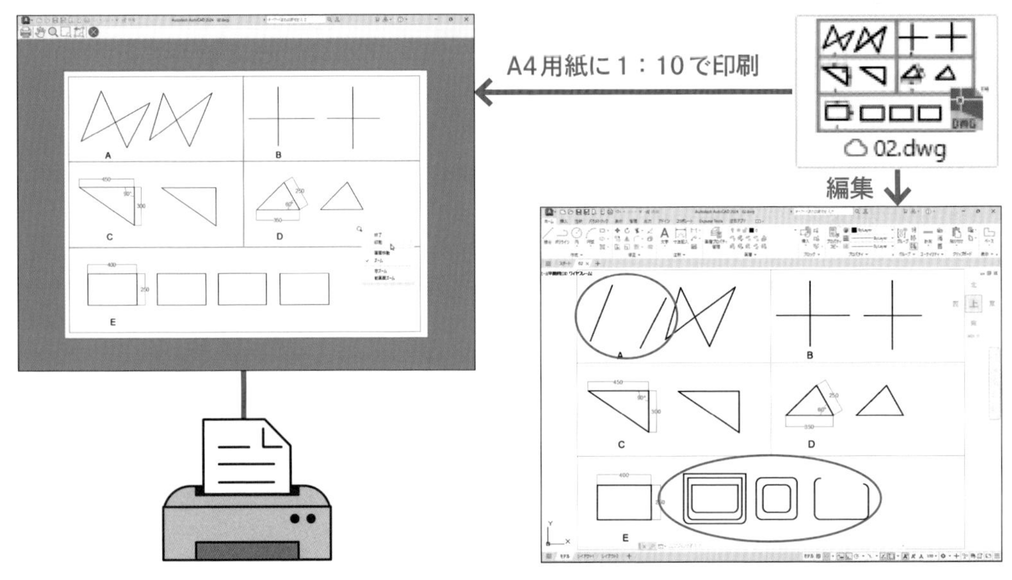

[スタート]タブからファイル02.dwgを開く

[スタート]タブから、Day02で保存した**ファイル02.dwg**を開きましょう。

1 [スタート]タブの[最近使用したファイル]領域に表示された02.dwgを

POINT Day02で保存したファイルが[最近使用したファイル]領域に表示されます。**1**の操作の代わりに左の[開く]やクイックアクセスツールバーの[開く]コマンドをし、[ファイルの選択]ダイアログからファイルを選択してもよいでしょう。

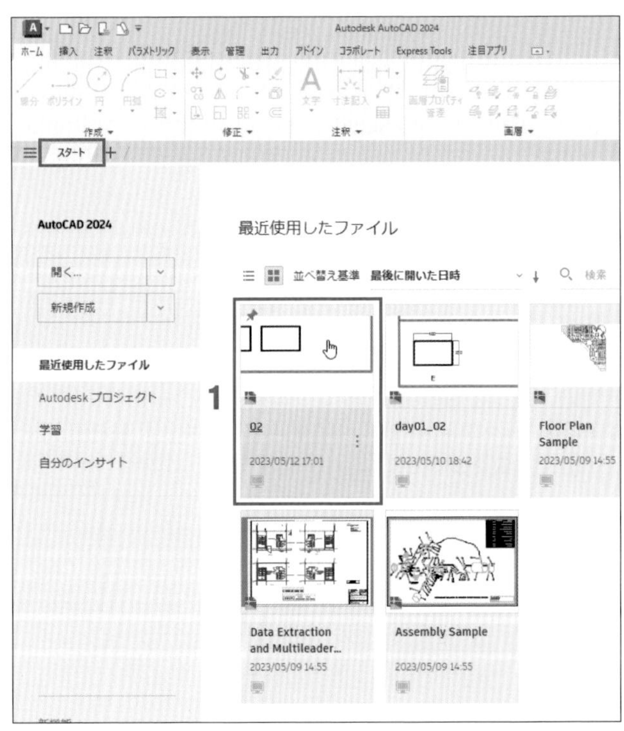

図全体を尺度1:10で印刷する

02.dwgを尺度1:10でA4用紙横向きに印刷しましょう。

1 クイックアクセスツールバーの[印刷]コマンドを🖱
↳[印刷-モデル]ダイアログが開く。

2 [プリンタ/プロッタ]欄の[名前]ボックス▼を🖱し、リストから印刷するプリンタ/プロッタ名を選択する

3 [用紙サイズ]ボックスを「A4」にする

4 [図面の方向]欄の[横]を選択する

5 [印刷対象]ボックスの▼を🖱し、リストから[オブジェクト範囲]を選択する

POINT [印刷対象]ボックスでは印刷する範囲を指定します。[オブジェクト範囲]は、すべての構成要素(オブジェクト)が入る範囲のことです。

6 [印刷尺度]欄の[用紙にフィット]のチェックを外す

7 [尺度]ボックスの▼を🖱し、リストから[1:10]を選択する

8 [印刷オフセット]欄の[印刷の中心]にチェックを付ける

POINT 8のチェックを付けることで、印刷対象を用紙の中心に合わせて印刷します。

9 [プレビュー]ボタンを🖱

10 表示されるプレビュー画面を確認したら、🖱しショートカットメニューの[印刷]を🖱
↳A4用紙横に尺度1:10相当で印刷される。

POINT 10でショートカットメニューの[終了]を🖱した場合は[印刷-モデル]ダイアログに戻ります。

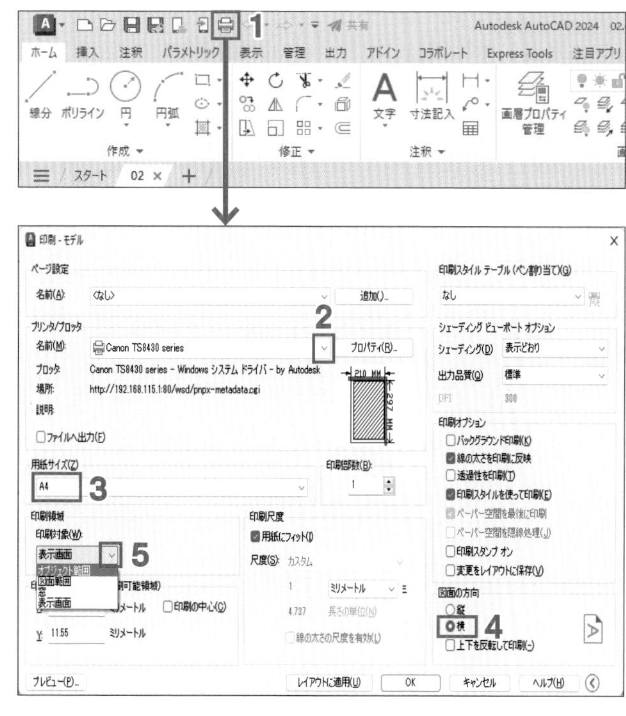

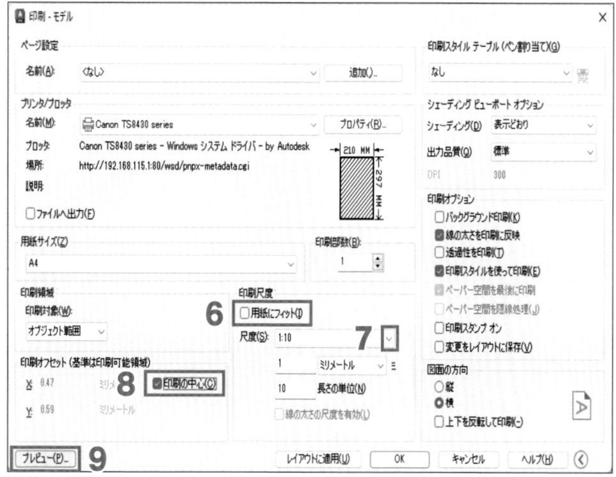

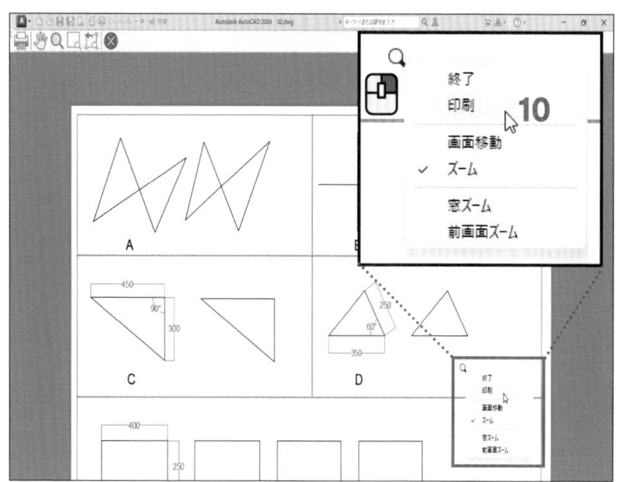

印刷線の太さ・色・線種の設定と画層

基準線や外形線、寸法など、図面の各部分を複数の透明なシートにかき分け、それらのシートを重ねて1枚の図面にする機能があります。この透明なシートに該当するものを「画層」(または「レイヤ」)と呼びます。AutoCADでは基本的に、画層ごとに線の太さ・色・線種を設定します。線・円・弧などのオブジェクトは、作成時の「現在の画層」に作成され、その画層で設定した線の太さ・色・線種で表示・印刷されます。作成する画層を使い分けることで線の太さ・色・線種の使い分けをします。画層の使い分けについては、Day04以降で詳しく説明します。

さきほど印刷した02.dwgは、以下の画層で構成されています。

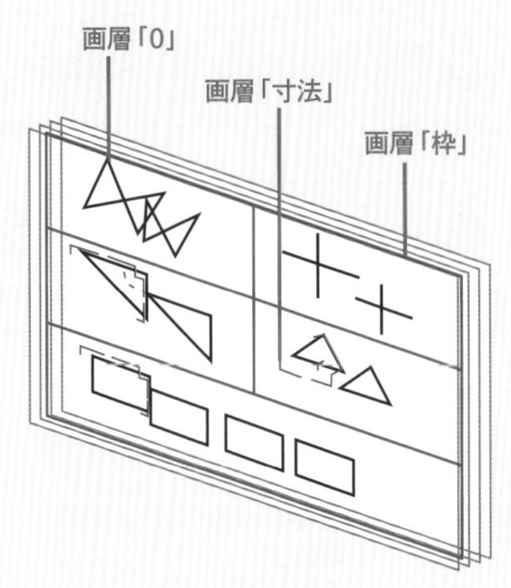

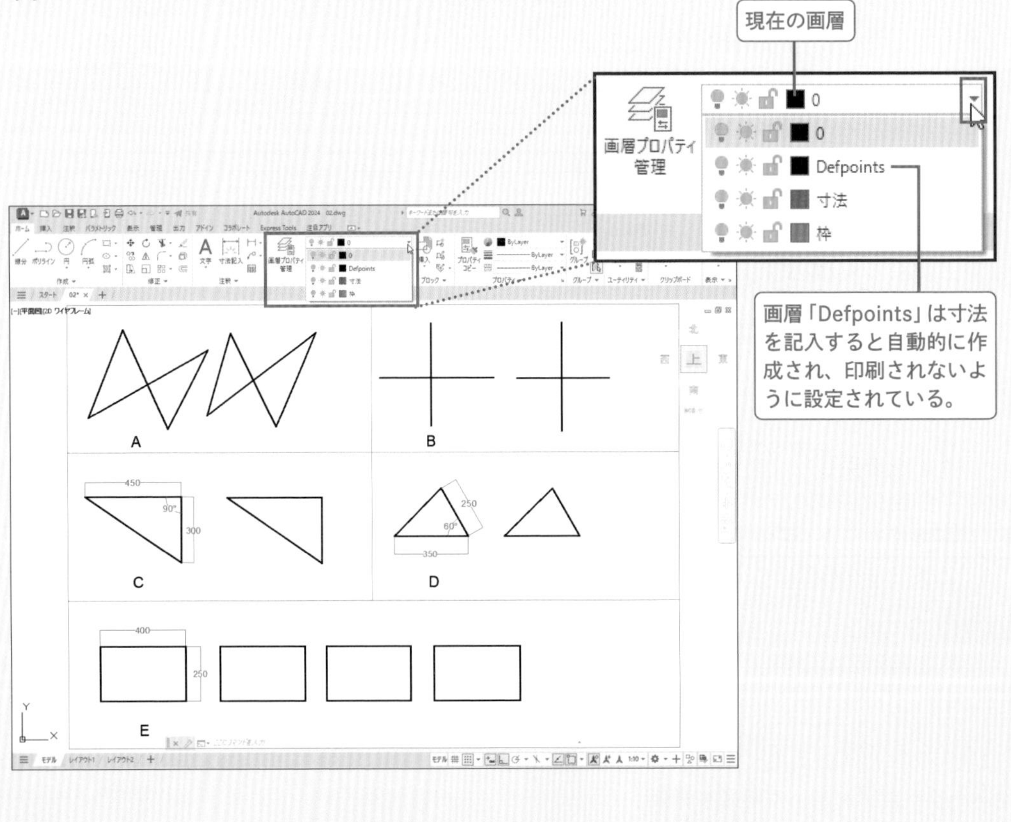

画層「0」

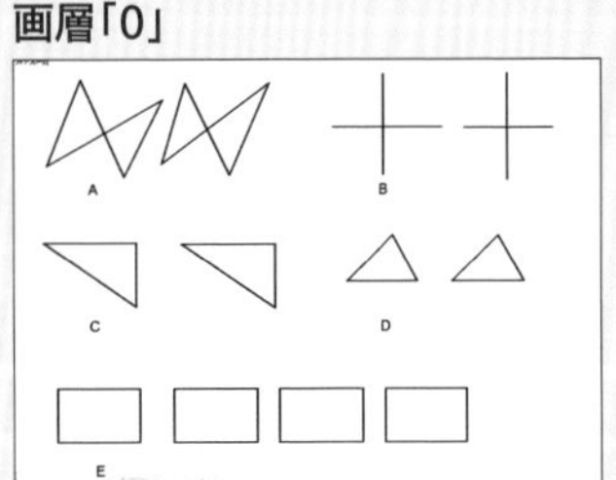

画層「寸法」

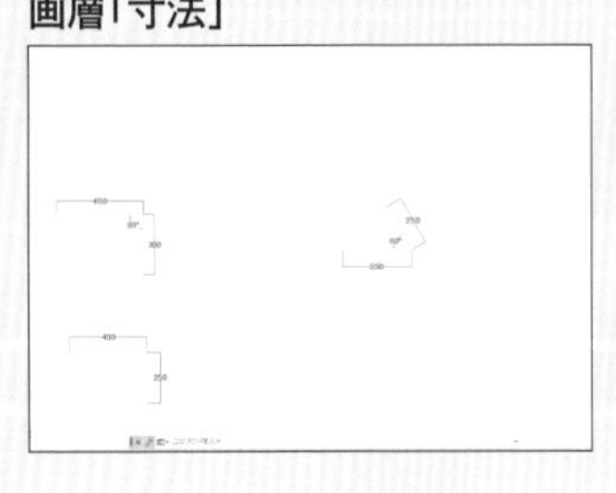

画層「枠」

step

3 線の太さを変更する

画層ごとに設定されている線の太さを変更することで、その画層に作成されているオブジェクトの線の太さを変更できます。枠線の太さを細くしましょう。

1 [画層プロパティ管理]コマンドを

POINT ここで開く[画層プロパティ管理]ダイアログで画層ごとに、線の太さ・色・線種を管理します。「枠」画層の線の太さは、「0.50mm」になっています。

2 [画層プロパティ管理]ダイアログの「枠」画層の[線の太さ]を

3 [線の太さ]ダイアログで、変更後の線の太さ(0.18mm)を

4 [OK]ボタンを

5 [画層プロパティ管理]ダイアログの[✕](閉じる)を

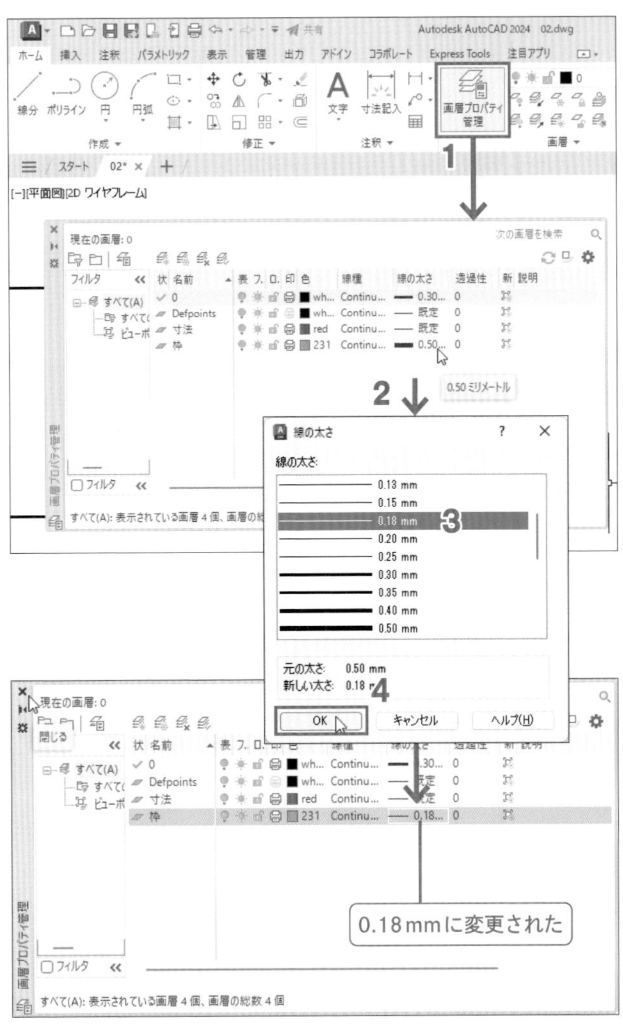

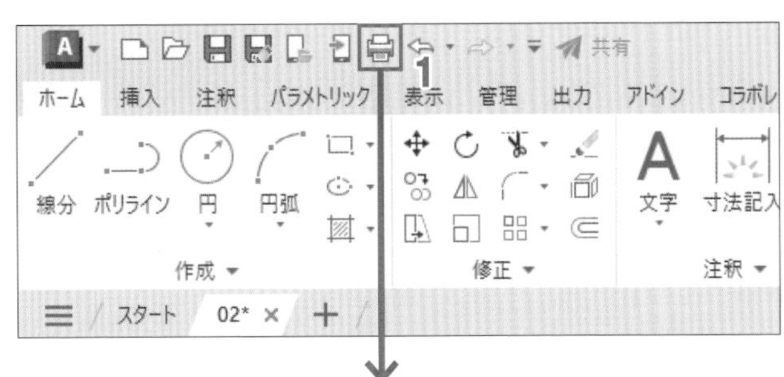

step

再度、図面を印刷する

枠線の太さを変更した図面を印刷しましょう。

1 クイックアクセスツールバーの[印刷]コマンドを

2 「印刷-モデル」ダイアログの[ページ設定]欄の[名前]ボックス▼をし、「<直前の印刷>」を選択する

POINT [ページ設定]で「<直前の印刷>」を指定すると、プリンタ、用紙サイズ、印刷の向き、印刷対象、印刷尺度などの設定が、直前の印刷(» p.39)と同じ設定になります。実際に印刷していない場合は、「〈直前の印刷〉」は表示されません。

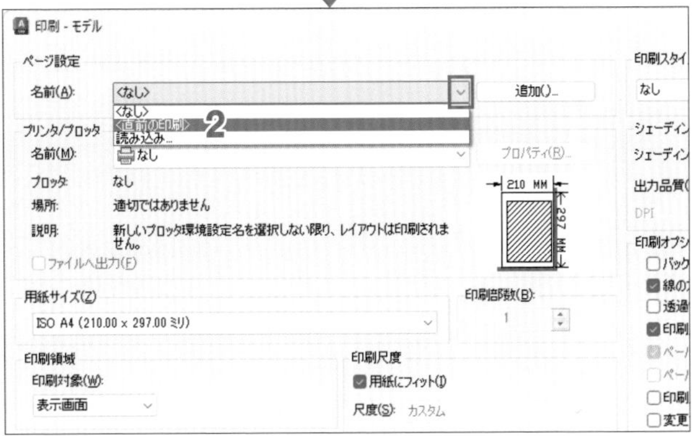

この設定をいつでも使えるよう［ページ設定］として登録しておきましょう。

3 ［ページ設定］欄の［名前］ボックス右の［追加］ボタンを🖱

↳［ページ設定を追加］ダイアログが開く。

4 新しいページ設定名として「A4横1:10」を全角文字で入力し、［OK］ボタンを🖱

POINT 半角文字の「:」や「/」は使用できないため［半角/全角］キーを押して日本語入力をオンにして全角文字で入力します。入力後、再度［半角/全角］キーを押して日本語入力をオフにしてください。ここで追加したページ設定は、ファイルに保存され、［ページ設定］欄の「名前」ボックス▼を🖱することで、リストから選択できます。

5 ［プレビュー］ボタンを🖱

6 プレビュー画面で🖱し、ショートカットメニューの［印刷］を🖱

↳枠が細い線（0.18mm）で印刷される。

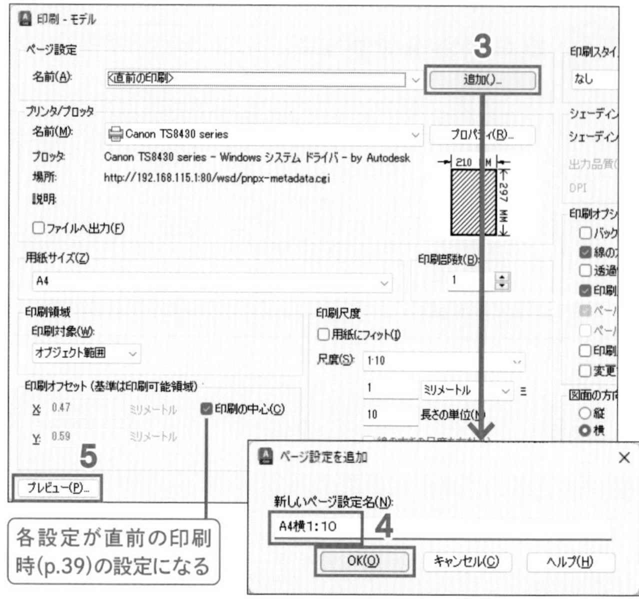

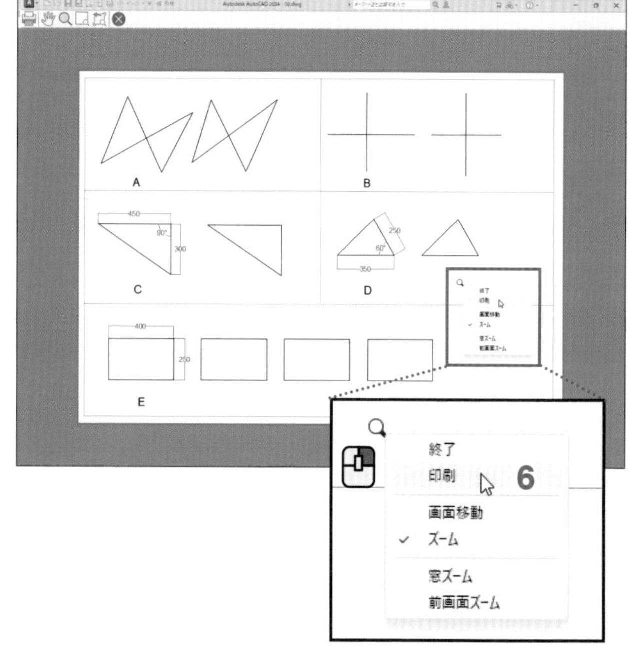

step 5 上書き保存する

変更した枠線の太さと前項の**3**～**4**で追加したページ設定をファイルに保存するため、上書き保存しましょう。

1 クイックアクセスツールバーの［上書き保存］コマンドを🖱

POINT ファイルが更新されている（上書きする内容がある）ときは、ファイルタブのファイル名後ろに「*」マークが付いています

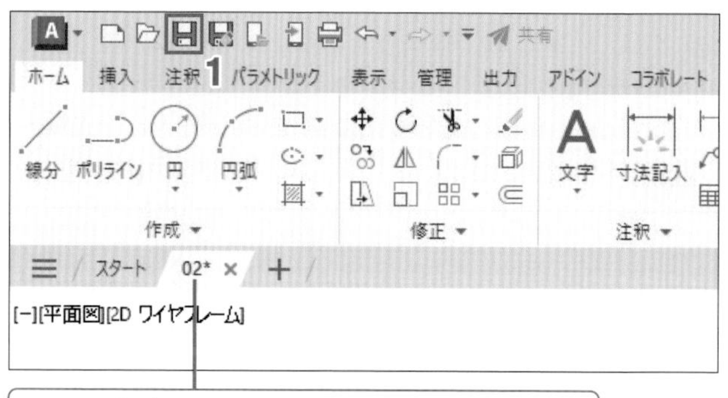

step 6 線分を削除する

削除対象として図Aの交差した2本の線分を選択しましょう。

1 図Aを拡大表示する

参考 ズーム操作 » p.21

2 右図の線分を

POINT コマンド未選択の状態でオブジェクト(ここでは線分)をすると、選択され、青くハイライトされます。

3 続けて、右図の線を

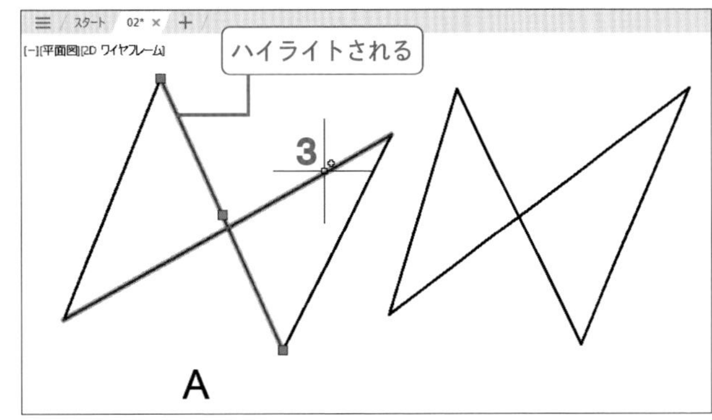

POINT 続けて他のオブジェクトをすることで、追加選択できます。

2本のハイライトされた線分を削除しましょう。

4 [削除]コマンドを

↳ハイライトされた2本の線分が削除され、[削除]コマンドが終了する。

POINT 操作の対象となるオブジェクトを選択後、それに対する操作を選択するという手順は、削除に限らず、複写、移動など多くの操作で共通です。**4**の操作の代わりに作業領域でし、表示されるショートカットメニューから、[削除]コマンドを選択することもできます。

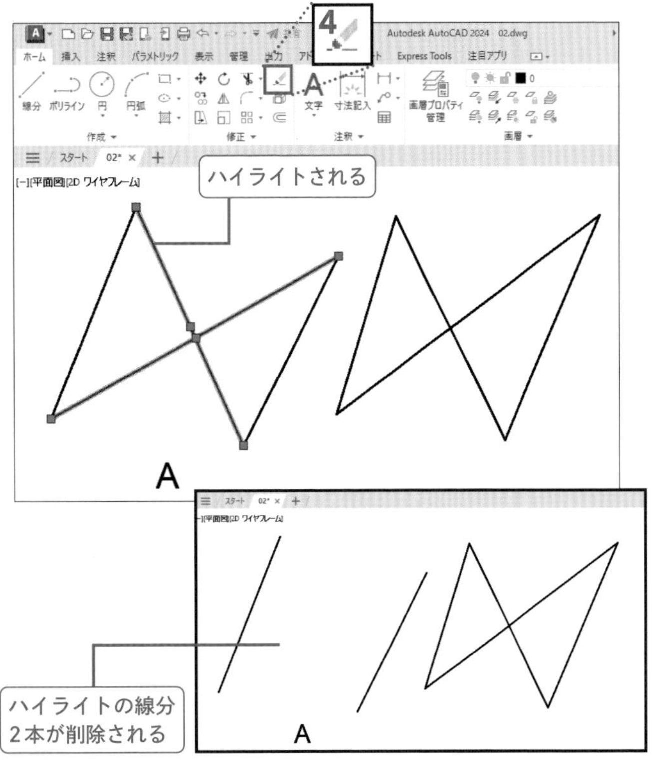

step 7 長方形の辺を削除する

削除対象として、図E右に作成した長方形の辺を選択しましょう。

1 右図の範囲を表示する

2 [線分]コマンドで作成した長方形の上辺を

↳**2**の上辺がハイライトされる。

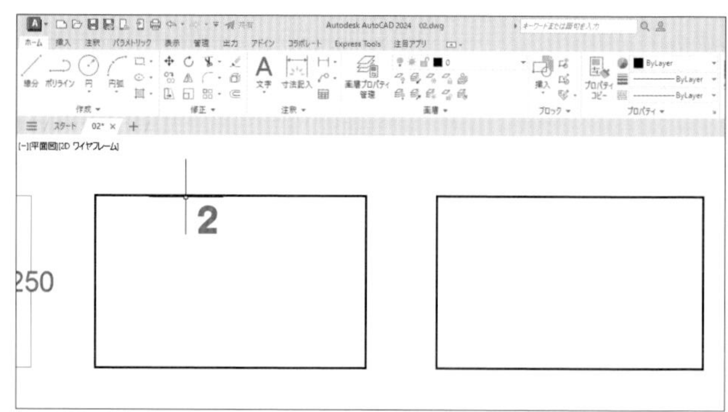

3 右隣の[ポリライン]コマンドで作成した長方形の上辺を

↳**3**の上辺だけでなく長方形の4辺がハイライトされる。

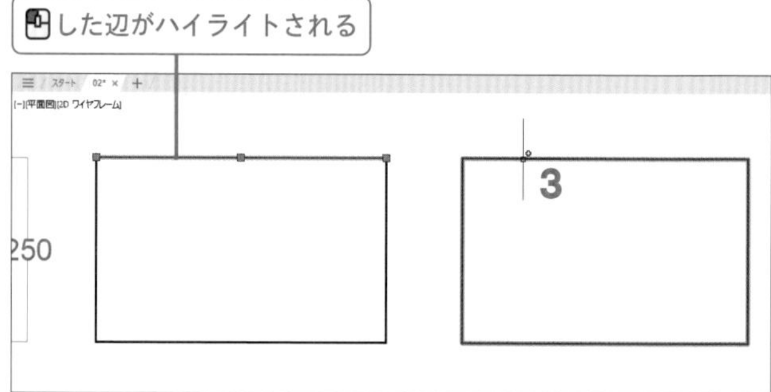

POINT [線分]コマンドで作成した4本の連続線は、線分1本づつが独立したオブジェクトであるのに対し、[ポリライン]コマンドで作成した連続線は、4本で1つのオブジェクトです。このように連続した線分・円弧などを1オブジェクトとしたものを「ポリライン」と呼びます。[長方形]コマンドで作成した長方形もポリラインです。

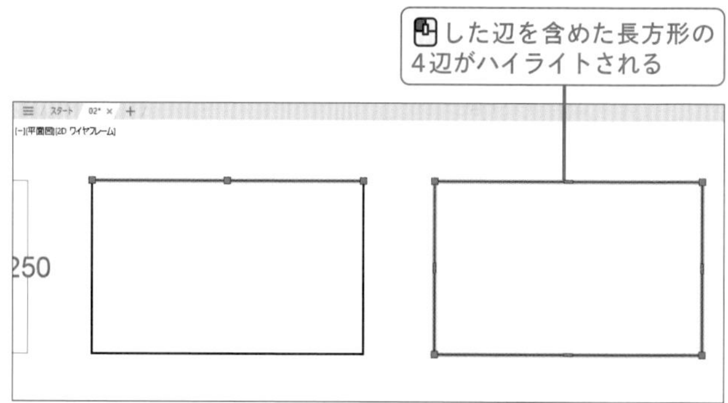

ハイライトされたオブジェクトを削除しましょう。

4 作業領域でし、ショートカットメニューの[削除]を

↳ハイライトのオブジェクトが削除され、[削除]コマンドが終了する。

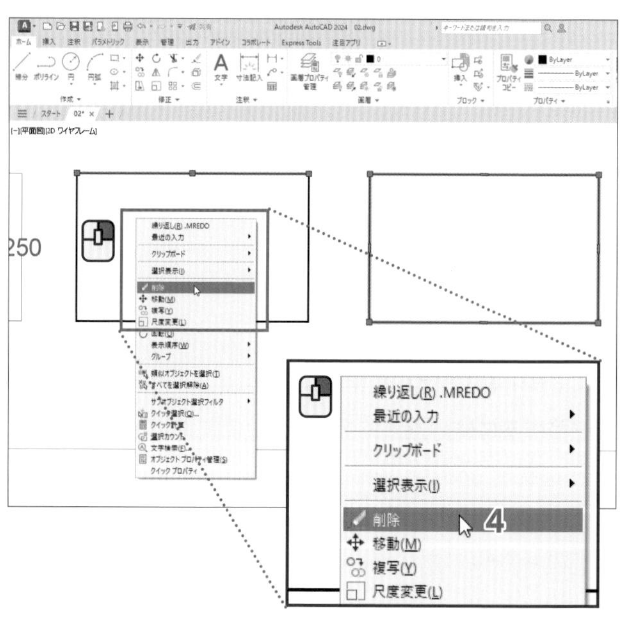

POINT オブジェクトを選択後、作業領域ですると、選択したオブジェクトに対して行える操作がショートカットメニューに表示されます。**4**の操作の代わりに[削除]コマンドをするか Delete キーを押すことでも削除できます。

直前の削除操作を取り消し、削除前に戻しましょう。

5 作業領域でし、ショートカットメニューの[元に戻す　削除]を

↳直前の削除操作が取り消され、削除前の状態に戻る。

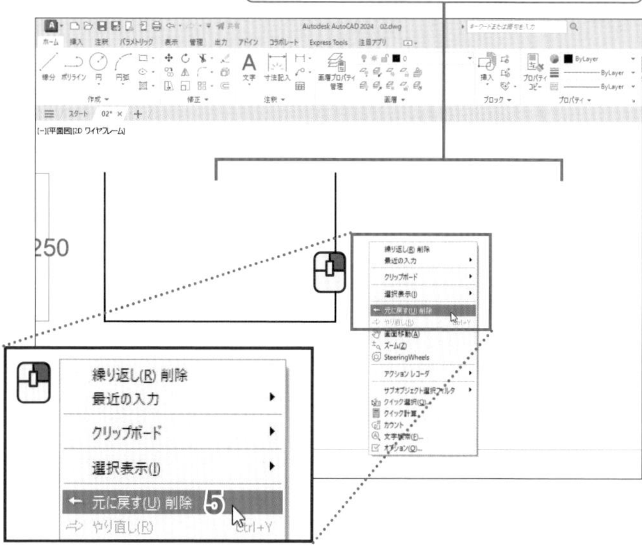

オブジェクトの選択と選択解除

線分などのオブジェクトを伸縮する、削除する、移動する、複写するなどの操作を行う際、はじめに操作対象とするオブジェクトを選択します。

◆オブジェクトの選択

何もコマンドを選択していない状態で、線分や円などのオブジェクトをすると、操作対象として選択され、ハイライトされます。続けて、他のオブジェクトをすることで追加選択できます。また、選択枠で囲むことで複数のオブジェクトを一括して選択する方法もあります。(» p.82)

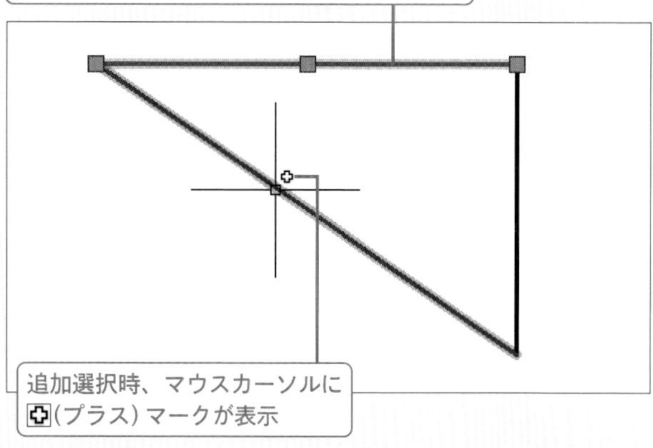

◆選択の解除　Shift キー＋

ハイライトしたオブジェクトの選択を解除するには、Shift キーを押したまま、そのオブジェクトをします。

◆すべての選択を解除　Esc キー

ハイライトされているすべての選択を解除するには、Esc キーを押します。あるいは作業領域でし、ショートカットメニューの[すべてを選択解除]をします。

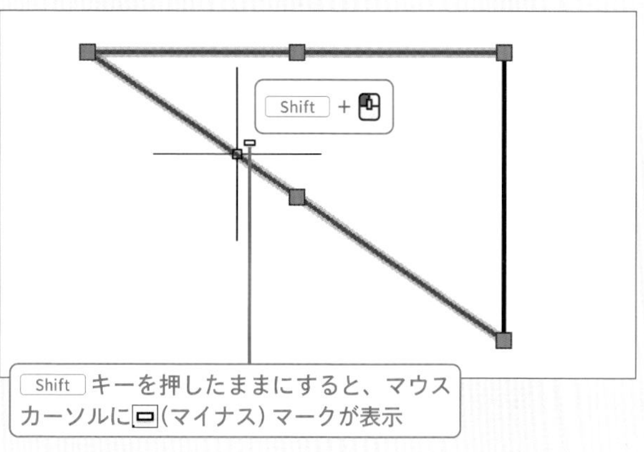

step

8 線分を移動する

[線分]コマンドで作成した長方形の上辺を上に移動しましょう。

1 [線分]コマンドで作成した長方形の上辺を🖱して選択する

POINT ハイライト（選択）された線分の両端と中点には、「グリップ」と呼ぶ■が表示されます。この中点の■を🖱して移動先を指示することで、線分の移動が行えます。

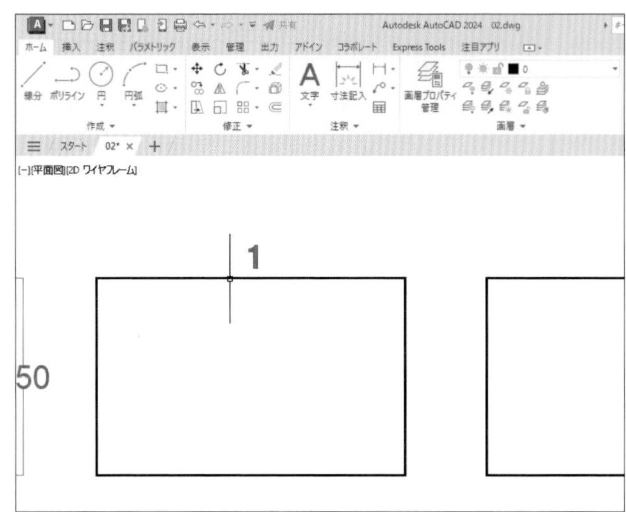

2 ハイライトされた線分中点のグリップにマウスカーソルを合わせ、グリップが赤くなったら🖱

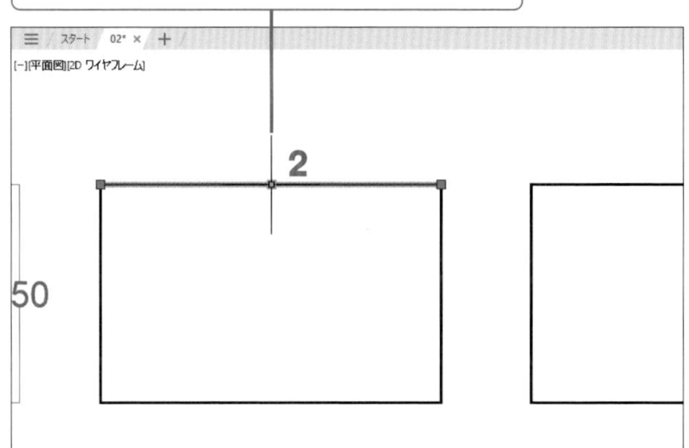

3 上方向にマウスカーソルを移動する。

POINT **1**の線分がマウスカーソルに従いプレビューされます。[直交モード]がオンのため、大きく左右にマウスカーソルを移動しない限り、左右の位置が固定された状態でプレビューされます。移動先を🖱するか、移動元からの距離を指定することで移動します。

4 キーボードから「50」を入力し、Enter キーを押す

↳元の位置から50mm上に移動する。

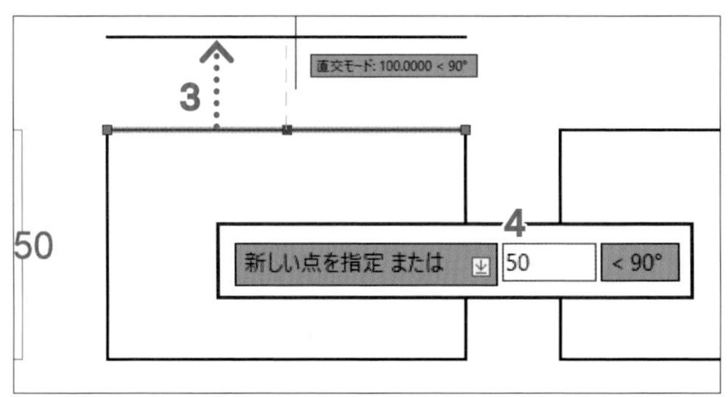

5 Esc キーを押す

↳ハイライトの線分の選択が解除され、元の色に戻る。

POINT 選択オブジェクトを解除するには、Esc キーを押すか、作業領域で🖱して、ショートカットメニューの[すべてを選択解除]を🖱します。

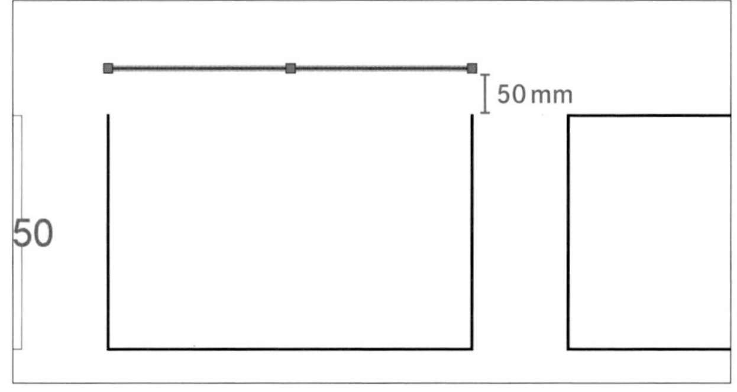

step 9 線分をストレッチ(伸縮)する

移動した線分まで左辺を伸ばしましょう。

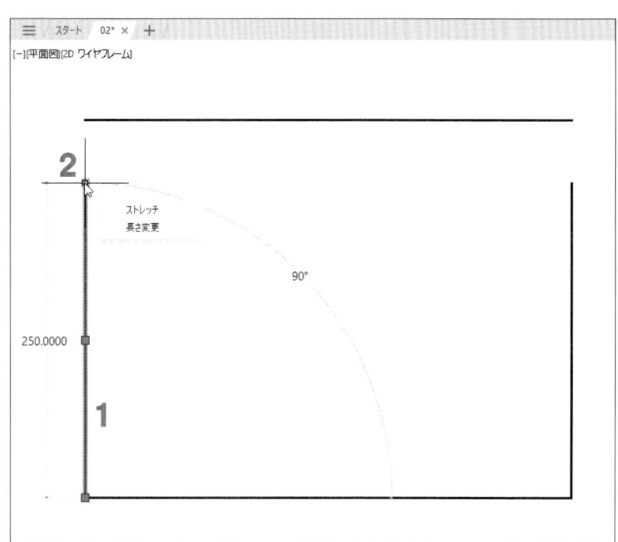

1 左辺を🖱して選択する

2 ハイライトされた左辺上端点のグリップにマウスカーソルを合わせ、グリップが赤くなったら🖱

POINT 伸縮する側の端点のグリップ■を🖱して移動先を指示することで、線分のストレッチ(伸縮)を行います。マウスカーソルの位置に**2**のグリップ位置が移動し、それに伴いハイライトの線分が伸び縮みしてプレビューされます。

3 端点の移動先として上辺の左端点にマウスカーソルを合わせ、□と端点が表示されたら🖱

↳**2**のグリップが**3**の端点に移動することで、左辺が**3**の端点まで延長される。

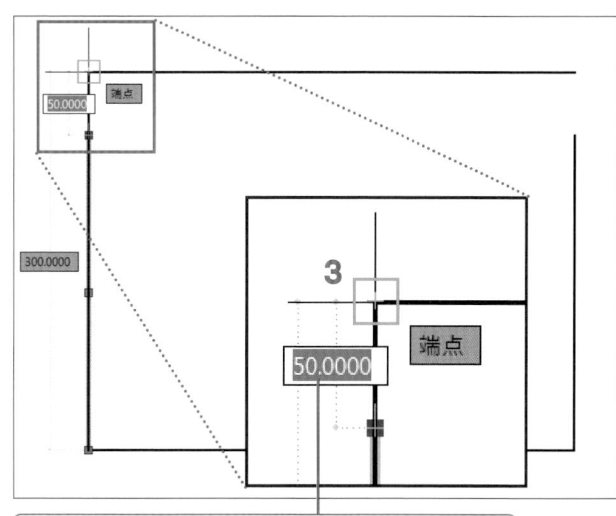

マウスカーソル位置までの距離が [ダイナミック入力] ボックスに色反転表示される

右辺は移動距離を指定して上辺まで延長しましょう。

4 右辺を🖱

POINT 左辺がハイライトされたまま、右辺を選択しても、この操作では支障ありません。

5 ハイライトされた線分上端点のグリップを🖱し、上方向にマウスカーソルを移動する

6 キーボードから「50」を入力し、Enter キーを押す

↳**5**のグリップが50mm上に移動することで、右辺が上辺の右端点まで延長される。

7 Esc キーを押してすべての選択を解除する

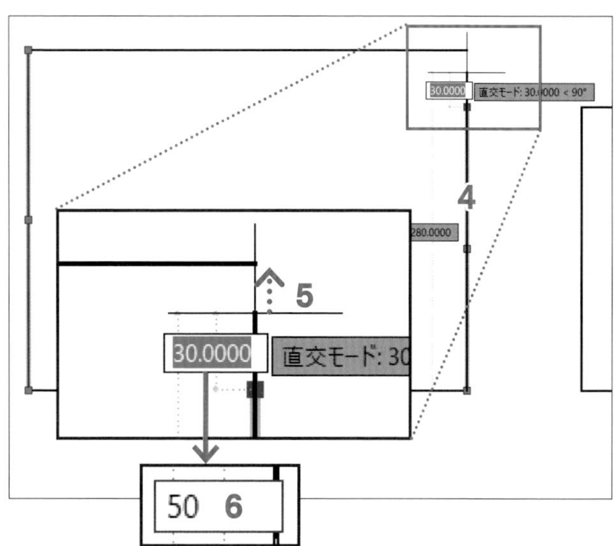

ポリラインの長方形の幅・高さを変更する

ポリラインの長方形をストレッチして高さを50mm高くしましょう。

1 [ポリライン]コマンドで作成した長方形の上辺を🖱

POINT ハイライトされたポリライン(4辺)の頂点には■のグリップが、各辺の中点には▬のグリップが表示されます。

2 ハイライトされた上辺中点のグリップにマウスカーソルを合わせ、グリップが赤くなったら🖱

3 上方向にマウスカーソルを移動する

↳マウスカーソルに伴い**1**の辺が移動し、左辺・右辺がそれに追従してプレビューされる。

4 キーボードから「50」を入力する

POINT 上辺が50mm上に移動し、それに追従して左右の辺もストレッチされます。**4**の操作の代わりに移動先を🖱することでもストレッチできます。

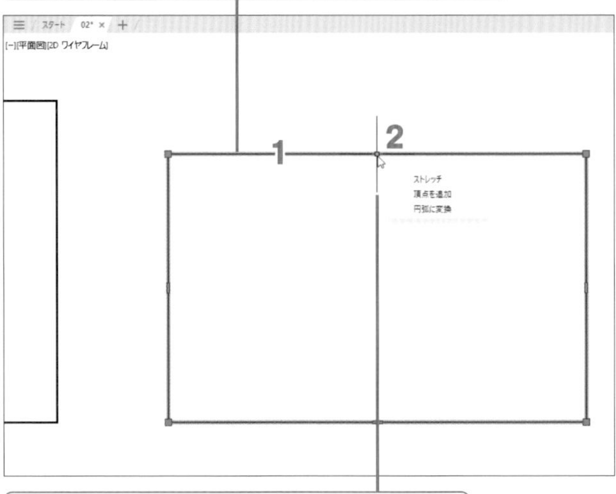

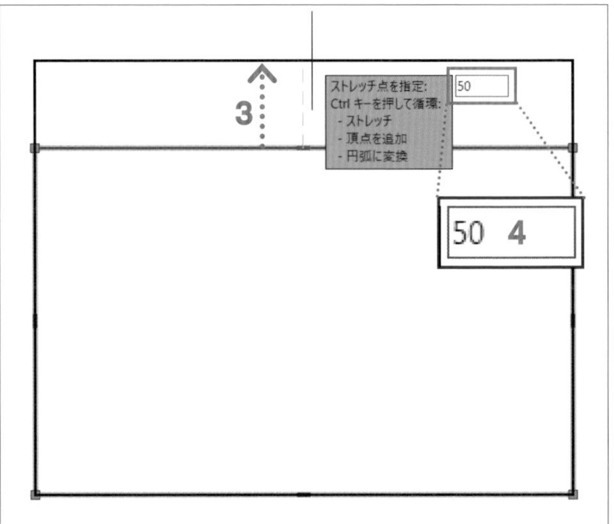

長方形の幅を100mm縮めましょう。

5 右辺の中点のグリップを🖱し、マウスカーソルを左方向に移動する

6 キーボードから「100」を入力し、Enter キーを押す

↳右辺の位置がマウスカーソルの示す方向(左)に100mm移動し、それに追従して上下の辺がストレッチされる。

7 Esc キーを押してすべての選択を解除する

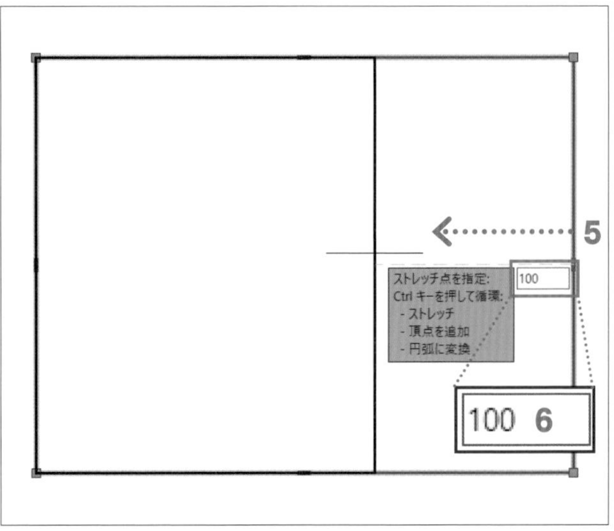

ポリラインの長方形を変形する

[長方形]コマンドで作成した長方形の左上頂点を、左隣の長方形と同じ高さまで移動しましょう。

1 [長方形]コマンドで作成した長方形をクリックして選択する

2 左上角のグリップにマウスカーソルを合わせ、グリップが赤くなったらクリック

↳マウスカーソルに従い、2のグリップが移動し、それに上辺と左辺が追従してプレビューされる。

3 左隣の長方形の右上角にマウスカーソルを合わせ、□端点が表示されたら右方向に移動する

↳3の端点に位置合わせマーク＋が表示され、3から水平な延長パスが表示される。

4 マウスカーソルを左辺の延長上に近付け、左辺と延長パスの交点に✕が右図のようにプレビューされたらクリック

↳左上角のグリップが左辺と延長パスの交点に移動し、それに上辺と左辺が追従して右図のようにストレッチされる

5 Esc キーを押してすべての選択を解除する

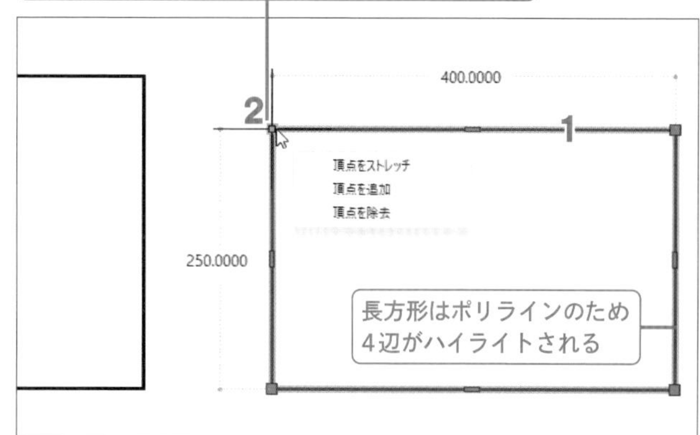

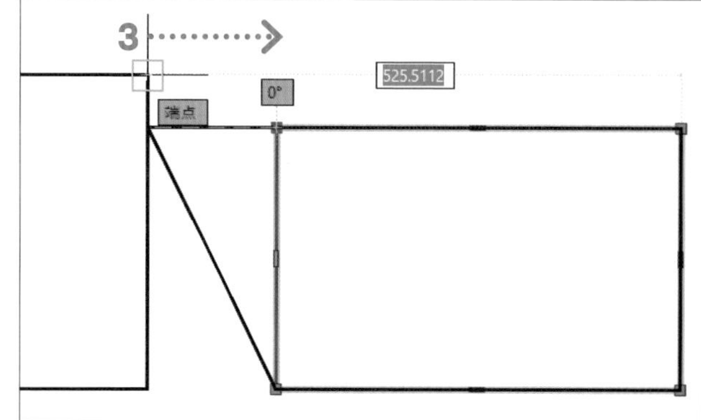

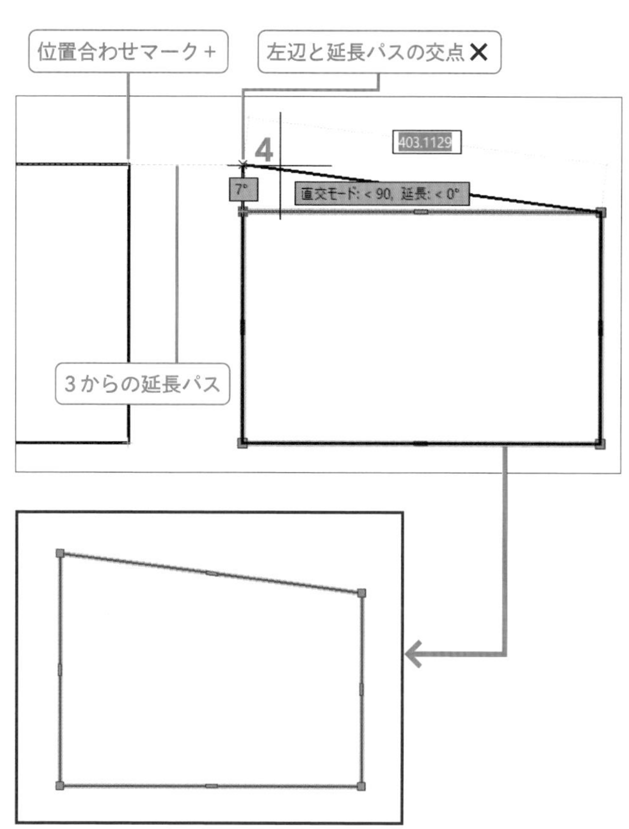

長方形の辺をオフセット（平行複写）する

［線分］コマンドで作成した長方形の左辺を30mm外側に平行複写しましょう。

1 ［オフセット］コマンドを🖱

POINT ［オフセット］コマンドは、指示したオブジェクトを指定距離はなした位置に平行複写します。はじめにオフセット距離を指定します。

2 オフセット距離として「30」を入力し、Enterキーを押す

3 オフセット対象として左辺を🖱

↳**3**の線分がハイライトされ、30mmはなれたマウスカーソル側に**3**の線分に平行な線分がプレビューされる。［ダイナミック入力］ボックスには**2**で入力した「30」が色反転表示される。

4 左にマウスカーソルを移動し、**3**の左辺の左側に平行線がプレビューされた状態で🖱

↳**3**の辺が30mm左側に平行複写（オフセット）される。

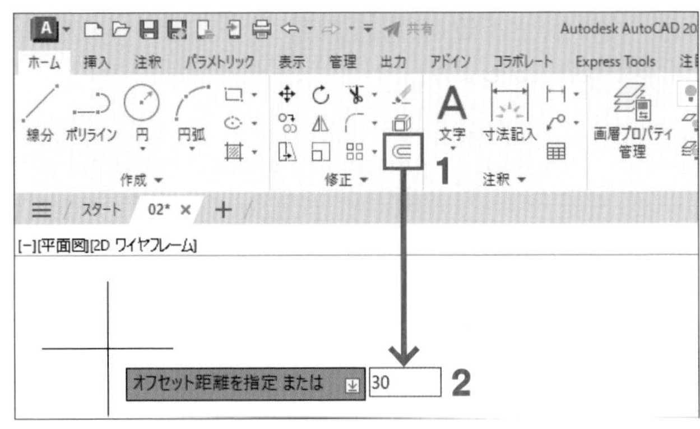

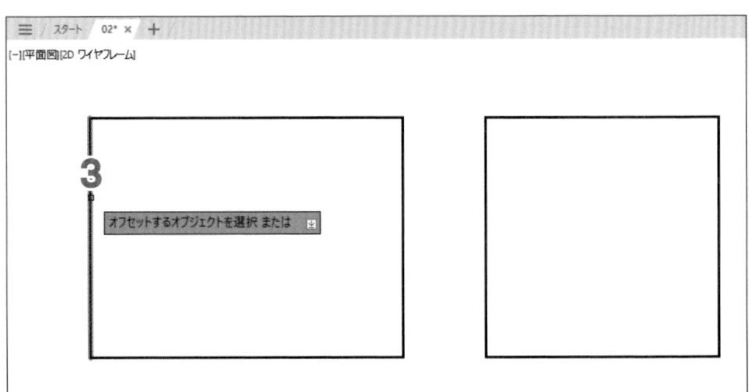

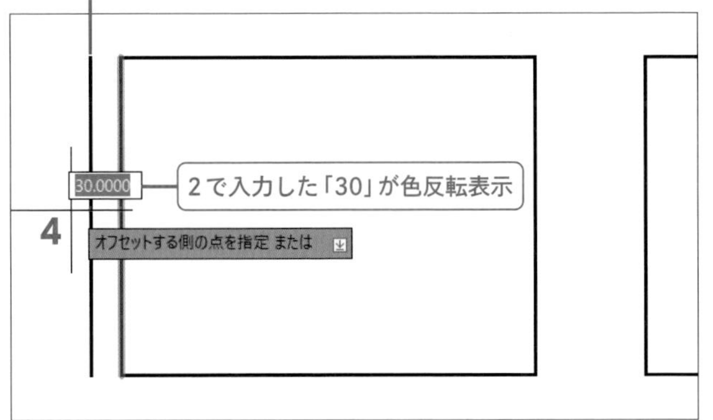

［オフセット］コマンドは、終了指示をするまで、続けて、オブジェクトを指示して平行複写できます。長方形の上辺を30mm上側にオフセット（平行複写）しましょう。

5 オフセット対象として上辺を🖱

6 上にマウスカーソルを移動し、**5**の上辺の上側に平行線がプレビューされた状態で🖱

POINT **4**や**6**では選択したオブジェクトのどちら側に複写するかを指示します。

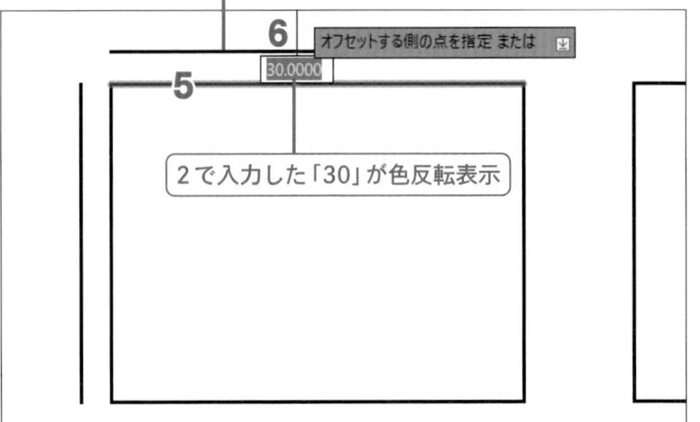

続けて、左辺、下辺も30mm外側にオフセットしましょう。

7 オフセット対象として右辺を🖱し、右辺の右側で🖱

↳**7**の線分が30mm右側にオフセットされる。

8 オフセット対象として下辺を🖱し、下辺の下側で🖱

↳**8**の線分が30mm下側にオフセットされる。

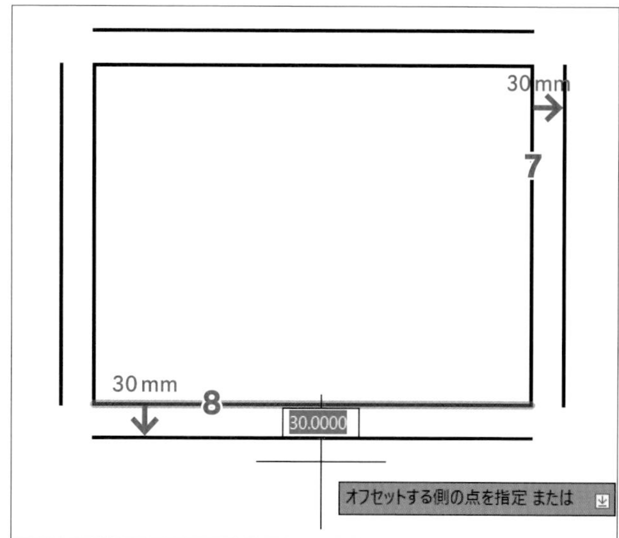

step 13 ポリランの長方形の辺を平行複写する

続けて、右隣の［ポリライン］コマンドで作成した長方形の辺を30mm外側にオフセットしましょう。

1 オフセット対象として、右の長方形の一辺を🖱

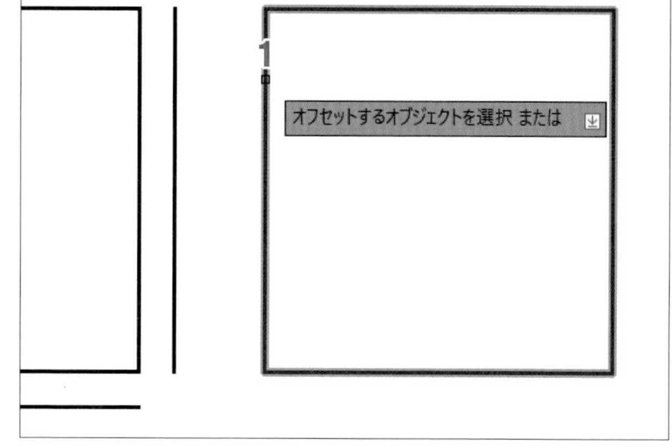

↳**1**とそれに連続する4辺すべてがハイライトされ、30mmはなれたマウスカーソル側に長方形がプレビューされる。

POINT この長方形の4辺は1オブジェクトとして扱われるポリラインです。そのため長方形全体がオフセット対象になります。

2 長方形の外側にマウスカーソルを移動し、オフセットする側を指定するための🖱

↳長方形が30mm外側にオフセットされる。

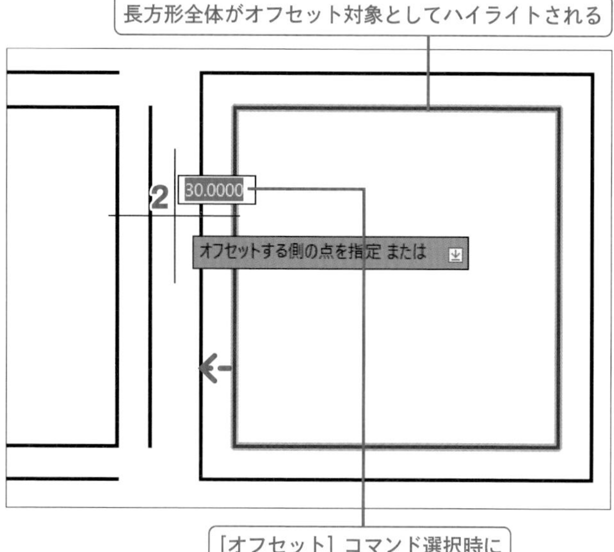

step 14

ひとつ前のオフセットを取り消し、やり直す

前項で行ったオフセット操作を取り消しましょう。

1 作業領域で[右クリック]し、ショートカットメニューの[元に戻す]を[クリック]

↳前項で行ったオフセット結果が取り消され、マウスカーソルには**オフセットをするオブジェクトを選択または**と操作メッセージが表示される。

POINT 1の操作の代わりに Ctrl キーを押したまま Z キーを押しても結果は同じです。ただし、クイックアクセスツールバーの[元に戻す]コマンドを[クリック]した場合には結果が異なり、実行中の[オフセット]コマンドで行ったp.50からの全てのオフセット操作が取り消され、[オフセット]コマンドも終了します。

長方形を50mm内側にオフセットしましょう。

2 オフセット対象として長方形の辺を[クリック]

↳2の長方形がハイライトされ、30mmはなれたマウスカーソル側に長方形がプレビューされる。

3 長方形の内側にマウスカーソルを移動し、「50」を入力して Enter キーで確定する

↳2の長方形から50mm内側に長方形がオフセットされる。

POINT オフセットの距離「30」を変更してオフセットできます。距離を確定すると同時にオフセットされるため、必ず、マウスカーソルをオフセットする側に移動してから、変更距離を入力してください。

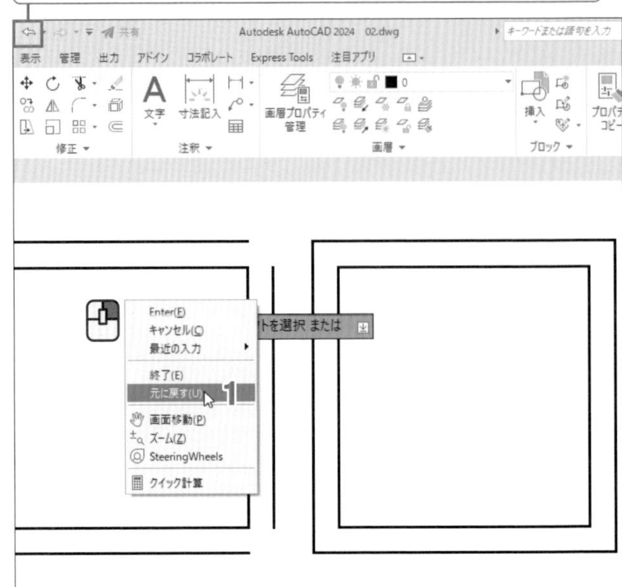

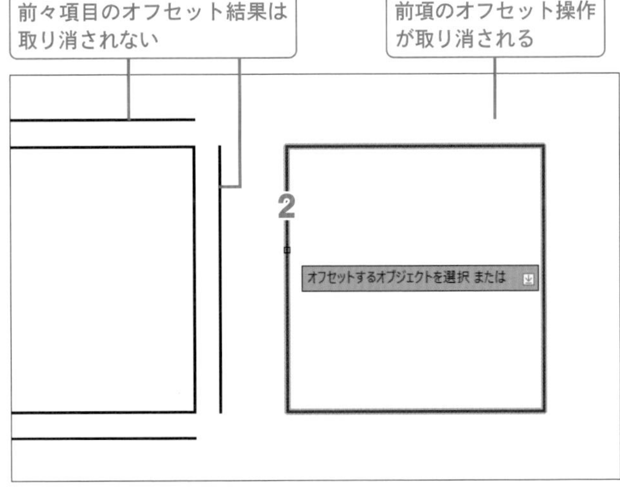

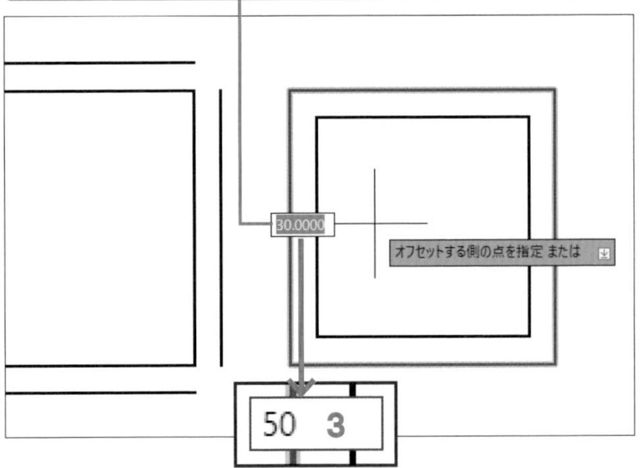

step 15 線分をオフセットする

[線分]コマンドで作成した左の長方形の左辺を30mm右にオフセットしましょう。

1 オフセット対象として長方形の左辺を

POINT [線分]コマンドで作成した長方形は4本の線分により構成されているため、1の線分がハイライトされ、[オフセット]コマンドで初めに指定した30mmはなれたマウスカーソル側に平行線がプレビューされます。

2 左辺の右側にマウスカーソルを移動し、

続けて、上辺を50mm下にオフセットしましょう。

3 オフセット対象として上辺を

↳3の線分がハイライトされ、30mmはなれたマウスカーソル側に平行線がプレビューされる。

4 上辺の下側にマウスカーソルを移動し、「50」を入力して Enter キーで確定する

↳3の辺から50mm下に線分がオフセットされる。

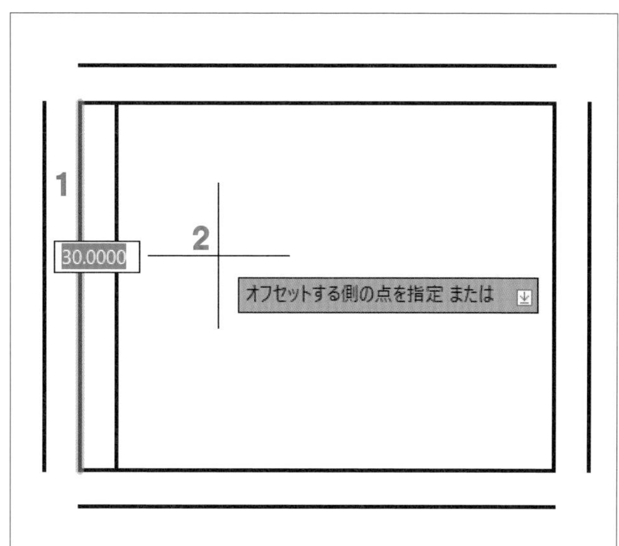

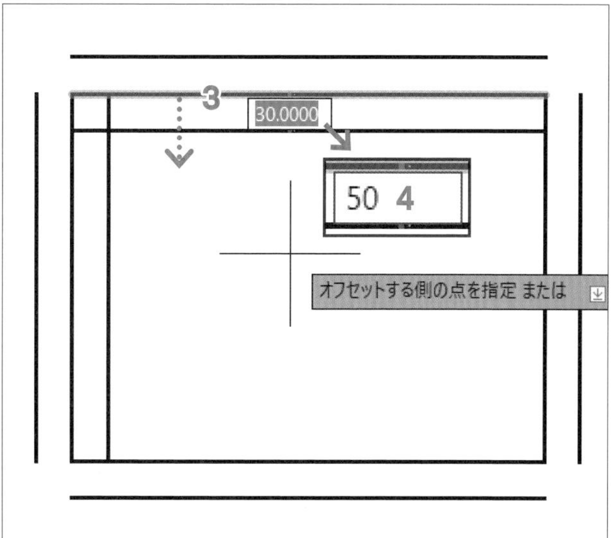

同様にして、右辺を30mm左に、下辺を50mm上にオフセットしましょう。

5 右辺を して、30mm左にオフセットする

6 下辺を して、50mm上にオフセットする

7 Enter キーを押し、[オフセット]コマンドを終了する

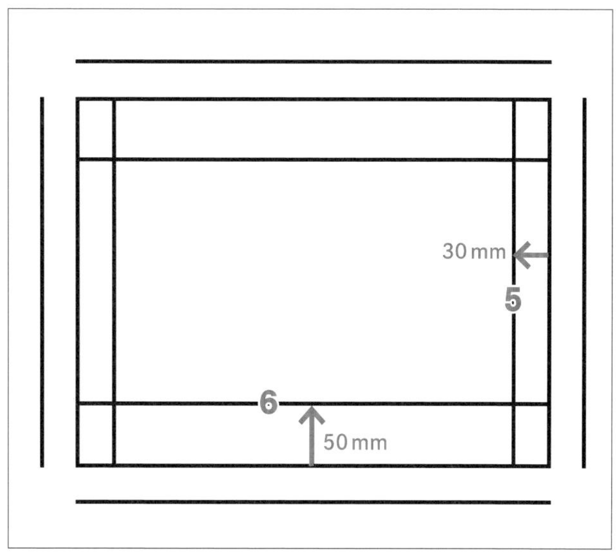

step

16 角を作成する

長方形の上辺と左辺から外側にオフセットした線分どうしの角を作成しましょう。

1 [フィレット]コマンドを🖱

POINT [フィレット]コマンドは指示した2つのオブジェクトをその交点で接続してコーナーを作成します。

2 最初のオブジェクトとして外側の上辺を🖱

↳上辺がハイライトされ、操作メッセージが**2つ目のオブジェクトを選択または**になる。

3 2つ目のオブジェクトとして外側の左辺にマウスカーソルを合わせ、右図のようにプレビューされることを確認して🖱

POINT 左辺にマウスカーソルを合わせると、左辺も青くハイライトされ、2つの線分をその交点まで延長したコーナー(角)がプレビューされます。🖱すると**2**と**3**の線分の交点に角が作成されて[フィレット]コマンドが終了します。

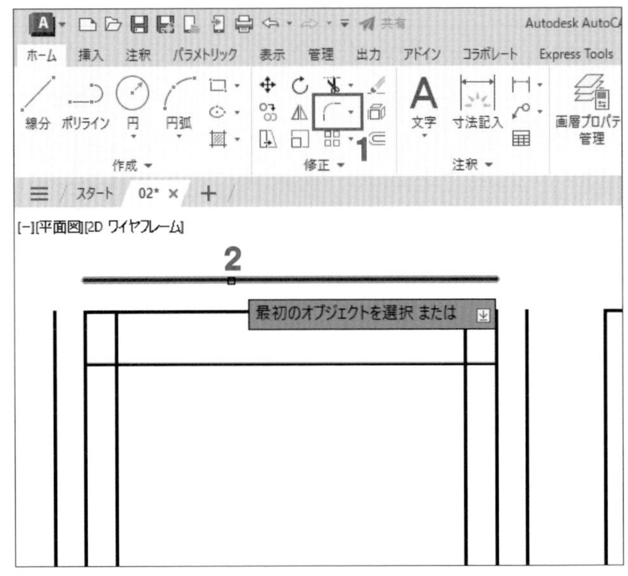

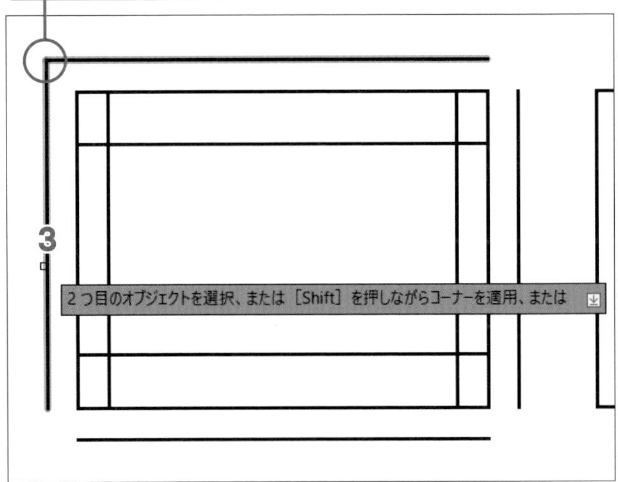

長方形の上辺と左辺から内側にオフセットした線分どうしの角を作成しましょう。

4 Enter キーを押して[フィレット]コマンドを再選択

5 最初のオブジェクトとして内側の上辺を右図の位置で🖱

POINT 交差した2つのオブジェクトのコーナーを作成する場合、それらの交点に対して残す側でオブジェクトを🖱します。

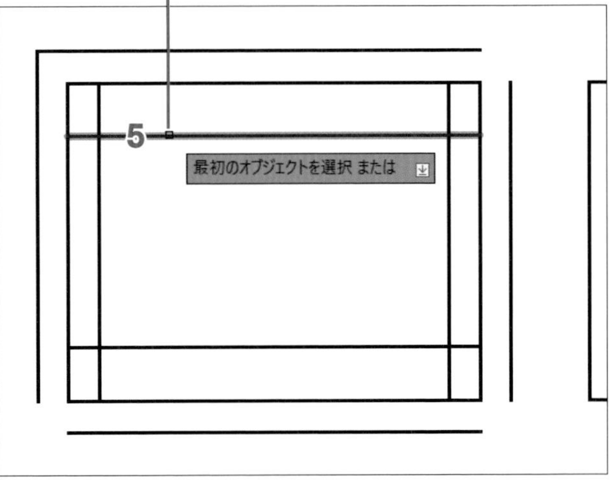

6 2つ目のオブジェクトとして内側の左辺にマウスカーソルを合わせ、プレビューを確認して🖱

↳5と6で🖱した側を残し、線分の交点で角が作成されて［フィレット］コマンドが終了する。

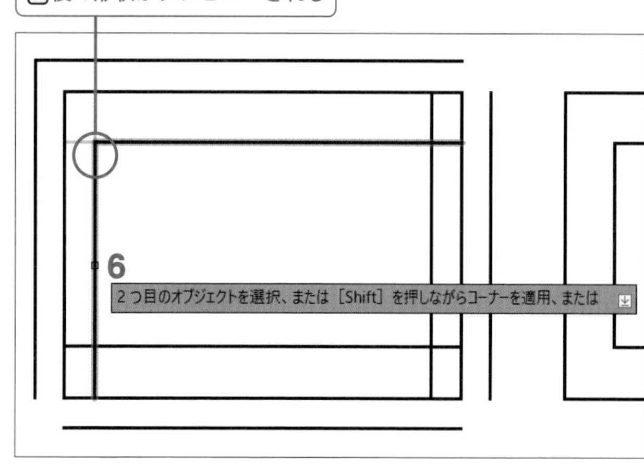

step 17 R面取りする

半径40mmのR面取りをしましょう。

1 Enter キーを押して［フィレット］コマンドを再選択する

2 ↓キーを押して、オプションメニューの［半径］を🖱

POINT 操作メッセージに⊻マークがあるときは↓キーを押すことで、選択可能なオプションメニューが表示されます。2の操作の代わりに作業領域で🖱しショートカットメニューの［半径］を選択しても同じです。

3 フィレット半径として「40」を入力し Enter キーを押す

4 最初のオブジェクトとして内側の左辺を🖱

5 2つ目のオブジェクトとして内側の下辺にマウスカーソルを合わせ、プレビューのR面を確認して🖱

POINT 2つ目のオブジェクトにマウスカーソルを合わせると右図のように🖱後の形状がプレビューされます。🖱すると4と5の線分の交点に半径40mmのR面が作成されて［フィレット］コマンドが終了します。

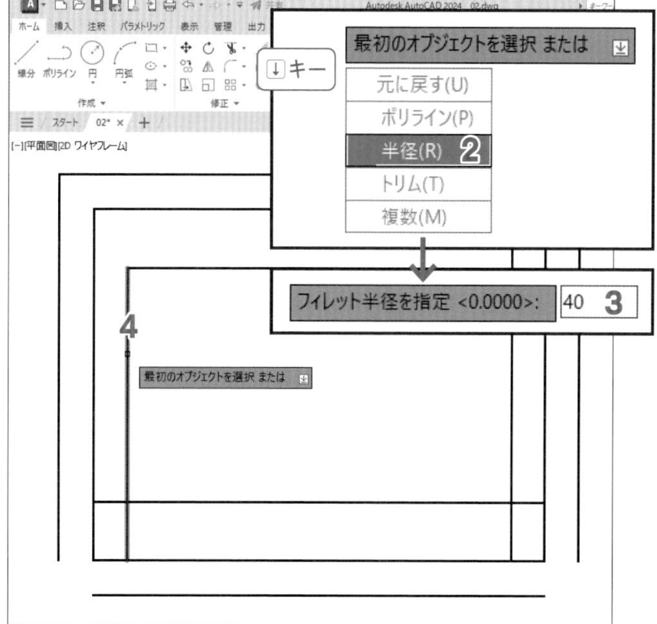

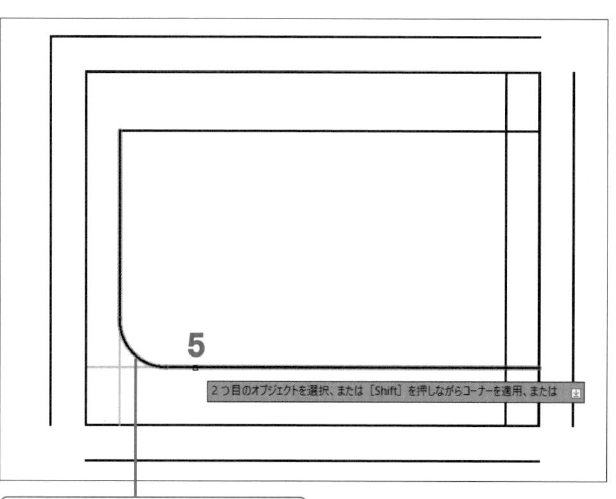

step 18

[フィレット]を連続して使う

[フィレット]コマンドで、連続してR面取りしましょう。

1 Enter キーを押して[フィレット]コマンドを再選択する

2 ↓キーを押して、オプションメニューの[複数]を🖱

POINT オプションの[複数]を指定すると、終了指示をするまで連続して使用できます。

3 最初のオブジェクトとして内側の右辺を🖱

4 2つ目のオブジェクトとし内側の下辺にマウスカーソルを合わせ、プレビューでR面を確認して🖱

↳3と4の線分が半径40mmでR面取りされ、[フィレット]コマンドは終了せずに操作メッセージ**最初のオブジェクトを選択または**になる。

POINT 前項で指定した半径は、このファイルを閉じるまで有効です。半径を変更するには、前ページ「step17」の2～3の操作を行います。

5 最初のオブジェクトとして外側の左辺を🖱

6 2つ目のオブジェクトとして外側の下辺にマウスカーソルを合わせ、プレビューでR面を確認して🖱

7 他の3カ所も5～6と同様にして、右図のようにR面取りする

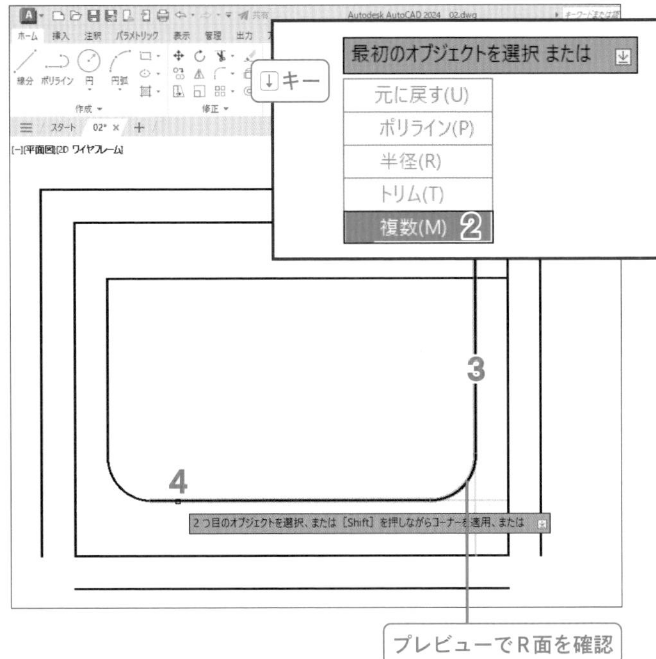

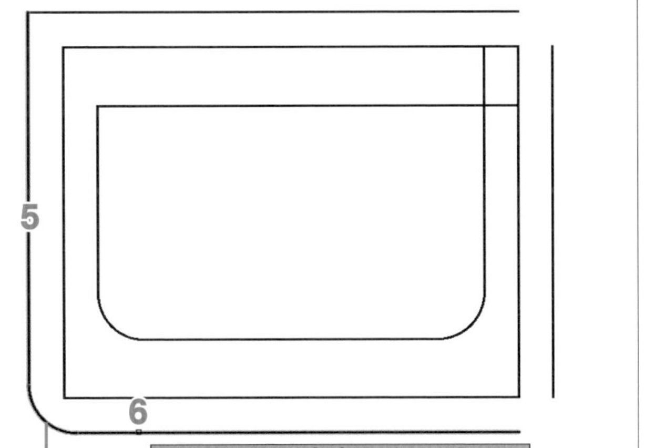

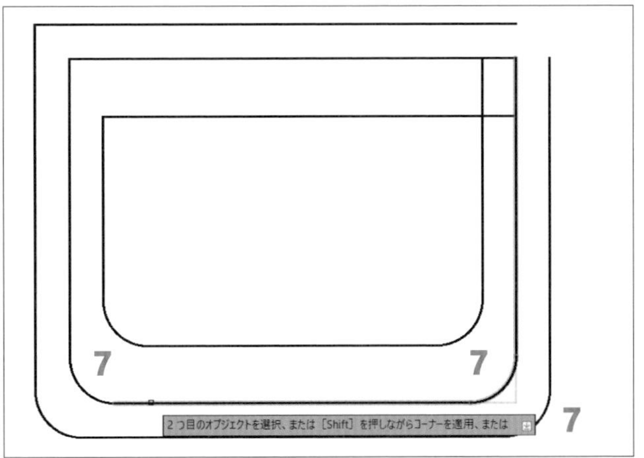

step 19 半径40mm指定のまま角を作成する

右上は、[フィレット]コマンドの半径指定を変更せずに、R面取り無しの角を作成しましょう。

1 最初のオブジェクトとして内側の上辺を

2 2つ目のオブジェクトとして Shift キーを押したまま内側の右辺にマウスカーソルを合わせ、プレビューを確認して

POINT Shift キーを押したまま2つ目のオブジェクトをすることで、半径寸法を「0」にした場合と同じ角が作成できます。

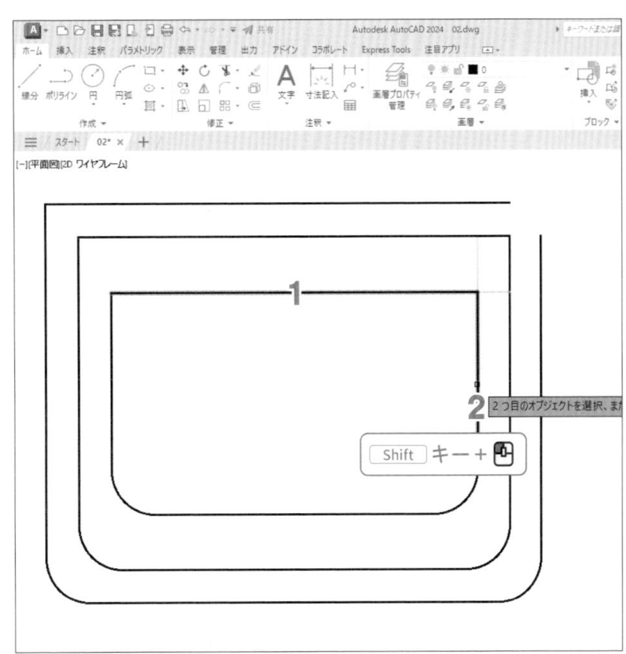

3 最初のオブジェクトとして外側の上辺を

4 2つ目のオブジェクトとして Shift キーを押したまま外側の右辺にマウスカーソルを合わせ、プレビューを確認して

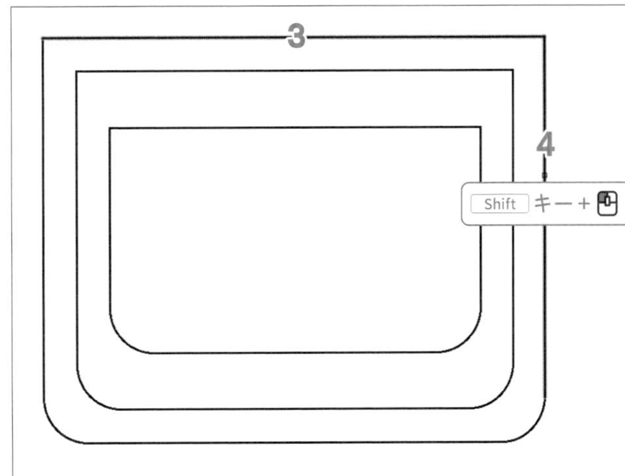

step 20 ポリラインの長方形の角をR面取りする

続けて、ポリラインの長方形左上角を半径40mmでR面取りしましょう。

1 最初のオブジェクトとしてポリラインの長方形上辺を

2 2つ目のオブジェクトとして左辺にマウスカーソルを合わせ、プレビューを確認して

POINT [フィレット]コマンドでは線分だけなく、ポリラインや円・円弧・楕円、スプラインなどのオブジェクトのコーナー作成もできます。

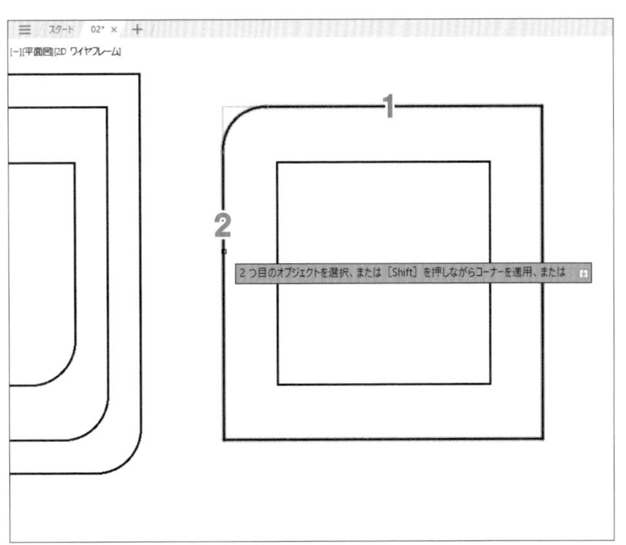

続けて、残りの3つの角もR面取りしましょう。

3 同様(**1**〜**2**)の操作で、左下角、右下角、右上角もR面取りする

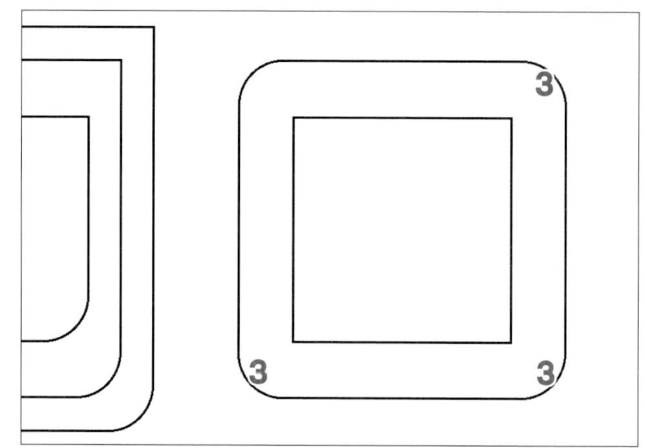

ポリラインの角を一括でR面取りする

続けて、内側の長方形(ポリライン)の角を一括でR面取りしましょう。

1 [フィレット]コマンドで↓キーを押して、オプションメニューの[ポリライン]を🖱

POINT 対象がポリラインの場合、**1**の指示を行うことで、すべての角を一括して面取りできます。一括面取りが完了すると、[ポリライン]オプションの指示は解除されます。

2 内側の長方形の辺にマウスカーソルを合わせ、プレビューを確認して🖱

↳**2**で🖱したポリラインのすべての角が半径40mmでR面取りされ、**1**で指定した[ポリライン]オプションが終了する。

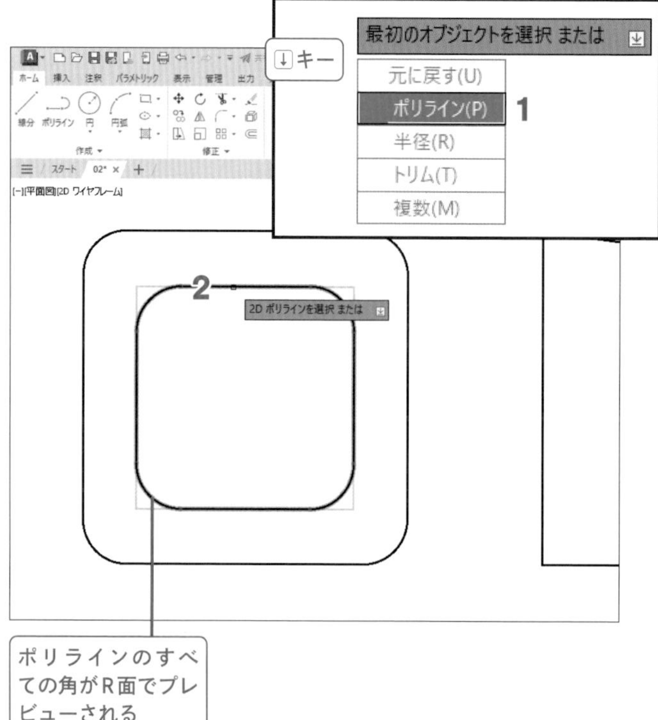

やってみよう

続けて、右の四角形(ポリライン)の角も右図のようにR面取りしましょう。

完了したら、Enterキーを押して[フィレット]コマンドを終了してください。

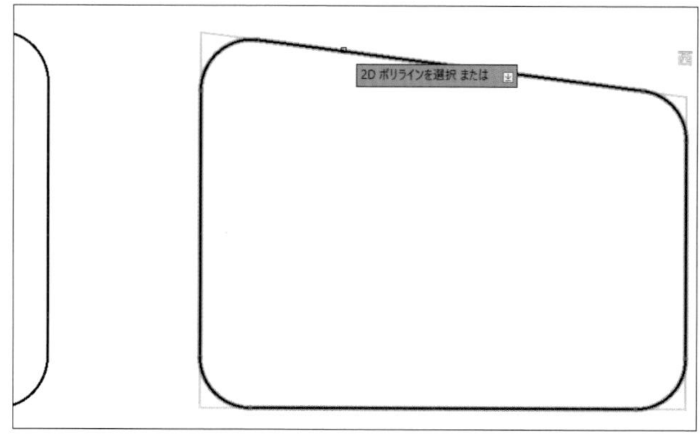

step 22 ポリラインを分解する

ポリラインの1辺だけを削除やオフセットするには、ポリラインを分解して個々のオブジェクトにする必要があります。R面取りしたポリラインを分解し、上辺を削除しましょう。

1 分解対象のポリラインを🖱で選択する

2 [分解]コマンドを🖱

POINT [分解]コマンドは、複数のオブジェクトを1オブジェクトとして扱うポリライン、ブロックなどを分解します。**2**の操作により、ハイライトされたポリラインが分解され、個々のオブジェクト(線分、円弧)になります。

3 四角の上辺を🖱で選択する

4 Delete キーを押す

POINT **4**の操作の代わりに作業領域で🖱しショートカットメニューの[削除]を🖱するか、[削除]コマンドを🖱しても同じ結果になります。

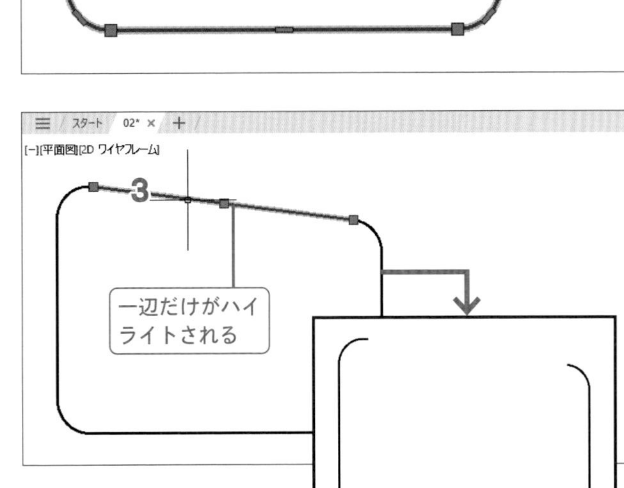

step 23 上書き保存する

オブジェクト範囲を表示したうえで、ファイルを上書き保存しましょう。

1 作業領域で🖱🖱してオブジェクト範囲を表示する

POINT ファイルは保存時の表示範囲で開きます。開いたときに全体が見えるよう、オブジェクト範囲を表示したうえで上書き保存します。

2 クイックアクセスツールバーの[上書き保存]コマンドを🖱

↳ファイルが上書き保存される。

以上でDay03は終了です。

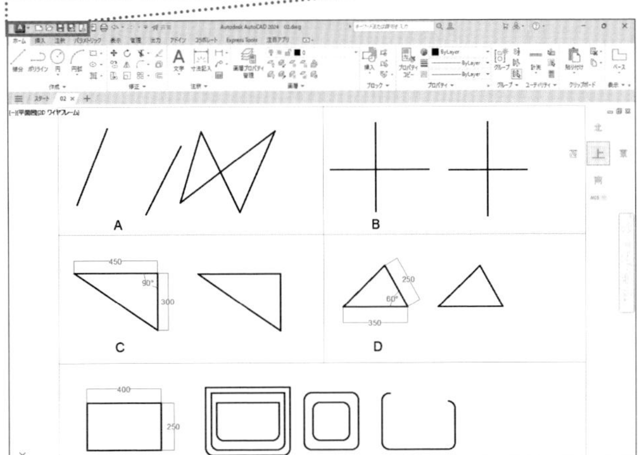

円・弧の作成と編集

教材ファイルday04.dwgを開き、モデルを作成する画層を指定したうえで、円・弧の作成を行い、編集操作を学習しましょう。
※この単元からは拡大などの表示範囲変更の指示や上書き保存の指示は記載しません。必要に応じて行ってください。

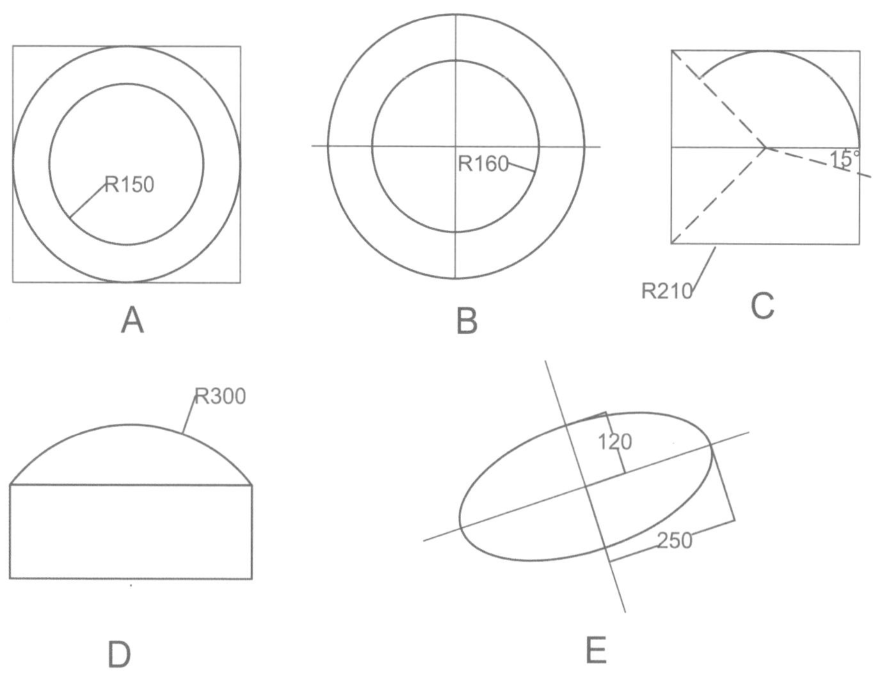

図Aの正方形と同じ画層に正方形を作成する

教材ファイル day04.dwgを開き、図Aに作成済みの正方形と同じ画層を「現在の画層」にしましょう。

1 [開く]コマンドを選択し、教材ファイルday04.dwgを開く

2 [現在層に設定]コマンドを

POINT [現在層に設定]コマンドは、したオブジェクトが作成されている画層を現在の画層(これからモデルを作成する画層)にします。

3 図Aの正方形の1辺を

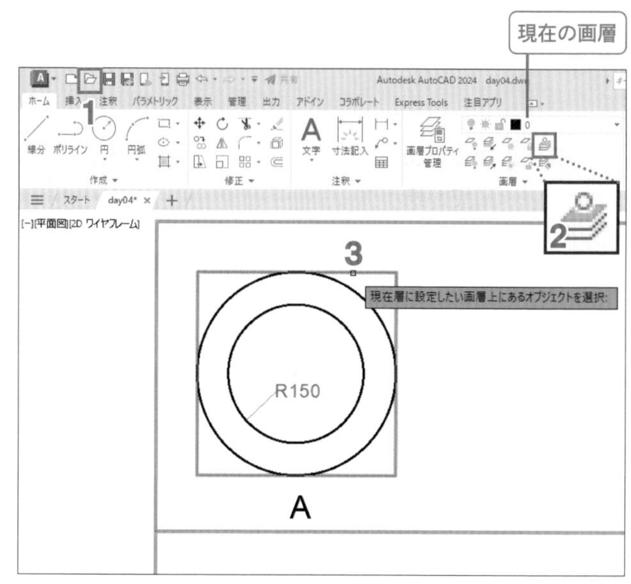

「基準線」画層に一辺が440mmの正方形を図Aの正方形と下辺を揃えて作成しましょう。

4 [長方形]コマンドを🖱

5 p.35と同様にオブジェクトスナップの[延長]を利用して、図Aの正方形と下辺を揃えて一辺440mmの正方形を作成する

参考 [長方形]コマンド » p.35

POINT 正方形は、現在の画層「基準線」の線色・線種・線の太さで作成されます。

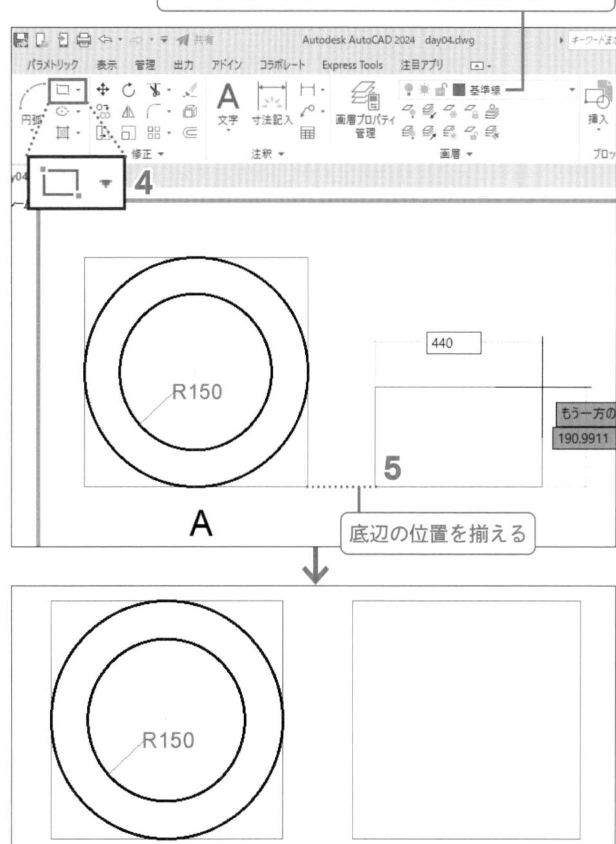

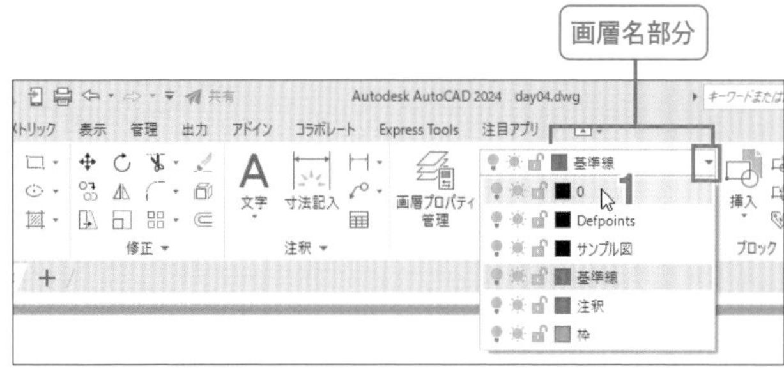

step 2 画層「0」に円を作成する

「0」画層を現在の画層にし、図B右の水平線と垂直線の交点を中心とする円を作成しましょう。

1 [画層]ボックスの▼を🖱し、「0」画層を🖱

POINT プルダウンリストの画層名部分を🖱してください。画層名前のアイコンを🖱すると他の働きをします。

2 [円]コマンドを🖱

3 円の中心点として水平線・垂直線の交点にマウスカーソルを合わせ、╳と**交点**が表示されたら🖱

POINT 線や円・円弧が交差する位置には「交点」が存在します。交点にマウスカーソルを合わせると交点を示すAutoSnapマーカー╳と**交点**が表示され、🖱することで、交点にスナップします。

? ╳と**交点**が表示されない » p.275 Q06

? △と**交点**が表示されない » p.276 Q09

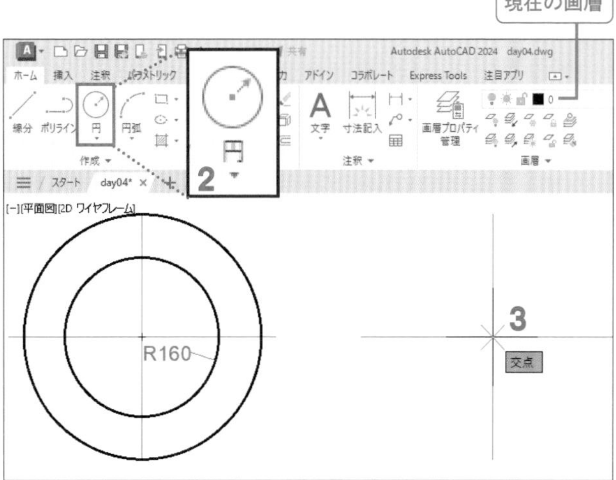

POINT 3を中心点とする円がマウスカーソルまでプレビューされ、[ダイナミック入力]ボックスには、その半径が色反転して表示されます。次に円周上の位置をクリックするか、半径を入力することで円が作成されます。

4 円の半径を決める位置として、垂直線の下端点にマウスカーソルを合わせ、□と**端点**が表示されたらクリック

↳**3**を中心点とし、**4**を通る円(**3-4**が半径)が現在の「0」画層に作成され、[円]コマンドが終了する。

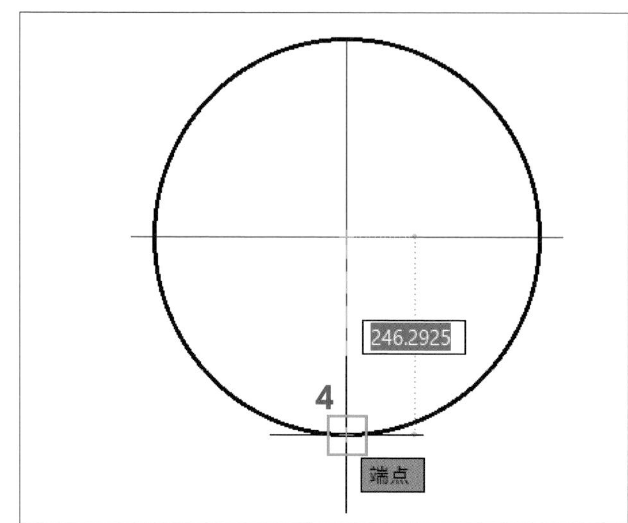

step
3 指定半径の円を作成する

前項の円と同じ中心点で、半径160mmの円を作成しましょう。

1 Enter キーを押して、[円]コマンドを再選択する

2 円の中心点として水平線・垂直線の交点にマウスカーソルを合わせ、×と**交点**が表示されたらクリック

POINT 2は水平線と垂直線の交点であると同時に前項で作成した円の中心点であるため、円にマウスカーソルを近づけるとAutoSnapマーカー⊕と**中心**が表示されます。2で⊕が表示されクリックしても結果は同じです。

3 円の半径「160」を入力し、Enter キーを押す

↳**2**を中心点とした半径160mmの円が作成され、[円]コマンドが終了する。

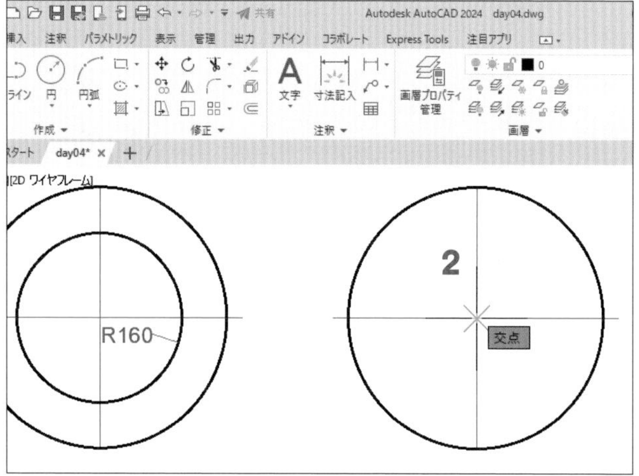

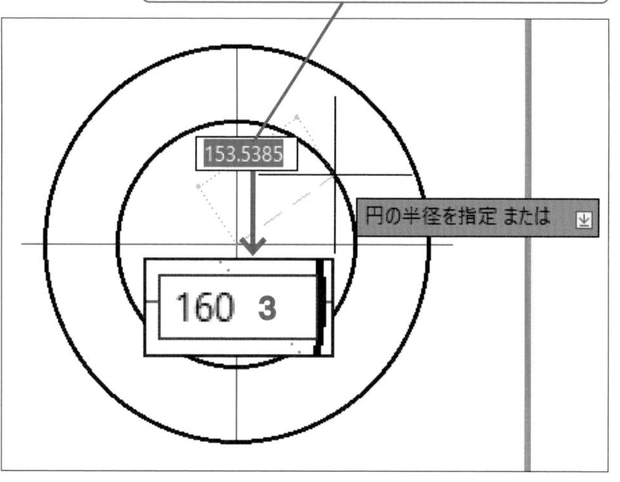

正方形の対辺の中点にスナップして円を作成する

図A右の正方形の左右の辺の中点にスナップすることで、正方形に内接する円を作成しましょう。

1 [円]コマンドの▼を🖱し、[2点]を🖱

POINT プルダウンメニューには、円の作成方法別のコマンドが並んでいます。[2点]は指示した2点を直径とする円を作成します。

正方形の辺の中点にスナップできるように設定しましょう。

2 ステータスバーの[オブジェクトスナップ]右の▼を🖱

3 オブジェクトスナップメニューの[中点]を🖱し、チェックを付ける

POINT オブジェクトスナップメニューの[中点]にチェックを付けることで、線・円弧の中点にスナップできます。このとき、step5で使用する[中心](円の中心点にスナップ)にもチェックが付いていることを確認し、付いていない場合は🖱してチェックを付けてください。

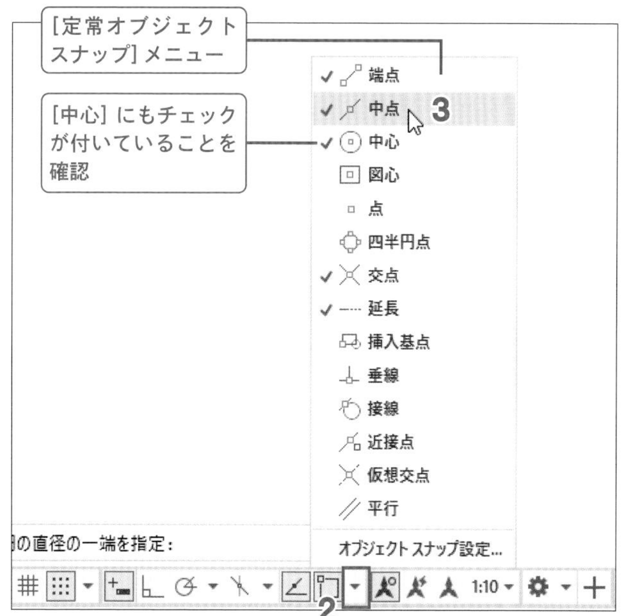

4 再度、ステータスバーの[オブジェクトスナップ]右の▼を🖱し、メニューを閉じる

5 正方形の左辺の中点付近にマウスカーソルを合わせ、△と**中点**が表示されたら🖱

POINT 線分、円弧、ポリラインなどの中点付近にマウスカーソルを合わせることで、中点位置にAutoSnapマーカー△と**中点**が表示されます。その時点で🖱することで中点にスナップします。

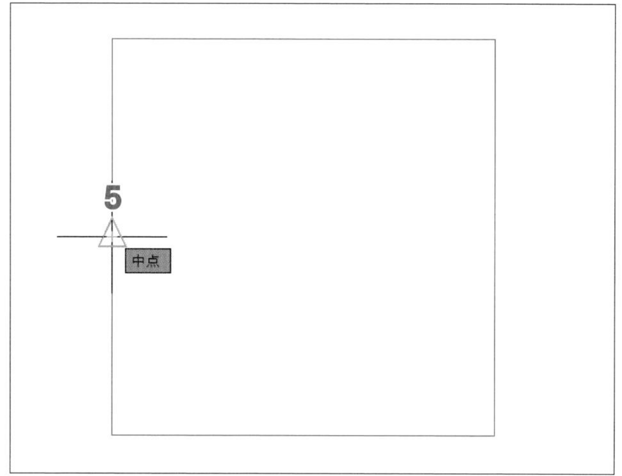

6 直径のもう一端として右辺の中点付近にマウスカーソルを合わせ、△と**中点**が表示されたら🖱

↳**5-6**を直径とする円が作成され、[円-2点]コマンドが終了する。

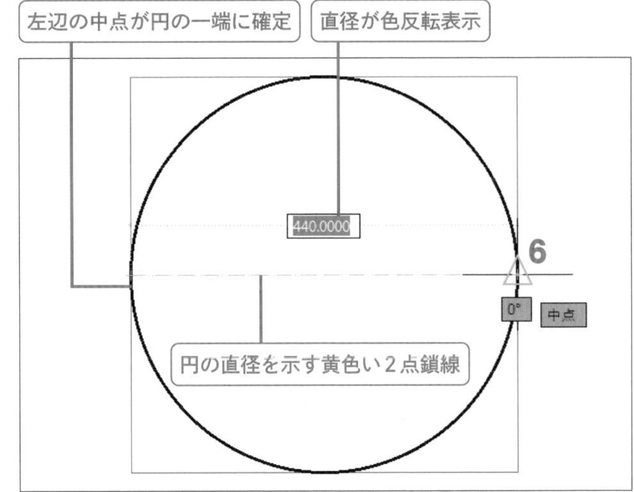

step

5 同心円を作成する

半径150mmの同心円を作成しましょう。

1 作業領域で🖱し、ショートカットメニューの[繰り返しCIRCLE]を🖱

POINT 「ホーム」リボンタブの[円]は前項で選択した[円-2点]になっています。[繰り返し]を選択すると、直前の[円-2点]コマンドではなく、[円-中心、半径]が選択されます。

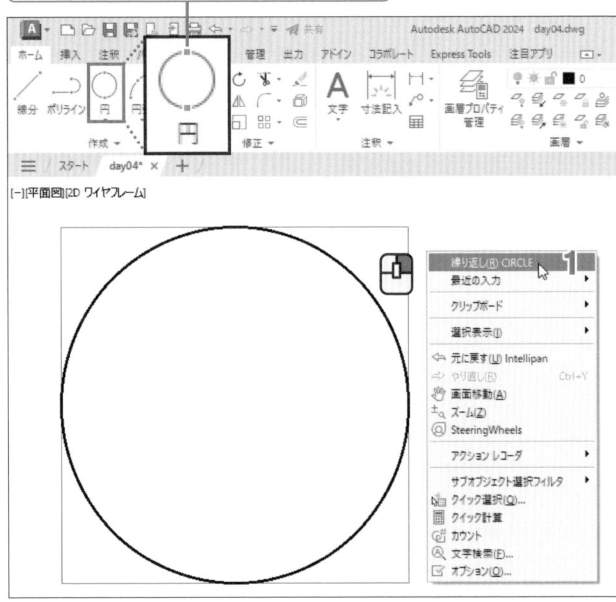

2 右図の円にマウスカーソルを合わせ、円の中心に⊕とマウスカーソルに**中心**が表示されたら🖱

POINT 前項で確認したオブジェクトスナップメニューの[中心]にチェックが付いているため、円・弧・楕円・楕円弧の中心点にスナップできます。

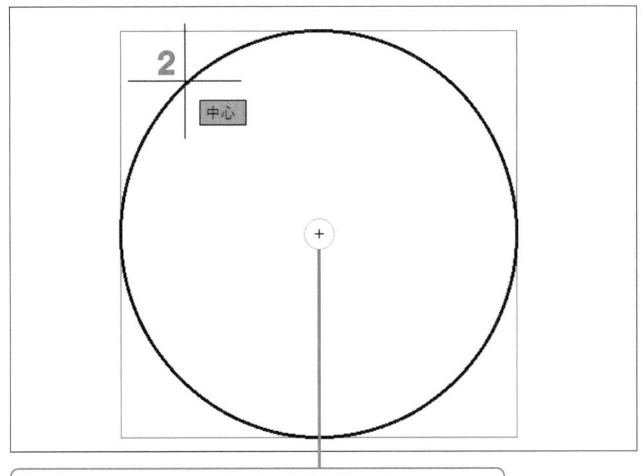

3 円の半径として「150」を入力し、Enter キーを押す

↳半径150mmの円が作成され、[円]コマンドが終了する。

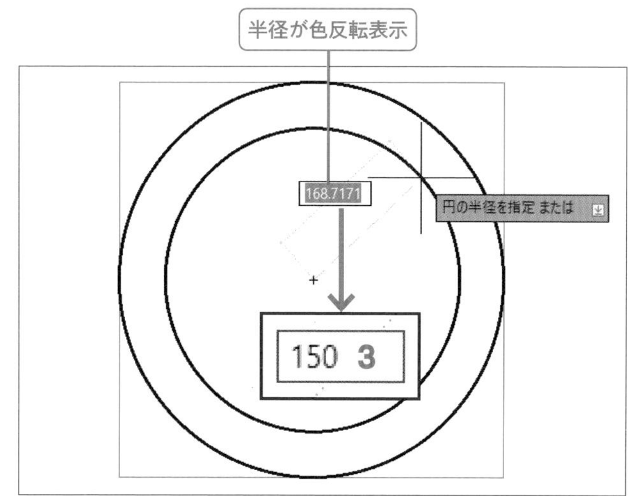

step 6 円弧を作成する

図C右のスペースに、中心線の中点を中心点とする上側の円弧を作成しましょう。

1 [円弧]コマンドの▼を🖱し、[中心、始点、終点]を🖱

POINT [中心、始点、終点]では円弧の中心点⇒始点⇒終点の順に指定することで、円弧を作成します。

2 円弧の中心点として、中心線の中点付近にマウスカーソルを合わせ、△と**中点**が表示されたら🖱

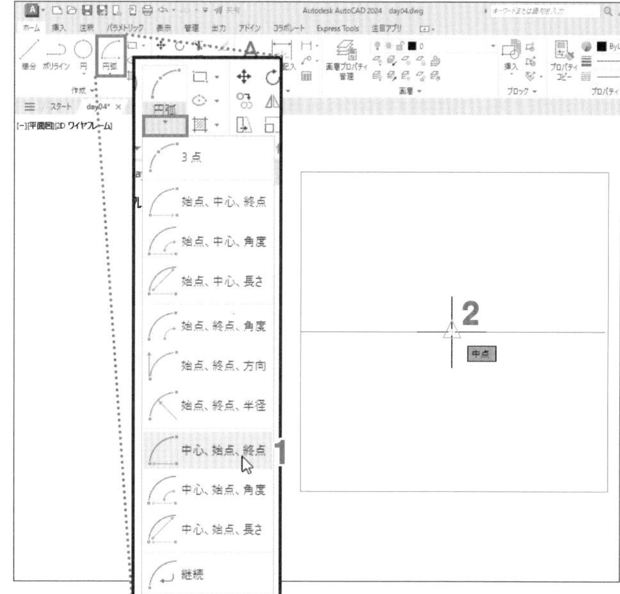

3 円弧の始点として、中心線の右端点にマウスカーソルを合わせ、□端点または△**中点**が表示されたら🖱

POINT 3は中心線の端点であると同時に右辺の中点であるため、いずれかのAutosnapマーカーとガイドチップが表示されます。3の指示で円弧の始点とともに半径が確定します。円弧の始点・終点は、必ず反時計回りで指示します。

4 ステータスバーの[直交モード]がオフであることを確認する

POINT 円弧の始点・終点を自由に指定できるよう、[直交モード]はオフにします。

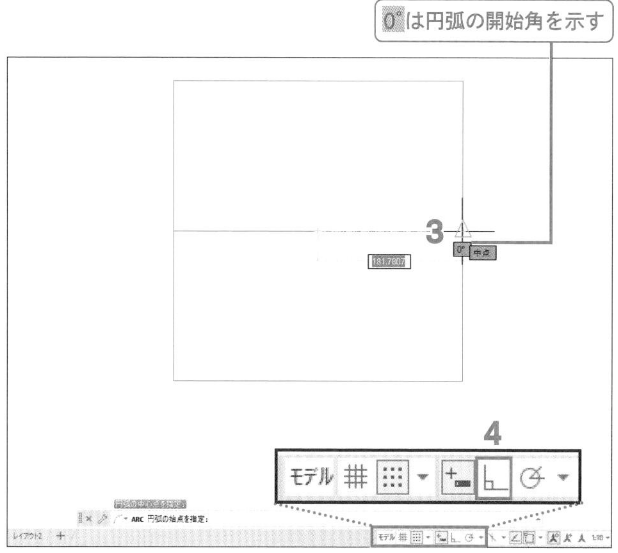

5 円弧の終点として、正方形の左上角にマウスカーソルを合わせ、□と**端点**が表示されたら[クリック]

↳**5**の点と円の中心点を結んだ線上を終点とする円弧が作成され、[円弧-中心、始点、終点]コマンドが終了する。

POINT **5**の指示で円弧の作成角度が確定します。**5**で端点を[クリック]する代わりにキーボードから円弧の終了角「135」を入力して Enter キーを押しても同じ円弧を作成できます。

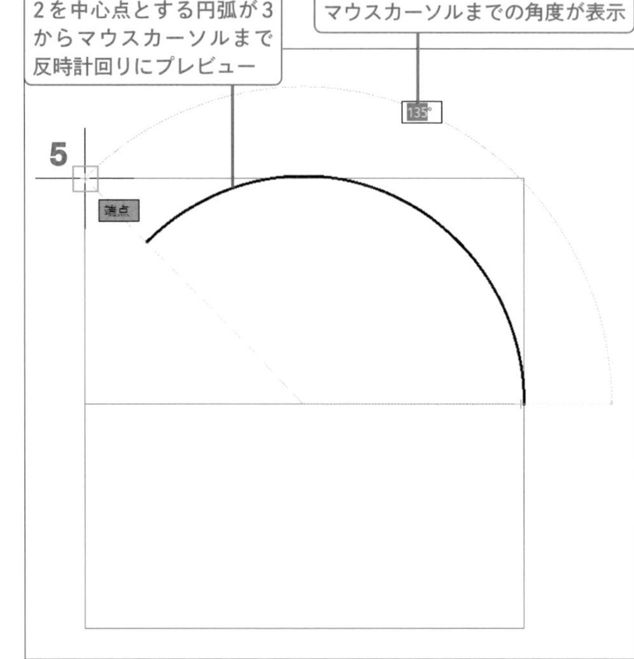

step 7 指定半径の円弧を作成する

前項の円弧と同じ中心点で半径210mmの円弧を作成しましょう。

1 [ホーム]リボンの[円弧]コマンドを[クリック]

POINT [ホーム]リボンの[円弧]は前項で選択した[円弧-中心、始点、終点]になっています。**1**の操作の代わりに Enter キーを押す（または作業領域で[右クリック]して[繰り返し]を選択する）と、直前に使用した[円弧-中心、始点、終点]ではなく、[円弧-3点]が選択されるので注意が必要です。

2 円弧の中心点として中心線の中点△を[クリック]

3 マウスカーソルを正方形左下角に合わせ、□と**端点**が表示された状態にする

4 円弧の半径「210」を入力して Enter キーを押す

POINT **3**ではマウスカーソルを合わせるだけで[クリック]はしません。**3**により、円の中心点からみたマウスカーソルの位置が円弧の開始角になります。

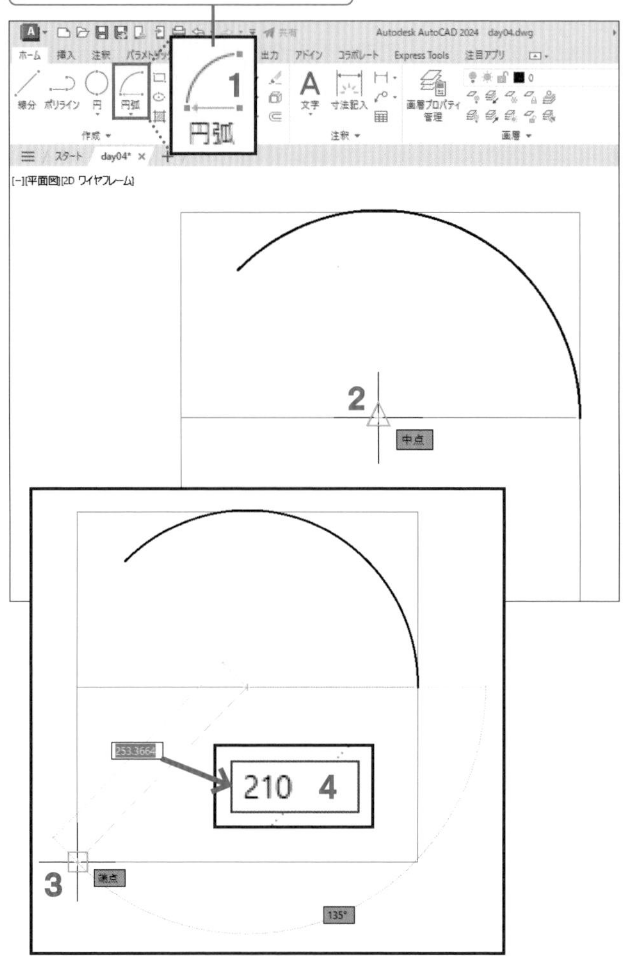

5 キーボードから「-15」を入力し、 Enter キーを押す

↳終点角度-15°の位置までの円弧が作成され、[円弧-中心、始点、終点]コマンドが終了する。

POINT **5**では終点位置を🖱せずに、円弧の終了角を入力することで終点を指示します。角度は水平右方向を0°として反時計回りを+(プラス)値、時計回りを−(マイナス)値で指定します。**5**で「-15」の代わりに「345」を入力しても同じ結果になります。

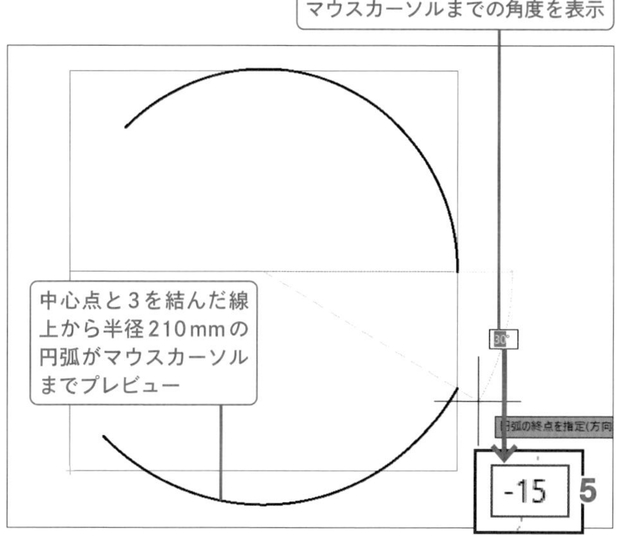

step 8 両端点と半径を指定して円弧を作成する

図D右の長方形の左上角と右上角を端点とした半径300mmの円弧を作成しましょう。

1 [円弧]コマンドの▼を🖱し、[始点、終点、半径]を🖱

POINT [始点、終点、半径]では円弧の始点⇒終点⇒半径の順に指定することで、円弧を作成します。始点・終点は反時計回りに指示します。

2 円弧の始点として、長方形の右上角(端点)を🖱

3 円弧の終点として、長方形の左上角(端点)を🖱

? 仮表示の円弧の向きが逆になる

» p.277 Q10

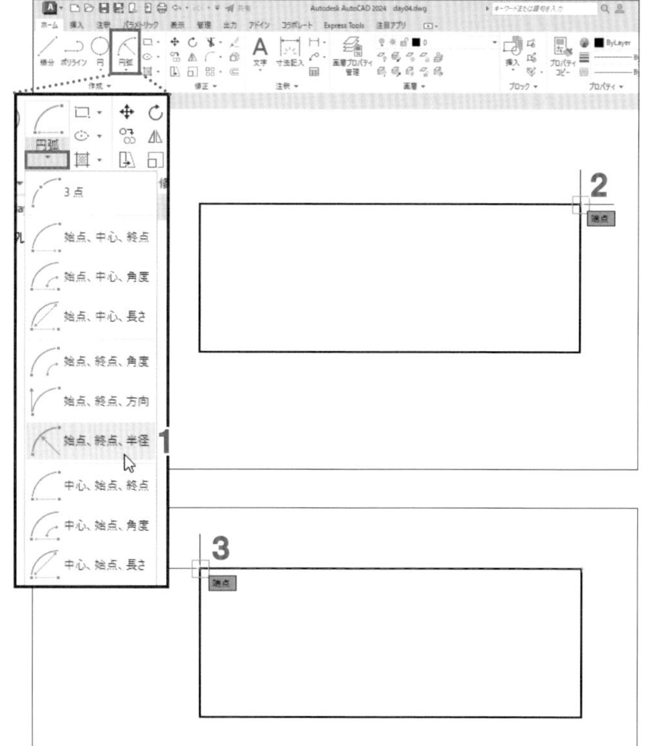

4 キーボードから半径「300」を入力し、 Enter キーを押す

POINT **4**で半径を入力せずに仮表示の円弧の形状を目安に🖱することでも円弧を作成できます。

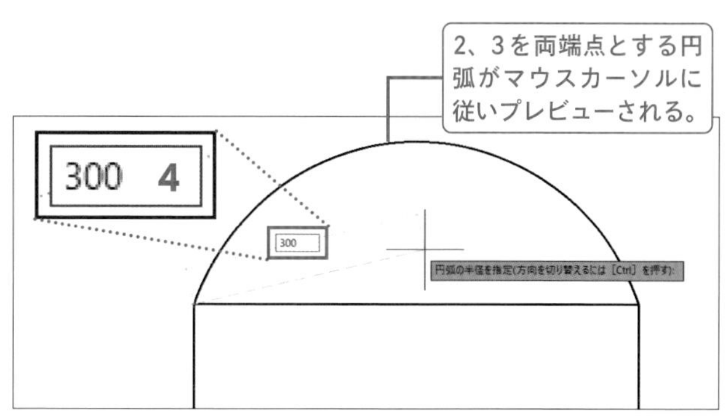

step

9 楕円を作成する

図E右の斜線に長軸を合わせ、斜線の中点を中心点とした長軸径250mm、短軸径120mmの楕円を作成しましょう。

1 [楕円]コマンドを🖱

2 楕円の中心として、斜線の中点△を🖱

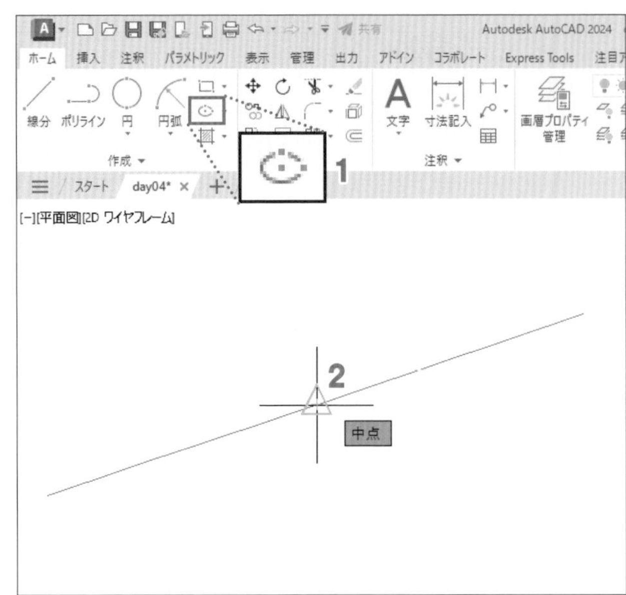

3 斜線の右端点にマウスカーソルを合わせ、□と**端点**が表示された状態にする

4 長軸径「250」を入力し、Enterキーを押す

POINT **2**を中心点とし、斜線上を軸とした径250mmの楕円がマウスカーソルまでプレビューされます。**4**で長軸径を入力せずに、斜線の端点を🖱すると、中心点-端点間を径とした楕円を作成できます。

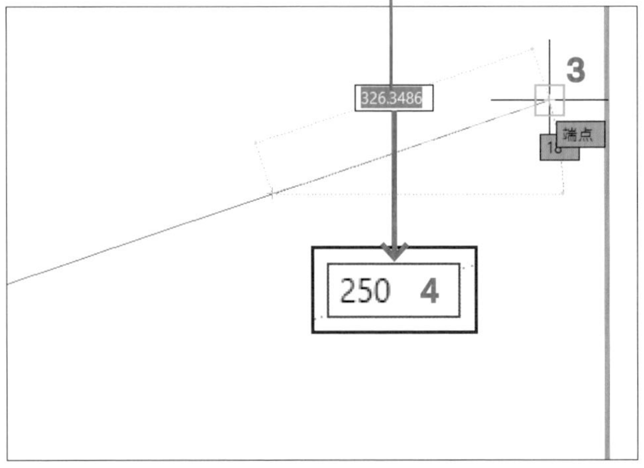

5 短軸径「120」を入力してEnterキーで確定する

↳**2**を中心点とし、斜線を長軸とした長軸径250mm、短軸径120mmの楕円が作成され、[楕円]コマンドが終了する。

POINT **5**で数値を入力せずに、もう一方の軸の端点を🖱することでも楕円を作成できます。

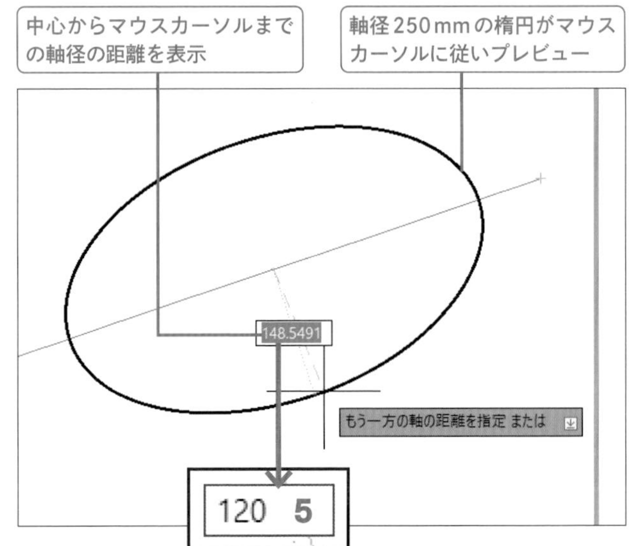

円・弧を移動する

図A右に作成した2つの円をその左下の正方形中心に移動しましょう。

1 図A右の外側の円を🖱で選択する

2 内側の円を🖱で選択する

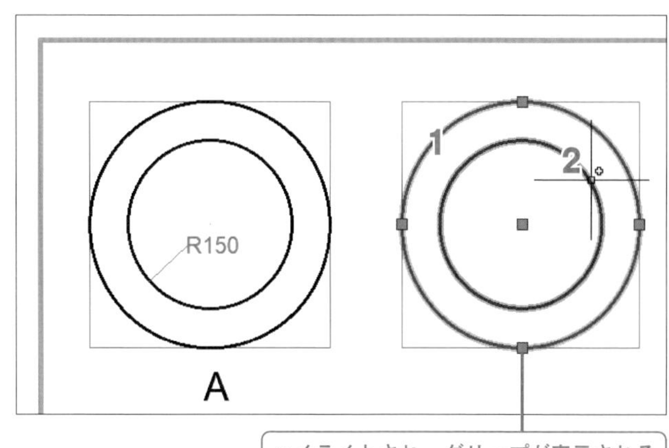

3 中心のグリップにマウスカーソルを合わせ、赤になったら🖱

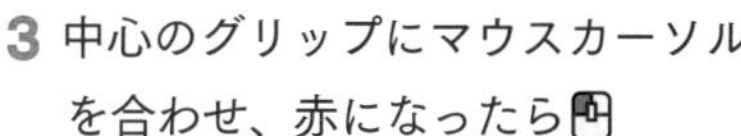

円・弧はその中心のグリップを🖱することで移動します。**1**と**2**で選択した円は中心点を同じくする同心円のため、2つをまとめて移動できます。

4 移動先として左下の正方形中心の交点を🖱

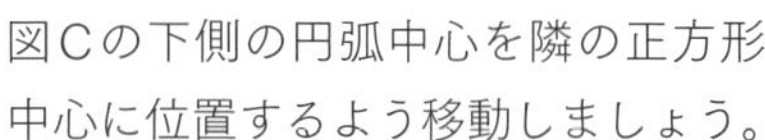

4の交点は、水平線、垂直線の交点であると同時にそれらの線分の中点でもあります。そのため、マウスカーソルを合わせると×**交点**または△**中点**が表示されます。いずれが表示されても🖱の結果**4**に中心点合わせ、2つの円が移動されます。

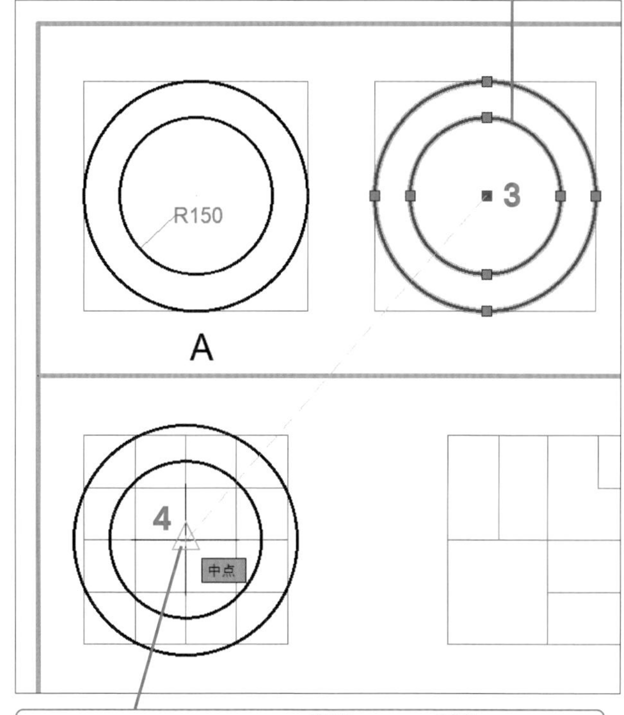

図Cの下側の円弧中心を隣の正方形中心に位置するよう移動しましょう。

5 図C右の下側の円弧を🖱

6 中心のグリップにマウスカーソルを合わせ、赤になったら🖱

7 移動先として左隣の正方形中心の交点（中点）を🖱

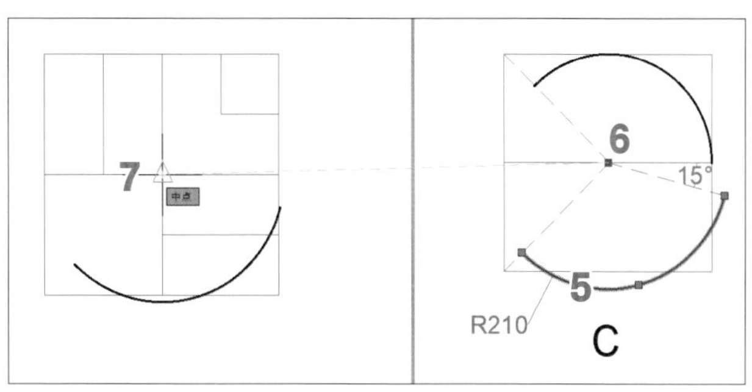

step

11 円の半径を変更する

移動した内側の円の半径を変更しましょう。

1 移動後、ハイライトされたままの円の上のグリップにマウスカーソルを合わせ、グリップが赤くなったら

POINT マウスカーソルをグリップに合わせると右図のように円の半径が表示されます。半径を変更するには、上下左右いずれかのグリップをして半径変更します。

2 マウスカーソルを右図の交点に合わせ、×交点（または△中点）が表示されたら

POINT 円が2の点を通る大きさに変更されます。2の操作の代わりにキーボードから変更後の円の半径を入力し、Enter キーを押すことでも円の半径を変更できます。

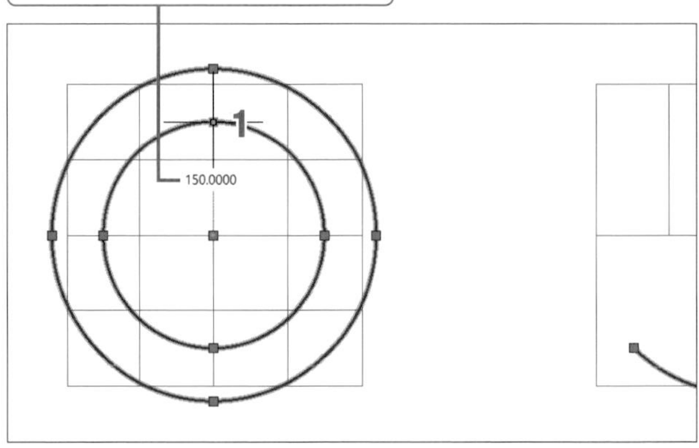

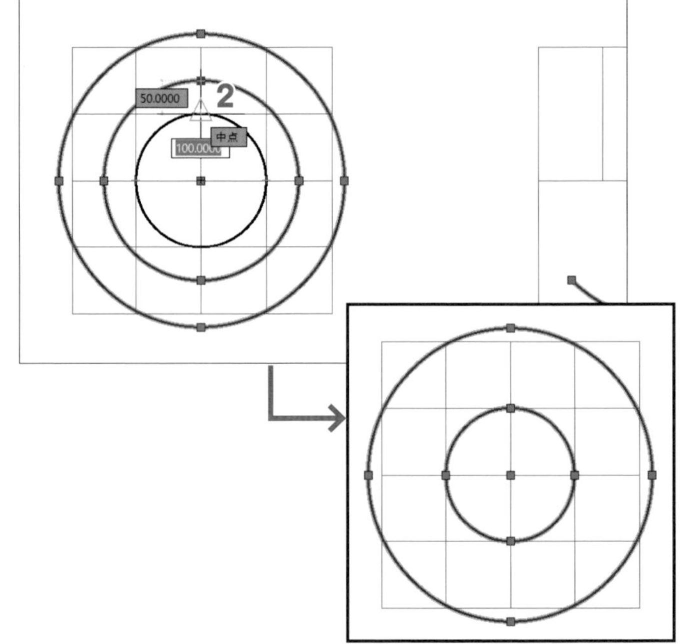

step

12 円弧の半径を変更する

隣に移動した円弧の半径を変更しましょう。

1 移動後、ハイライトされたままの円弧中点のグリップにマウスカーソルを合わせる

2 表示されるグリップメニューの[半径]を

POINT 円弧の中心点位置を変更せずに半径をだけを変更するため[半径]を選択します。1でグリップをした場合、[ストレッチ]を選択したことになり、両端点のグリップ位置を固定して中点位置を移動します。

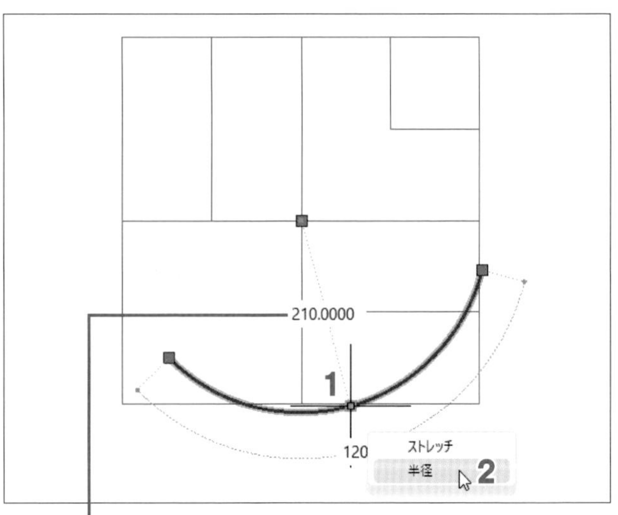

3 変更後の円弧の半径を示す点として右図の端点を🖱

POINT 円弧の半径が、**3**を通る円弧の半径に変更されます。また、**3**の操作の代わりにキーボードから変更後の円弧の半径を入力し、Enter キーを押すことでも半径を変更できます。

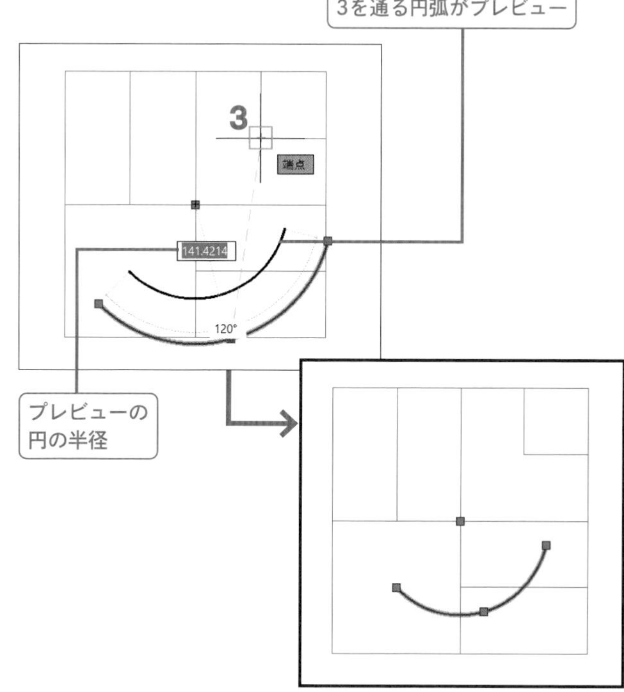

step 13 円弧の円周長を変更する

同じ円弧の円周長を変更しましょう。

1 円弧の長さ変更する側の端点のグリップにマウスカーソルを合わせる

2 表示されるグリップメニューの[長さ変更]を🖱

POINT 円弧の中心点位置と半径を変えずに円周長を変更するため[長さ変更]を選択します。[ストレッチ]を選択した場合→次ページColumn。

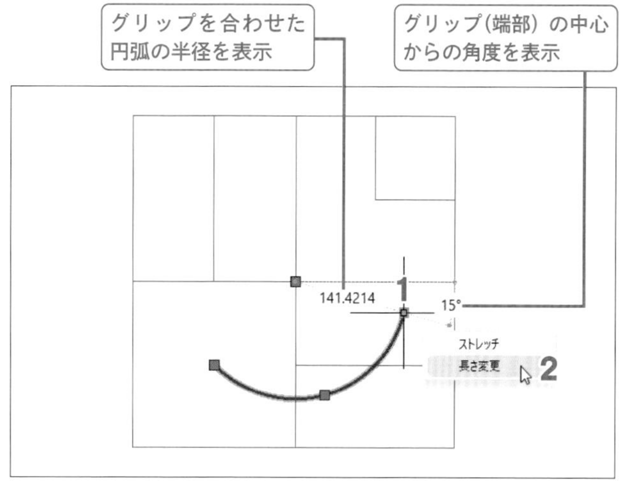

3 円弧の端点位置として正方形の右上角を🖱

POINT 円弧の**1**の端点位置が変更され、円弧が中心点と**3**の点を結んだ線上まで延長されます。**3**の操作の代わりに円弧の終了角の角度「45」を入力しても結果は同じです。

4 Esc キーを押してすべての選択を解除する

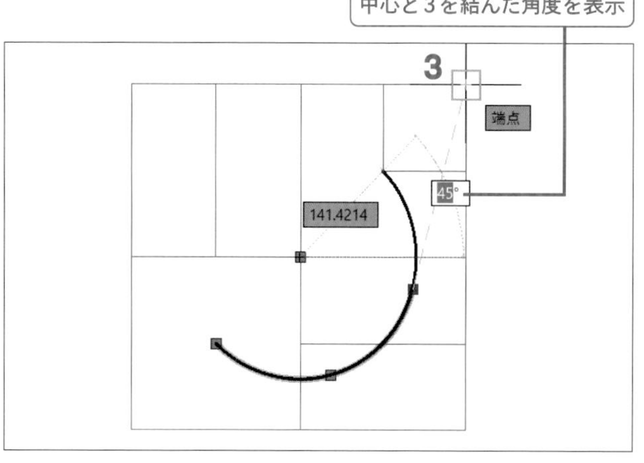

Column グリップメニューの[ストレッチ]を選択した場合は

前ページの**2**で[ストレッチ]を選択した場合、円弧のもう一方の端点と中点のグリップ位置を固定したまま、**2**の端点位置を移動するストレッチになります。移動先を🖱することで、円弧の中心点位置、半径も変更されます。

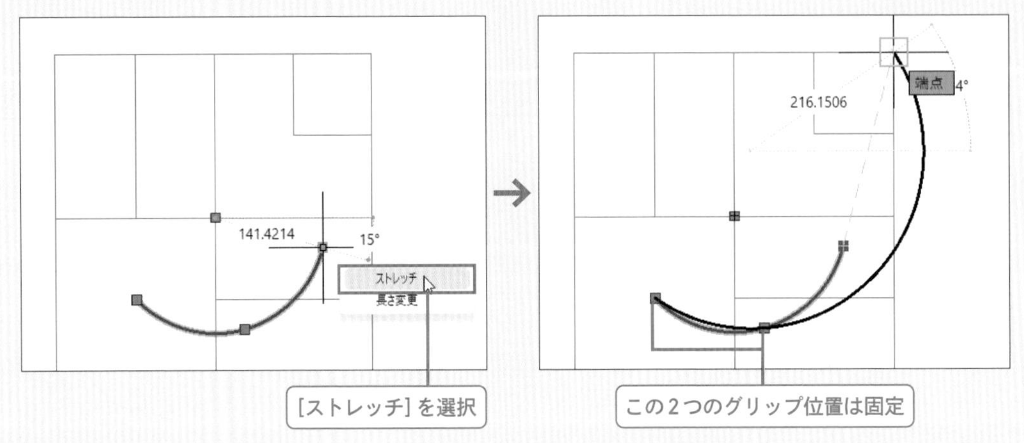

step 14 [延長]コマンドで円弧や線分を延長する

[延長]コマンドで円弧の左端を延長しましょう。

1 [トリム]コマンド右の▼を🖱し、[延長]を🖱

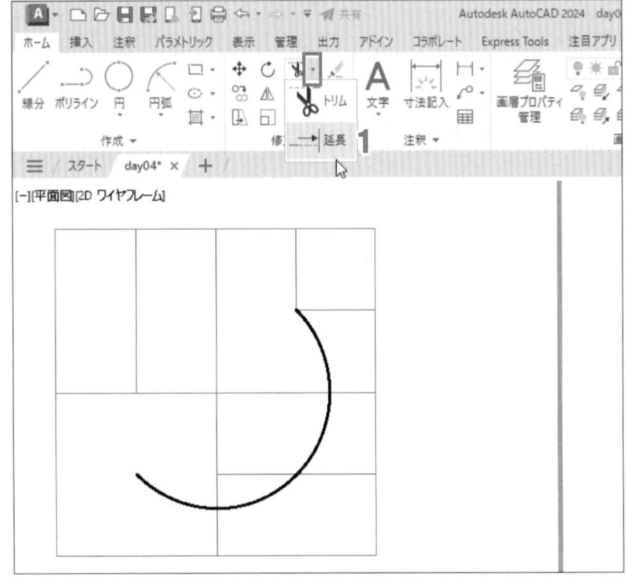

POINT [延長]コマンドは、🖱した線分・円弧の🖱位置に近い端点側を、延長上にある一番近いオブジェクトまで延長します。ただし、ポリラインは延長されません。

2 円弧の半分より左側にマウスカーソルを合わせ、円弧延長のプレビューを確認し🖱

↳中央の水平線まで円弧が延長され、マウスカーソルに**延長するオブジェクトを選択または**と表示される。

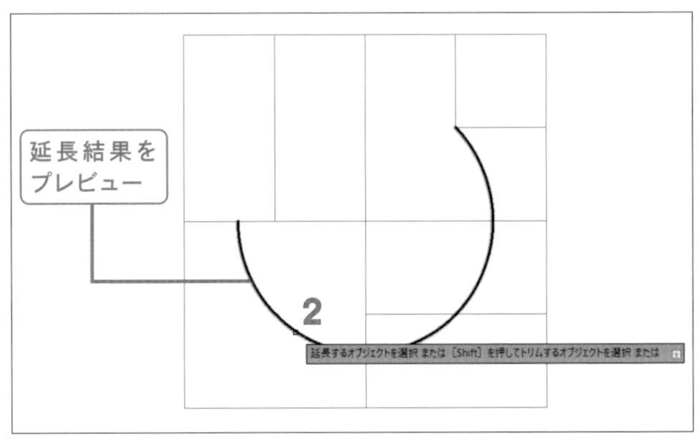

POINT [延長]コマンドは終了指示をするまでは、続けて使用できます。

円弧の左上の水平線を左側に延長しましょう。

4 **延長する水平線の半分より左にマウスカーソルを合わせ、延長のプレビューを確認し**

POINT 必ず、オブジェクトの中点よりも延長する側でします。

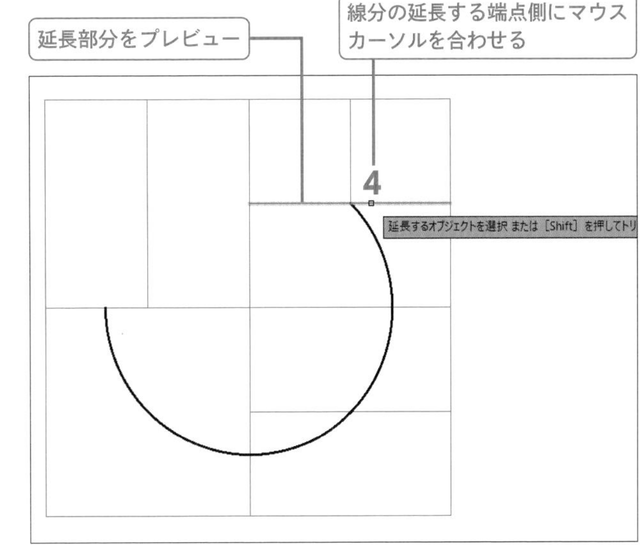

やってみよう

続けて、他の線分や円弧の両端点を右図のように延長しましょう。

POINT 途中、指示を間違えた場合は、作業領域でしてショートカットメニューの[元に戻す]をするか、あるいはCtrlキーを押したままZキーを押すことで、ひとつ前の延長操作を元に戻してください。クイックアクセスツールバーの[元に戻す]コマンドをすると、前ページ**1**〜のすべての延長操作が取り消されるので注意してください。

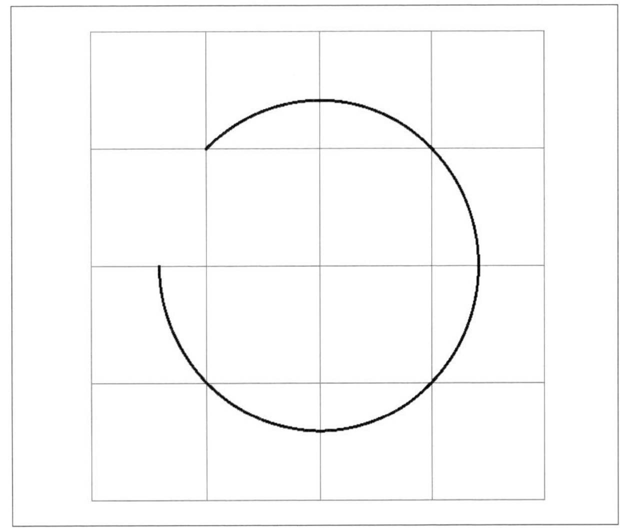

したらマウスカーソルまで点線が表示される » p.277 Q11

延長が完了したら、Enterキーを押して[延長]コマンドを終了してください。

step 15 円・弧・線分の一部をトリミングする

隣の図の線分や円・弧の一部分をトリミングしましょう。

1 **[延長]コマンド右の▼をし、リストの[トリム]を**

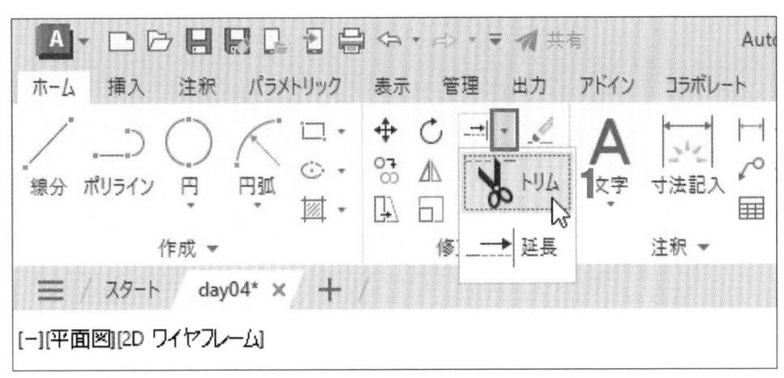

POINT ［トリム］コマンドでは、したオブジェクトを位置両側の点間で切り取り削除します。オブジェクトにマウスカーソルを合わせると、切り取り削除される部分が薄いグレーでプレビューされます。

2 円の右図の部分にマウスカーソルを合わせ、グレーでプレビューされる部分を確認して

POINT グレーでプレビューされていた部分が切り取り削除されます。［トリム］コマンドは終了指示をするまでは、続けて使用できます。

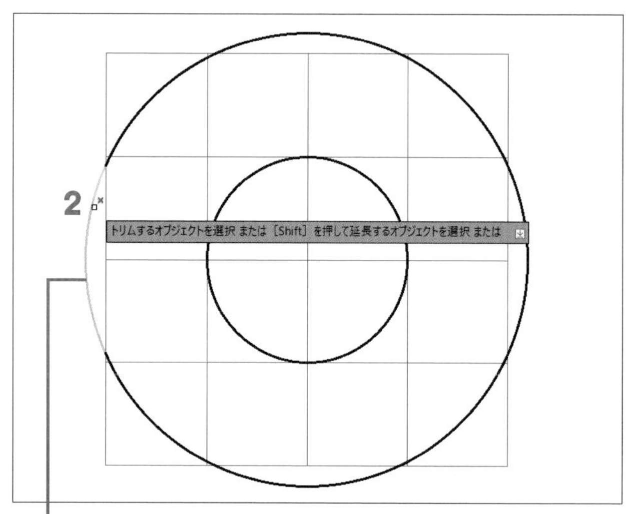

マウスカーソル位置両端のオブジェクト間の円弧部分がグレーでプレビュー

3 右図の線分にマウスカーソルを合わせ、グレーでプレビューされる部分を確認して

マウスカーソル位置両端の点間の線分がグレーでプレビュー

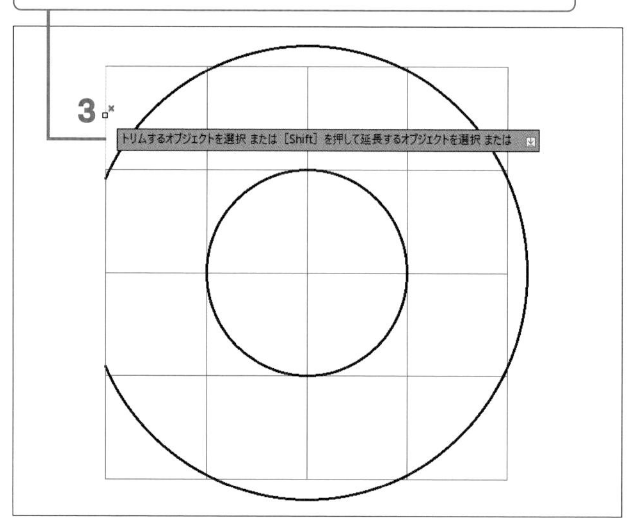

続けて、右図のようにトリミングしましょう。

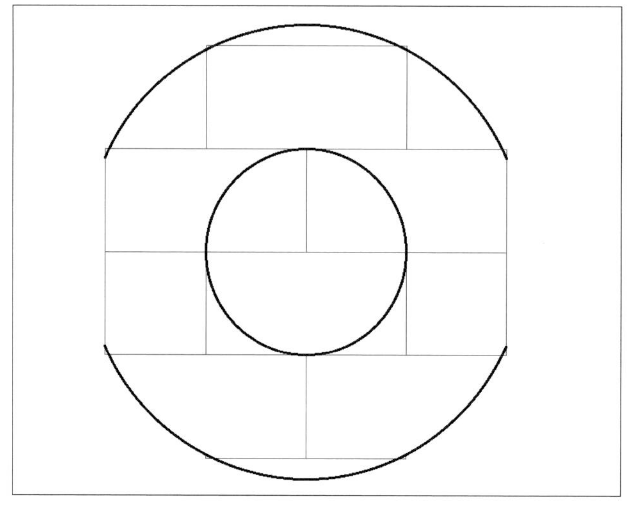

POINT 途中、指示を間違えた場合は、作業領域でしてショートカットメニューの［元に戻す］をするか、あるいは Ctrl キーを押したまま Z キーを押すことで、ひとつ前のトリミング操作を元に戻してください。クイックアクセスツールバーの［元に戻す］コマンドをすると、前ページ**1**～のすべてのトリミング操作が取り消されるので注意してください。

? したらマウスカーソルまで点線が表示される » p.277 Q11

step 16 切り取りエッジを指定してトリミングする

続けて、右の図の円弧を切り取りエッジに指定して、水平線、垂直線をトリミングしましょう。

1 [トリム]コマンで、↓キーを押してオプションメニューの[切り取りエッジ]を

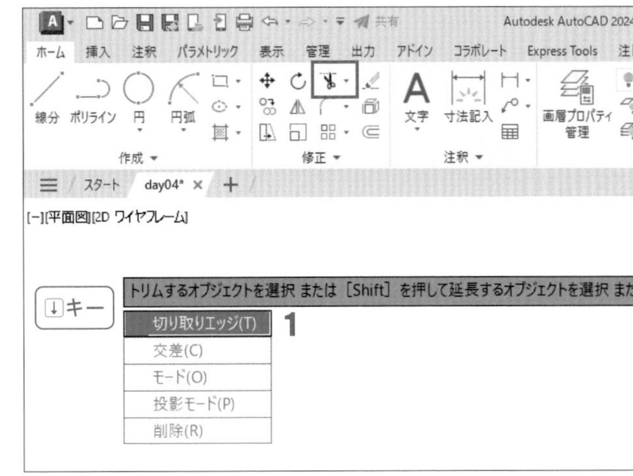

POINT 前項では、すべてのオブジェクトを切り取りエッジとしてトリミングしましたが、[切り取りエッジ] オプションでは、指定した切り取りエッジを境にオブジェクトのした側を切り取り削除します。

2 切り取りエッジとして右図の円弧を

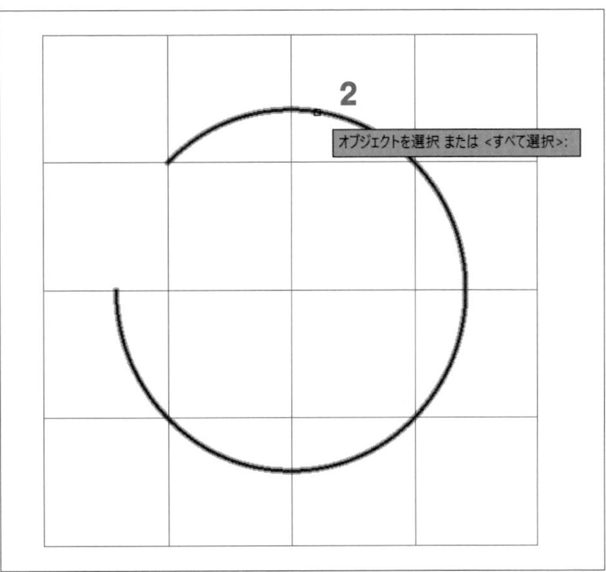

POINT **2**の円弧がハイライトされ、続けて他のオブジェクトをすることで、切り取りエッジを追加選択できます。切り取りエッジの選択を完了するには作業領域でするか、Enter キーを押します。

3 切り取りエッジの選択を完了するため、作業領域で

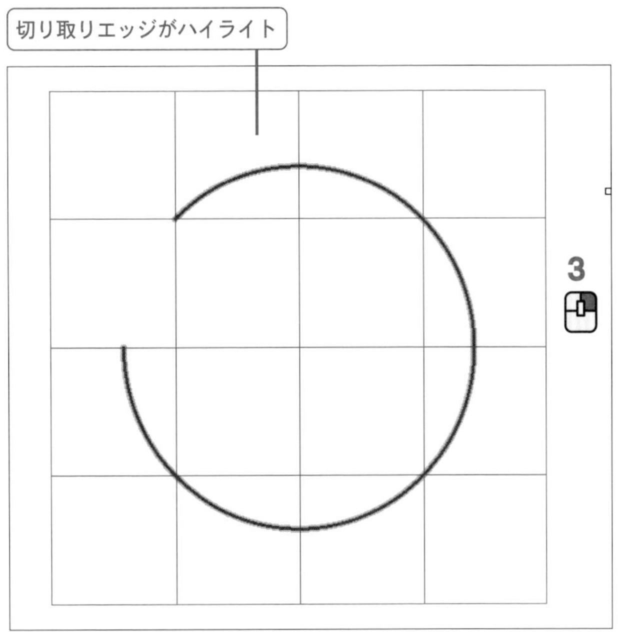

4 **トリムするオブジェクトとして、切り取りエッジとした円弧の内側で水平線にマウスカーソルを合わせ、プレビューを確認して**

POINT 切取りエッジに対して、切り取り削除する側をします。

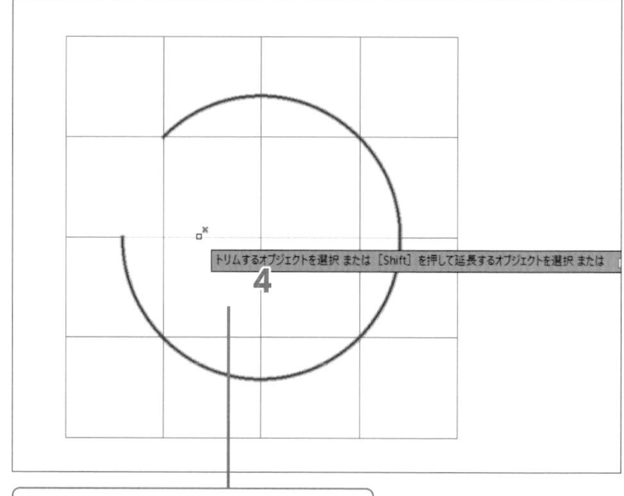

切り取り削除される部分がグレー表示

5 **トリムするオブジェクトとして、上の水平線にマウスカーソルを合わせ、プレビューを確認して**

POINT 切り取りエッジと交差していないオブジェクトをすると、オブジェクト全体が削除されます。

線分全体がグレー表示

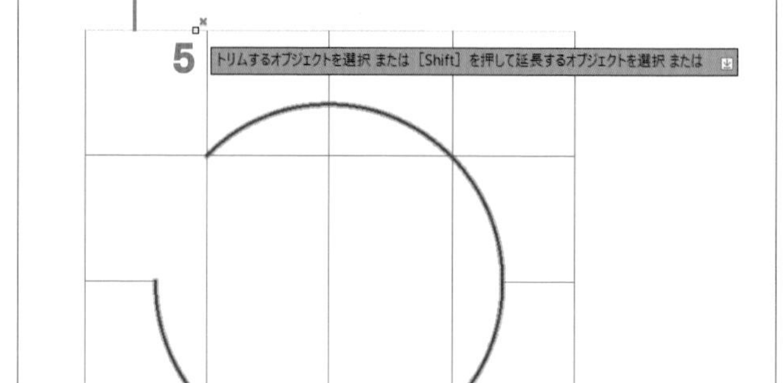

やってみよう

続けて、トリミングをして右図の形状に整えましょう。完了したら Enter キーを押して[トリム]コマンドを終了します。

POINT 途中、指示を間違えた場合は、作業領域でしてショートカットメニューの[元に戻す]をするか、あるいは Ctrl キーを押したまま Z キーを押すことで、ひとつ前のトリミング操作を元に戻してください。クイックアクセスツールバーの[元に戻す]コマンドをしないよう注意してください。

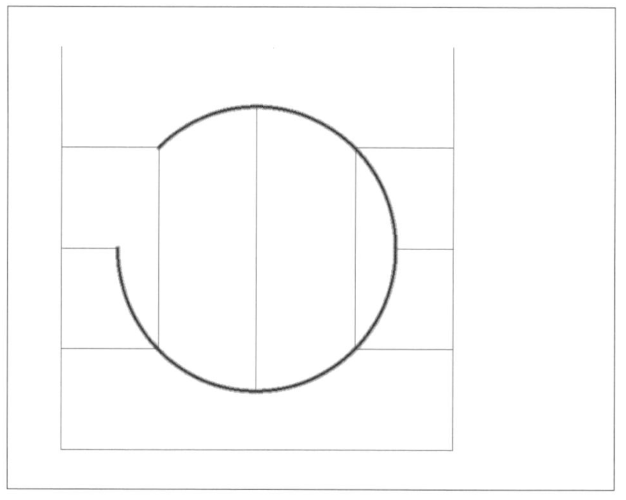

step 17 境界エッジを指定して延長する

[延長]コマンドで境界エッジを指定して延長しましょう。

1 [延長]コマンドを🖱

2 ↓キーを押してオプションメニューの[境界エッジ]を🖱

POINT step14ではすべてのオブジェクトを境界エッジとして延長しましたが、[境界エッジ]オプションでは、指定した境界エッジまで、オブジェクトを延長します。

3 境界エッジとして右図の垂直線を🖱

POINT 3の線分が境界エッジとして、ハイライトされます。続けて、他のオブジェクトを🖱することで、境界エッジを追加選択できます。境界エッジの選択を完了するには作業領域で🖱するか、Enterキーを押します。

4 境界エッジとして右図の水平線を🖱

5 境界エッジの選択を完了するため、作業領域で🖱

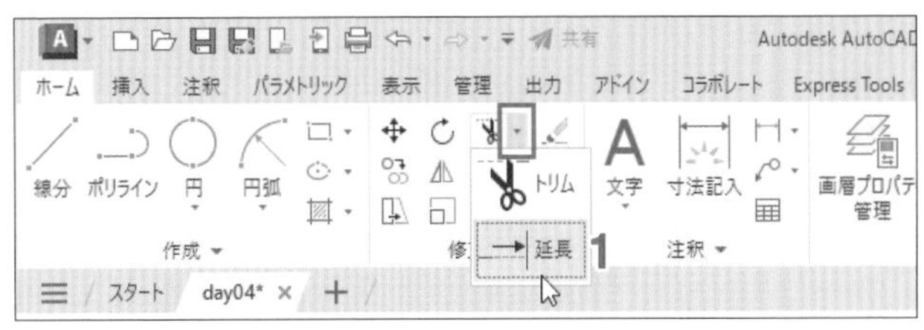

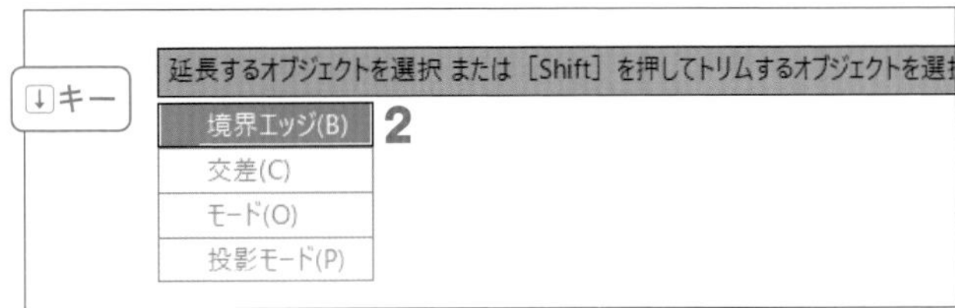

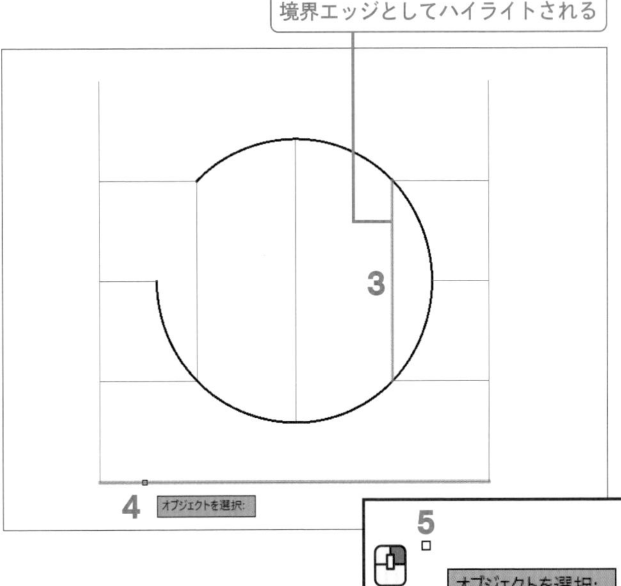

6 延長するオブジェクトとして、右図の水平線にマウスカーソルを合わせ、プレビューで境界エッジの垂直線まで延長されることを確認し🖱

POINT 半分より延長する側(右図では右側)にマウスカーソルを合わせてください。

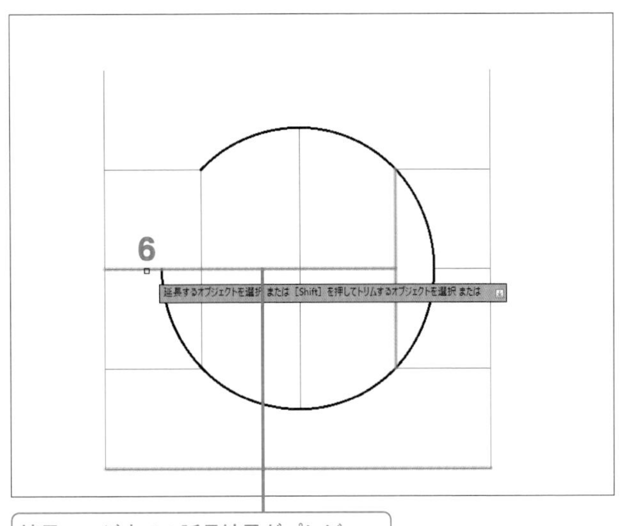

7 延長するオブジェクトとして、右隣の垂直線にマウスカーソルを合わせ、プレビューを確認して🖱

POINT 境界エッジにした線分を、別の境界エッジまで延長することも可能です。

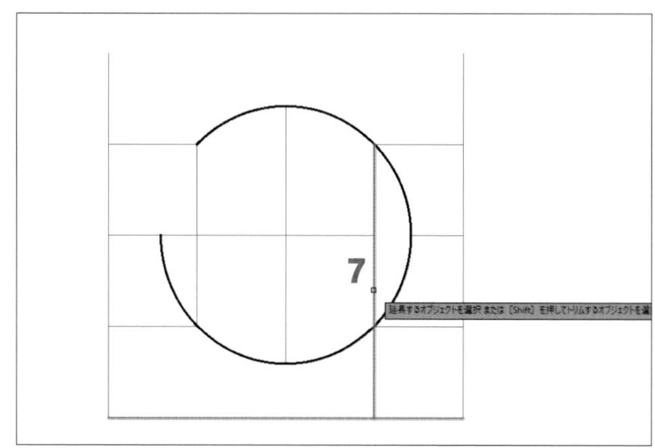

やってみよう

続けて、他の線を🖱して境界エッジまで、右図のように延長しましょう。

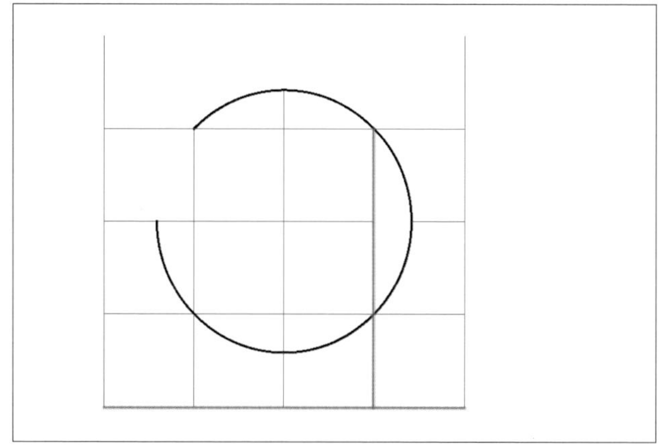

POINT マウスカーソルを合わせたオブジェクトの延長上に境界エッジが存在しない場合、**パスが境界エッジと交差していません。** と表示され、延長できません。また、[延長]コマンドでポリラインは対象にできないため、ポリラインを🖱すると、**このオブジェクトは延長できません。** と表示されます。

以上でDay04は終了です。ファイルを上書き保存しましょう。

円弧上の始点・終点指示は反時計回りが基本

p.65で行ったように、円弧上の始点⇒終点は、反時計回りで指示することが基本です。そのように覚えてください。

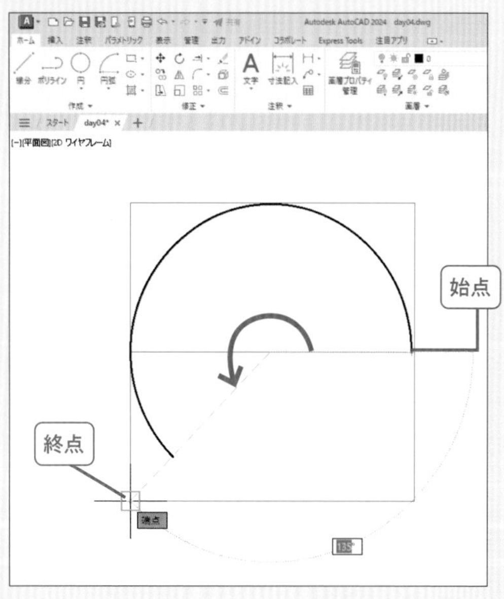

ただし、AutoCAD2024からはCtrlキーを押したまま終点を指示することで、時計回りの指示での円弧作成が可能になりました。

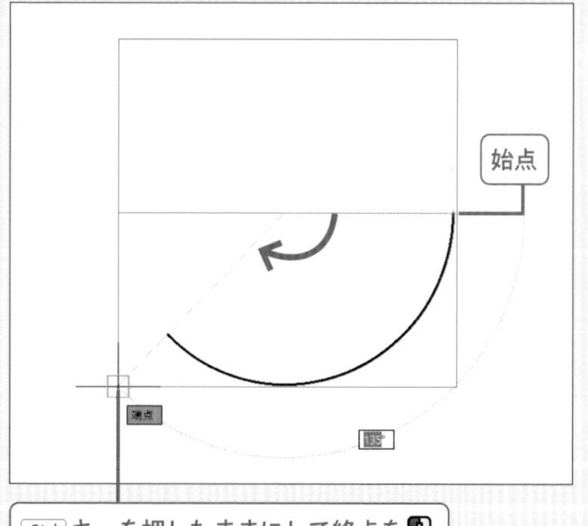

[トリム][延長]コマンドの一時的な切り替え

[トリム]コマンドでトリミングの最中に、延長したい箇所を見つけたり、その逆に[延長]コマンドで延長している最中に、トリミングしたい箇所が見つかったりという場合、Shift キーを併用することで、一時的に延長(またはトリム)に切り替えることができます。

[トリム]コマンドでトリミングを行っている状態とします。

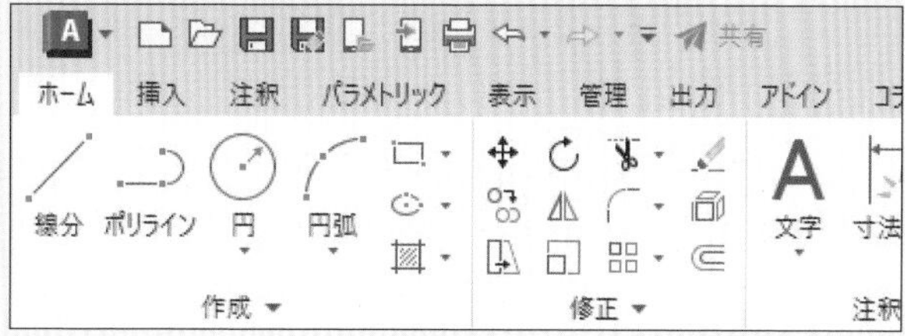

1 右図の線分にマウスカーソルを合わせる

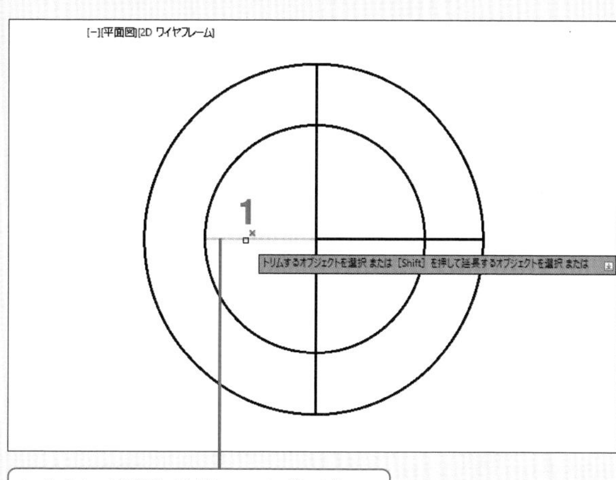

トリミング部分がグレーでプレビュー

2 Shift キーを押したまま、1と同じ線分にマウスカーソルを合わせ 🖱

POINT [トリム]コマンド実行時に Shift キーを押したまま、オブジェクトを🖱すると、[延長]コマンドの働きになり、オブジェクトが延長されます。また、[延長]コマンド実行時に Shift キーを押したまま、オブジェクトを🖱すると、[トリム]コマンドの働きになります。

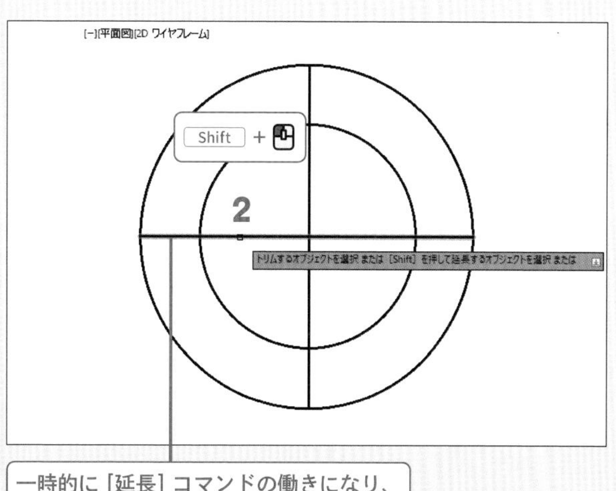

一時的に[延長]コマンドの働きになり、延長部分をプレビュー

建具平面図の作成

教材ファイルday05.dwgを開き、あらかじめ作成されている基準線を目安に以下の建具平面図を作成しましょう。ここで作成する建具平面図の見本図が「sample」フォルダにS-day05.dwgとして用意されています。必要に応じて印刷してご利用ください。作成した建具平面図は2章で、事務所ビルの平面図を作成する際に利用します。
※この単元からは［線分］コマンドの終了指示の記載は省きます。

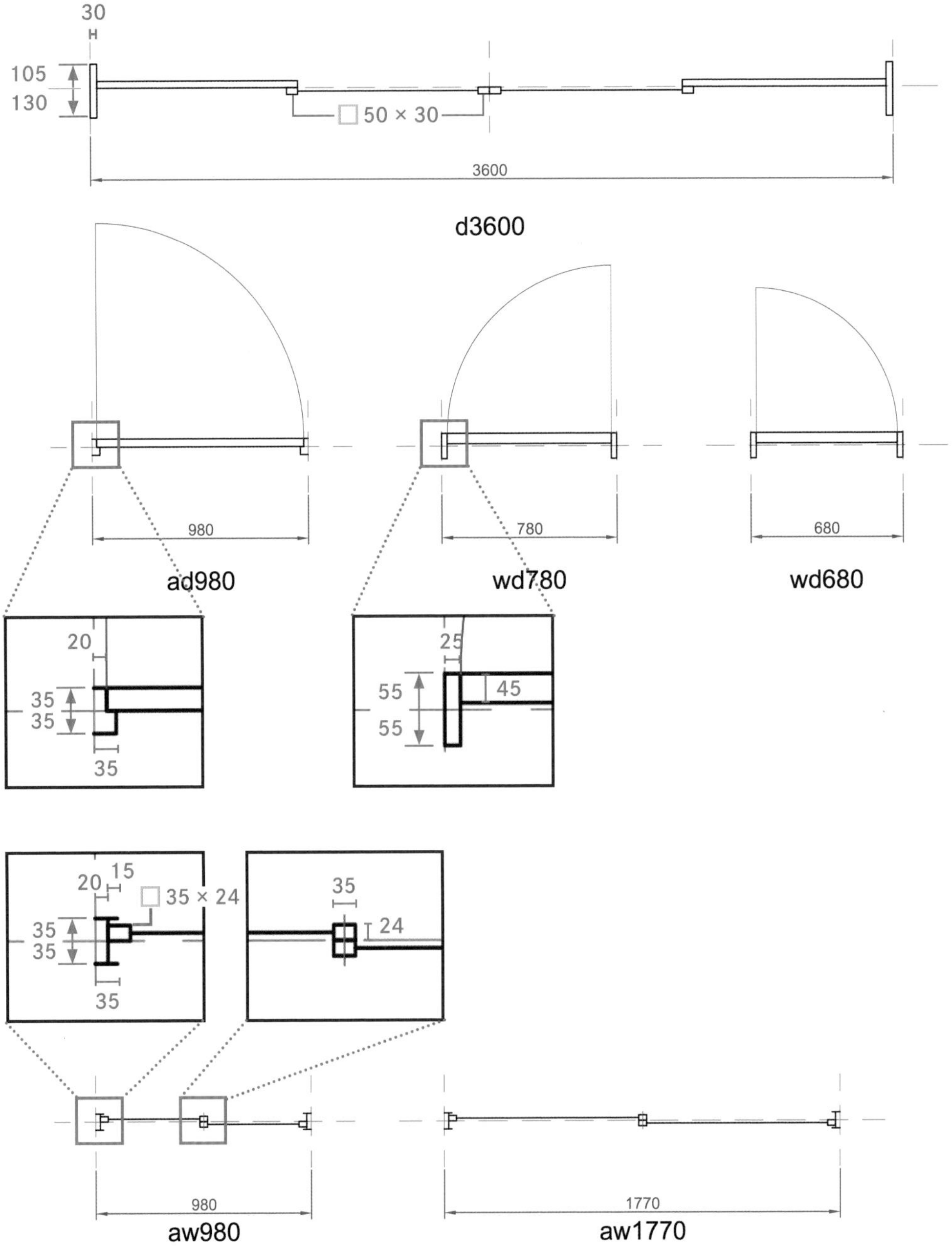

30
105
130
□50 × 30
3600
d3600

980
ad980
780
wd780
680
wd680

20
35
35
35

25
55
55
45

20
15
□35 × 24
35
35
35

35
24

980
aw980
1770
aw1770

d3600の左の枠を作成する

教材ファイル day05.dwg を開き、d3600の左の枠を作成するため、左の基準線交点から右下に30mm×130mmの長方形を作成しましょう。

1 教材ファイルday05.dwgを開く

2 「0」画層が現在の画層であることを確認する

3 [長方形]コマンドを

4 一方のコーナーとして基準線左の交点を

POINT 4の交点は、垂直な基準線の中点でもあるため、マウスカーソルを近づけると、交点または中点が表示されます。

5 右下にマウスカーソルを移動し、幅として「30」を入力し、Tab キーを押す

6 高さとして「130」を入力し、Enter キーを押す

↳4の点から右下に幅30mm、高さ130mmの長方形が作成され、[長方形]コマンドが終了する。

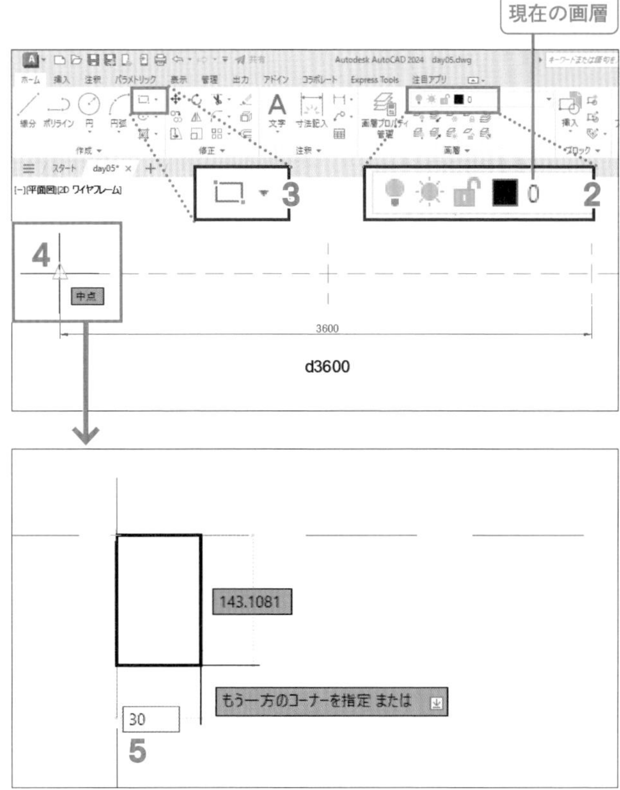

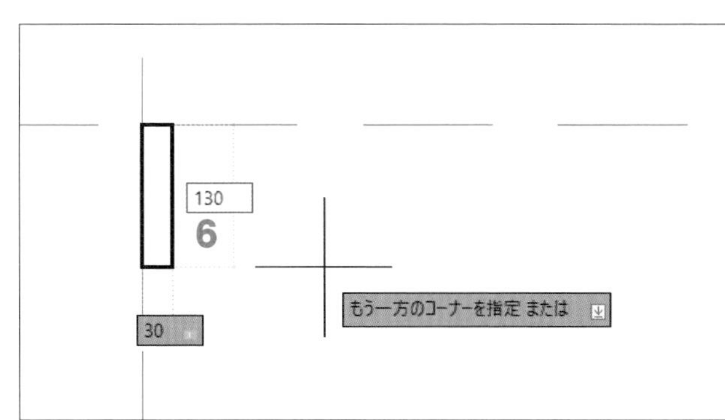

作成した長方形を上に105mmストレッチしましょう。

7 作成した長方形をして選択する

8 上辺中点のグリップをし、上方向へ移動する

9 移動距離「105」を入力し、Enter キーを押す

↳上方向に150mmストレッチされ、30mm×235mmの長方形になる。

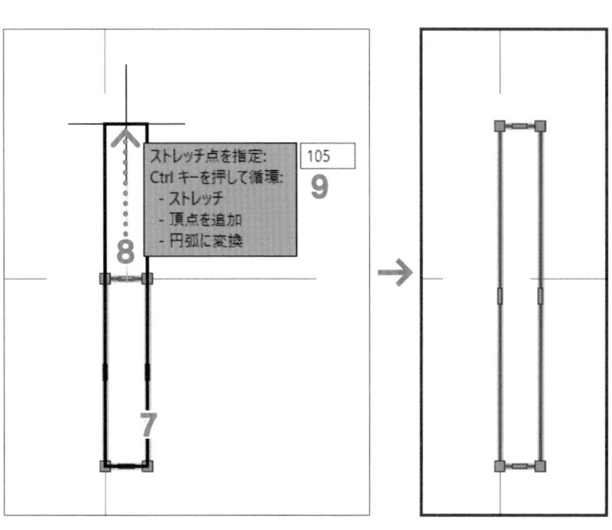

d3600の左のFIXと框を作成する

d3600の建具は左半分を作成し、それを右側に鏡像コピーします。左のFIXと框を作成しましょう。

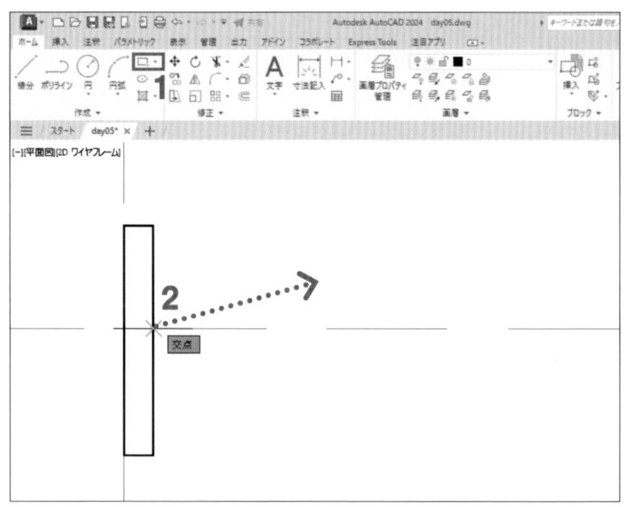

1 [長方形]コマンドを🖱

2 枠右辺と基準線の交点を🖱し、右上方向にマウスカーソルを移動する

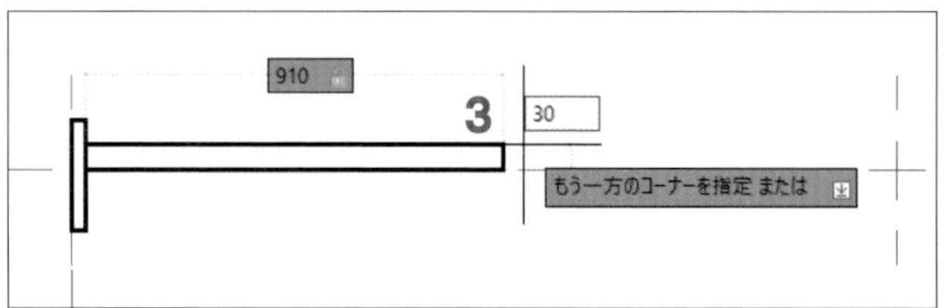

3 横910mm、縦30mmの長方形を、右図のように作成する

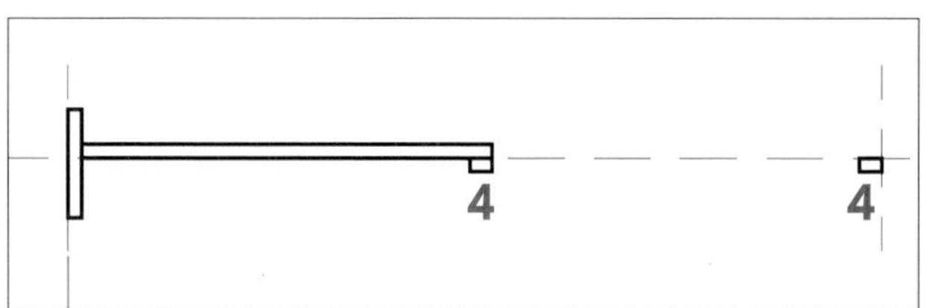

4 [長方形]コマンドで、框の長方形(50mm×30mm)を、右図の2ヵ所に作成する

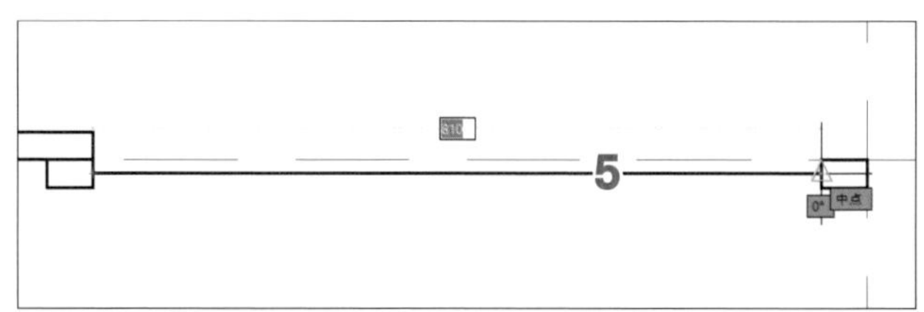

5 [線分]コマンドを選択し、左の框の右辺中点と右の框の左辺中点を結ぶ線分(ガラス)を作成する

step 3

作成した左半分を右側に鏡像コピーする

作成した左半分を窓選択で選択し、鏡に映したように左右反転してコピーしましょう。

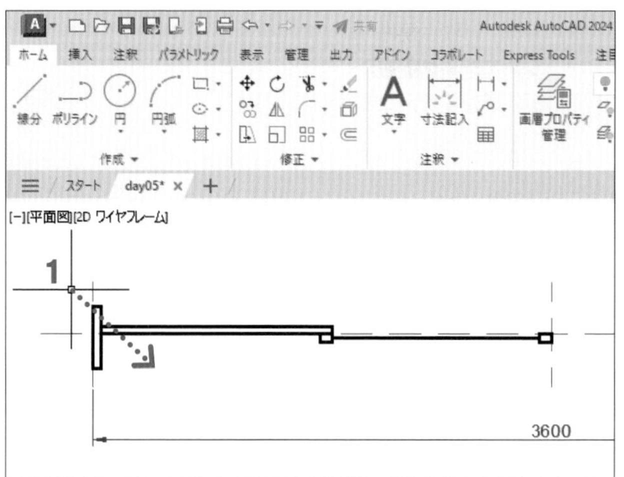

1 窓選択枠の1つ目のコーナーとして右図の位置で🖱し、マウスカーソルを右下方向へ移動する

POINT 対角指示による窓選択枠で、オブジェクトを囲むことで選択します。窓選択の対角は、左から右に指示します。

↳1を対角とした窓選択枠（青いシェーディング）がマウスカーソルまで表示される。

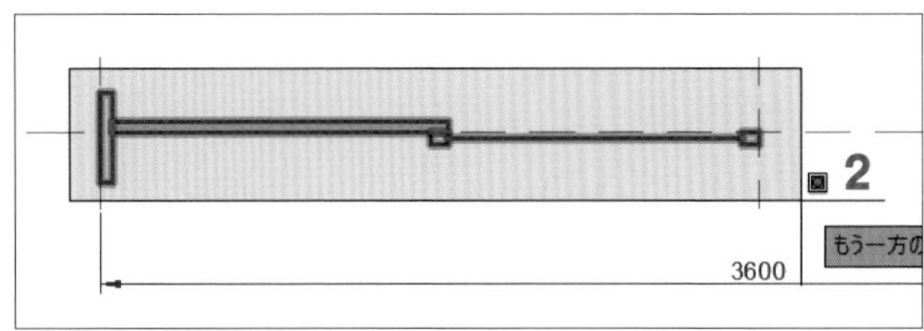

2 窓選択枠に鏡像コピー対象のオブジェクト全体が入るように囲み、もう一方のコーナーを

POINT 窓選択枠に全体が入るオブジェクトが選択されハイライトされます。窓選択枠から一部でもはみ出したオブジェクトは選択されません。この段階で他のオブジェクトをすることで追加選択できます。また、Shiftキーを押したまま、ハイライトのオブジェクトをすることで個別に選択を解除できます。（→p.45Column）

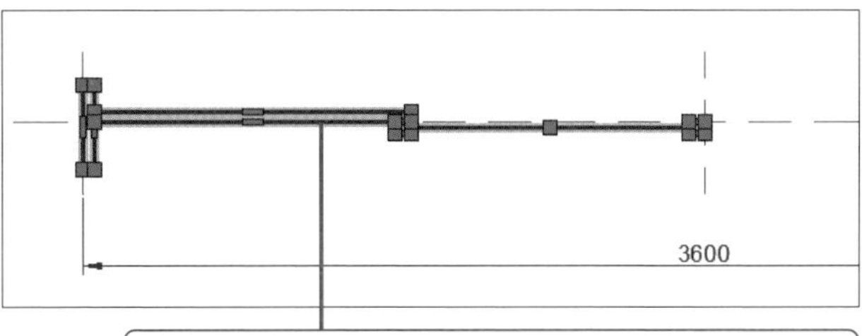

3 ［鏡像］コマンドを

POINT ［鏡像］コマンドでは、1点目と2点目を指示することで、その2点を結ぶ線を対象軸として鏡像コピー（または移動）します。

4 対称軸の1点目として右図の中心線の上端点を

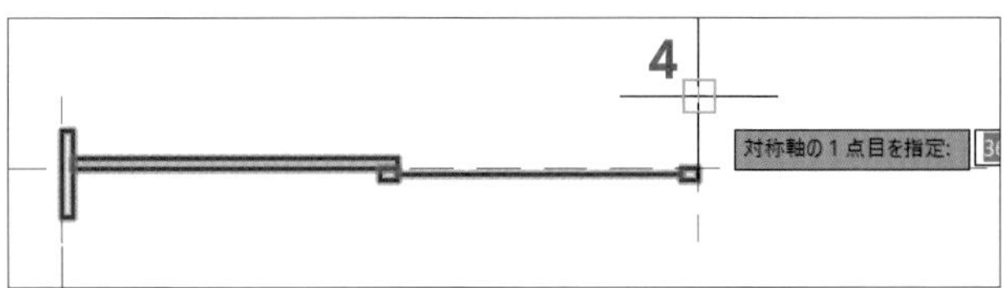

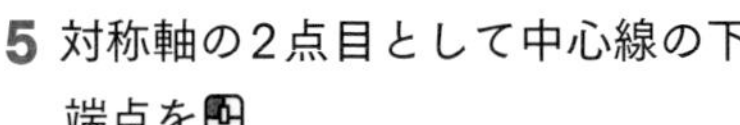

5 対称軸の2点目として中心線の下端点を

↳ハイライトのオブジェクトが5-6の線を対称に鏡像コピーされ、**元のオブジェクトを消去しますか？**とオプションメニューが表示される。

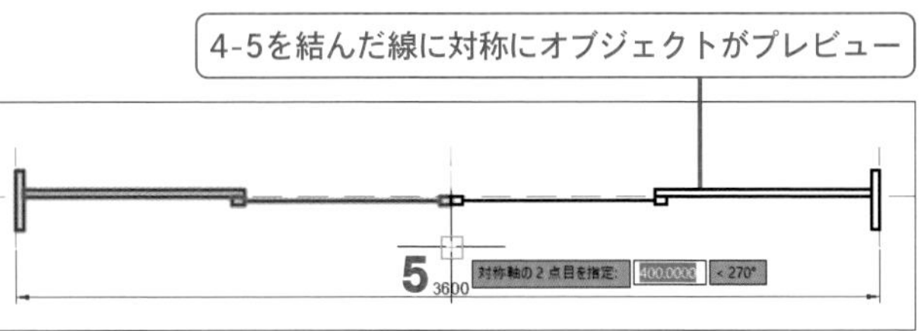

6 ［いいえ］を

↳鏡像コピーされ、［鏡像］コマンドが終了する。

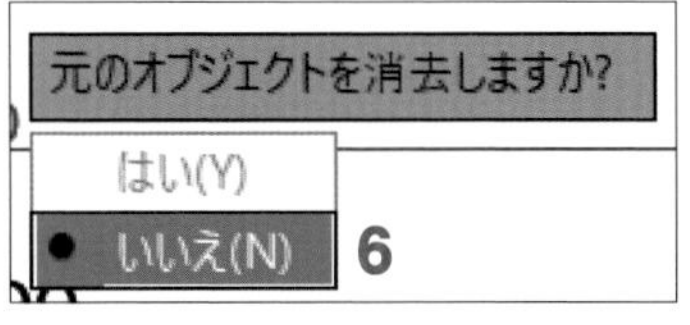

POINT ［いいえ］に●が付いている状態では、6の操作の代わりにEnterキーを押しても同じです。6で［はい］を選択すると、選択したオブジェクトが消去され鏡像移動になります。

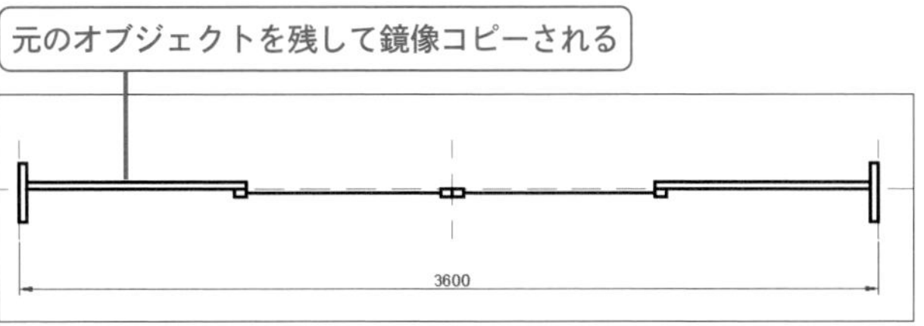

ad980の左の枠を作成する

片開きドアad980の左の枠を[ポリライン]コマンドで作成しましょう。

1 [ポリライン]コマンドを
2 [直交モード]をオンにする

参考 直交モード》p.25

3 左の基準線交点を し、下に35mmの垂線を作成する

参考 ポリライン》p.33

4 続けて、右図の寸法の連続線を作成し、[ポリライン]コマンドを終了する

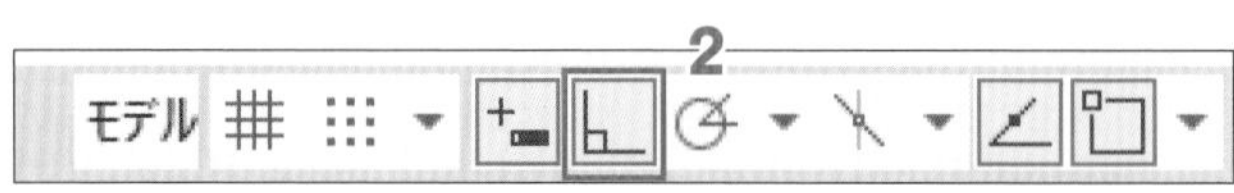

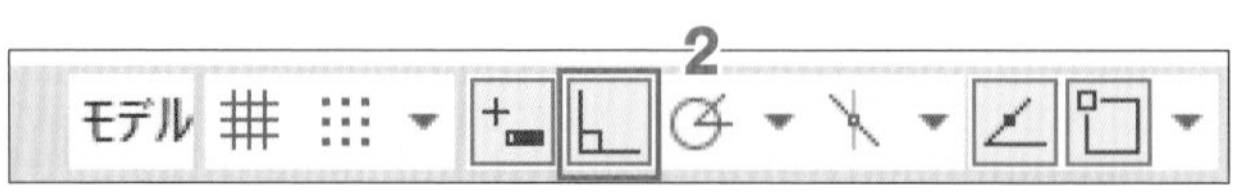

5 [トリム]コマンドを
6 はじめに作成した垂直線を

POINT [削除]コマンドでは、ポリラインの一部だけを削除することはできませんが、[トリム]コマンドで切り取り削除できます。

7 Enter キーを押して[トリム]コマンドを終了する

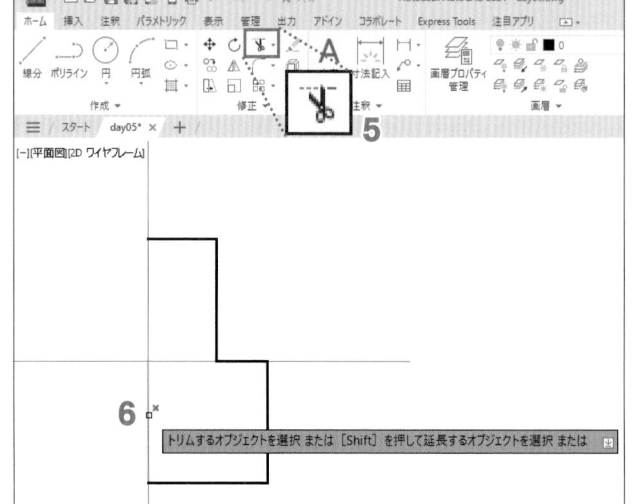

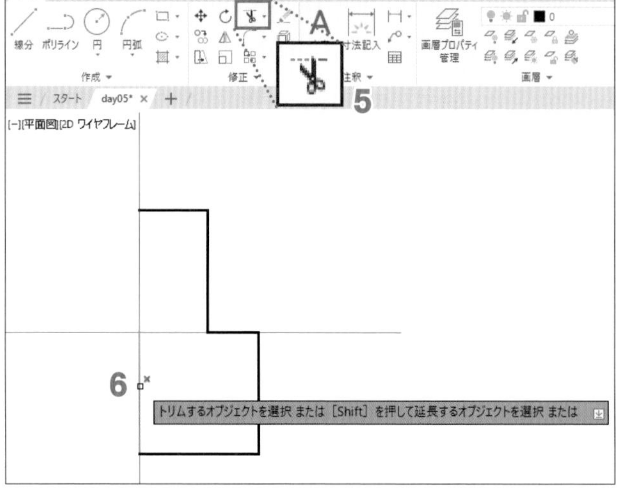

枠を鏡像コピーし扉を作成する

作成した枠を右側に鏡像コピーしましょう。

1 作成した枠の左上で
2 マウスカーソルを右下に移動し、窓選択枠に枠全体が入るよう囲み

↳窓選択枠に全体が入るオブジェクトが選択されハイライトされる。

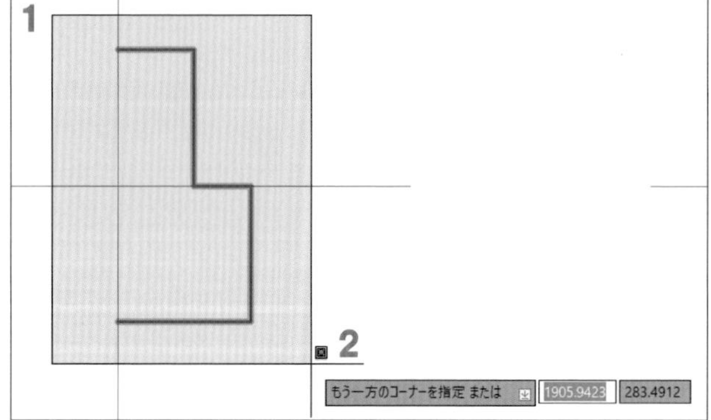

3 [鏡像]コマンドを

4 基準線の中点△を

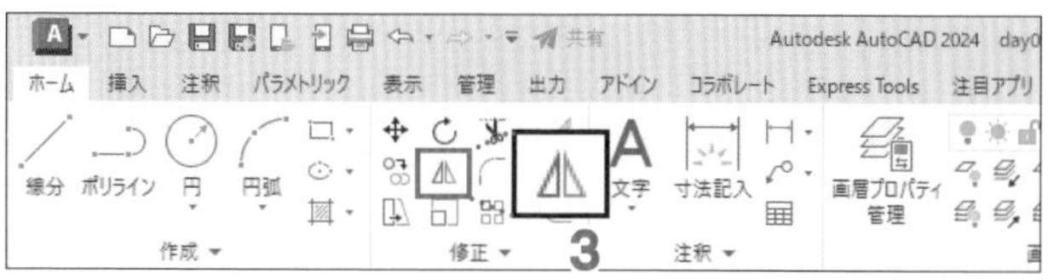

POINT day05.dwgの基準線は、その中点が作成する建具の中心になるように作成されています。[直交モード]がオンであるため、**5**で点の無い位置をしても、**4**-**5**を結ぶ線は垂直線になります。

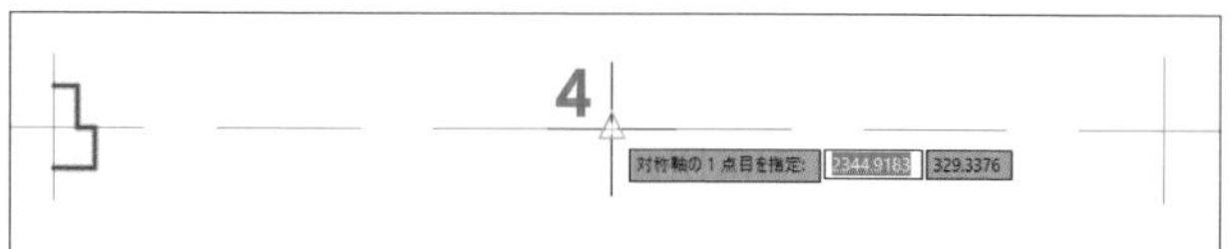

5 垂直下方向にマウスカーソルを移動し

6 表示されるオプションメニューの「いいえ」を

↳鏡像コピーが完了し、[鏡像]コマンドが終了する。

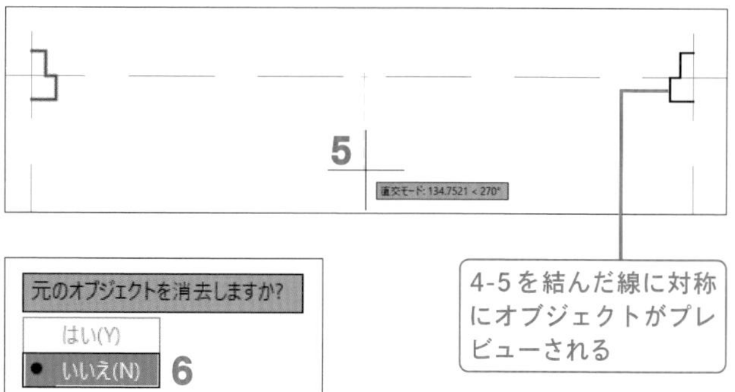

扉を作成しましょう。

7 [長方形]コマンドを

8 一方のコーナーとして右図の端点□を

9 もう一方のコーナーとして右図の端点□を

↳**8**-**9**を対角とする長方形が作成され、[長方形]コマンドが終了する。

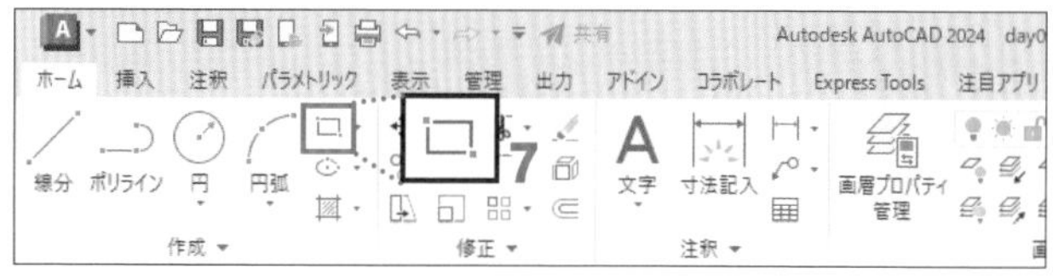

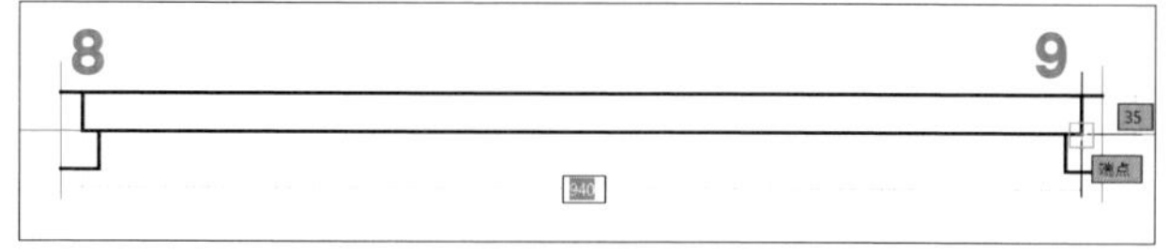

Column 画層とオブジェクトの色・線の太さ・線種の関係

p.40「Column」で学習したように、オブジェクトの色・線の太さ・線種は、画層ごとに設定して使い分けるのが基本です。しかし、色や太さ、線種の異なるオブジェクトを同一の画層に作成できないというわけではありません。

オブジェクトは[ホーム]タブの[プロパティ]パネルの[オブジェクトの色][線の太さ][線種]で作成されます。各ボックスの▼をし、色や太さ、線種を指定することができます。

「ByLayer」は、現在の画層の設定([画層プロパティ管理]で指定» p.41)に準拠することを示します。

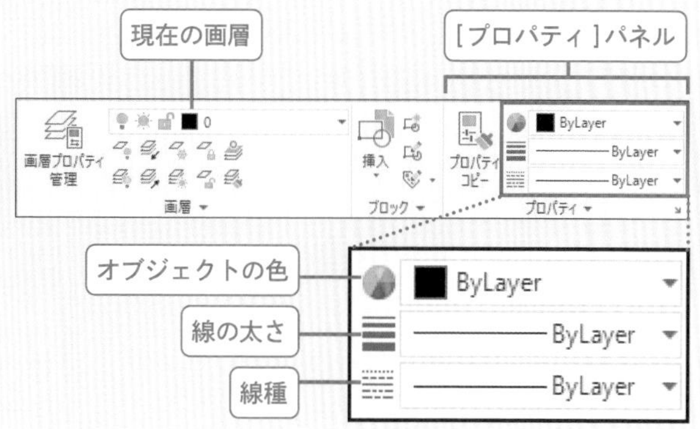

色と太さを個別に指定し開閉表示記号を作成する

開閉表示記号は、「0」画層に色を青、太さを0.13mmにして作成します。

1. [オブジェクトの色]ボックスの▼を🖱し、右図の「青」を🖱
2. [線の太さ]ボックスの▼を🖱し、「0.13mm」を🖱

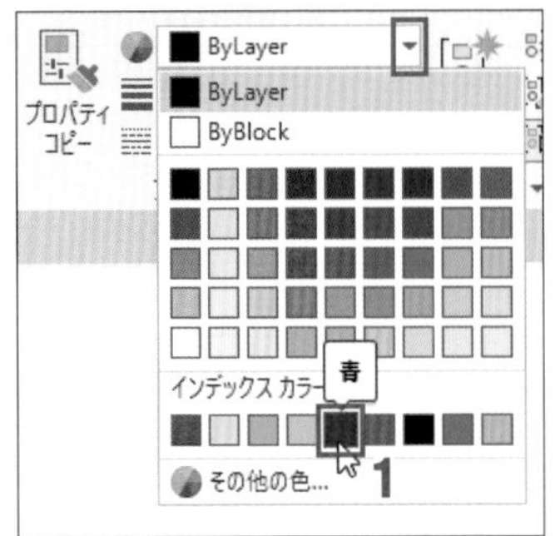

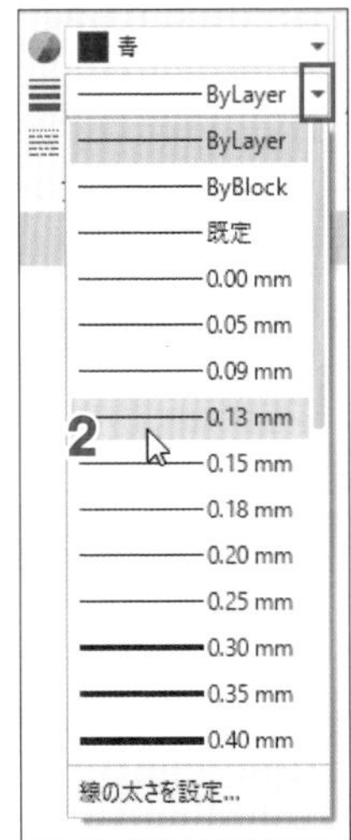

3. [円弧]コマンドの▼を🖱し、メニューから[中心、始点、終点]を選択して右図のように1/4円弧を作成する

参考 円弧の作成 » p.65

4. [線分]コマンドを選択し、右図の垂直線を作成する

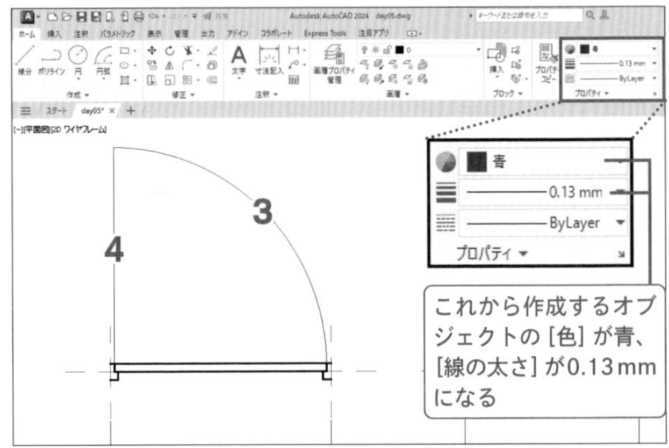

wd780の左の枠を作成し、右に複写する

[オブジェクトの色]と[線の太さ]を「ByLayer」にして、片開きドアwd780の左の枠を作成しましょう。

1. [プロパティ]パネルの[オブジェクトの色]ボックスの▼を🖱し、「ByLayer」を選択する
2. [線の太さ]ボックスの▼を🖱し、「ByLayer」を選択する
3. wd780の左の枠(25mm×110mm)をp.81を参考に右図のように作成する

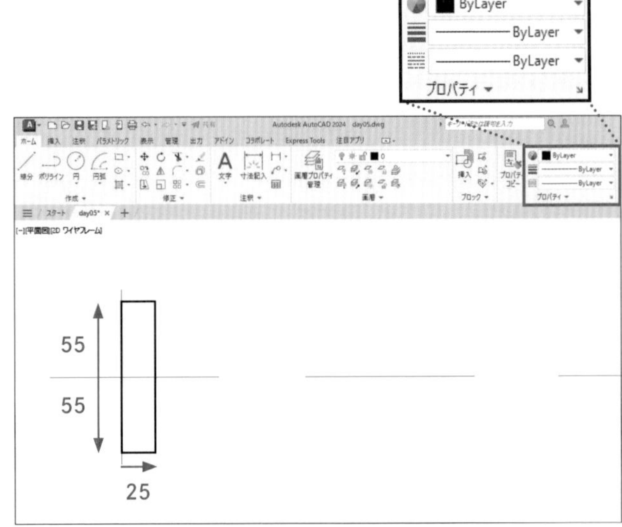

作成した枠を右側の基準線交点に複写しましょう

4 作成した枠を🖱して選択する

5 [複写]コマンドを🖱

POINT [複写]コマンドは、選択したオブジェクトの基点とその複写先を指示することで複写します。

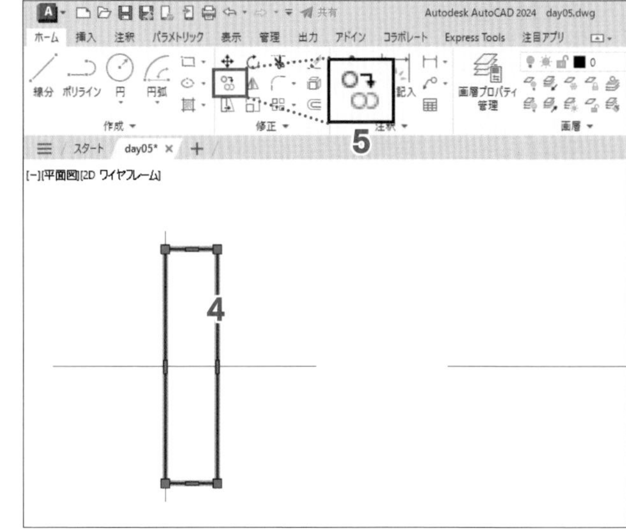

6 複写の基点として、枠右辺と基準線の交点を🖱

7 複写先として、右側の基準線交点を🖱

↳7の点に基点を合わせて枠が複写され、マウスカーソルには複写対象の枠と操作メッセージが表示される。

マウスカーソルに6の基点を合わせプレビュー

POINT [複写]コマンドを終了するまでは、複写先を指示することで同じオブジェクトを連続して複写できます。

8 Enter キーを押して、[複写]コマンドを終了する

step 8 枠のポリラインを分解する

前項で作成した2つの枠はポリラインになっています。2章で使用する際、ポリラインでは不便なため、分解して線分にしましょう。

1 2つの枠を🖱して選択する

2 [分解]コマンドを🖱

↳選択(ハイライト)が解除され、長方形のポリラインは分解されて個々の線分になる。

枠と枠の間に厚み45mmの扉を作成する

前項で作成した枠と枠の間に、厚み45mmの扉を[長方形]コマンドで作成しましょう。

1 [長方形]コマンドを🖱

2 一方のコーナーとして、左の枠の右上角を🖱

3 もう一方のコーナーとして、右の枠の左下角にマウスカーソルを合わせる

POINT 3では角にマウスカーソルを合わせるだけで🖱はしません。[ダイナミック入力]ボックスには2-3間の水平距離「730」が色反転して表示されます。4の操作でその数値を確定し、長方形の高さ入力に切り替えます。

4 ダイナミック入力ボックスに幅「730」が表示されていることを確認し、Tab キーを押す

5 長方形の高さとして「45」を入力し、Enter キーを押す

↳2を左上角とする幅730mm、高さ45mmの長方形が作成される。

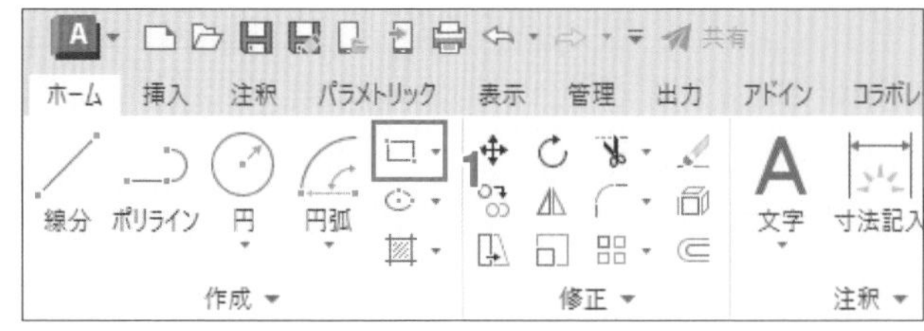

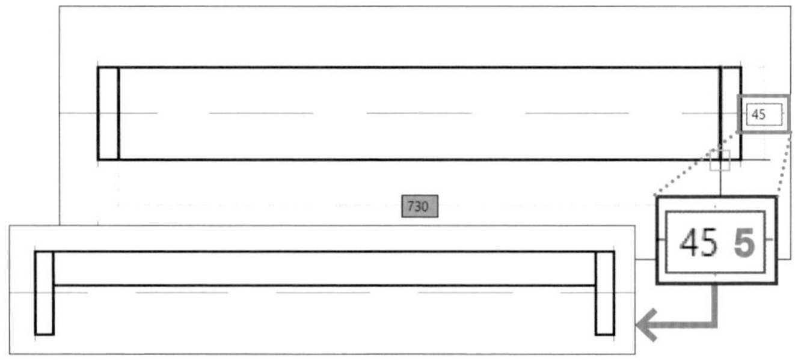

作成したwd780を隣のwd680の位置に複写する

前項で作成したwd780を右隣のwd680の位置に複写しましょう。

1 窓選択の一方のコーナーとして複写対象の左上で🖱

2 マウスカーソルを右下に移動し、窓選択枠に複写対象全体が入るように囲み、もう一方のコーナーを🖱

POINT 複写しない基準線の全体が窓選択枠に入らないよう注意してください。

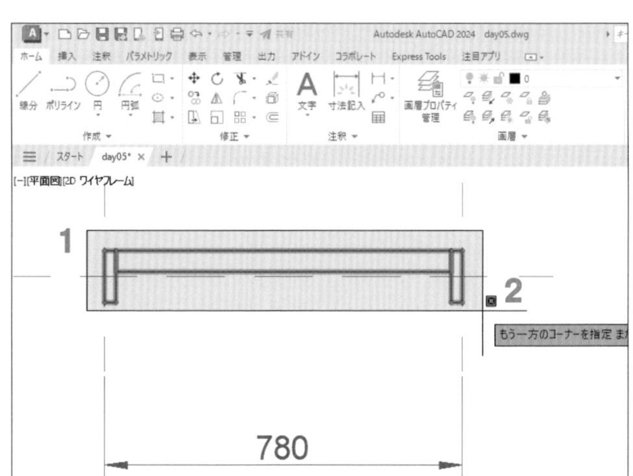

4 [複写]コマンドを

5 複写の基点として、左枠左辺と基準線の交点を

6 複写先としてwd680の左の基準線交点を

7 Enter キーを押し、[複写]コマンドを終了する

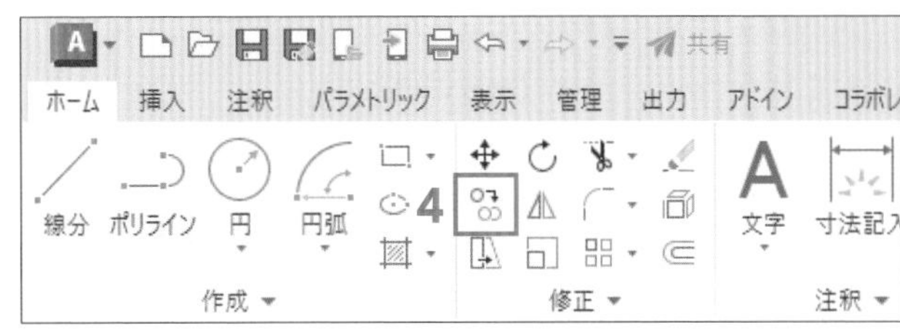

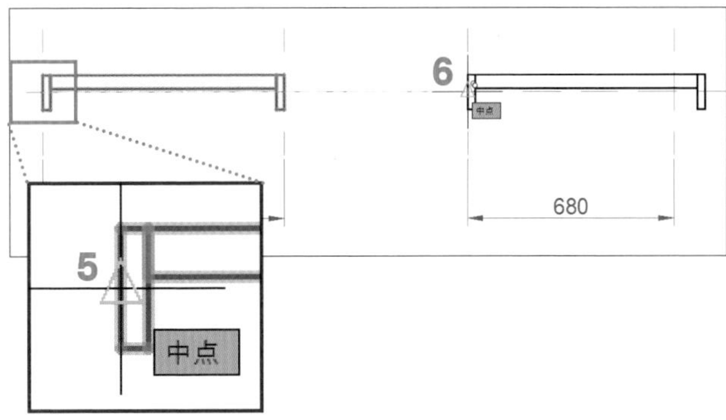

建具扉の幅をストレッチする

wd680のスペースに複写した建具の扉の幅をストレッチしてwd680の左右の基準線内に収めましょう。

1 交差選択枠の1つ目のコーナーとして、右図の位置でし、マウスカーソルを左上方向に移動する

↳1を対角とした交差選択枠(緑のシェーディング)がマウスカーソルまで表示される。

POINT ストレッチをするには、交差選択で対象を選択します。選択範囲を右から左に指示すると交差選択になります。交差選択枠に交差するか、全体が入るオブジェクトが選択されます。枠内に片端点が入るオブジェクトが伸縮され、全体が入るオブジェクトがそれに伴い移動します。

2 交差選択枠に右の枠全体と扉の上辺、下辺の右端点が入るように囲み

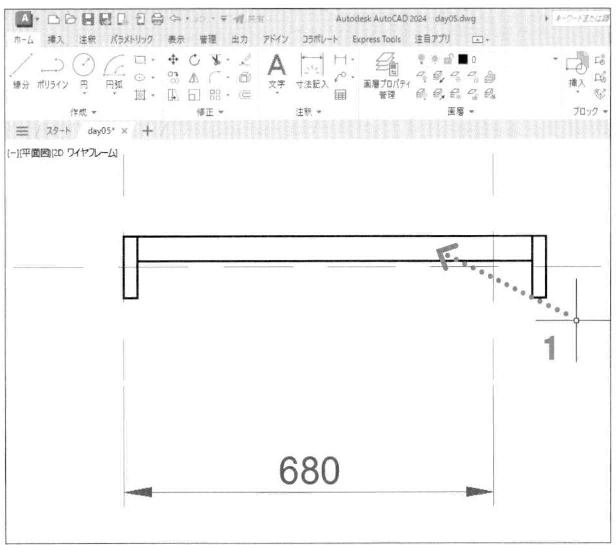

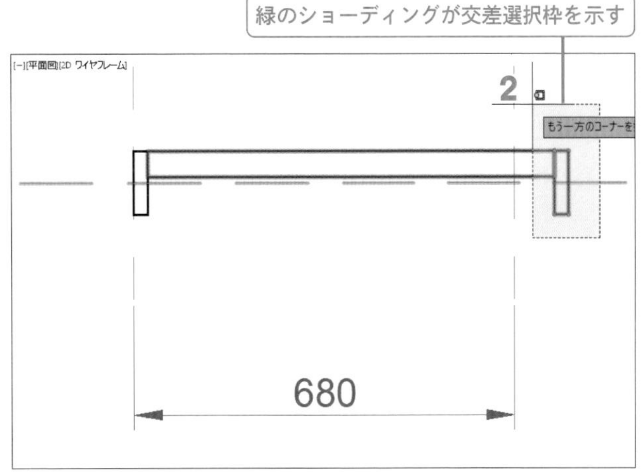

POINT 交差選択枠に全体が入る枠と片端点が入る扉と基準線が右図のようにハイライトされます。交差選択枠外にその両端点がある基準線は、[ストレッチ]コマンドの対象にはなりませんが、ここでは、選択解除しておきます。

3 Shift キーを押したまま、ハイライトされた基準線を🖱

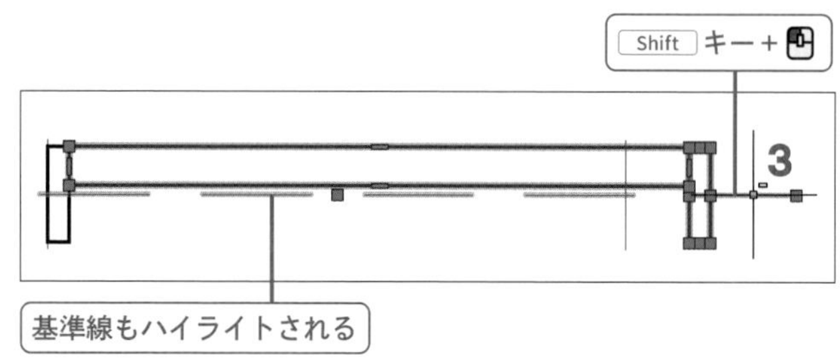

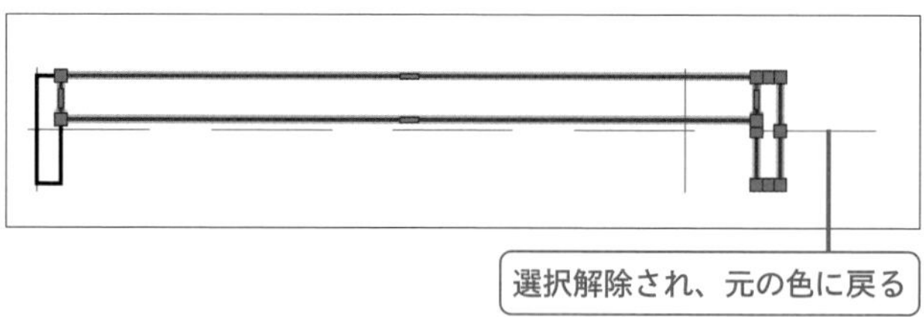

4 [ストレッチ]コマンドを🖱

POINT [ストレッチ]コマンドで基点とその移動先を指示することで、交差選択枠に片端点が入るオブジェクトが伸縮し、それに伴い全体が入るオブジェクトが移動します。

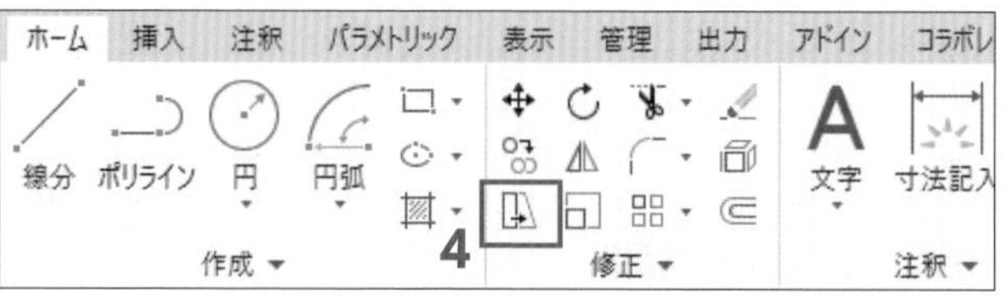

5 ストレッチの基点として、右の枠の右辺中点を🖱

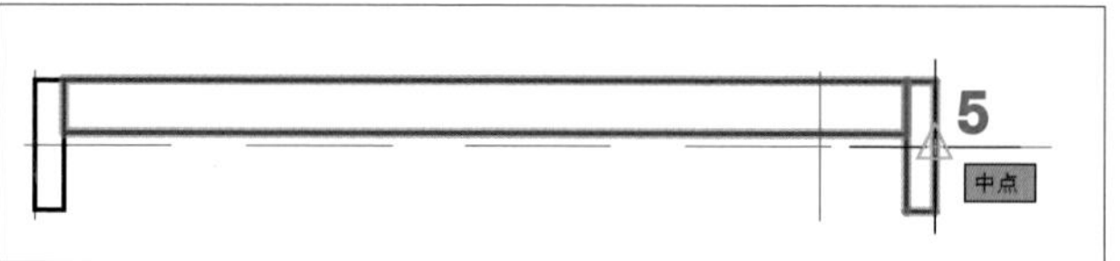

6 目的点として、右の基準線の交点を🖱

↳扉がストレッチされ、[ストレッチ]コマンドが終了する。

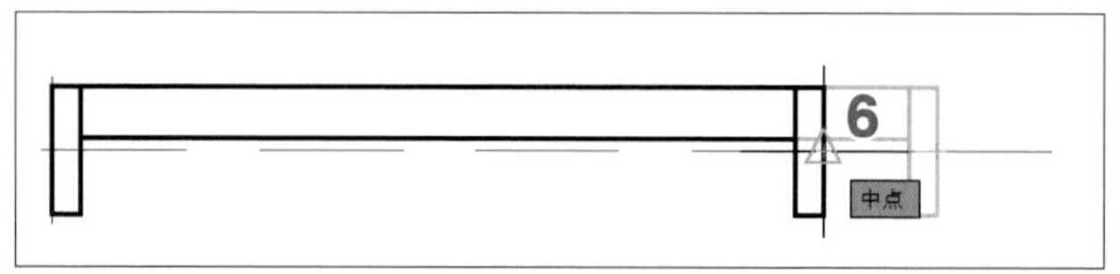

窓選択と交差選択

選択枠で囲むことで複数のオブジェクトを選択する2つの方法について、その違いを整理しておきましょう。

◆窓選択　左から右へ

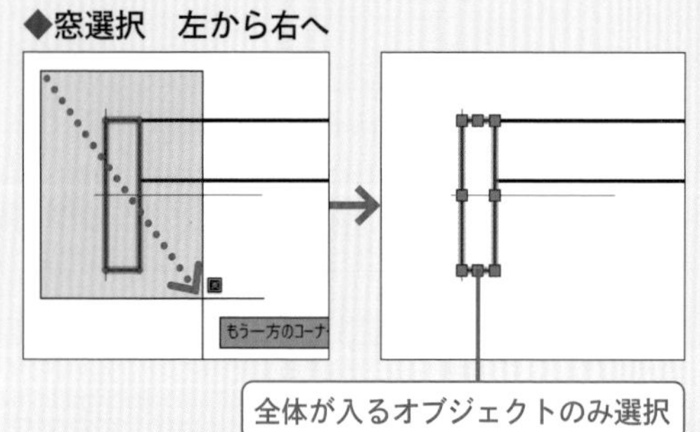

窓選択枠に全体が入るオブジェクトのみが選択される

◆交差選択　右から左へ

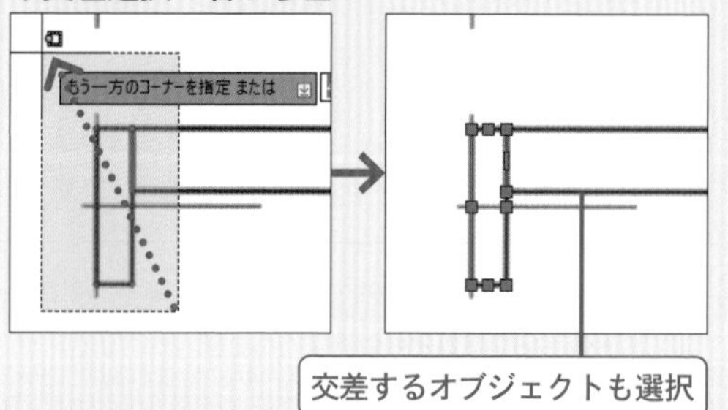

交差選択枠に全体が入るオブジェクトに加え、交差選択枠と交差するオブジェクトも選択される

やってみよう

現在の画層は「0」画層、[オブジェクトの色][線の太さ]も「ByLayer」のままで、wd780とwd680の開閉表示記号を右図のように作成しましょう。

参考 円弧の作成 » p.65

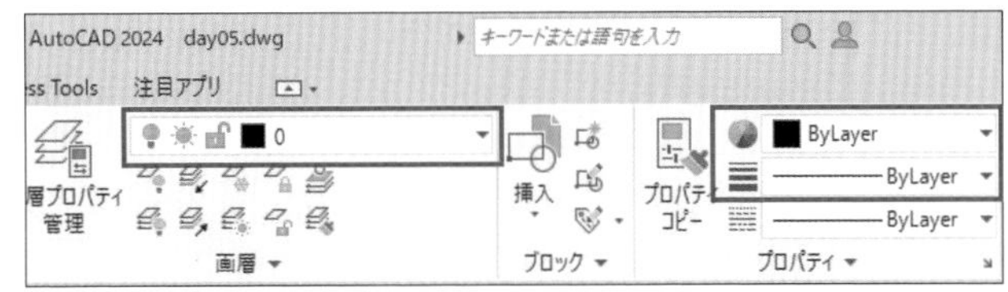

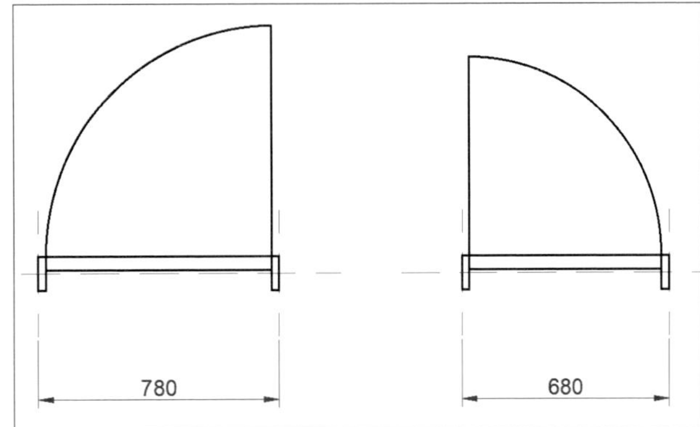

開閉記号をad980と同じ色・線の太さに変更する

前項の**やってみよう**で作成した開閉表示記号の色・線の太さをp.86で作成したad980の開閉表示記号と同じ色・太さに変更しましょう。

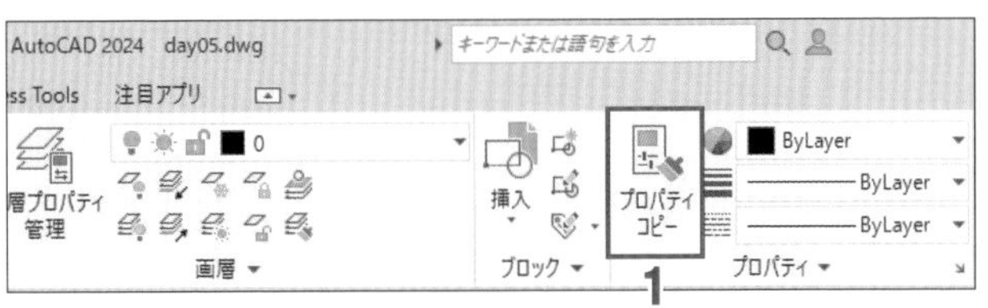

1 [プロパティコピー]コマンドを

POINT [プロパティコピー]コマンドでは、コピー元として指示したオブジェクトのプロパティ(色・線の太さ・線種・画層ほか)を他のオブジェクトに適用します。

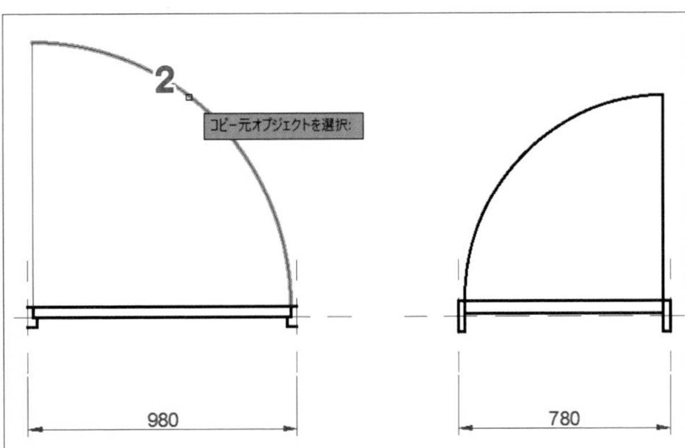

2 コピー元オブジェクトとして、ad980の開閉表示記号を

↳**2**のオブジェクトがハイライトされ、操作メッセージが**コピー先オブジェクトを選択または**になる。

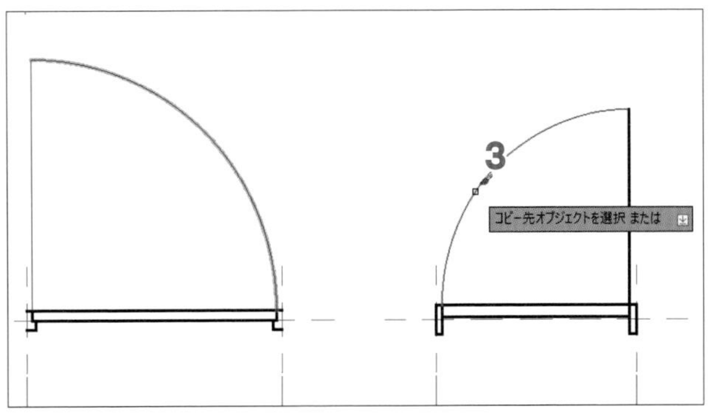

3 コピー先オブジェクトとして、wd780の円弧を

↳**3**の円弧が**2**のオブジェクトの色・太さに変更され、マウスカーソルには操作メッセージ**コピー先オブジェクトを選択または**が表示される。

4 コピー先オブジェクトとして、wd780の線分を🖱

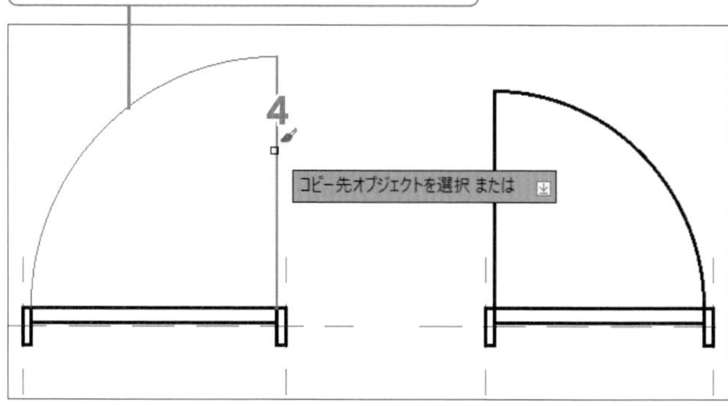

5 コピー先オブジェクトとして、wd680の線分を🖱

6 コピー先オブジェクトとして、wd680の円弧を🖱

7 Enter キーを押し、[プロパティコピー]コマンドを終了する

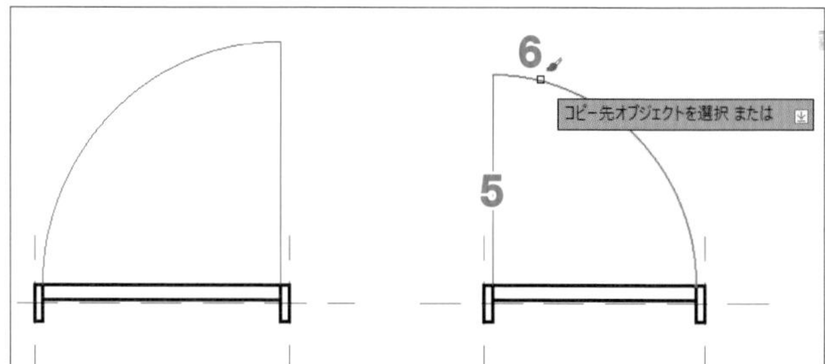

aw980の左の枠を作成する

引違いサッシaw980は左側の枠とガラス戸を作成し、それを180°回転コピーします。はじめに左の枠を作成しましょう。

1 [線分]コマンドを🖱

2 基準線の交点を🖱

3 右図の寸法で連続した線分を作成して、[線分]コマンドを終了する

4 はじめに作成した垂直線を🖱して選択する

5 Delete キーを押して、**4**の線分を削除する

6 右図の線分を🖱

7 ハイライトされた線分の中点グリップを🖱

8 マウスカーソルを水平左方向へ移動し、移動距離「15」を入力して Enter キーを押す

↳**6**の線分が15mm左に移動する。

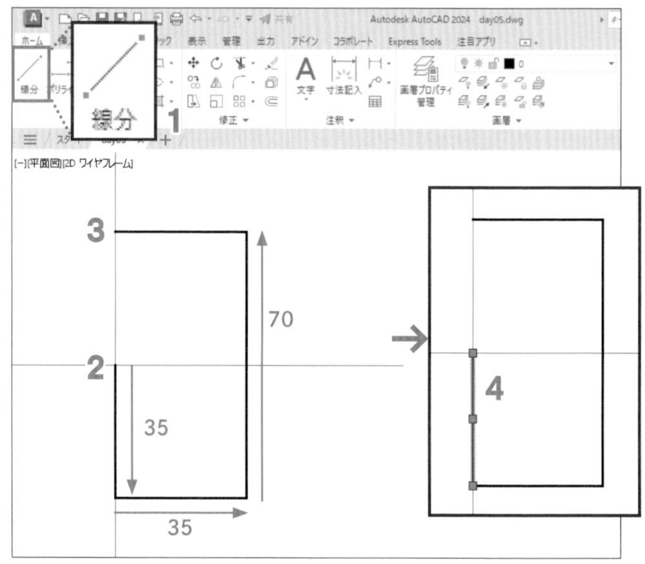

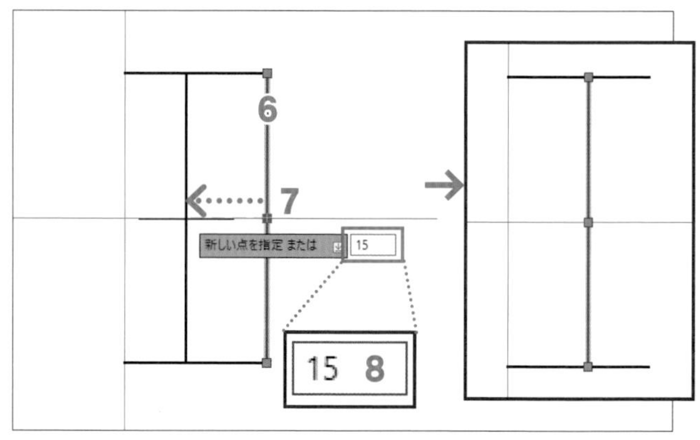

aw980の左の框と戸を作成する

左端の框(35mm×24mm)を作成しましょう。

1 [長方形]コマンドを選択し、枠と基準線の交点から右上方向に、幅35mm、高さ24mmの長方形を作成する

中央の框(35mm×24mm)は、水平基準線の中点から左上に、半分の幅の長方形を作成し、それを右にストレッチしましょう。

2 [長方形]コマンドで、基準線の中点△を🖱し、マウスカーソルを左上に移動する

3 長方形の幅として「35/2」を入力し、Tab キーを押す

POINT 数値入力時に「/」を利用した分数での入力が可能です。「35/2」を入力すると、35÷2の解17.5が入力されます。

4 長方形の高さとして「24」を入力し Enter キーを押す

↳基準線の中点を右下角とする17.5mm×24mmの長方形が作成される。

作成した長方形を右に35÷2mm伸ばしましょう。

5 作成した長方形を🖱して選択する

6 右辺の中点グリップを🖱し、マウスカーソルを水平右方向へ移動する

7 「35/2」(または「17.5」)を入力し、Enter キーを押す

↳長方形が右方向に17.5(35÷2)mm伸びる。

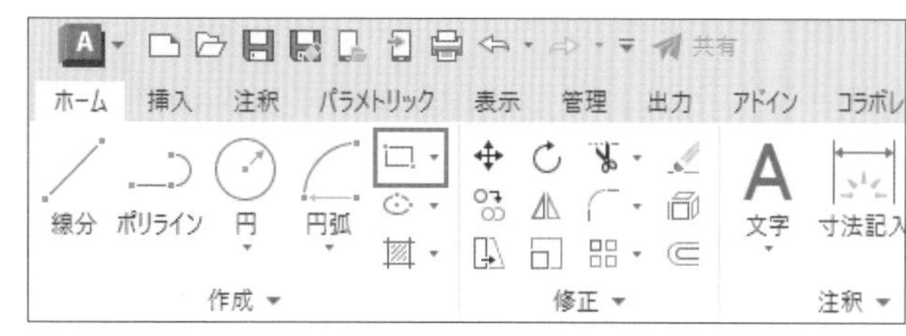

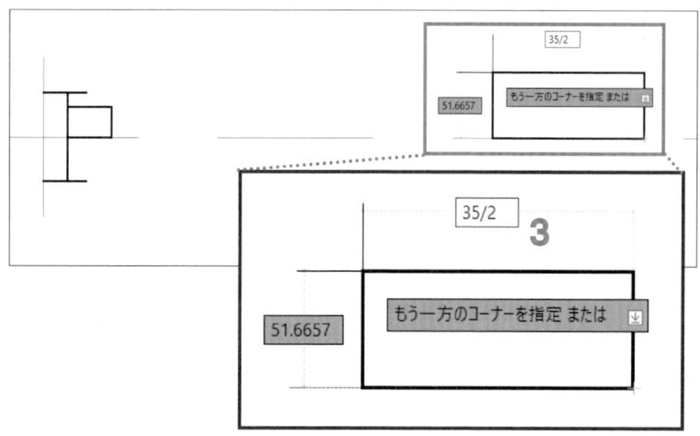

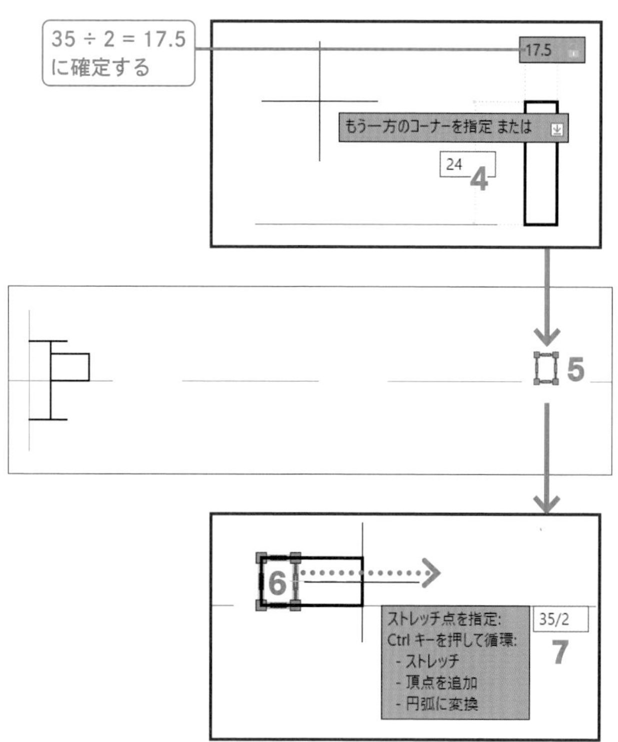

2つの框の間にガラスを作成しましょう。

8 [線分]コマンドを選択し、左の框の右辺中点と右の框の左辺中点を結ぶ線分を作成する

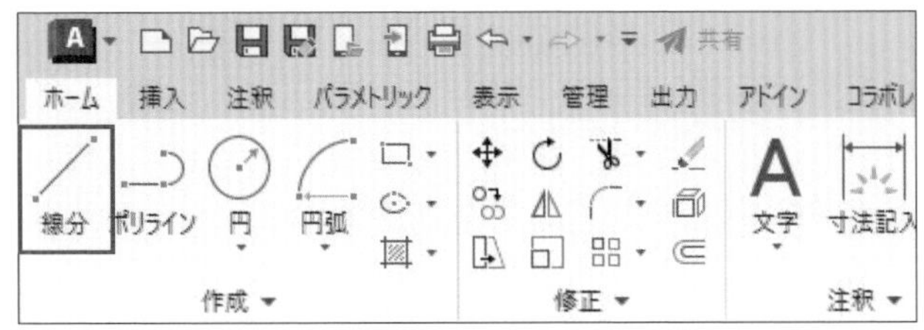

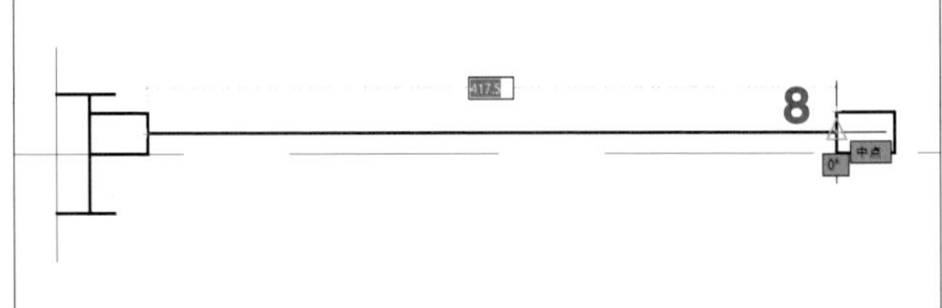

作成した左半分を回転コピーする

作成した枠とガラス戸を180°回転コピーしましょう。

1 複写対象の左上で

2 表示される窓選択枠に複写対象全体が入るように囲み終点を

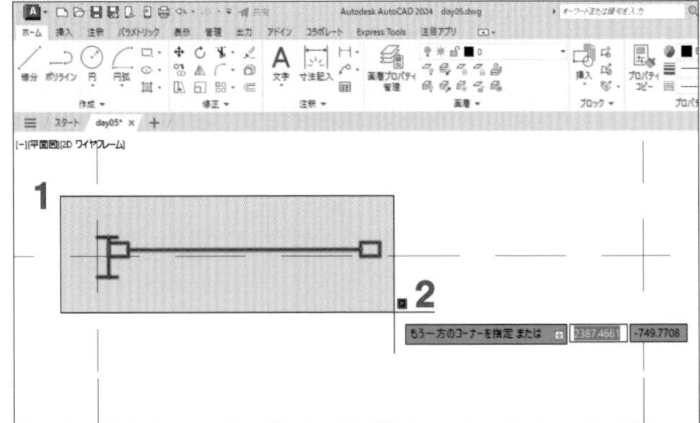

3 [回転]コマンドを

POINT [回転]コマンドは指示した基点を中心に選択オブジェクトを回転して移動またはコピーします。

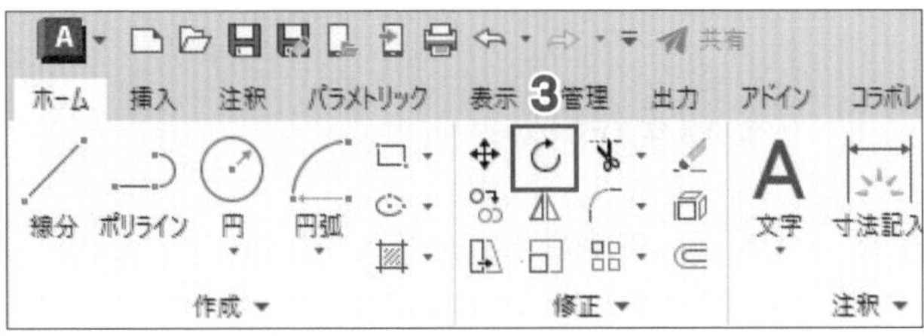

4 回転の基点として、基準線の中点を

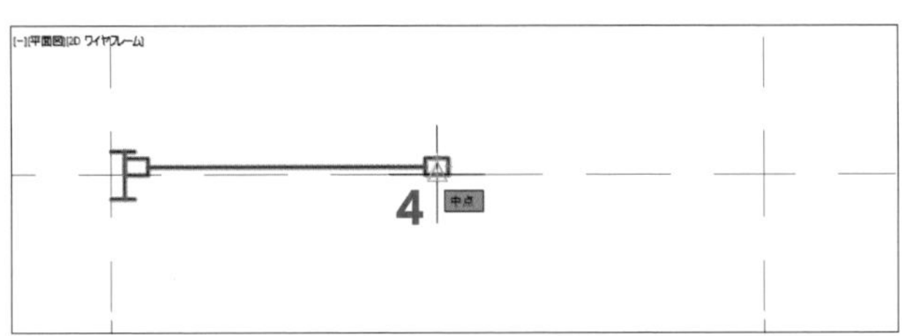

5 [直交モード]をオフにする

↳マウスカーソルに従い、基点を基準として選択オブジェクトが回転して表示され、操作メッセージは**回転角度を指定または**になる。

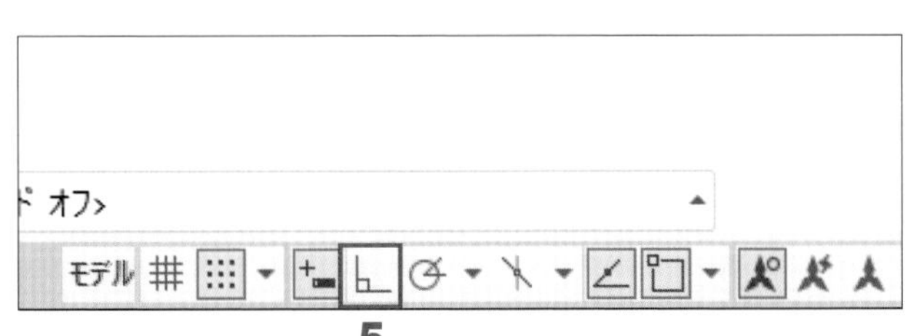

このまま、回転角度を指定すると、回転移動になります。回転コピーにするための指定をしましょう。

5 ↓キーを押し、オプションメニューの[コピー]を🖱

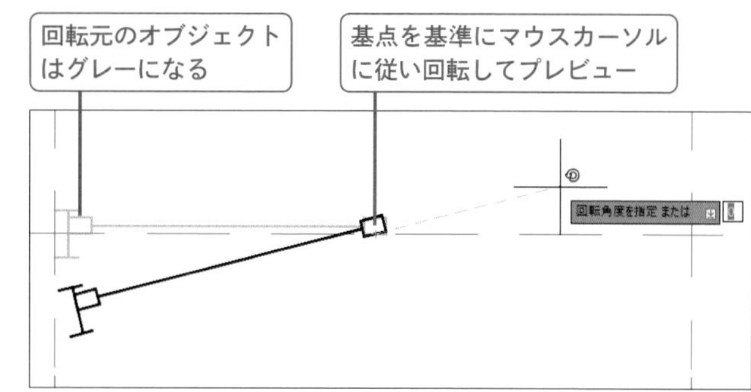

POINT **5**で↓キーを押す代わりに作業領域で🖱してショートカットメニューの[コピー]を選択しても同じです。**5**の指定により回転コピーになります。

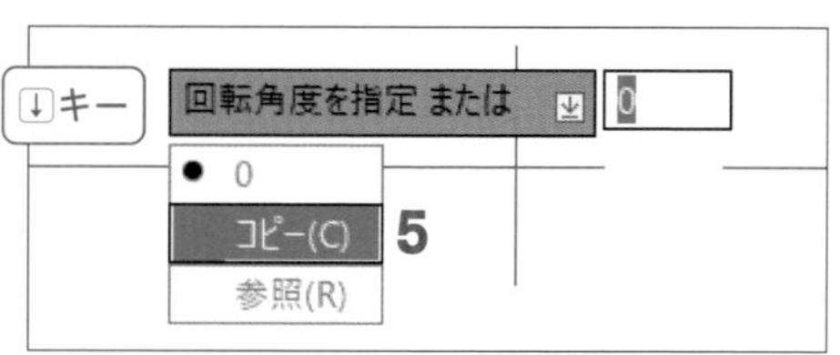

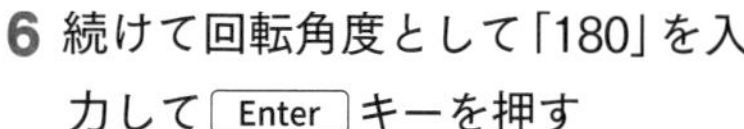

6 続けて回転角度として「180」を入力して Enter キーを押す

↳選択オブジェクトが基準線の中点を基点として180°回転コピーされ、[回転]コマンドが終了する。

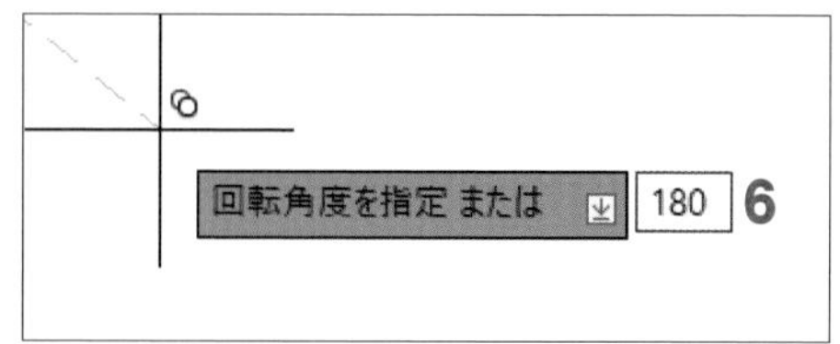

POINT **6**の操作の代わりに、マウスカーソルを移動して180°回転したプレビューにして🖱することもできます。

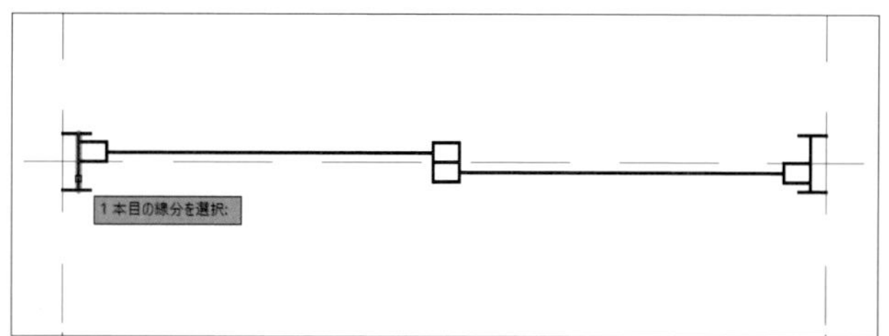

step 16 中心線を作成する

引違いサッシに中心線を作成します。2本の線分(または点)の中心を通る線分は[線分]コマンドでも作成できますが、ここではAutoCAD の「中心線」を理解するため、[中心線]コマンドで作成しましょう。

1 [注釈]リボンタブを🖱

2 [中心線]コマンドを🖱

POINT [中心線]コマンドは2本の線分(ポリライン含)を指示することで、その中心線を作成します。

3 1本目の線分として、左の枠の右図の線を🖱

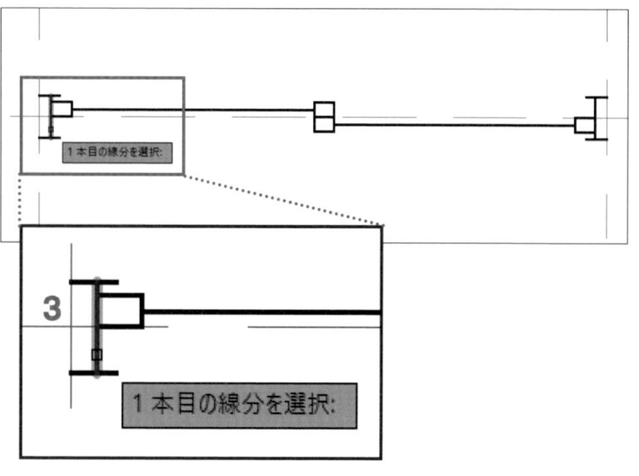

4 2本目の線分として、右の枠の右図の線を[左クリック]

POINT **3**と**4**の線分の中心線が、現在の画層に作成され、[中心線]コマンドが終了します。作成された中心線は、指示した2本の線分の端点同士を結んだ線間の長さになります。[中心線]コマンドで作成した中心線は**3**,**4**で指示した2本の線に関連付けられており、線分**3**、**4**の位置や長さを変更すると、中心線の位置や長さも自動変更されます。

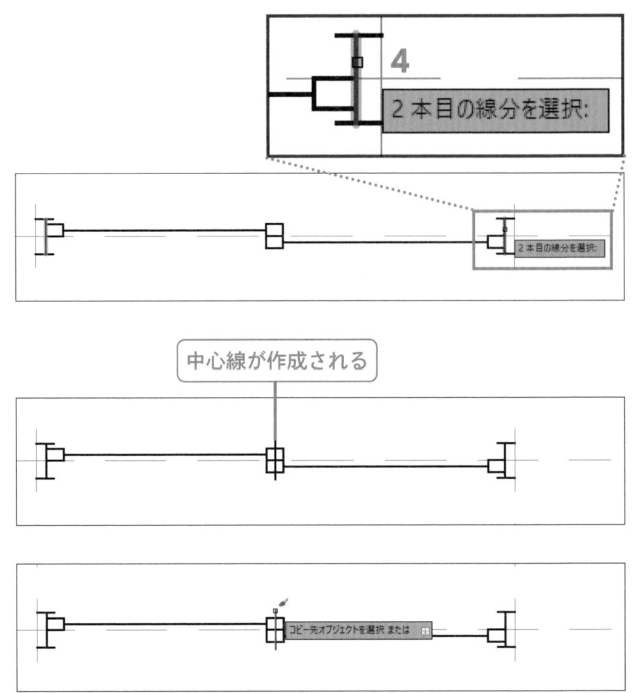

やってみよう

[プロパティコピー]コマンドを使って、作成した中心線を、ドアの開閉表示記号と同じ色(青)、太さ(0.13mm)に変更しましょう。

参考 プロパティコピー » p.91

step 17 aw980を複写する

aw1770はaw980を複写し、左右にストレッチすることで作成します。aw980の中心をaw1770の基準線の中点に合わせて複写しましょう。

1 複写対象の左上で[左クリック]

2 表示される窓選択枠に複写対象全体が入るように囲み終点を[左クリック]

3 [複写]コマンドを[左クリック]

POINT **3**の操作の代わりに作業領域で[右クリック]し、ショートカットメニューの[複写]を[左クリック]しても同じです。

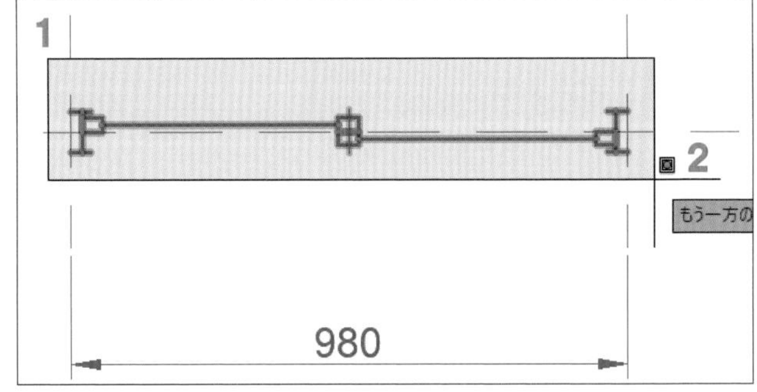

4 複写の基点として、aw980の中心点を🖱

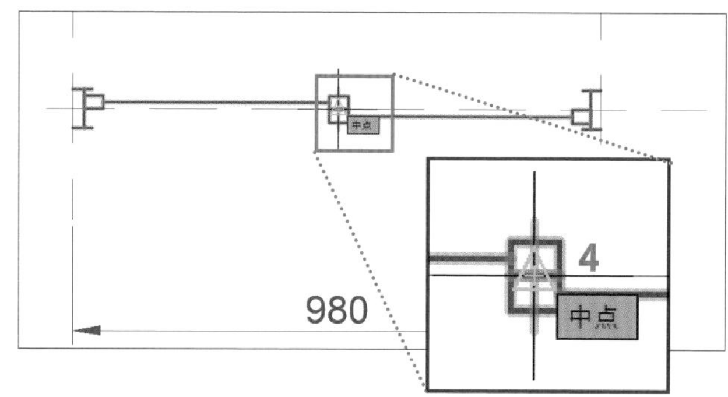

5 複写先として、aw1770の基準線の中点△を🖱

6 Enter キーを押して[複写]コマンドを終了する

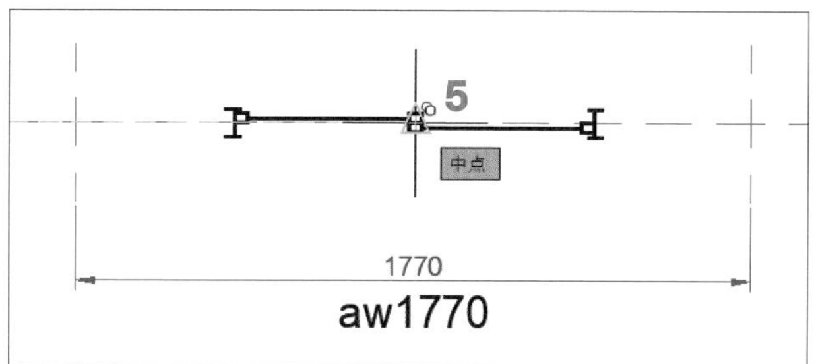

step 18 左右にストレッチする

aw1770の基準線上に複写した引き違い戸を左右にストレッチして指定の寸法に伸ばします。はじめに左側をストレッチしましょう。

1 交差選択枠の1つ目のコーナーとして、右図の位置で🖱

2 マウスカーソルを左方向に移動し、交差選択枠に左の枠、框全体とガラスの線の左端点が入るように囲み🖱

3 Shift キーを押したまま、ハイライトされている基準線を🖱し、選択を解除する

POINT 線分両端点が交差選択枠の外にある基準線は[ストレッチ]コマンドの対象にならないため、ハイライトされたままでも問題ありません。ここでは紙面上見やすくするため、選択を解除します。

4 [ストレッチ]コマンドを🖱

↳操作メッセージ**基点を指定または**が表示される。

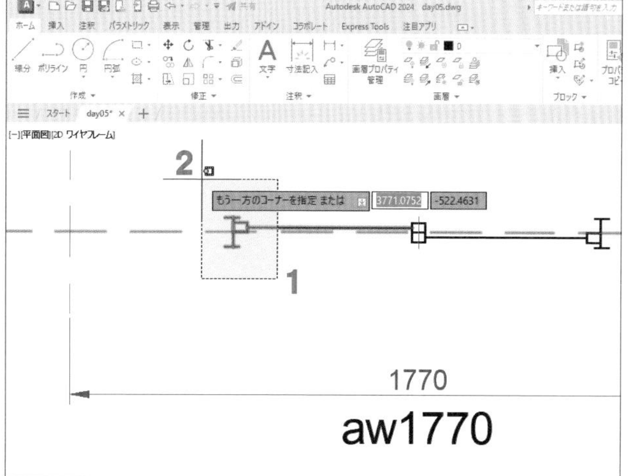

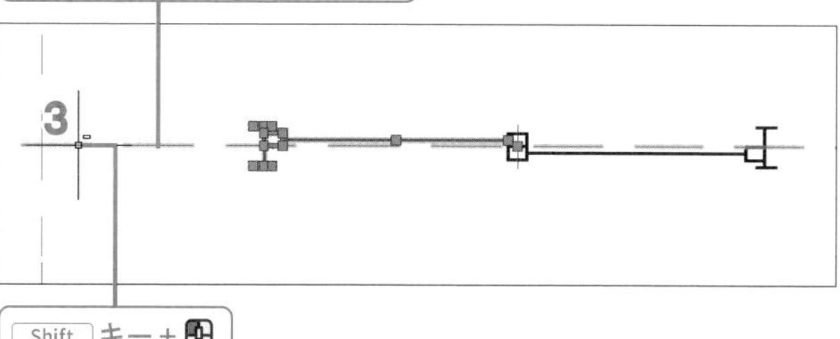

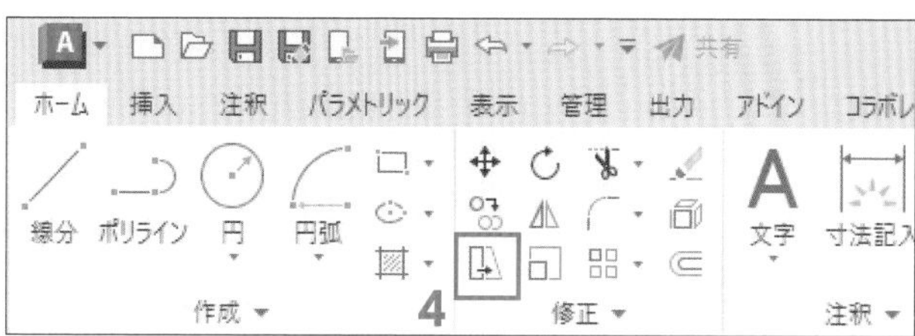

目的点として左の基準線交点にスナップするための基点を、オブジェクトスナップトラッキングを利用して指示しましょう。

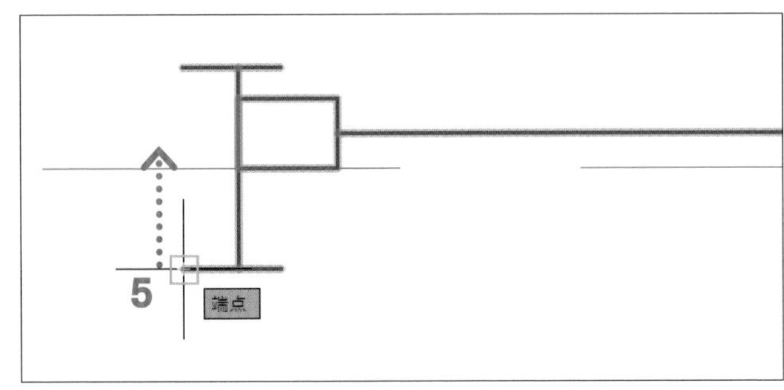

5 左の枠の右図の端点にマウスカーソルを合わせ、□と**端点**が表示されたら、上方向にマウスカーソルを移動する

6 表示される位置合わせパスと基準線の交点付近にマウスカーソルを合わせ、╳が表示されたら🖱

↳基点が**6**の交点に確定し、操作メッセージ**目的点を指定または<基準点を移動距離として使用>:**が表示される。

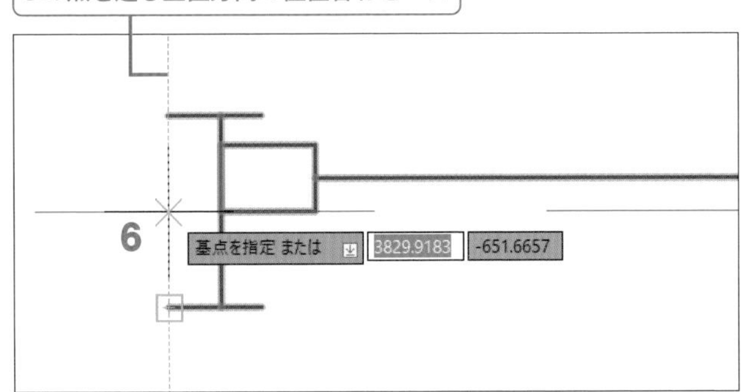

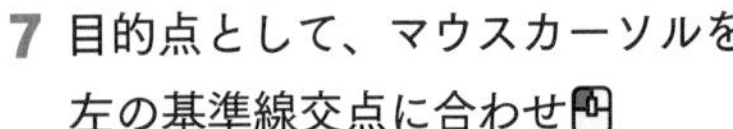

7 目的点として、マウスカーソルを左の基準線交点に合わせ🖱

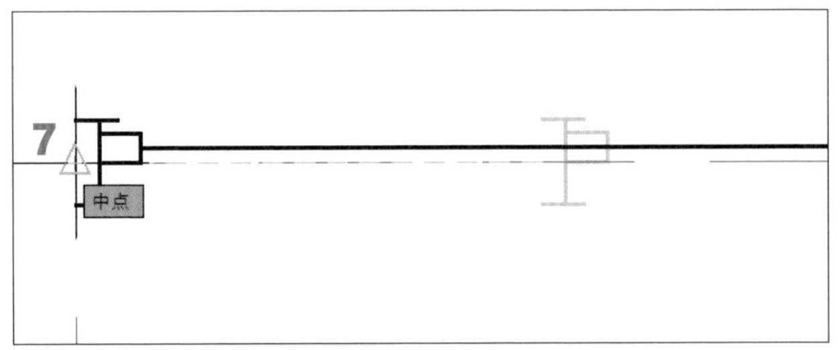

↳ガラス部分がストレッチされ、[ストレッチ]コマンドが終了する。

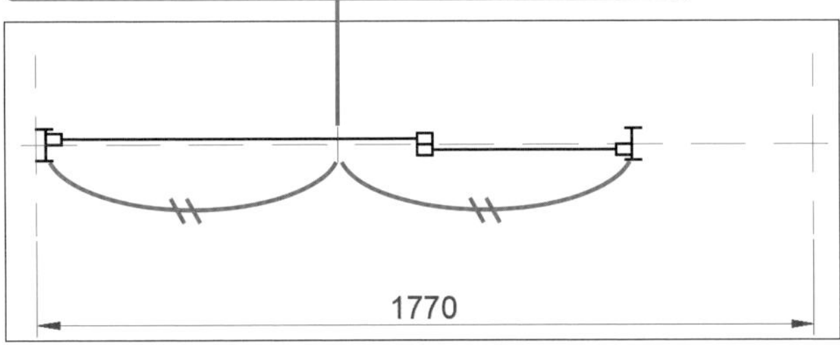

POINT [中心線]コマンドで作成した中心線は、p.95の**3**,**4**で指示した2本の線分に関連付けられており、常に2本の線分の中心に位置します。

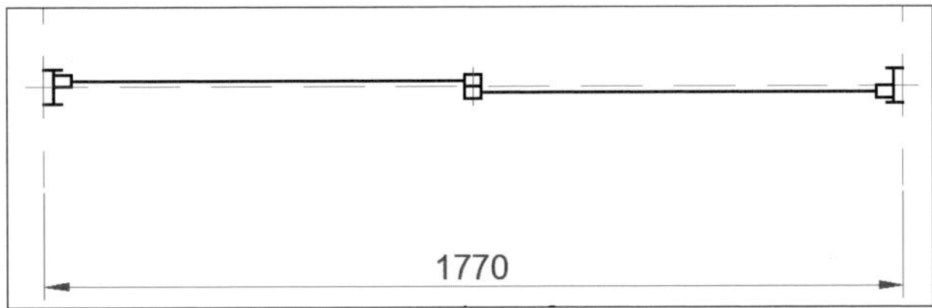

やってみよう

右側も同様にストレッチしましょう。

以上でDay05は終了です。ファイルを上書き保存してください。

距離の計測

オブジェクトの距離等を計測する方法を紹介します。この単元で作成した建具「wd680」の内法を計測してみましょう。

1 [ホーム]リボンタブの[計測]の▼を🖱し、[距離]を🖱

POINT [距離]コマンドは2点間の距離を計測します。

2 1点目として左の枠の右上角を🖱

3 2点目として右の枠の左上角にマウスカーソルを合わせる

POINT マウスカーソルを2点目に合わせるだけでその間の距離が表示されます。別の点にマウスカーソルを合わせれば、**2**からその点までの距離が表示されます。

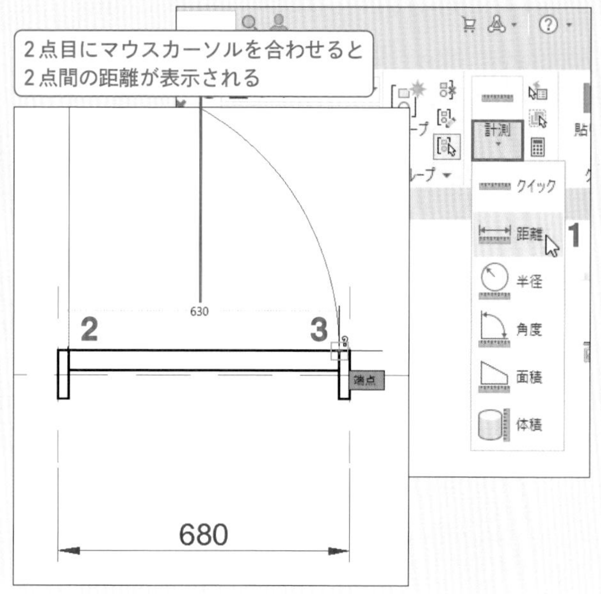

4 2点目として左の枠の右下角を🖱

POINT **4**で🖱すると、オプションメニューが表示されます。別の2点間の距離を計測するには、[距離]を🖱します。計測を終了する場合は[終了]を🖱してください。

5 オプションメニューの[クイック]を🖱

POINT [クイック計測]はオブジェクトにマウスカーソルを合わせることでそのオブジェクトの寸法や角度、距離が表示されます。

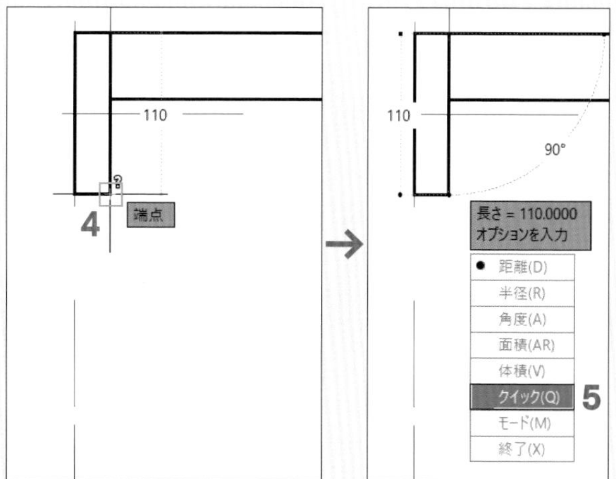

6 マウスカーソルを右図の位置に移動する

↳マウスカーソルの上下左右に位置するオブジェクトがハイライトされ、それらの長さや半径が表示される。

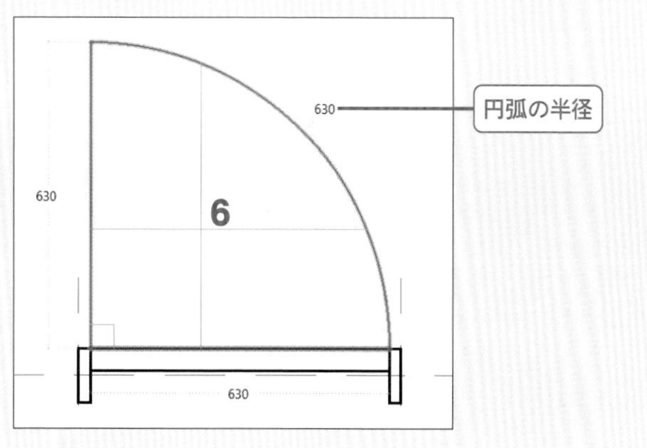

ブロックの利用と作成

多くの図面で共通して利用する建具や家具などを「ブロック」として定義しておくことで、作成中のモデルに挿入して利用できます。この単元では、教材ファイルday06.dwgに定義されているブロックを作成中のモデルに挿入することやDay05で作成した建具平面をブロックとして定義することで、ブロックの利用と作成について学習します。

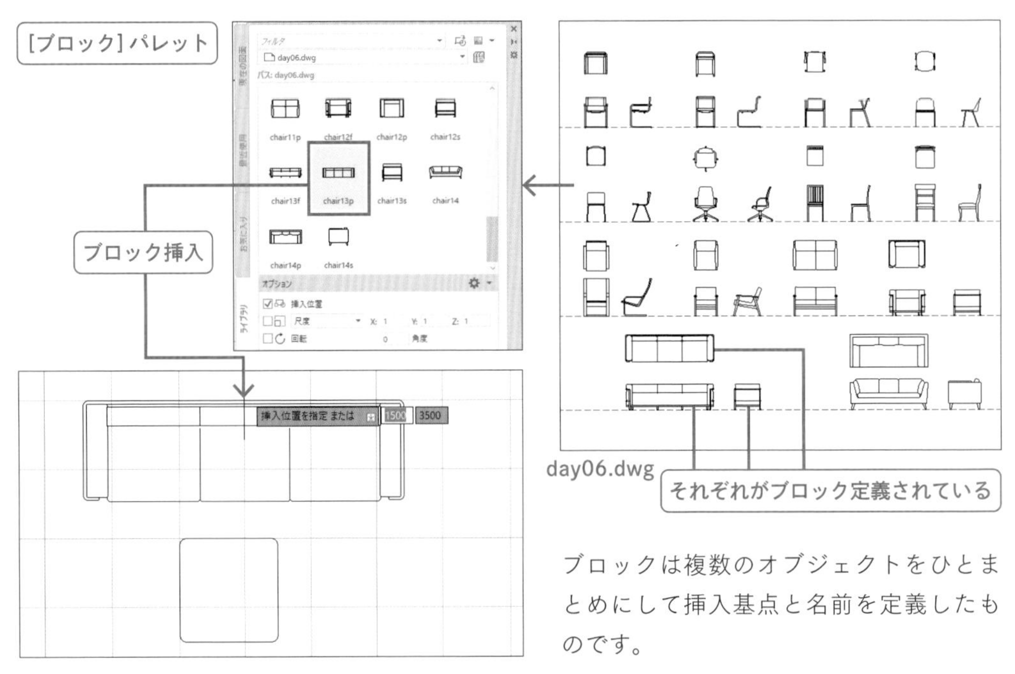

ブロックは複数のオブジェクトをひとまとめにして挿入基点と名前を定義したものです。

新規作成でグリッドの設定をする

新しくモデルを作成するため、新規作成を選択し、500mm間隔のグリッドを表示しましょう。

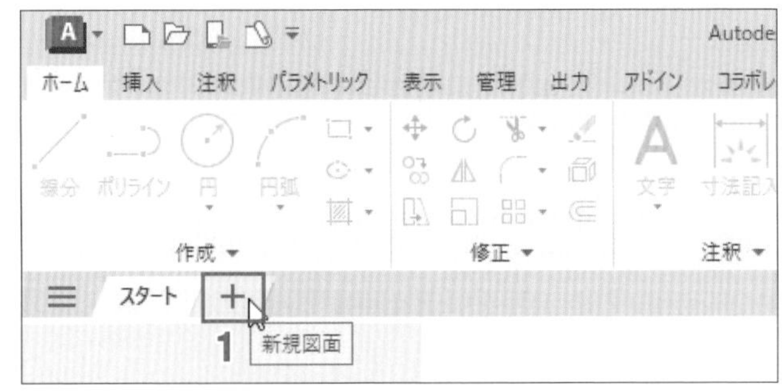

1 [スタート]タブの右の[+](新規作成)タブを🖱

↳新しくモデルを作成するための未保存のファイルDrawing1が開く。

? グリッドが表示されない
» p.277 Q12

2 ステータスバーの[スナップモード]右の▼を🖱し、[スナップ設定]を🖱

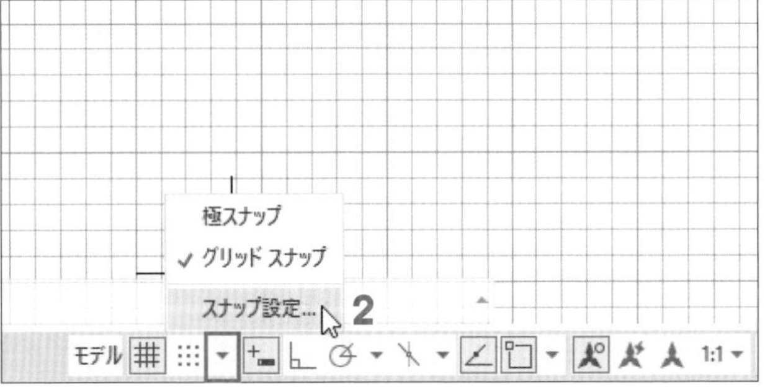

3 ［作成補助設定］ダイアログの［スナップとグリッド］タブを🖱

4 ［グリッド間隔］欄の［グリッドX間隔］ボックスと［グリッドY間隔］ボックスの数値を「500」にする

POINT 数値入力後、Enter キーは押さないでください。Enter キーを押すと、［OK］ボタンを🖱したことになり、ダイアログが閉じます

5 ［スナップオン］にチェックを付ける

6 ［XとYの間隔を同一にする］にチェックが付いていることを確認し、［スナップX間隔］ボックスに「250」を入力する

POINT グリッド間隔500mm（4で指定）に対し、スナップ間隔を1/2の250mmに指定したため、グリッド交点に加え、グリッド間の中心点（グリッドから250mmの位置）にもスナップできます。

7 ［OK］ボタンを🖱

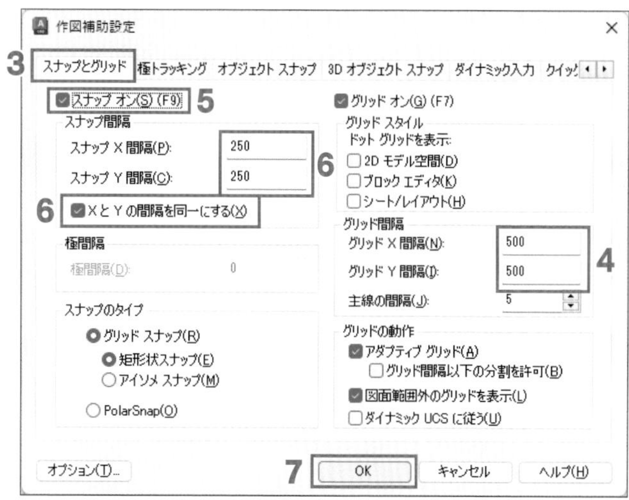

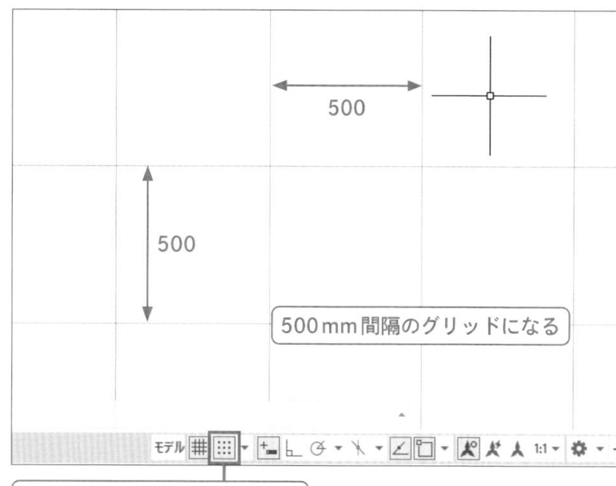

step 2 角をR面取りした長方形を作成する

テーブルとして角を半径50mmでR面取りした一辺750mmの正方形を作成しましょう。

1 「0」画層が現在の画層であることを確認し、［長方形］コマンドを🖱

? 現在の画層が「0」画層でない » p.278 Q13

2 ↓キーを押し、オプションメニューの［フィレット］を🖱

3 R面の半径として「50」を入力し、Enter キーを押す

POINT 2、3の指定により4つの角を半径50mmでR面取りした長方形を作成します。この指定はファイルを閉じるまで有効です。

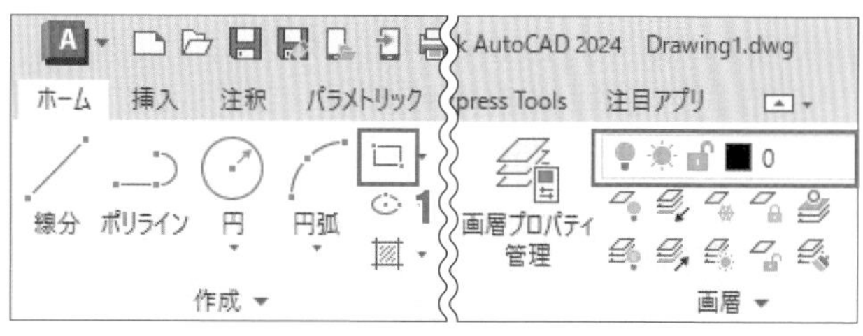

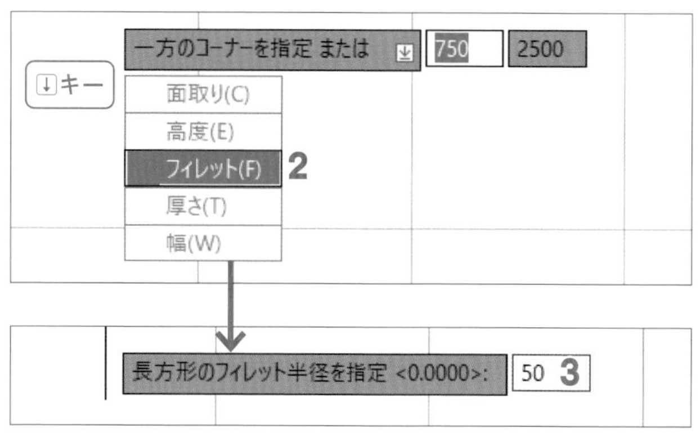

4 一方のコーナーとして、グリッド交点を

↳マウスカーソルまで角をR面取りした長方形が表示され、操作メッセージは**もう一方のコーナーを指定または**になる。

5 もう一方のコーナーとして、右図のようにグリッドの中央にマウスカーソルを合わせ、幅、高さともに750mmの寸法が表示されることを確認して

 前項での［スナップ間隔］の指定により、グリッド交点とグリッド間の中心位置にスナップできます。

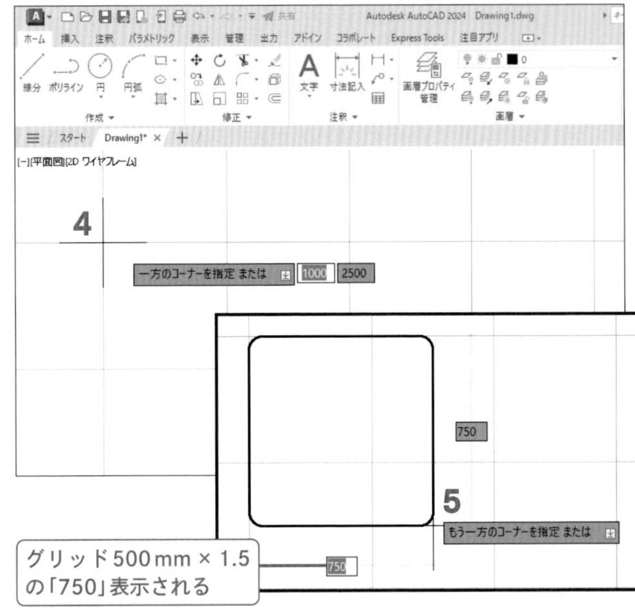

step

3 画層を作成する

新規に「家具」画層を作成し、現在の画層にしましょう。

1 ［画層プロパティ管理］コマンドを

2 「画層プロパティ管理」ダイアログの［新規作成］を

3 画層名として「家具」を入力し、Enter キーを押して確定する

POINT 日本語を入力するには 半角/全角 キーを押して日本語入力をオンにします。画層名の入力が終わったら、半角/全角 キーを押して日本語入力をオフにすることを忘れないでください。

4 「家具」画層が選択された状態で、［現在に設定］を

5 ［画層プロパティ管理］ダイアログ左上の✕をして閉じる

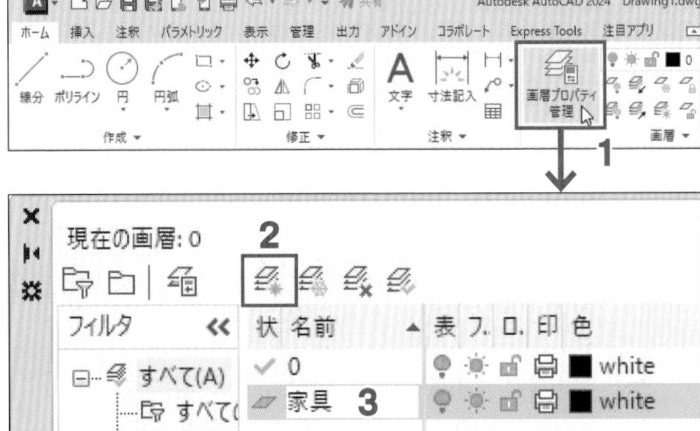

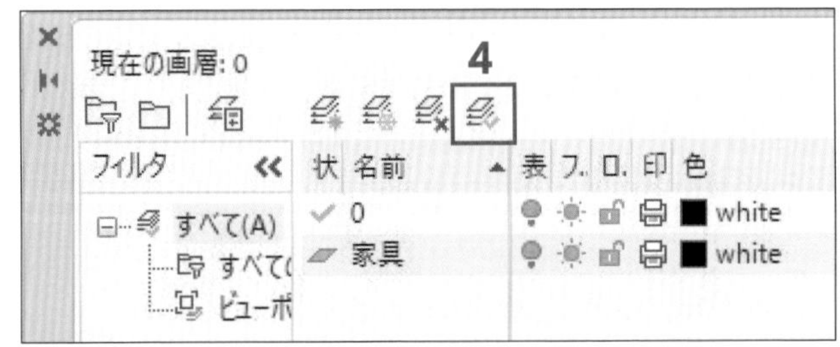

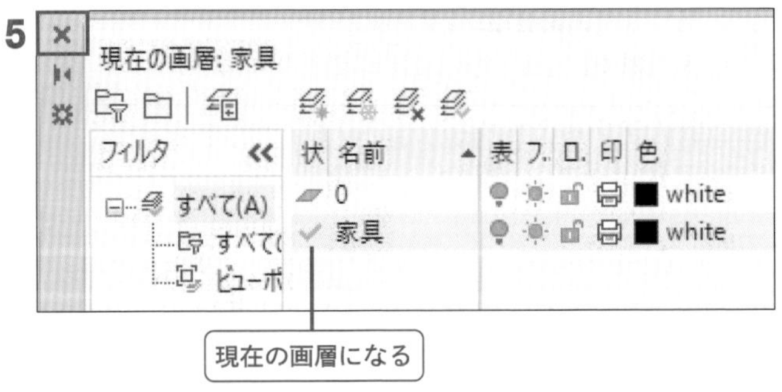

step 4 ブロックを挿入する

教材ファイル day06.dwg からソファの平面図ブロックを挿入しましょう。

1 [ブロック挿入]コマンドを🖱し、[ライブラリのブロック]を🖱

? [ブロック]パレットが開く » p.278 Q14

2 [ブロックライブラリのフォルダまたはファイルを選択]ダイアログの[探す場所]を「ACAD20day」フォルダ内の「Chep01」フォルダにする。

3 day06.dwg を🖱

4 [開く]ボタンを🖱

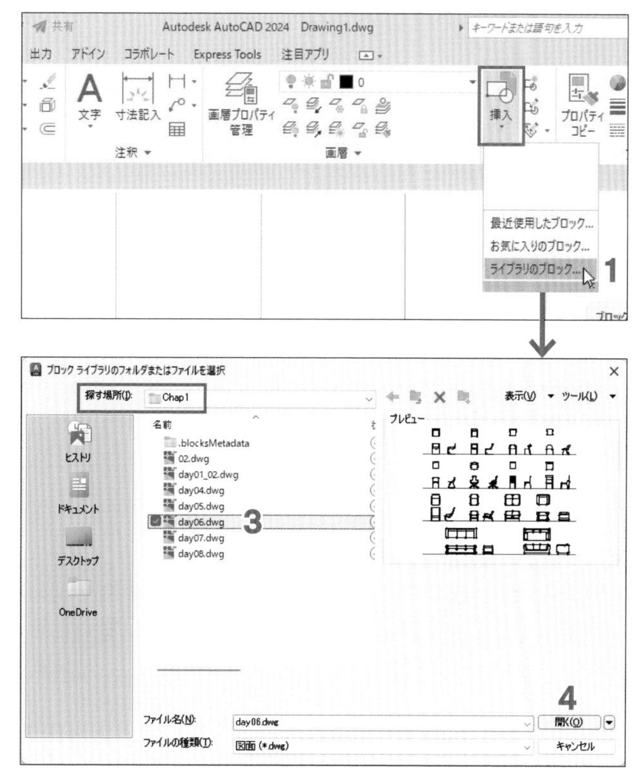

↳3で選択したファイル内のブロックが[ブロック]パレットに一覧表示される。

5 [ブロック]パレット下方の挿入オプションのチェックが右図と同じ状態であることを確認し、ブロック「chair13p」を🖱

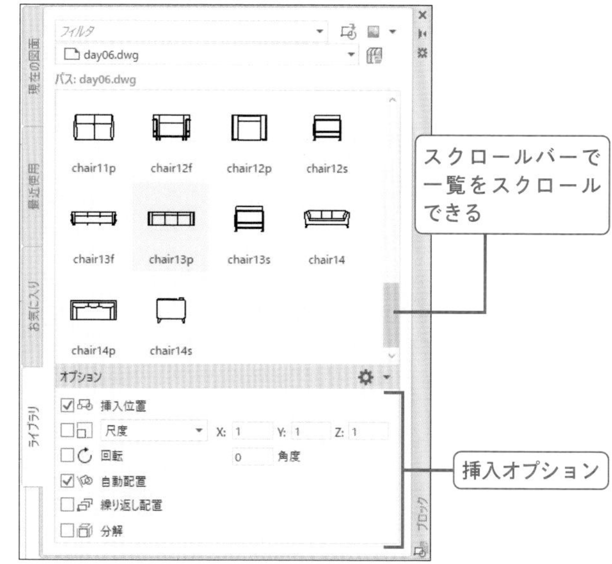

↳マウスカーソルに基点を合わせた「chair13p」のブロックと操作メッセージ**挿入位置を指定または**が表示される。

POINT マウスカーソルの位置がブロックの基点です。この基点を合わせる位置（挿入位置）を指示することでブロックを挿入します。

6 挿入位置として、右図のグリッド交点を🖱

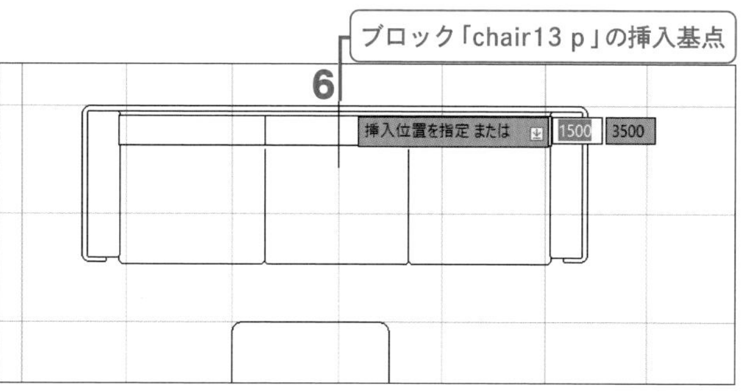

step 5 ブロックを回転して挿入する

別のブロックを「chair12p」をテーブルの左右にそれぞれ向きを調整して挿入しましょう。

1 [ブロック]パレットの[挿入オプション]欄の[繰り返し配置]にチェックを付ける

2 [回転]にチェックを付ける

3 [自動配置]のチェックを外す

POINT 同じブロックを連続して複数配置するため、**1**のチェックを付けます。また、配置の都度、向きを調整するため**2**のチェックを付けます。**3**の[自動配置]はここでは回転指示の学習の妨げになるため、チェックを外します。

4 ブロック「chair12p」を🖱

5 挿入位置として、右図のグリッド交点を🖱

↳**5**に基点を合わせたブロック「cahair12 p」がマウスカーソルの位置に従い回転し、操作メッセージが**回転角度を指定**になる。

6 マウスカーソルを上方向に移動し、右図のように回転された状態で🖱

POINT **6**で🖱する代わりに回転角度「90」を入力して Enter キーを押しても結果は同じです。回転角度は、[ブロック]パレットのブロックの向きを0°として、反時計回りに指定します。**1**のチェックを付けたため、同じブロックを続けて挿入できます。ブロックは**6**で配置した向きでマウスカーソルにプレビューされます。

7 挿入位置として、右図のグリッド交点を🖱

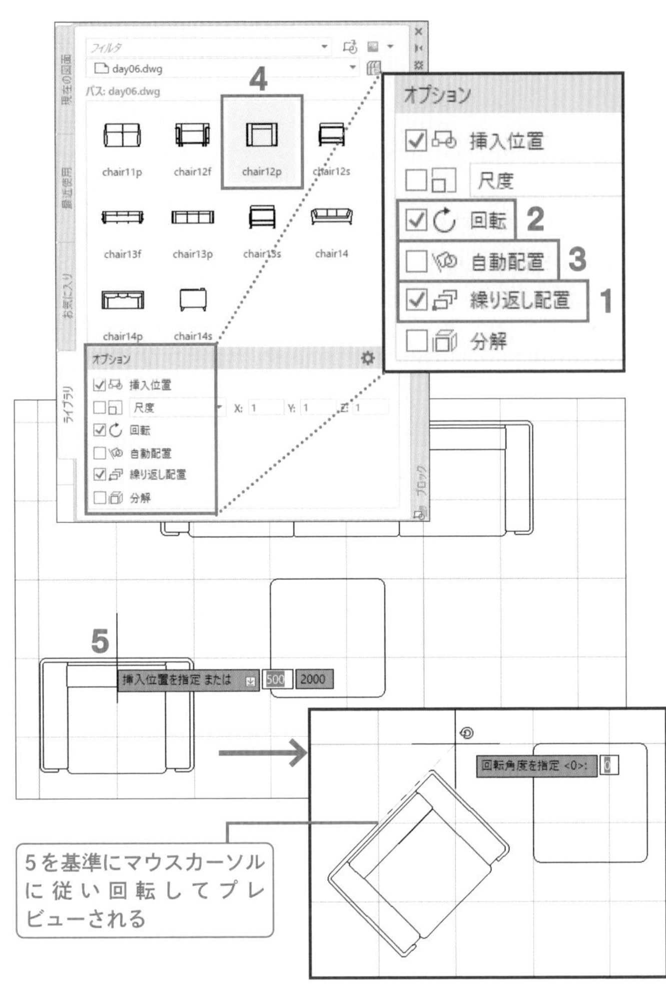

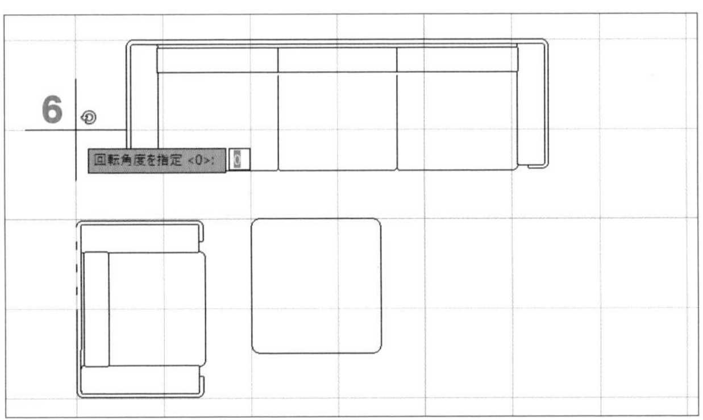

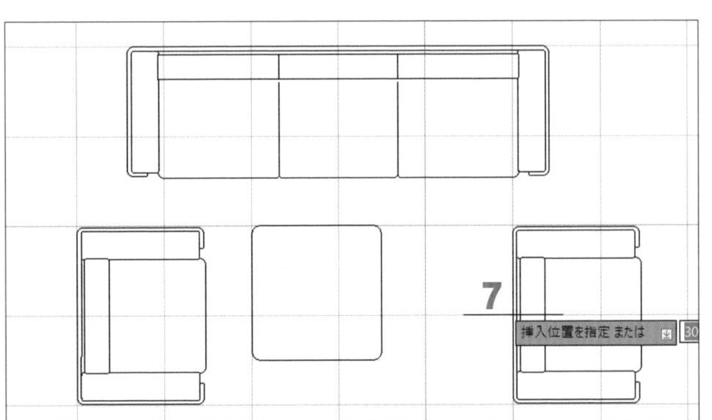

POINT 6と同様にマウスカーソルで向きを調整してもよいですが、ここでは回転角度を指示します。[ブロック]パレットのブロックの向きから時計回りに90°回転するため、「-90」と指定します。

8 回転角度「-90」を入力し、Enter キーを押す

9 Enter キーを押して、「chair12p」の配置を終了する

10 [ブロック]パレットの左上✕を🖱してパレットを閉じる

POINT [ブロック]パレットタイトルバーを作業領域の右(または左)端までドラッグすることで右(または左)に表示位置を固定して利用できます。

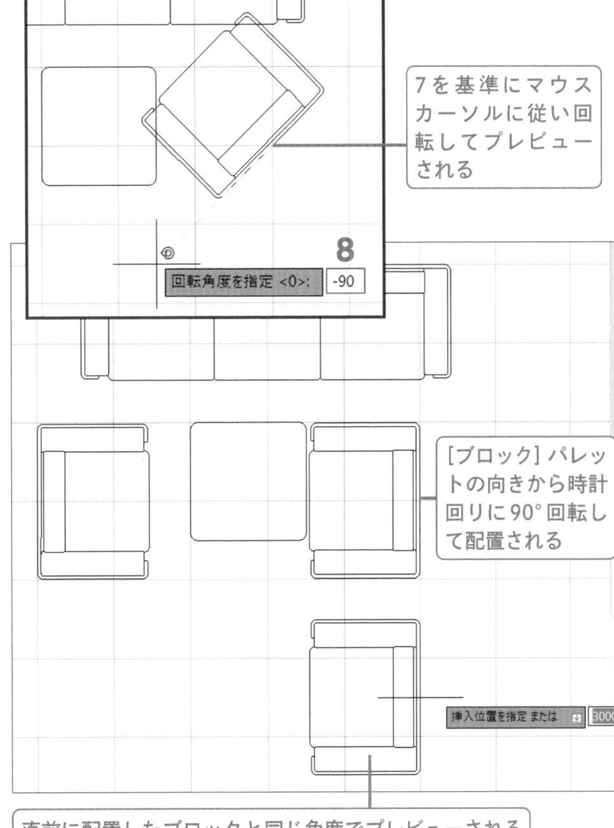

step 6 ブロックを移動する

最後に挿入したブロックを移動しましょう。

1 最後に挿入したブロックを🖱して選択する

POINT ブロックは1オブジェクトとして扱われ、挿入基点にグリップが表示されます。

2 グリップにマウスカーソルを合わせ、赤くなったら🖱し、右方向に移動する

3 移動先として、右図のグリッド交点を🖱

4 Esc キーを押してすべての選択を解除する

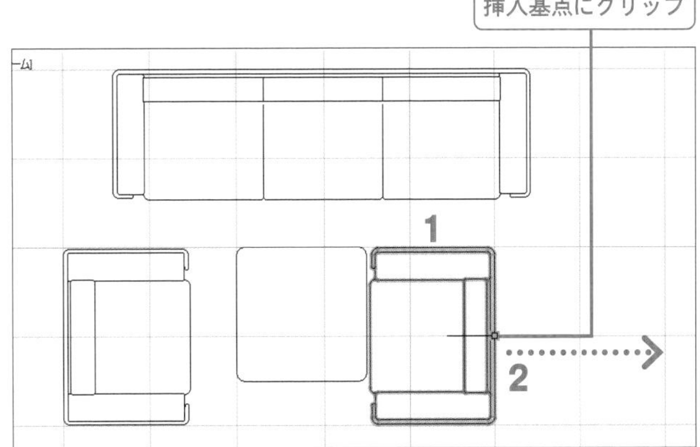

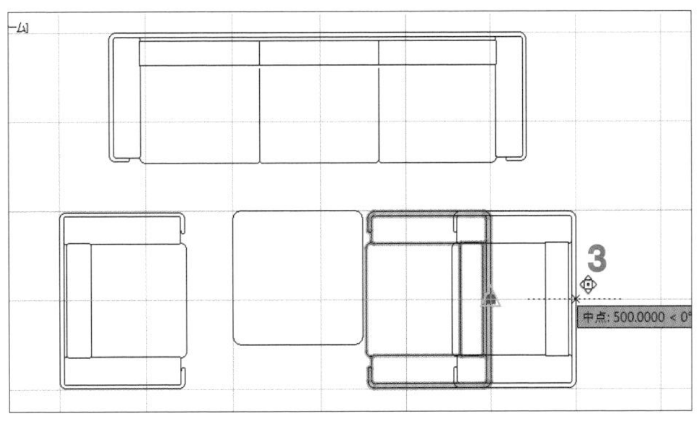

画層「0」を非表示にする

ブロックが「家具」画層に挿入されたことを確認するため、もう1つの「0」画層を非表示にしましょう。

1 [画層]ボックスの▼をクリックし、画層「0」の[画層の表示/非表示]をクリック

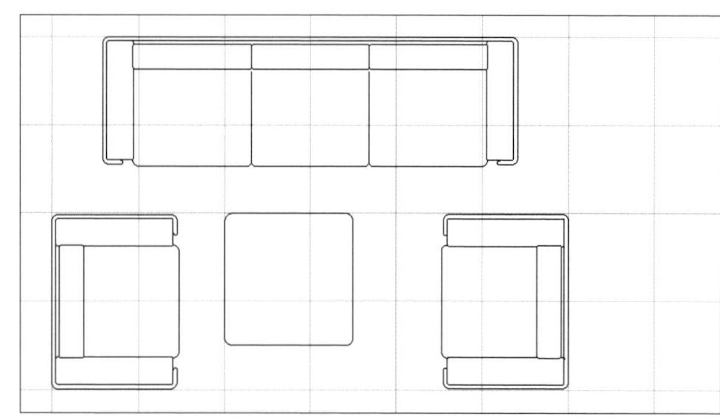

「0」画層が非表示になる

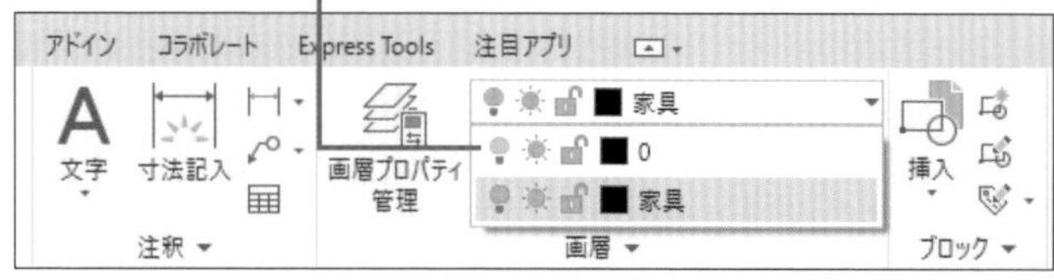

↳(表示)が(非表示)になり、「0」画層に作成したオブジェクトが作業領域から消える。

POINT [画層の表示/非表示]をクリックすることで、各画層の(表示)⇔(非表示)を切り替えます。非表示画層のオブジェクトは作業領域に表示されず、編集操作や印刷の対象にもなりません。

POINT ブロックはすべて「家具」画層に配置されていることが確認できました。これは、現在の画層を「家具」画層にしてブロックを挿入したことと合わせて、挿入元のブロックが作成されている画層によるものです。詳しくは以下のColumnを参照してください。

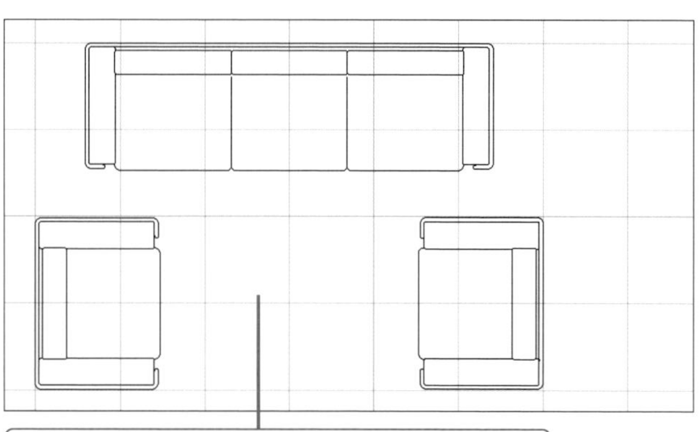

「0」画層のオブジェクト(テーブル)が非表示になる

ブロックとその画層

ブロックは挿入元のファイルでの画層が「0」画層なのか、他の画層なのかで、挿入先での画層が以下のように異なります。

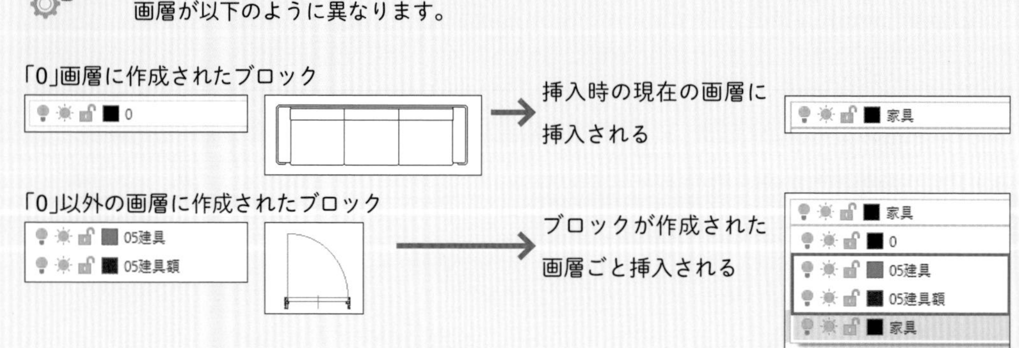

step

8 ブロックを定義する

Day05で作成した建具平面をブロック定義しましょう。

1 ［開く］コマンドを選択して、day05で上書き保存したファイルday05.dwgを開く

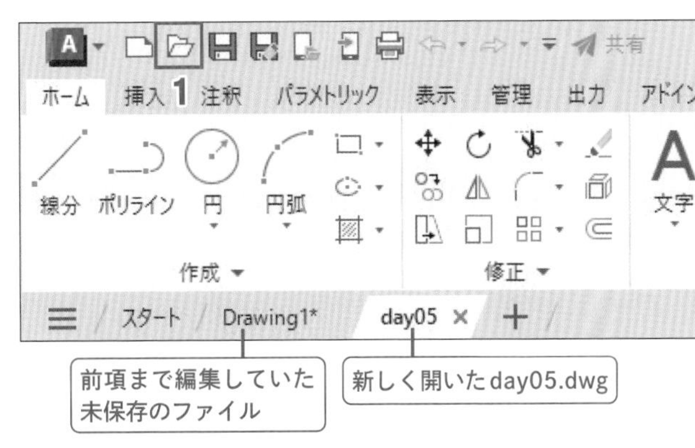

POINT AutoCADでは複数のファイルを開いて、編集することができます。ファイルタブをすることで、編集対象のファイルを切り替えます。

d 3600をその中心を基点にしてブロック定義しましょう。

2 ［ホーム］リボンタブの［ブロック］パレットの［作成］コマンドを

3 「ブロック定義」ダイアログの［名前］ボックスにブロックの名前として「d3600」を入力する

4 ［オブジェクトを選択］を

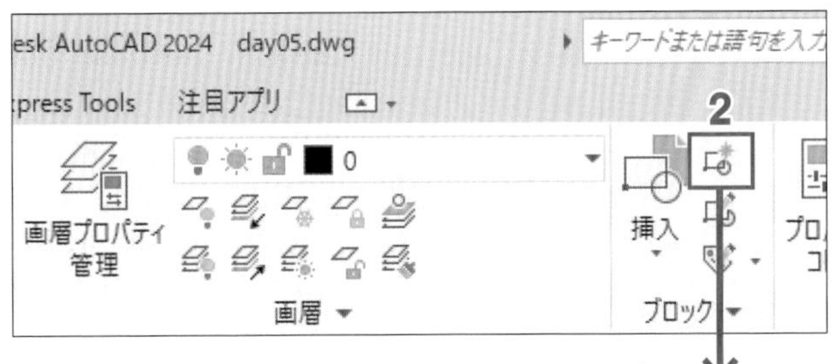

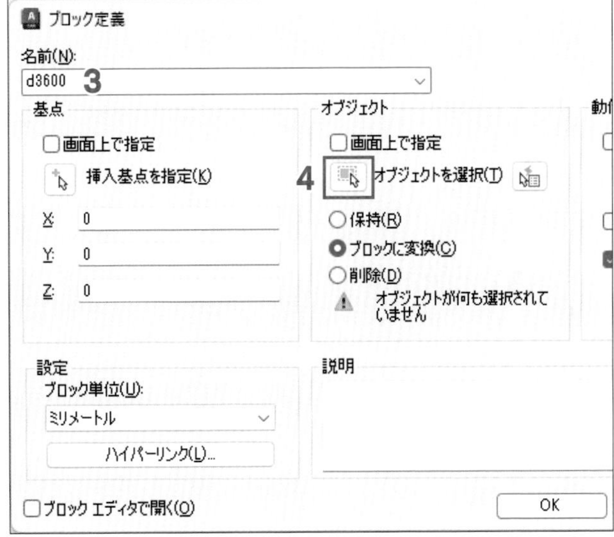

↳「ブロック定義」ダイアログが閉じ、マウスカーソルに操作メッセージ**オブジェクトを選択**が表示される。

5 定義対象のd3600左上の位置で

6 ブロック定義するオブジェクトのみを窓選択枠で囲み

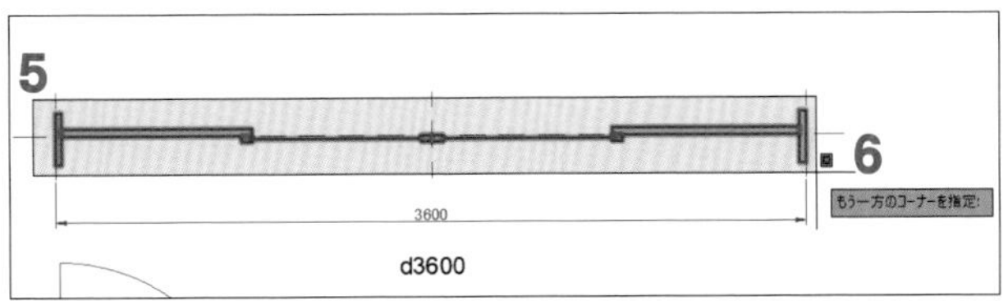

POINT この段階で、基準線などの不要なオブジェクトがハイライトされた場合は、Shiftキーを押したまま、そのオブジェクトをすることで選択解除してください。

窓選択枠内に全体が入るオブジェクトがハイライトされる

7
3600
d3600
オブジェクトを選択:

7 ブロック定義の対象を確定するため、作業領域で

↳ブロック定義するオブジェクトの選択が完了し、「ブロック定義」ダイアログが開く。

8 [挿入基点を指定]を🖱

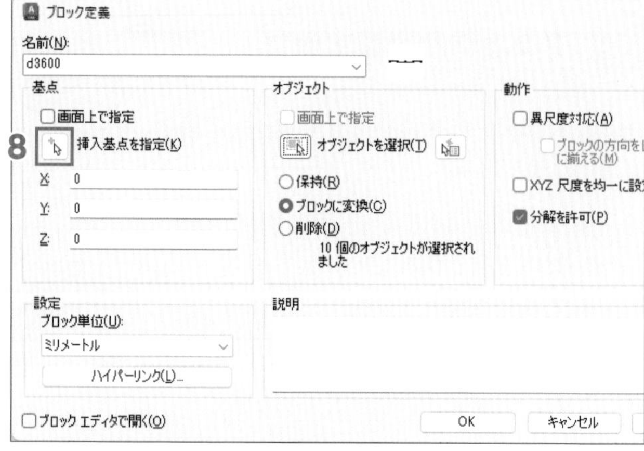

↳「ブロック定義」ダイアログが閉じ、マウスカーソルに操作メッセージ**挿入基点を指定**が表示される。

9 挿入基点として、中央の基準線交点を🖱

↳挿入基点が**9**の点になり、「ブロック定義」ダイアログが開く。

10 [ブロック単位]が「ミリメートル」になっていることを確認する

11 [OK]ボタンを🖱

↳ダイアログが閉じ、ブロック定義が完了する。

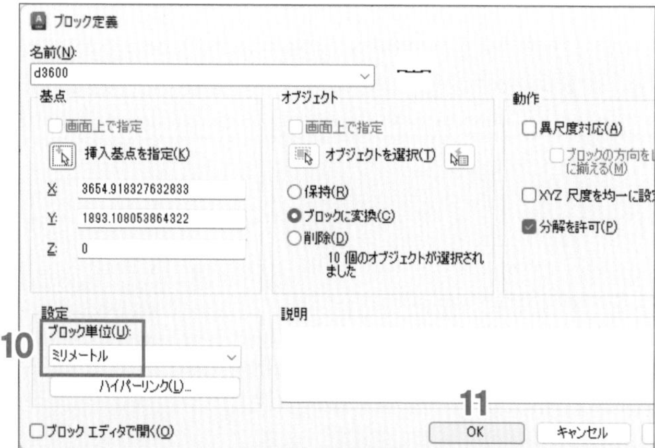

ブロック定義されたことを確認しましょう。

12 [ブロック挿入]の▼を🖱し、定義したブロック「d3600」が表示されることを確認する

POINT このリストには、現在のファイルに定義されているブロックが表示されます。リストの「d3600」を🖱して挿入することも可能です。

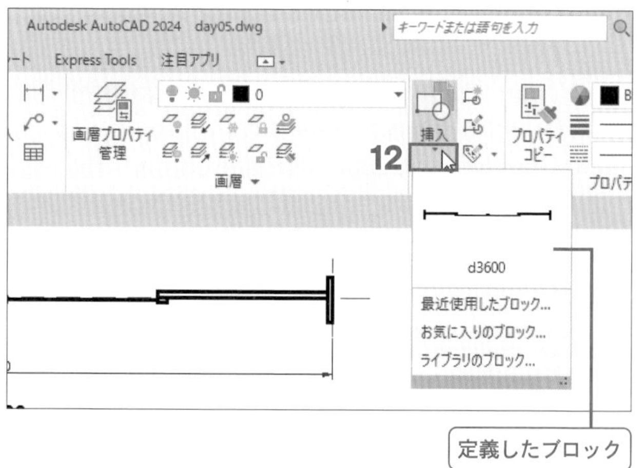

やってみよう

残り5つの建具も下図の点を挿入基点として、建具下に記載している名前でブロック定義しましょう。基準線や寸法はブロックに含めません。定義したブロックは2章で利用します。

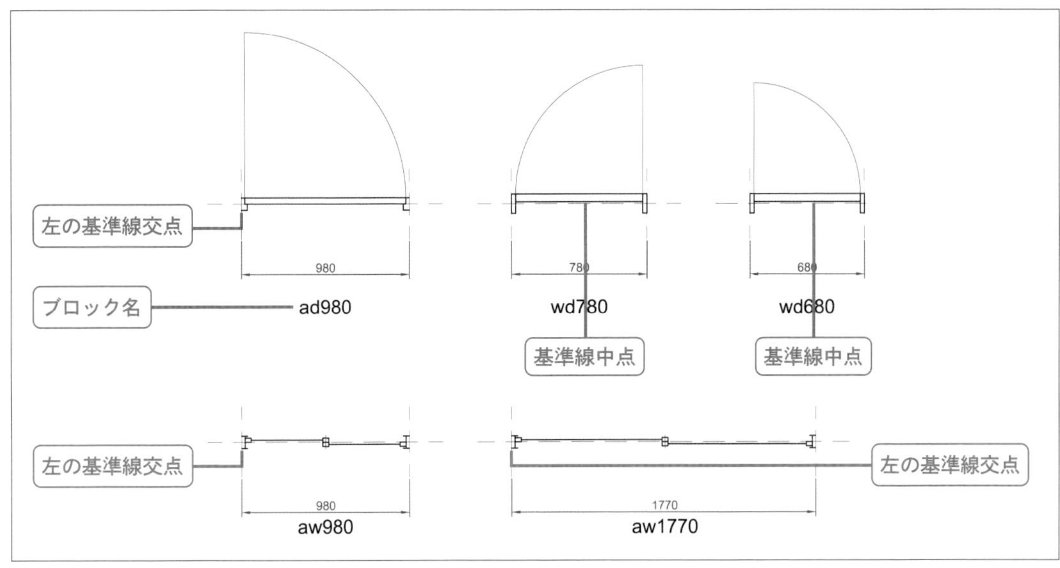

※配置時に、正しく位置を指示できる点を基点にすることが基本です。2章で利用する際に、配置位置の指示方法のバリエーションを学習するため、ここでは上記のような基点で定義します。

step 9 上書き保存し未保存のファイルを閉じる

すべてのブロック定義が完了したらファイルを上書き保存しましょう。

1 [上書き保存]コマンドを

未保存のファイルDrawing1を保存せずに閉じましょう。

2 [Drawing1]ファイルタブの✕(閉じる)を

↳Drawing1が表示され、右図のメッセージウィンドウが開く。

3 [いいえ]ボタンを

↳Drawing1が保存されずに閉じる。

以上でDay06は終了です。

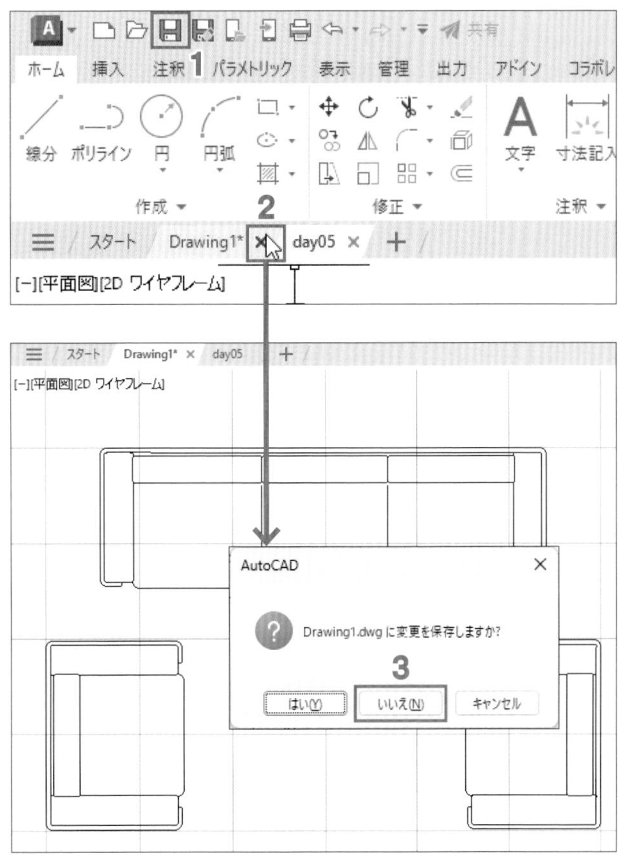

文字の記入と編集

文字の記入は、[文字記入]コマンドと[マルチテキスト]コマンドのいずれかを使用します。この2つのコマンドには、以下のような違いがあります。この単元では、教材ファイルday07.dwgを開き、[文字記入]コマンドで文字を記入することと、文字の移動や書き換えなどの編集方法を学習します。

[ホーム]リボンタブの[注釈]パネルの[文字]▼をクリックすると、[マルチテキスト]と[文字記入]の2つのコマンドが表示される

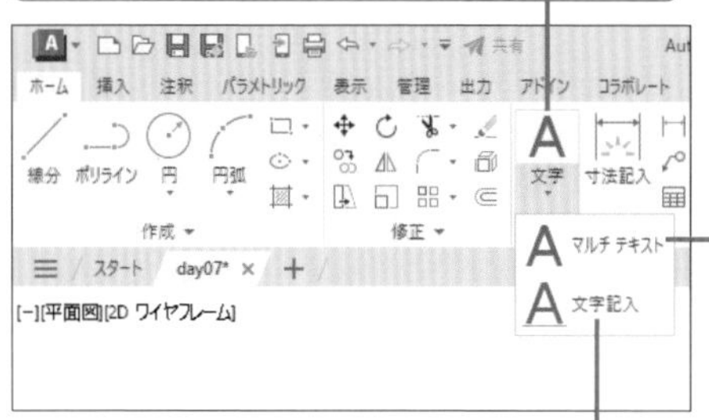

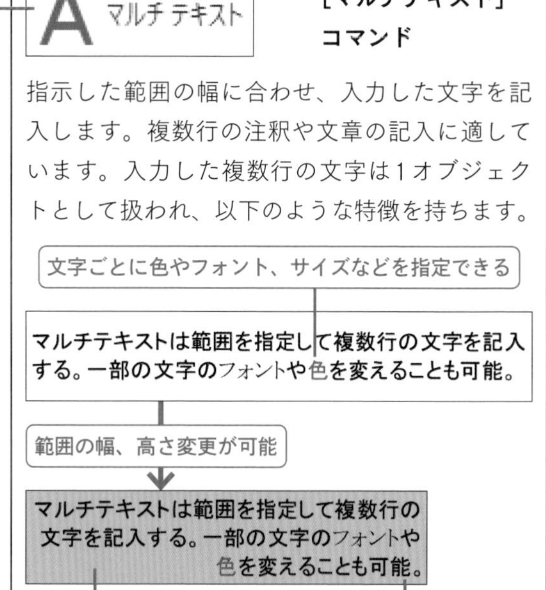

[マルチテキスト]コマンド

指示した範囲の幅に合わせ、入力した文字を記入します。複数行の注釈や文章の記入に適しています。入力した複数行の文字は1オブジェクトとして扱われ、以下のような特徴を持ちます。

文字ごとに色やフォント、サイズなどを指定できる

マルチテキストは範囲を指定して複数行の文字を記入する。一部の文字のフォントや色を変えることも可能。

範囲の幅、高さ変更が可能

マルチテキストは範囲を指定して複数行の文字を記入する。一部の文字のフォントや色を変えることも可能。

背景色の指定が可能

各行の位置合わせが簡単

[文字記入]コマンド

単語の記入に適します。複数行の文字を入力することも可能ですが、入力した文字は1行ごとの別個のオブジェクトになります。この1行の文字を「文字列」と呼びます。

step 1 文字を記入する

教材ファイル day07.dwg を開き、文字「平面図y」と「側面図」の2行を記入しましょう。

1 day07.dwgを開く

2 [注釈]リボンタブをクリック

3 [A]▼をクリックし、[文字記入]をクリック

POINT 2～3の操作の代わりに[ホーム]リボンタブの[文字]▼をクリックし、[文字記入]をクリックしても同じです。ここでは、現在の文字スタイルを目視できる[注釈]リボンタブから選択します。

[現在の文字スタイル]ボックスで指定の文字スタイル(Standard)の設定で文字は記入される

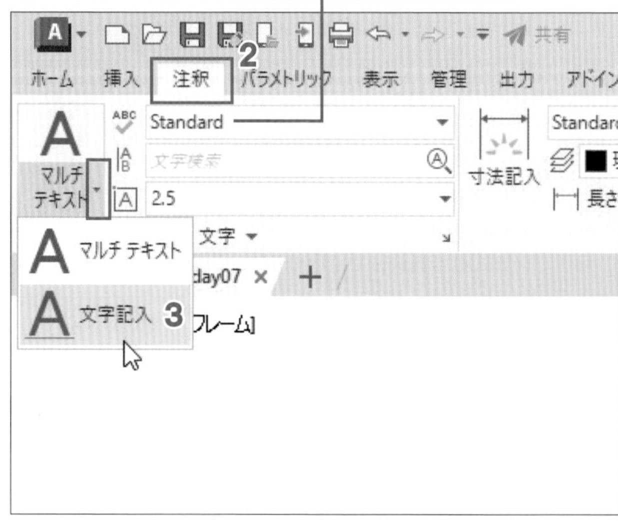

POINT [文字記入]コマンドでは、はじめに文字の記入位置を指示し、表示される操作メッセージに従い、文字の高さ、記入角度を指定した後、記入内容を入力します。

4 文字の記入位置として、あらかじめ作成されている右図の線の左端点を

POINT 次に指定する文字の高さで、文字の大きさが決まります。現在の文字スタイルの「Standard」にはマークが無いので、文字の高さは実寸値で指定します。

5 文字の高さとして「300」を入力して Enter キーを押す

6 文字列の角度として[ダイナミック入力]ボックスの数値「0」を確認し、 Enter キーを押す

POINT 文字は水平右方向に記入するため、角度0°を指定します。[ダイナミック入力]ボックスの数値が「0」以外の場合は、「0」を入力して Enter キーを押します。

7 4の位置に入力ポインタが表示されるので1行目の文字として「平面図 y」と入力する

POINT 半角/全角 キーを押して日本語入力をオンにして入力します。指定した文字の高さ確認のため、末尾に小文字の「y」を入力してください。

↳4の点に文字の先頭下を合わせ「平面図y」が記入される。

8 Enter キーを押す

↳改行され、次の行に入力できる状態になる。

9 2行目の文字として「側面図」と入力し、 Enter キーを押して改行する

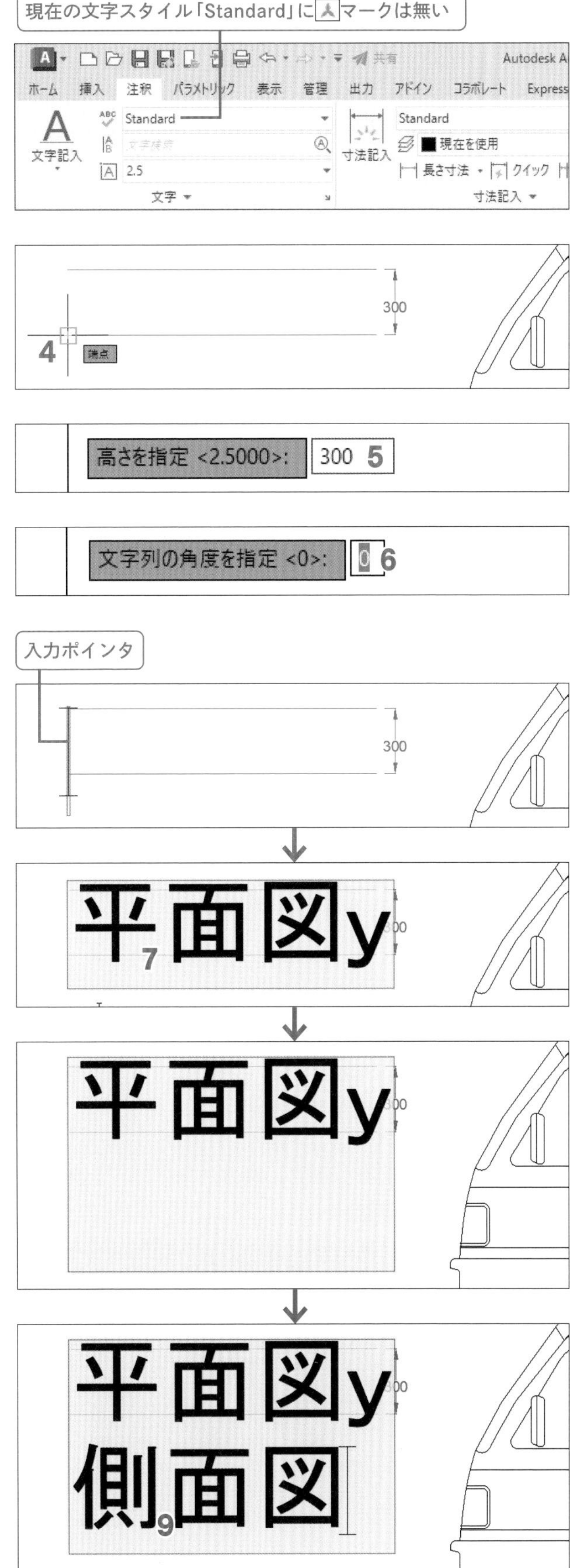

POINT 次の行の文字を入力することで連続して複数行の文字を記入できます。文字入力を完了するには、改行後、文字を入力せずに Enter キーを押します。

10 Enter **キーを押す**

↳入力した2行の文字が記入され、[文字記入]コマンドが終了する。

POINT 指定した文字高300mmは、あらかじめ作成されていた300mm間隔の2本の線分に対して、右図のように文字の上下が、多少はみ出して記入されます。

文字列を移動する

前項で記入した2行の文字は1行ごとの別個のオブジェクト（文字列）です。文字列「側面図」を右隣の楕円中心に移動しましょう。

1 文字列「側面図」を[クリック]

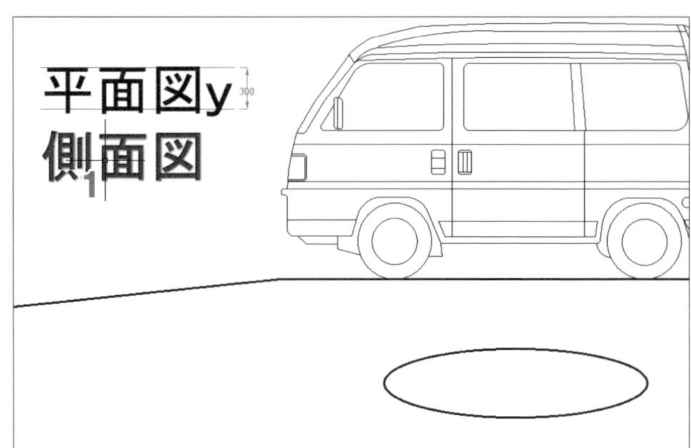

POINT 文字列「側面図」がハイライト（選択）され、その左下にグリップが表示されます。グリップを[クリック]し、移動先を指示することで文字列を移動できます。

2 文字列「側面図」左下のグリップにマウスカーソルを合わせ、赤くなったら[クリック]

3 [直交モード]をオフにし、移動先として、楕円にマウスカーソルを合わせ、楕円の中心の⊕と中心が表示されたら[クリック]

↳文字列「側面図」の先頭下が楕円の中心に位置するように移動される。

? ⊕が表示されない » p.279 Q15

4 Esc **キーを押して、すべての選択を解除する**

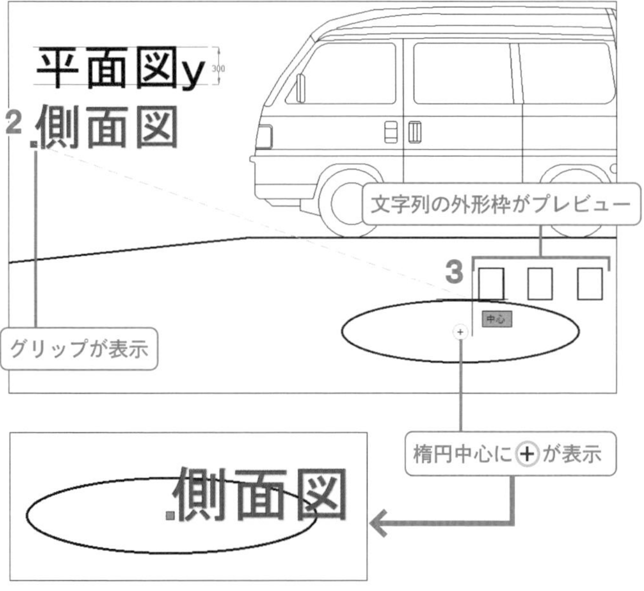

Column

文字列の基準点「位置合わせ」

文字の記入や移動の際に、基準となる点を文字列の「位置合わせ」と呼び、文字列ごとに設定されます。文字列を選択すると、その左下（左寄せ）と文字列ごとに設定された「位置合わせ」（基準点）に■グリップが表示されます。文字列の位置合わせは以下の13カ所を指定できます。

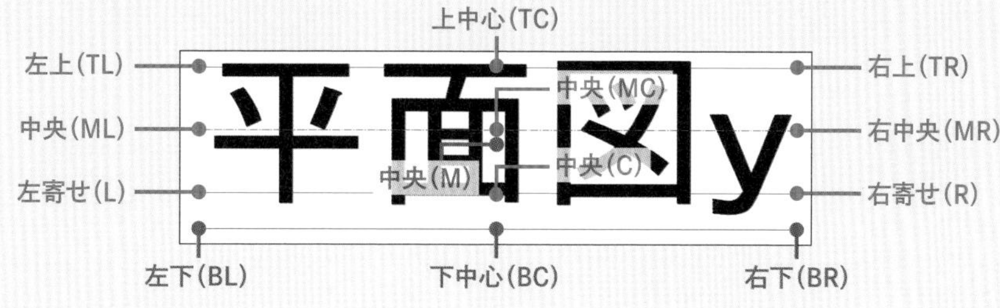

step 3

文字列の中心を楕円の中心に合わせる

前項で移動した文字列「側面図」の中心を楕円の中心に合わせるため、文字列「側面図」の位置合わせ（基準点）を文字列の中央に変更します。

1 文字列「側面図」を クリックして選択する

2 作業領域で 右クリックし、ショートカットメニューの［クイックプロパティ］を クリック

POINT 1の文字列の［クイックプロパティ］パレットが開きます。「プロパティ」とは、オブジェクトの色、線の太さ、線種など、オブジェクトに付随する性質を指します。

≫次ページColumn参照

3 ［位置合わせ］欄を クリック

4 ［位置合わせ］欄の▼を クリックし、リストから「中央(M)」を選択する

POINT 文字列ごとに記入位置と位置合わせ（基準点）情報を保持しており、［クイックプロパティ］パレットで変更できます。

5 ［クイックプロパティ］パレットの×を クリック

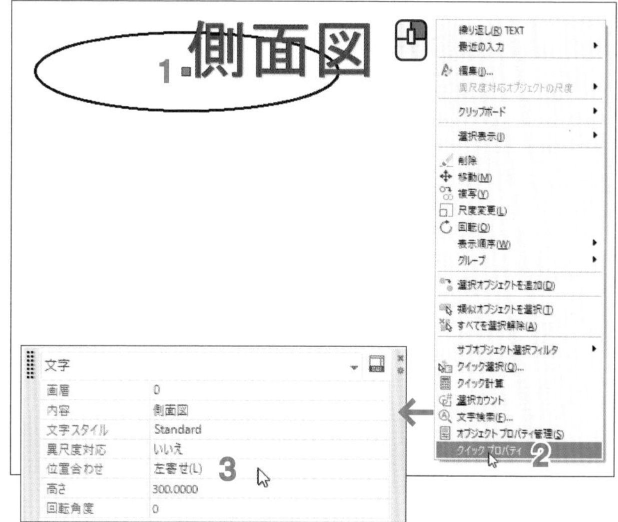

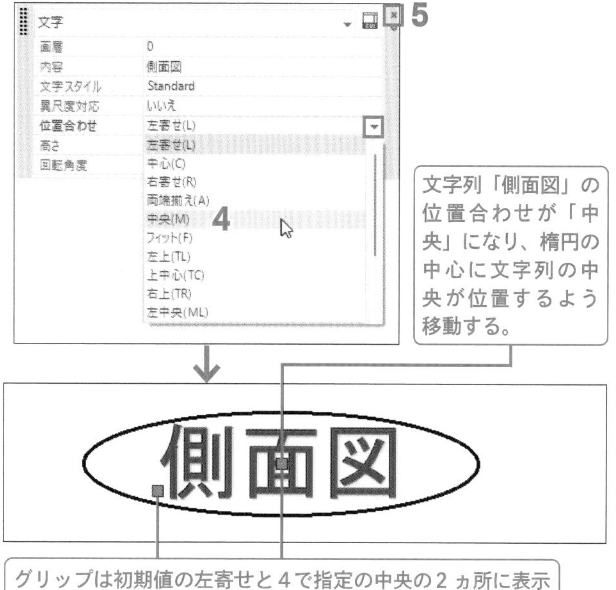

Column プロパティとは

オブジェクトが作成されている画層や色、線の太さ、線種などオブジェクトに付随する性質を総称して「プロパティ」と呼びます。[オブジェクトプロパティ管理]パレットまたはプロパティの主な項目を扱う[クイックプロパティ]パレットでそれらの確認や変更ができます。

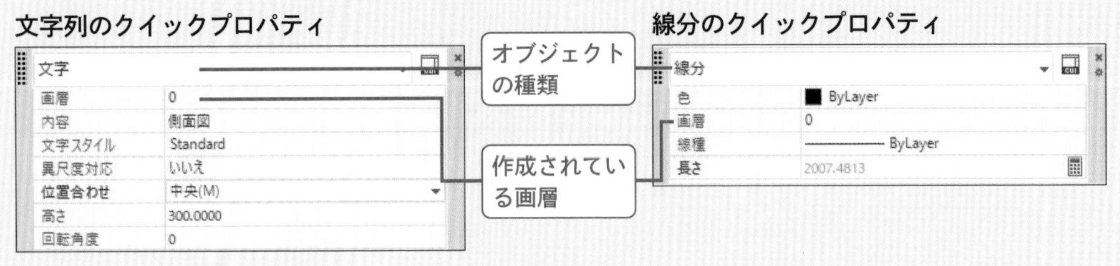

step 4 長方形中心に文字列「正面図」を記入する

自動車の正面図下の長方形の中心に文字列の中心を合わせて高さ300mmの文字列「正面図」を記入しましょう。

1 [文字記入]コマンドを🖱

2 ↓キーを押し、オプションメニューの[位置合わせオプション]を🖱

3 表示されるオプションメニューの「中央(MC)」を🖱

POINT 2～3の操作で、これから記入する文字列の位置合わせを中央にしました。この指定は次に変更するまで有効です。

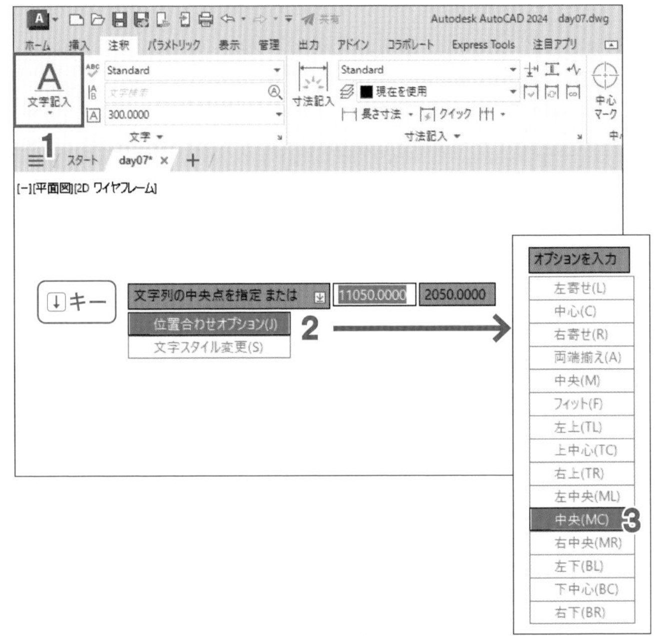

長方形中心にスナップできるよう指定したうえで、記入位置を指示しましょう。

4 作業領域で🖱 Shift キーを押したまま

5 優先オブジェクトスナップメニューの[図心]を🖱

POINT 次の指示1回に限り、5で選択した[図心]を優先的にスナップします。[図心]を指定することで、[長方形]コマンドで作成した長方形(閉じたポリライン)の中心にスナップできます。

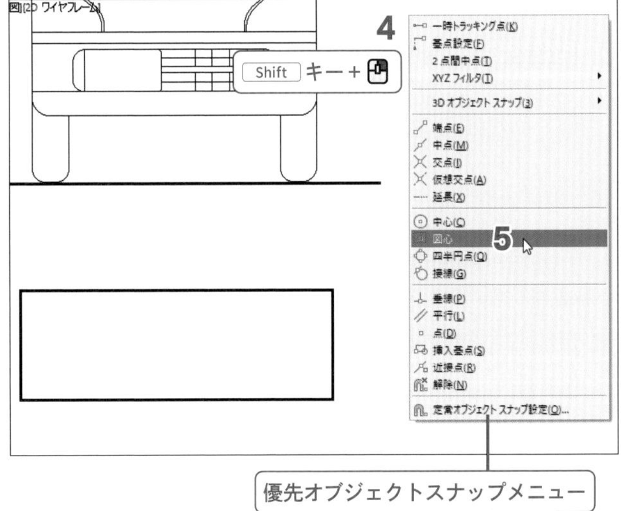

6 文字列の記入位置（中央）として、長方形にマウスカーソルを合わせ、中心に⊛とマウスカーソルに図心が表示されたら🖱

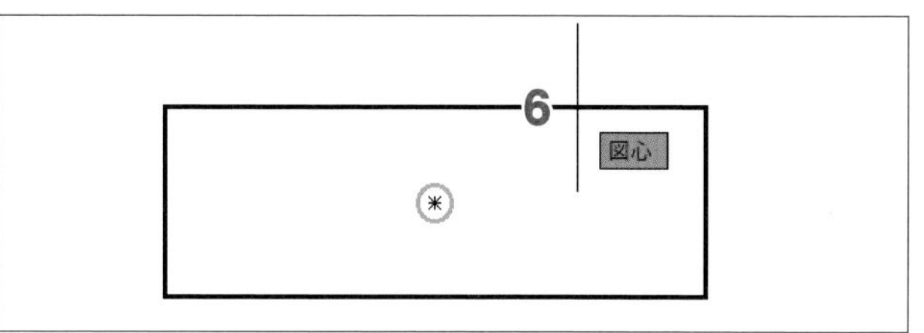

7 文字の高さ「300」が色反転表示されていることを確認し、🖱（または Enter キーを押す）

8 文字列の角度「0」が色反転表示されていることを確認し🖱（または Enter キーを押す）。

9 文字「正面図」を入力し、Enter キーを押して改行する

10 再度、Enter キーを押して［文字記入］コマンドを終了する

↳長方形の中心に文字列「正面図」が記入される。

定常オブジェクトスナップと優先オブジェクトスナップ

通常、［オブジェクトスナップ］の▼を🖱して表示されるオブジェクトスナップメニュー（ここでは定常オブジェクトスナップメニューと呼びます）(p.63)でチェックの付いている点にスナップします。
長方形の中心を指示するために利用した［図心］は、定常オブジェクトスナップメニューにもあります。しかし、定常オブジェクトスナップメニューの［図心］にチェックを付けて、長方形にマウスカーソルを合わせると、近くの中点や端点を読んでしまい、図心にスナップするのは難しいかもしれません。そのため、上記では、優先オブジェクトスナップメニューの［図心］を利用しました。
優先オブジェクトスナップメニューで指示すると、次の指示1回に限り、定常オブジェクトスナップの指定を無効にし、優先オブジェクトスナップメニューで指示したオブジェクトスナップを優先して行います。
使用頻度の高いものを［定常オブジェクトスナップ］で指定し、使用頻度の低いものは、その都度［優先オブジェクトスナップ］を利用するとよいでしょう。

定常オブジェクトスナップメニュー

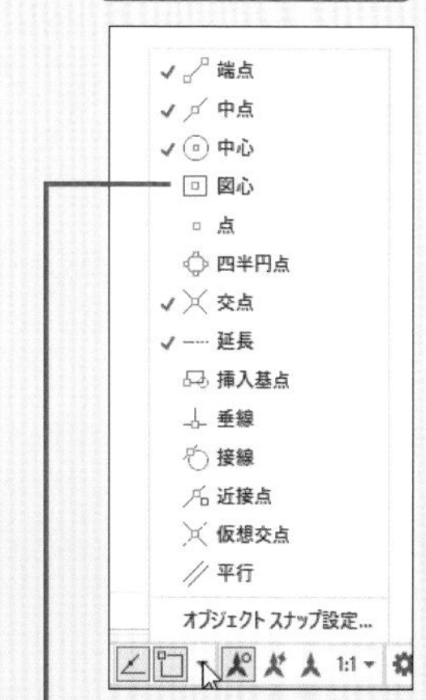

この［図心］にチェックを付けても、他にもチェックを付けた端点や中点があるため、長方形の中心にスナップするのは難しい

step 5 文字スタイルを作成する

同一図面で2種類以上のフォントを使い分けるには、フォントごとに「文字スタイル」を用意する必要があります。MS明朝を使うための「文字スタイル」を作成しましょう。

1 [文字スタイル]ボックスを🖱
2 [文字スタイル管理]を🖱
3 [文字スタイル管理]ダイアログの[新規作成]ボタンを🖱
4 [新しい文字スタイル]ダイアログの[スタイル名]ボックスに「MSM」と入力する
5 [OK]ボタンを🖱

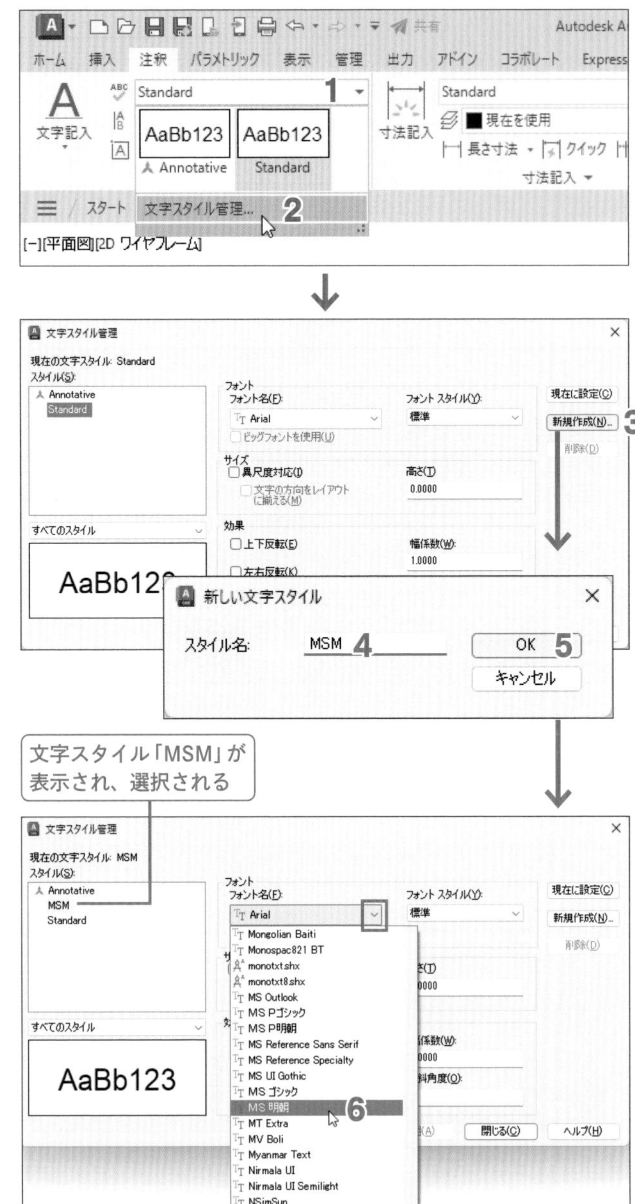

6 [フォント名]ボックスを🖱し、リストから[MS明朝]を選択する

POINT 使用しているパソコンにセットされているTrueTypeフォント（Tマーク）とAutoCADT専用のSHXフォント（Aマーク）がリスト表示されます。ここでは、アプリケーションに関わらず共通して使用できるTrueTypeフォントを選択します。なお、頭に@マークの付いたフォントは縦書き用のフォントです。

7 [高さ]ボックスが「0」であることを確認する

POINT [高さ]ボックスでは、文字の高さを指定します。[高さ]ボックスが「0」の場合、文字記入の都度、文字の高さを指定します。

8 [適用]ボタンを🖱
9 [閉じる]ボタンを🖱

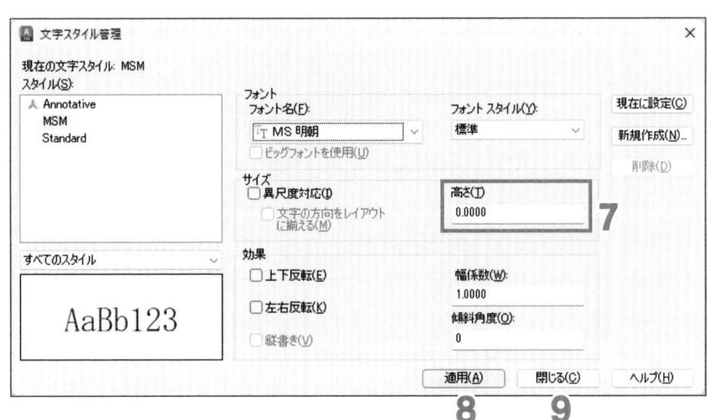

斜線上に文字を記入する

斜線中点に文字列の中下を合わせ、文字「勾配10%」を高さ100mmのMS明朝フォントで記入しましょう。

1 [文字記入]コマンドを

POINT 文字の位置合わせは前項で指定した中央になっています。

2 ↓キーを押し、オプションメニューの[位置合わせオプション]を

3 オプションメニューの[下中心(BC)]を

↳操作メッセージが**文字列の下中心点を指定**になる。

4 文字列の記入位置(下中心)として、斜線の中点を

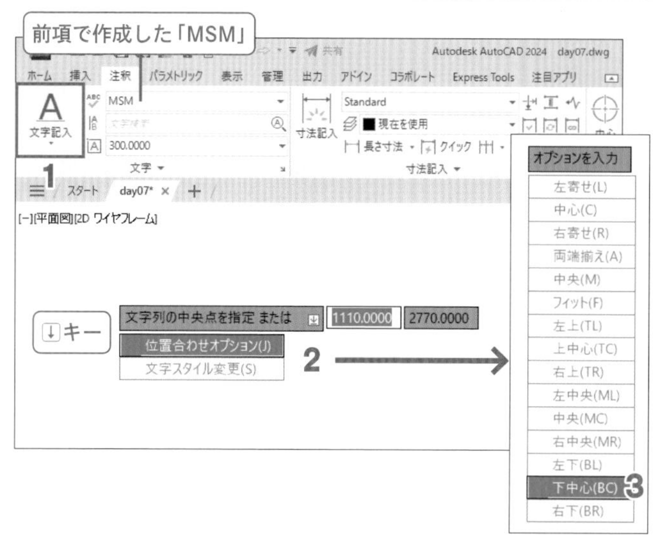

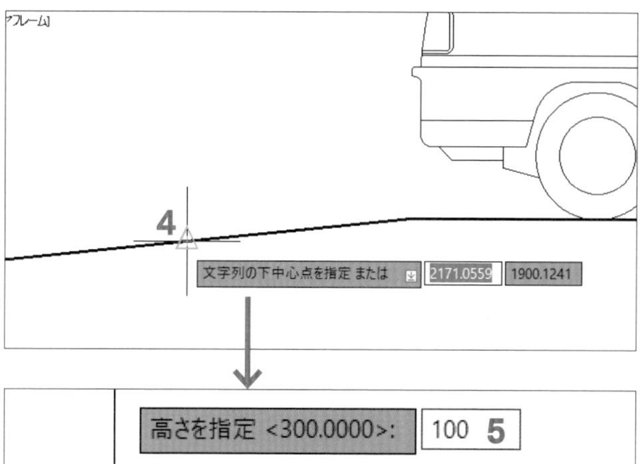

5 文字の高さ「100」を入力し、Enterキーを押す

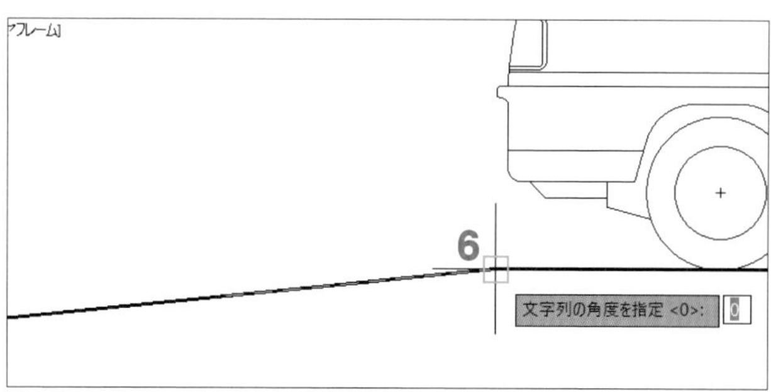

POINT 日本語入力がオンになっていると数値を正しく入力できません。その場合は半角/全角キーを押して日本語入力をオフにしてください。

6 斜線の角度を指定するため、斜線の右端点を

↳文字の記入角度が**4**-**6**を結んだ線の角度になり、斜線中点に入力ポインタが表示される。

7 「勾配10%」を入力してEnterキーを押して改行する

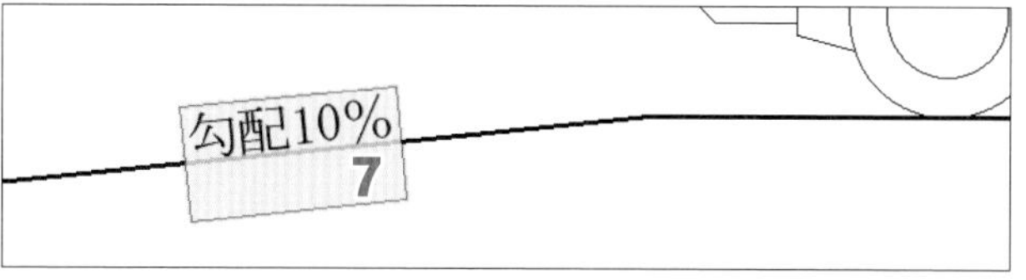

8 再度、Enterキーを押して、[文字記入]コマンドを終了する

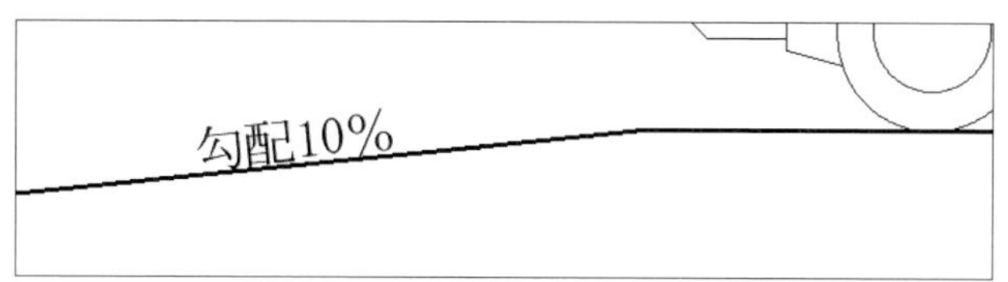

記入済の文字列のフォントを変更する

文字列「側面図」と「正面図」の文字スタイルを「MSM」にすることでこれらのフォントを「MS明朝」に変更しましょう。

1. 文字列「側面図」をして選択する
2. 文字列「正面図」をして選択する
3. 作業領域でし、ショートカットメニューの[クイックプロパティ]を
4. [クイックプロパティ]パレットの[文字スタイル]ボックスをし、▼を
5. リストの「MSM」をで選択する
6. [クイックプロパティ]パレットの×をして閉じる

   ↳1,2で選択した文字列のフォントが文字スタイル「MSM」で指定のMS明朝になる。

   ? 文字のフォントが変わらない

   » p.279 Q16

7. Esc キーを押してすべての選択を解除する

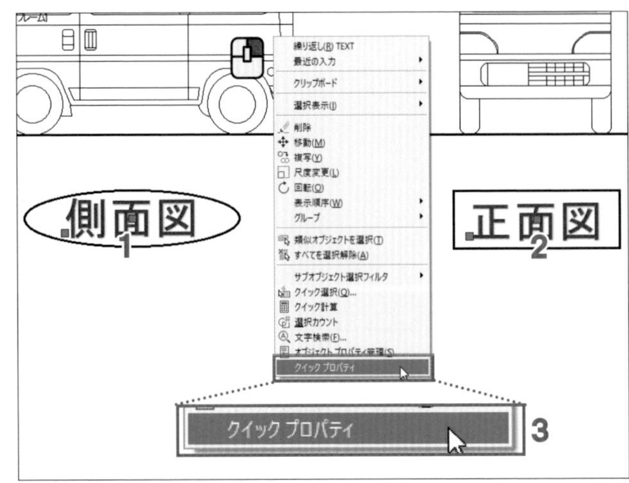

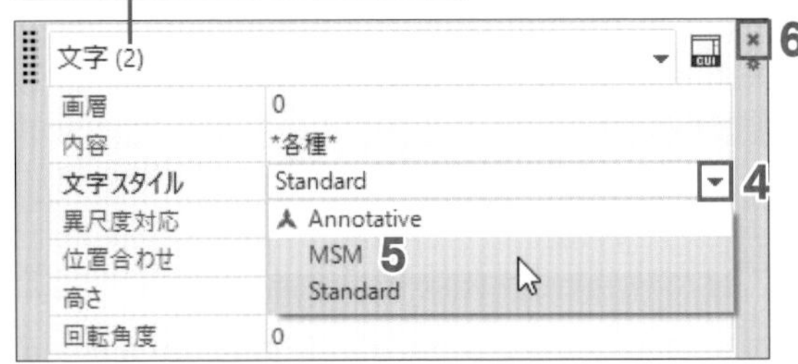

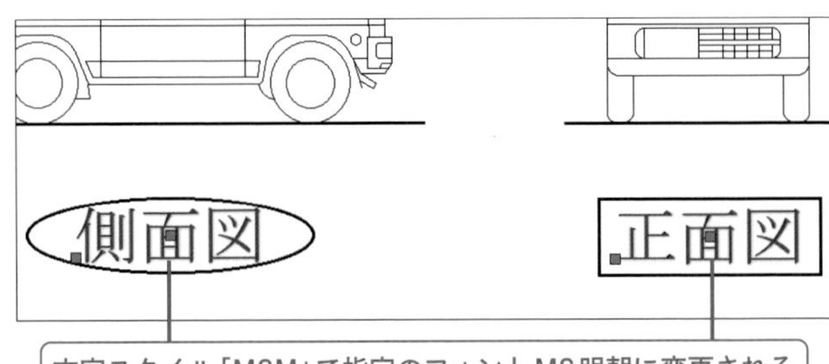

記入済の文字の大きさを変更する

記入済の文字の大きさ変更は[クイックプロパティ]コマンドで行えます。文字列「平面図y」と「側面図」の高さを150mmに変更しましょう。

1. 文字列「平面図y」をして選択する
2. 文字列「側面図」をして選択する
3. 作業領域でし、ショートカットメニューの[クイックプロパティ]を

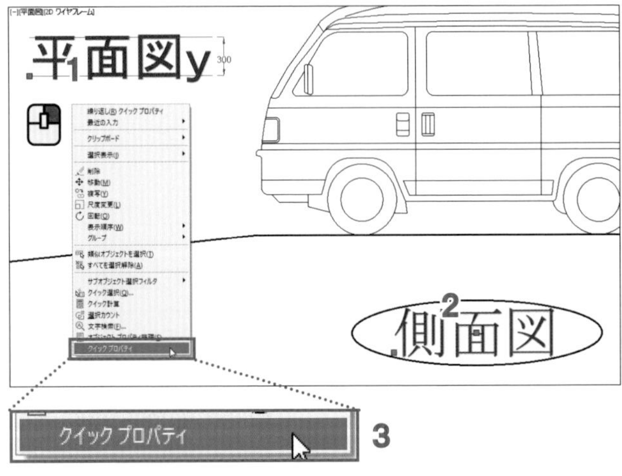

4 [クイックプロパティ]パレットの「高さ」欄をし、「150」を入力する

↳それぞれの文字列に設定されている位置合わせ（「平面図y」は左寄、「側面図」は中央）を基準に高さ150mmに変更される。

5 [クイックプロパティ]パレットを閉じる

6 Esc キーを押して、すべての選択を解除する

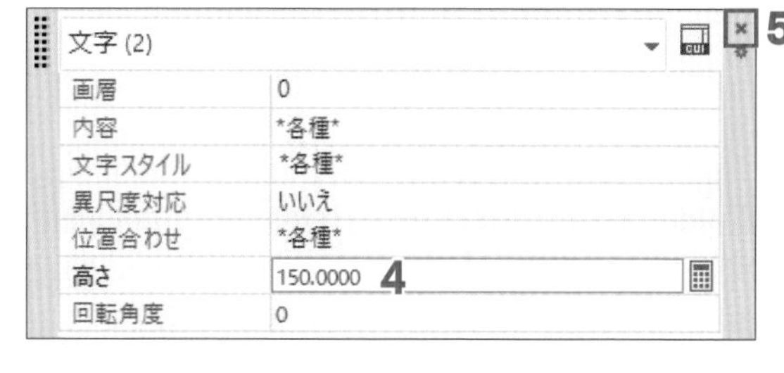

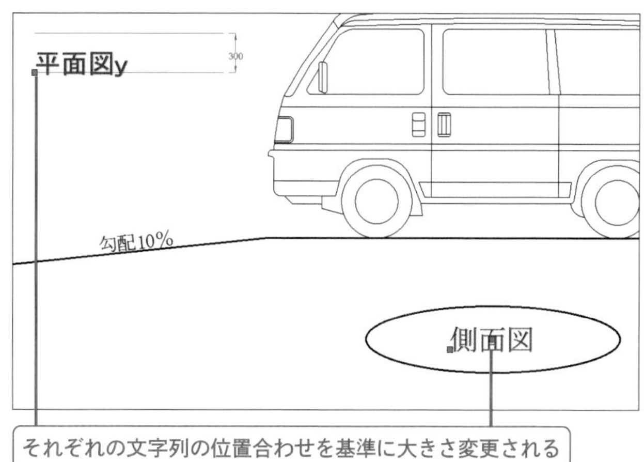

step 9 文字を書き換える

文字列「側面図」を「左側面図」に書き換えましょう。

1 文字列「側面図」を

↳文字編集になる。

2 文字列の先頭を

3 「左」を入力して Enter キーを押して確定する

POINT 文字列「側面図」の位置合わせ（中央）を基準に「左側側面図」に書き換わります。他のコマンドを選択するか、Enter キーを押して文字編集を終了までは、他の文字列をすることで続けて書き換えが行えます。

4 Enter キーを押して[文字編集]を終了する

POINT 日本語を入力した後、半角/全角 キーを押して日本語入力をオフにすることを忘れないでください。日本語入力がオンのままだと、角度や長さを指定する数値入力がスムーズに行えません。

以上でDay07は終了です。ファイルを上書き保存しましょう。

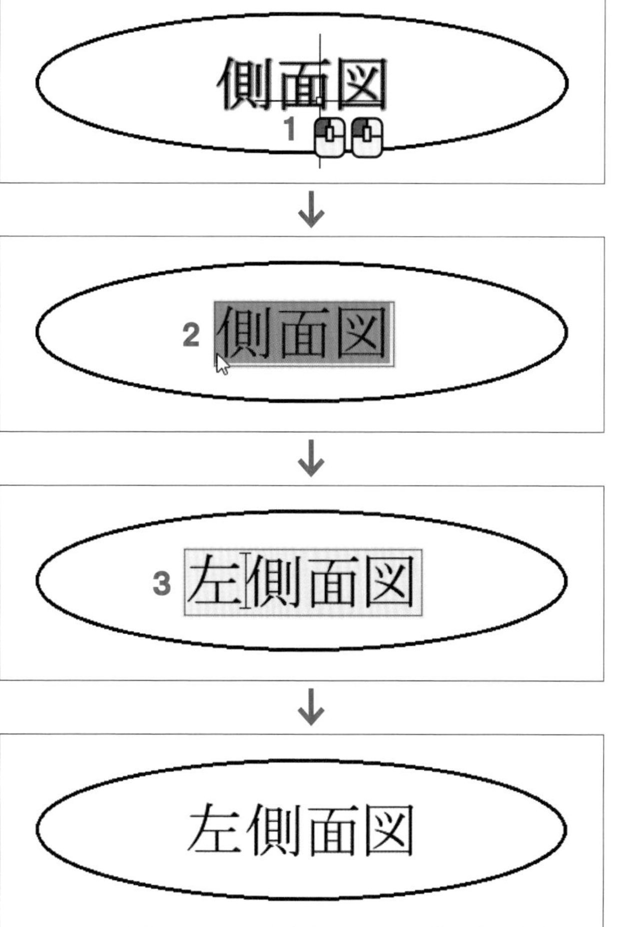

寸法の記入と編集

教材ファイル08.dwgを開き、A4用紙に尺度1：10で印刷する前提で、下図の寸法を記入しましょう。

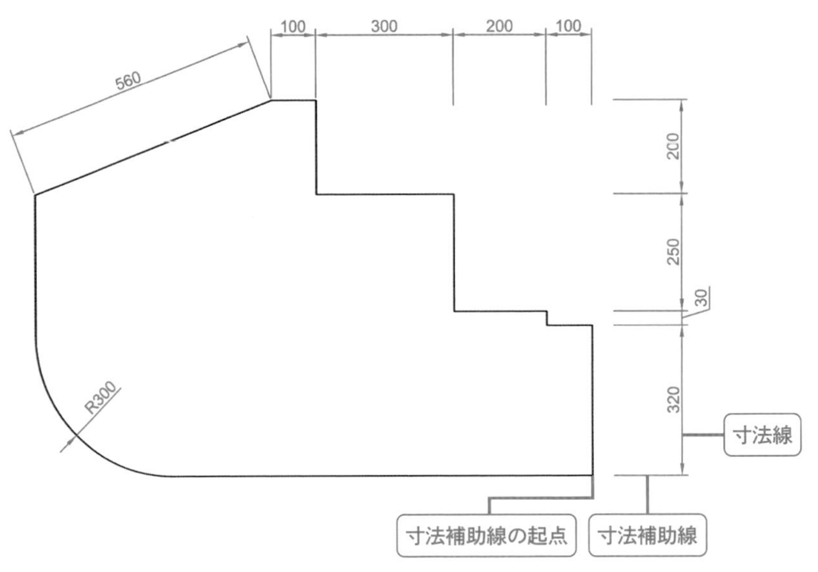

step 1 斜線に平行に寸法を記入する

教材ファイル 08.dwgを開き、左上の斜線の寸法を記入しましょう。

1 教材ファイル08.dwgを開く

2 [注釈]リボンタブを🖱

3 [寸法画層を優先]ボックスを🖱し、画層「■寸法」を🖱で選択する

POINT 寸法は、現在の画層に関わりなく、[寸法画層を優先]ボックスで指定の画層に記入されます。

4 [寸法スタイル]が「ISO-25」であることを確認する

5 [長さ寸法]右の▼を🖱し、[平行寸法]を🖱

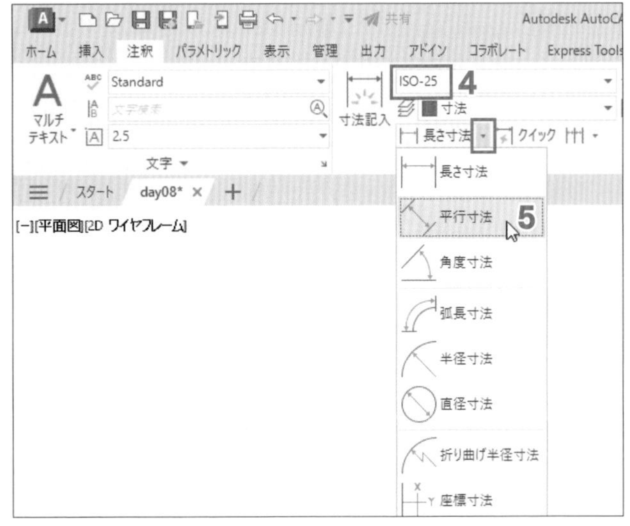

POINT ［平行寸法］コマンドは寸法の測り始めの点（1本目の寸法補助線の起点）と測り終わりの点（2本目の寸法補助線の起点）を指示することで、2点を結んだ線に平行に2点間の寸法を記入します。

6 1本目の寸法補助線の起点として、斜線の左端点を

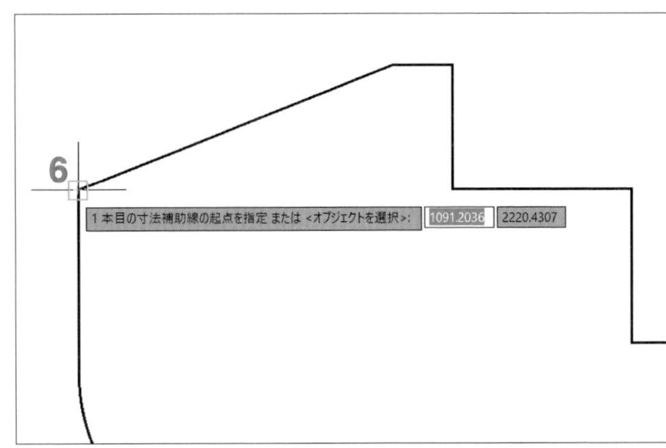

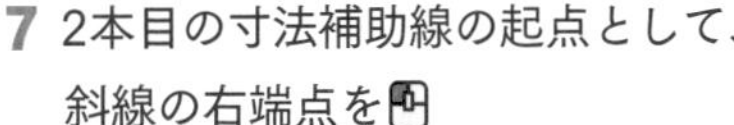

7 2本目の寸法補助線の起点として、斜線の右端点を

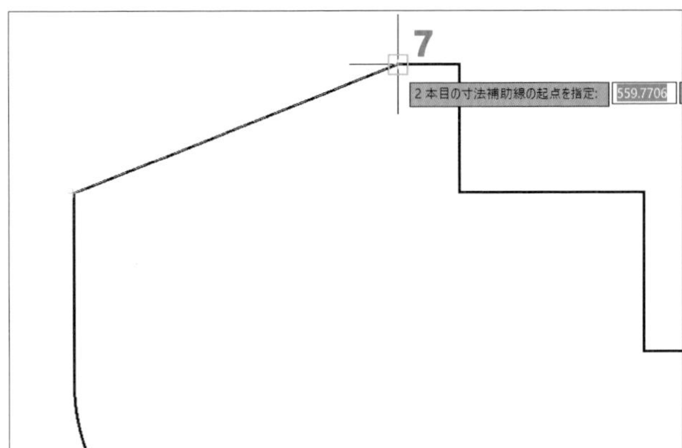

↳マウスカーソルまで斜線に平行な**6**-**7**間の寸法がプレビューされ、操作メッセージが**寸法線の位置を指定または**になる。

8 寸法線の位置として右図の位置で

↳寸法スタイル「ISO-25」の設定で寸法が記入され、［平行寸法］コマンドが終了する。

POINT 記入された寸法の寸法値は小さすぎます。これは寸法スタイル「ISO-25」の設定の問題です。次項で設定を変更することで、寸法値を大きくしましょう。

step

2 寸法スタイルの設定内容を変更する

寸法は、記入時の寸法スタイルをプロパティに持っています。そのため、寸法スタイルの設定を変更すると、記入済の寸法も変更されます。前項で記入した寸法値が見える大きさになるように寸法スタイルの設定を変更しましょう。

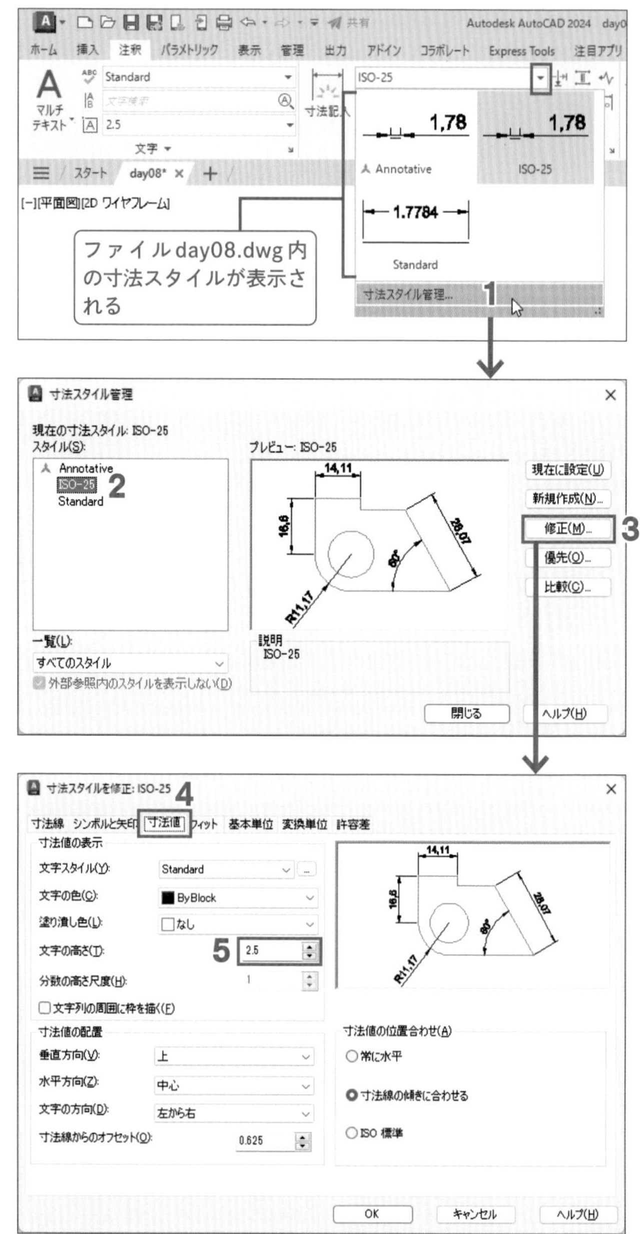

1 [寸法スタイル]ボックスを🖱し、[寸法スタイル管理]を🖱

2 「寸法スタイル管理」ダイアログの[スタイル]欄で「ISO-25」が選択(色反転表示)されていることを確認する

3 [修正]ボタンを🖱

4 「寸法スタイルを修正:ISO-25」ダイアログの[寸法値]タブを🖱

5 [文字の高さ]ボックスが「2.5」であることを確認する

POINT 寸法値のフォントは[文字スタイル]ボックスで指定の文字スタイルに準じます。寸法値の大きさは、実寸ではなく、印刷される大きさで指定します。

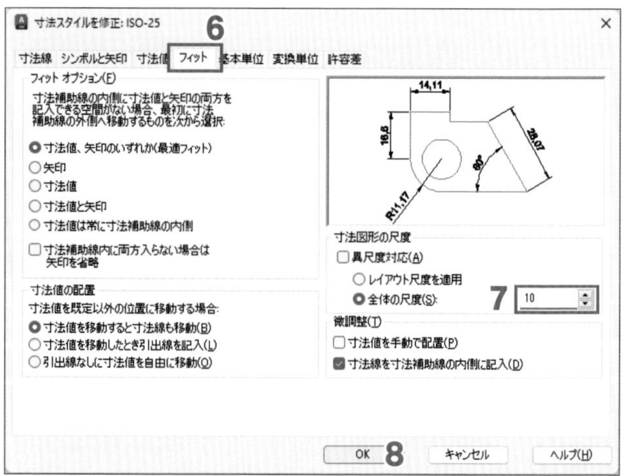

6 [フィット]タブを🖱

7 [全体の尺度]ボックスに「10」を入力する

POINT 作成中の図面の印刷尺度の分母を入力します。この図面は尺度1:10で印刷する前提なので、「10」を入力します。寸法値の実寸は、**5**で指定の「文字高さ」×「全体の尺度」となります。(この場合、2.5mm×10=実寸25mm)

8 [OK]ボタンを🖱

9 [寸法スタイル管理]ダイアログの[閉じる]ボタンを🖱。

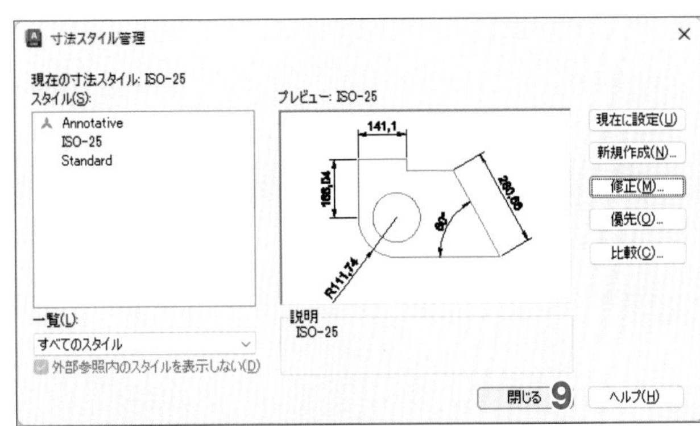

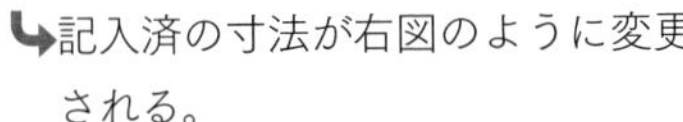
↳記入済の寸法が右図のように変更される。

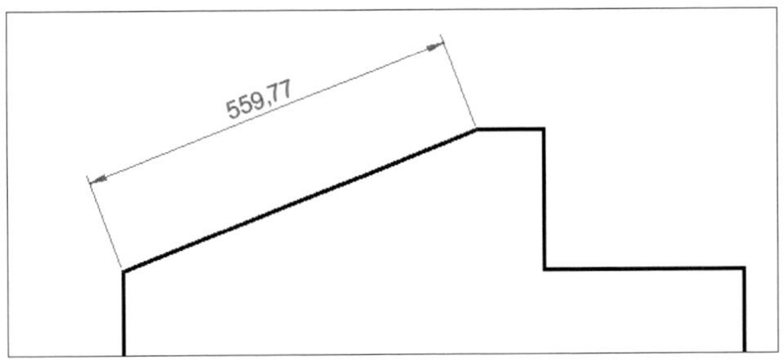

POINT 寸法線両端の矢印のサイズも**7**で指定の倍率になり、右図のように表示されます。寸法スタイル「ISO-25」では端部矢印の形状、サイズ、寸法値の小数点を示す「,」なども設定されています。これらの設定についても、後で変更してみます。

step 3 垂直方向の寸法を記入する

[長さ寸法]コマンドで垂直方向の寸法を記入しましょう。

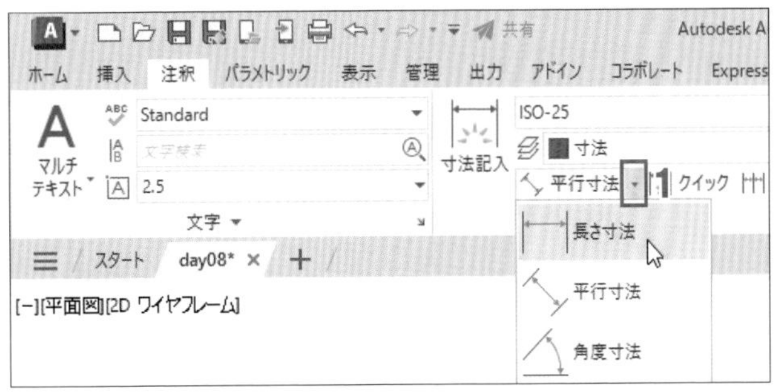

1 [平行寸法]右の▼を🖱し、[長さ寸法]を🖱

POINT [長さ寸法]コマンドは、測り始めの点(1本目の寸法補助線の起点)と測り終わりの点(2本目の寸法補助線の起点)を指示することで、2点間の水平または垂直方向の寸法を指定位置に記入します。

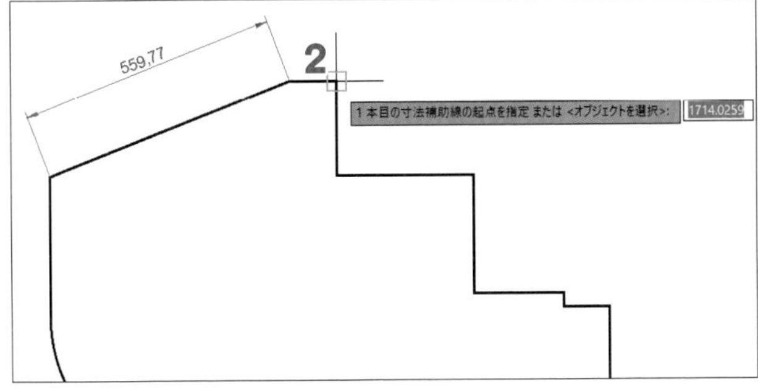

2 1本目の寸法補助線の起点として、右図の角を🖱

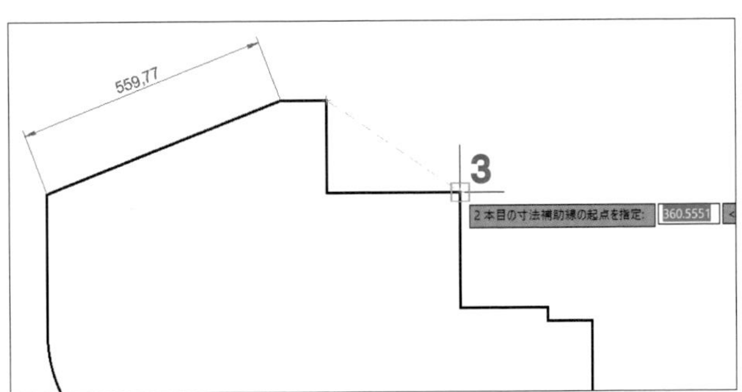

3 2本目の寸法補助線の起点として、次の角を🖱

4 **マウスカーソルを上方向に移動する**

↳右図のようにマウスカーソルまで水平方向の寸法がプレビューされ、操作メッセージは**寸法線の位置を指定または**になる。

POINT ［長さ寸法］コマンドでは、2本目の寸法補助線の起点を指示後、マウスカーソルを上下に移動すると水平方向の寸法、左右に移動すると垂直方向の寸法をプレビューします。

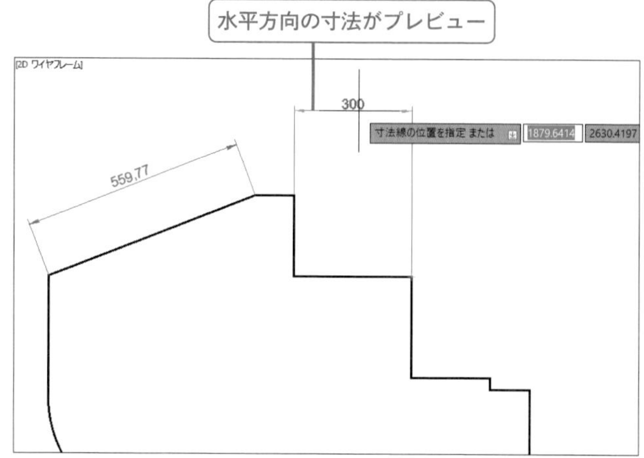

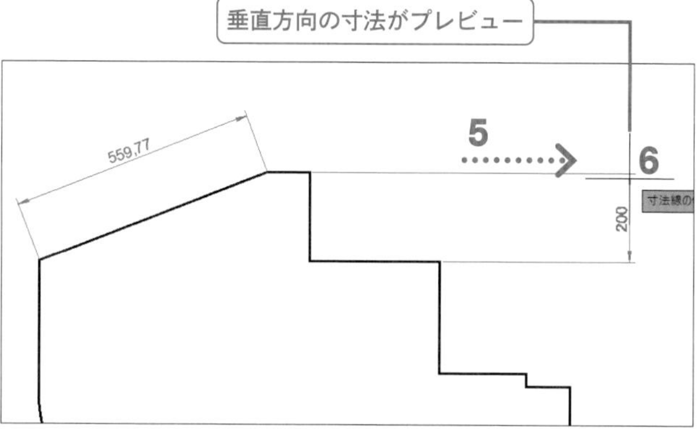

5 **マウスカーソルを右方向に移動する**

6 **マウスカーソルまで垂直方向の寸法がプレビューされた状態で、寸法線の位置として、右図の位置を** 🖱

↳**2**-**3**間の垂直方向の寸法が**6**の位置に記入され、［長さ寸法］コマンドが終了する。

step 4 記入した寸法に続けて同列の寸法を記入する

前項で記入した寸法に続けて、寸法線位置を同じくする垂直方向の寸法を記入しましょう。

1 **［直列寸法記入］コマンドを** 🖱

POINT 1つ前に記入した寸法の2本目の補助線起点からマウスカーソルまで寸法がプレビューされます。次の寸法補助線の起点を🖱することで、同列の直列寸法を続けて記入します。

2 **2本目の寸法補助線の起点として右図の角を** 🖱

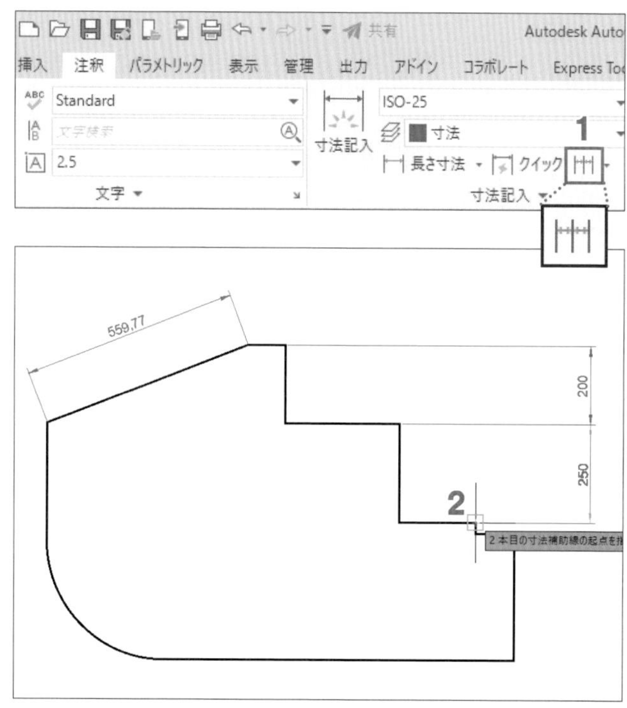

3 次の寸法補助線の起点として次の角を🖱

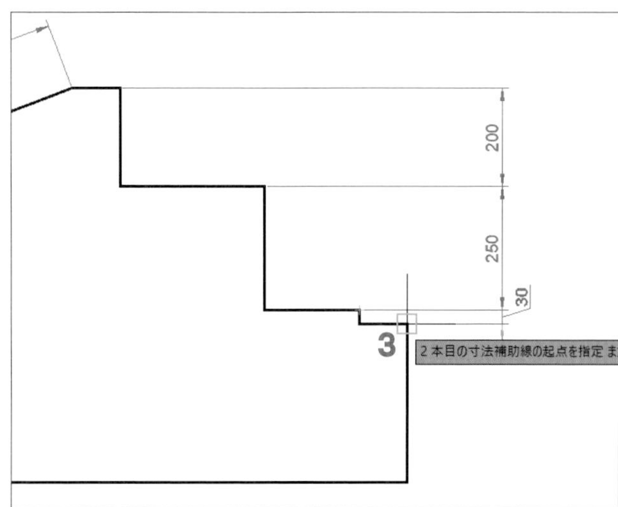

4 次の寸法補助線の起点として右下角を🖱

5 [Enter] キーを押す

POINT [Enter] キーを押すことで、同列の直列寸法記入が完了し、別の記入対象の列を指定する状態（操作メッセージ**直列記入の寸法オブジェクトを選択:**）になります。［直列寸法記入］コマンドを終了するには再度 [Enter] キーを押します。

6 [Enter] キーを押す

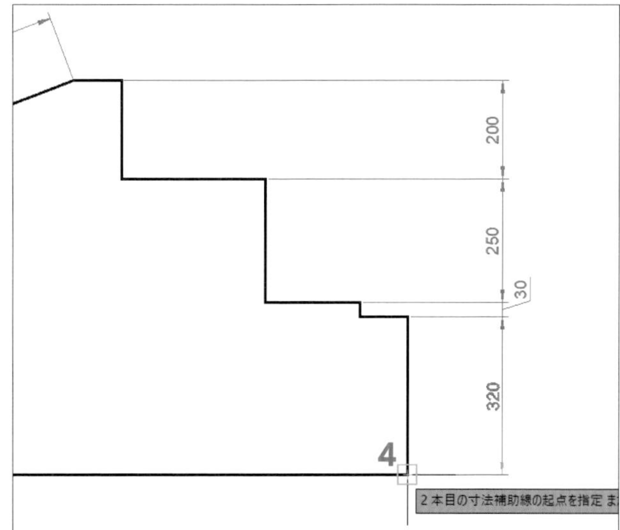

step 5 寸法補助線の長さを固定する

これまで記入した寸法は寸法補助線の起点から一定の間隔を空けて寸法補助線が記入されています。寸法補助線の起点位置に関わりなく、寸法補助線の長さが一定になるよう、設定を変更しましょう。

1 ［注釈］リボンタブの［寸法記入▼］右の↘を🖱

POINT 1の操作の代わりにp.122の1の操作をしても同じです。

2 ［寸法スタイル管理］ダイアログの［スタイル］欄で「ISO-25」が選択されていることを確認する

3 ［修正］ボタンを🖱

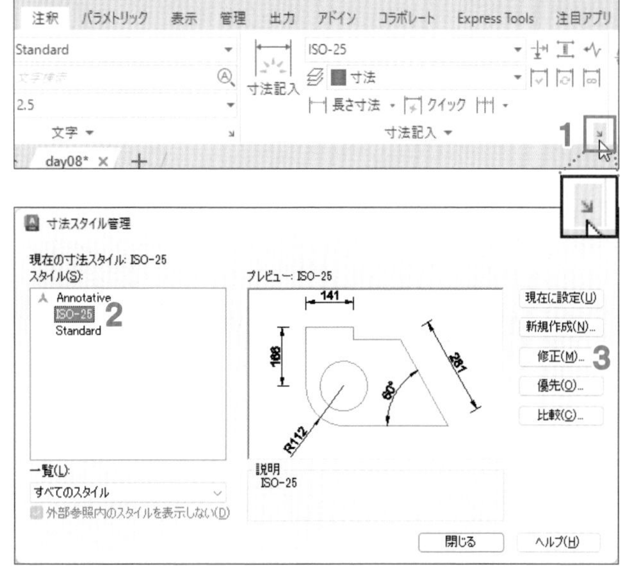

4 [寸法スタイルを修正:ISO-25]ダイアログの[寸法線]タブを🖱

5 [寸法補助線の長さを固定]にチェックを付ける

6 [長さ]ボックスに「15」を入力する

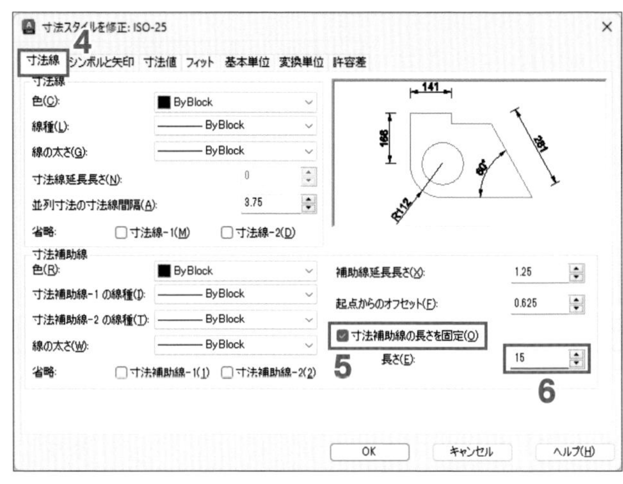

POINT [寸法線]タブでは寸法線と寸法補助線の設定をします。**5**,**6**の指定により、寸法補助線の長さは、寸法線位置から15mm(印刷される長さ、実寸では150mm)に固定されます。

合わせて、寸法値の小数点以下を表示しない設定に変えましょう。

7 [基本単位]タブを🖱

POINT [基本単位]タブでは、寸法の単位形式とその表記についての設定をします。

8 [精度]ボックスの▽を🖱し、リストから「0」を選択する

9 [OK]ボタンを🖱

10 [寸法スタイル管理]ダイアログの[閉じる]ボタンを🖱

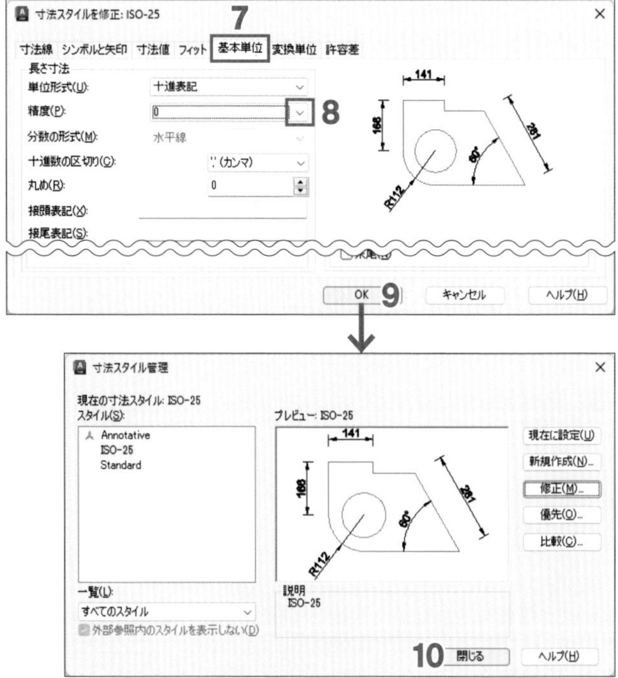

↳寸法補助線の長さと斜線の寸法値が右図のように変更される。

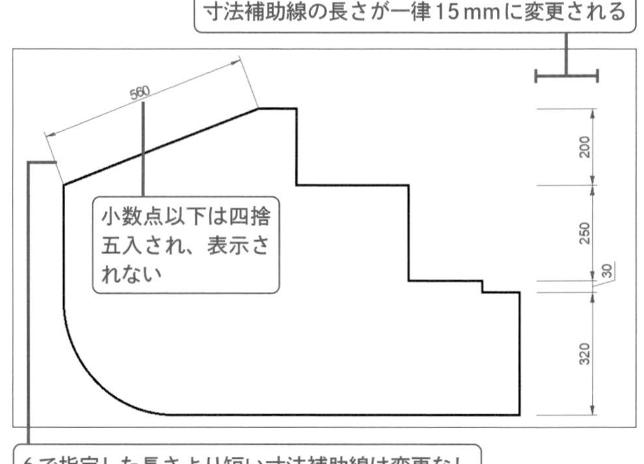

POINT ここでは寸法スタイル「ISO-25」の設定を変更して記入済の寸法補助線の長さを固定しましたが、変更前の補助線と変更後の長さ固定の補助線の2種類を同一図面で使い分けたい場合には、別に寸法スタイルを作成する必要があります。寸法スタイルの新規作成についてはp.144で行います。

やってみよう

p.123のstep3〜step4を参考に、右図のように水平方向の寸法を記入しましょう。

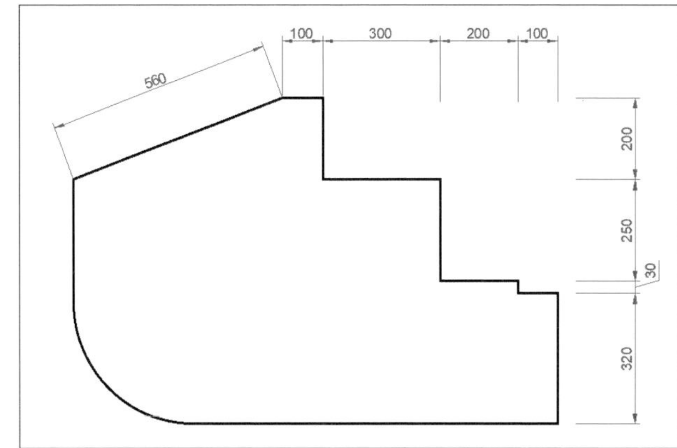

\step/

6 半径寸法を記入する

左下の円弧に半径寸法を記入しましょう。

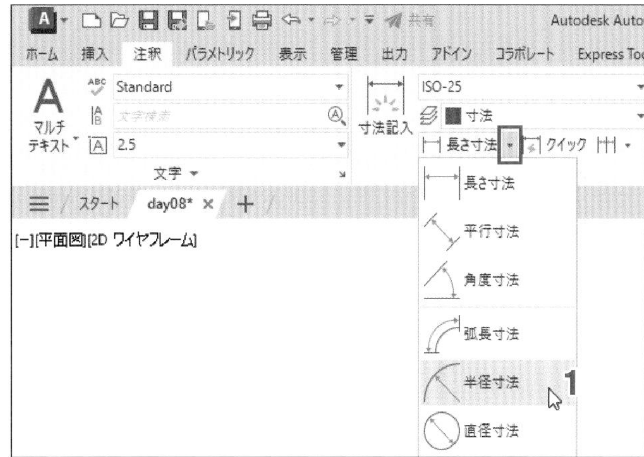

1 [長さ寸法]右の▼を🖱し、[半径寸法]を🖱

↳マウスカーソルに操作メッセージ**円弧または円を選択**が表示される。

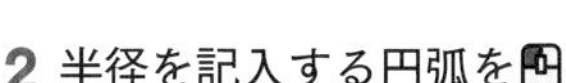

2 半径を記入する円弧を🖱

↳マウスカーソルまで半径寸法が表示され、操作メッセージが**寸法線の位置を指定または**になる。

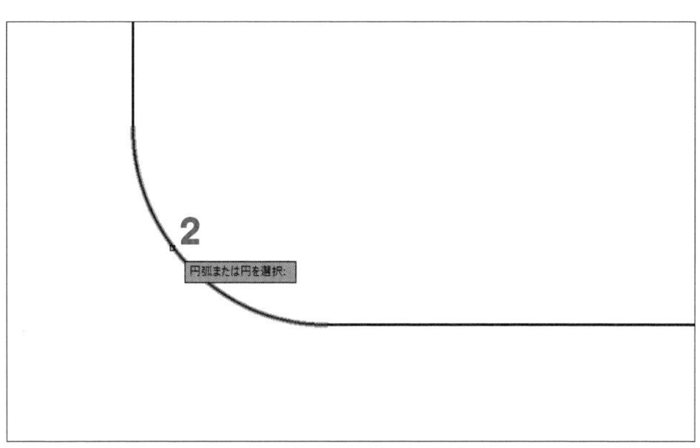

3 マウスカーソルを円弧の内側に移動する

↳半径寸法が円弧の内側にプレビューされる。

POINT マウスカーソルに従い表示される円弧寸法の角度や寸法線の長さ(最長半径長さ)が変化します。

4 寸法線の位置をとして、円弧の中点△にマウスカーソルを合わせ、寸法を内側に表示した状態で🖱

↳中点を通る半径寸法が内側に記入され、[半径寸法]コマンドが終了する。

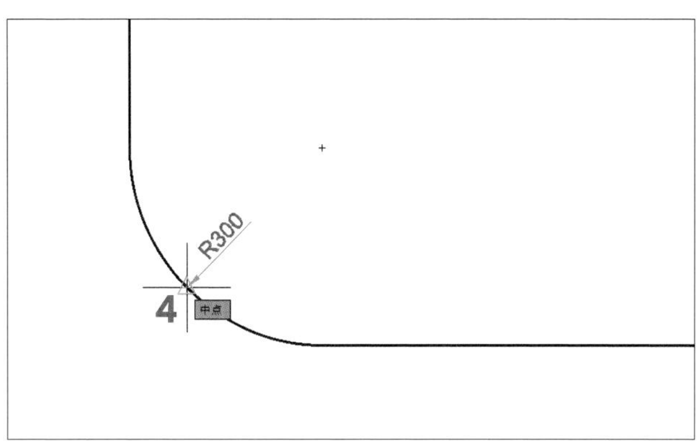

以上でDay08は終了です。ファイルを上書き保存しましょう。

記入済み寸法の編集と[寸法記入]コマンド

記入済の寸法をで選択し、端部や寸法値付近のグリップをしたり、表示されるグリップメニューを選択することで、寸法、寸法値の移動や端部矢印の向きの変更などが行えます。

◆矢印の向きを反転

半径寸法を選択後、矢印近くのグリップにマウスカーソルを合わせグリップメニューの[矢印を反転]を

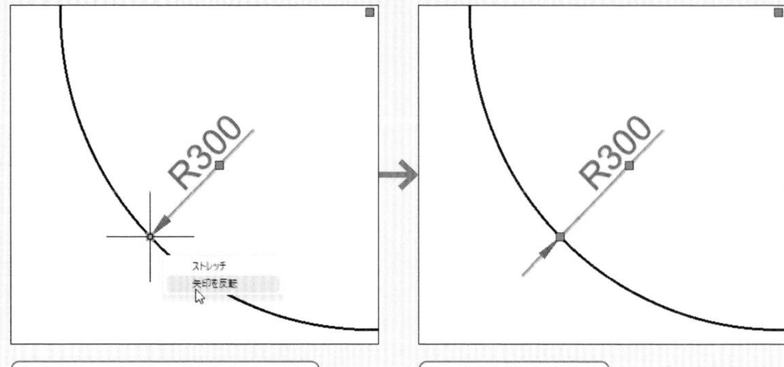

メニューの[矢印を反転]を

矢印が外側になる

◆寸法を移動

半径寸法を選択後、寸法値近くのグリップにマウスカーソルを合わせし、円弧の外で

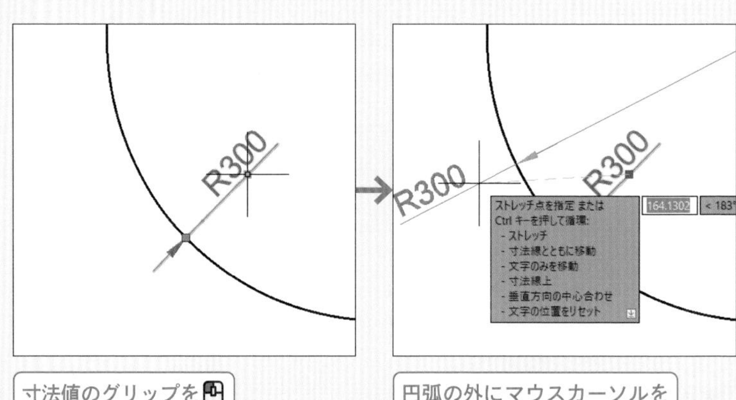

寸法値のグリップを

円弧の外にマウスカーソルを移動し

◆寸法値を寸法線上に

寸法を選択後、寸法値近くのグリップにマウスカーソルを合わせ、グリップメニューの[寸法線上]を

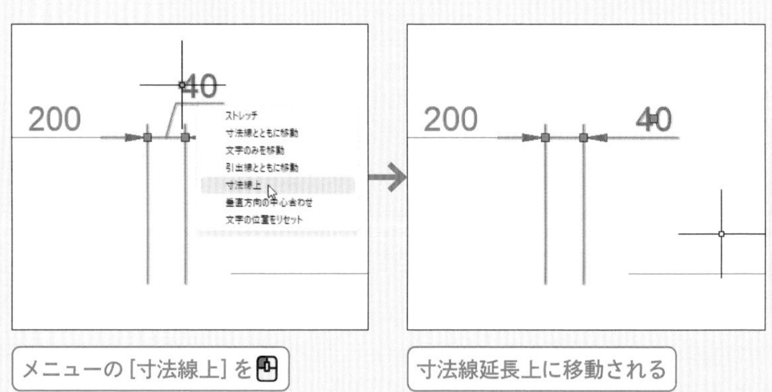

メニューの[寸法線上]を

寸法線延長上に移動される

[寸法記入]コマンド

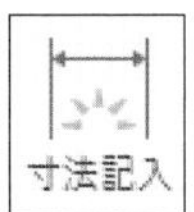

[寸法記入]コマンドは、寸法を記入するオブジェクトにカーソルを合わせ、それに適した種類の寸法を記入します。[長さ寸法][平行寸法]のほか[角度寸法][半径寸法][直径寸法]などのコマンドと同様の寸法を、連続して記入できます。

2章

事務所ビルの平面図を作成する

この章では、1章で学んだ基本操作を用いて、事務所ビルの平面図を作成していきます。つまづきがちなテンプレートの作成方法も詳細に解説しています。演習を通じて、実務につながる作図力を身につけましょう。

Chapter 2

平面図の作成手順

RC造3階建て事務所ビルの1階平面図を以下の手順で作成します。

Day 10 テンプレートの作成 ➡p.136

平面図で利用する線種、画層、文字スタイル、寸法スタイルを設定し、[レイアウト]タブにA4用紙用の図面枠を作図してテンプレートとして保存します。

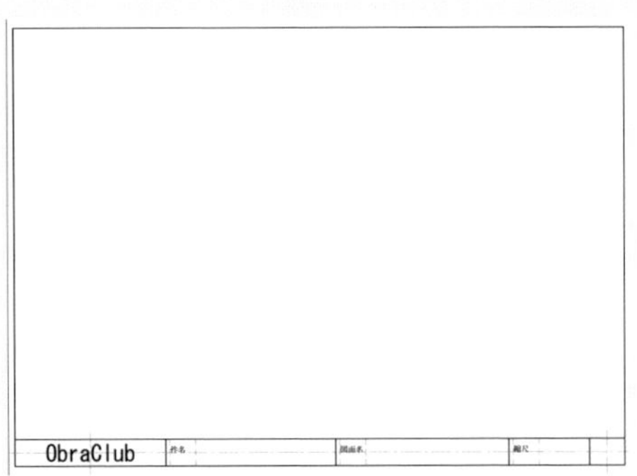

Day 11 通り芯と寸法の作成 ➡p.154

「01通り芯」画層に通り芯・壁芯と通り符号を作成し、通り芯・壁芯間の寸法を「12寸法」画層に記入します。

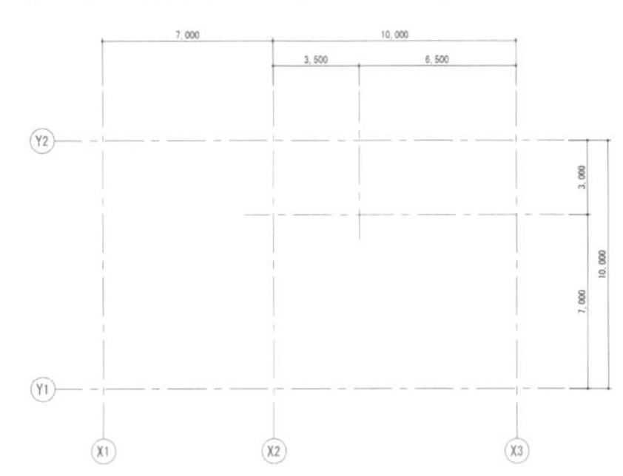

Day 12 躯体の作成 ➡p.166

「02躯体」画層に800mm角の柱を作成し、躯体壁を作成します。

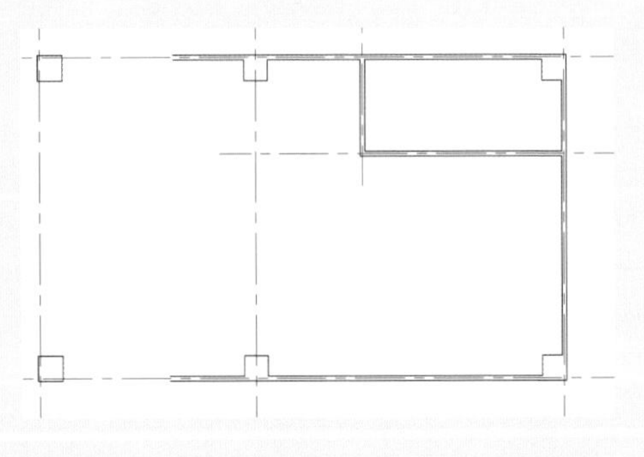

Day 13 仕上と開口・階段の作成➡p.176

「04仕上」画層に、外部仕上、内部仕上、開口を、「06階段」画層に階段を作成します。

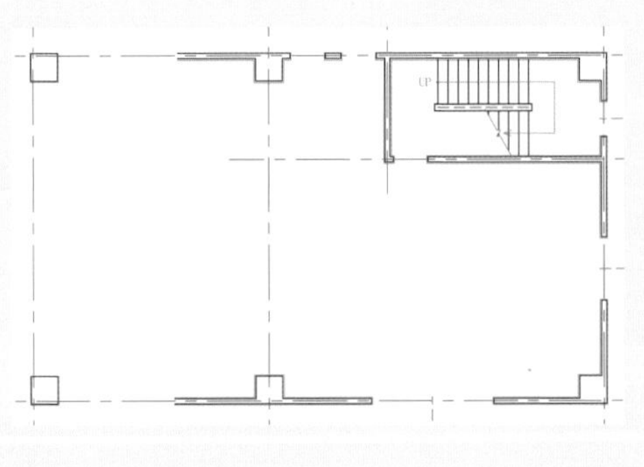

Day 14 カーテンウォールの作成と建具ブロックの挿入 ➡p.188

「05建具」画層にカーテンウォールを作成し、1章で作成した建具ブロックをday05.dwgから挿入します。

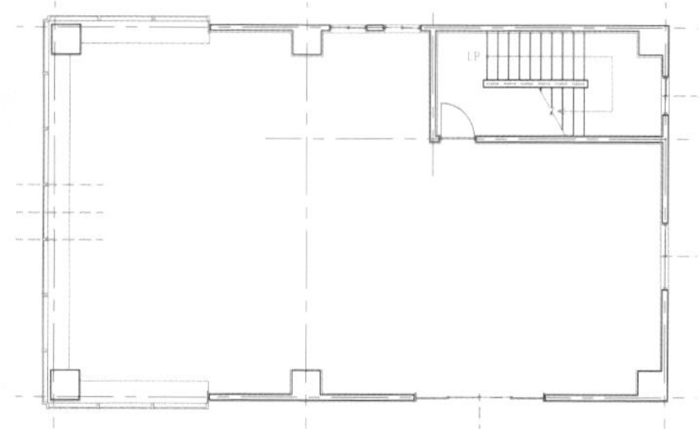

Day 15 トイレ廻りの作成 ➡p.202

「04仕上」画層にトイレ間仕切壁を作成し、「05建具」画層に建具ブロックを挿入します。また、LIXIL提供のDWGファイルの衛生機器を配置します。

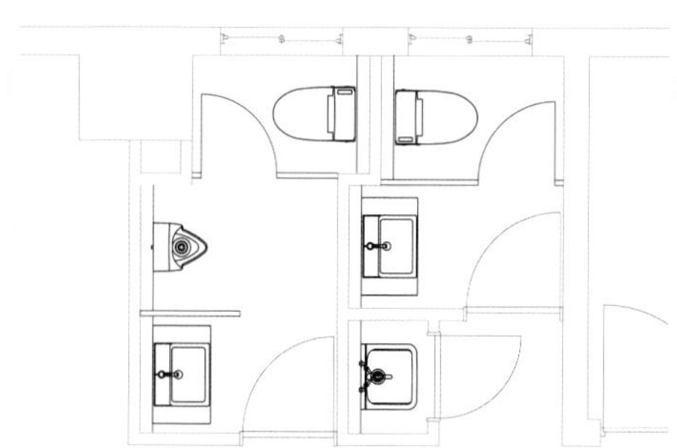

Day 16 ハッチングとレイアウト設定・印刷 ➡p.218

「10ハッチング」画層にコンクリートハッチングを作成し、A4図面枠に平面図を1:100で印刷されるようレイアウトして完成です。

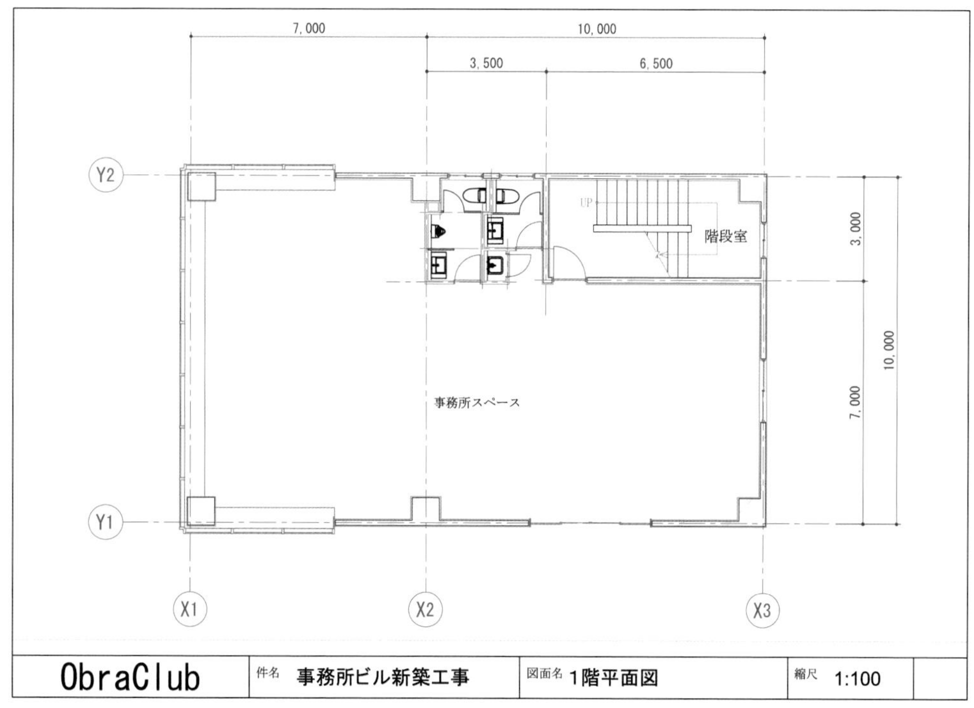

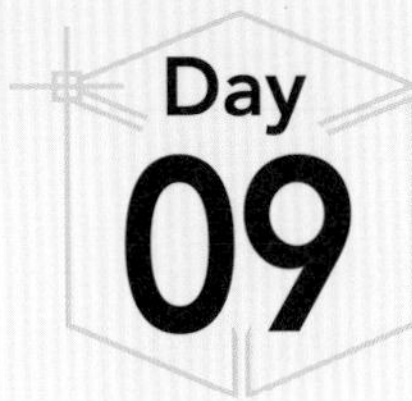

参考図の印刷とモデル空間・ペーパー空間

2章で作成する平面図モデルの完成見本を開いて印刷しましょう。合わせて、Day10〜15の各単元で作成するモデルの参考図も印刷しておきましょう。
また、AutoCADの「モデル空間」と「ペーパー空間」について学習しましょう。

完成見本を開く

「ACAD20day」フォルダ内の「Sample」フォルダに収録している、2章で作成する平面図の完成見本 **s_day16.dwg** を開きましょう。

1 [開く]コマンドを

2 [ファイルを選択]ダイアログの[探す場所]を「ACAD20day」フォルダ内の「Sample」フォルダにする

3 s_day16.dwgを

POINT [開く]ボタンをせずに、ファイルをすることで開けます。**3**は、2章で作成する平面図の完成見本です。そのほか2章のDay10〜Day15の単元ごとに作成するモデルの参考図がs_day10.dwg、s_day11.dwg、s_day12.dwg、s_day13.dwg、s_day14.dwg、s_day15.dwgと、「s_」の後ろにレッスン番号を付けた名称で収録されています。

4 [レイアウトA4]タブを

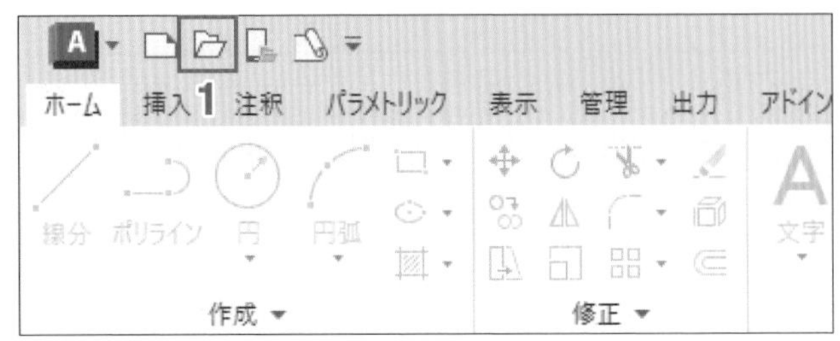

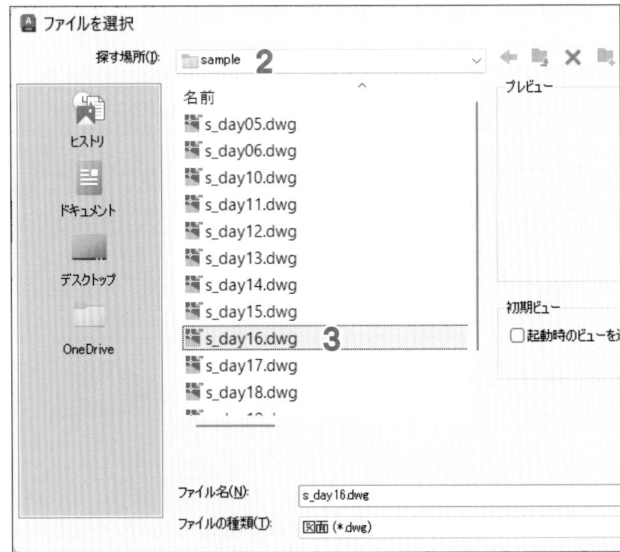

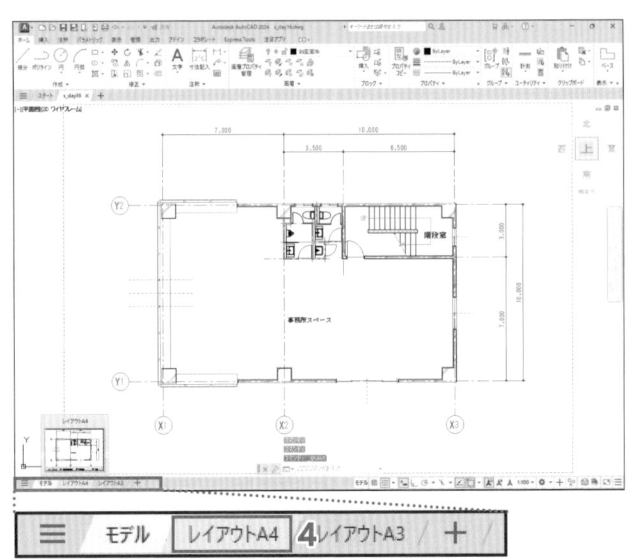

↳作業領域が［レイアウトA4］に切り替わり、用紙にレイアウトされた平面図が表示される。

POINT AutoCADでは、モデル空間（［モデル］タブ）でモデルを作成します。p.39で印刷したように、モデル空間で印刷範囲と印刷尺度を指定して印刷することもできますが、ペーパー空間にサイズを指定した用紙を用意し、モデル空間に作成したモデルの指定範囲を指定の尺度（縮尺）でレイアウトして印刷することができます。

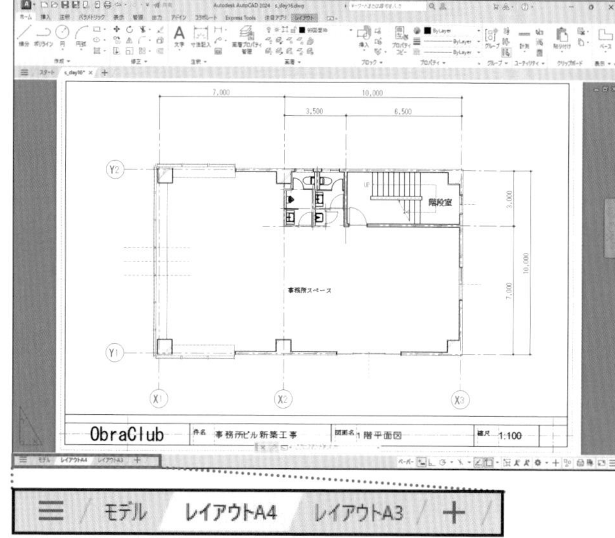

step 2 A4用紙にレイアウトされた図を印刷する

［レイアウトA4］タブの図面を印刷しましょう。

1 ［印刷］コマンドを🖱

2 ［バッチ印刷］ダイアログの［1シートの印刷を継続］を🖱

POINT ファイルの保存時と同じプリンターが接続されていない場合、それを警告する［AutoCAD警告］メッセージが開きます。［OK］ボタンを🖱して進んでください。

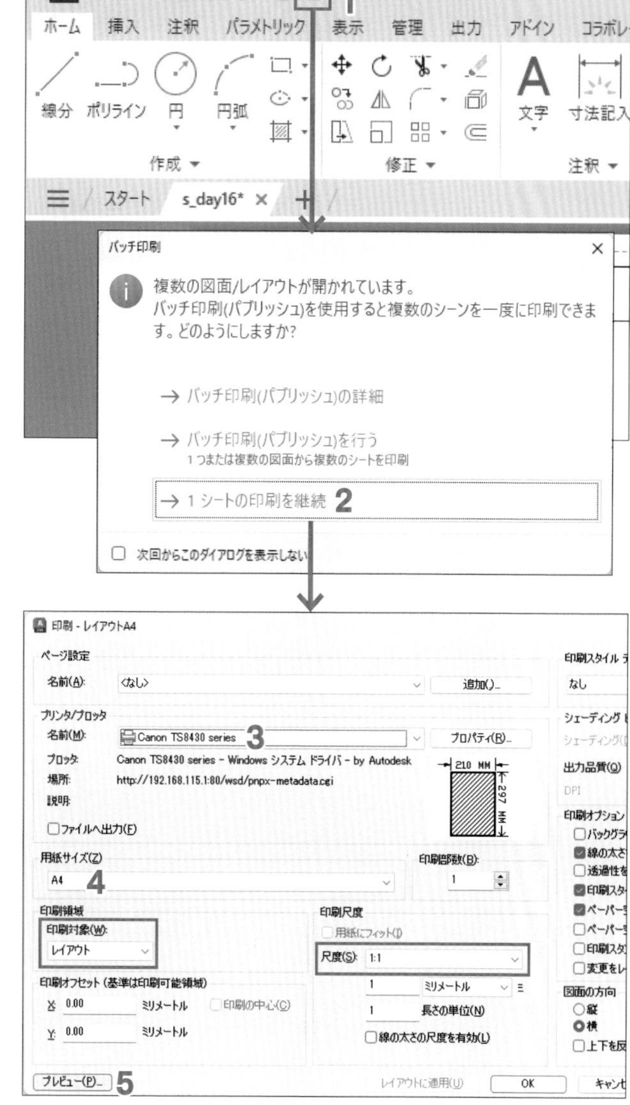

3 ［印刷 - レイアウトA4］ダイアログの［プリンタ/プロッタ］欄の［名前］ボックスを印刷するプリンタにする

4 ［用紙サイズ］を「A4」にする

5 ［印刷対象］が［レイアウト］、［尺度］が［1:1］であることを確認し、［プレビュー］ボタンを🖱

POINT パーパー空間にレイアウトされた図を印刷する際、［印刷対象］を［レイアウト］、［尺度］を［1:1］とすることで、レイアウト時に指定された尺度で図面が印刷されます。

6 プレビューを確認したら、し、ショートカットメニューの[印刷]を

↳A4用紙に印刷される。

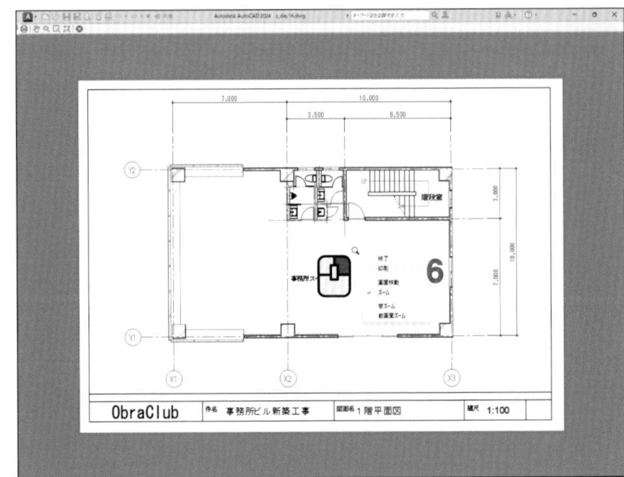

Day10～15の各単元で作成する参考図が、s_day10.dwg、s_day11.dwg…それぞれのファイルの[参考図]タブに用意されています。それらも順次開いて印刷しておきましょう。

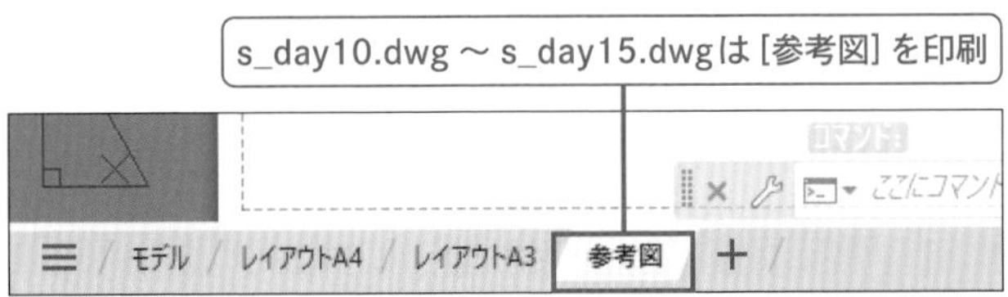

Column モデル空間とペーパー空間って何？

2章では、モデル空間に事務所ビルの1階平面のモデルを作成し、それをペーパー空間に用意したA4用紙の図面枠にレイアウトして印刷します。ここでは、AutoCADのモデル空間とペーパー空間について、説明します。

◆実寸大モデルを作成するための「モデル空間」

???で説明したように、AutoCADはパソコン内の仮想空間に実寸大モデルを作成します。この仮想空間を「モデル空間」と呼びます。

1章で実寸を指定して線分や円などを作成したのが「モデル空間」です。本書では2次元のモデルを作成していますが、3次元の立体モデルを作成することができる仮想空間です。

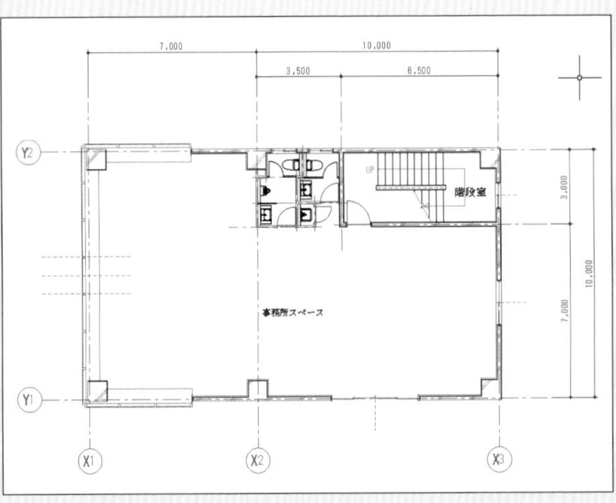

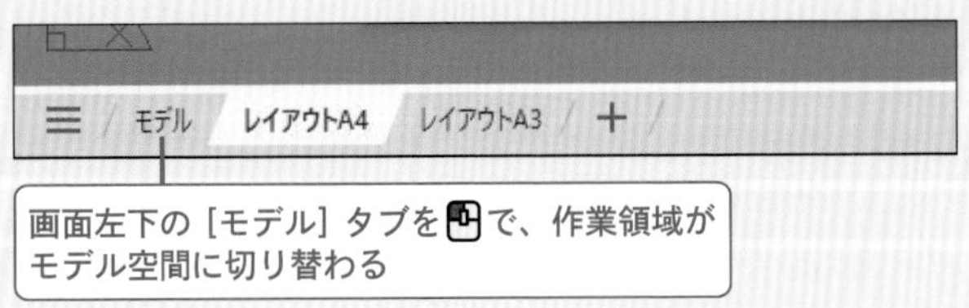

◆印刷のためのレイアウトを行う「ペーパー空間」

ペーパー空間は、印刷のためのレイアウトを行う2次元の空間です。

印刷する用紙のサイズと向きを設定し、必要に応じて印刷枠やタイトルを、ペーパー空間のレイアウト用紙に作図します。ペーパー空間での作図は、モデル空間と同様に現在の画層に、[線分]コマンドや[オフセット]コマンドなど、モデル空間でのモデル作成と同じコマンドで行えます。ただし、ペーパー空間での長さは、実際に印刷される長さ(mm)で指定します。

1ファイルに複数個のレイアウト用紙を設定することが可能です。

ペーパー空間のビューポートを通してモデル空間のモデルを表示

ペーパー空間に設定した用紙上に、ビューポート(枠)を配置し、このビューポートを通して、モデル空間のモデルを用紙上に表示します。

ビューポートごとにモデル空間のモデルの表示する範囲と表示尺度を指定でき、複数のビューポートの配置が可能です。

また、ビューポートを通して、モデル空間のモデルを編集することもできます。

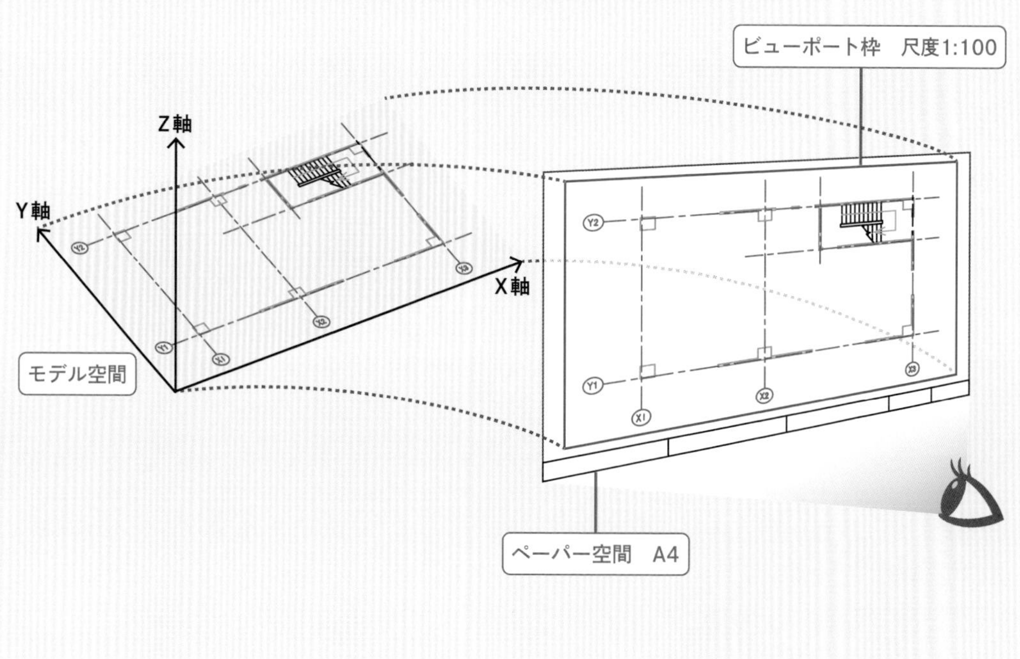

Day 10

平面図作成の準備 ―テンプレートの作成

[新規作成]では、画層は「0」画層のみ、使用できる線種は実線(Continuous)のみです。これから事務所ビルの平面図モデルを作成するにあたり、実線以外の線種や画層を用意する必要があります。新しいモデルを作成する都度、こうした用意を行うのは、効率のよいことではありません。

この単元では、今後、作成するモデルに共通して利用する線種や画層、文字スタイル、寸法スタイルを設定し、テンプレートとして保存します。[新規作成]の際、このテンプレートを選択することで、線種や画層を用意する手間が省けます。また、ここでは、テンプレートのペーパー空間にA4用紙を用意して、以下の図面枠も作図しておきます。

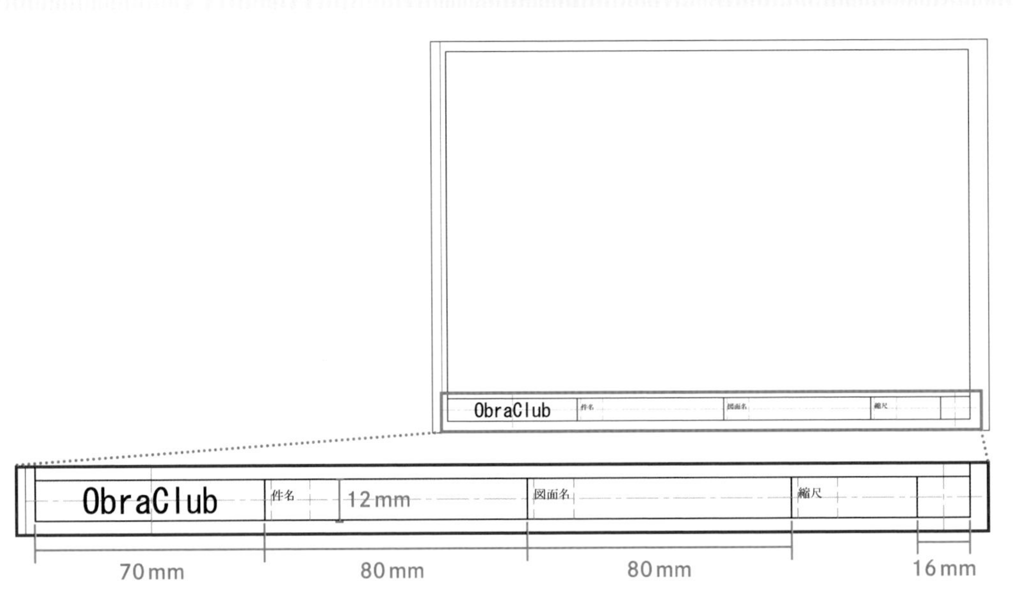

グリッドを非表示にする

画面を新規作成し、グリッドを非表示にしましょう。

1 [スタート]タブ右の[+]をクリック

POINT 1の操作や[スタート]タブの[新規図面]では、前回使用したテンプレートを採用して、新しくモデルを作成します。本書では、これまでテンプレートを使用していない前提で進めます。既にテンプレートを使用している場合は、p.278 Q13を参照してください。

2 グリッドは使用しないため、ステータスバーの[グリッド表示]をクリックし、オフにする

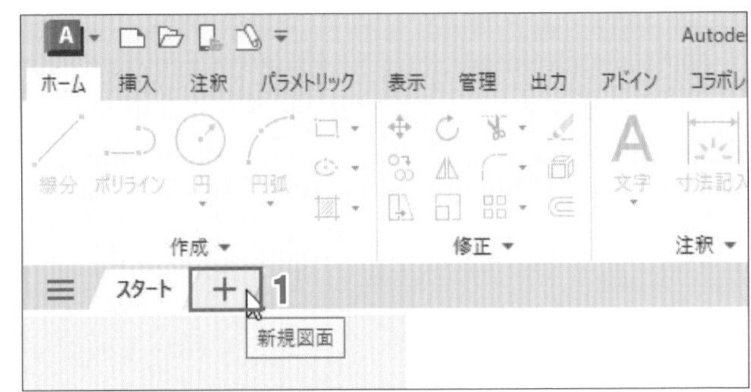

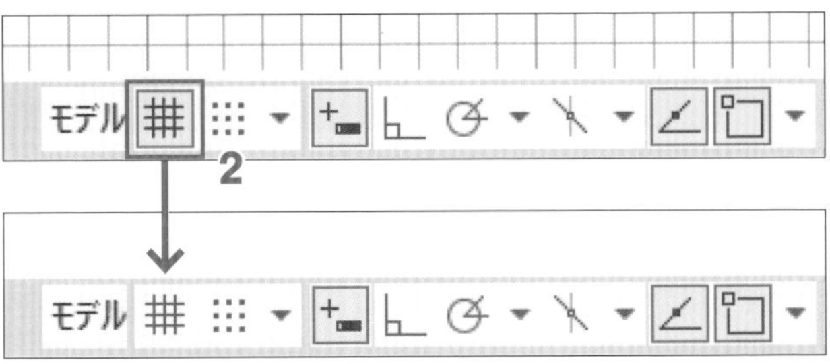

step 2
線種を用意する

実線以外の線種は用意されていません。通り芯のための一点鎖線を用意しましょう。

1 [ホーム]リボンタブの[線種]ボックスをクリックし、[その他]をクリック

2 [線種管理]ダイアログの[ロード]ボタンをクリック

右図と違う線種が表示される » p.278 Q13

3 [線種のロードまたは再ロード]ダイアログで[CENTER]をクリック

4 [OK]ボタンをクリック

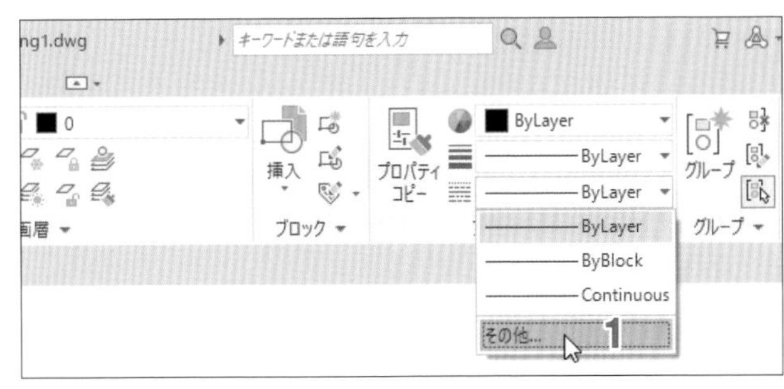

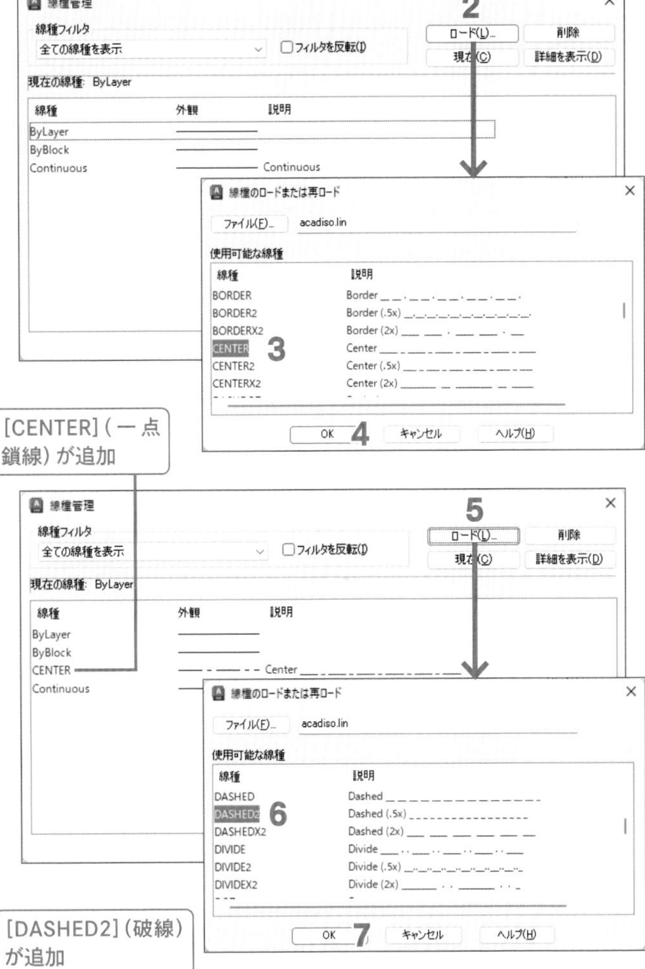

捨て線用の破線も用意しましょう。

5 [線種管理]ダイアログの[ロード]ボタンをクリック

6 [線種のロードまたは再ロード]ダイアログで[DASHED2]をクリック

POINT [DASHED2]は、説明欄に記載されているように[DASHED]の1/2(0.5)のピッチの破線です。

7 [OK]ボタンをクリック

8 [線種管理]ダイアログの[OK]ボタンをクリック

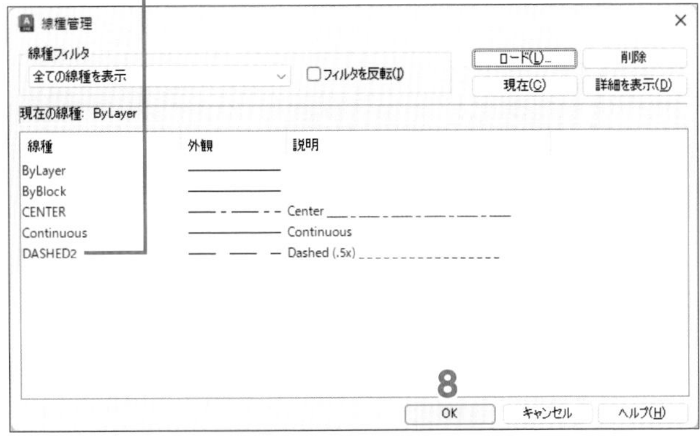

「01通り芯」画層を作成する

平面図の作成に必要な画層を作成して画層ごとの色・線種・線の太さを設定しましょう。はじめに「01通り芯」画層を作成しましょう。

1 [画層プロパティ管理]コマンドを🖱

❓「0」以外の画層がある
» p.278 Q13

2 [画層プロパティ管理]ダイアログの[新規作成]を🖱

3 画層名として「01通り芯」を入力し、Enterキーを押して確定する

POINT 画層名の数字は半角文字で、数字の後ろにはスペースを入れずに名称を入力してください。

「01通り芯」画層の色を赤に設定しましょう。

4 「01通り芯」画層の[色]欄を🖱

5 [色選択]ダイアログの[2のパレット]の赤を🖱

POINT すべての色に番号や名前が有ります。[2のパレット]には番号1～9の色が配置され、これらを選択すると[色]ボックスにその名前または番号が表示されます。色は1、3のパレットからも🖱で選択できます。

6 [OK]ボタンを🖱

「01通り芯」画層の線種を一点鎖線に設定しましょう。

7 「01通り芯」画層の[線種]欄を🖱

8 [線種を選択]ダイアログの[CENTER]を🖱

9 [OK]ボタンを🖱

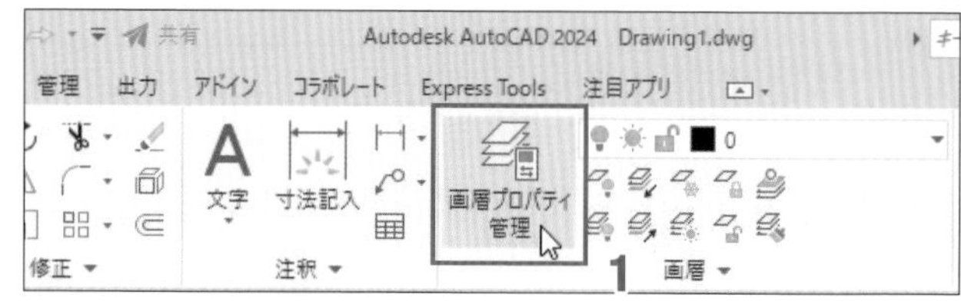

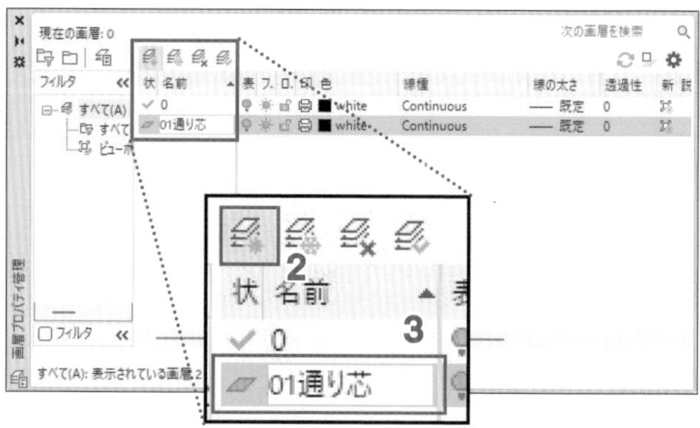

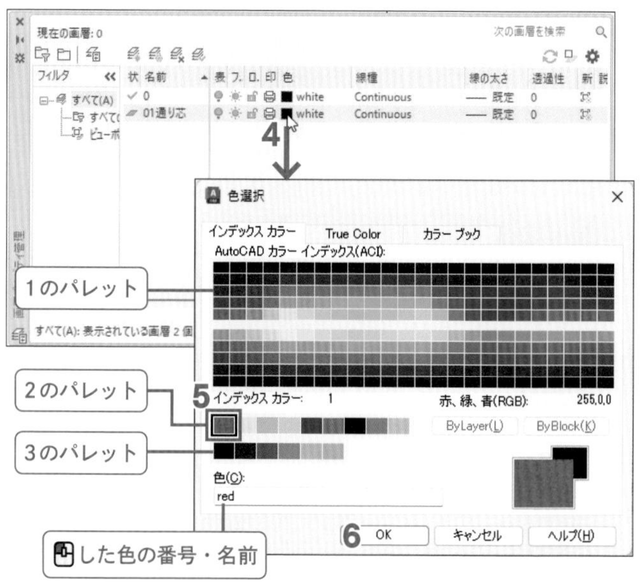

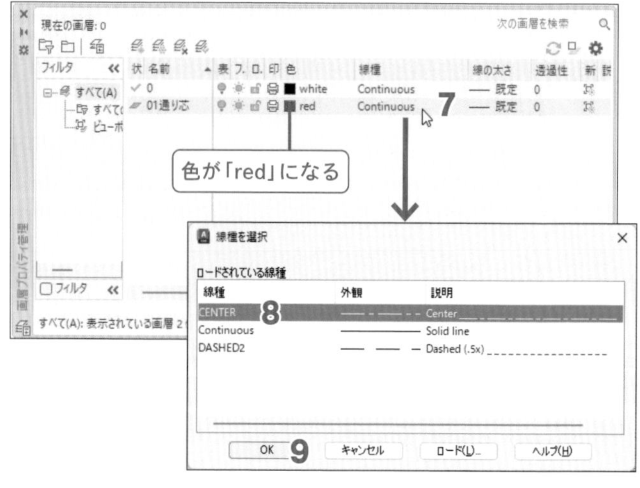

「01通り芯」画層の線の太さ(0.15mm)を設定しましょう。

10 「01通り芯」画層の[線の太さ]欄を🖱

11 [線の太さ]ダイアログの[0.15mm]を🖱

12 [OK]ボタンを🖱

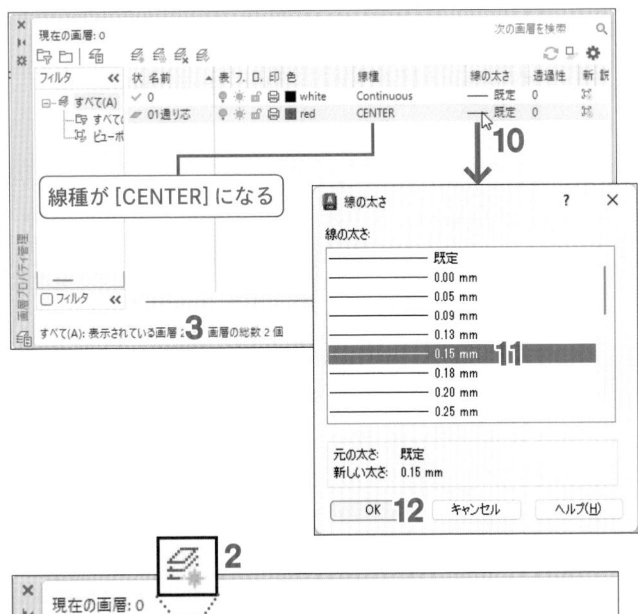

step

4 他の画層を作成する

続けて、右下表を参考に「02躯体」画層を作成し、色、線種を設定しましょう。

1 「0」画層を🖱

POINT [画層プロパティ管理]ダイアログの[新規作成]を🖱したときにハイライトされている画層の色、線種、太さをベースに新規の画層が作成されます。「02躯体」画層は、「0」画層と同じ色、線種のため、「0」画層をハイライトしたうえで、作成操作を行います。

2 [新規作成]を🖱

3 画層名として「02躯体」を入力し、Enter キーを押して確定する

4 「02躯体」画層の線の太さを0.13mmに設定する

5 右表を参照し、残りの画層を作成する

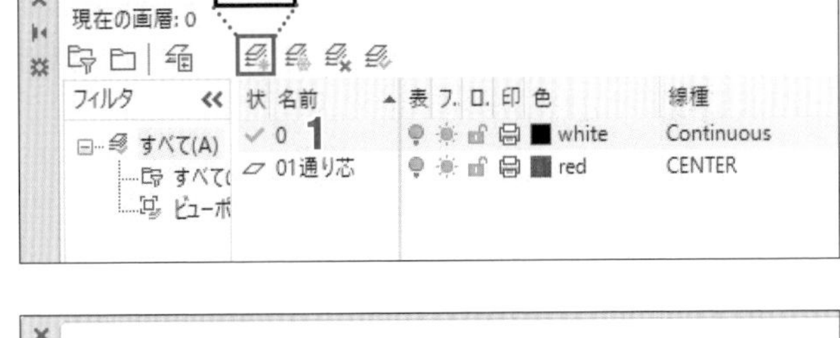

画層名	色	線種	線の太さ
00捨て線	8	DASHED2:破線	既定
01通り芯	red	CENTER:一点鎖線	0.15mm
02躯体	White	Continuous:実線	0.13mm
04仕上	104	Continuous:実線	0.25mm
05建具	magenta	Continuous:実線	0.18mm
06階段	White	Continuous:実線	0.15mm
09他線	White	Continuous:実線	0.15mm
10ハッチング	52	Continuous:実線	0.09mm
11部屋名	White	Continuous:実線	既定
12寸法	blue	Continuous:実線	0.15mm
13記号	150	Continuous:実線	0.13mm
99図面枠	White	Continuous:実線	0.25mm
99枠補助	8	DASHED2:破線	既定

POINT magenta、blue、White、8の色は[2のパレット]から選択します。それ以外は[1のパレット]の色にマウスカーソルを合わせ、[インデックスカラー:]の後ろに表示される色番号を目安に選択します。

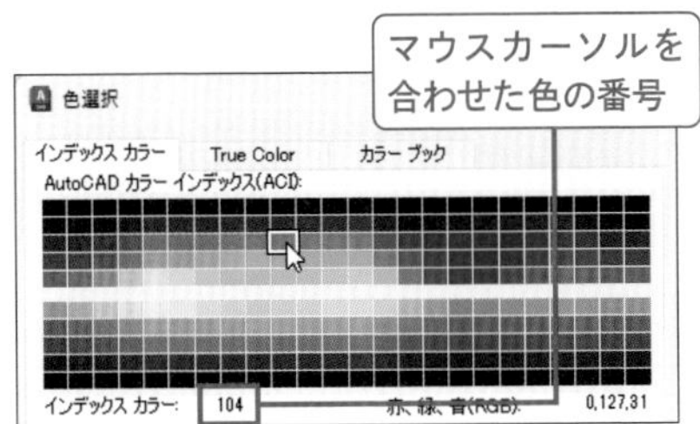

step 5

画層を並び替え、印刷しない画層を設定する

作成した画層を名前順に並び替えましょう。

1 [名前]項目欄を🖱

↳[名前]項目欄の▲が▼になり、画層名の降順(99→00)に並び替わる

2 再度、[名前]項目欄を🖱

↳[名前]項目欄の▼が▲になり、画層名の昇順(00→99)に並び替わる

POINT [名前]項目欄の▲や▼は現在の表示順(昇順、降順)を示します。🖱することで、画層名の降順、昇順に、画層を並び替えます。

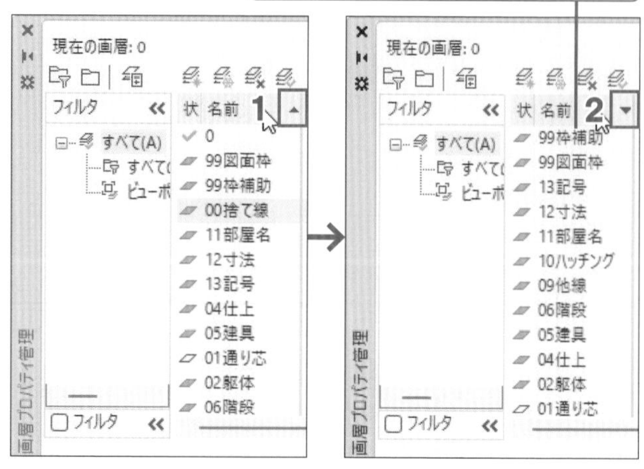

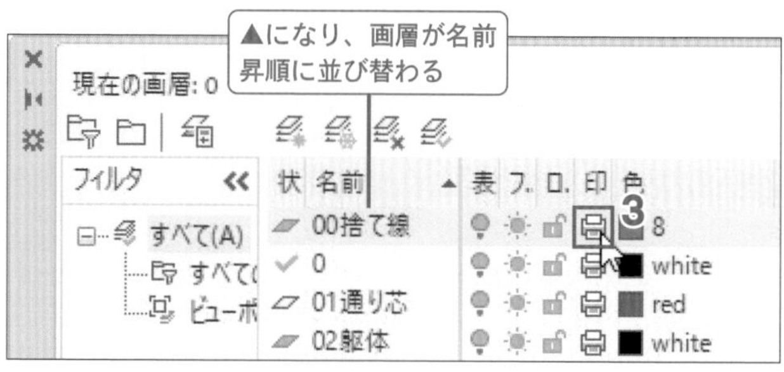

「00捨て線」「99枠補助」画層のオブジェクトが印刷されないよう設定しましょう。

3 「00捨て線」画層の[印刷]欄を🖱

POINT [印刷不可]になり、この画層のオブジェクトは印刷されません。画層ごとに[印刷]欄を🖱することで、[印刷]⇔[印刷不可]を切り替えできます。

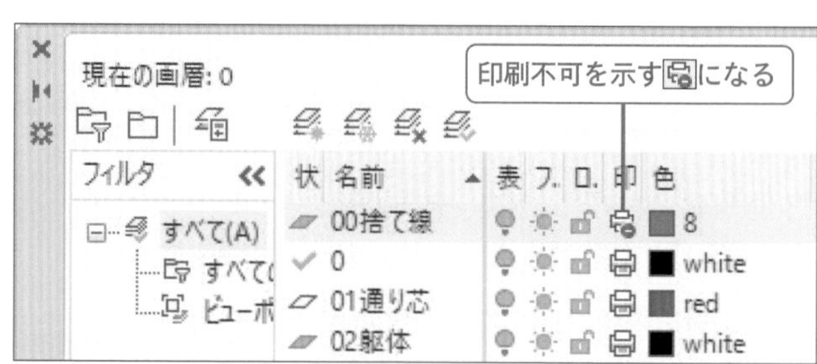

4 「99枠補助」画層の[印刷]欄を🖱し、[印刷不可]にする

以上で画層の設定は完了です。ダイアログを閉じましょう。

5 「0」画層が現在の画層であることを確認し、[画層プロパティ管理]ダイアログ左上の×(閉じる)🖱

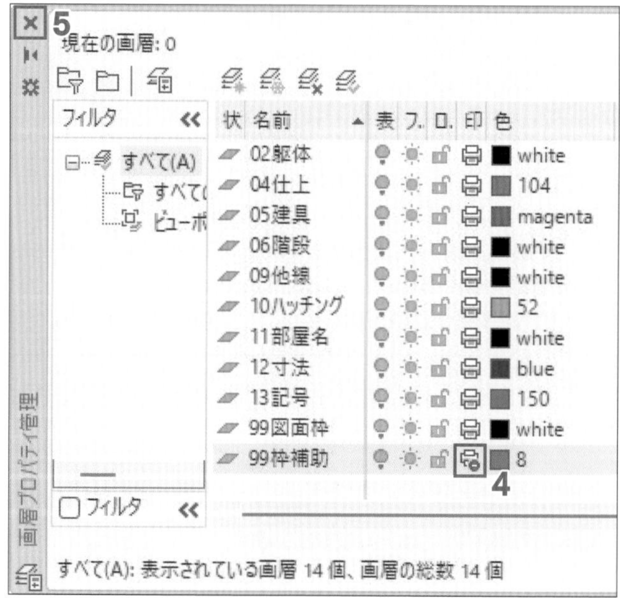

step 6 注釈尺度を1:100に設定する

作成する平面図は1:100で印刷する前提のため、現在の注釈尺度を1:100に設定します。

1 ステータスバー[現在のビューの注釈尺度]の▼をクリックし、[1:100]をクリック

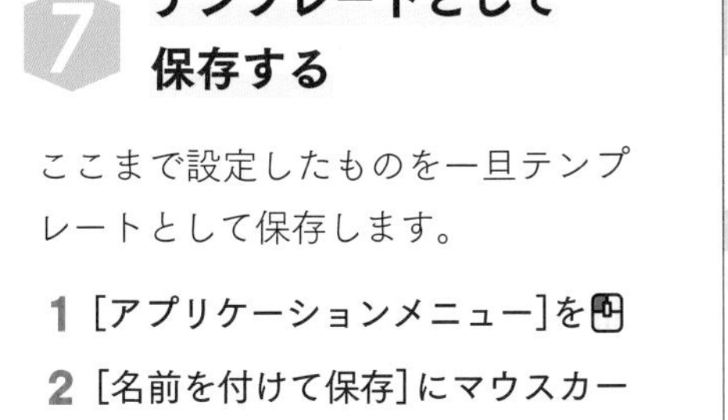

step 7 テンプレートとして保存する

ここまで設定したものを一旦テンプレートとして保存します。

1 [アプリケーションメニュー]をクリック

2 [名前を付けて保存]にマウスカーソルを合わせる

3 表示されるメニューの[図面テンプレート]をクリック

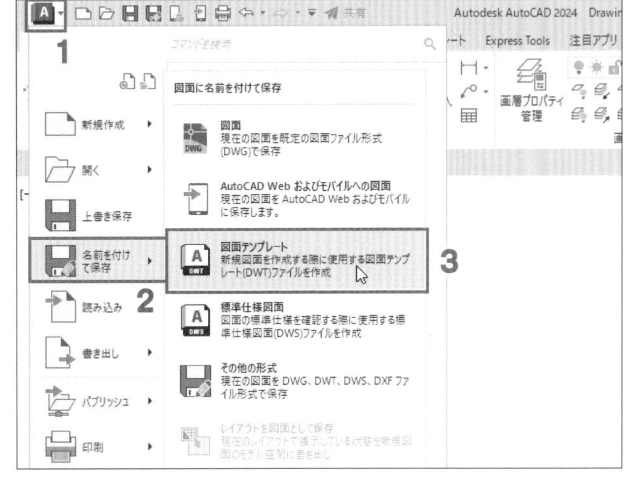

POINT テンプレートの[保存先]は初期値ではテンプレート専用の「Template」フォルダになります。

4 [ファイル名]ボックスにテンプレートの名前として「10tpl」を入力する

5 「保存」ボタンをクリック

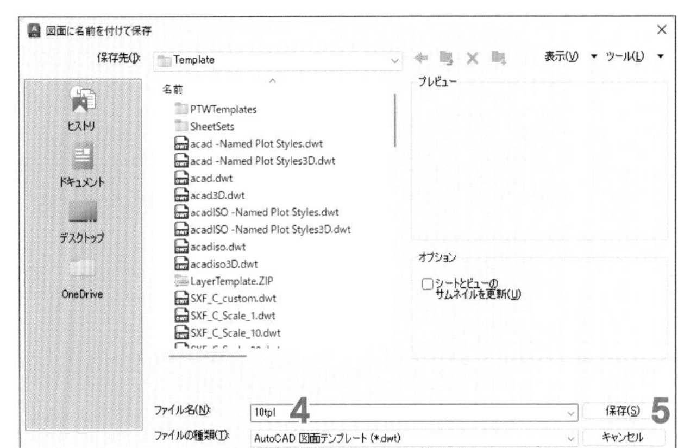

6 「テンプレートオプション」ダイアログの[説明]ボックスに必要に応じて説明文を入力する

7 [OK]ボタンをクリック

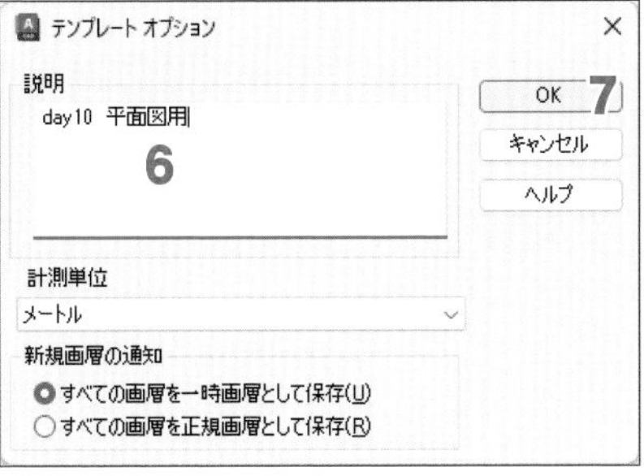

POINT ここで一旦、AutoCADを終了する場合、続きを行う際には、「スタート」タブの[最近使用したファイル]のリストから「10tpl(.dwt)」を選択して、次ページへ進んでください。

異尺度対応の文字スタイル4種を設定する

部屋名は高さ4mmの文字、注釈は高さ2.5mmの文字-のように記入する文字の種類別に高さが決まっている場合、文字記入の度に文字高を入力するよりも高さ別に文字スタイルを用意する方が合理的です。ここでは、使用するフォントと文字の高さ別に右表の4種類の異尺度対応の文字スタイルを用意しましょう。

■用意する文字スタイル　※すべて異尺度対応

名称	フォント	文字高
項目名4G	MSゴシック	4mm
部屋名3M	MS明朝	3mm
注釈2.5M	MS明朝	2.5mm
MSG	MSゴシック	0

■異尺度対応

p.110のように文字サイズを実寸値で指定するのではなく、文字の高さを実際に印刷される高さ(mm)で指定します。異尺度対応の文字は、尺度に関わりなく、常に同じサイズ(指定した実際に印刷されるサイズ)になります。

はじめに項目名用の文字スタイル「項目名4G」を新規作成しましょう。

1 [注釈]リボンタブを

2 [文字▼]右の↘を

3 [文字スタイル管理]ダイアログで、[Standard]が選択されていることを確認

4 [新規作成]ボタンを

5 [スタイル名]ボックスにスタイル名として「項目名4G」を入力し、[OK]ボタンを

6 [フォント名]ボックスをし、リストから[MSゴシック]を選択する

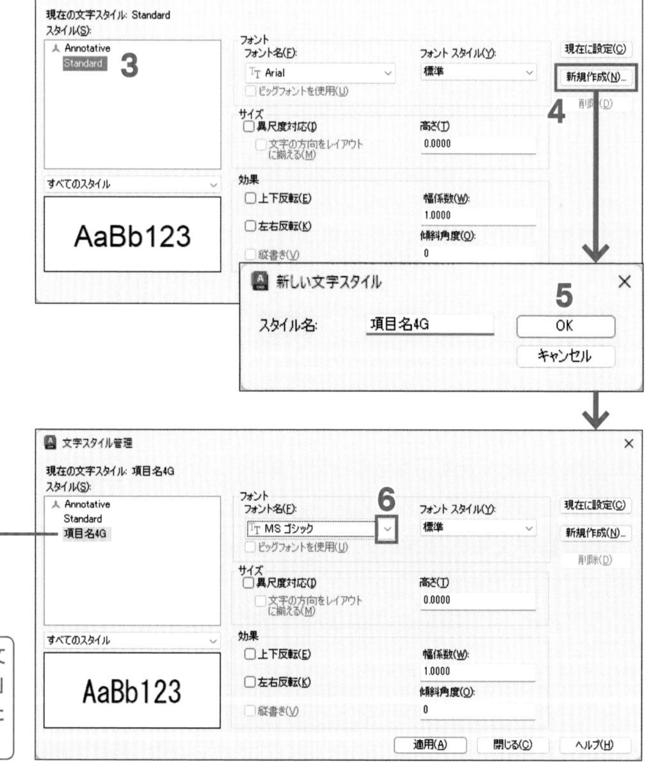

[スタイル]欄に新しい文字スタイル「項目名4G」が表示され、選択された状態になる

7 [異尺度対応]にチェックを付ける

POINT [異尺度対応]にチェックを付けることで、文字の大きさを印刷される大きさで指定できます。[異尺度対応]にチェックを付けた文字スタイルは名前の先頭に人マークが付きます。

8 [用紙上の文字の高さ]ボックスに「4」を入力する

9 [適用]ボタンを

同様にして(**4**〜**9**)、前ページの表の指定通りに、残りの文字スタイル3種も新規作成しましょう。

10 文字スタイル「部屋名3M」を、[フォント]をMS明朝、[異尺度対応]の[用紙上の文字の高さ]を3mmとして作成する

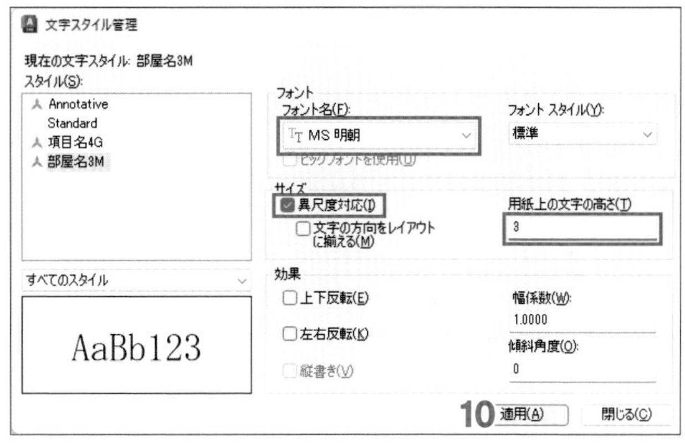

11 文字スタイル「注釈2.5M」を、[フォント]をMS明朝、[異尺度対応]の[用紙上の文字の高さ]を2.5mmとして作成する

12 文字スタイル「MSG」を、[フォント]をMSゴシック、[異尺度対応]の[用紙上の文字の高さ]を0mmとして作成する

POINT 文字スタイル「MSG」は文字記入の都度、高さを指定できるよう、[用紙上の文字の高さ]ボックスを「0」にします。

13 [閉じる]ボタンを

寸法スタイルを設定する

寸法線端部が●で、寸法値の文字高3mmのＭＳゴシックの寸法スタイル「●3G」を新規作成しましょう。

1 [注釈]リボンタブの[寸法記入▼]右の↘をクリック

2 [寸法スタイル管理]ダイアログで、「ISO-25」が選択されていることを確認し、[新規作成]ボタンをクリック

3 [新しいスタイル名]ボックスに「●3G」を入力する

4 [異尺度対応]にチェックを付ける

POINT [異尺度対応]の寸法は、尺度に関わりなく、常に同じ大きさ（指定した実際に印刷される長さ（mm））になります。

5 [続ける]ボタンをクリック

6 [寸法線]タブの[起点からのオフセット]ボックスを「2」にする

POINT 6では、寸法記入時「寸法補助線からの基点」としてクリックした点から何mm離して寸法補助線を記入するかを指定します。

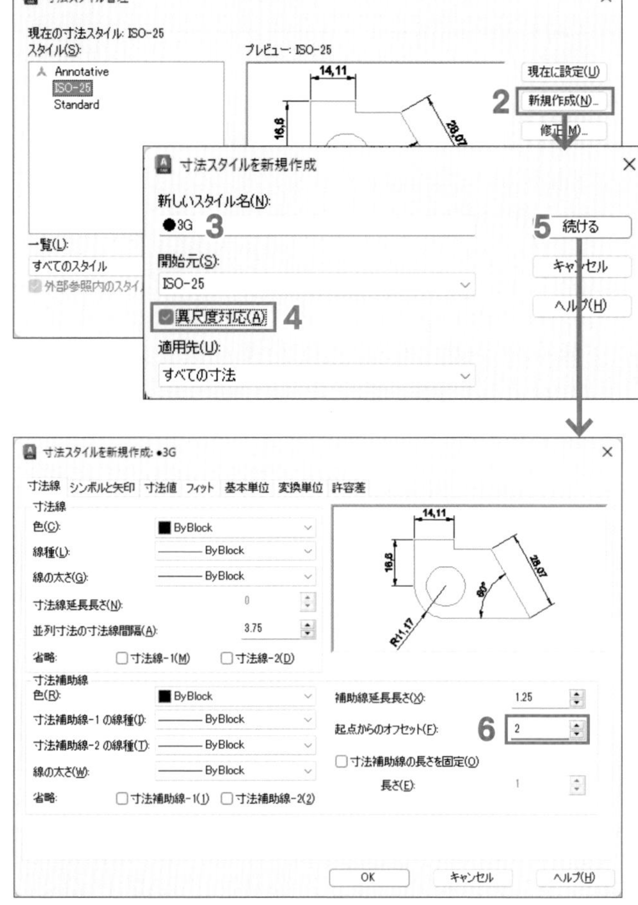

7 [シンボルと矢印]タブをクリック

8 [矢印]欄の[1番目]ボックスをクリックし、リストから[-●黒丸]を選択する

9 [引出線]ボックスをクリックし、リストから[開矢印]を選択する

10 [矢印のサイズ]ボックスを「1」にする

POINT 10が引出線先端の矢印の長さと寸法線端部の●の直径になります。

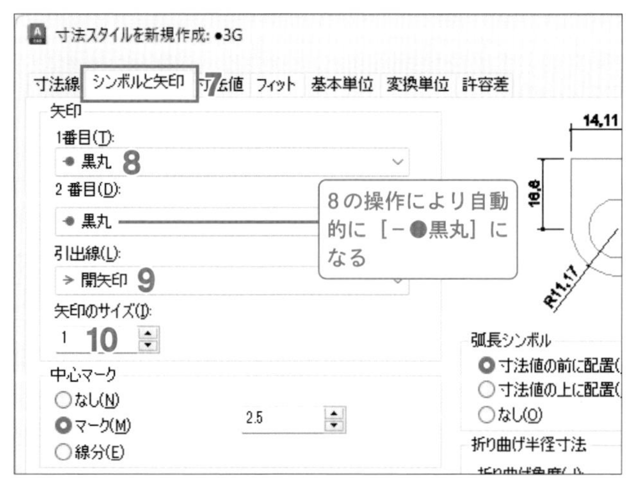

11 [寸法値]タブを

12 [文字スタイル]ボックスをし、リストから前項で作成した文字スタイル「MSG」を選択する

13 [文字の高さ]ボックスを「3」にする

POINT **12**で文字の高さを指定していない文字スタイル「MSG」を選択したため、**13**で寸法値の文字の印刷される高さ3mmを指定します。**12**で文字の高さを指定している文字スタイルを選択した場合は、自動的に文字スタイルの文字の高さが寸法値の高さになり、**13**の指定は不要です。

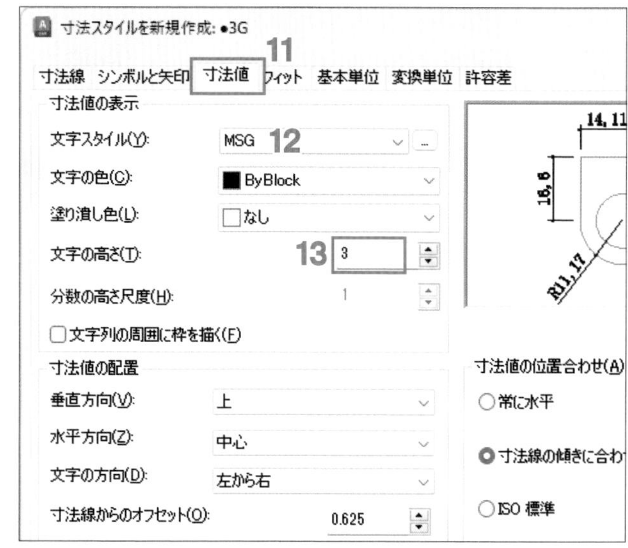

14 [基本単位]タブを

15 [単位形式]ボックスをし、リストから[Windowsデスクトップ]を選択する

POINT 寸法値に3桁ごとの区切り「,」を表記するため、[Windowsデスクトップ]を選択します。

16 [精度]ボックスをし、リストから[0]を選択する

POINT [精度]ボックスでは、小数点以下の記入桁数を指定します。ここでは、小数点以下は表記しないため、[0]を選択します。

17 [OK]ボタンを

↳寸法スタイル「●3G」の設定が完了し、ダイアログが閉じる。

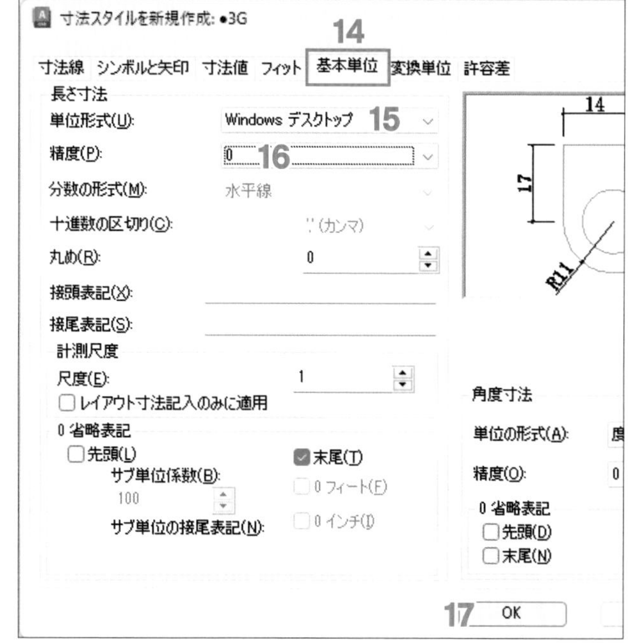

18 [現在の寸法スタイル]が「●3G」になっていることを確認し、[寸法スタイル管理]ダイアログの[閉じる]ボタンを

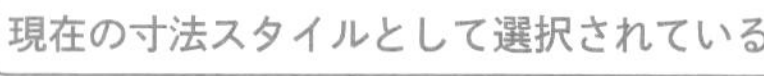

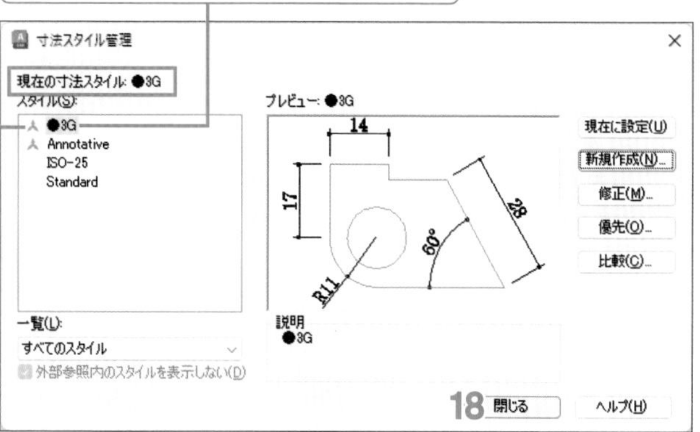

異尺度対応を示す マーク

ペーパー空間に印刷のための用紙を設定する

ペーパー空間の［レイアウト1］にA4サイズの横向きの用紙を設定しましょう。

1 ［レイアウト1］タブを

↳作図領域の表示が［レイアウト1］になる。

2 ［出力］リボンタブを

3 ［ページ設定管理］を

↳［ページ設定管理］ダイアログが開く。

4 ［*レイアウト1*］が選択されている状態で、［修正］ボタンを

↳［ページ設定-レイアウト1］ダイアログが開く。

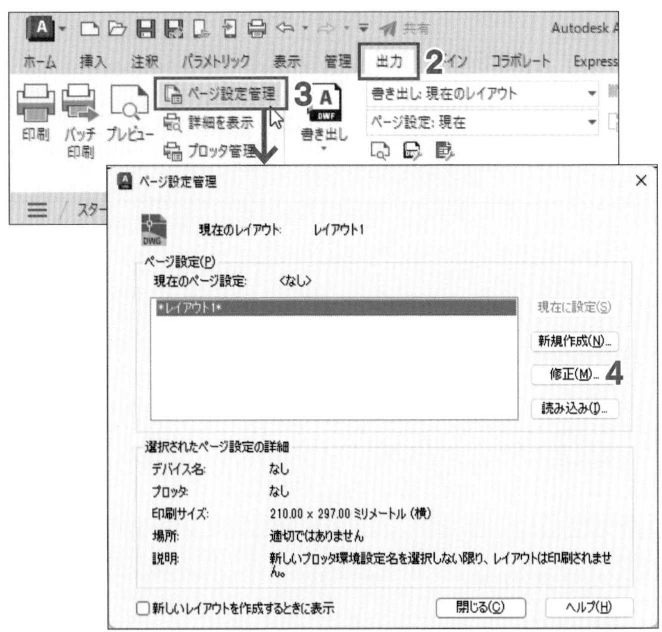

5 ［プリンタ/プロッタ］欄の［名前］ボックスをし、印刷に使用するプリンタの名前を選択する

6 ［用紙サイズ］ボックスを［A4］にする

7 ［印刷の向き］として［横］を選択する

8 ［OK］ボタンを

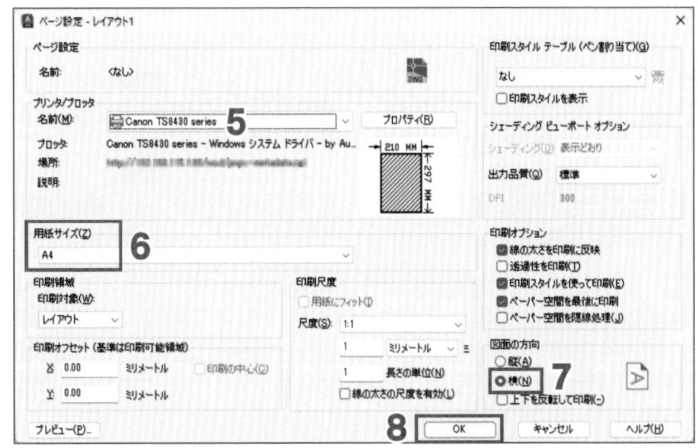

9 ［ページ設定管理］ダイアログの［閉じる］ボタンを

POINT **5**で指定したプリンタの印刷可能範囲を示す点線の枠が右図のように表示されます。用紙内に表示されている実線の長方形はビューポートと呼び、その中にはモデル空間で作成したオブジェクトが表示されます。（ここまで何も作成していないため、何も表示されない）ビューポートについては、p.221で詳しく学習します。

step 11

図面枠外形を作成する

設定した用紙に、図面枠外形を作成しましょう。「99図面枠」画層を現在の画層にし、印刷可能な範囲を示す枠内に長方形を作成しましょう。

1 [ホーム]リボンタブを

2 [画層]ボックスをし、リストの「99図面枠」をして現在の画層にする

3 [長方形]コマンドを

4 長方形の一方のコーナーとして、印刷可能範囲枠の左上角のやや内側で

5 もう一方のコーナーとして、印刷可能範囲枠の右下角のやや内側で

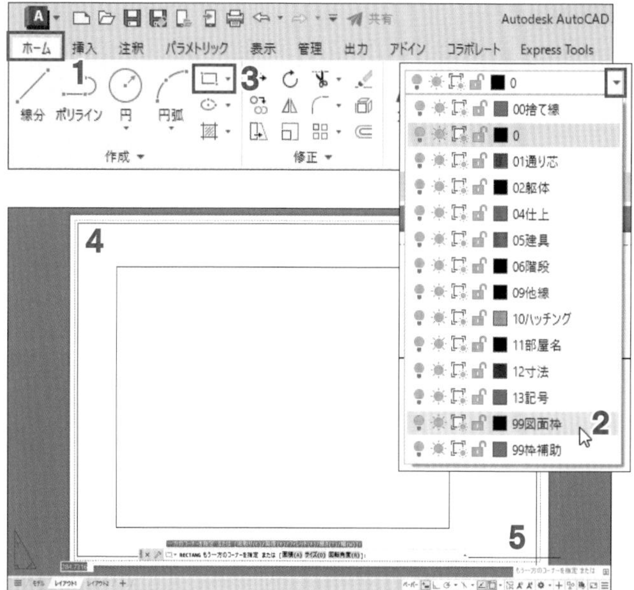

作成した長方形の下辺をオフセットできるよう、ポリラインを分解しましょう。

6 長方形の一辺を

↳ポリラインになっている長方形の4辺が選択される。

7 [分解]コマンドを

↳長方形の4辺が、1辺づつの線分に分解される。

図面枠下部に記入欄を作成する

図面枠下部に記入欄を作成しましょう。はじめに下辺を12mm上にオフセットしましょう。

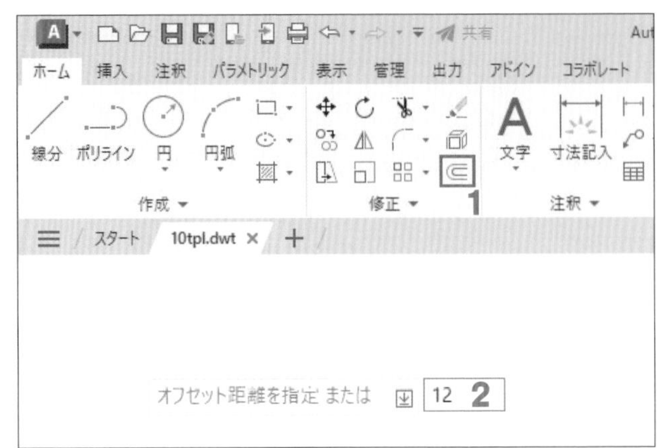

1 [オフセット]コマンドを🖱

2 オフセット距離として「12」を入力し、 Enter キーを押す

POINT ペーパー空間では、長さなどの寸法はすべて実際に印刷される寸法(mm単位)で指定します。

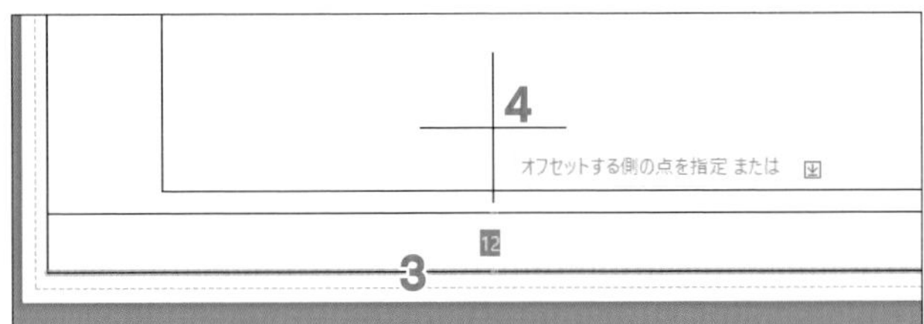

3 下辺を🖱

4 下辺の上側で🖱

続けて、左辺を右へ3本右辺を左に1本オフセットしましょう。

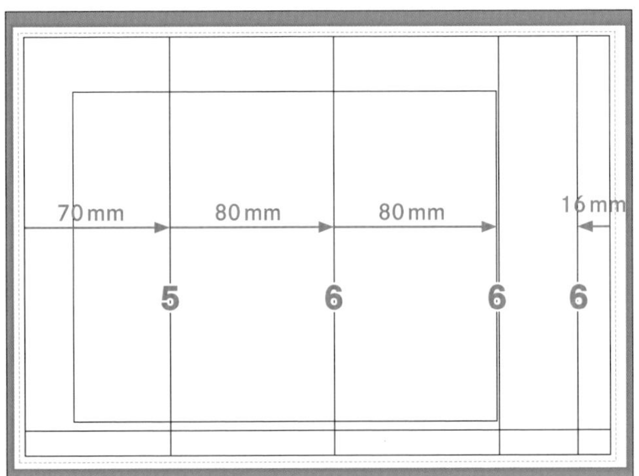

5 左辺を🖱し、70mm右へオフセットする

6 続けて、残り3本の線も右図の寸法でオフセットする

7 作成が完了したら Enter キーを押して[オフセット]コマンドを終了する

4でオフセットした水平線より上に突き出た垂直線部分を削除しましょう。

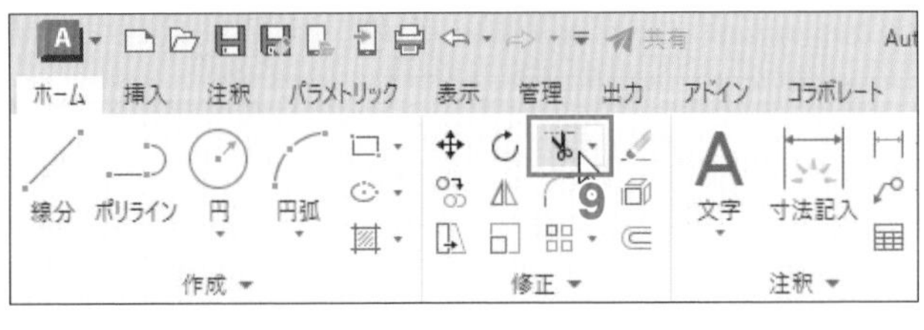

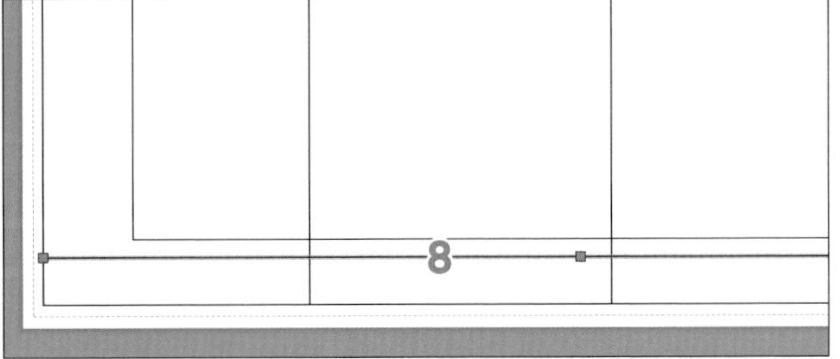

8 オフセットした水平線を🖱して選択する

9 [トリム]コマンドを🖱

POINT オブジェクトを選択(ハイライト)したまま[トリム]や[延長]コマンドを🖱すると、ハイライトのオブジェクトが切り取りエッジや境界エッジに確定します。

10 トリム対象として、切り取りエッジより上側で右図の垂直線を🖱

11 残りの垂直線3本も切り取りエッジより上側で🖱してトリムする

12 Enter キーを押して[トリム]コマンドを終了する

記入欄のガイドラインを作成する

文字記入のためのガイドラインを「99枠補助」画層に作成しましょう。

1 [画層]ボックスを🖱し、リストの「99枠補助」を🖱して現在の画層にする

2 [注釈]リボンタブを🖱

3 [中心線]コマンドを🖱

参考 [中心線]コマンド » p.95

4 右図3ヵ所の中心線を作成する

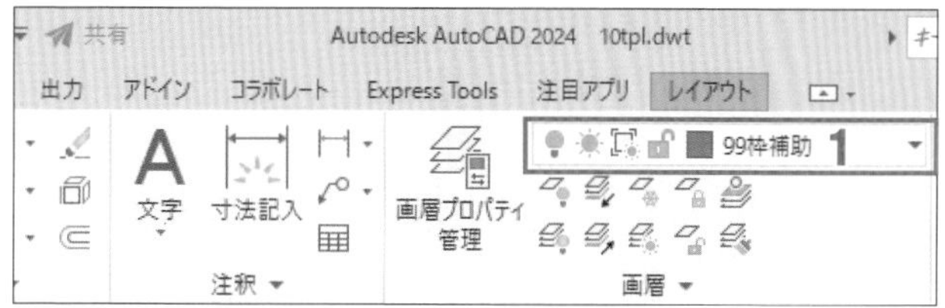

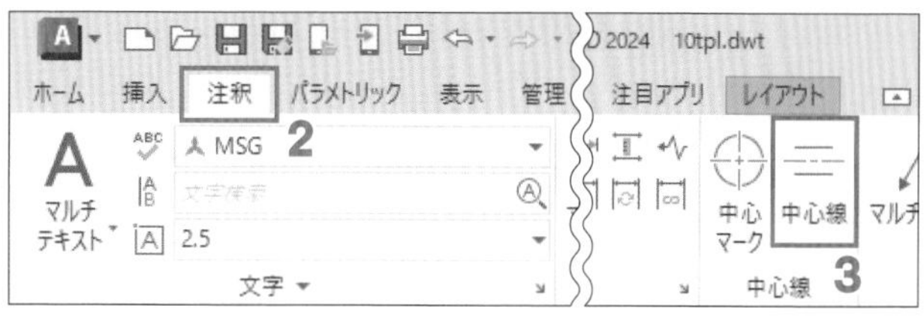

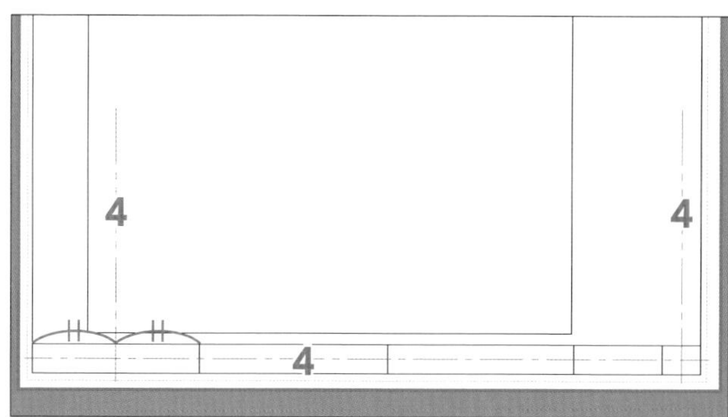

[中心線]コマンドで作成した中心線は[トリム]コマンドでは扱えません。個別にストレッチして、左右の中心線の長さを調整しましょう。

5 左の中心線を🖱

6 上端のグリップにマウスカーソルを合わせ、赤くなったら🖱

7 右図の交点を🖱

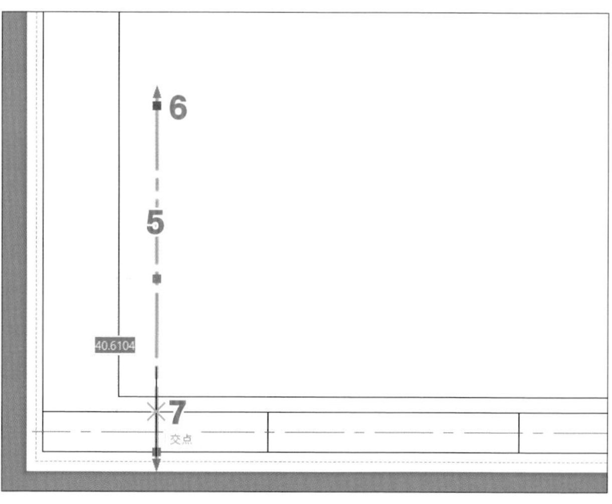

↳右図のようにストレッチされる。

8 右の中心線を🖱し、同様にストレッチする

9 Esc キーを押し、すべての選択を解除する

各項目欄の左辺から2mmの位置とそこから12mmの位置に文字先頭位置目安となる捨て線を作成しましょう。

10［ホーム］リボンタブを🖱し、現在の画層が「99枠補助」画層であることを確認する

11［オフセット］コマンドを選択し、右図の3つの項目欄左辺を2mm右にオフセットする

POINT 現在の画層に関わらず、オフセット元のオブジェクトと同じ「99図面枠」画層にオフセットされます。

12 オフセットした3本の各線分から12mm右にオフセットする

13［オフセット］コマンドを終了する

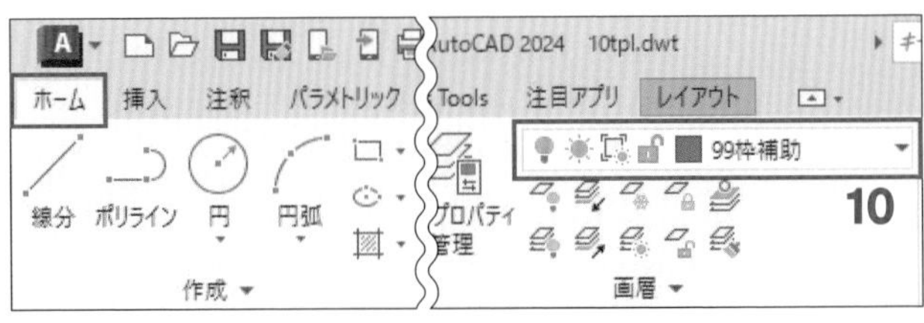

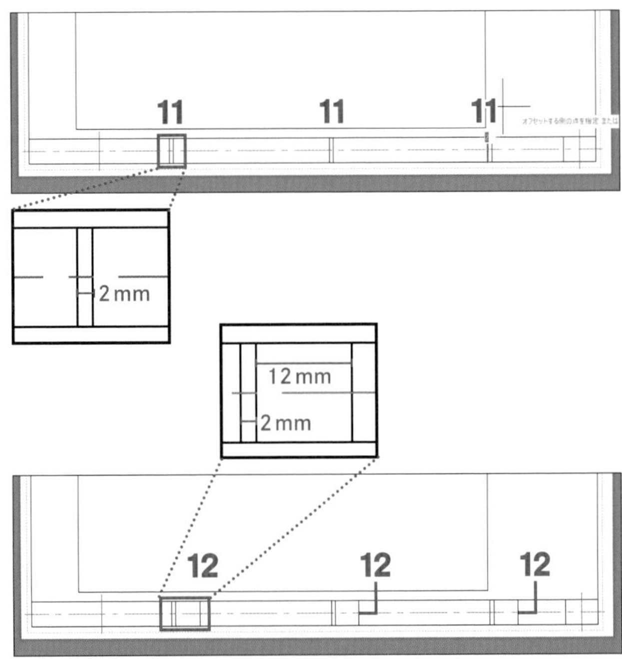

作成済の線分の画層を変更する

前項でオフセットした6本の線分を「99枠補助」画層に変更しましょう。

1 変更対象の線分6本を🖱して選択する

2 作成領域で🖱し、ショートカットメニューの［クイックプロパティ］を🖱

↳6本の線分の［クイックプロパティ］パレットが開く。

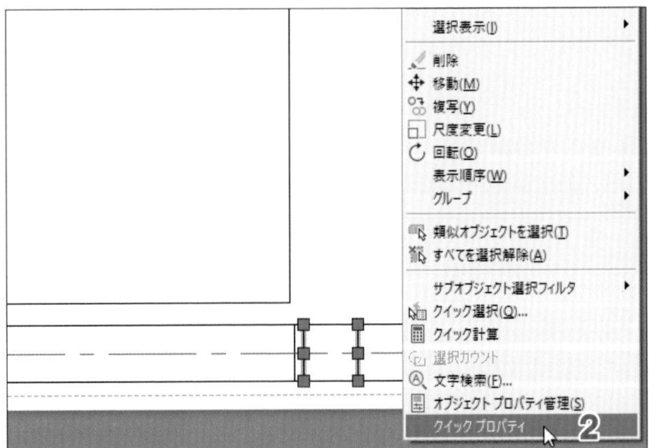

3 ［画層］欄を🖱し、▼を🖱してリストから「99枠補助」を🖱

↳6本の線分の画層が「99枠補助」画層に変更される。

4 ［クイックプロパティ］パレットの×を🖱して閉じる

5 Esc キーを押し、すべての選択を解除する

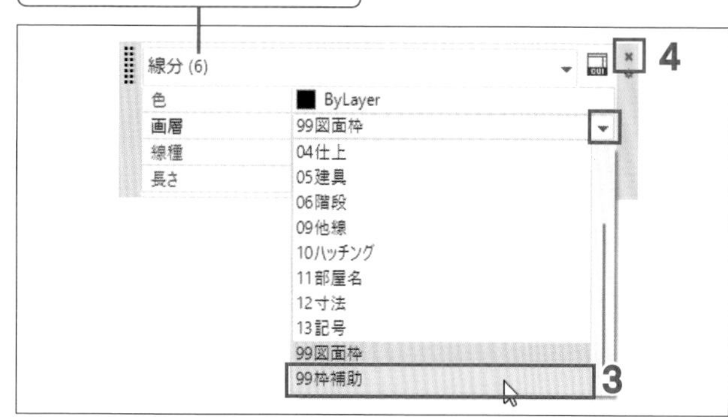

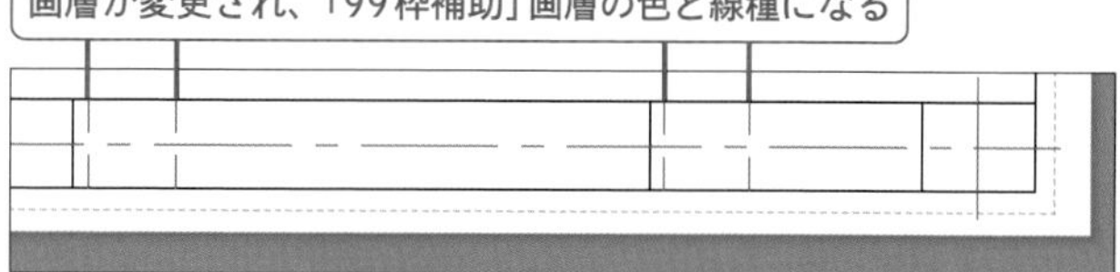

記入欄に項目名を記入する

現在の画層を「99図面枠」画層にし、ガイドラインを作成した記入欄に、高さ2.5mmのMS明朝で項目名を記入しましょう。

1 ［現在層に設定］コマンドを🖱

POINT ［現在層に設定］コマンドでは、次に🖱するオブジェクトが作成されている画層を現在の画層にします。

2 作成済みの図面枠を🖱

3 ［注釈▼］を🖱

4 ［文字スタイル］ボックスを🖱

5 「注釈2.5M」を🖱

6 ［文字］コマンドの▼を🖱し、［文字記入］を🖱

POINT ［文字記入］コマンドの選択や文字スタイルの選択は、［注釈］リボンを開かなくとも［ホーム］リボンからも行えます。

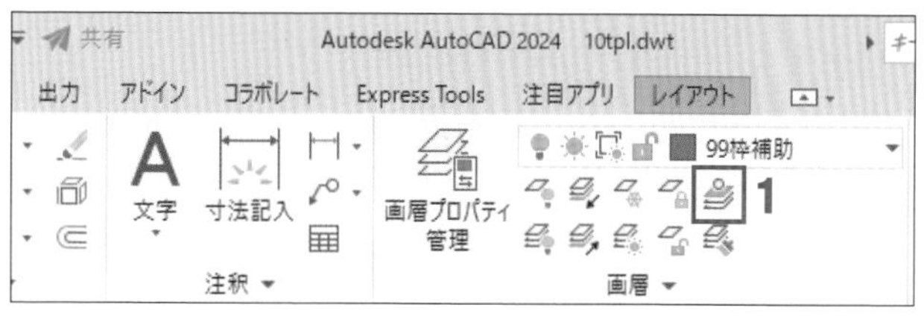

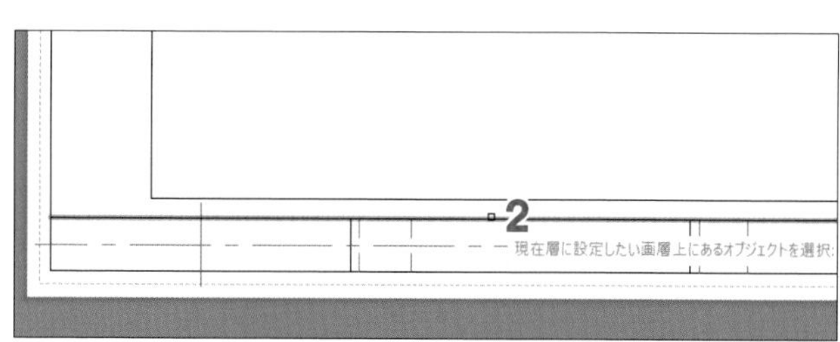

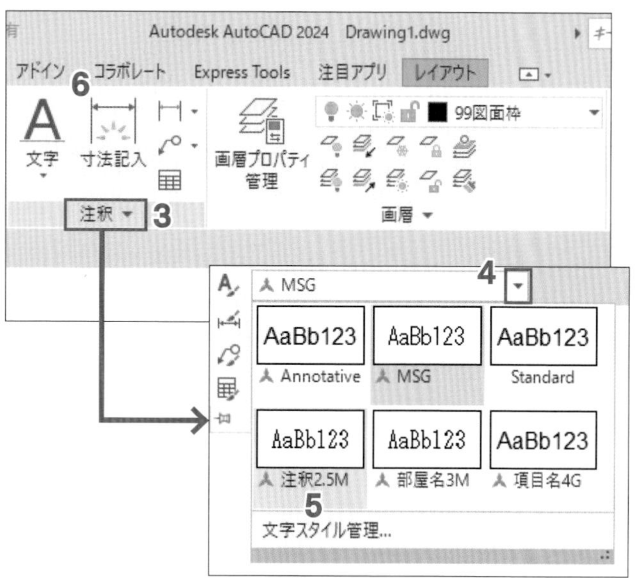

7 文字の位置合わせを「左寄せ」とし、文字の記入位置として、件名欄の捨て線の交点を[左クリック]

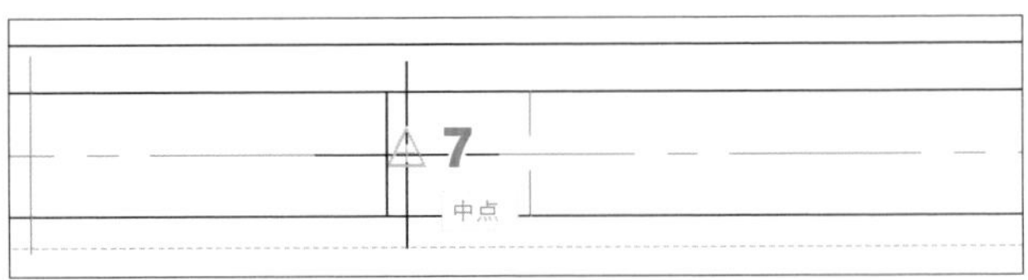

8 文字列の角度として「0」が色反転していることを確認し、[左クリック]

9 文字「件名」を入力し、Enter キーを押して1行目を確定し、再度、Enter キーを押して文字入力を終了する

10 文字「図面名」「縮尺」も7～9と同様にして記入する

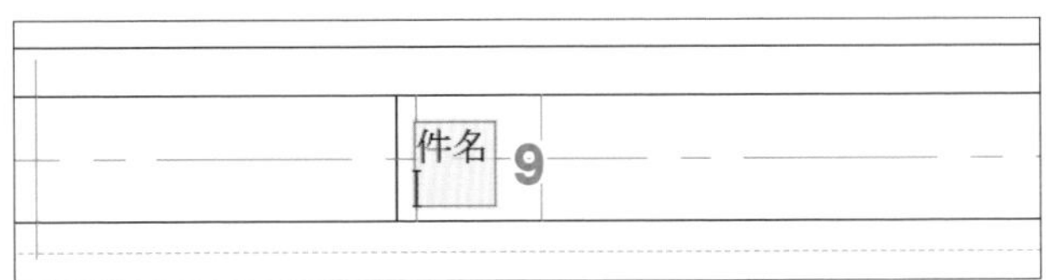

11 [文字スタイル]を「MSG」にする

12 冒頭の記入欄中心に文字の中央(MC)を合わせ、高さ8mmで事務所名(右図は「ObraClub」)を記入する

参考 文字の位置合わせ » p.114

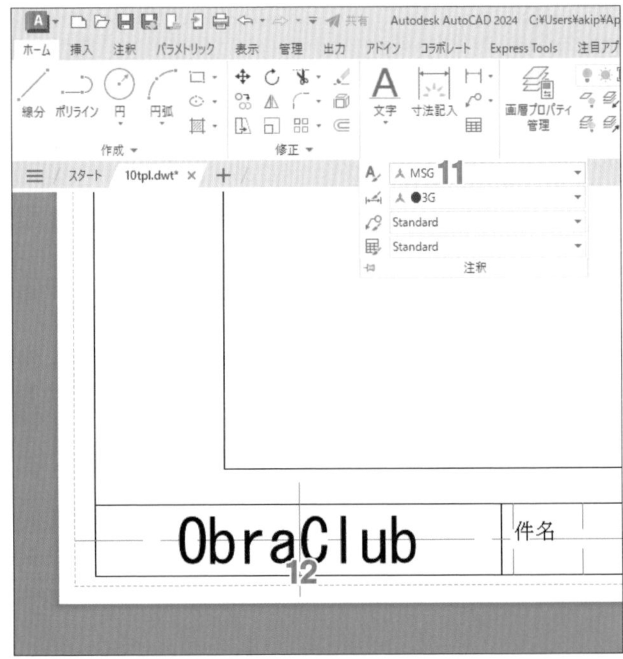

[レイアウト1]タブの名前を変更する

[レイアウト1]タブの名前を「レイアウトA4」に変更しましょう。

1 [レイアウト1]タブを[ダブルクリック]

2 名前を「レイアウトA4」に変更し、Enter キーを押して確定する

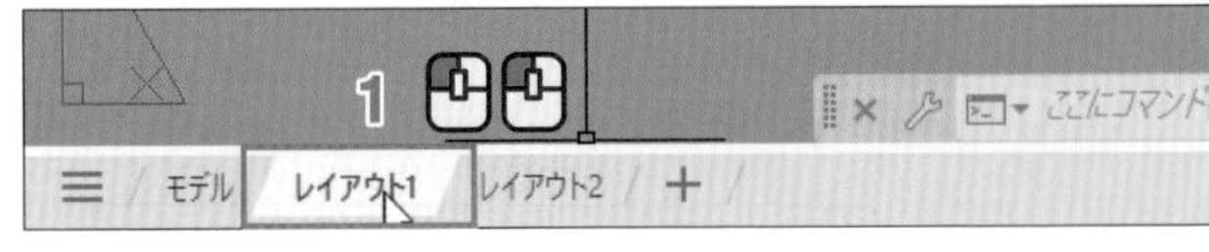

やってみよう

[レイアウト2]タブをし、p.146～と同様に、用紙サイズA3横向きをページ設定し、A3用の右図の図面枠を作成しましょう。

また、タブ名を「レイアウトA3」に変更しましょう。

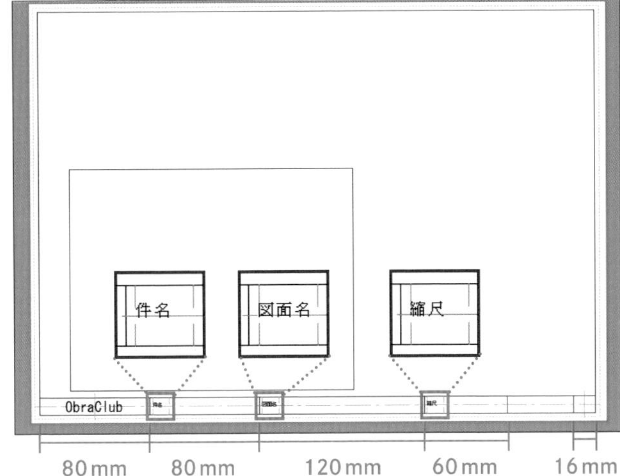

テンプレートを上書き保存する

テンプレートを上書き保存しましょう。

1 [モデル]タブを

POINT このテンプレートを採用したときに「モデル」タブが表示されるように保存前に**1**の操作をします。

2 [上書き保存]コマンドを

POINT テンプレートを保存後、一旦終了したうえで、p.141のPOINTに記載の手順で再開した場合には、これで上書きが完了です。

3 [図面に名前を付けて保存]ダイアログが表示された場合は、[ファイルの種類]ボックスをし、リストから[AutoCAD図面テンプレート(*.dwt)]を選択する

4 [ファイル名]ボックスに「10tpl」を入力する

5 [保存]ボタンを

6 10tpl.dwtを上書きするため、[図面に名前を付けて保存]ダイアログの[はい]ボタンを

7 [テンプレートオプション]ダイアログの[OK]ボタンを

以上でDay10は終了です。

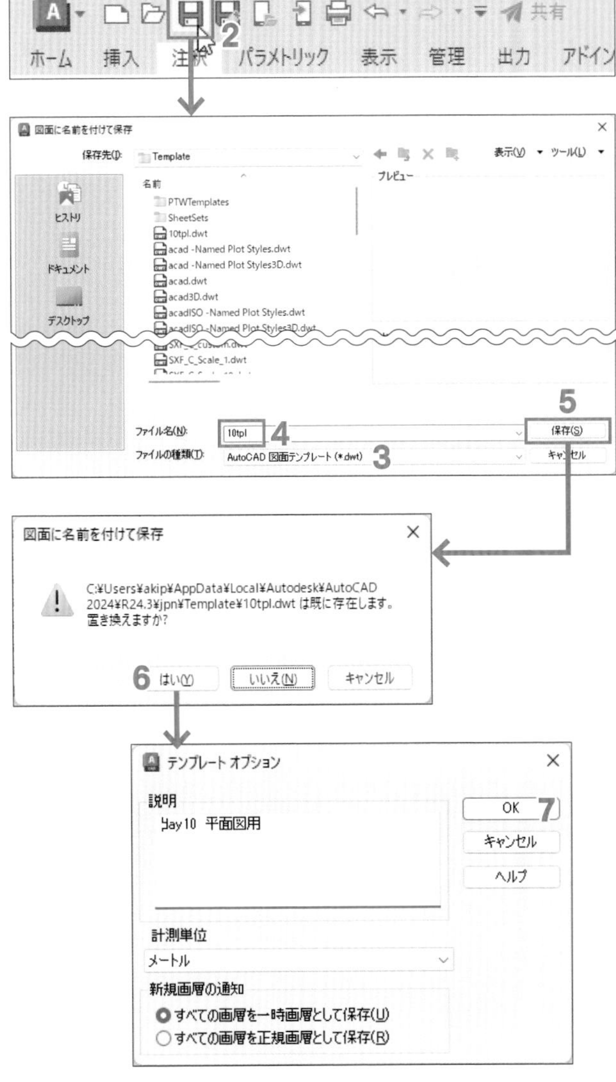

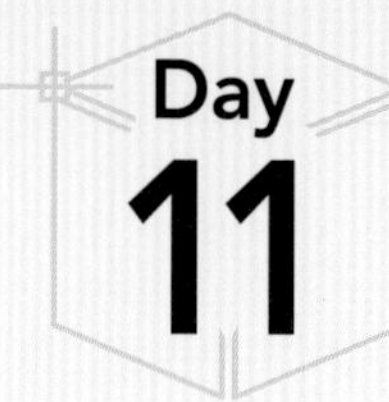

通り芯と寸法の作成

Day10で作成したテンプレートを利用して、1階平面図を作成します。この単元では、通り芯・壁芯と通り芯符号を作成し、通り芯・壁芯間の寸法を記入しましょう。

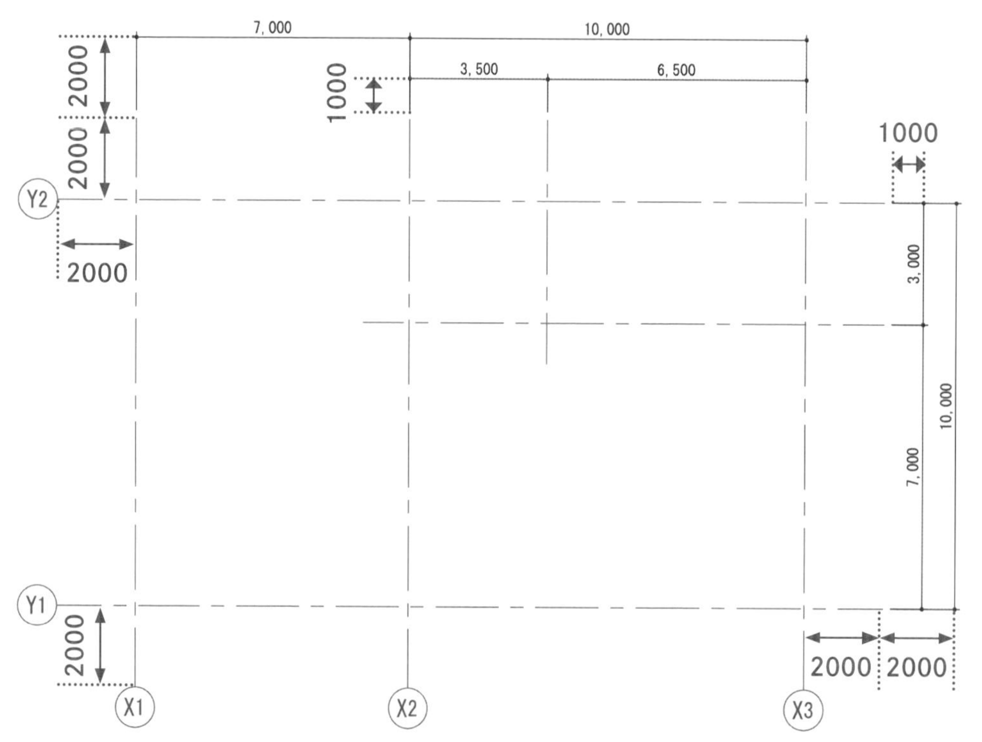

※赤字の寸法は、作成目安です。その寸法を記入する必要はありません。

新規作成でテンプレートを選択する

新規作成で、Day10で作成したテンプレートを選択しましょう。

1 クイックアクセスツールバーの[クイック新規作成]を🖱
2 [テンプレートを選択]ダイアログでDay10で保存した10pt.dwtを🖱
3 [開く]ボタンを🖱
　↳テンプレート10pt.dwtを採用した[Drawing1]ファイルタブが開く。

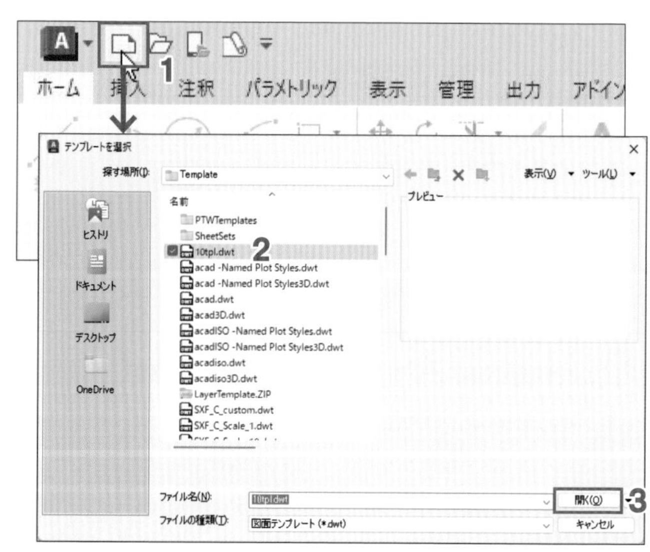

step 2 S=1:100におけるA4サイズの枠を作成する

通り芯を作成する目安として、S=1:100換算したA4サイズ(297mm×210mm)の長方形を「00捨て線」画層に作成しましょう。

1 現在の画層を「00捨て線」にする

2 [長方形]コマンドを

3 作業領域の左下でし、マウスカーソルを右上方向に移動する

4 幅「29700」を入力して Tab キーを押し、高さ「21000」を入力して Enter キーを押す

↳幅29700mm、高さ21000mmの長方形が作成され、[長方形]コマンドが終了する。

5 作業領域でし、オブジェクト範囲を表示する

POINT ここではS=1:100とした際のA4用紙の範囲を把握するために、この長方形を作成しました。長方形の作成は必ずしも必要ではありません。

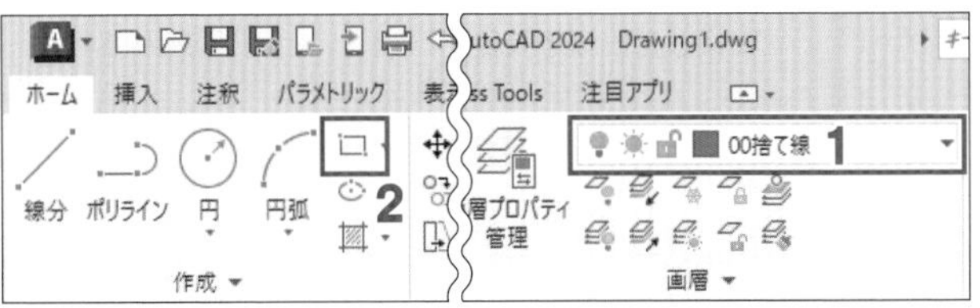

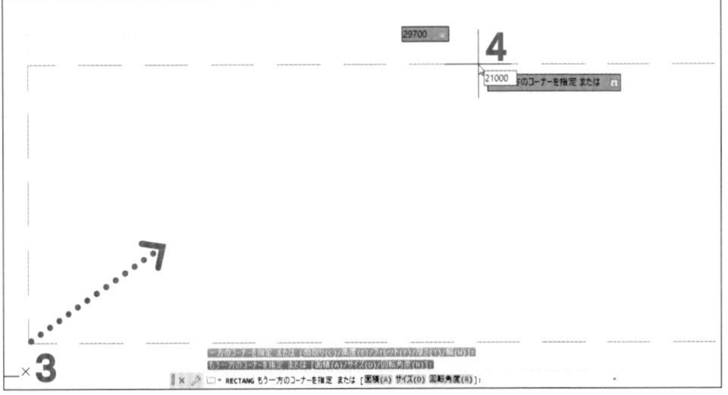

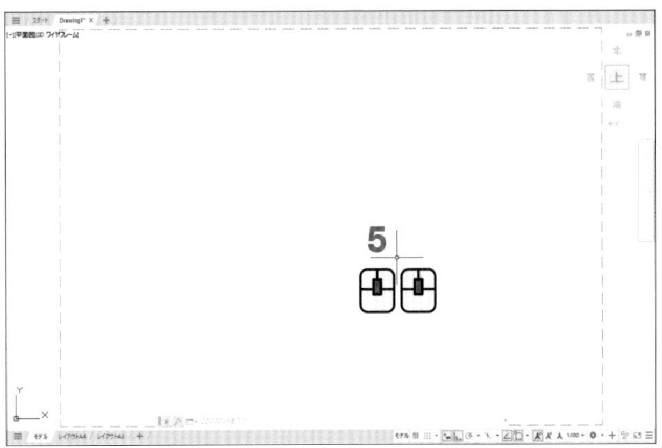

step 3 通り芯・壁芯を作成する

「01通り芯」画層に、通り芯X1とY1を作成しましょう。

1 現在の画層を「01通り芯」にする

2 [直交モード]をオンにする

3 [線分]コマンドを選択し、X1の通り芯(垂直線)を適当な長さで作成する

参考 水平線・垂直線の作成 » p.25

4 Y1の通り芯(水平線)を適当な長さで作成する

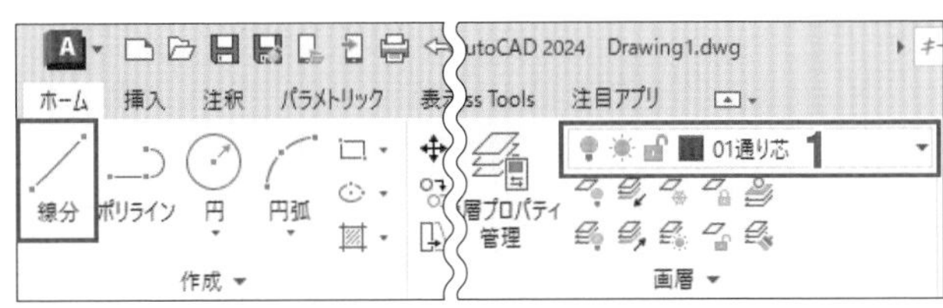

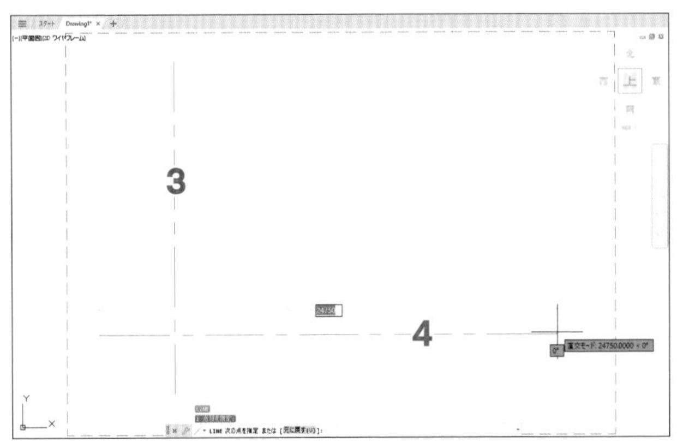

作成したX1とY1の通り芯からの間隔を指定して、他の通り芯・壁芯を作成しましょう。

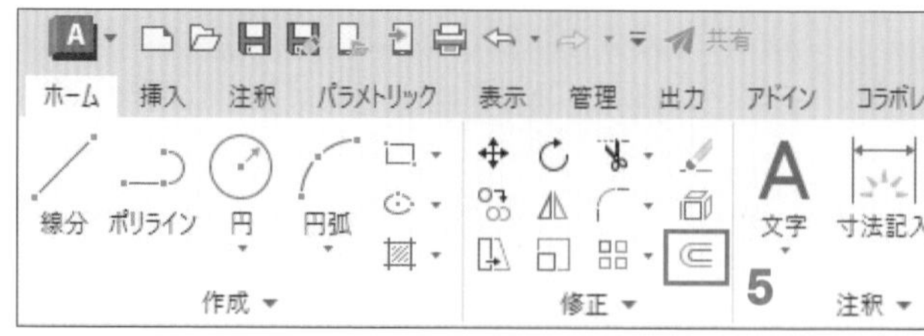

5 [オフセット]コマンドを🖱

6 X1の通り芯から7000mm右にX2の通り芯をオフセットする

7 オフセットしたX2の通り芯から10000mm右にX3の通り芯をオフセットする

8 Y1の通り芯から10000mm上にY2の通り芯をオフセットする

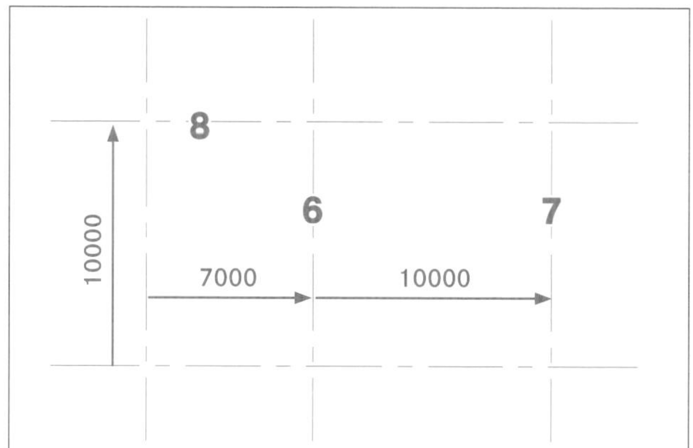

9 X2の通り芯から3500mm右に壁芯をオフセットする

10 Y2の通り芯から3000mm下に壁芯をオフセットする

11 Enter キーを押して[オフセット]コマンドを終了する

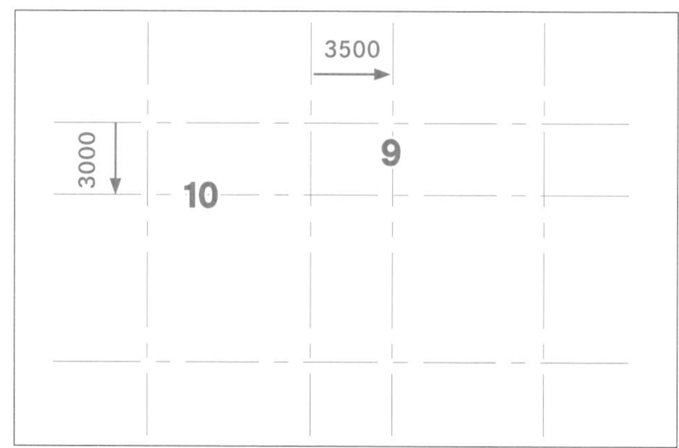

step 4 通り芯から2000mm外に捨て線を作成する

通り芯・壁芯の出を揃えるための基準として通り芯X1、X3、Y1、Y2から2000mm外側に捨て線をオフセットしましょう。

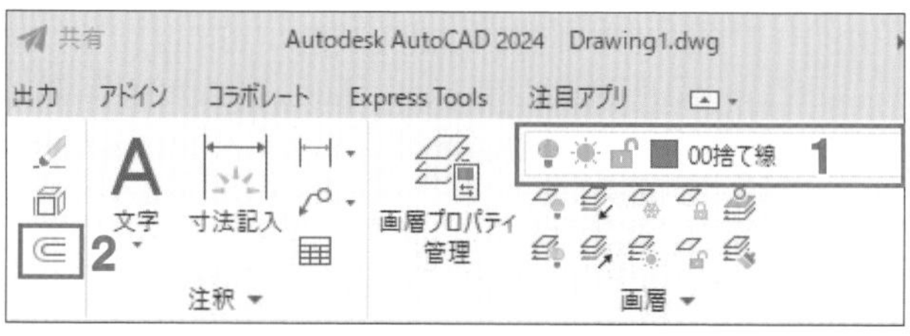

1 現在の画層を「00捨て線」にする

2 [オフセット]コマンドを🖱

3 ↓キーを押し、オプションメニューの[画層]を🖱

4 さらに表示されるオプションメニューの[現在の画層]を🖱

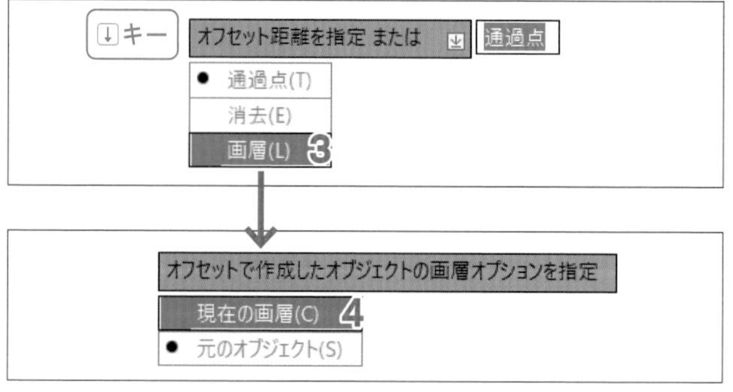

POINT [オフセット]コマンドは初期値では、オフセット元のオブジェクトと同じ画層にオフセットします。ここでは現在の画層(「00捨て線」)にオフセットするため、3～4の操作を行います。この現在の画層にオフセットする指定はAutoCADを終了するまで有効です。

5 オフセット距離「2000」を指定し、X1、X3、Y1、Y2から外側に右図のようにオフセットする

6 [オフセット]コマンドを終了する

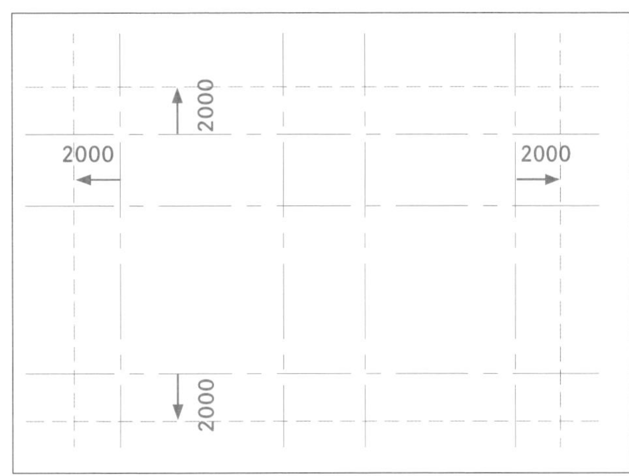

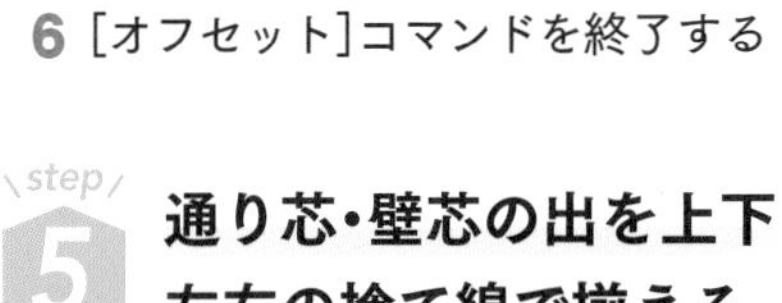

step 5 通り芯・壁芯の出を上下左右の捨て線で揃える

Y1～Y2の3本の一点鎖線の左端を、捨て線の位置まで揃えましょう。

1 前項で作成した4本の捨て線をクリックして選択する

2 [トリム]コマンドをクリック

↳1で選択した4本の線が切り取りエッジになり、操作メッセージ**トリムするオブジェクトを選択または**が表示される。

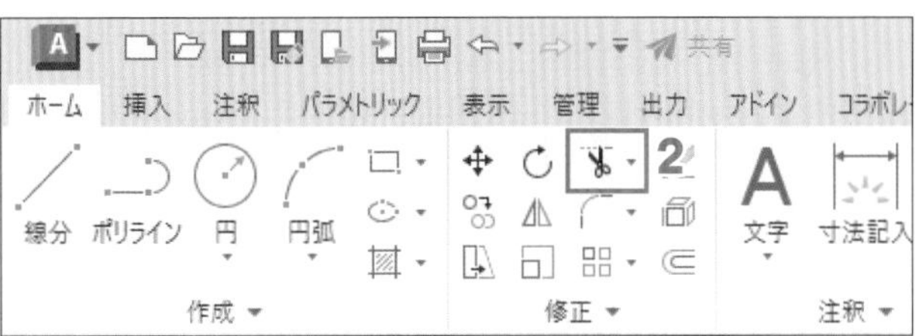

3 トリムするオブジェクトとして、Y2の通り芯を切り取りエッジの左側でクリック

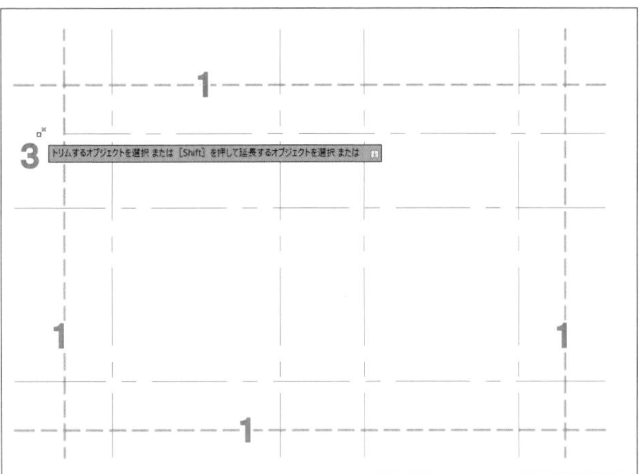

4 その下2本の壁芯・通り芯をクリックし、捨て線から左側をトリムする

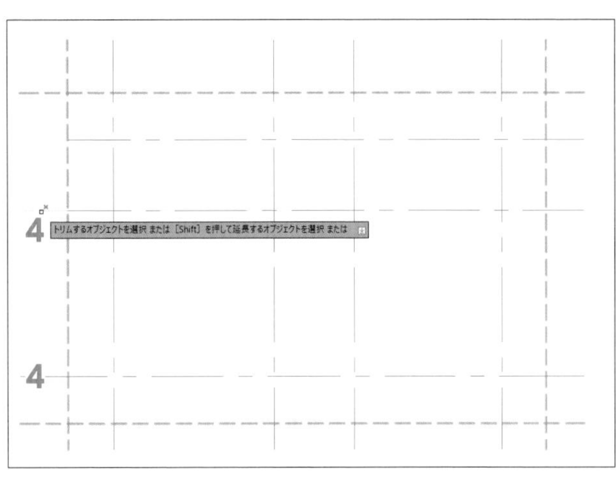

X1～X3の4本の一点鎖線の下端は、トリムするオブジェクトを一括して指定しましょう。

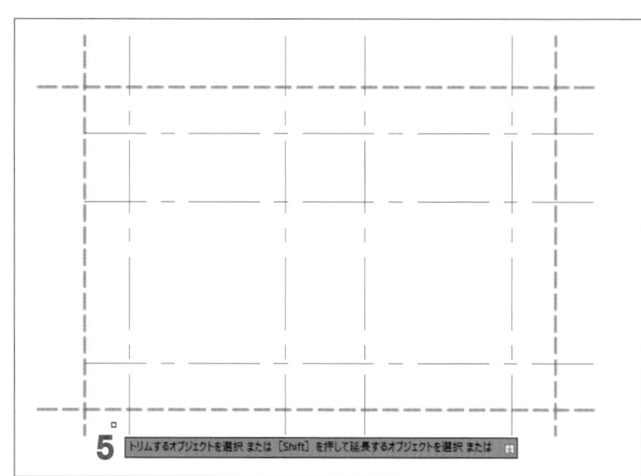

5 **フェンス選択の始点として右図の位置で**

POINT オブジェクトが存在しない位置をすると、位置からマウスカーソルまでフェンスと呼ぶ点線が表示され、フェンスに交差するオブジェクトがトリム対象として薄いグレーでプレビューされます。次の点の指示時に、フェンスと交差する全てのオブジェクトが選択され、トリムされます。この選択方法を「フェンス選択」と呼びます。

6 **フェンスに交差する一点鎖線が薄いグレーでプレビューされることを確認し、次の点として右図の位置で**

↳フェンスに交差したオブジェクトを（薄いグレーでプレビュー）がトリムされる。

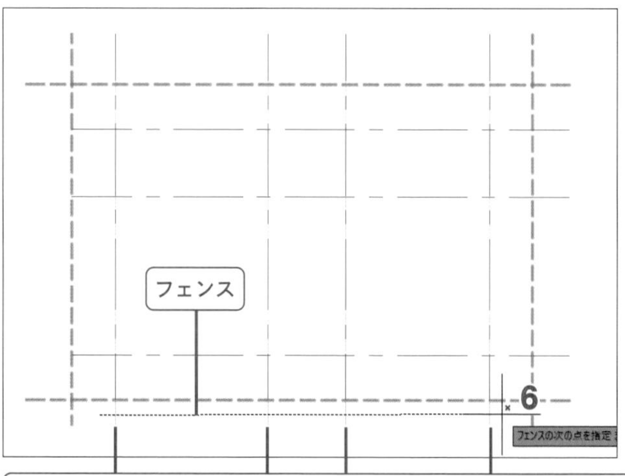

フェンスに交差する（トリムされる）部分が薄いグレーでプレビュー

X1～X3の4本の上端、Y1～Y2の3本の右端も同様にトリムしましょう。

7 **フェンス選択の始点として、右図の位置で**

8 **通り芯・壁芯のトリムする部分がフェンスに交差する位置で、次の点を**

9 **Y1～Y2の3本の右端も、同様にフェンス選択を利用して、捨て線からはみ出す部分をトリムする**

10 **[トリム]コマンドを終了する**

? 通り芯・壁芯が切り取りエッジと交差していない » 次ページColumn

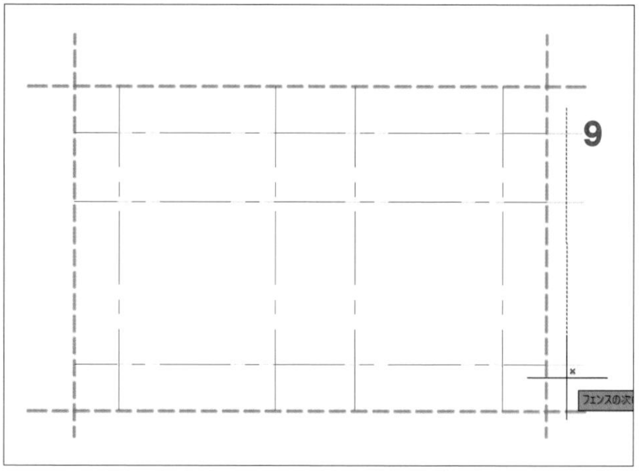

通り芯・壁芯が切り取りエッジに交差していない場合は

下図のX1～X3のように切り取りエッジの捨て線に交差していない場合は、Shift キーの併用により、一時的に[延長]コマンドの機能を利用して延長できます。

1 フェンス選択の始点として右図の位置で🖱

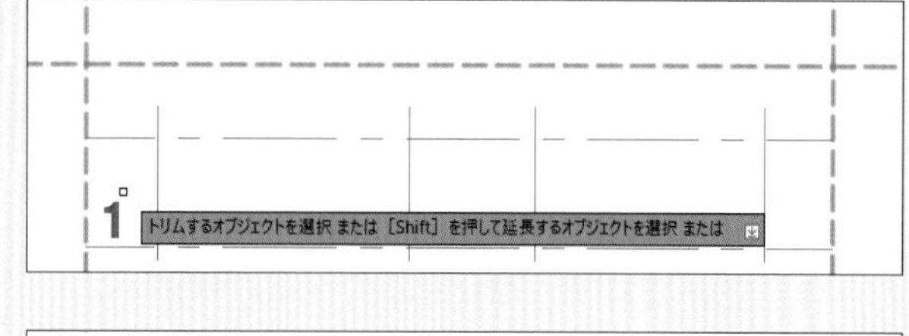

2 Shift キーを押したまま、次の点として右図の位置で🖱

↳フェンスに交差する線が捨て線まで延長される。

step 6 捨て線を削除し、壁芯2本を適当な位置まで縮める

上下左右の捨て線は不要になったため、削除しましょう。

1 4本の捨て線を🖱して選択する

2 作業領域で🖱し、ショートカットメニューの[削除]を🖱

POINT 2の操作の代わりに Delete キーや[削除]コマンドを利用してもよいでしょう。

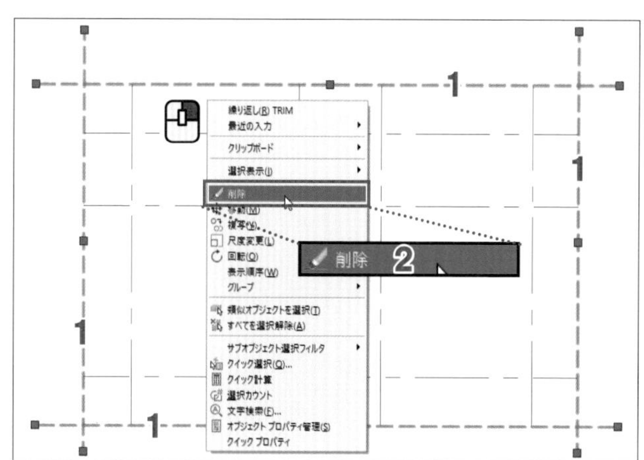

X2-X3間の壁芯下を縮めましょう。

3 [直交モード]がオンであることを確認する

4 X2とX3の間の壁芯を🖱

5 下端点のグリップを🖱

6 上方向にマウスカーソルを移動し、端点の移動先として右図の位置で🖱

POINT 6でのマウスカーソルの位置が選択した線分に近すぎると線分の中点△マークが表示され、中点にスナップしてしまいます。注意してください。

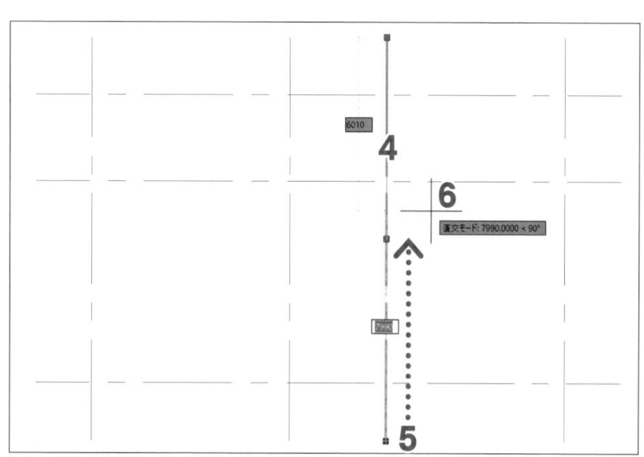

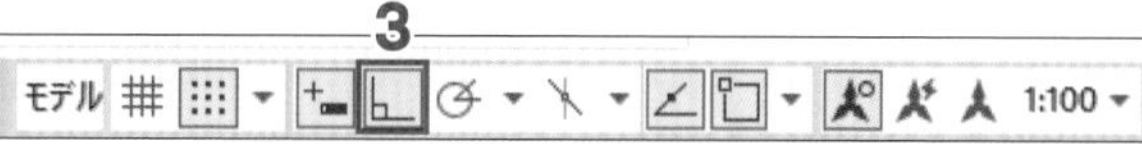

Y1-Y2間の壁芯左を縮めましょう。

7 Y1-Y2間の壁芯を
8 左端点のグリップを
9 右方向にマウスカーソルを移動し、端点の移動先として右図の位置で
10 Esc キーを押してすべての選択を解除する

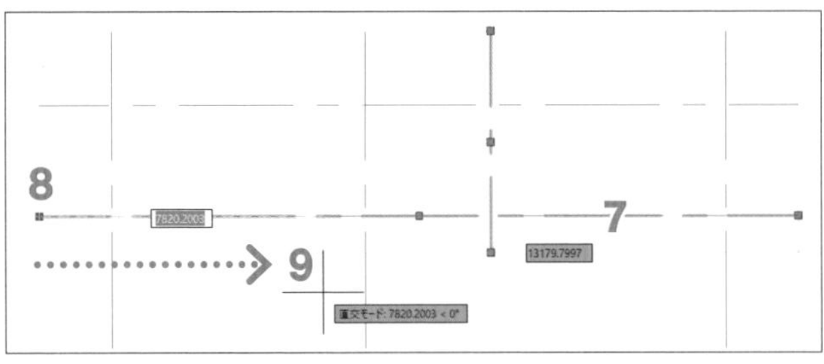

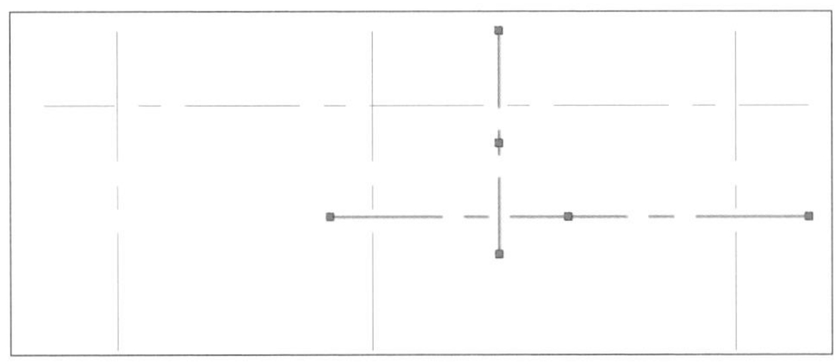

通り符号を作成する

通り符号は[円][文字記入]コマンドでも作成できますが、ここでは教材ファイル day11_13.dwg に収録の属性付ブロック「X通り符号」を使ってX1～X3の通り符号を作成しましょう。

1 現在の画層を「01通り芯」にする
2 [ブロック挿入]コマンドをし、[ライブラリのブロック]を
3 [ブロック]パレットの[参照]ボタンを
4 [ブロックライブラリのフォルダまたはファイルを選択]ダイアログで[探す場所]を「Chap2」フォルダにし、day11_13.dwg を
5 [開く]ボタンを
6 [ブロック]パレットの[挿入位置]と[繰り返し配置]にチェックを付ける(他のチェックは外す)
7 ブロック「X通符号」を

POINT [異尺度対応]マーク付きのブロックは、印刷される大きさで管理されています。挿入先の注釈尺度に関わらず、常に同じサイズで印刷されます。

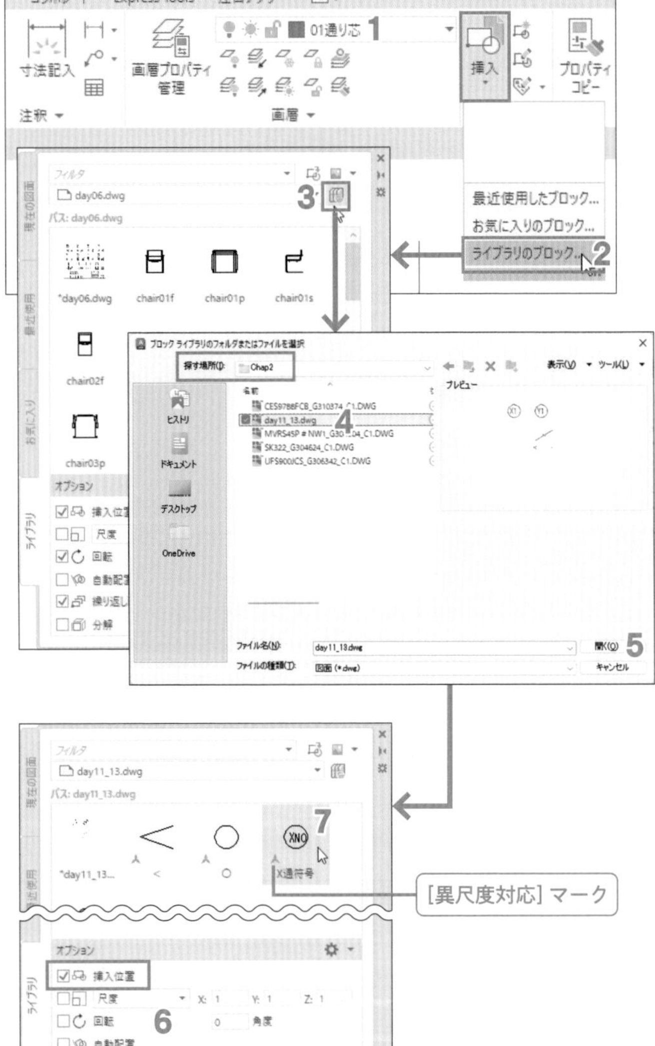

8 挿入点として、通り芯X1の下端点を🖱

9 ［属性編集］ダイアログの［番号を入力］ボックスに「1」が入力されていることを確認し、［OK］ボタンを🖱

↳符号X1が作成される。

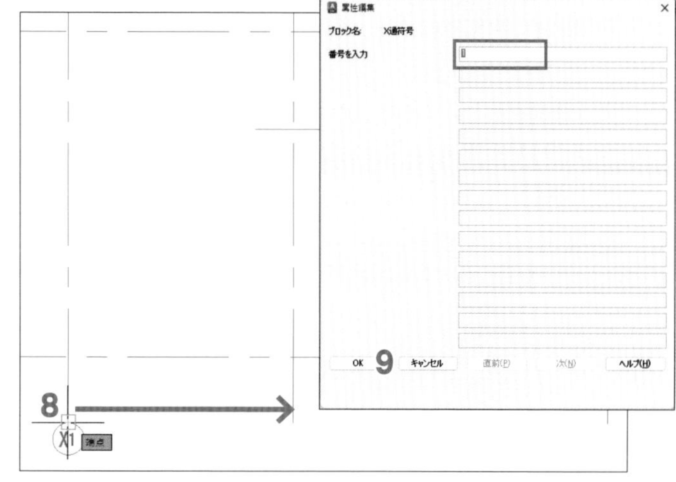

10 続けて挿入点として、通り芯X2の下端点を🖱

11 ［属性編集］ダイアログの［番号を入力］ボックスを「2」に書き換える

12 ［OK］ボタンを🖱

POINT ［番号を入力］ボックスの数値が「X」の後ろに記入されます。

13 続けて、通り芯X3の下端点を🖱し、同様に符号X3を作成する

14 Enter キーを押してブロック「X通り符号」の配置を終了する

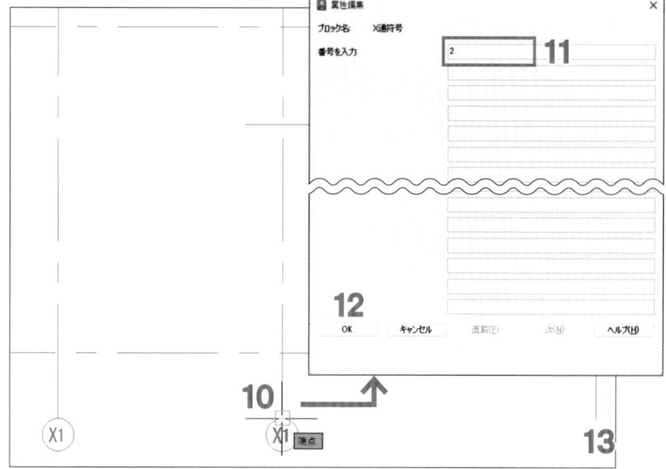

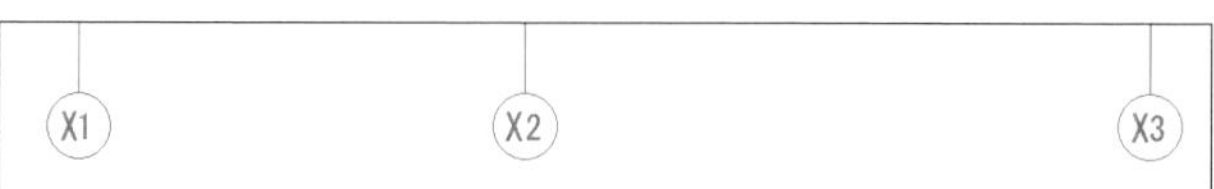

step 8 Y通りの通り符号を作成する

「Y通り符号」を使ってY通りの通り符号を作成しましょう。

1 ブロック「Y通符号」を🖱

2 挿入点として、通り芯Y1の左端点を🖱

3 ［属性編集］ダイアログの［番号を入力］ボックスに「1」が入力されていることを確認し、［OK］ボタンを🖱

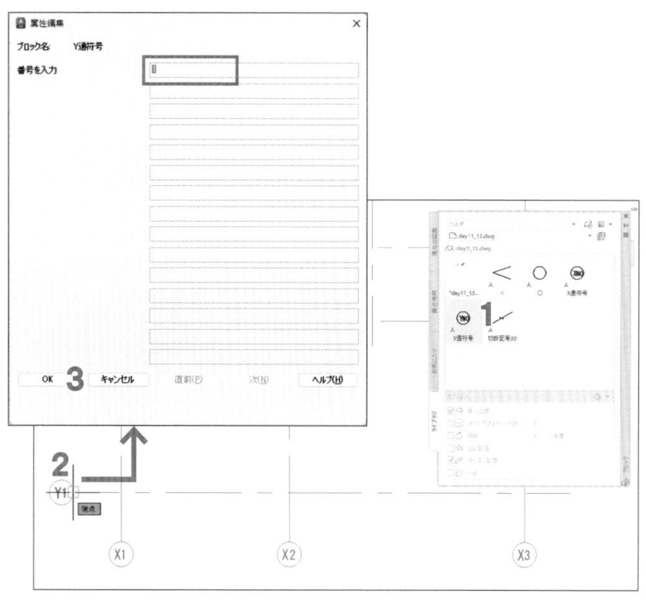

4 続けて挿入点として、通り芯Y2の左端点を🖱

5 ［属性編集］ダイアログの［番号を入力］ボックスを「2」に書き換え、［OK］ボタンを🖱

6 Enter キーを押してブロック「Y通り符号」の配置を終了する

7 ［ブロック］パレットの×を🖱して閉じる

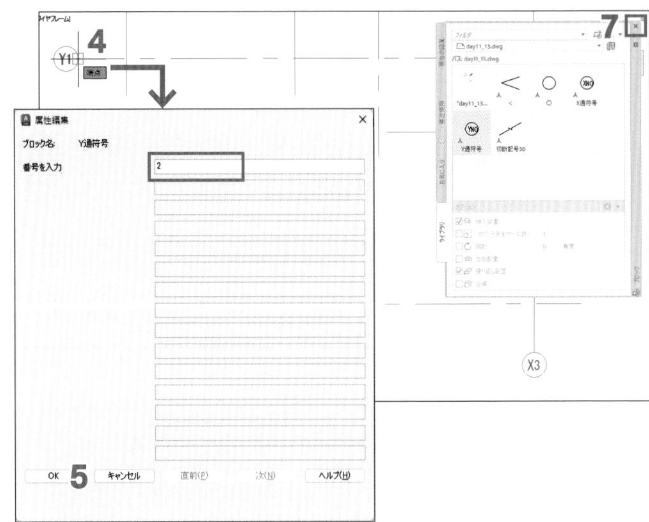

step 9 DWGファイルとして保存する

ここまでを11-plan1f.dwgとして、「ACAD20day」フォルダ内の「Chap2」フォルダに保存しましょう。

1 ［名前を付けて保存］コマンドを🖱

2 ［図面に名前を付けて保存］ダイアログの［保存先］を「ACAD20day」フォルダ内の「Chap2」フォルダにする

3 ［ファイル名］ボックスに「11-plan1f」を入力する

4 ［保存］ボタンを🖱

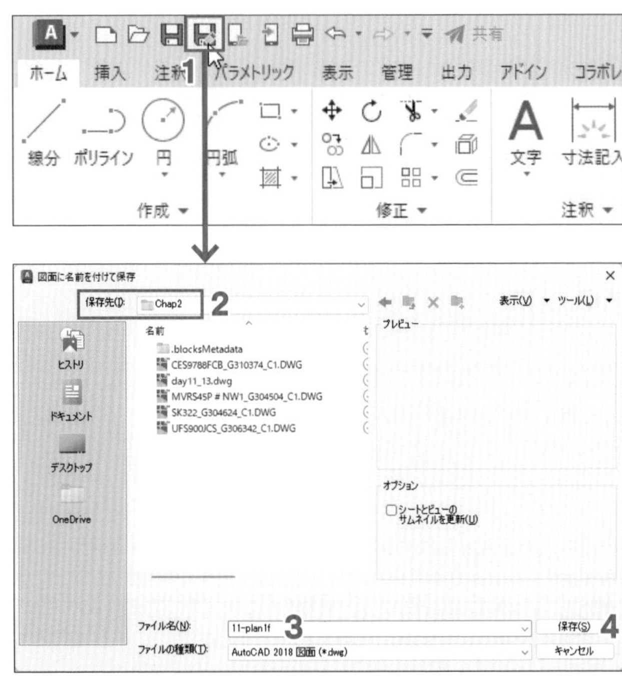

step 10 ［長さ寸法記入］コマンドで寸法を記入する

芯端点から2000mm上に、X1-X2間の寸法を記入しましょう。

1 ［注釈］リボンタブを🖱

2 ［現在の寸法スタイル］が「●3G」であることを確認する

3 ［寸法画層を優先］ボックスの▼を🖱し、寸法を記入する画層として「12寸法」を選択する

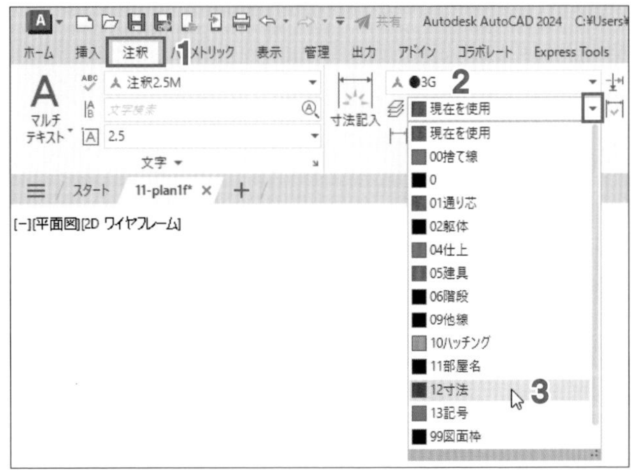

4 [長さ寸法]コマンドを🖱

5 1本目の寸法補助線の起点としてX1の上端点を🖱

6 2本目の寸法補助線の起点としてX2の上端点を🖱

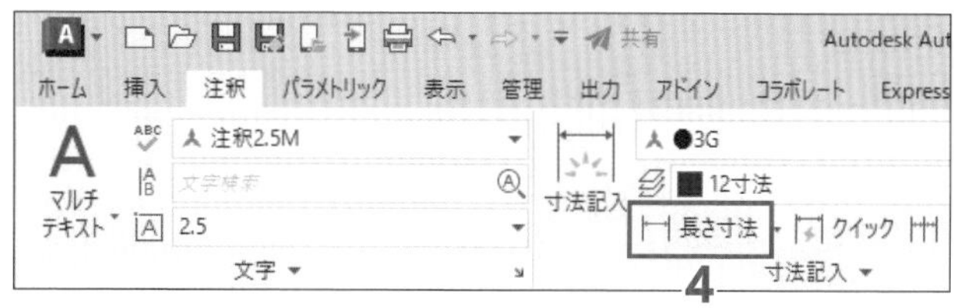

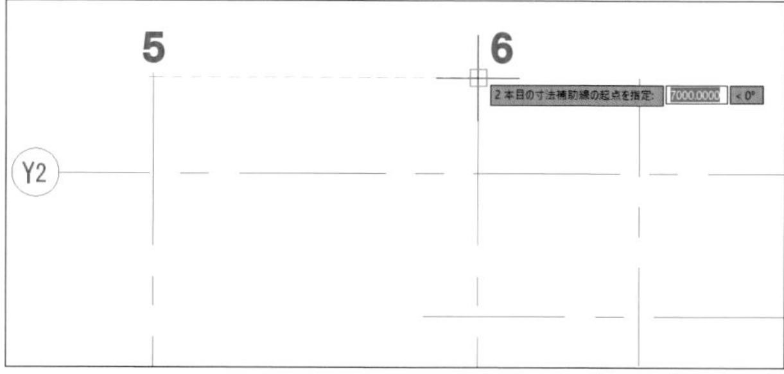

7「@0,2000」を入力して Enter キーを押す

POINT 相対座標を示す「@」に続けて、6の点を原点(0,0)としたX座標とY座標を「,」(カンマ)で区切って入力します。原点から見て右と上は+(プラス)値、左と下は−(マイナス)値で入力します。5-6間の寸法が、6の点から2000mm上に記入され、[長さ寸法記入]コマンドが終了します。

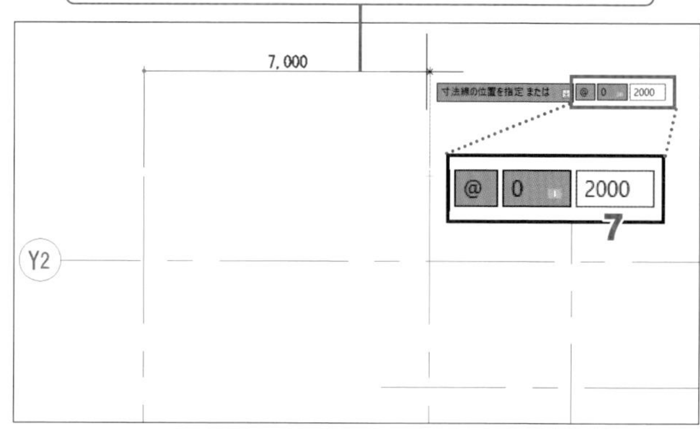

X2と隣の壁芯間の寸法を、芯端点から1000mm上に記入しましょう。

8 Enter キーを押し、[長さ寸法]コマンドを再選択する

9 1本目の寸法補助線の起点としてX2の上端点を🖱

10 2本目の寸法補助線の起点として右隣の壁芯の上端点を🖱

11「@0,1000」を入力して Enter キーを押す

↳9-10間の寸法が、10の点から1000mm上に記入され、[長さ寸法]コマンドが終了する。

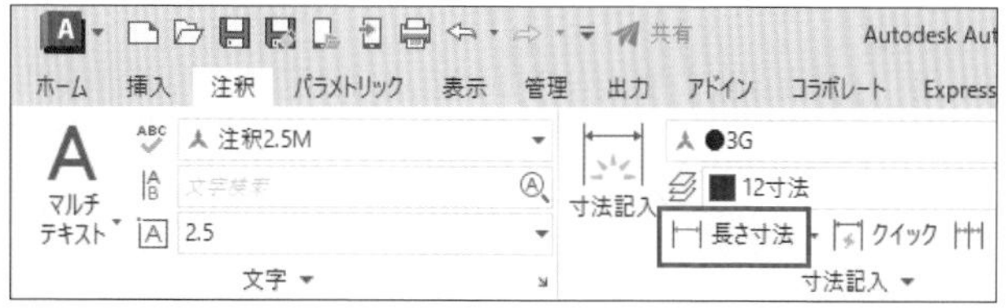

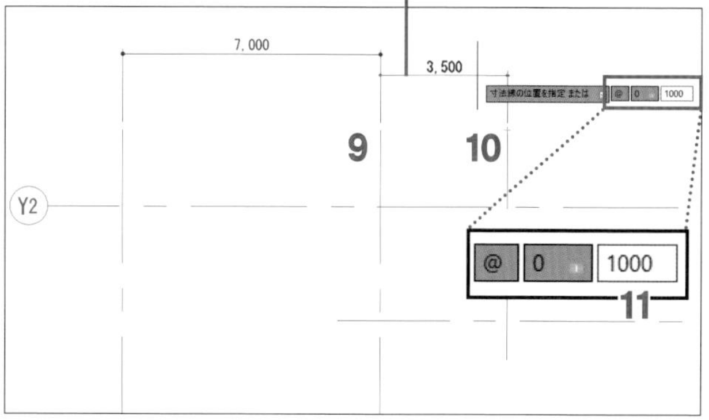

[直列寸法記入]コマンドで寸法を記入する

続けて[直列寸法記入]コマンドを選択し、前項で記入した寸法に直列な寸法を記入しましょう。

1 [直列寸法記入]コマンドを🖱

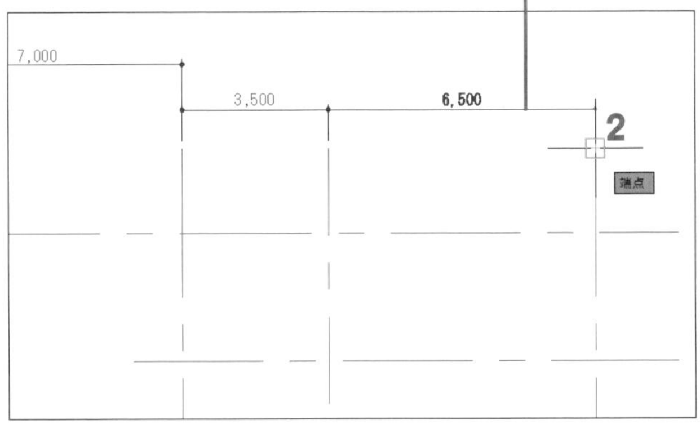

2 2本目の寸法補助線の起点としてX3の上端点を🖱

3 Enter キーを押す

POINT **3**の操作で同列の直列寸法記入が終了し、次に直列寸法を記入する対象を選択する状態になります。

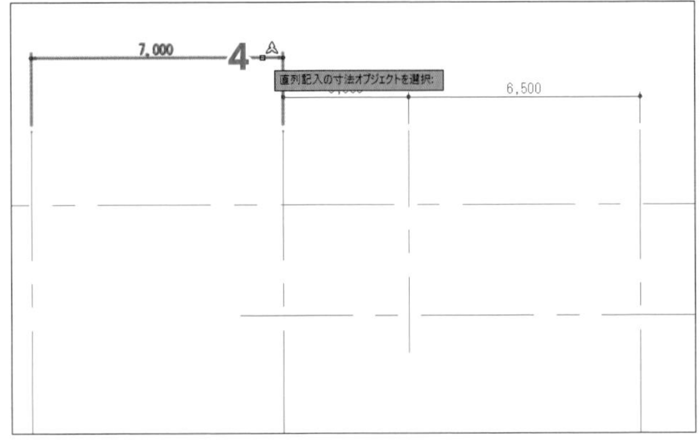

4 直列寸法を記入する寸法オブジェクトとして、右図の寸法オブジェクトを🖱

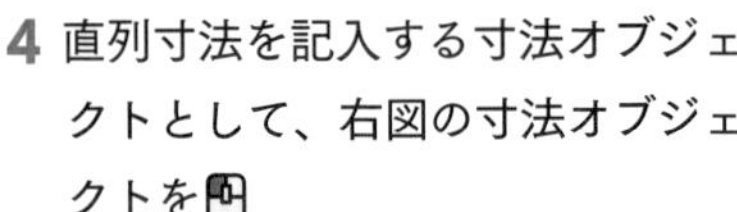
POINT 寸法オブジェクトの半分よりも直列寸法を記入する側（ここでは右側）で🖱してください。

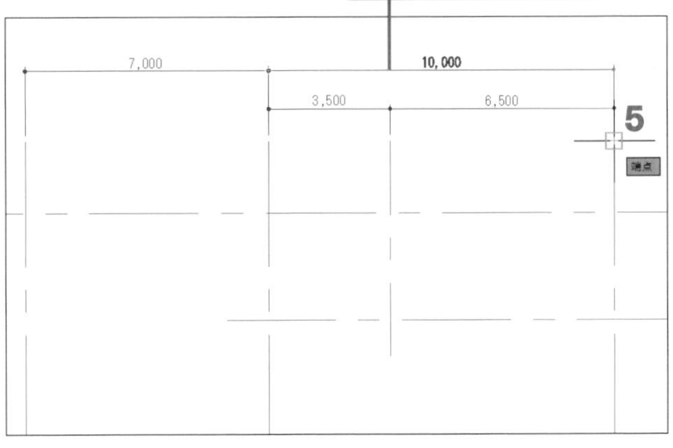

5 2本目の寸法補助線の起点としてX3の上端点を🖱

6 Enter キーを押し、同列の直列寸法記入を終了する

7 再度、Enter キーを押して[直列寸法記入]コマンドを終了する

やってみよう

[長さ寸法]コマンドと[直列寸法記入]コマンドを利用して、通り芯Y1-Y2間の寸法も右図のように記入しましょう。

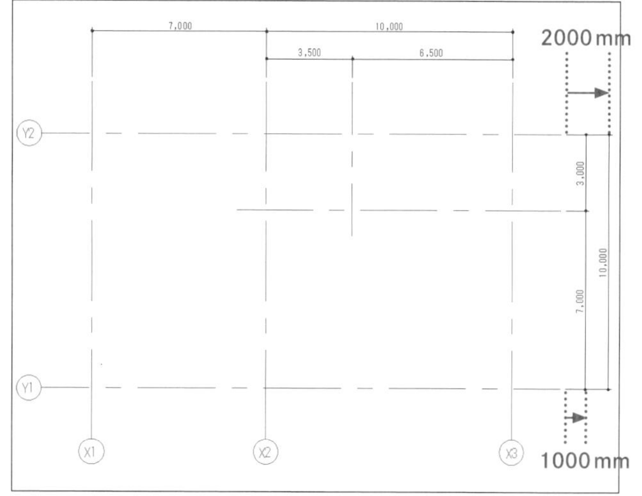

寸法が記入できたら、Day11は終了です。ファイルを上書き保存をしてください。

Column 鎖線・点線のピッチを細かくするには

作成した通り芯の一点鎖線のピッチの粗さが気になる場合は、以下の方法でピッチを細かくできます。

1 [ホーム]リボンタブの[プロパティ]パネルの[線種]ボックスの▼を🖱し、[その他]を🖱

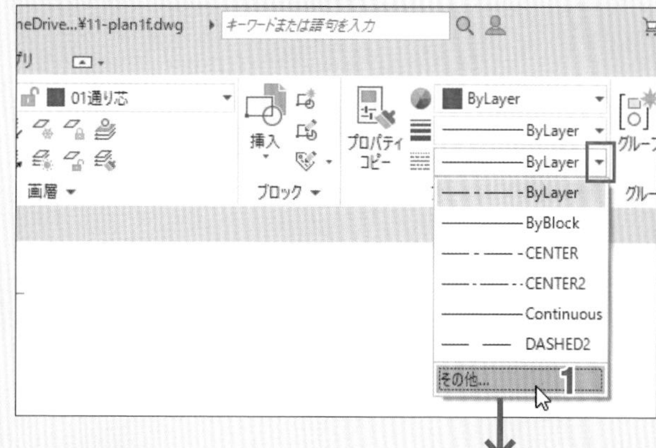

2 [線種管理]ダイアログの[詳細を表示]ボタンを🖱

3 [グローバル線種尺度]ボックスの数値を現在の数値よりも小さい数値(右図では「0.5」)に変更する

4 [OK]ボタンを🖱

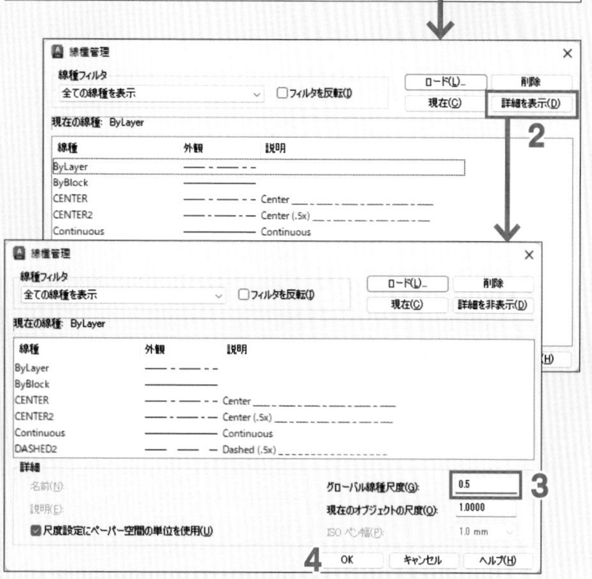

POINT [グローバル線種尺度]を変更することで、すべての線種のピッチが変更されます。通り芯・壁芯のみ変更したい場合は、「01通り芯」画層の線種を[CENTER]よりもピッチの細かい一点鎖線[CENTER2]などに変更します。(» p.232)

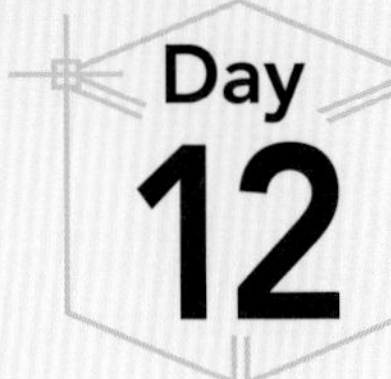

Day 12 躯体の作成

Day11で作成・保存したday11-plan1f.dwgを開き、「02躯体」画層に下図のように柱、躯体壁を作成しましょう。

※この単元からは、使い慣れたと思われるコマンドの Enter キーを押しての終了や再選択の操作指示の記載は省きます。

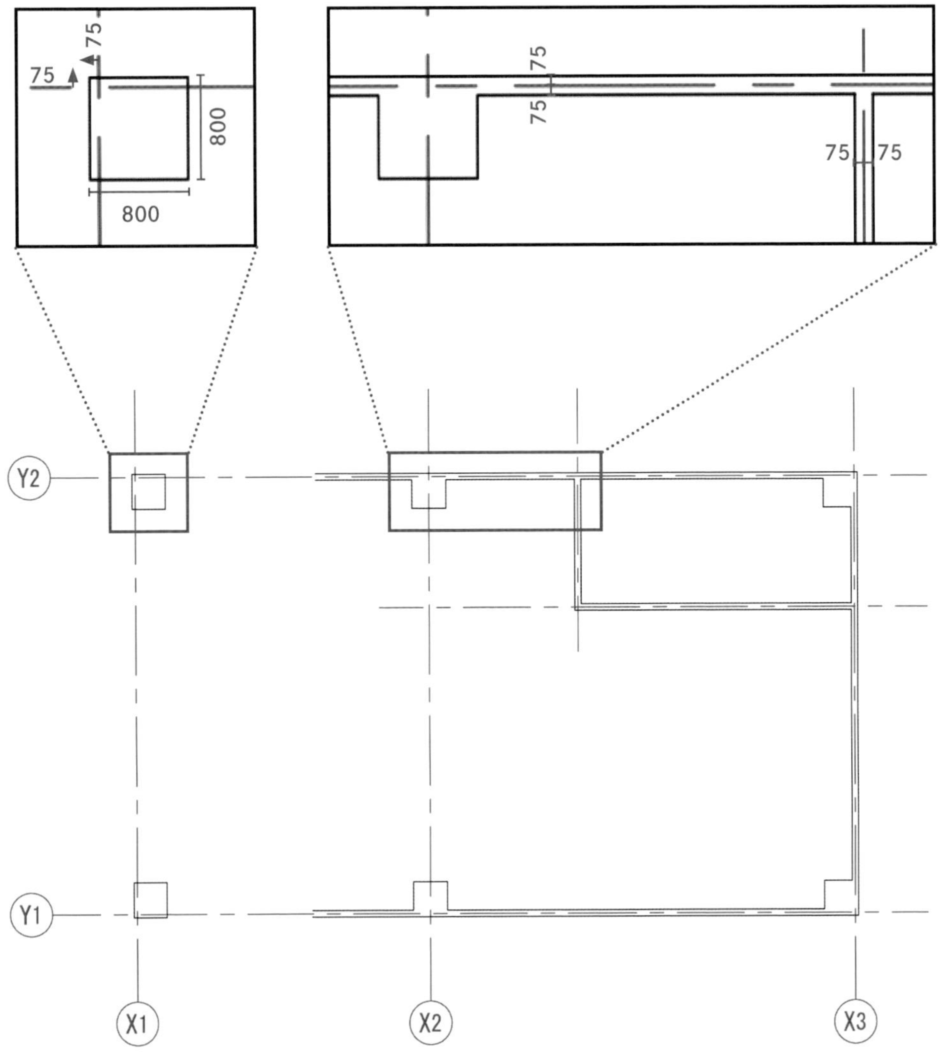

step

1 X1通りの柱を作成する

X1-Y2交点から左と上に75mmの位置に角を合わせ、800mm角の柱を作成しましょう。

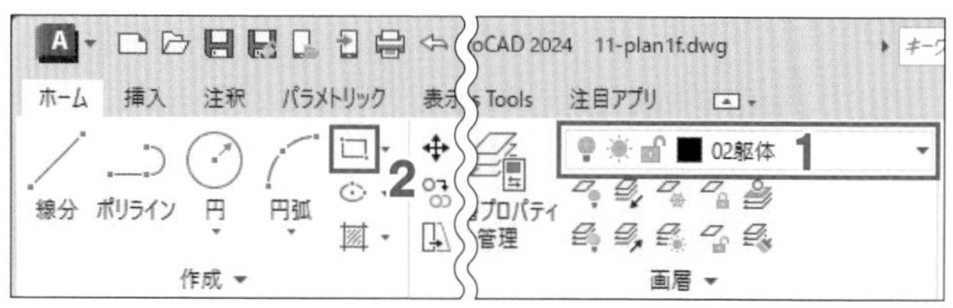

1 現在の画層を「02躯体」にする

2 ［長方形］コマンドを🖱

3 作業領域で Shift キーを押したまま🖱し、優先オブジェクトスナップメニューの［基点設定］を🖱

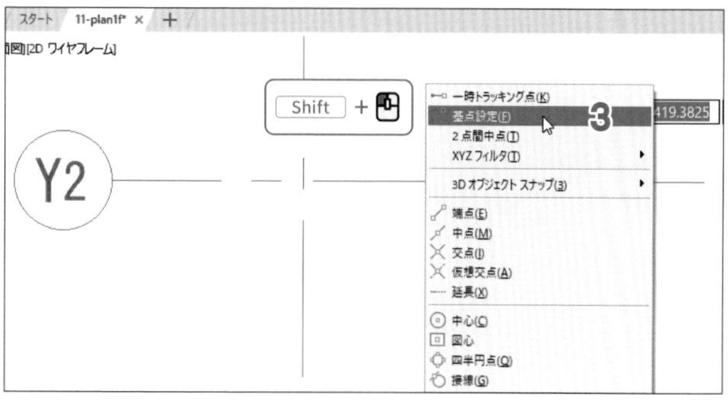

POINT ［基点設定］は指示した基点からの相対座標を指定することで点指示します。

4 基点としてX1-Y2の交点を🖱

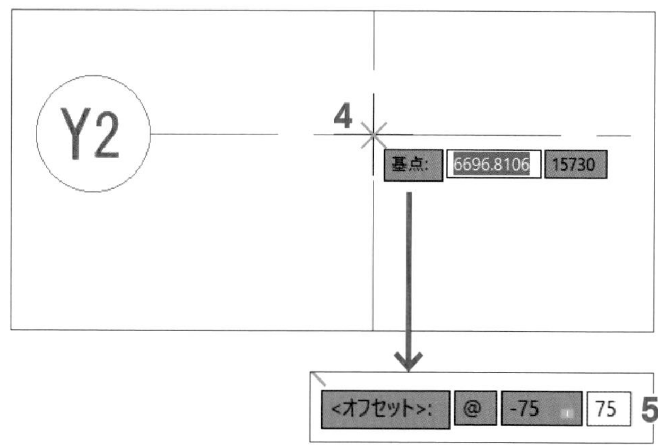

5 オフセット値として、「@-75,75」を入力し、 Enter キーを押す

POINT 相対座標を示す「@」に続けて、4の基点(0,0)からのX座標とY座標を「,」で区切って入力します。基点から見て右と上は＋(プラス)値、左と下は-(マイナス)値で入力します。

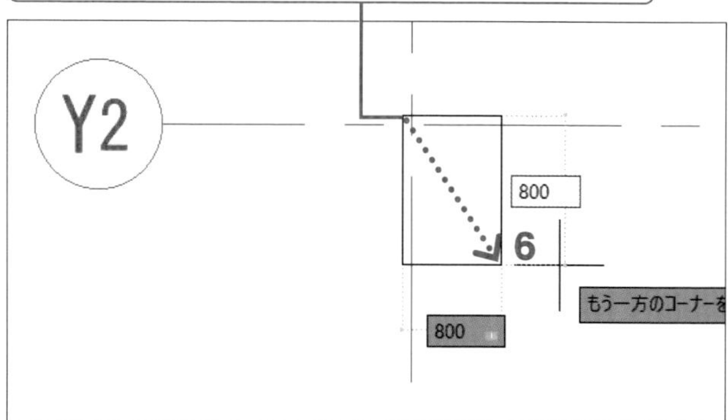

6 マウスカーソルを右下に移動し、長方形の幅として「800」を入力して Tab キーを押し、長方形の高さとして「800」を入力し、 Enter キーを押す

↳4から左に75mm、上に75mmの位置に左上角を合わせ800mm角の柱が作成され、［長方形］コマンドが終了する。

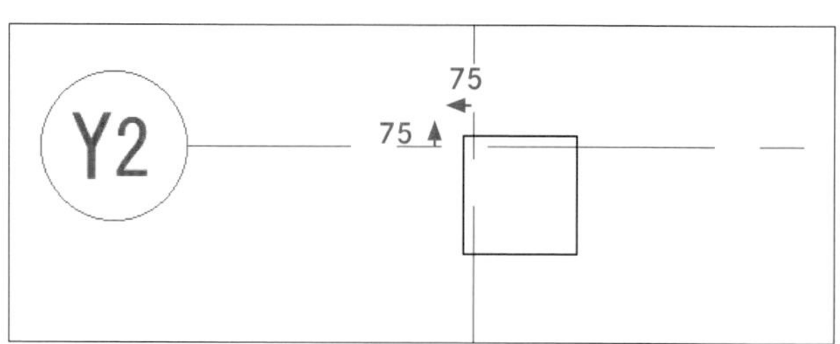

7 X1-Y2の柱も、**2**～**6**を参考にして、800角の柱を右図のように作成する

POINT X1-Y2の交点から左に75mm、下に75mmの位置を長方形の左下角にするため、オフセット値は「@-75,-75」を指定します。

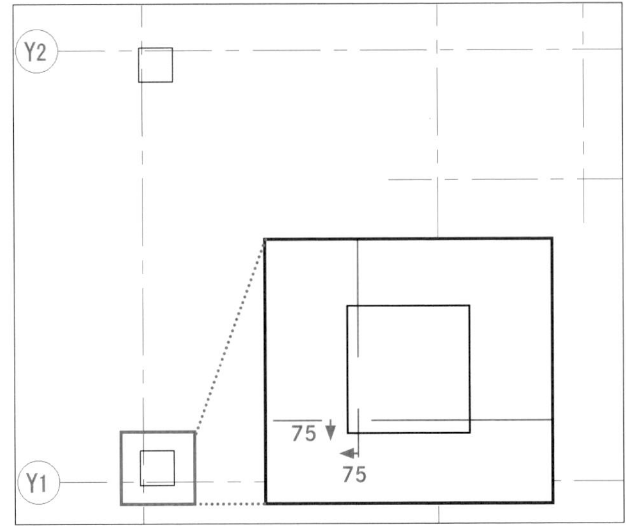

step 2 X1通りの柱をX2、X3通りに複写する

X1通りに作成した2つの柱をX2通りに複写しましょう。

1 窓選択の1つ目のコーナーとして右図の位置で

2 表示される窓選択枠で、X1通りの2つの柱を囲み

↳窓選択枠に全体が入る2つの柱がハイライトされる。

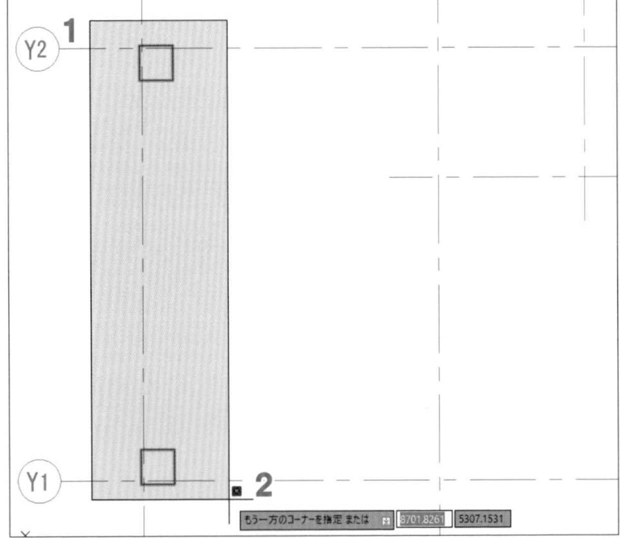

3 [複写]コマンドを

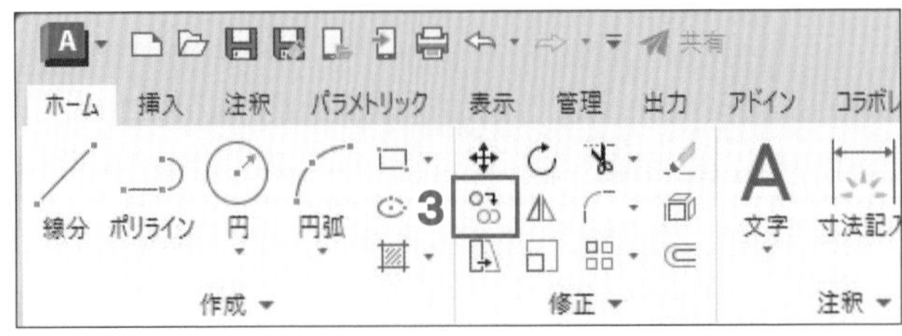

4 複写の基点として、Y2通りの柱上辺の中点を

↳基点をマウスポインタに合わせ、**1**で選択した2つの柱がプレビューされる。

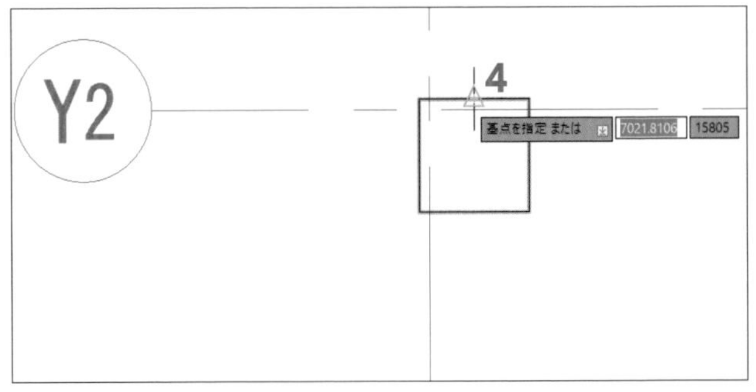

5 複写先として、オブジェクトスナップトラッキングを利用して、複写元の柱上辺の延長上のX2との交点に✕が表示されたら🖱

参考 オブジェクトスナップトラッキング » p.37

POINT ［直交モード］がオフの場合は、右図とは画面表示が多少異なりますが、オブジェクトスナップ［延長］やオブジェクトスナップトラッキングを利用して同様に複写できます。

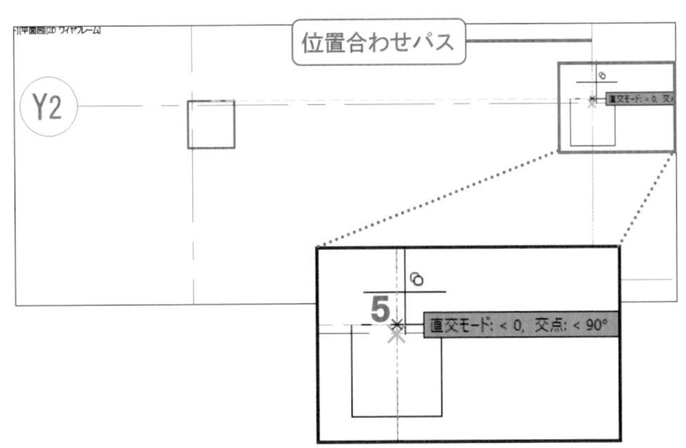

続けて、X3-Y2交点から左に325（800/2-75）mm、上に75mmの位置に柱上辺中点が合うように複写しましょう。

6 作業領域で Shift キーを押したまま🖱し、優先オブジェクトスナップメニューの［基点設定］を🖱

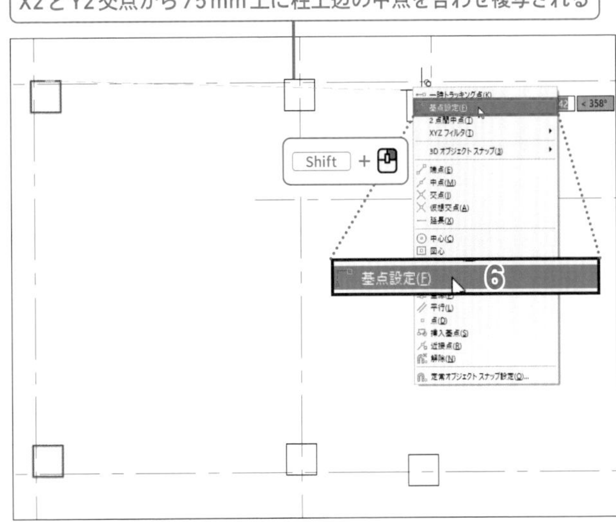

7 オフセットの基点としてX3-Y2の交点を🖱

8 オフセット値として「@-325, 75」を入力し、 Enter キーを押す

↳7の点から左に325mm、上に75mmの位置に複写の基点（柱上辺中点）を合わせ、2つの柱が複写され、複写オブジェクトがマウスカーソルに従いプレビューされる。

9 Enter キーを押して、［複写］コマンドを終了する

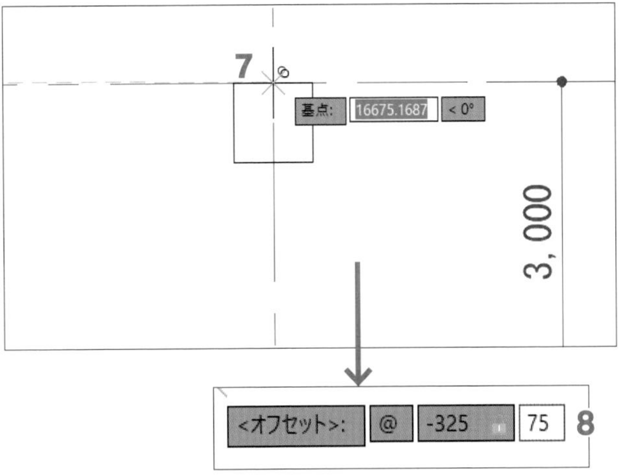

\step/

3 躯体壁を作成する

[線分]コマンドで、3本の外壁線を作成します。誤って近くの通り芯交点にスナップしないよう「01通り芯」画層を非表示にして行いましょう。

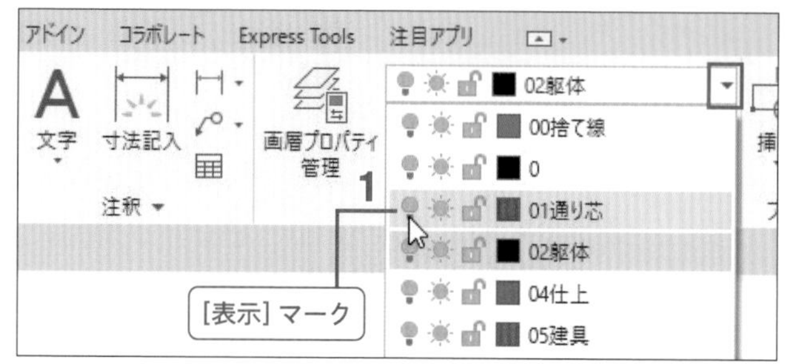

1 [画層]ボックスの▼を🖱し、「01通り芯」の[表示]マークを🖱

↳[表示]マークが[非表示]マークになり、「01通り芯」画層のオブジェクト(通り芯・壁芯)が作業領域から消える(非表示になる)。

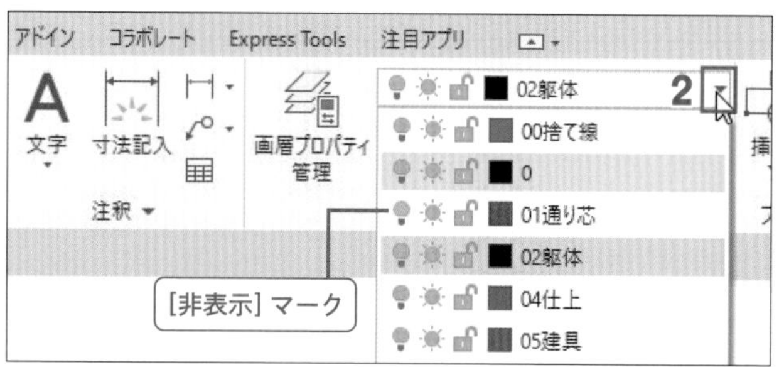

2 [画層]ボックスの▼を🖱し、画層リストを閉じる

3 [線分]コマンドを🖱

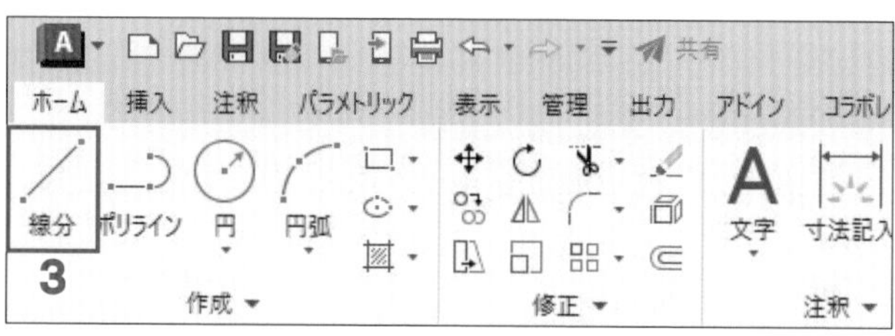

4 [直交モード]をオンにする

5 X2-Y2の柱左上角にマウスカーソルを合わせ、水平左方向に移動する

6 1点目として柱上辺の延長上の右図の位置で🖱

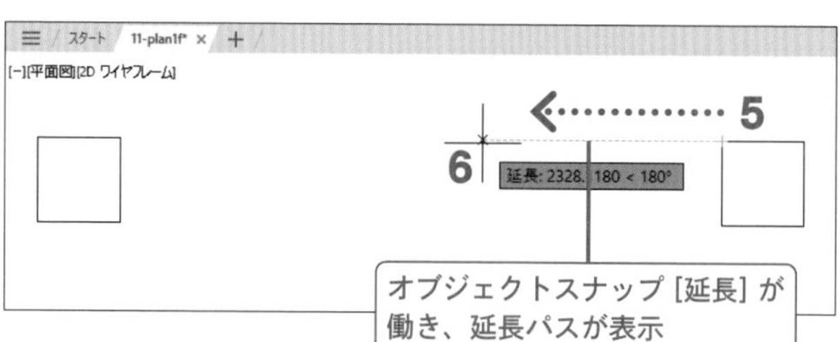

POINT 5の柱上辺の延長上を外壁線の1点目にするため、5〜6の操作を行います。この後の操作で外壁線は、作成済みの柱の辺に重なって作成されますが、問題ありません。

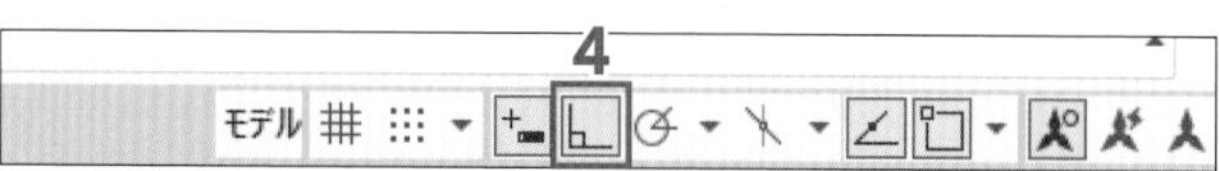

7 マウスポインタを水平右に移動し、2点目として、X3-Y2の柱の右上角を🖱

8 次の点として、X3-Y1の柱の右下角を🖱

9 マウスカーソルを水平方向左に移動し、右図の位置で🖱し、[線分]コマンドを終了する

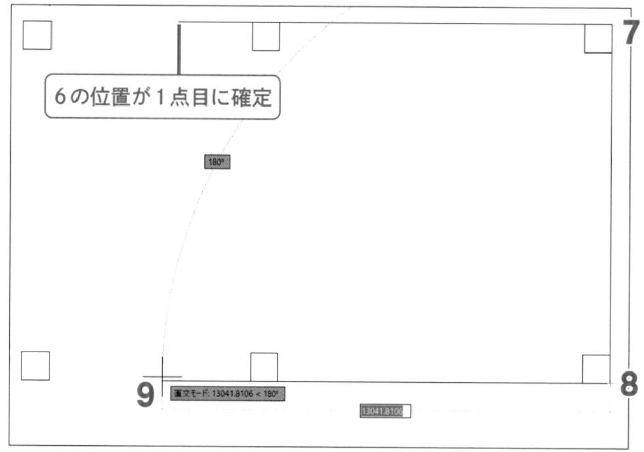

作成した外壁線から150mm内側に内壁線を作成しましょう。

10［オフセット］コマンドを🖱

11［オフセット距離］を「150」とし、右図のように3本の外壁線から150mm内側に内壁線を作成する

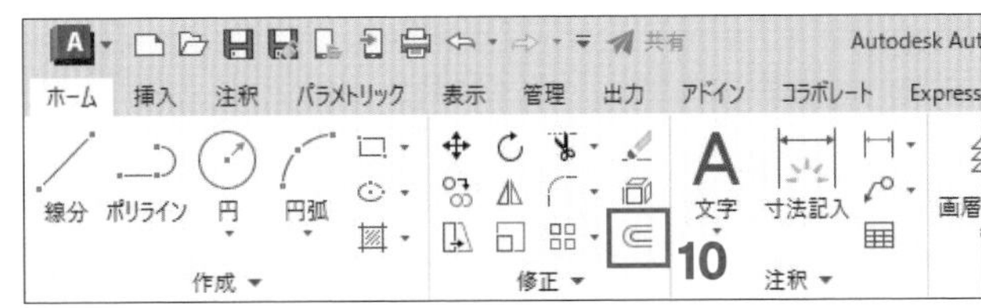

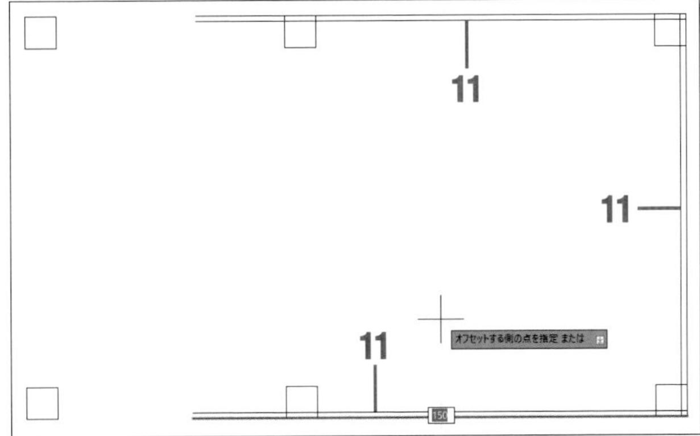

柱と壁の線を整える

X2通り上の柱に重なる内壁線をトリミングしましょう。

1［トリム］コマンドを🖱

2 X2･Y2の柱に重なる内壁線を🖱

3 X2･Y1の柱に重なる内壁線を🖱

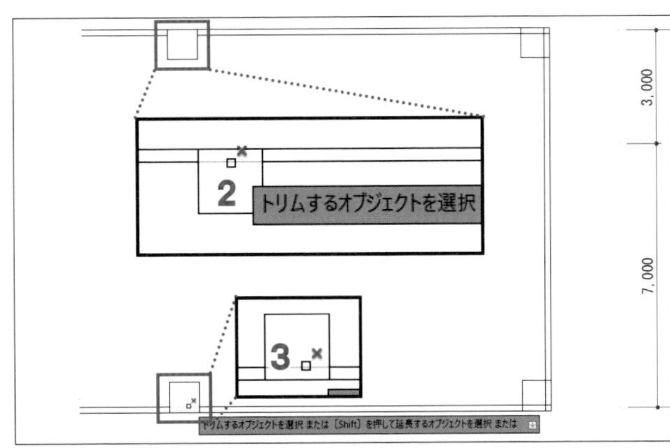

柱と壁の角を作成しましょう。

4［フィレット］コマンドを🖱

5［フィレット］コマンドを連続して利用するために↓キーを押し、オプションメニューの［複数］を🖱

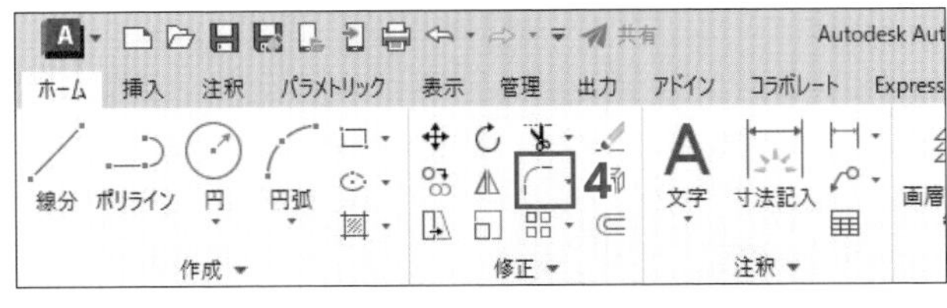

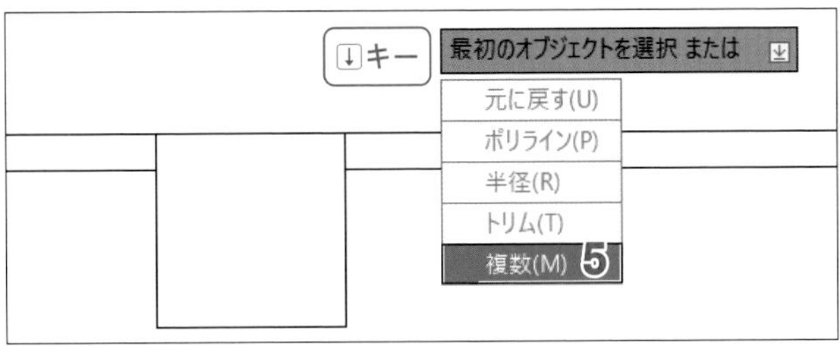

6 最初のオブジェクトとして右図の内壁線を🖱

7 2つ目のオブジェクトとして、6に連続する柱左辺を🖱

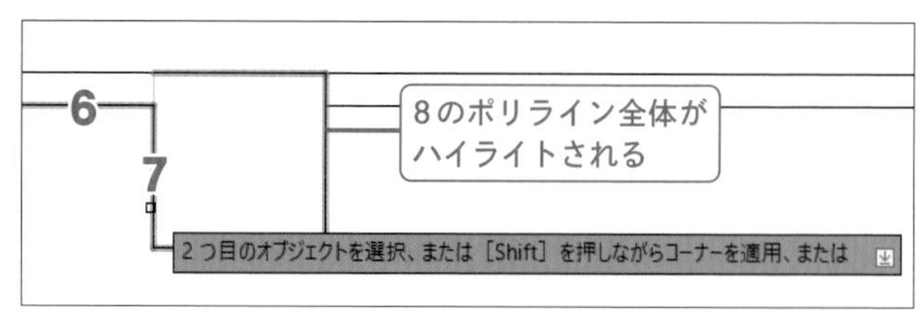

8 続けて、最初のオブジェクトとして右図の柱右辺を🖱

9 2つ目のオブジェクトとして8に連続する内壁線を🖱

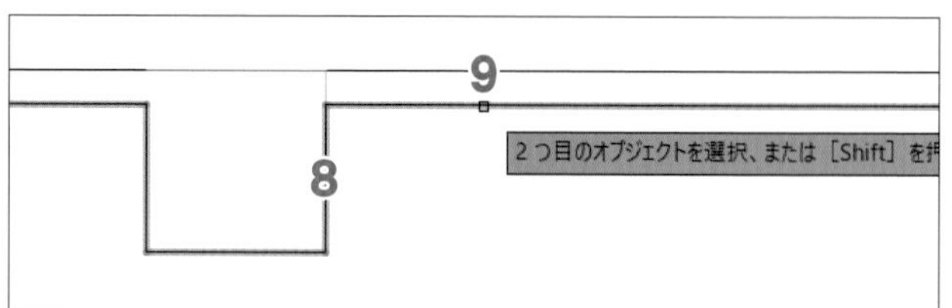

10 他6ヵ所の内壁と柱のコーナーも同様にして、右図のように作成する。

POINT 柱の4辺はポリラインになっているため、コーナー作成により、壁の線分も柱線と連続したポリラインになります。

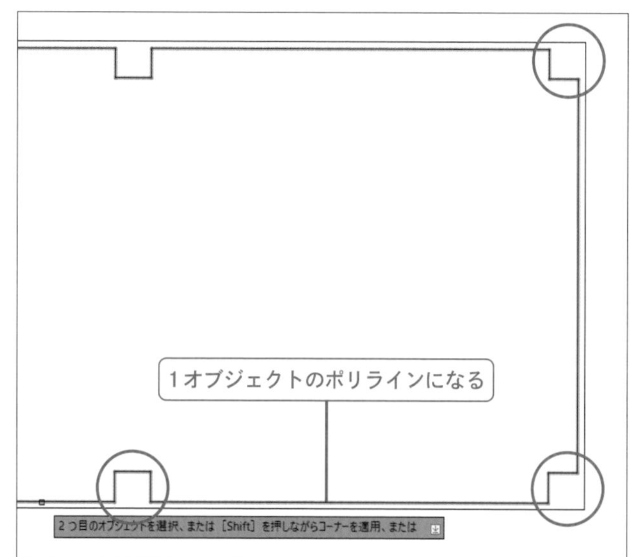

step 5 壁芯を「02躯体」画層にオフセット

階段室の壁を作成するため、壁芯から75mm左と下に壁線を作成しましょう。

1 ［画層］ボックスの▼を🖱し、「01通り芯」画層の［非表示］マークを🖱して［表示］にする

2 ［オフセット］コマンドを🖱

3 ↓キーを押し、オプションメニューの［画層］を🖱

4 さらに表示されるオプションメニューの［現在の画層］を🖱

POINT 「01通り芯」画層の通り芯・壁芯から振り分け75mmで「02躯体」画層にオフセットするため、3,4のオプション指定を行います。

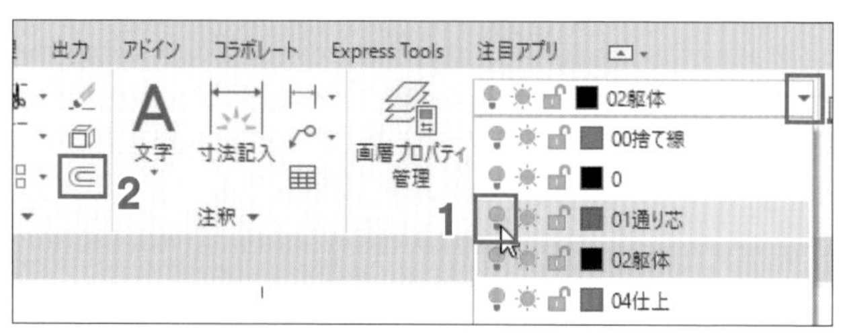

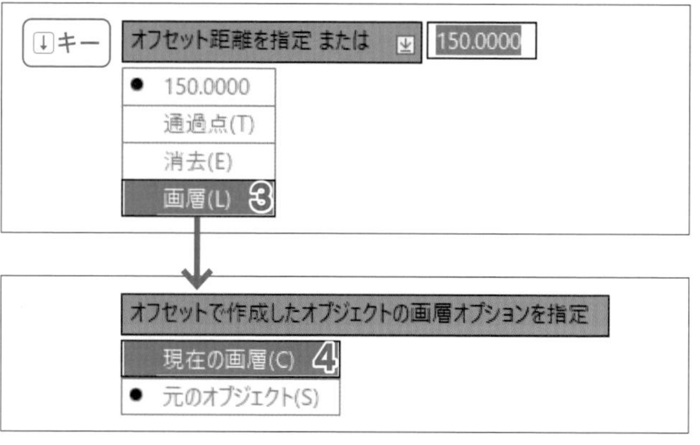

5 X2とX3の間の壁芯から75mm左にオフセットする

6 Y1とY2の間の壁芯から75mm下にオフセットする

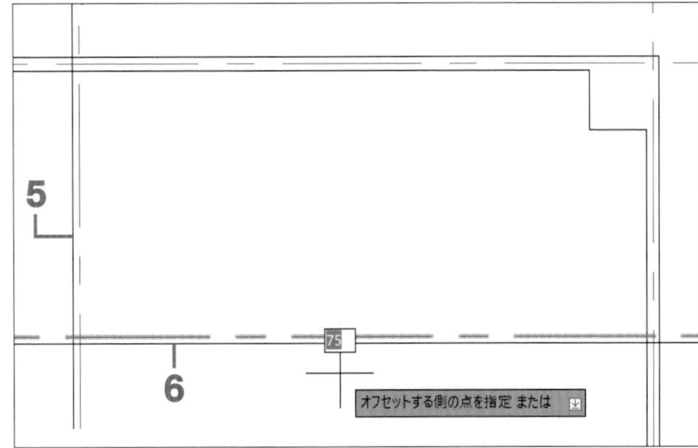

壁芯を非表示にする

作成した壁線の端部を整えやすいよう、[非表示]コマンドを使って、壁芯を非表示にしましょう。

1 [画層]パネルの[非表示]コマンドを

POINT [非表示]コマンドは作業領域でしたオブジェクトが作成されている画層を非表示にします。

2 非表示にするオブジェクトとして壁芯を

↳**2**のオブジェクトの画層(01通り芯)が非表示になる。

3 Enter キーを押して[非表示]コマンドを終了する

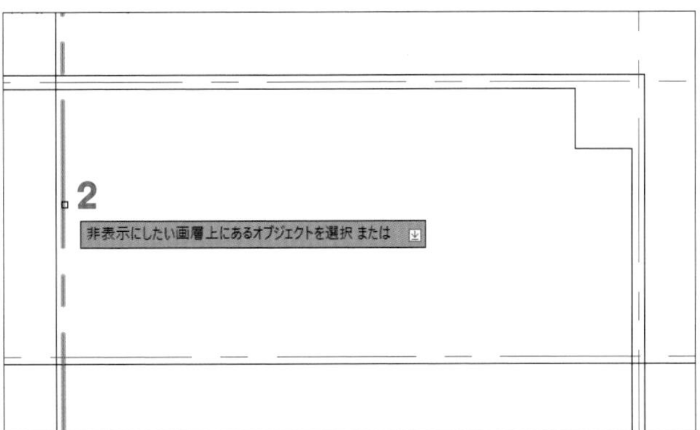

壁の線を整える

壁線の端部を整えましょう。

1 内側の躯体線を

↳**1**のポリライン全体が選択されハイライトされる。

2 [トリム]コマンドを

3 トリムするオブジェクトとして、右図の壁線を切り取りエッジ(ハイライトされた躯体線)の外側で

4 トリムするオブジェクトとして、もう一方の壁線を切り取りエッジの右側で

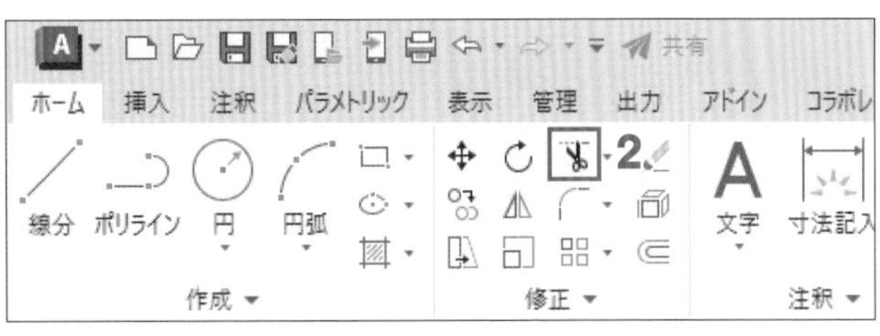

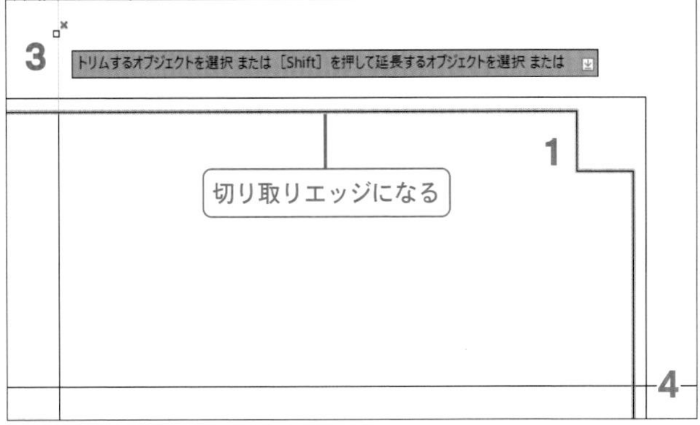

6 ［フィレット］コマンドを選択し、壁線の角を右図のように整える

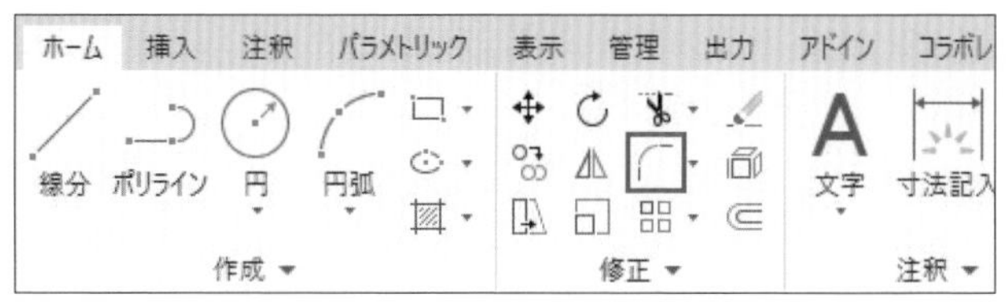

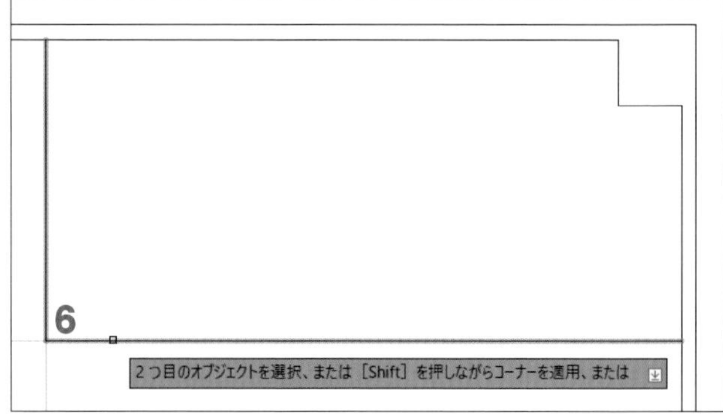

連続した線分をポリラインにする

1度の操作でオフセットできるよう、2本の壁線をポリラインにします。

1 「修正▼」を

2 ［ポリライン編集］コマンドを

3 ↓キーを押し、オプションメニューの［一括］を

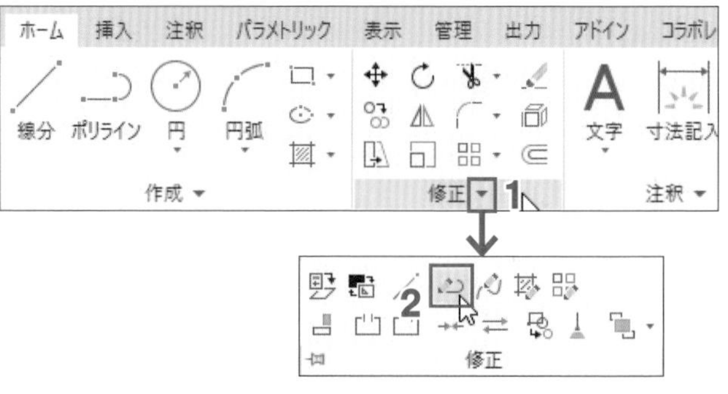

4 壁の線2本をして選択する

5 作業領域でし、ポリラインにするオブジェクトを確定する

6 表示されるダイナミック入力ボックスの「Y」を確認し、Enter キーを押す

7 オプションメニューの［結合］を

8 表示されるダイナミック入力ボックスの「0」を確認し、Enter キーを押す

9 再びオプションメニューが表示されるので Enter キーを押して［ポリライン編集］コマンドを終了する

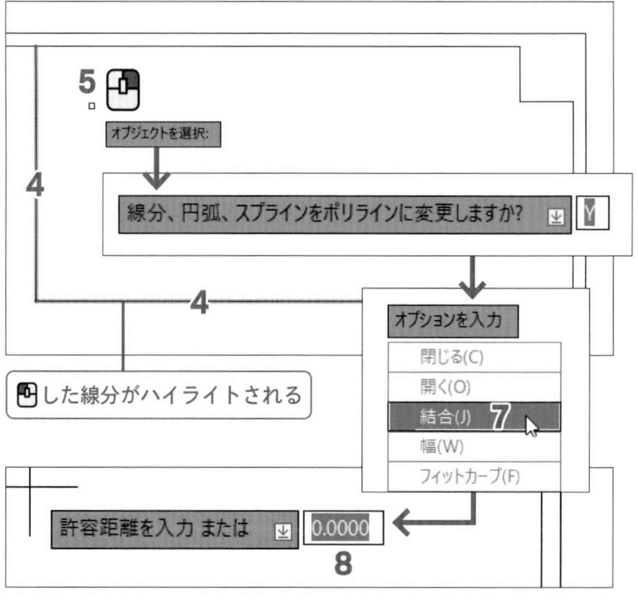

厚さ150mmの内壁を作成する

ポリラインにした壁線から150mm階段室側にオフセットし、外壁との交差部を整えましょう。

1 ［オフセット］コマンドで、ポリラインにした壁線を150mm階段室側にオフセットする

2 ［トリム］コマンドで、外壁との交差部2カ所を整える

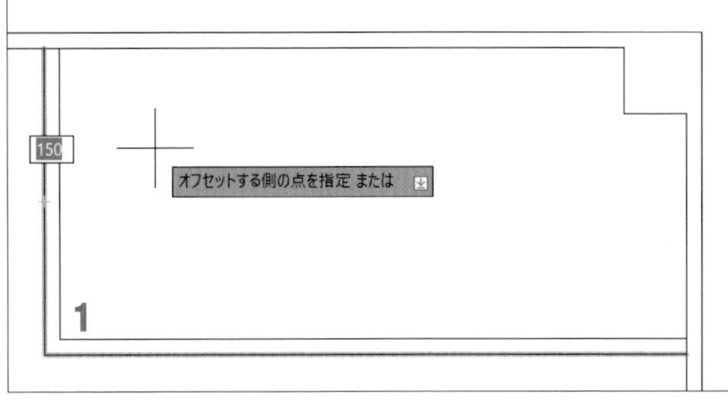

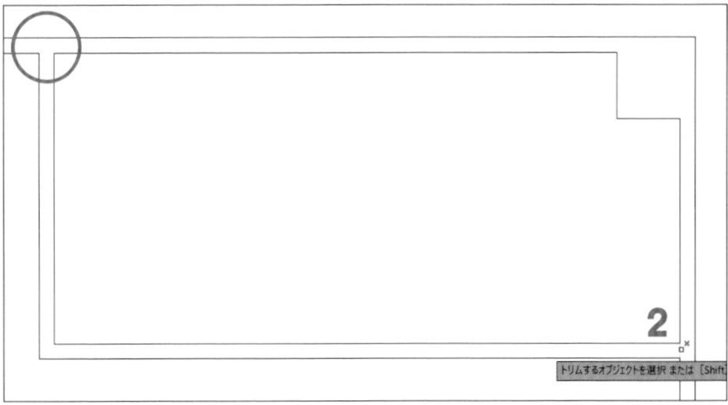

外側の躯体線をポリラインにする

3本の線分である外側の躯体線をポリラインにしたうえで、上書き保存しましょう。

1 「修正▼」を🖱し、［ポリライン編集］コマンドを🖱

2 ↓キーを押し、オプションメニューの［一括］を🖱

3 外側の躯体線3本を🖱して選択する

4 作業領域で🖱し、ポリラインにするオブジェクトを確定する

5 ダイナミック入力ボックスの「Y」を確認し、Enterキーを押す

6 オプションメニューの［結合］を🖱

7 ダイナミック入力ボックスの「0」を確認し、Enterキーを押す

8 Enterキーを押して［ポリライン編集］コマンドを終了する

以上でDay12は終了です。
ファイルを上書き保存してください。

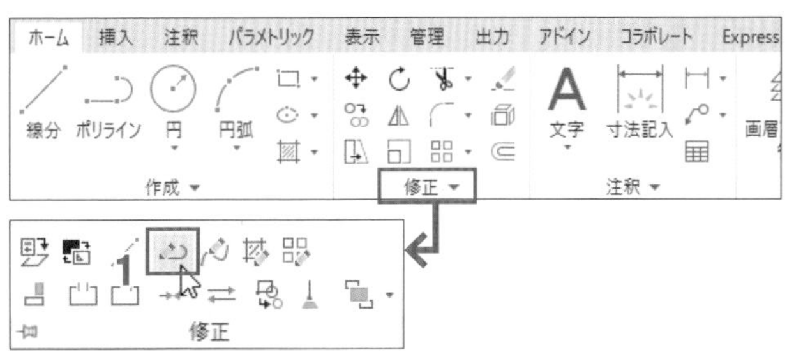

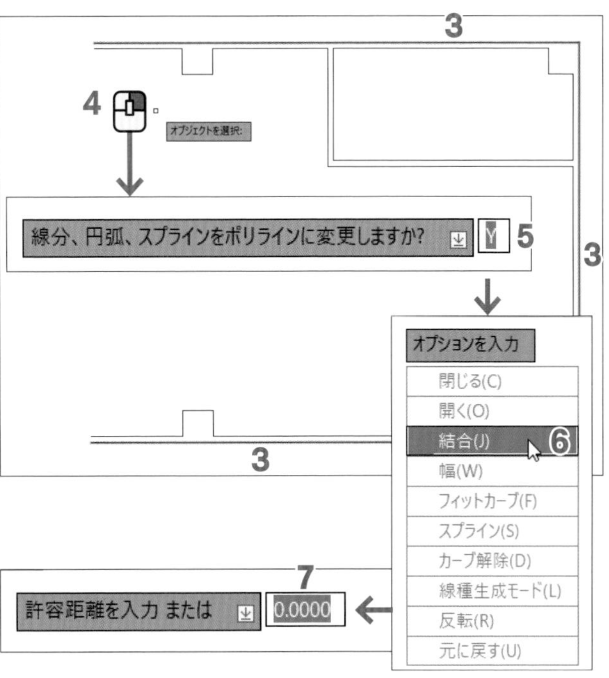

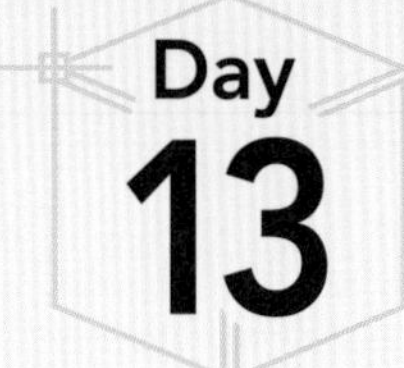

Day 13 仕上と開口・階段の作成

Day12で躯体を作成した11-plan1f.dwgを開き、仕上と開口および階段を作成しましょう。

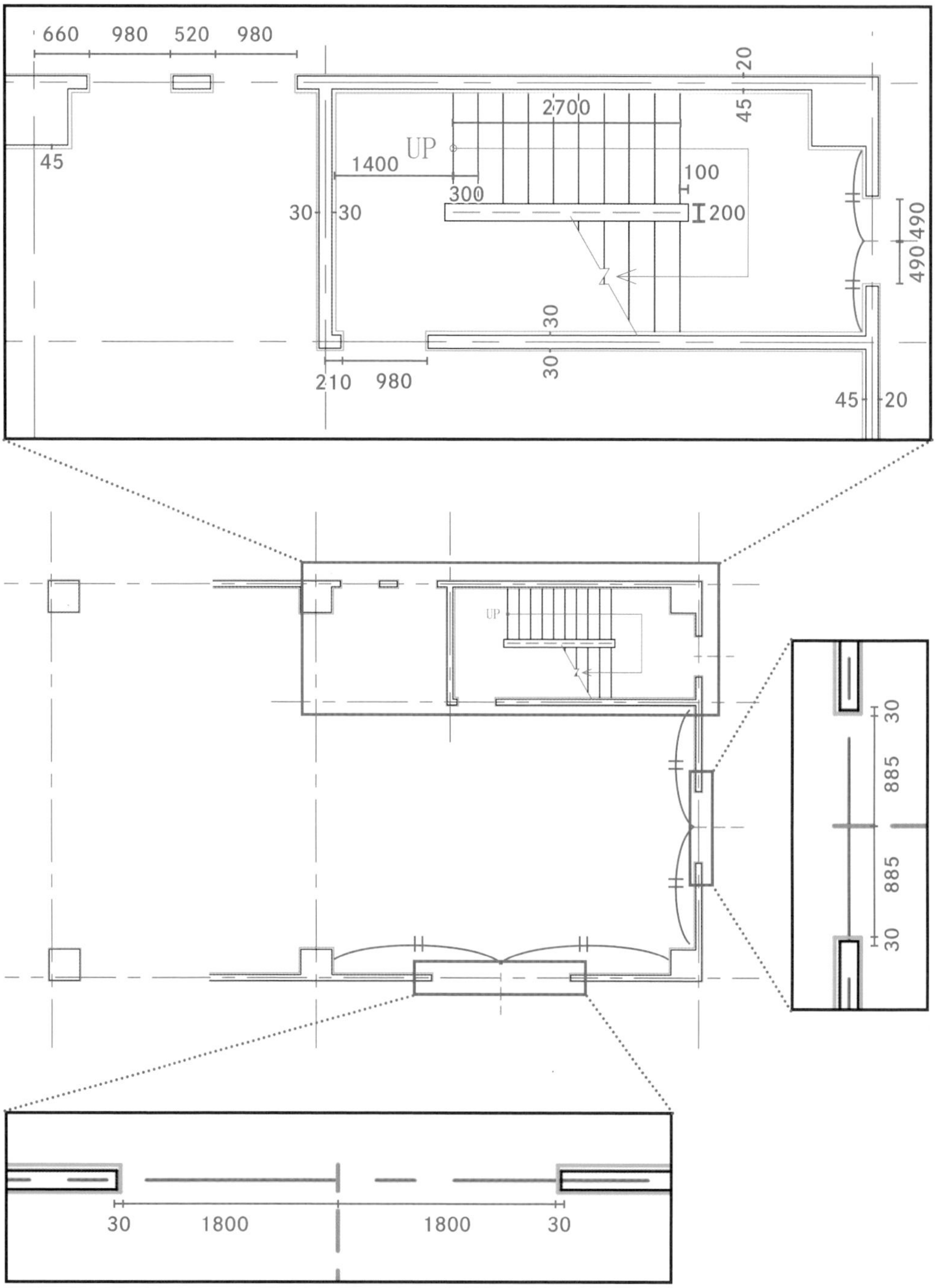

外部仕上を作成する

外側の躯体線から20mmの厚みで外部仕上を作成しましょう。

1 現在の画層を「04仕上」にする

2 [オフセット]コマンドを選択し、オプションの[現在の画層]を指定する

参考 [オフセット]現在の画層 » p.156

3 オフセット距離として「20」を指定し、外側の躯体線を🖱してその外側で🖱

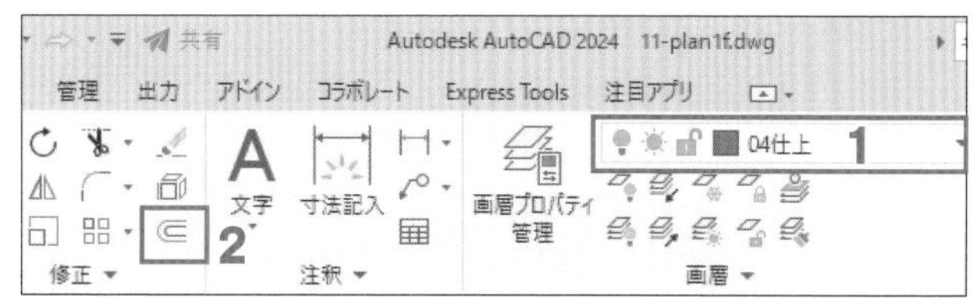

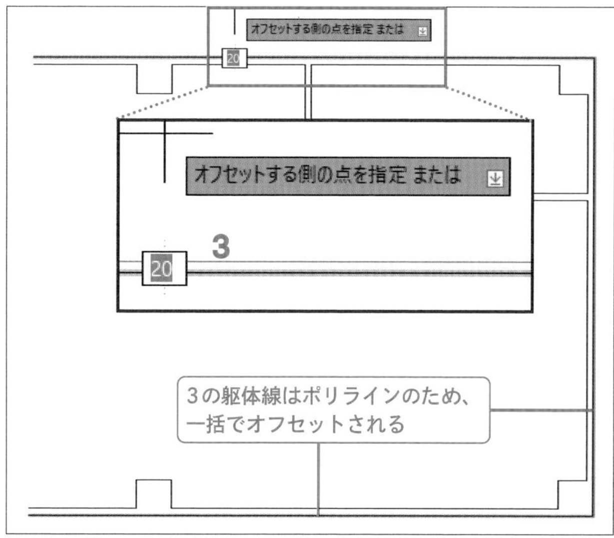

続けて、X1通りの2つの柱にも20mm厚で外部仕上を作成しましょう。

4 柱線を🖱し、柱線の外側で、オフセット距離「20」を確認して🖱

5 もう一方の柱にも同様にして外部仕上を作成する

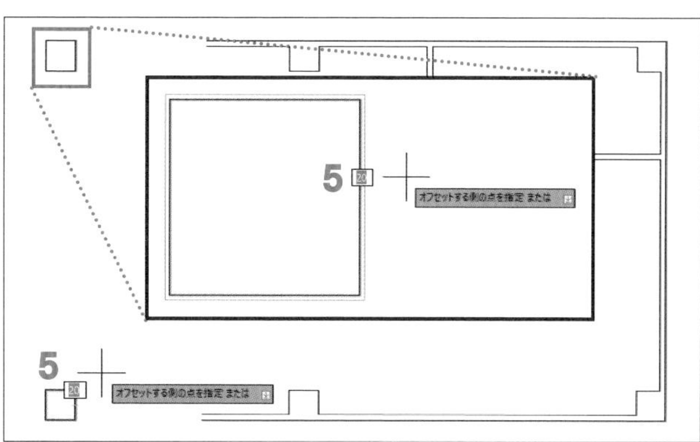

内部仕上を作成する

あらためて[オフセット]コマンドを選択し、外壁の内部仕上を厚45mmで作成しましょう。

1 [オフセット]コマンドを選択し、オフセット距離として「45」を入力する

2 X2-Y2の柱の下辺を🖱し、マウスカーソルを下に移動して🖱

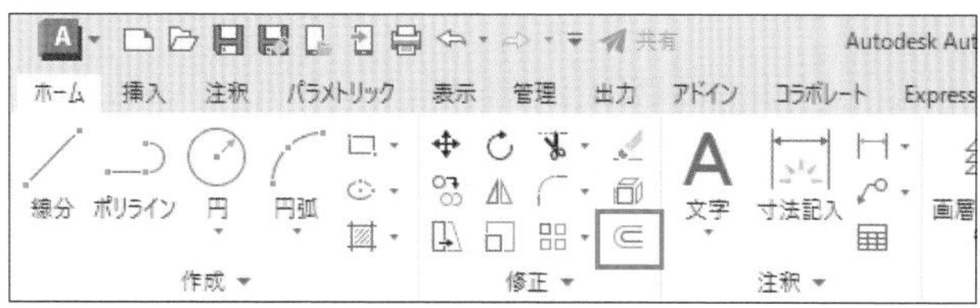

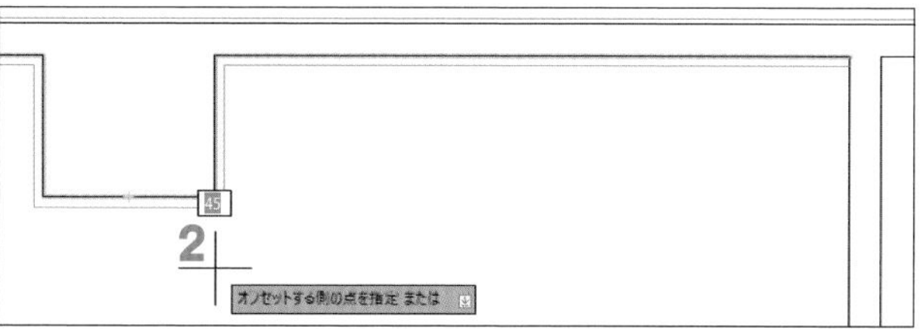

3 階段室の柱の左辺(または下辺)をし、45mm室内側にオフセットする

4 X3-Y1の柱の上辺(または左辺)をし、45mm室内側にオフセットする

POINT ここでは、オフセットの対象オブジェクトを読者に正確に伝えられるように、「柱の左辺を」などと表記しましたが、内側の躯体線であれば、どの線をしても同じです。

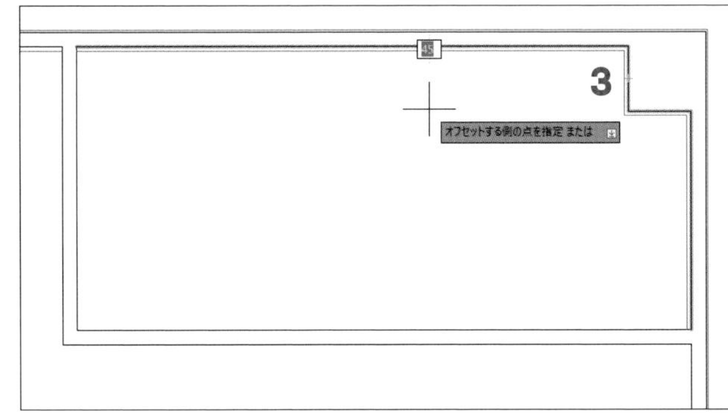

階段室の内部躯体から厚30mmで仕上を作成しましょう。

5 階段室側の躯体線をし、30mm階段室内側にオフセットする

6 もう一方の躯体線をし、30mm階段室の外側にオフセットする

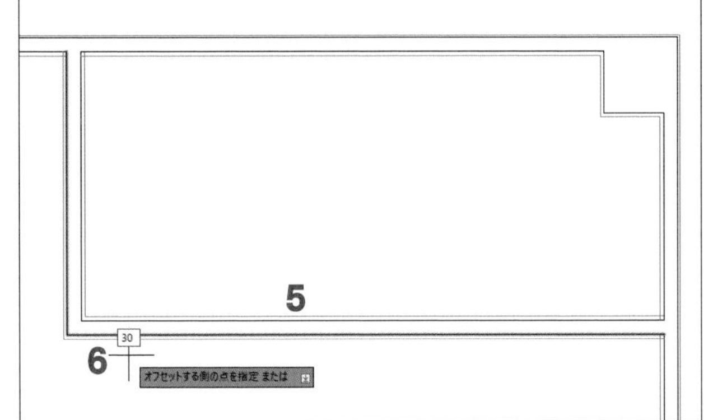

編集操作がしやすいよう、躯体を非表示にしたうえで、仕上の線が交差する部分を整えましょう。

7 「02躯体」画層を非表示にする

参考 画層を非表示 » p.170

8 [フィレット]コマンドを選択し、オプションの[複数]を指定する

参考 [フィレット]複数 » p.56

9 右図4ヵ所の角を整える

POINT 階段室の一連の仕上線はポリラインになります。

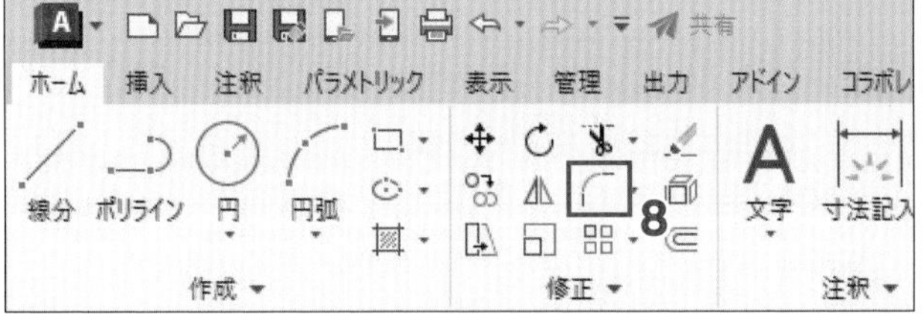

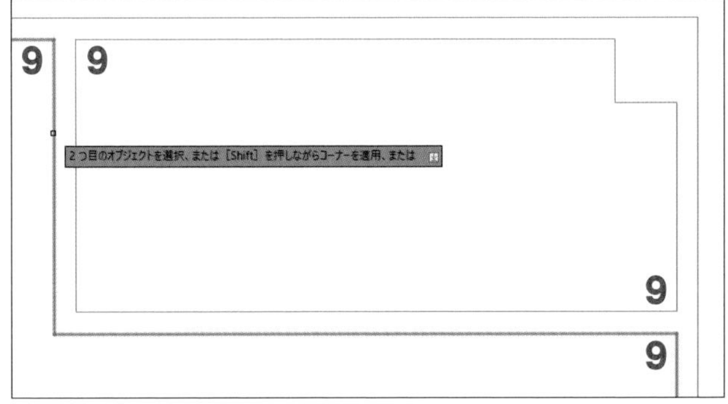

開口の中心線を作成する

X3通り上の2つの開口とY1通りのエントランスの開口の中心線となる線分を、捨て線で作成しましょう。

1 現在の画層を「00捨て線」にする

2 [線分]コマンドを🖱

3 1点目として、階段室右の内部仕上線の中点を🖱

? △中点が表示されない
» p.275 Q06

4 [直交モード]がオンの状態で、水平右にマウスカーソルを移動して2点目として右図の位置で🖱

5 2～4と同様にして右図の内部仕上線の中点から右方向に水平線を作成する

6 同様にして、Y1通りの右図の内部仕上線の中点から下方向に垂直線を作成する

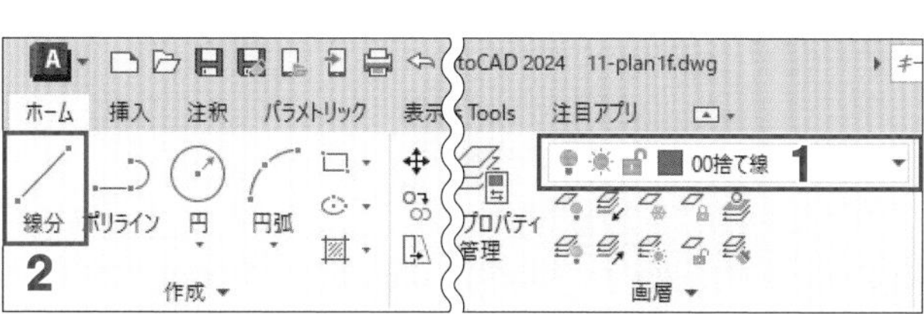

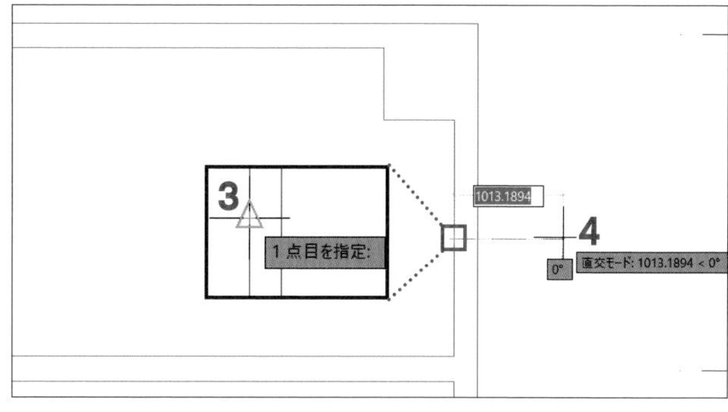

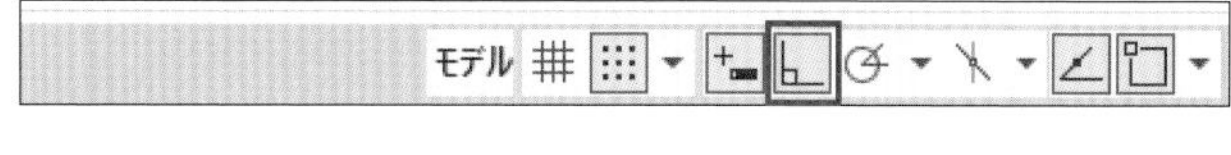

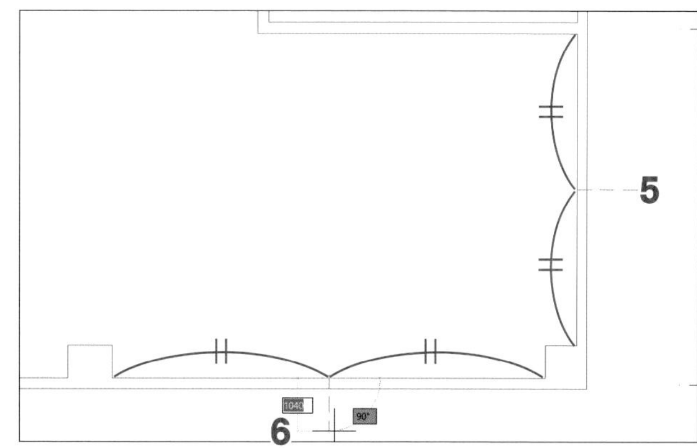

開口の仕上を作成する

前項で作成した中心線を基準に、開口両端の仕上を作成しましょう。

1 現在の画層を「04仕上」にする

2 [オフセット]コマンドを🖱

3 階段室開口位置の中心線から490mm上と下にオフセットする

4 X3通りのもう1カ所の開口位置の中心線から885mm上と下にオフセットする

5 Y1通りの開口位置の中心線から1800mm左と右にオフセットする

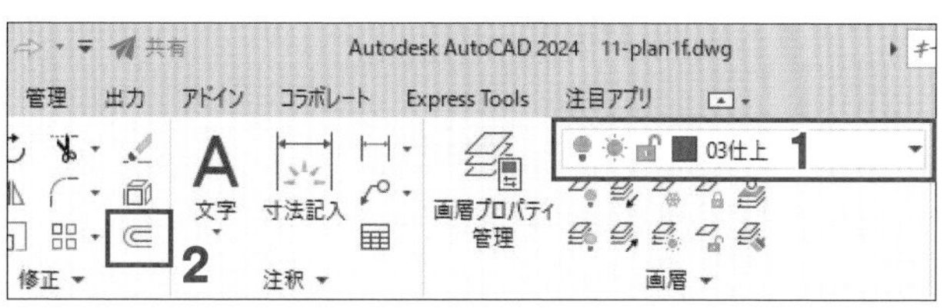

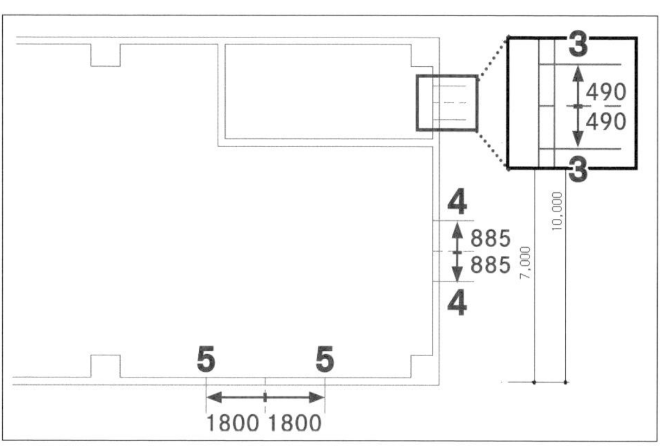

開口を作成しましょう。

6 「00捨て線」画層を非表示にする

7 ［トリム］コマンドを🖱

8 フェンスの始点として右図の位置で🖱

9 X3通りの外部仕上からはみ出した4本の線にフェンスが交差する位置で🖱

10 同様にして、Y1通りの外部仕上からはみ出した2本の線分もトリムする

11 同様にして、開口3カ所に重なる仕上線を右図のようにトリムする

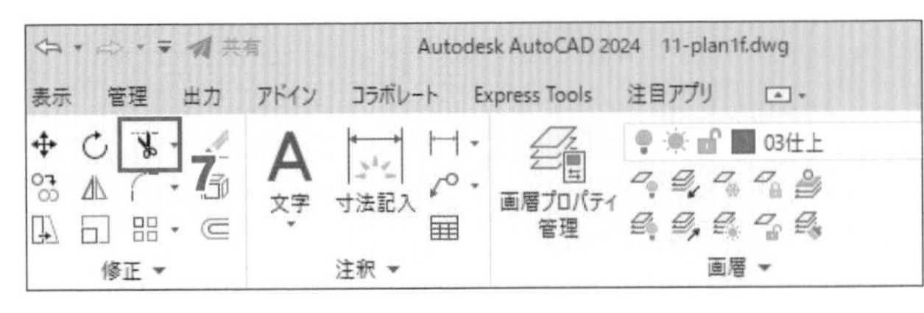

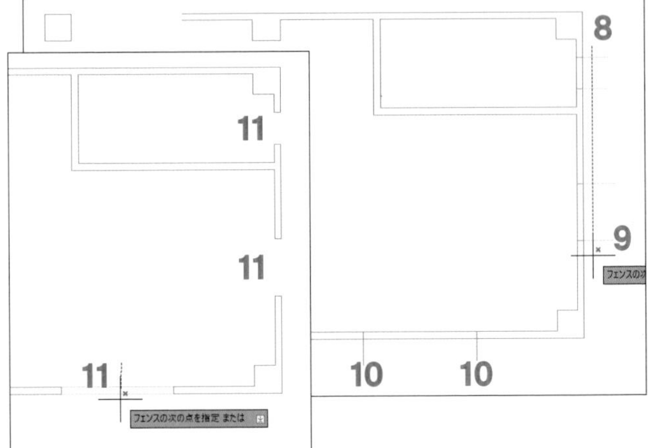

step

他の開口を作成する

Y2通りの2つの開口を作成しましょう。はじめにX2から660mm右に開口の仕上線を作成しましょう。

1 「01通り芯」画層を表示する

2 ［線分］コマンドを🖱

3 作業領域で Shift キーを押したまま🖱し、優先オブジェクトスナップメニューの［基点設定］を🖱

4 線分1点目の基点として、外部仕上と通り芯X2の交点を🖱

5 オフセット値として「@660, 0」を入力し、Enter キーを押す

↳4の交点から右に660mmの位置を1点目とした線分がマウスカーソルまでプレビューされる。

6 オブジェクトスナップトラッキングまたはオブジェクトスナップの［延長］を利用して、内部仕上の線上を2点目とする垂直線を作成する

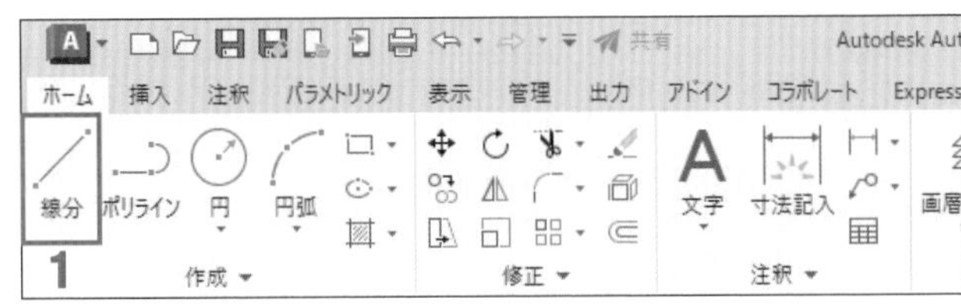

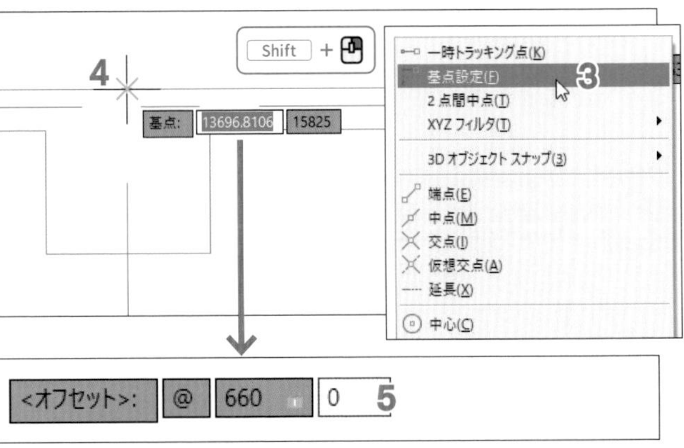

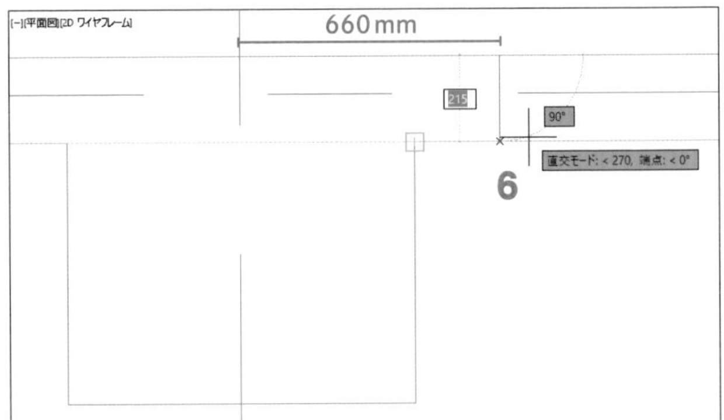

作成した線分を980mm、520mm、980mm右にオフセットし、開口に重なる仕上線をトリムしましょう。

7 [オフセット]コマンドで、**6**で作成した線分を右図のようにオフセットする

8 [トリム]コマンドで、右図のように開口をあける

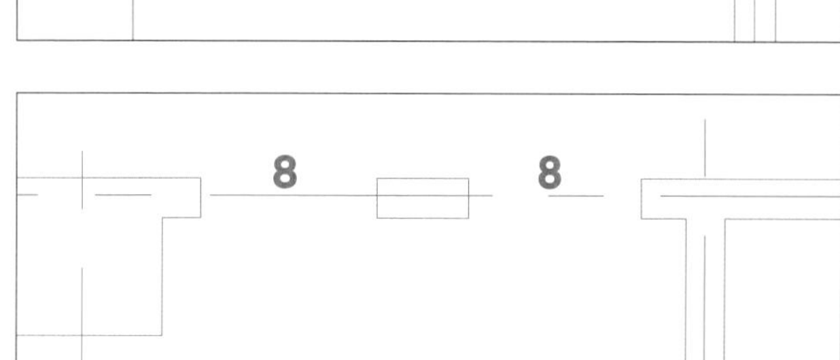

階段室入口の開口を作成しましょう。

9 同様にして、右図の寸法で階段室入口の開口を作成する

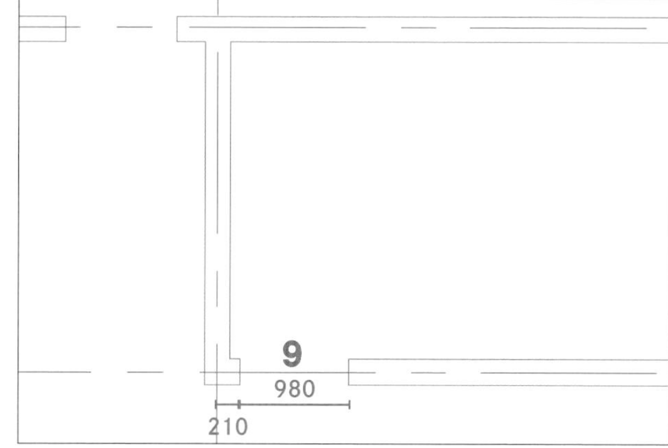

躯体に開口を作成する

「04仕上」画層に作成した開口に合わせ、躯体部分の開口も作成しましょう。

1 [画層]ボックスを🖱し、「01通り芯」画層を非表示にし、「02躯体」画層を現在の画層にする

POINT 非表示の「02躯体」画層を現在の画層に指定したため、右図のウィンドウが開きます。非表示では作成したオブジェクトを画面で確認できないため、次の操作で現在の画層にした「02躯体」画層を表示指定します。

2 [現在の画層を表示のままにする]を🖱

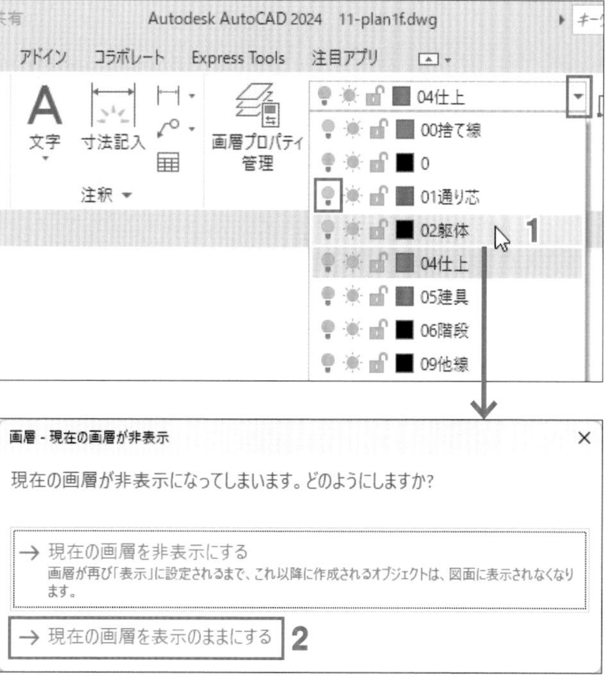

3 ［オフセット］コマンドを選択し、Y2通り上の開口両端の仕上線から右図のように30mmオフセットして、開口両端の躯体線を作成する

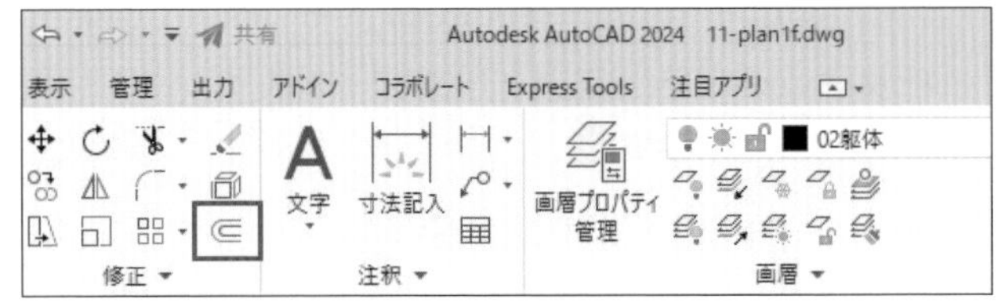

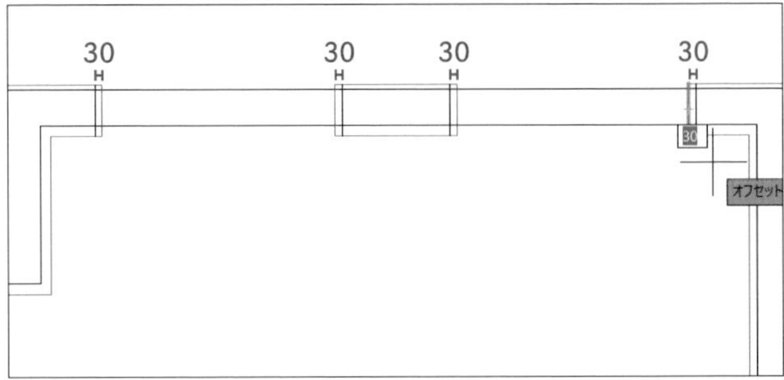

4「04仕上」画層を非表示にする

5 ［トリム］コマンドを選択し、フェンス選択などを利用して、次図のように開口を整える

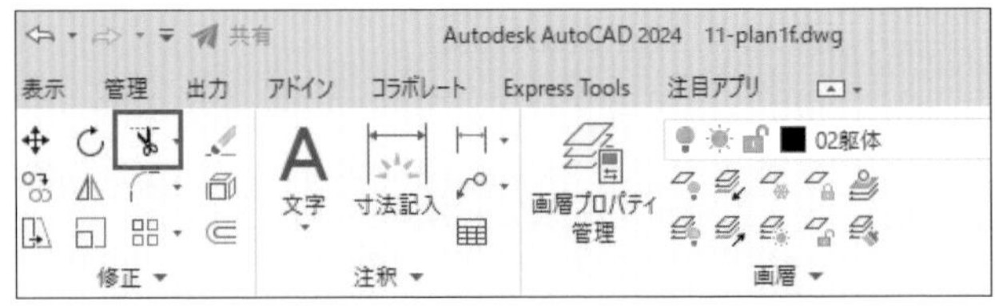

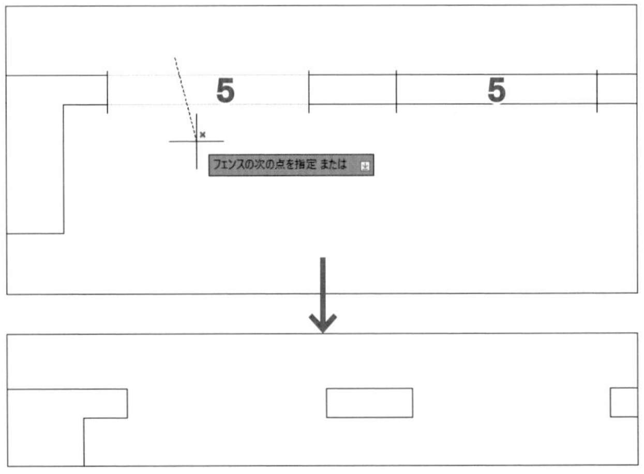

6「04仕上」画層を表示し、3と同様に、各開口両端の仕上線から30mmオフセットして開口両側の躯体線を作成する

7「04仕上」画層を非表示にし、5と同様に［トリム］コマンドのフェンス選択などを利用して、躯体の開口を右図のように整える

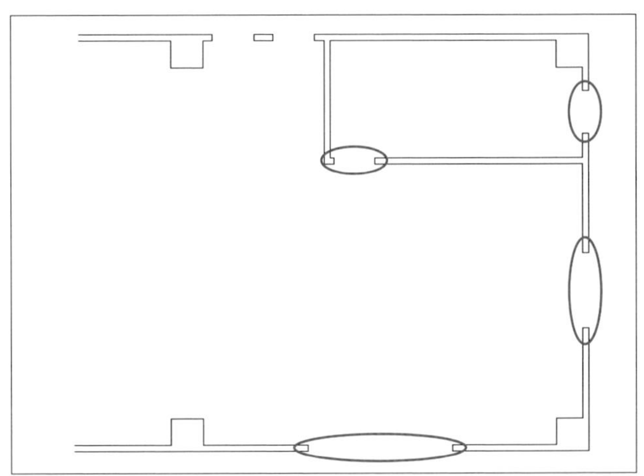

現在の画層と画層の非表示⇔表示のコントロール

現在の画層を指定する、任意のオブジェクトが作成されている画層を非表示にする、非表示の画層を表示するなど、必須となる画層のコントロール方法について、これまで学習した方法を確認しましょう。

◆目的の画層が分かる場合

[画層]ボックスをクリックして表示される画層リストでコントロールします

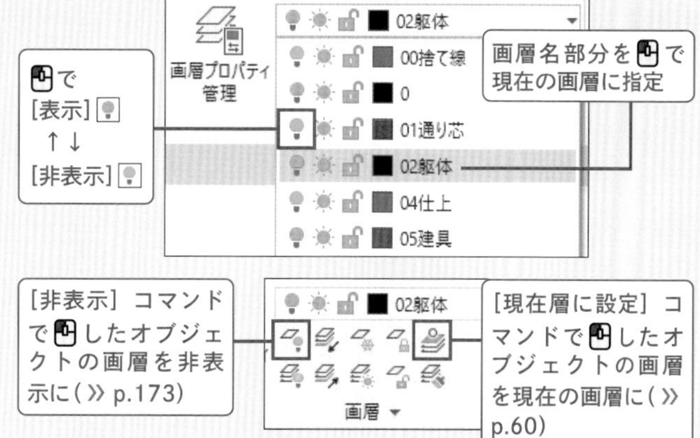

◆目的の画層が分からない場合

[非表示]コマンドや[現在層に設定]コマンドで作業領域のオブジェクトをクリックします

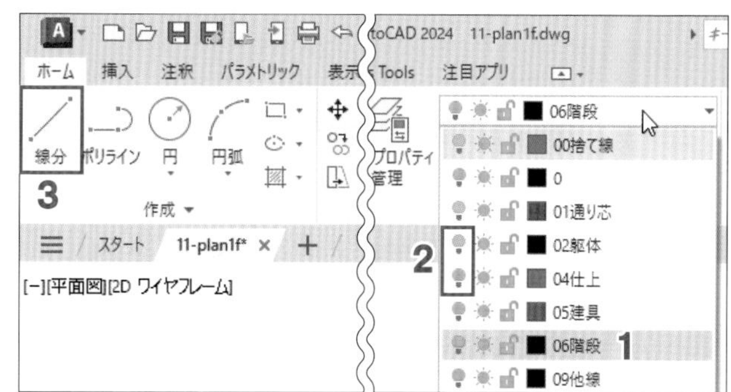

step 7 階段を作成する

階段室左の仕上から1400mm右に階段の1段目を作成しましょう。

1 現在の画層を「06階段」にする
2 「02躯体」画層を[非表示]に、「04仕上」画層を[表示]にする
3 [線分]コマンドを選択し、優先オブジェクトスナップメニューの[基点設定]を利用して、右図のように階段の1段目の線を作成する

参考 [優先オブジェクトスナップ]基点設定 » p.167

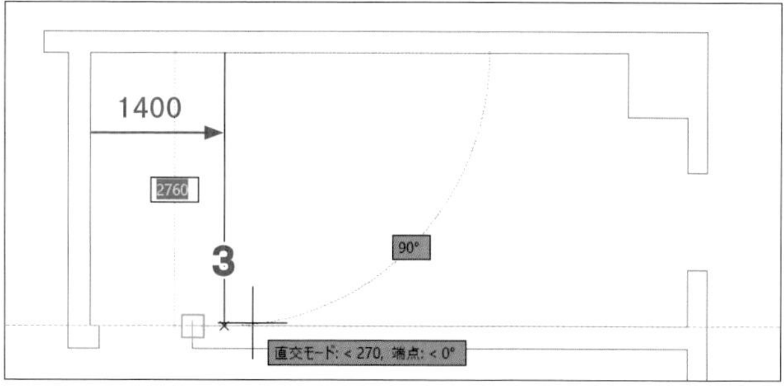

作成した階段線を300mm間隔でオフセットしましょう。

4 [オフセット]コマンドを選択し、オフセット距離として「300」を指定する
5 オフセットするオブジェクトとして、3で作成した線分をクリック
6 マウスカーソルを右に移動し、↓キーを押してオプションメニューの[一括]をクリック

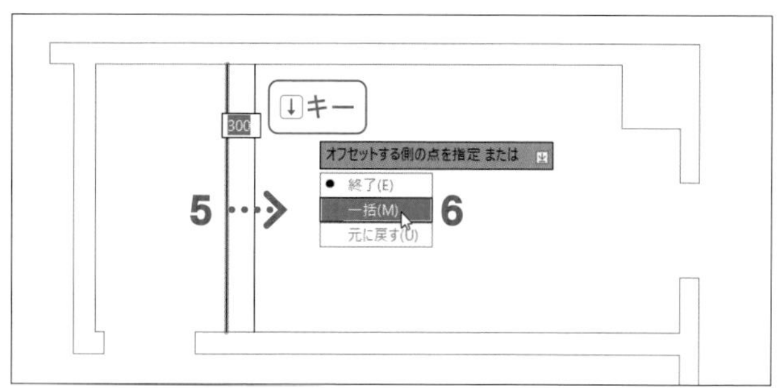

POINT オプションの[一括]を指定することで、マウスカーソルの方向に同間隔で、連続してオフセットすることができます。

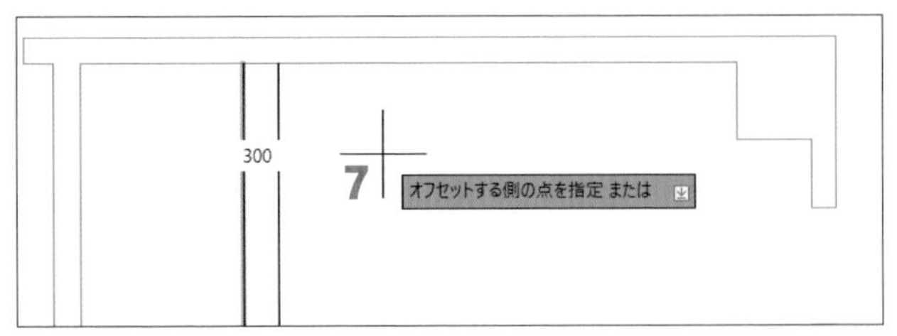

7 右図のように「300」が表示された状態でオフセット側を決める

POINT **5**で指示した線分から300mm右にオフセットされ、マウスカーソルのある側に、300mm間隔で次のオフセットがプレビューされます。表示される数値「600」は、**5**で指示した線分からの距離を示します。

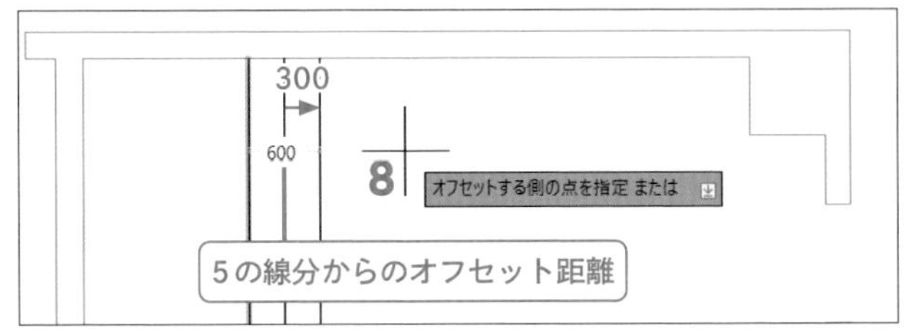

8 右図のように「600」と表示された状態で、確定するための

9 表示される距離が「2700」になるまでを繰り返し、「2700」になったら確定するための

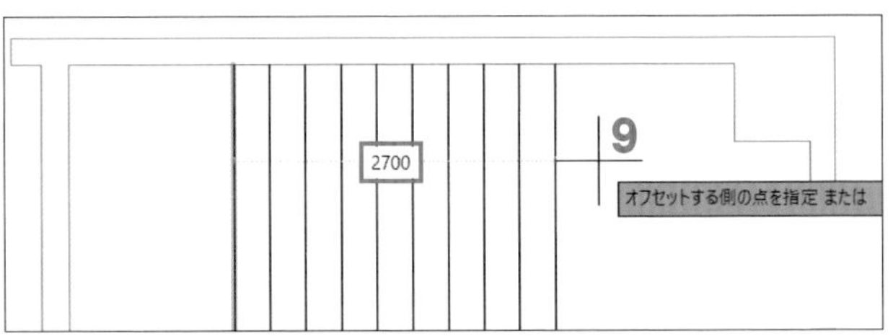

10 距離が「3000」と表示されたら作業領域でし、ショートカットメニューの[終了]を

POINT 距離が「3000」になった時点では確定のはしないため、「3000」のひとつ前の「2700」までがオフセットされたことになります。

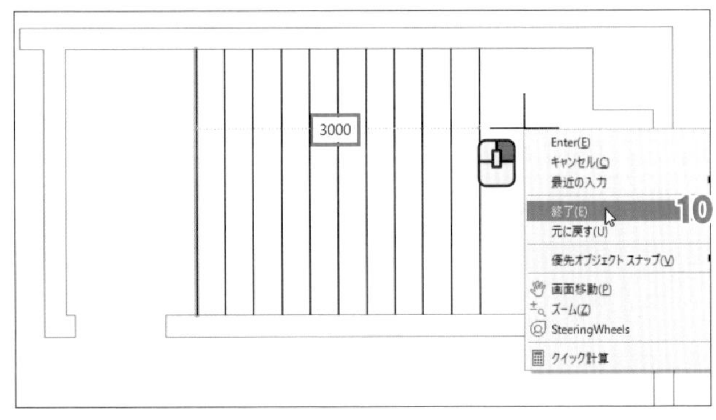

step 8 階段手摺を作成する

階段の中心線を捨て線で作成しましょう。

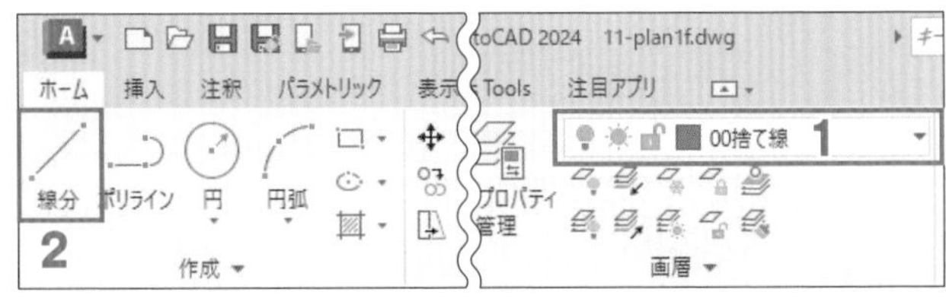

1 現在の画層を「00捨て線」にする

2 [線分]コマンドを選択する

3 1点目として左端の階段線の中点を

4 2点目として右端の階段線の中点を

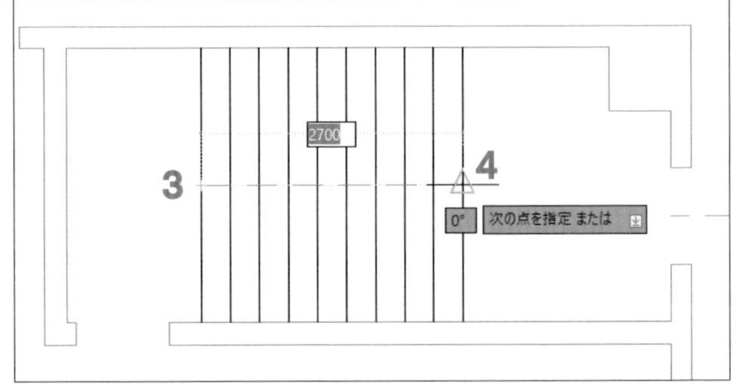

中心線から振り分け100mm、左右の階段線からも100mmで手摺の外形線を作成しましょう。

5 現在の画層を「06階段」にする

6 [オフセット]コマンドを選択し、オフセット距離「100」を指定する

7 中心線から100mm上と下にオフセットする

8 左右の階段線から100mm右図のようにオフセットする

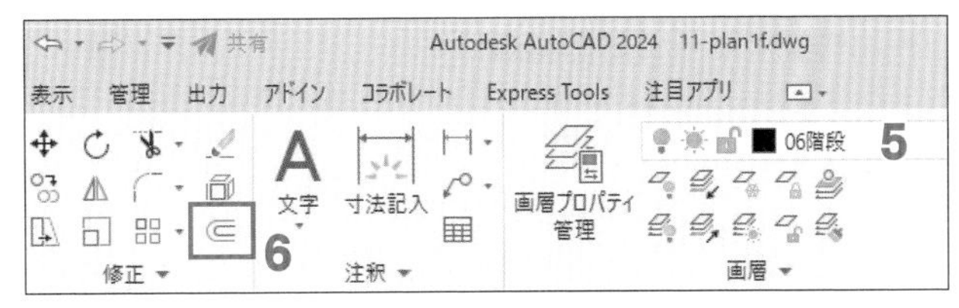

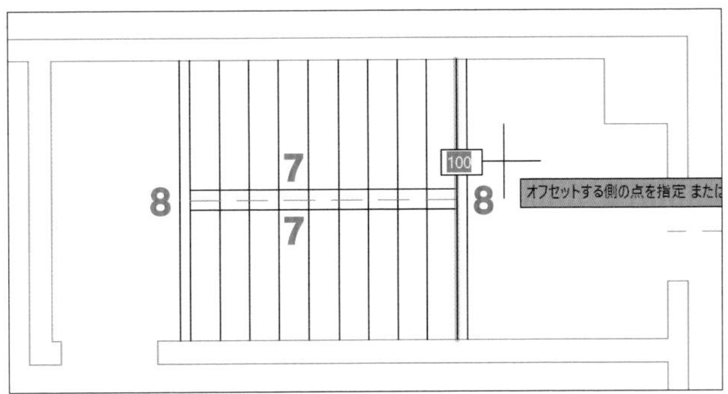

作成した4本の線の角を作成し、長方形に整形しましょう。

9 「00捨て線」画層を非表示にする

10 [フィレット]コマンドを選択し、オプション[複数]を指定して、手摺の4つの角を右図のように作成する

参考 [フィレット]複数 » p.56

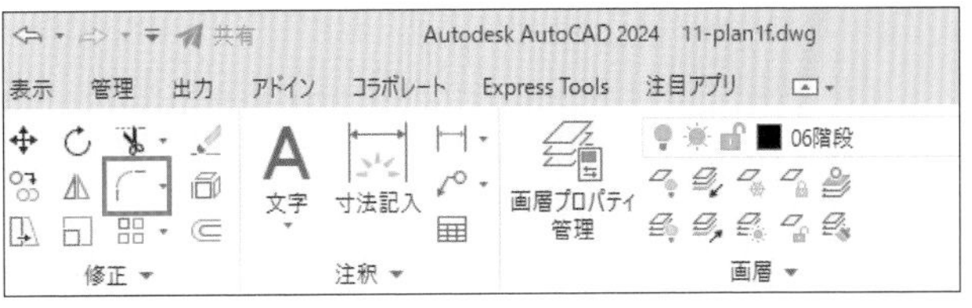

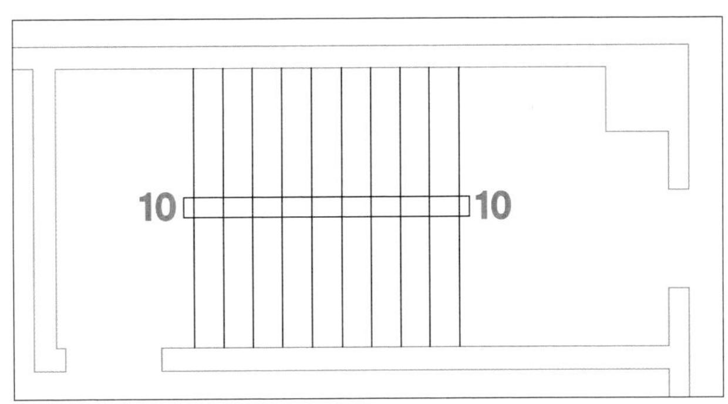

手摺に重なる階段線をトリムしましょう。

11 [トリム]コマンドを選択し、フェンス選択の始点として、右図の位置で🖱

12 表示されるフェンスがトリムする階段線に交差する位置で🖱

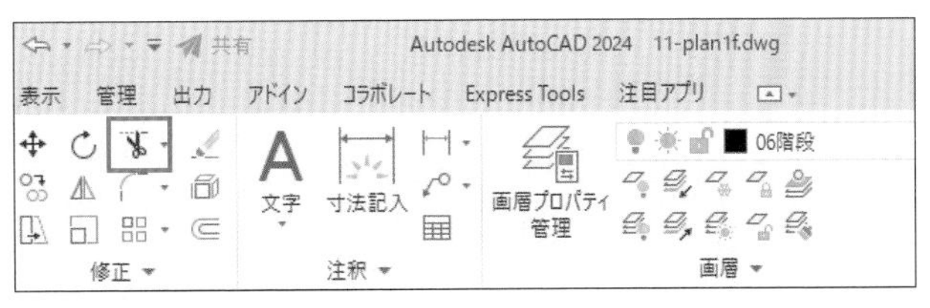

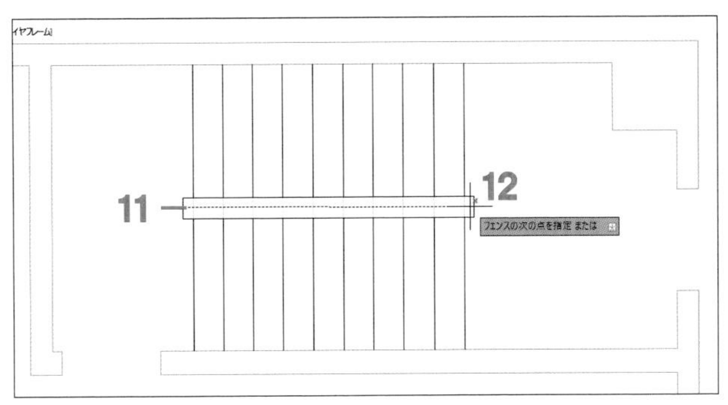

切断記号を作成して階段線を整える

教材ファイル 11_13.dwg のブロック「切断記号」を階段に配置し、階段線を整えましょう。

1 現在の画像を「13記号」にする

2 [ブロック挿入]コマンドをし、[ライブラリのブロック]を

3 [ブロック]パレットの[挿入位置]と[回転]にチェックを付ける

4 ブロック「切断記号」を

5 挿入位置として、右図の階段線中点を

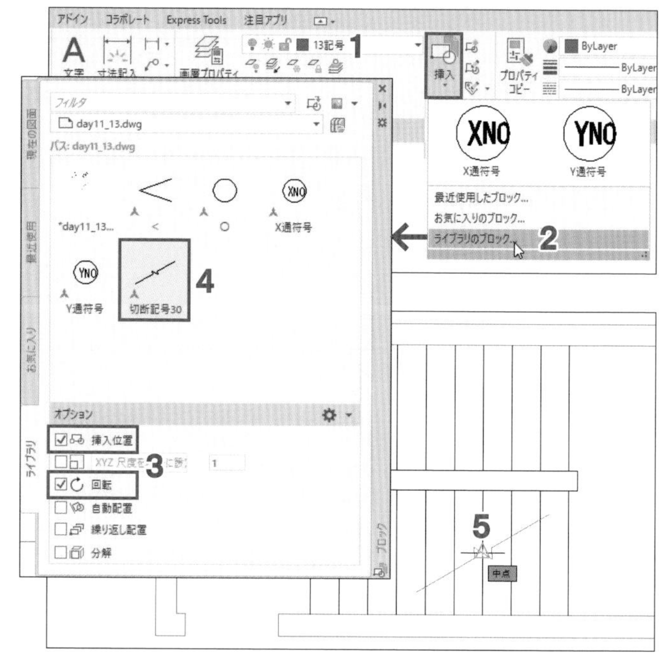

6 マウスカーソルを移動し、右図の角度でプレビューして

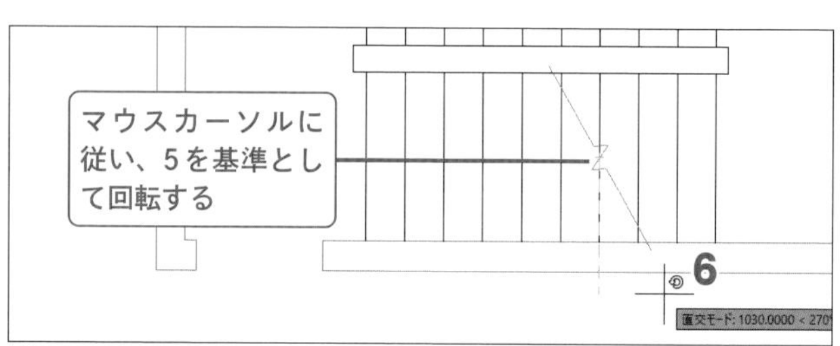

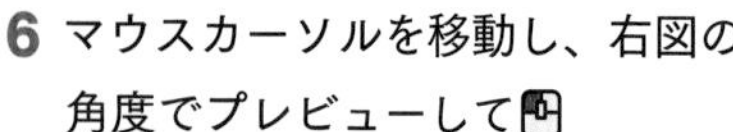

POINT 6の操作の代わりに回転角度「90」を入力しても同じ結果になります。

7 [トリム]コマンドを選択し、右図のように切断記号より左の階段線を削除する

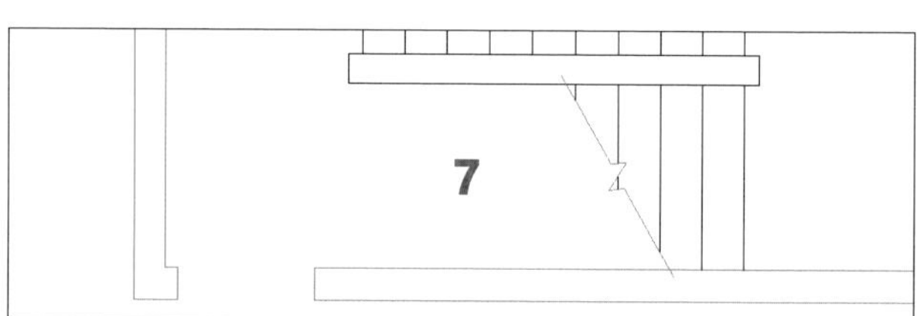

階段の昇り記号を作成する

階段の昇り記号を作成しましょう。

1 [直交モード]がオンの状態で[ポリライン]コマンドを

2 1段目の階段線の中点を

3 右方向に水平線をプレビューし、右図の位置を

4 下側の階段線の中点からオブジェクトスナップトラッキングを利用して次の点を

5 左方向に水平線をプレビューし、右図の位置でして[ポリライン]コマンドを終了する

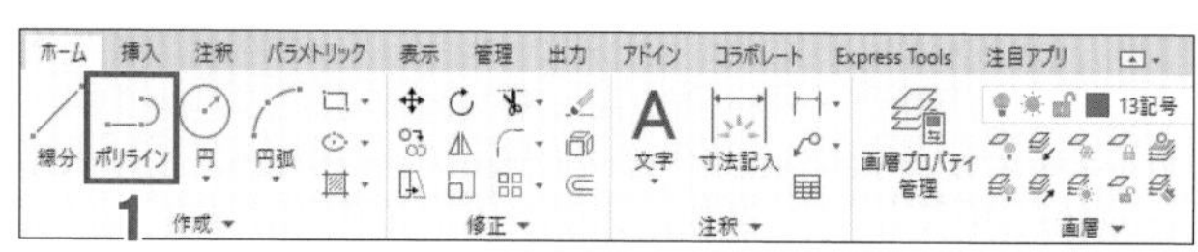

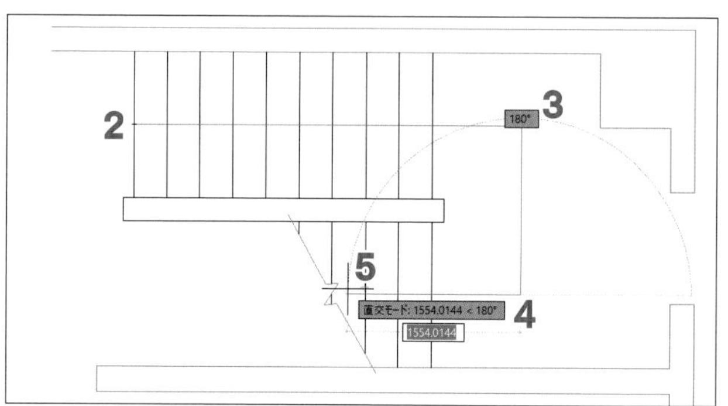

文字「UP」を文字スタイル「注釈2.5M」で記入しましょう。

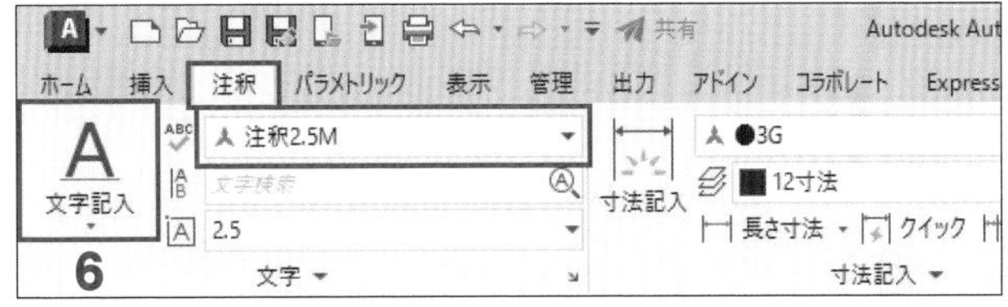

6 ［注釈］リボンタブの［文字スタイル］ボックスを「注釈2.5M」にし、［文字記入］コマンドを選択して位置合わせを右中央にする

参考 文字の位置合わせ » p.114

7 オブジェクトスナップ［延長］を利用して、昇り記号始点の延長上の右図の位置を文字の記入位置として

8 文字列の角度を「0」として、文字列「UP」を入力し、確定する

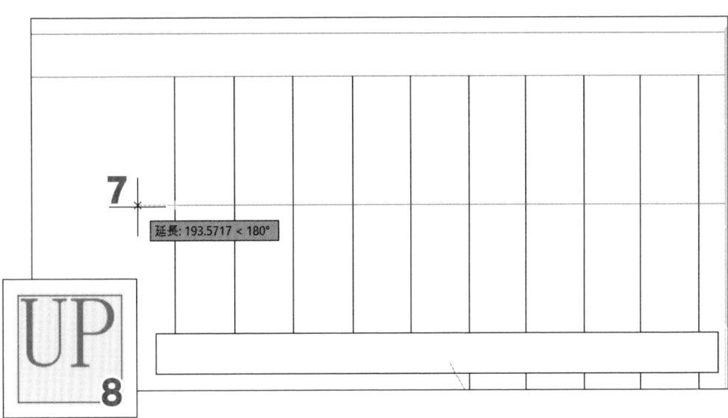

先端の○と矢印は、ブロック「○」「<」を挿入しましょう。

9 ［ブロック］パレットの［回転］のチェックを外す

10 ブロック「○」を

11 挿入位置として昇り記号の始点を

12 ブロック「<」を

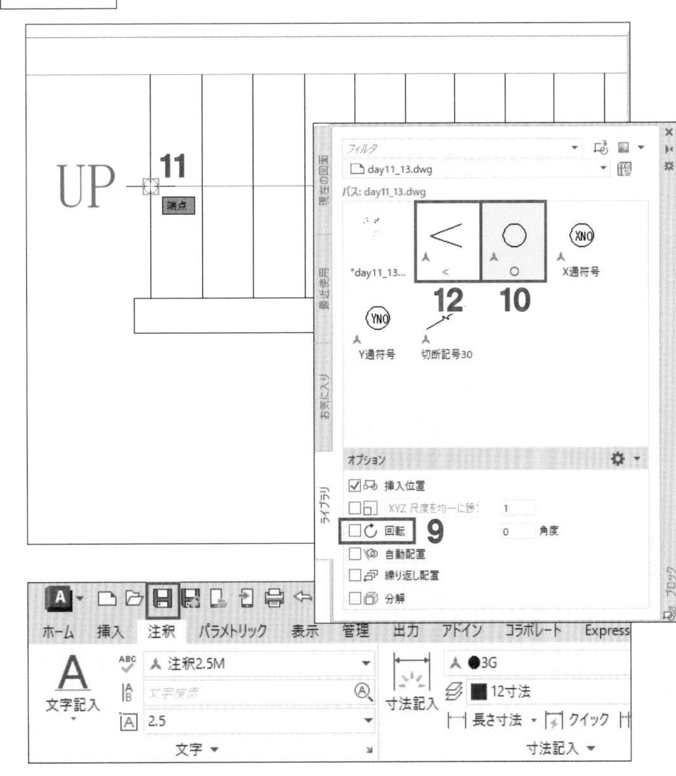

13 挿入位置として昇り記号の終点を

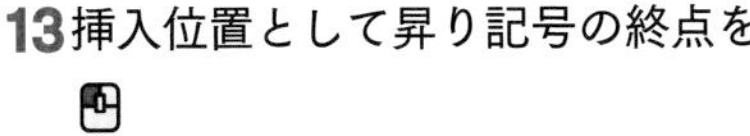

以上でDay13は終了です。
ファイルを上書き保存してください。

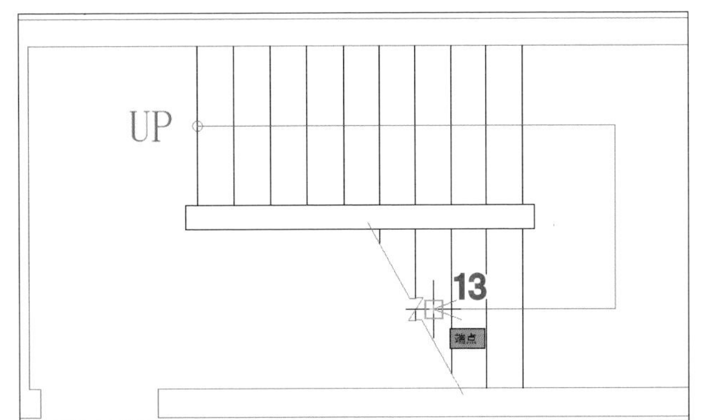

Day 14

カーテンウォールの作成と建具ブロックの挿入

Day13で上書き保存した11-plan1f.dwgを開き、下図のようにカーテンウォールを作成しましょう。また、p.80のDay05で作成し、Day06でブロック定義した建具ブロックを開口部に挿入しましょう。

※day05.dwgの代わりに「sample」フォルダに収録のs_day06.dwgを利用することも可能です。

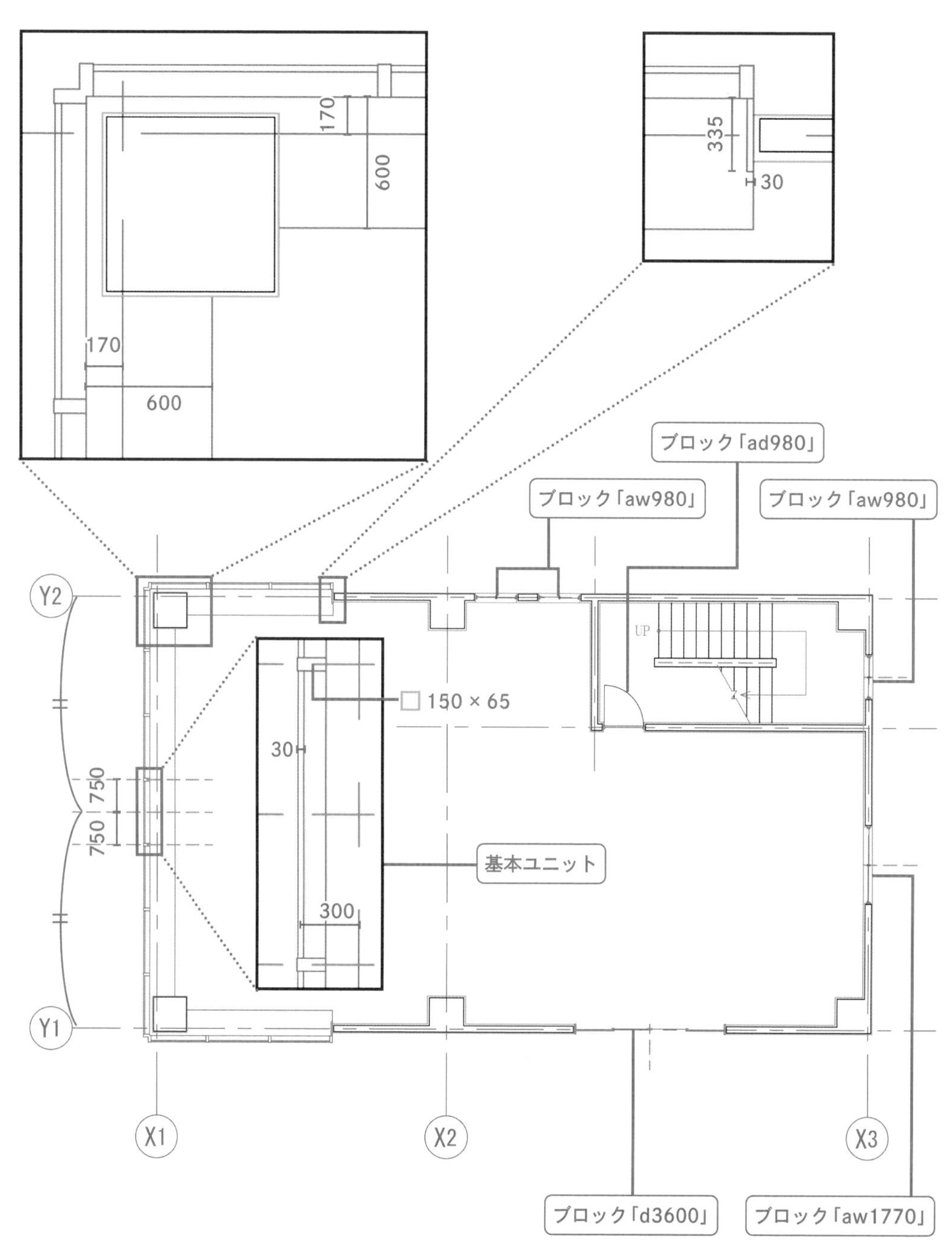

step 1 基本ユニット作成のための捨て線と取り付け基準線を作成する

通り芯Y1とY2の中心線を作成し、中心線から750mm上下に捨て線を作成しましょう。

1 「01通り芯」画層を表示し、現在の画層を「00捨て線」にする

2 [線分]コマンドを🖱

3 Shift キーを押しながら🖱し、優先オブジェクトスナップメニューの[2点間中点]を🖱

POINT 優先オブジェクトスナップメニューの[2点間中点]では、次の1回に限り、指示する2点間の中点に優先してスナップします。

4 中点の1点目としてY2の左端点を🖱

5 中点の2点目としてY1の左端点を🖱

6 [直交モード]がオンの状態で、マウスカーソルを水平右方向へ移動し、線分の2点目を🖱

7 [オフセット]コマンドを選択し、作成した中心線から750mm上と下にオフセットする

通り芯X1、Y2を170mm外側にオフセットして取り付け基準線を作成しましょう。

8 現在の画層を「05建具」にする

9 [オフセット]コマンドを選択し、オプションを[現在の画層]にする

参考 [オフセット]現在の画層 » p.156

10 右図のように、通り芯X1とY2を170mm外側にオフセットする

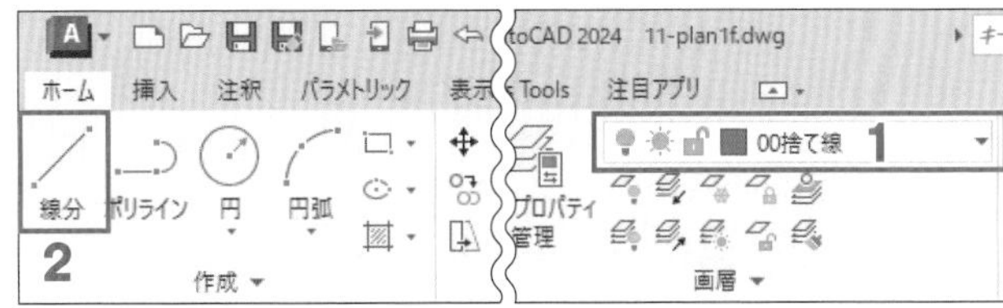

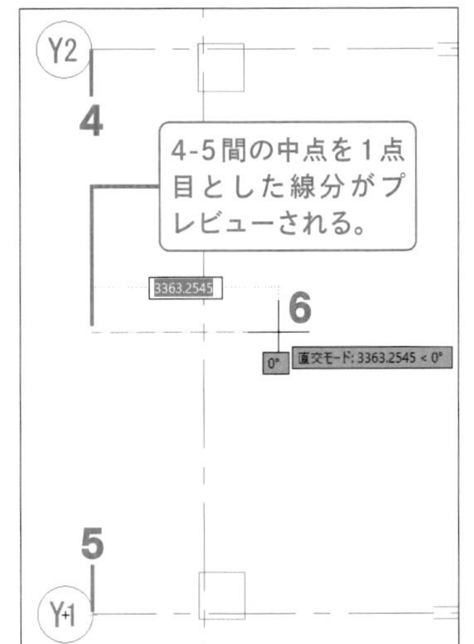

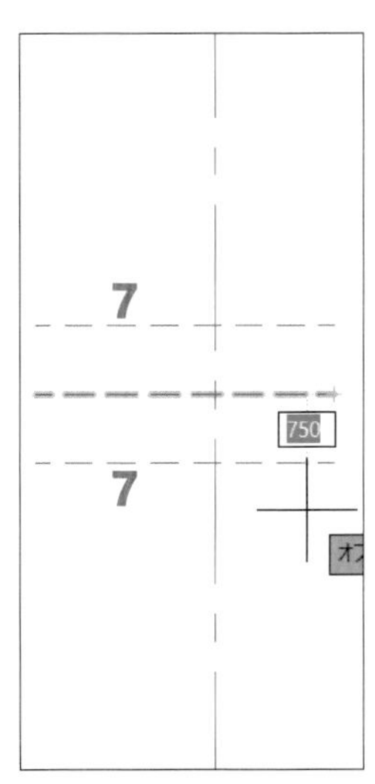

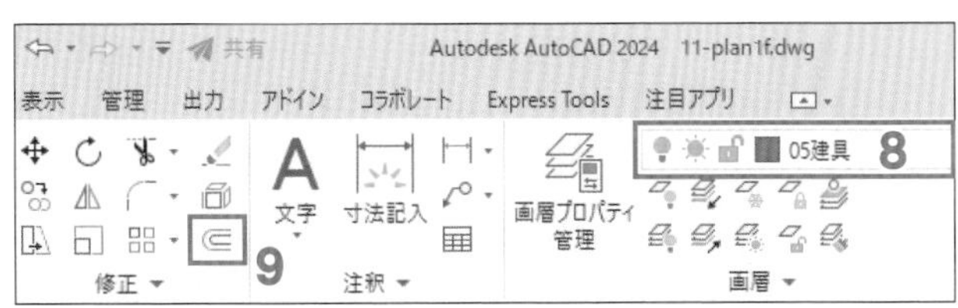

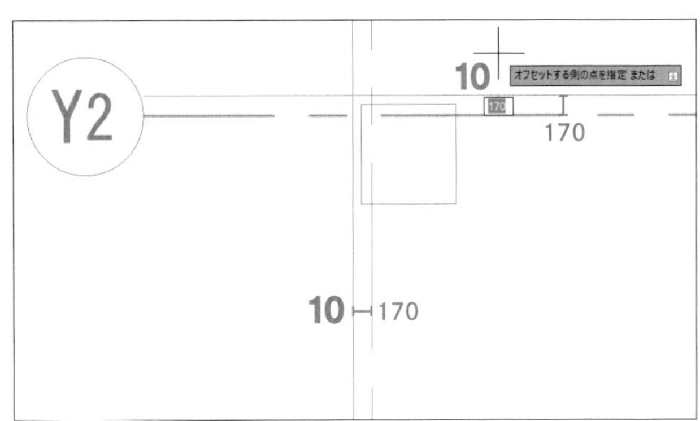

カーテンウォール基本ユニット両端の方立を作成する

前項で中心線上側に作成した捨て線上に基本ユニットの方立(65mm×150mm)を作成しましょう。

1 [長方形]コマンドを🖱

2 1点目として上の捨て線と取り付け基準線の交点を🖱

3 マウスカーソルを左下に移動し、幅150mm、高さ65mmの長方形(方立)を作成する

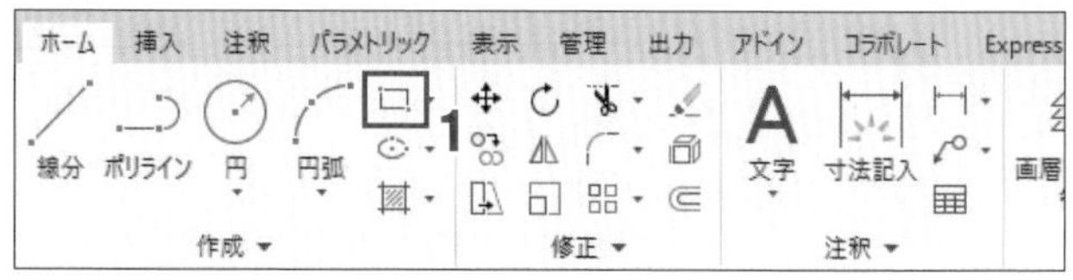

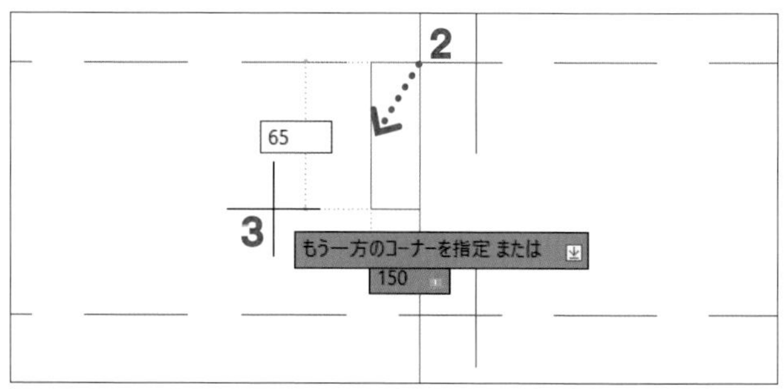

作成された方立を正しい位置に移動しましょう。

4 方立を🖱して選択する

5 [移動]コマンドを🖱

6 移動の基点として、方立右辺の中点を🖱

7 移動先として、捨て線と取り付け基準線の交点を🖱

↳右辺の中点を7に合わせて移動し、[移動]コマンドが終了する。

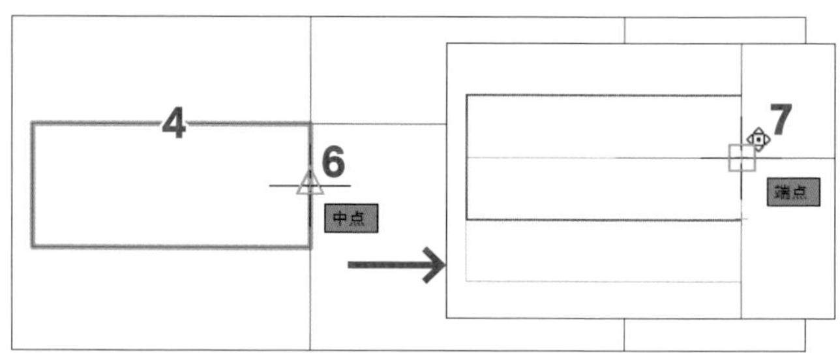

移動した方立を下側の捨て線上に複写しましょう。

8 方立を🖱して選択する

9 [複写]コマンドを🖱

10 複写の基点として、右図の捨て線と通り芯の交点を🖱

11 複写先として、下側の捨て線と通り芯の交点を🖱

12 [複写]コマンドを終了する

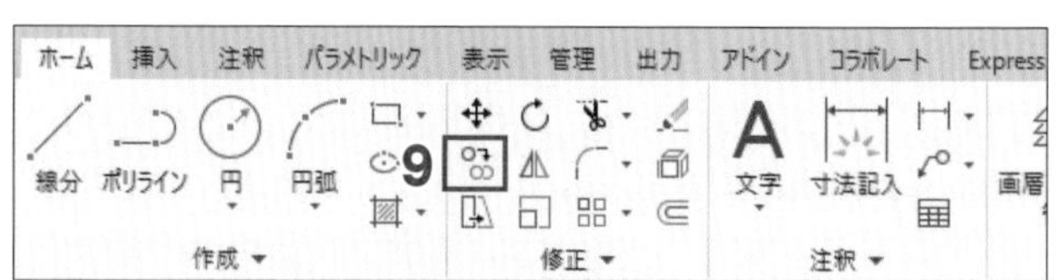

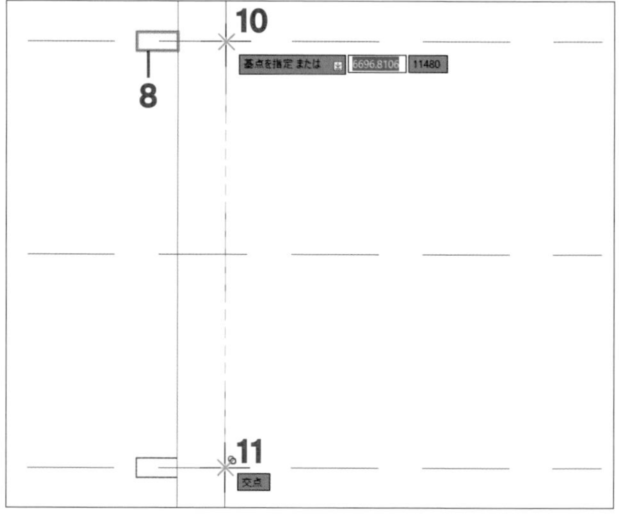

step 3

基本ユニットのガラスを作成する

方立の間にガラス（2本線）を作成するための基準線として、通り芯X1から300mm左に捨て線を作成しましょう。

1 「00捨て線」を現在の画層にする

2 ［オフセット］コマンドを選択し、通り芯X1を300mm左にオフセットする

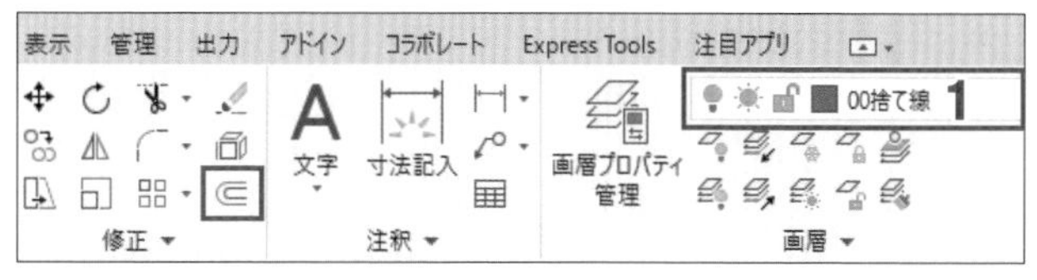

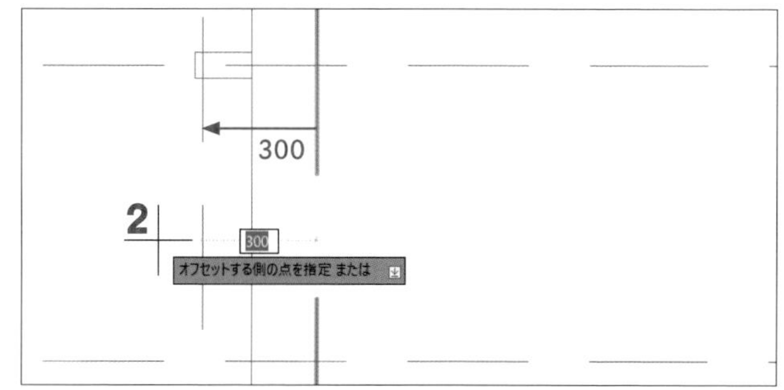

オフセットした捨て線から振り分け15mmのガラスの2本の線を作成しましょう

3 「05建具」を現在の画層にする

4 ［線分］コマンドを🖱

5 Shift キーを押しながら🖱し、優先オブジェクトスナップメニューの［基点設定］を🖱

6 1点目として、上の方立下辺と捨て線の交点を🖱

7 オフセット値として「@15,0」を入力し、Enter キーを押す

↳6の交点から右に15mmの位置が1点目に確定する。

8 2点目として、オブジェクトスナップトラッキングを利用して、プレビューされる垂直線ともう一方の方立との交点を🖱

9 ［オフセット］コマンドを選択し、8で作成した線を30mm左にオフセットする

10 ガラス作成の基準線とした捨て線を削除する

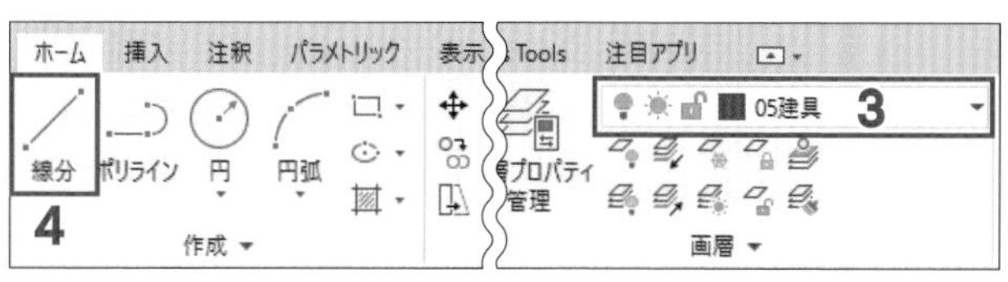

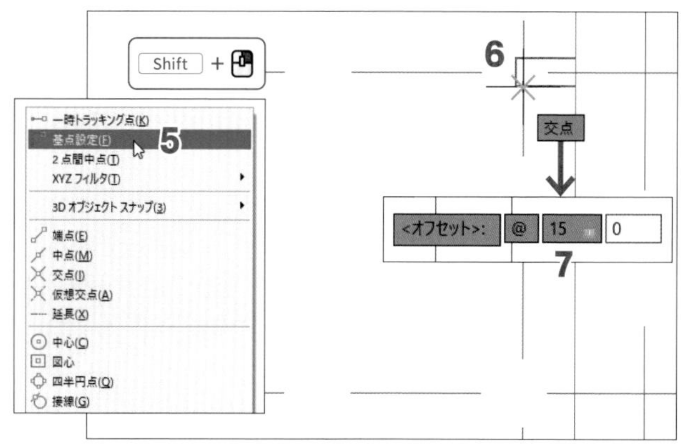

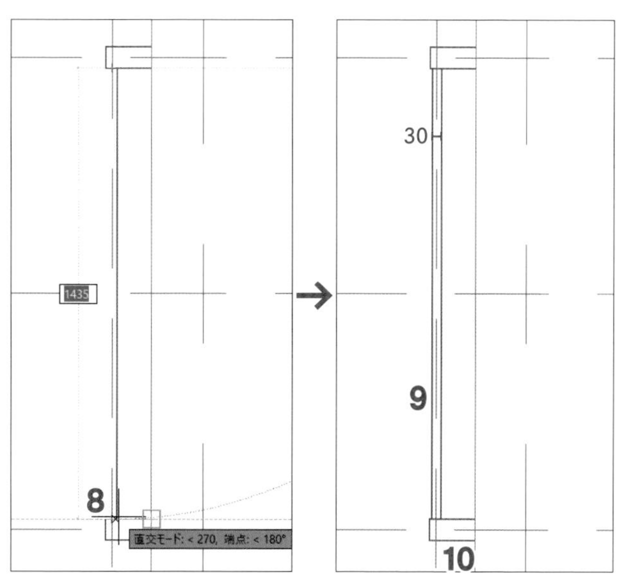

基本ユニットを上側に複写する

作成した基本ユニットを、上側に3個複写しましょう。

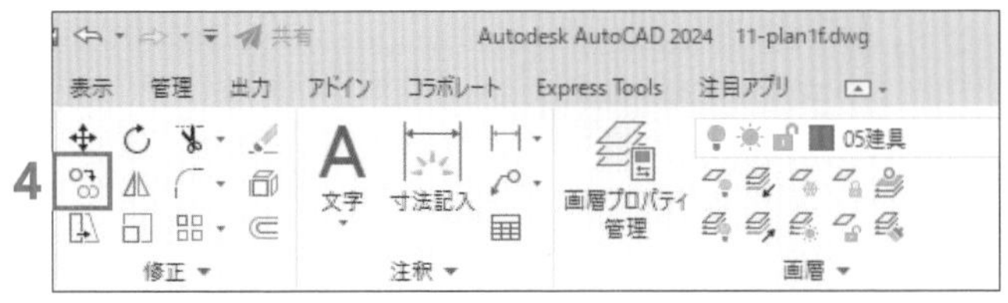

1 「00捨て線」画層を非表示にする

2 窓選択のコーナーとして基本ユニットの左上で

3 表示される窓選択枠で基本ユニットを囲み

↳窓選択枠に全体が入る基本ユニットがハイライトされる。

4 [複写]コマンドを

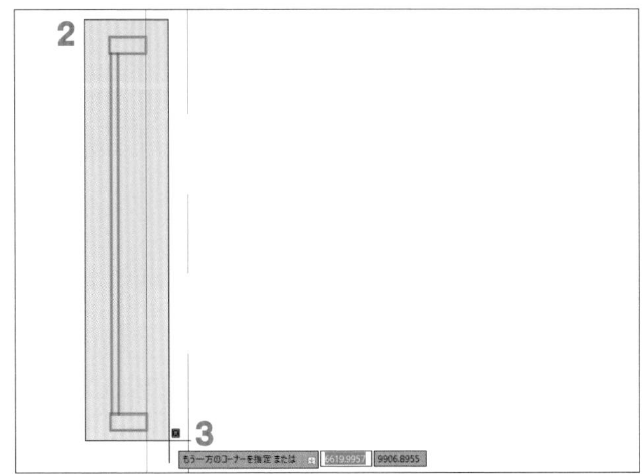

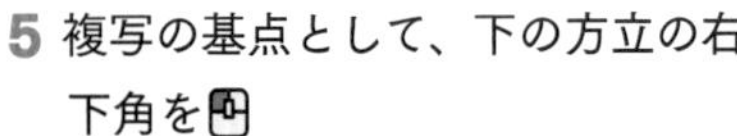

5 複写の基点として、下の方立の右下角を

6 ↓キーを押し、オプションメニューの[配列]を

7 「4」を入力し、Enterキーを押す

POINT [配列]は複写オブジェクトを同一方向に同一間隔で指定数複写します。**7**では複写元のオブジェクトを含めた数(複写する個数+1)を入力します。プレビューされる3つのユニット間の距離は、マウスカーソルの位置によって変化します。

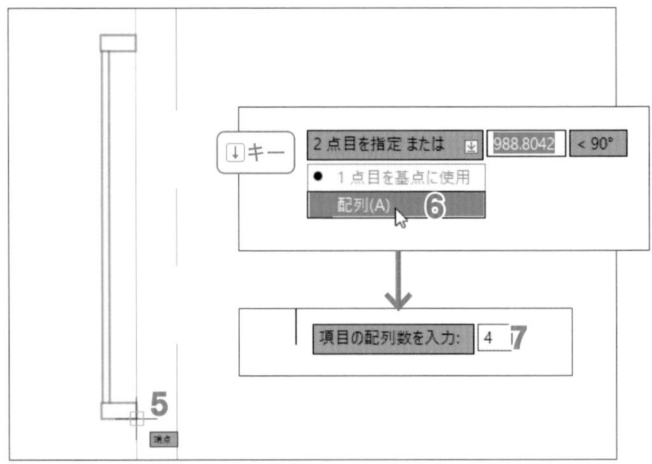

8 複写先として、基本ユニットの上の方立の右下角を

9 [複写]コマンドを終了する

POINT **5**で指定した基点を**8**に合わせ、基本ユニットが同間隔で3個複写されます。これにより、方立が重複して複写されますが、p.201で行う重複オブジェクトの削除で解消されます。

複写オブジェクト3つがマウスカーソルに従いプレビューされる

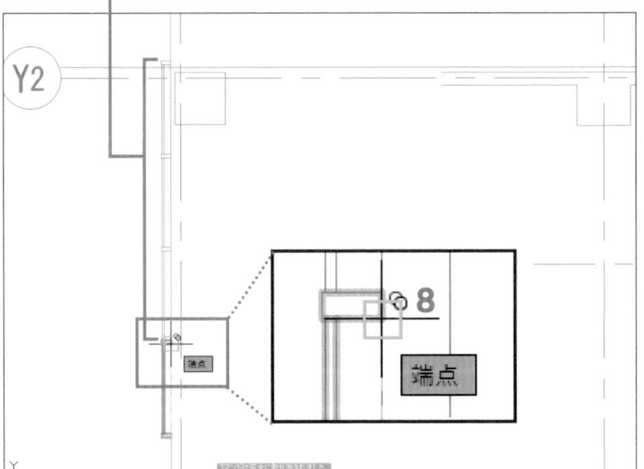

はみ出した方立の位置を調整する

上にはみ出したユニットのガラス部分を縮めて方立右辺中点が取付基準線に合うように調整しましょう。

1 交差選択のコーナーとして右図の位置で

2 交差選択枠で方立全体とガラスの片端点を囲んで

↳交差選択枠に全体が入る方立と一部が交差する線分が選択され、ハイライトされる。

3 [ストレッチ]コマンドを

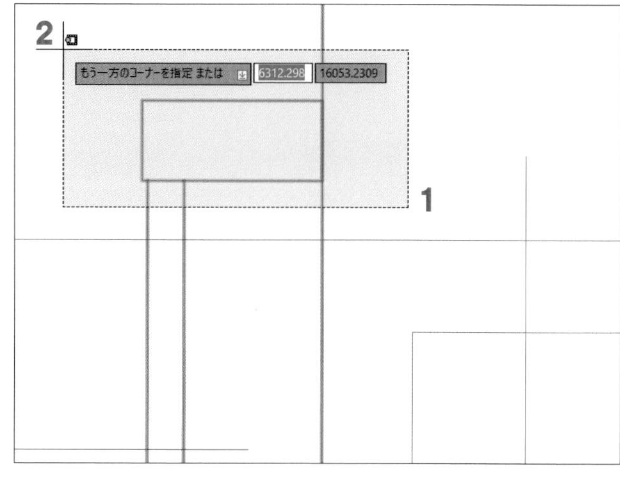

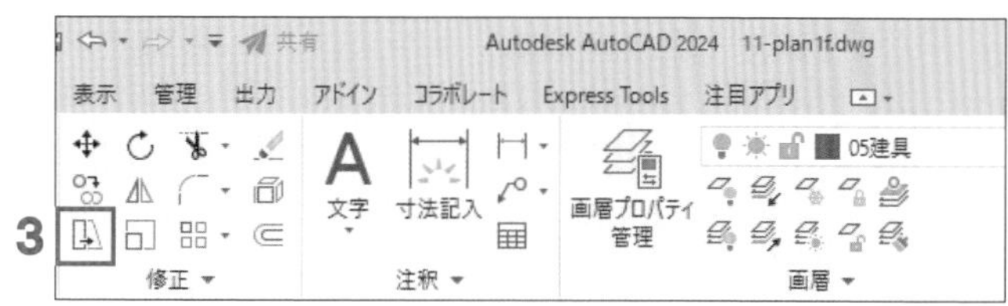

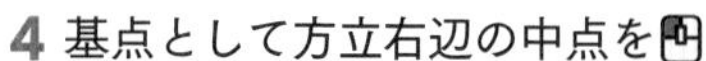

4 基点として方立右辺の中点を

5 目的点として、取り付け基準線との交点を

↳方立の右辺中点が**5**の交点に合うように移動し、それに伴いガラスの線2本が縮む。

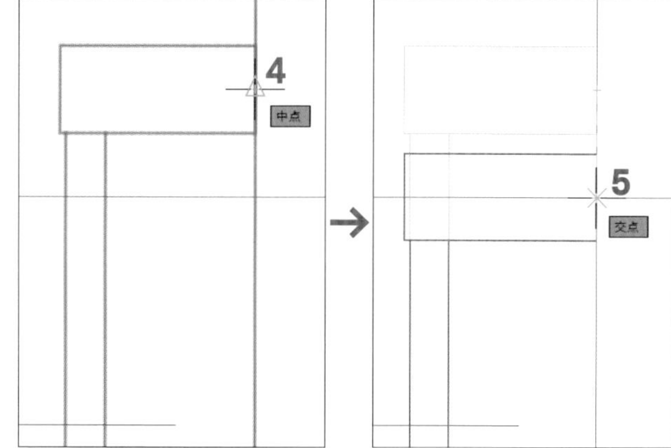

Y2通りにカーテンウォールを鏡像コピーする

作成したカーテンウォールの3ユニットをY2通りに鏡像コピーしましょう。

1 「02躯体」画層を表示し、「01通り芯」、「03仕上」画層を非表示にする

2 上から3個のユニットを窓選択する

3 この後行う鏡像コピー指示のために、[直交モード]をオフにする

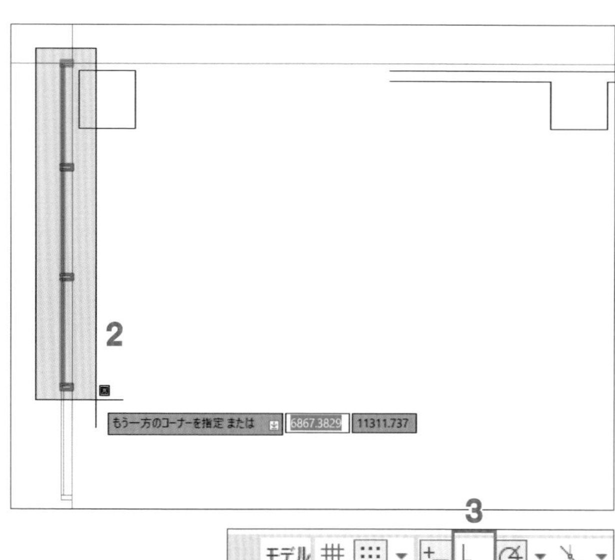

4 [鏡像]コマンドを

5 対称軸の1点目として、柱の左上角を

6 対象軸の2点目として、柱の右下角を

7 表示されるオプションメニューの[いいえ]を

↳5-6を結ぶ線を対称線とし、3個のユニットが鏡像コピーされる。

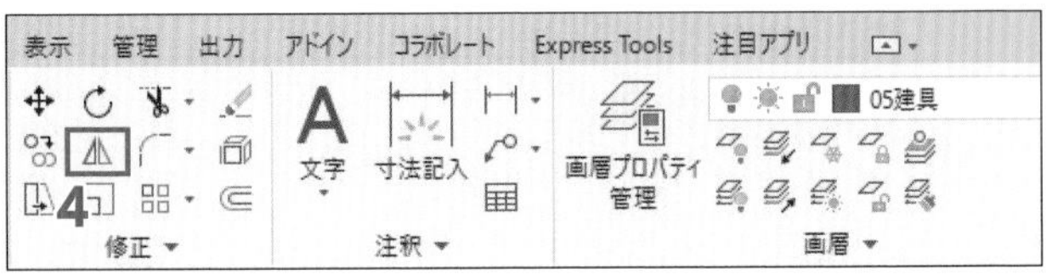

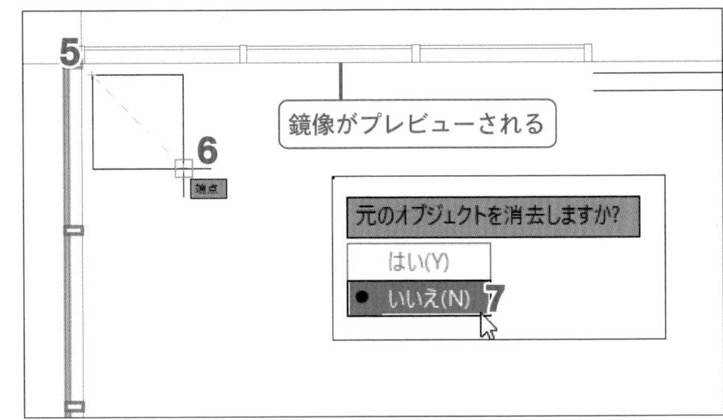

鏡像コピーしたカーテンウォールの角と端を整える

カーテンウォールの左角を整えましょう。

1 [フィレット]コマンドを

2 右図の位置で取り付け基準線を

3 もう一方の取り付け基準線を

4 [トリム]コマンドを選択し、方立の角を右図のように整える

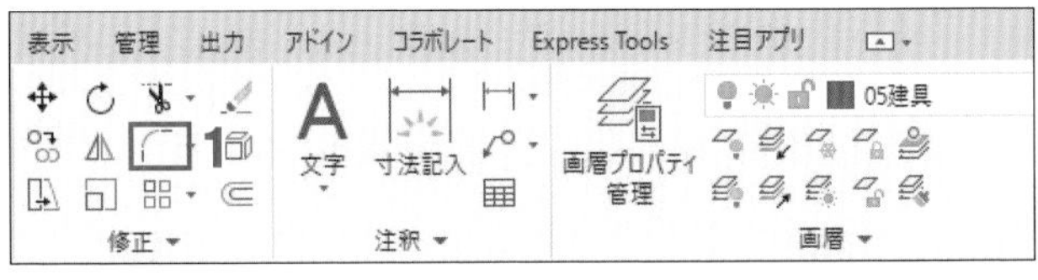

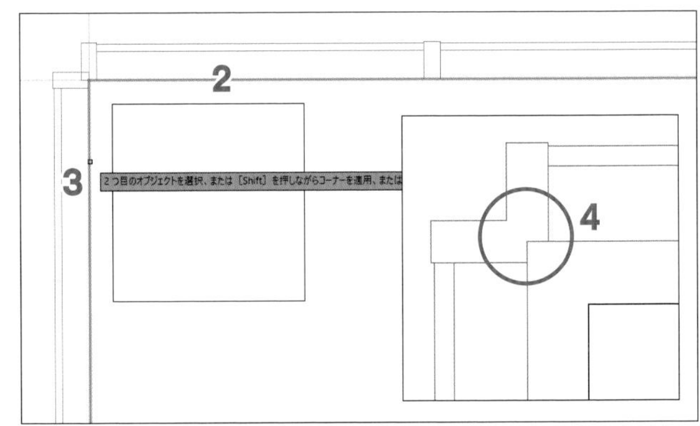

Y2通りのカーテンウォールの右端に30mm×335mmの縦枠を作成しましょう。

5 [長方形]コマンドを

6 長方形のコーナーとして右図の方立の右下角をし、マウスカーソルを左下に移動して、幅30mm、高さ335mmの長方形を作成する

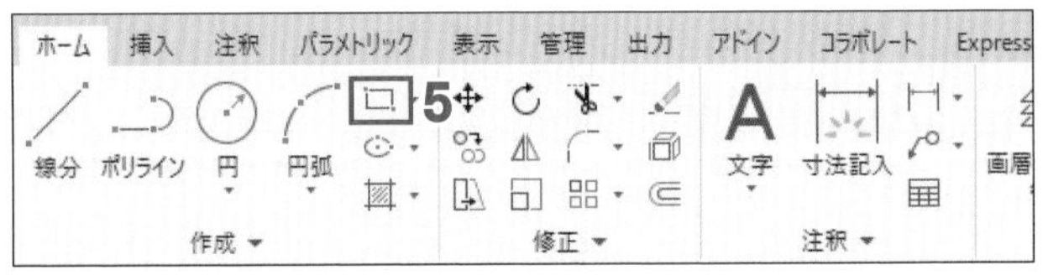

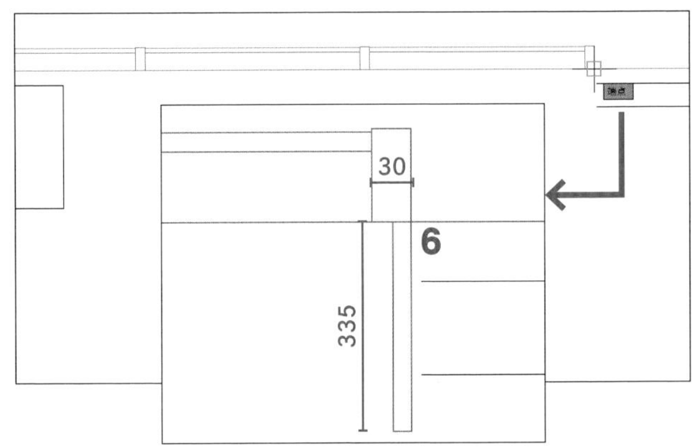

Y2通りの窓台を作成する

奥行600mmの窓台を縦枠と柱の間に作成しましょう。

1 「02躯体」画層を非表示にし、「04仕上」画層を表示する

2 ［オフセット］コマンドで、取り付け基準線を600mm下にオフセットする

3 ［直交モード］をオンにし、［線分］コマンドで、縦枠の右下角から垂直線を作成する

4 ［フィレット］コマンドで、窓台の線と3で作成した垂直線の角を作成する

5 ［フィレット］コマンドで、取り付け基準線と3で作成した垂直線の角を作成する

6 窓台の線をして選択する

7 左端点のグリップを

8 ストレッチの目的点として、柱との交点を

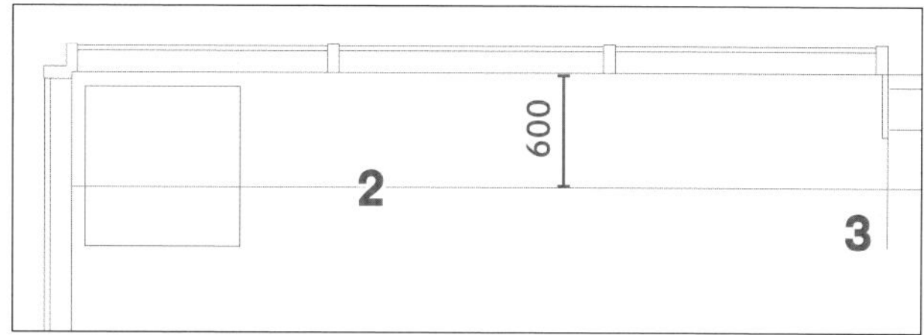

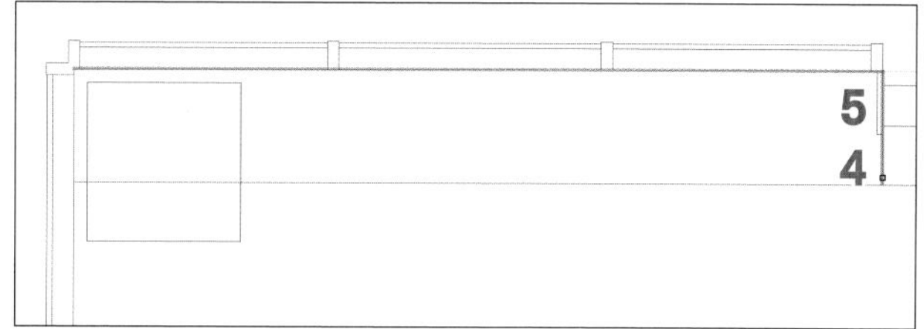

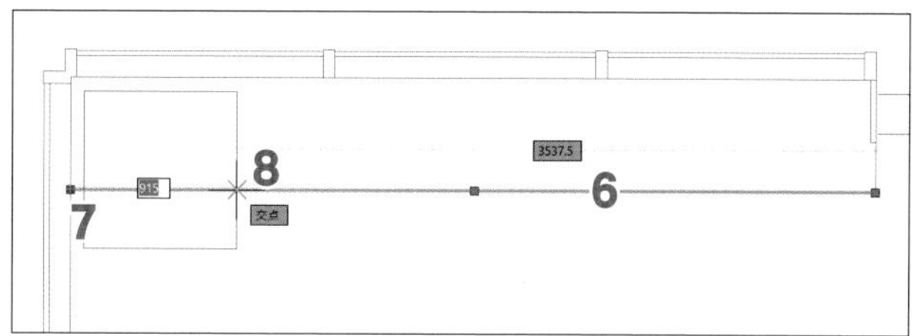

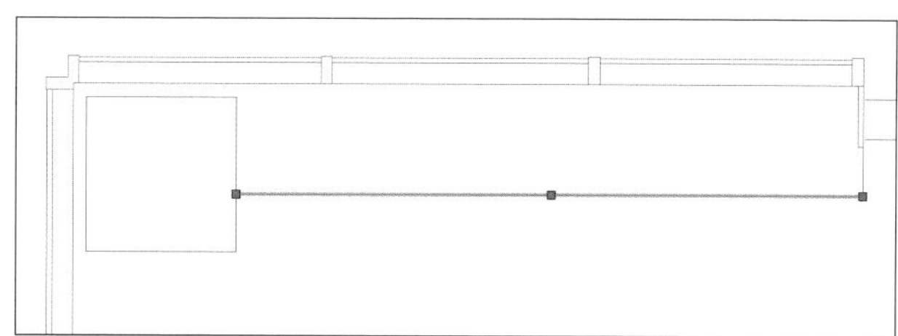

カーテンウォールを下側に鏡像コピーする

ここまで作成したカーテンウォールを下側に鏡像コピーしましょう。

1 「00捨て線」画層を表示し、「04仕上」画層を非表示にする

2 右図のカーテンウォールと窓台を窓選択する

3 ［鏡像］コマンドを

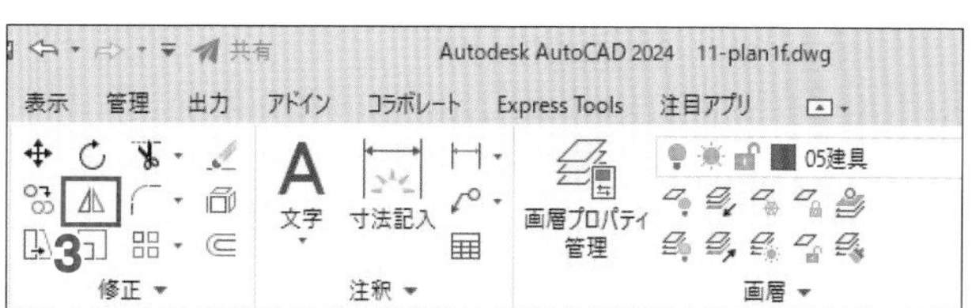

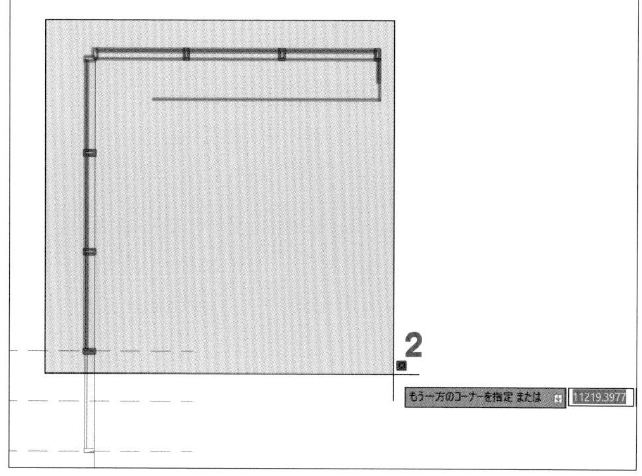

4 対称軸の1点目として、Y1とY2の中心線(捨て線)の左端点を🖱

5 対称軸の2点目として中心線の右端点を🖱

6 表示されるオプションメニューの[いいえ]を🖱

反転複写したカーテンウォールの角を整えましょう。

7 [フィレット]コマンドで、Y1の取り付け基準線とX1の取り付け基準線の角を右図のように整える

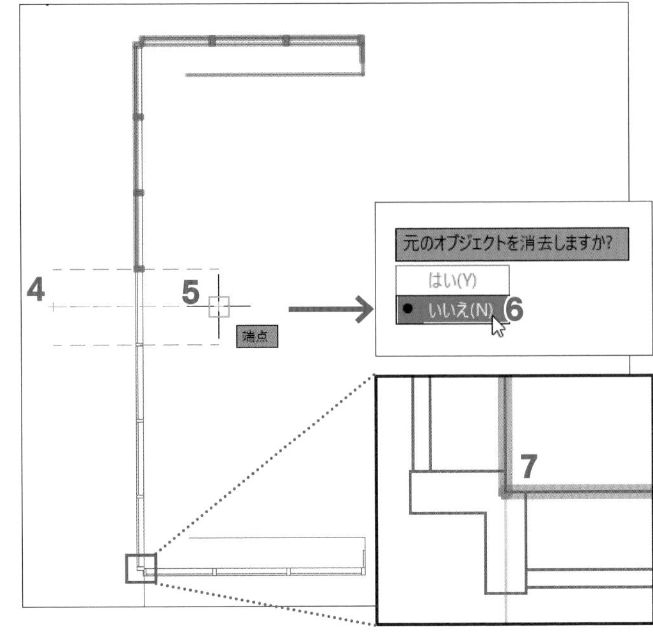

X1通りの窓台を作成する

X1通りのカーテンウォールに奥行600mmの窓台を作成しましょう。

1 「04仕上」画層を表示する

2 X1通りの取り付け基準線を600mm右にオフセットする

3 オフセットした線を🖱

4 下端点のグリップを🖱

5 ストレッチの目的点として柱上辺との交点を🖱

6 同じ線の上端点も4〜5と同様にして柱の面まで縮める

7 Esc キーを押してすべての選択を解除する

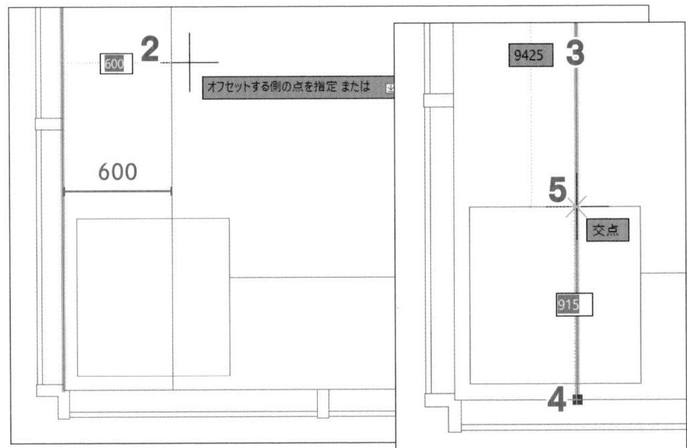

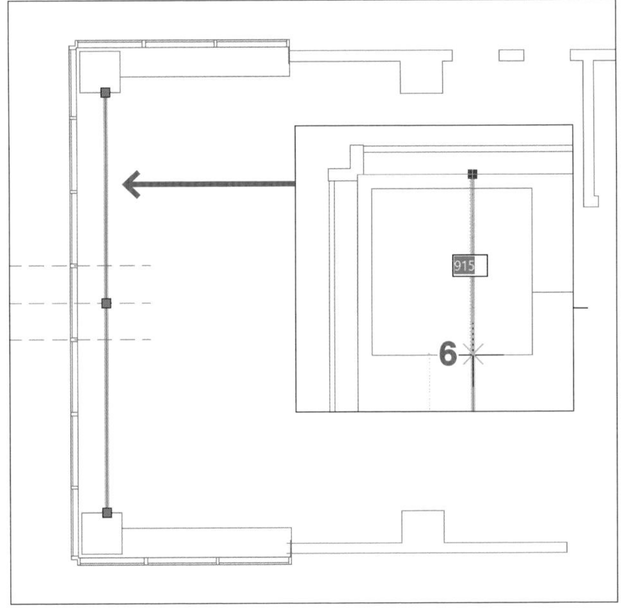

step 11 カーテンウォール端の仕上・躯体を整える

Y1、Y2通りの仕上の線端部をカーテンウォール端の窓台の線に揃えましょう。

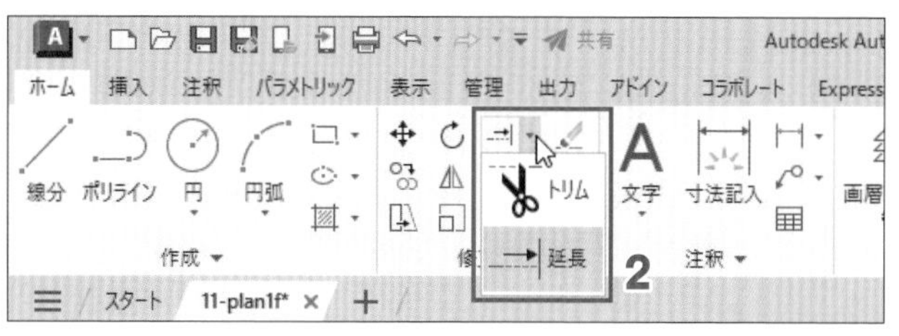

1 Y1、Y2通りのカーテンウォール右端の窓台の線分を選択する

2 [延長]コマンドまたは[トリム]コマンドを選択する

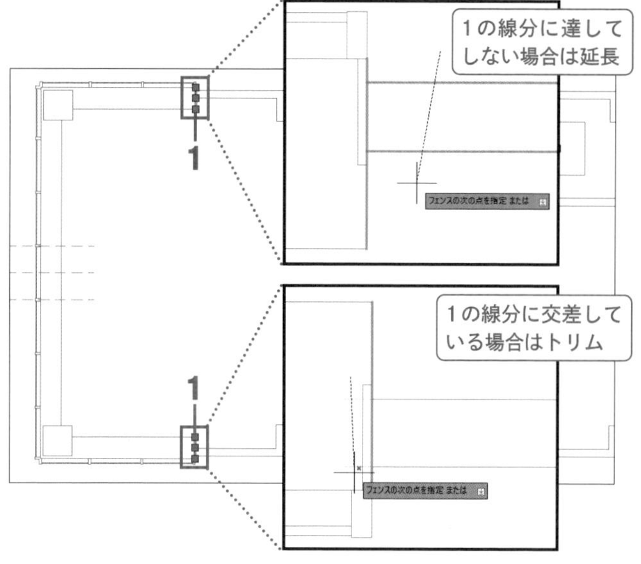

POINT 仕上の線の長さに応じて必要な処理を選択します。どちらのコマンドを選択しても Shift キーを押しながらの指示で、一時的にもう一方のコマンドの処理を行えます。(» p.79)

3 仕上の線各2本の端部を**1**の線分まで整える

躯体線の端部は、**1**で選択した線分を30mm右にオフセットして整えましょう。

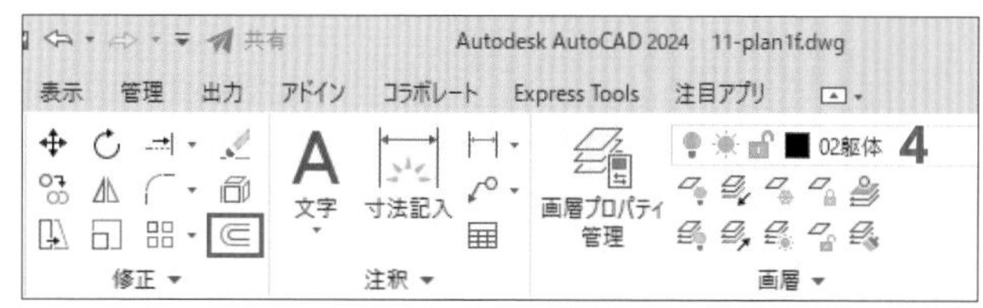

4 現在の画層を「02躯体」にする

5 [オフセット]コマンドを選択し、窓台右辺を30mm右へオフセットする

6 [フィレット]コマンドを選択し、右図のように躯体の角を作成する

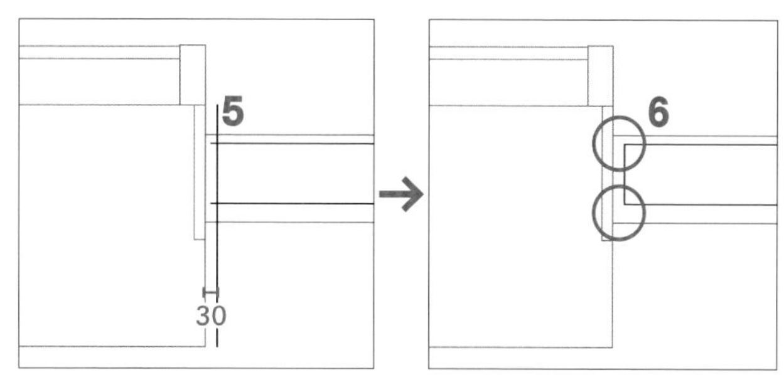

7 同様にして、Y1通りのカーテンウォール端の躯体も右図のように整える

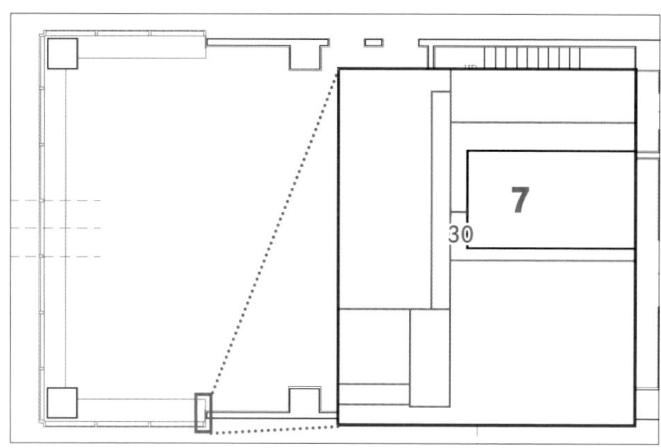

step 12 階段室のドアを配置する

階段室のドアは、Day05、06で建具ブロックを作成したファイル **day05.dwg**から挿入しましょう。

1. 現在の画層を「05建具」にし、「01通り芯」画層を表示、「02躯体」画層を非表示にする
2. [ブロック挿入]コマンドを🖱し、[ライブラリのブロック]を🖱
3. [ブロック]パレットの[参照]ボタンを🖱
4. [ブロックライブラリのフォルダまたはファイルを選択]ダイアログで、[探す場所]を「Chap1」フォルダにし、day05.dwgを🖱🖱

POINT ファイル名を🖱🖱することで、[開く]ボタンを🖱する操作を省けます。

5. [挿入位置]のみにチェックが付いていることを確認し、ブロック「ad980」を🖱
6. 挿入位置として、階段室入口左の仕上と壁芯の交点を🖱

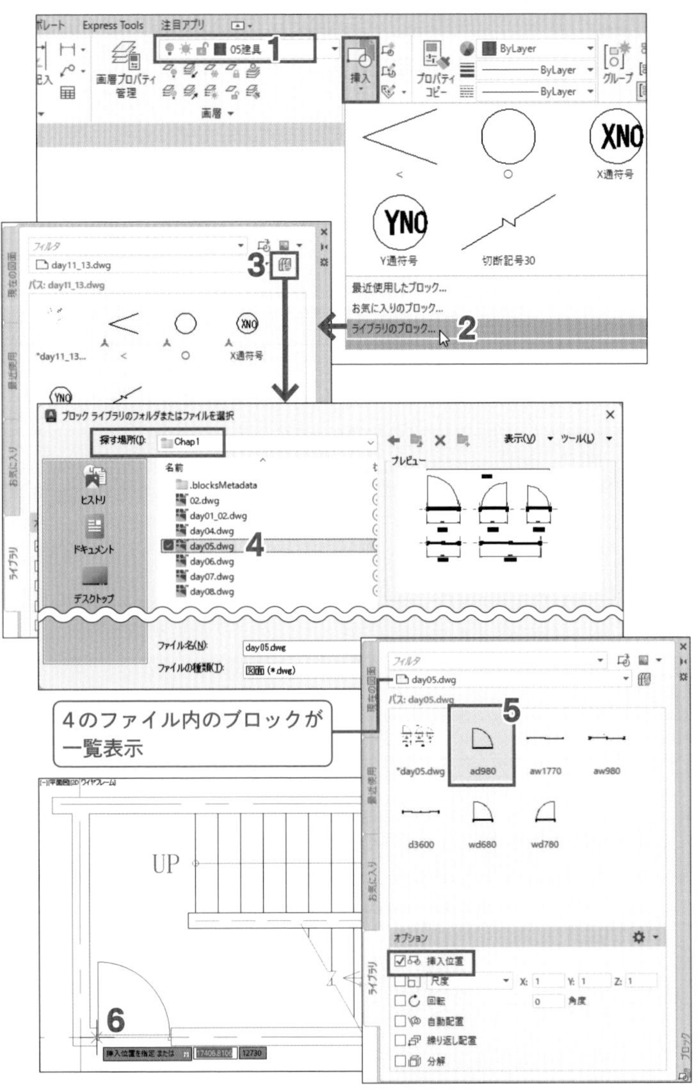

ブロックの画層と挿入後の画層・色について

day05.dwgでは、ブロック「ad980」を「0」画層に作成しました。「0」画層に作成されたブロックは、挿入時の現在の画層(ここでは「05建具」画層)に挿入されます。

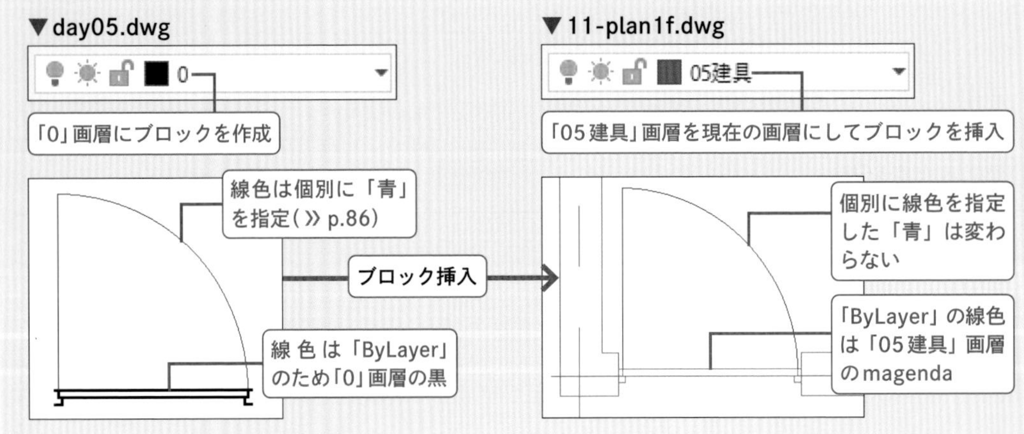

step 13 建具ブロック「aw980」を配置する

続けて、Y2通りの2つの開口にブロック「aw980」を配置しましょう。

1 オブジェクトスナップメニューの[中点]のチェックを外す

POINT 開口部仕上と通り芯の交点にブロックを配置するため、近くの中点にスナップしないよう設定します。

2 [ブロック]パレットの[繰り返し配置]にチェックを付ける

3 ブロック「aw980」を🖱

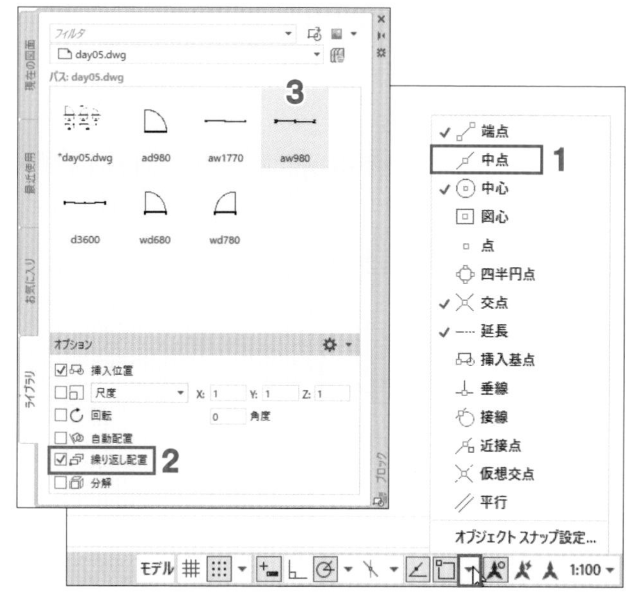

4 挿入位置として、右図の仕上と通り芯の交点を🖱

5 もう1つの挿入位置として、右図の仕上と通り芯の交点を🖱

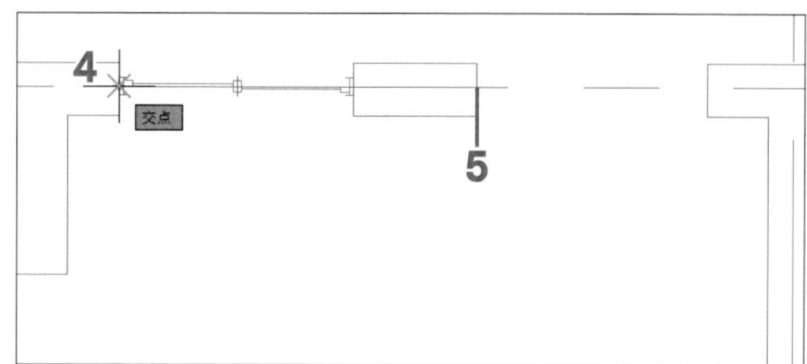

同じブロックを回転して階段室の開口(X3通り上)に配置しましょう。

6 ↓キーを押し、オプションメニューの[回転]を🖱

7 回転角度として「-90」を入力する

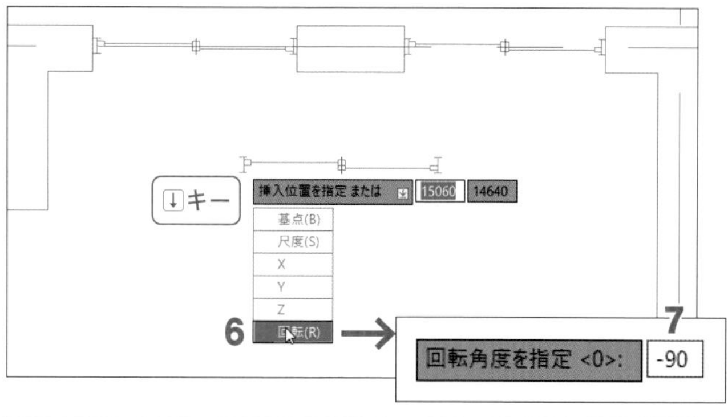

POINT 時計回りに90度回転した「aw980」がマウスカーソルに表示されます。角度の指定は、[ブロック]パレットでの表示を0°とし、反時計回りを+(プラス)値で、時計回りを−(マイナス)値で指定します。

8 挿入位置として、右図の仕上と通り芯の交点を🖱

9 Enter キーを押してブロック「aw980」の配置を終了する

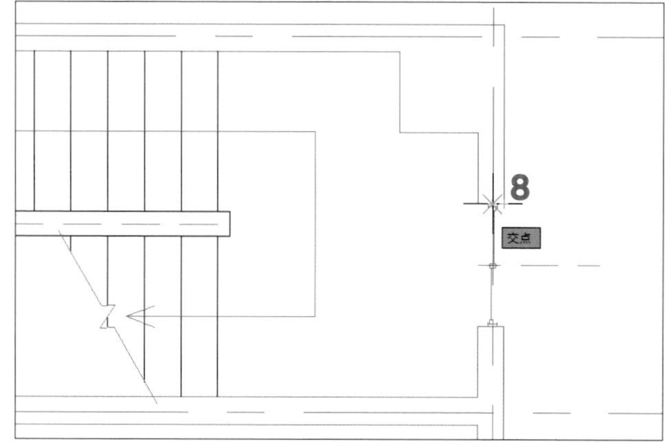

他の建具ブロックを配置する

Y1通りのエントランスにブロック「d3600」を180°回転して配置しましょう。

1 ［ブロック］パレットの［繰り返し配置］のチェックを外し、［回転］にチェックを付ける

2 ブロック「d3600」を🖱

3 配置位置としてY1の通り芯と開口中心線の交点を🖱

4 回転角度として「180」を入力し、Enter キーを押す

3を基準としてマウスカーソルに従い、回転してプレビューされる

Y1通りの開口にブロック「aw1770」を配置しましょう。

5 ブロック「aw1770」を🖱

6 配置位置として、右図の開口仕上とX3の通り芯の交点を🖱

↳6を基準としてマウスカーソルに従い、回転してプレビューされる

7 角度を指定する点として、開口上の仕上と通り芯の交点を🖱

POINT 7の操作の代わりに回転角度として、「90」を入力しても同じ結果になります。

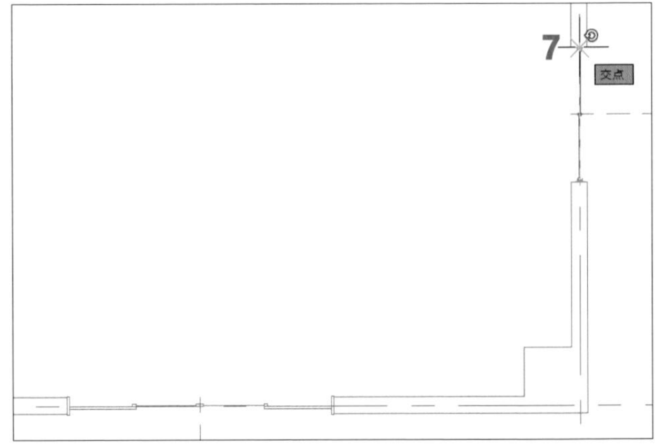

窓開口の仕上を作成する

窓開口部分の仕上を画層「04仕上」に作成しましょう。

1 現在の画層を「04仕上」にする

2 [線分]コマンドを選択し、4ヵ所の窓開口部の仕上を右図のように作成する

POINT 次項で重複オブジェクトを削除するため、作成済みの仕上に重ねて線分を作成しても問題ありません。

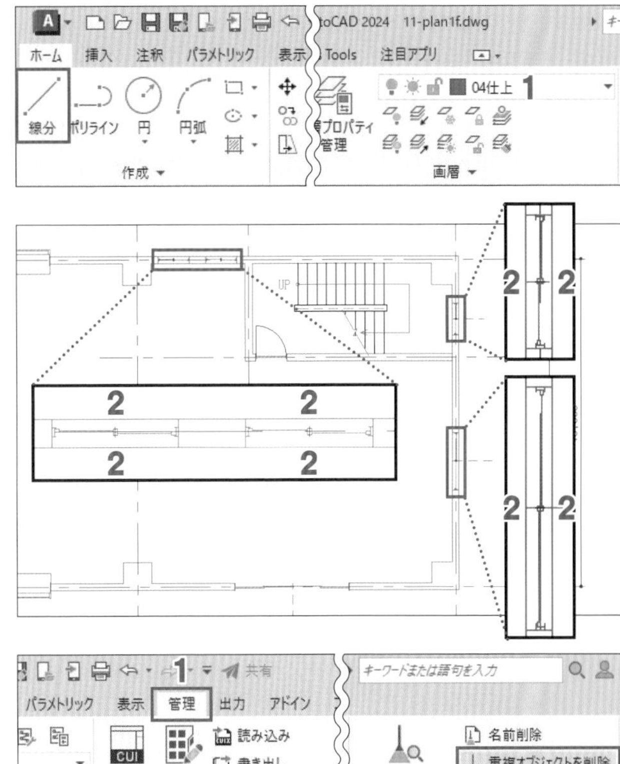

重複オブジェクトを削除する

同じ画層に同じ線色・線幅・線種で重複して作成された線を削除、連結して1本にしましょう。

1 [管理]リボンタブを

2 [クリーンアップ]パネルの[重複オブジェクトを削除]を

POINT [重複オブジェクトを削除]コマンドは同一画層に同一色・線幅・線種で重なった線分、円弧、ポリラインを削除し、部分的に重複または隣接したそれらを1つに結合します。

3 キーボードから「all」を入力し、Enter キーを押す

4 すべてのオブジェクトがハイライトされたら またはEnter キーを押して確定する

5 [重複オブジェクトを削除]ダイアログの[OK]ボタンを

重複したオブジェクトの削除と部分的に重複、隣接したオブジェクトの結合がされる。

以上でDay14は終了です。
ファイルを上書き保存してください。

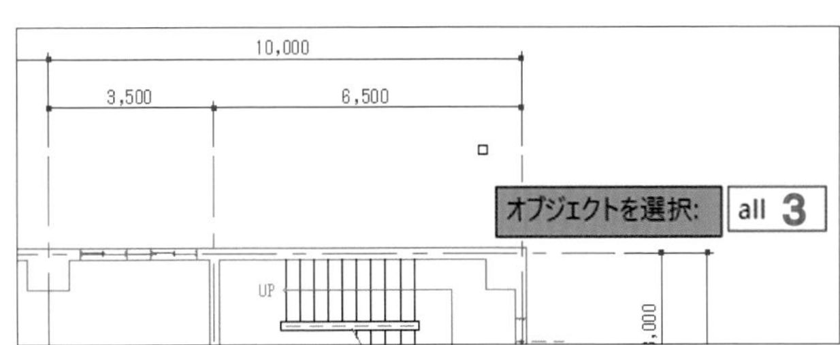

すべてのオブジェクトが選択される

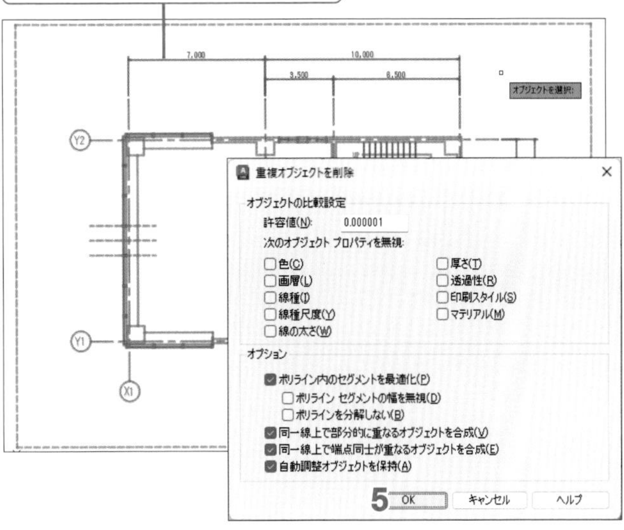

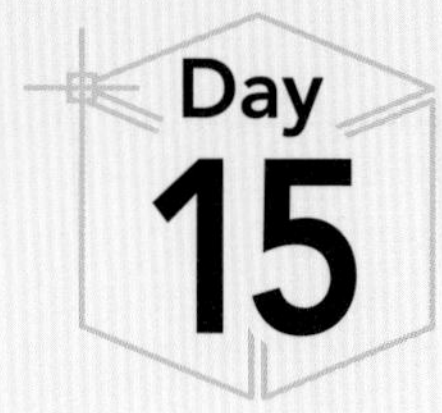

Day 15 トイレ廻りの作成

11-plan1f.dwgを開き、トイレ間仕切壁を下図の寸法で作図した後、day05.dwgから建具ブロックを挿入しましょう。
また、「Chap2」フォルダに用意されているLIXIL提供のDWGファイルの衛生機器を挿入しましょう。

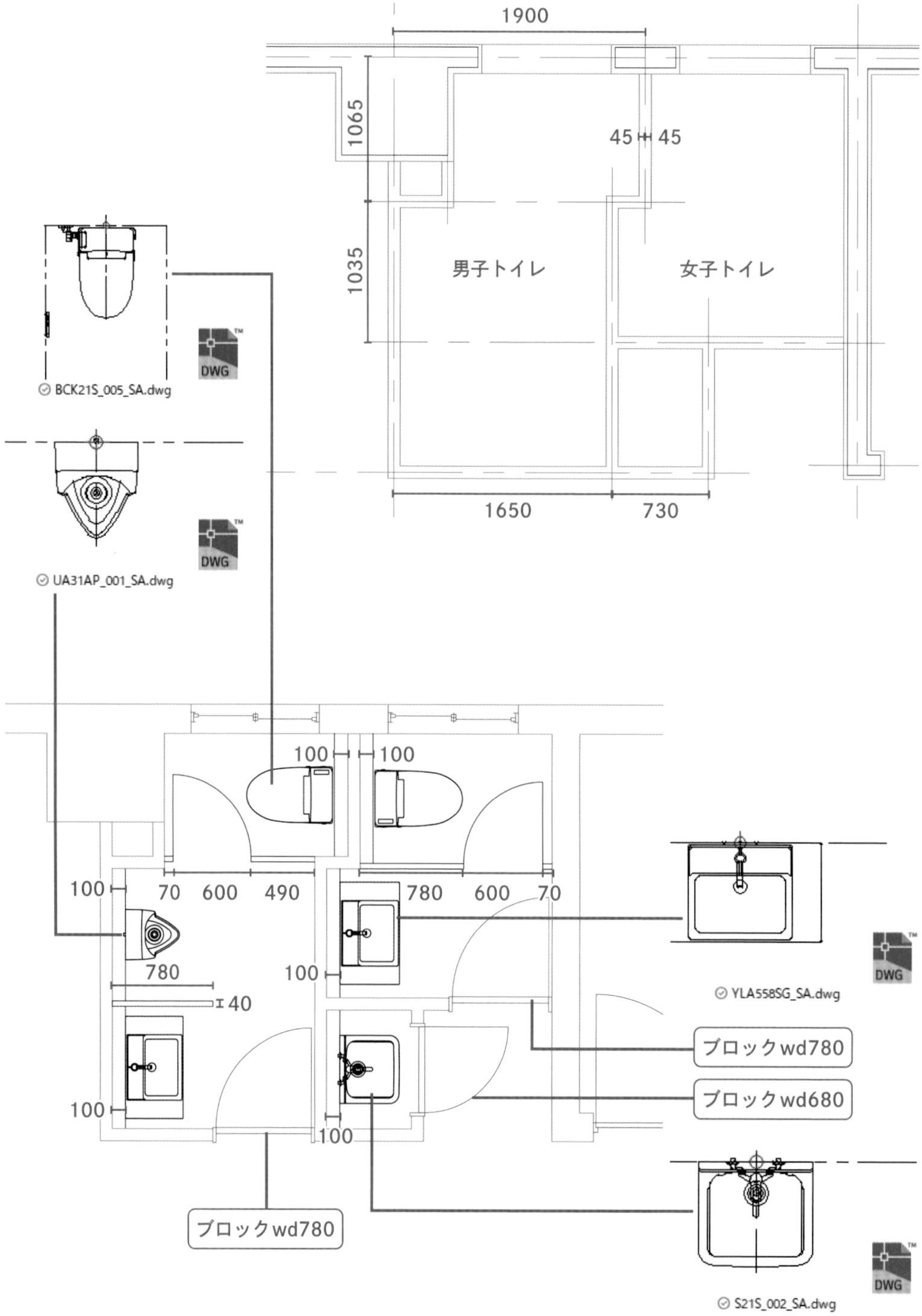

step 1 トイレの壁芯を作成する

トイレの間仕切壁の壁芯を作成しましょう。

1 現在の画層を「01通り芯」にし、「02躯体」画層を表示、「04仕上」「05建具」画層を非表示にする

2 [線分]コマンドを🖱

3 Shift キーを押しながら🖱し、優先オブジェクトスナップメニューの[基点設定]を🖱

4 通り芯X2とY2の交点を🖱

5 オフセット値として「@-200,-1065」を入力し、Enter キーを押す

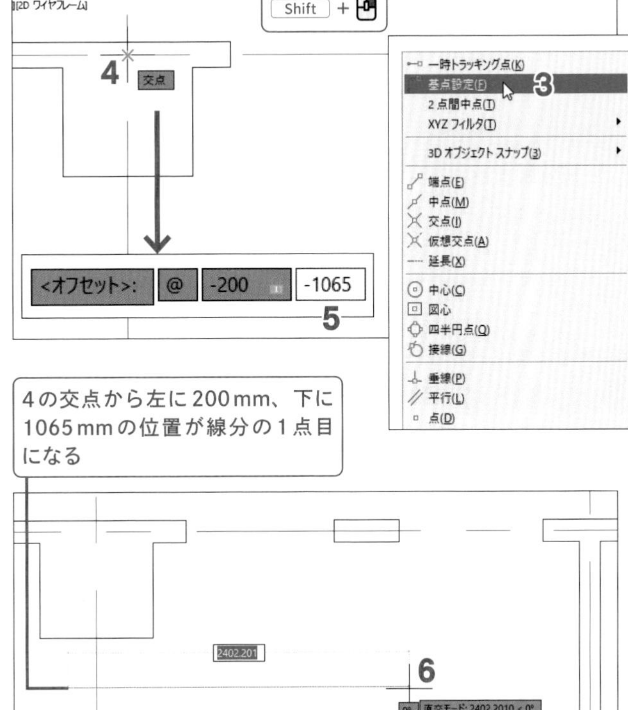

6 [直交モード]をオンした状態で、右方向に水平線をプレビューして右図の位置で🖱

7 同様にして、通り芯X2から1900mm右に右図のように壁芯を作成する

8 同様にして、通り芯X2から1650mm右に右図のように壁芯を作成する

9 [線分]コマンドで、柱右下角から垂直線を右図のように作成する

10 [オフセット]コマンドを選択し、6で作成した壁芯から1035mm下にオフセットする

11 8で作成した壁芯から730mm右にオフセットする

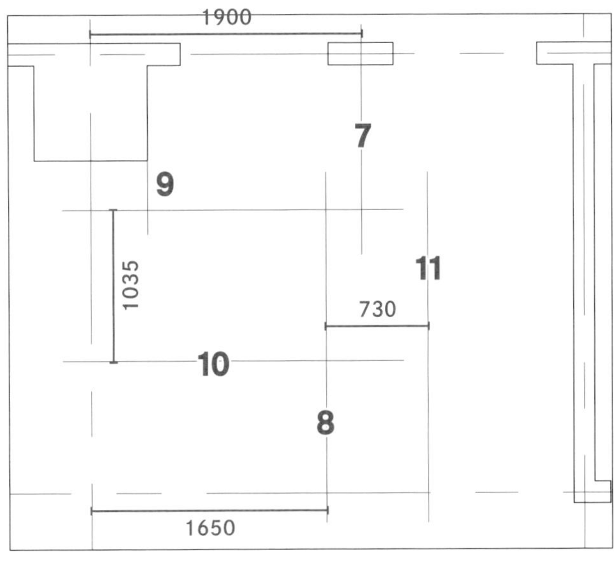

12 オフセットした2本の壁芯を右図のようにストレッチする

POINT 作成した壁芯が一点鎖線ではなく、実線に見える場合には、p.165Columnの方法で[グローバル線種尺度]を変更して、ピッチを細かく設定します。本書の次項からの画面では、[グローバル線種尺度]を「0.25」に変更しています。

13 esc キーを押し、すべての選択を解除する

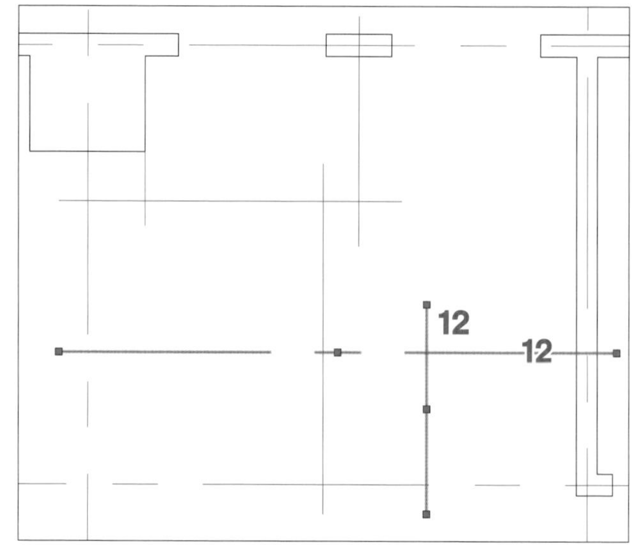

step 2 間仕切壁を作成する

作成した壁芯から45mm振り分けの間仕切壁を、[マルチライン]コマンドを使って作成しましょう。

1 現在の画層を「04仕上」にし、「02躯体」画層を非表示にする

2 クイックアクセサリーツールバーの▼を🖱し、[メニューバーを表示]を🖱

POINT [マルチライン]コマンドを選択するため、**2**の操作でメニューバーを表示します。

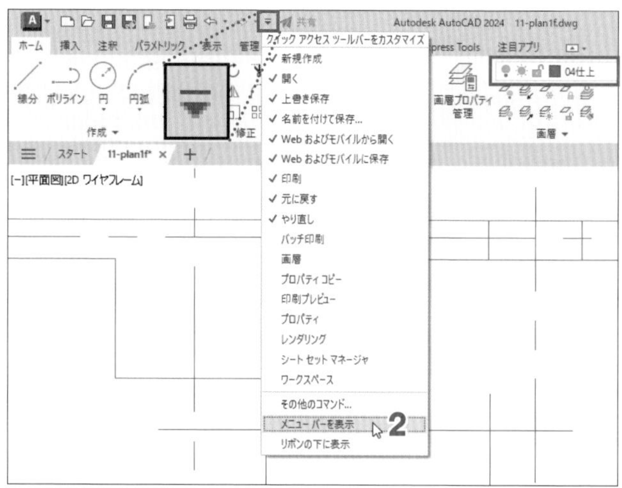

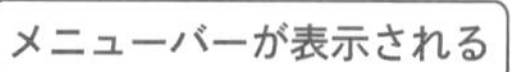

3 メニューバーの[作成]を🖱し、[マルチライン]を🖱

POINT [マルチライン]コマンドでは、間隔を指定した2本の平行線を連続して作成します。

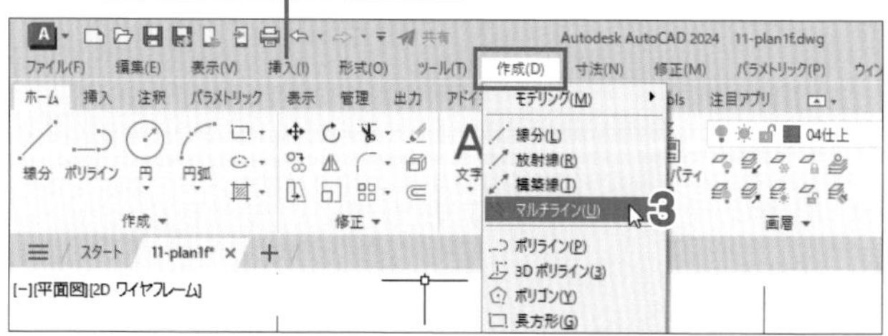

4 ↓キーを押し、オプションメニューの[位置合わせ]を🖱

5 表示されるオプションメニューの[ゼロ]を🖱

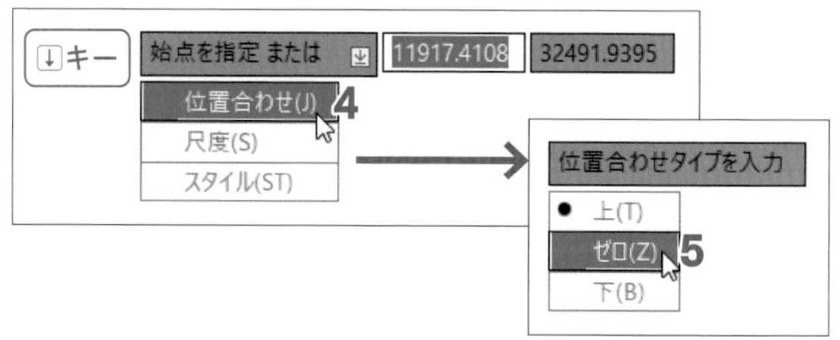

6 ↓キーを押し、オプションメニューの[尺度]を🖱

7 マルチラインの尺度として「90」を入力し、Enter キーを押す

↓キー
始点を指定 または 11704.2364 32472.5702
位置合わせ(J)
尺度(S) 6
スタイル(ST)
7
マルチラインの尺度を設定 <20.00>: 90

POINT 5では、マルチライン作成時の指示点に合わせる位置を指定します。[ゼロ]は、2本線の中心を指示点に合わせます。[尺度]では2本線の間隔を指定します。

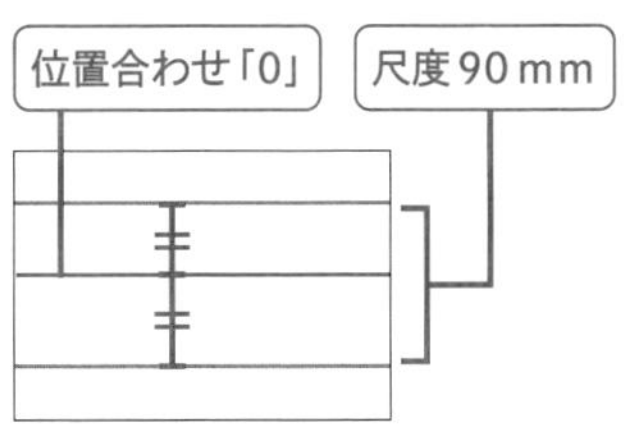

8
交点

8 マルチラインの始点として通り芯X2と柱下辺の交点を🖱

9 次の点として、通り芯X2と右図の壁芯の交点を🖱

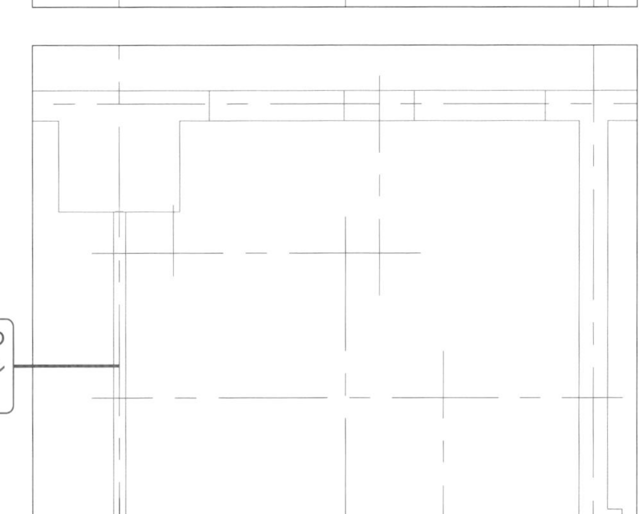

10 次の点として、右図の壁芯の交点を🖱

11 次の点として、その上の壁芯交点を🖱

12 Enter キーを押して[マルチライン]コマンドを終了する

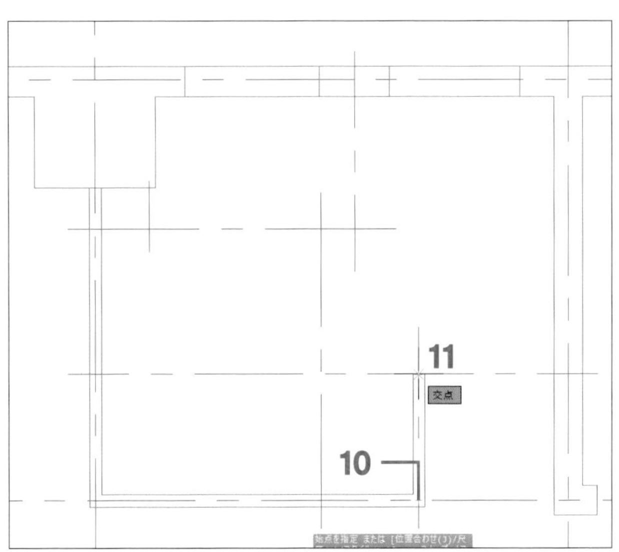

13 [マルチライン]を再選択し、**8**〜**12**と同様に残り3ヵ所の間仕切を右図のように作成する

POINT p.204で表示したメニューバーは、クイックアクセスツールバーの▼を🖱し、[メニューバーを非表示]を🖱することで、非表示にできます。本書の次項以降の画面では、メニューバーを非表示にしています。

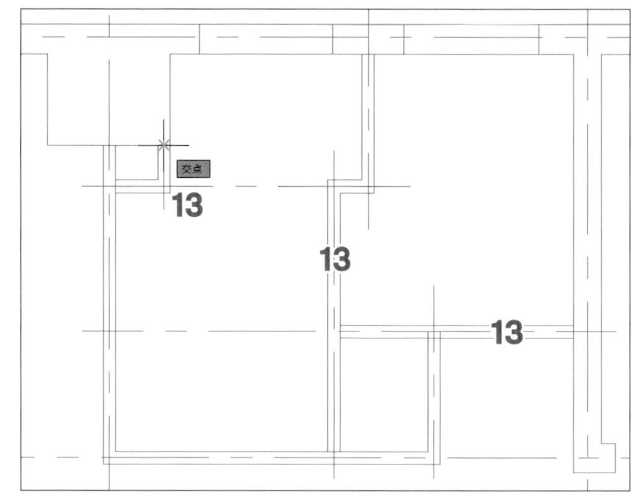

step 3 壁芯を切断して2つに分ける

step 4でトイレ間仕切壁と階段室壁の面を合わせるための準備として、Y1とY2の間の壁芯を切断して2つに分けましょう。

1 「修正▼」を🖱し、[部分削除]コマンドを🖱

2 部分削除対象として、壁芯を右図の位置で🖱

POINT **2**では部分削除対象を指示すると共に部分削除の開始位置を指示します。

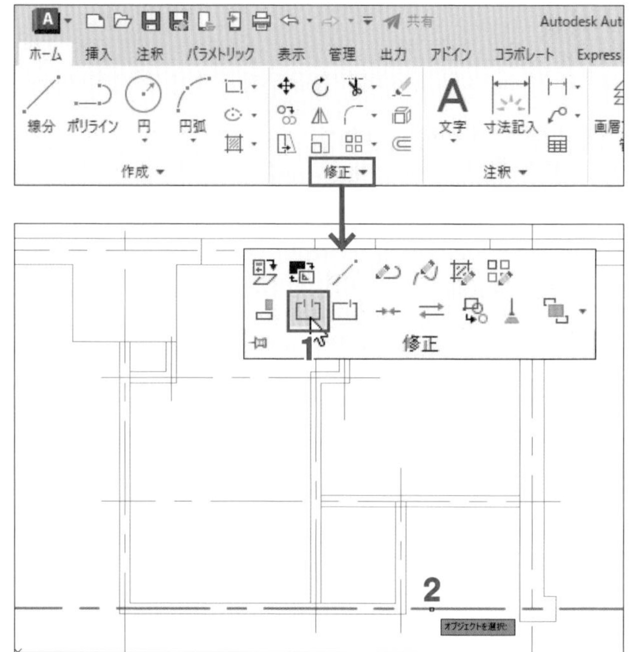

3 部分削除される範囲をプレビューで確認し、2点目として右図の位置で🖱

POINT 2点目を指示する際、**2**の壁芯の近くにマウスカーソルがあるとオブジェクトスナップが働き、点がない位置を指示できないことがあります。そのため右図では、壁芯から離れた位置で🖱します。**2**の壁芯の**2**-**3**間が削除され、壁芯は2本の線に分かれます。

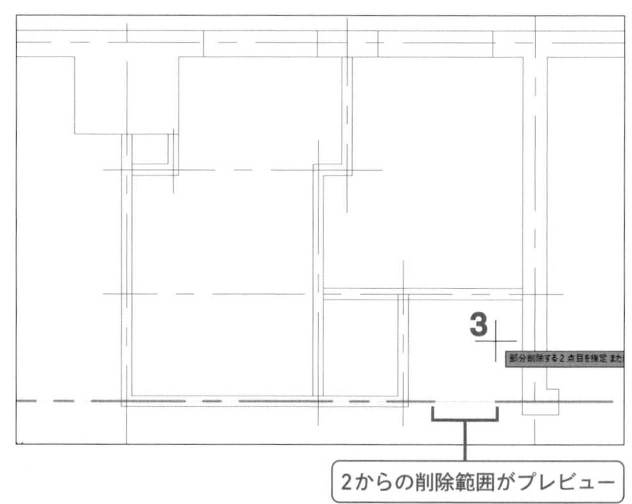

トイレ間仕切壁の面を階段室壁の面に揃える

トイレ間仕切壁の面が階段室壁の面に揃うよう、ストレッチしましょう。ストレッチ対象として部分削除した壁芯とその周りの間仕切壁を交差選択します。

1 交差選択の1つ目のコーナーを🖱

2 交差選択枠にトイレ間仕切壁の切断した壁芯全体が入るように、ストレッチ対象を囲み、もう一方のコーナーを🖱

POINT 間仕切壁の壁芯の片端点だけが交差選択枠に入るとストレッチ対象になるので、移動対象になるように両端点を入れて囲みます。

3 [ストレッチ]コマンドを🖱

4 ストレッチの基点として、右図の間仕切壁角を🖱

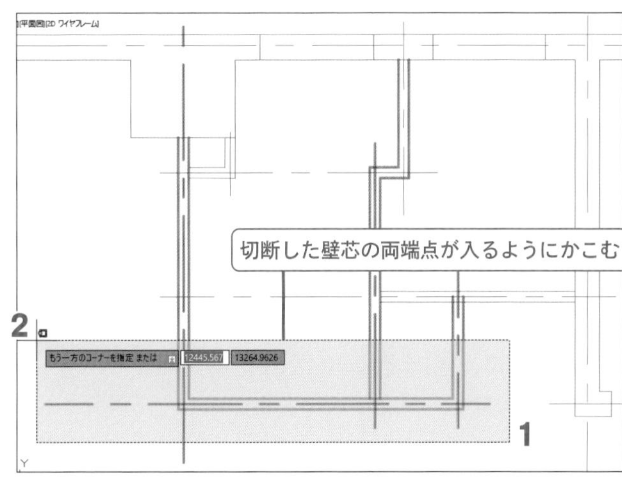

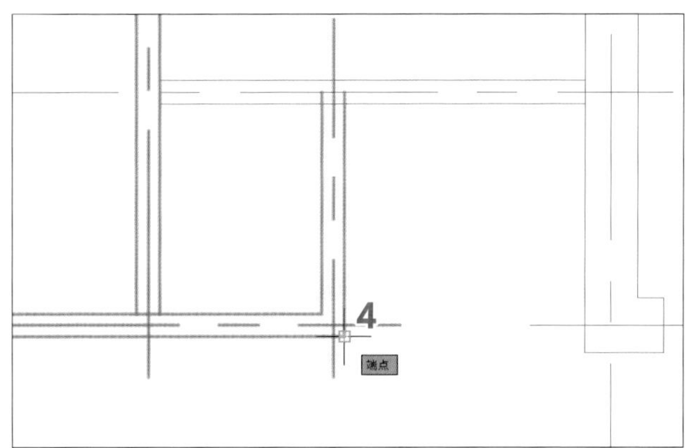

目的点の位置にはスナップできる点がないため、オブジェクトスナップトラッキングを利用して、目的点を指示しましょう。

5 階段室壁の角にマウスポインタを合わせ、□(位置合わせ点)が表示されたら、水平左にマウスカーソルを移動する

6 5の点から水平方向に表示される位置合わせパス上と間仕切壁の延長上の交点に✕が表示されたら🖱

↳間仕切壁の面が階段室壁の面と揃う。

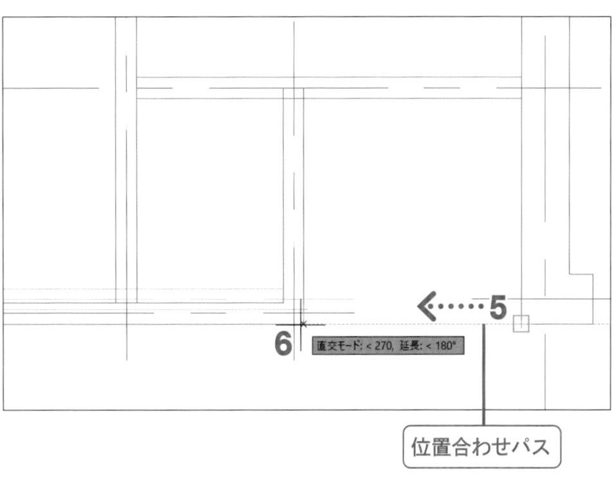

建具「wd680」を2点間の中心に基点を合わせて配置する

流しスペースの扉としてday05.dwgからブロック「wd680」を挿入しましょう。

1 現在の画層を「05建具」にする

2 [ブロック挿入]をし、[ライブラリのブロック]を

3 [ブロック]パレットの[回転]のチェックを外し、[角度]ボックスに「-90」を入力する

4 ブロック「wd680」を

5 Shift キーを押したままし、優先オブジェクトスナップメニューの[2点間中点]を

6 中点の1点目として、右図の壁芯交点を

7 中点の2点目として、もう一方の壁芯交点を

↳**6**-**7**の中点に挿入基点を合わせ、ブロック「wd680」が配置される。

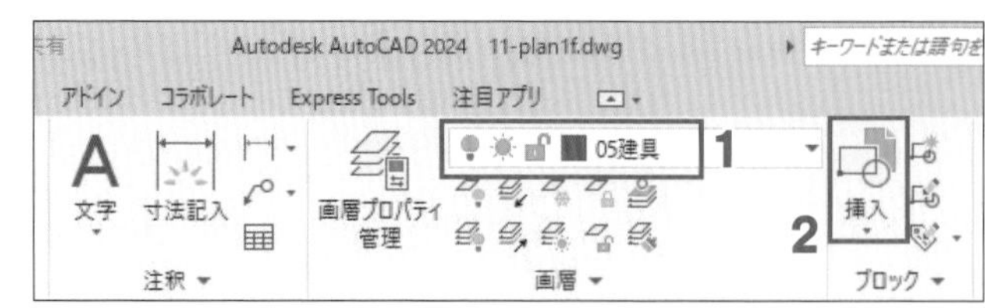

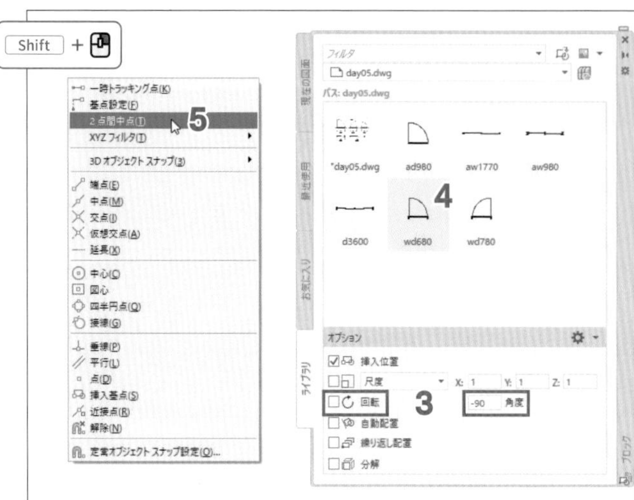

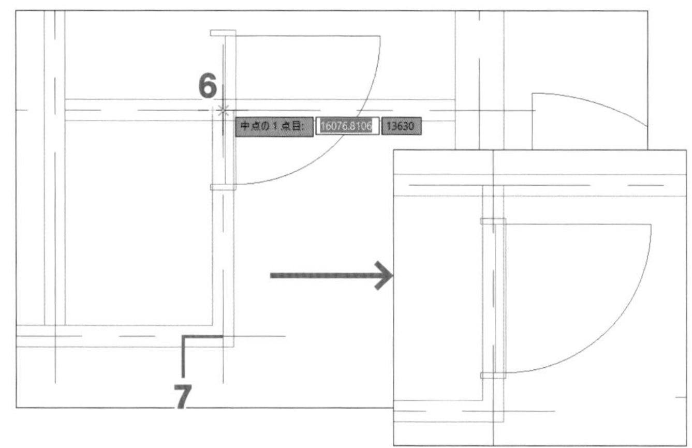

建具「wd780」の挿入基点を変更して配置する

続けて、ブロック「wd780」の挿入基点（建具中央）を右の枠の右辺中点に変更して、2カ所のトイレの入り口に配置しましょう。

1 [ブロック]パレットの[角度]を「0」にし、[繰り返し配置]にチェックを付ける

2 ブロック「wd780」を

3 ↓キーを押し、オプションメニューの[基点]を

POINT オプションメニューの[基点]では、ブロックに定義されている挿入基点を一時的に変更して挿入できます。

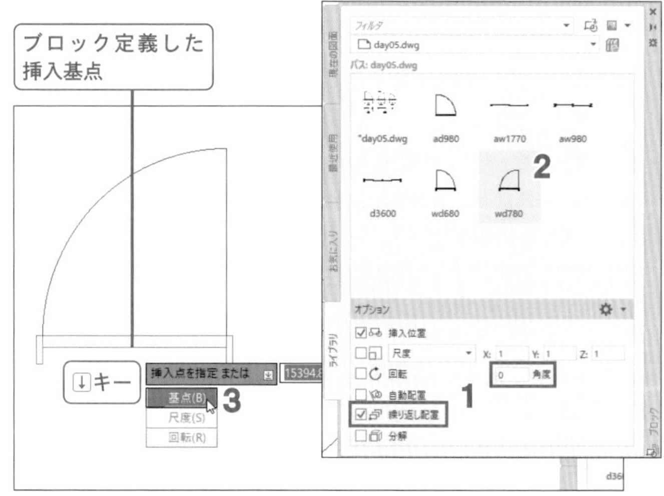

4 オブジェクトスナップメニューの［中点］にチェックを付ける

5 挿入基点として、右の枠の右辺中点を🖱

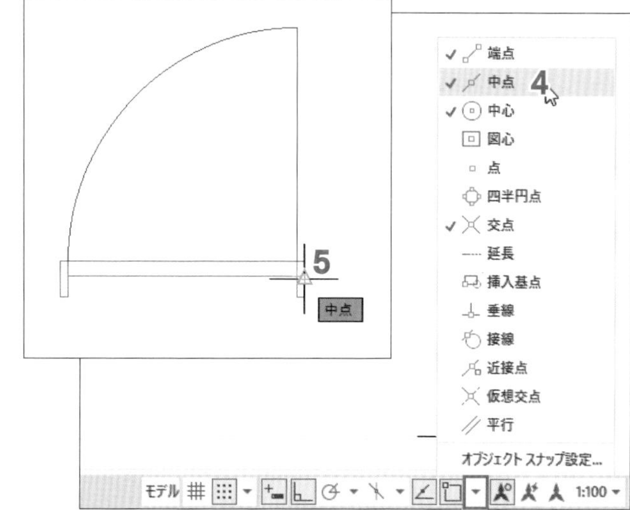

6 女子トイレ入り口に、壁芯と仕上の交点を🖱して配置する

7 男子トイレの入り口に、オブジェクトスナップトラッキングを利用し右図のように配置する

8 Enter キーを押し、ブロック「wd780」の配置を終了する

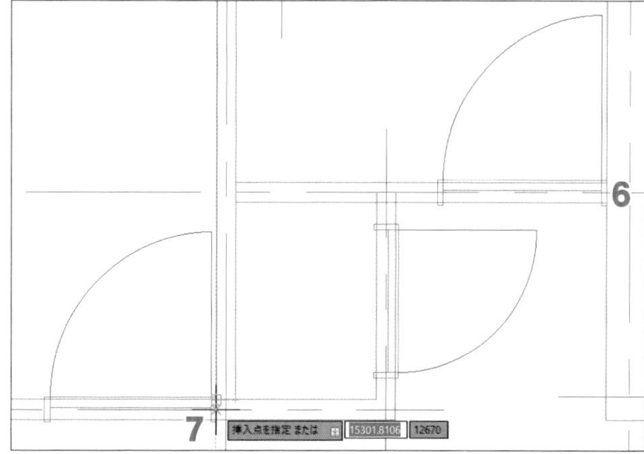

建具に重なる間仕切壁をトリムする

配置した建具に重なる間仕切壁をトリムしましょう。

1 「01通り芯」画層を非表示にする

2 ［トリム］コマンドを🖱

3 ↓キーを押し、オプションメニューの［切り取りエッジ］を🖱

4 切り取りエッジとして、女子トイレ入り口のドア枠の左辺を🖱

POINT マウスカーソルを近づけるとブロック全体がハイライトされますが、🖱すると🖱したオブジェクトのみが切り取りエッジとしてハイライトされます。

? 長方形4辺がハイライトされる ≫ p.279 Q17

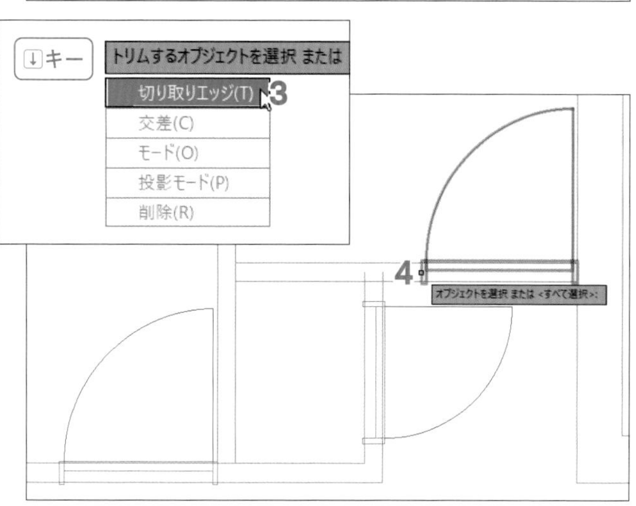

5 切り取りエッジとして、残り2つのドア枠の外側の辺を🖱

6 作業領域で🖱するか、Enterキーを押して、切り取りエッジの選択を完了する

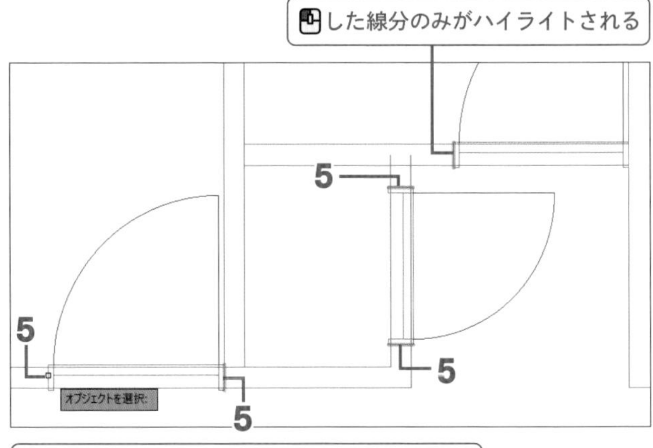

7 トリムするオブジェクトとして、女子トイレ入り口の建具に重なる間仕切壁を🖱

POINT [マルチライン]コマンドで作成した2本の平行線は、1セットになっており「マルチライン」と呼びます。一方の線に対してトリム指示をすると、もう一方の線の同じ範囲もトリムされます。

8 右図の建具に重なる間仕切壁を🖱

9 同様にして、もう1つの建具と重なる間仕切壁もトリムする

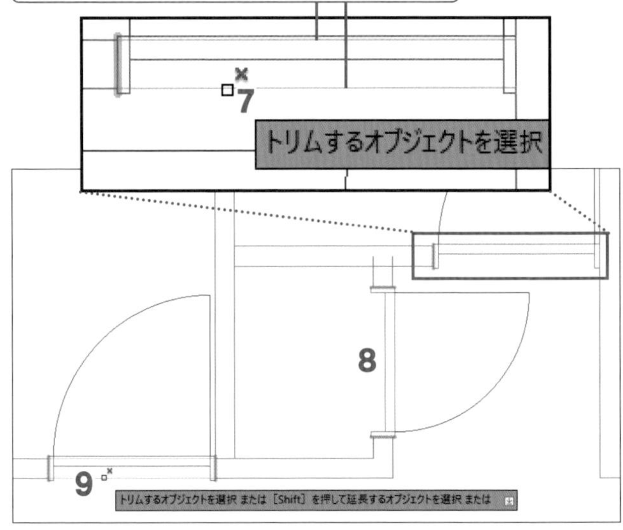

step 8 間仕切壁の交差部分を整える

間仕切壁がマルチラインのままでは、その交差部分を[トリム]コマンドで整えることはできません。マルチラインを分解したうえで整えます。

1 間仕切壁を🖱

POINT マルチラインの間仕切壁を🖱すると、🖱した線の平行線もともに選択されハイライトされます。

2 順次、間仕切壁を🖱し、すべてのマルチラインを選択する

3 [分解]コマンドを🖱

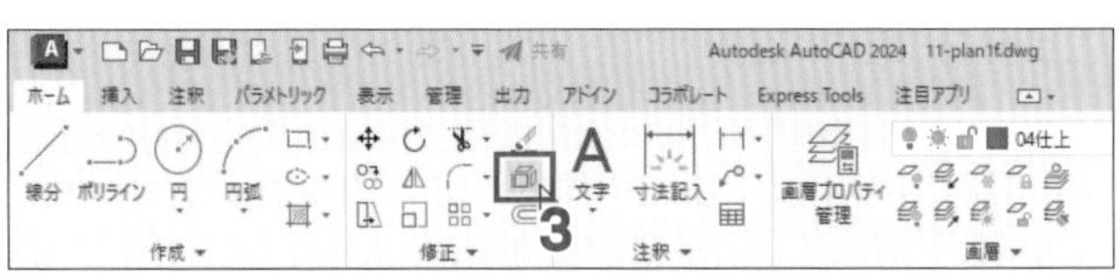

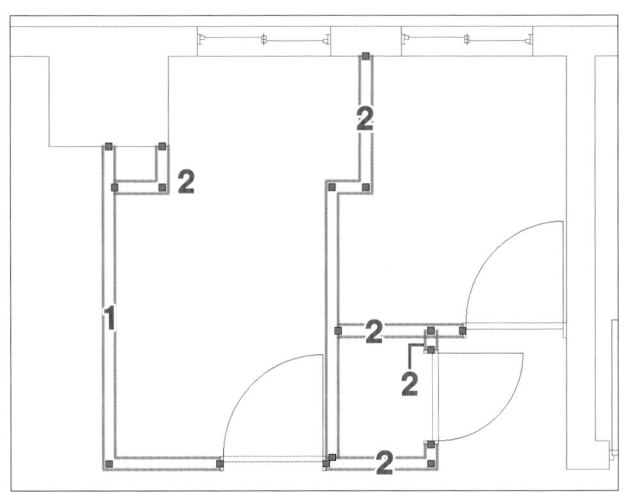

4 [トリム]コマンドを選択し、右図4ヵ所の交差部分の不要な線をトリムして整える

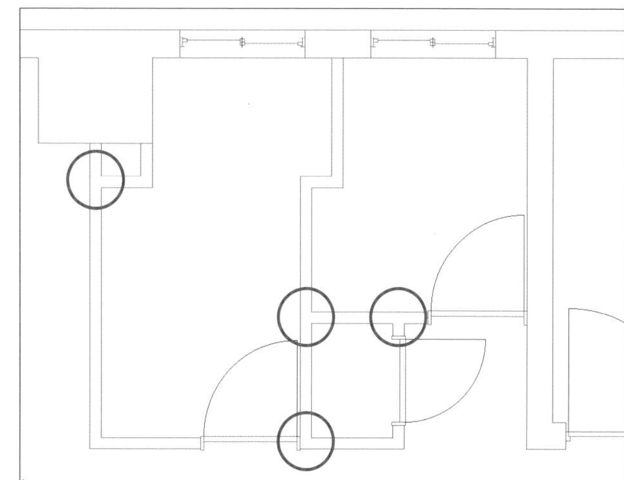

トイレブースの間仕切を作成する

トイレブースの間仕切を作成しましょう。

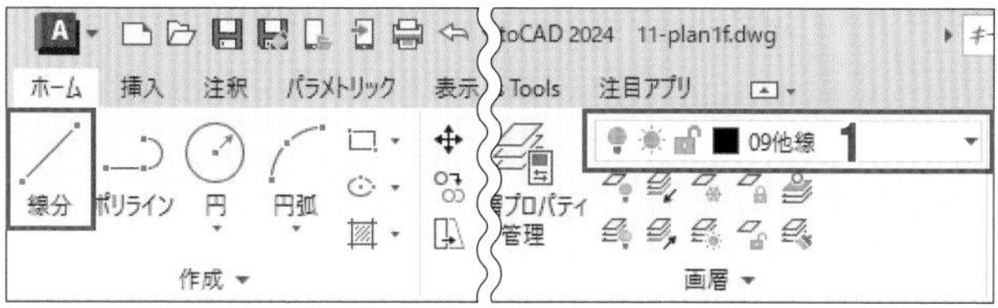

1 現在の画層を「09他線」にする

2 [線分]コマンドを選択し、右図の寸法で、2カ所の間仕切を作成する

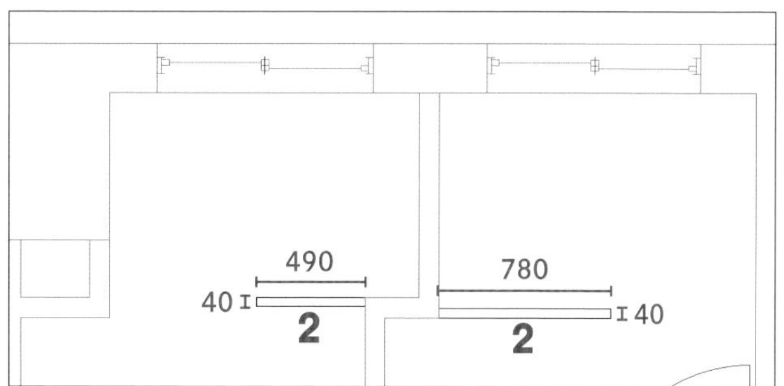

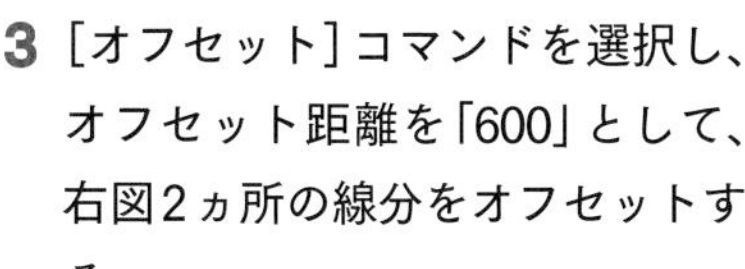

3 [オフセット]コマンドを選択し、オフセット距離を「600」として、右図2ヵ所の線分をオフセットする

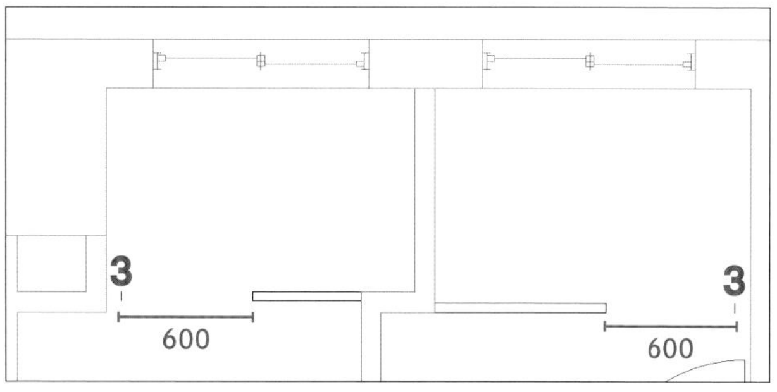

4 [線分]コマンドを選択し、オフセットした線分の上下の端点から間仕切壁まで水平線を作成する

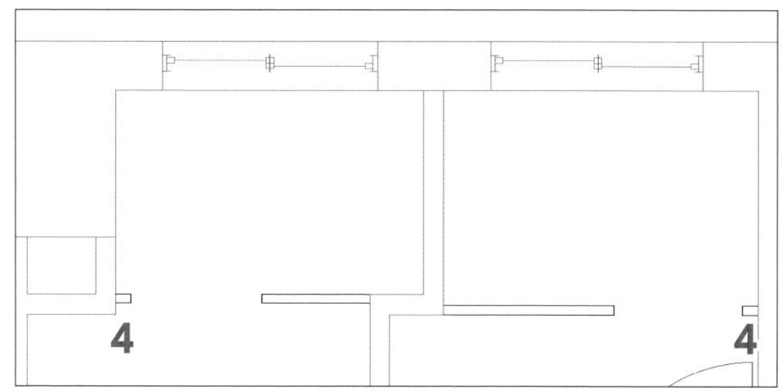

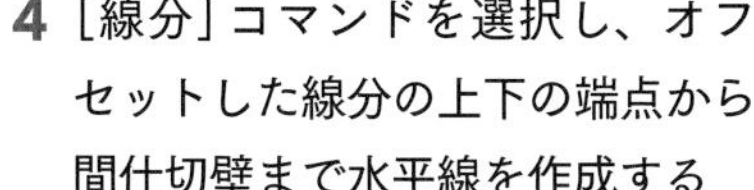

POINT [直交モード]をオンの状態で、オブジェクトスナップトラッキングを利用して作成します。

トイレブースの開きを作成する

トイレブースの扉の開きを作成しましょう。

1 [線分]コマンドを選択し、吊元から600mmの垂直線を右図の2ヵ所に作成する

2 [円弧]コマンドの▼を🖱し、[中心、始点、終点]を選択して右図の2カ所に1/4円弧を作成する

 円弧の始点･終点は、基本、反時計回りで指示します。

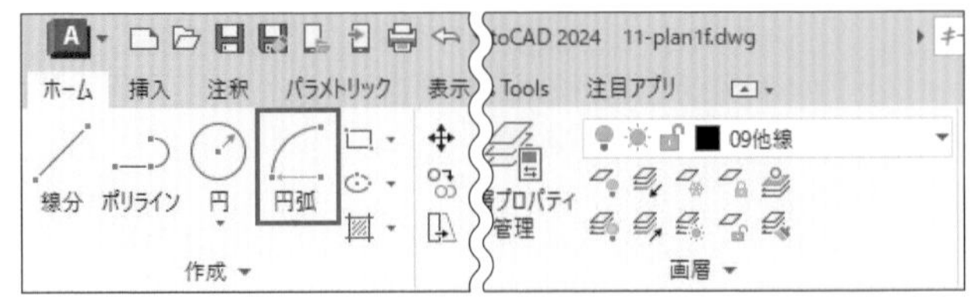

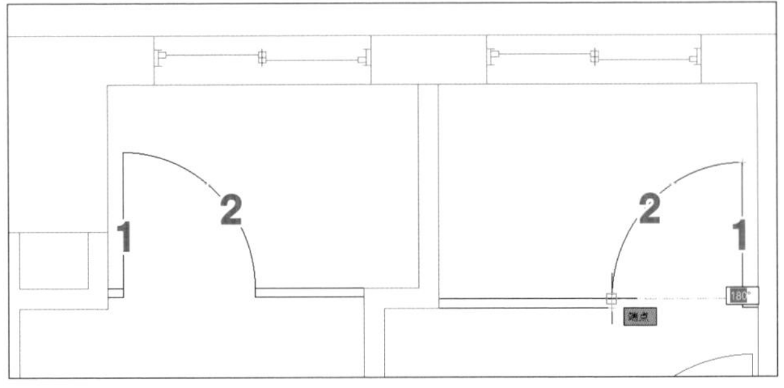

ライニングと間仕切板を作成する

間仕切壁から100mmの間隔でライニングを作成しましょう。

1 [オフセット]コマンドを選択し、画層オプションを[現在の画層]にする

2 間仕切壁から100mmの位置にライニングを、右図5カ所に作成する

3 女子トイレトイレブースのライニングの下端点をトイレブース内側まで縮める

男子トイレの間仕切板(780mm×40mm)を作成しましょう。

4 「01通り芯」画層を表示する

5 [長方形]コマンドを選択し、優先オブジェクトスナップメニューの[基点設定]を利用して、右図の位置に幅780mm、高さ40mmの長方形を作成する

6 「01通り芯」画層を非表示にし、[トリム]コマンドで間仕切板に重なるライニングをトリムする

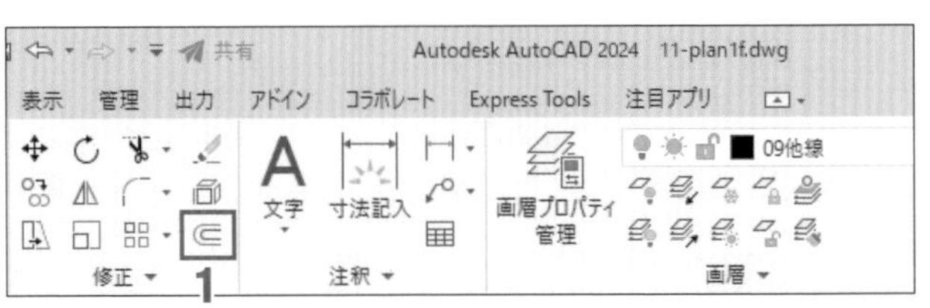

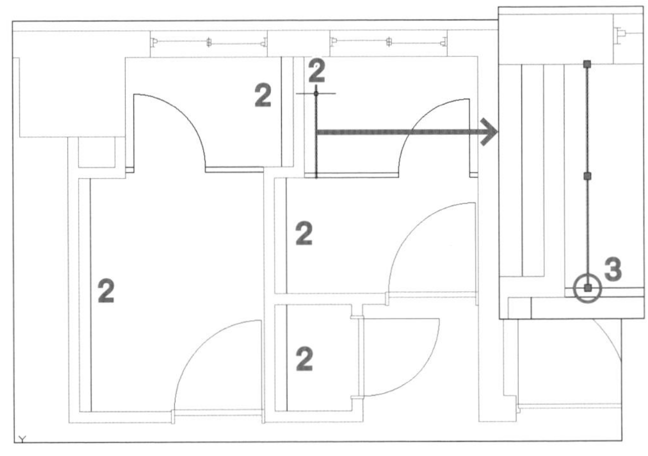

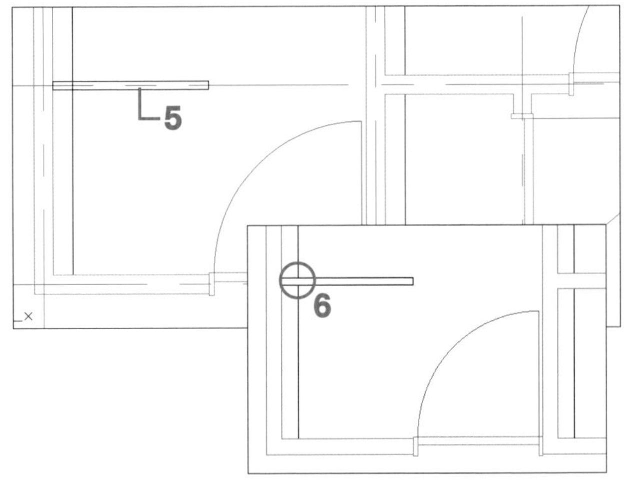

別ファイルの洋便器を挿入する

メーカー提供のCADデータファイル BCK21S_005_SA.dwg の洋便器を各トイレブースに配置しましょう。

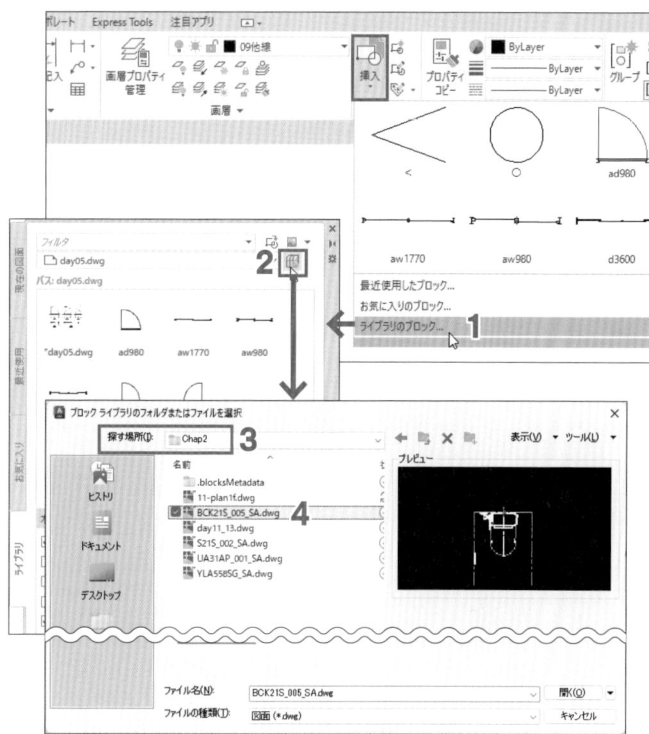

1 ［ブロック挿入］コマンドを🖱し、［ライブラリのブロック］を🖱

2 ［ブロック］パレットの［参照］ボタンを🖱

3 ［ブロックライブラリのフォルダまたはファイルを選択］ダイアログの［探す場所］を「ACAD20day」フォルダ内の「Chap2」フォルダにする

4 BCK21S_005_SA.dwg を🖱🖱

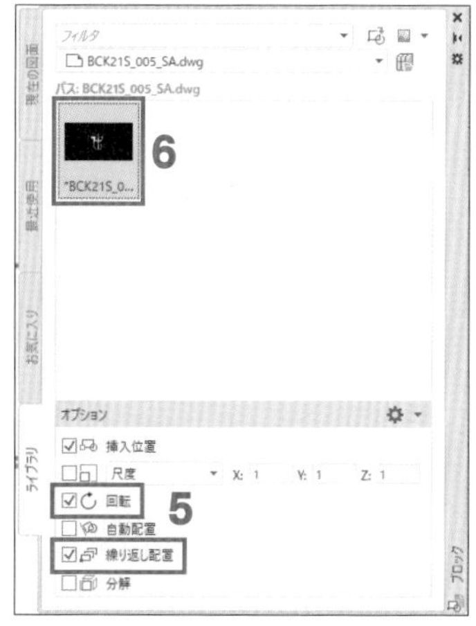

5 ［ブロック］パレットの［回転］と［繰り返し配置］にチェックを付ける

6 ブロック「BCK21S_0....」を🖱

POINT ここで挿入する衛生機器は建築専門家のための情報サイト「LIXILビジネス情報」https://www.biz-lixil.com/ よりダウンロードしたLIXIL製品のDWGファイルです。各DWGファイルのオブジェクトはブロック定義されていませんが、［ブロック挿入］コマンドにより、DWGファイルの原点(0,0)を挿入点とし、DWGファイル内のすべてのオブジェクトをブロックとして挿入します。

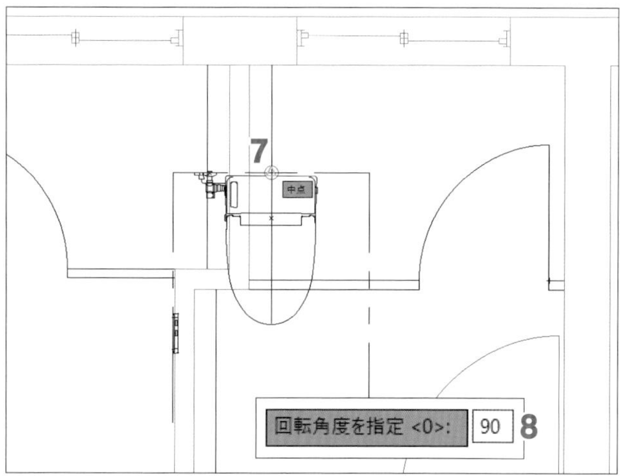

7 挿入点として女子トイレのブースのライニングの中点を🖱

8 回転角度として「90」を入力し、Enter キーを押す

9 挿入点として男子トイレのブースのライニングの中点を🖱

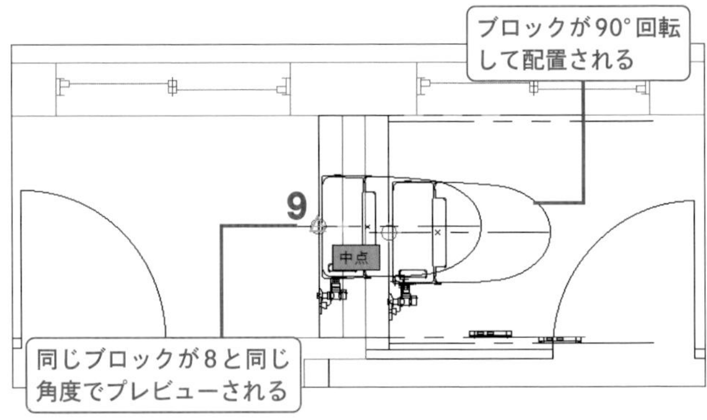

10 マウスカーソルを下に移動し、右図のように回転して🖱

POINT 10の操作の代わりに回転角度として「-90」を入力し、Enterキーを押しても同じ結果になります。

11 Enterキーを押し、「BCK21S_0....」の配置を終了する

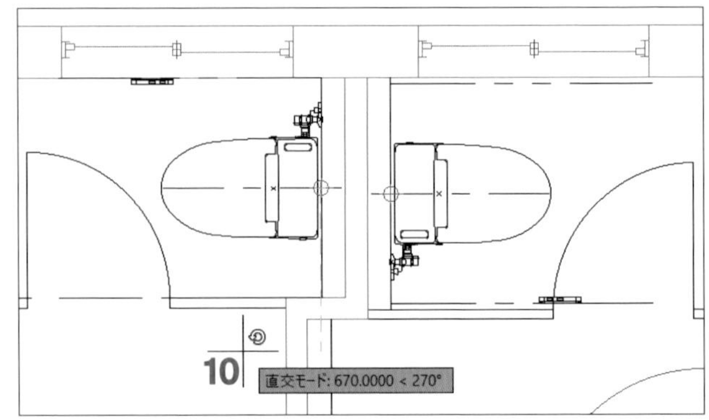

step 13 別ファイルの他の衛生機器を挿入する

続けて、YLA558SG_SA.dwgの洗面器を挿入しましょう。

1 ［ブロック］パレットの［参照］ボタンを🖱

2 ［ブロックライブラリのフォルダまたはファイルを選択］ダイアログでファイルYLA558SG_SA.dwgを🖱🖱

3 ［ブロック］パレットの［回転］のチェックを外し、［角度］ボックスに「90」を入力する

4 「YLA558S...」を🖱

5 挿入位置として女子トイレ洗面のライニング中点を🖱

6 挿入位置として男子トイレ洗面のライニング中点を🖱し、「YLA558S…」の配置を終了する

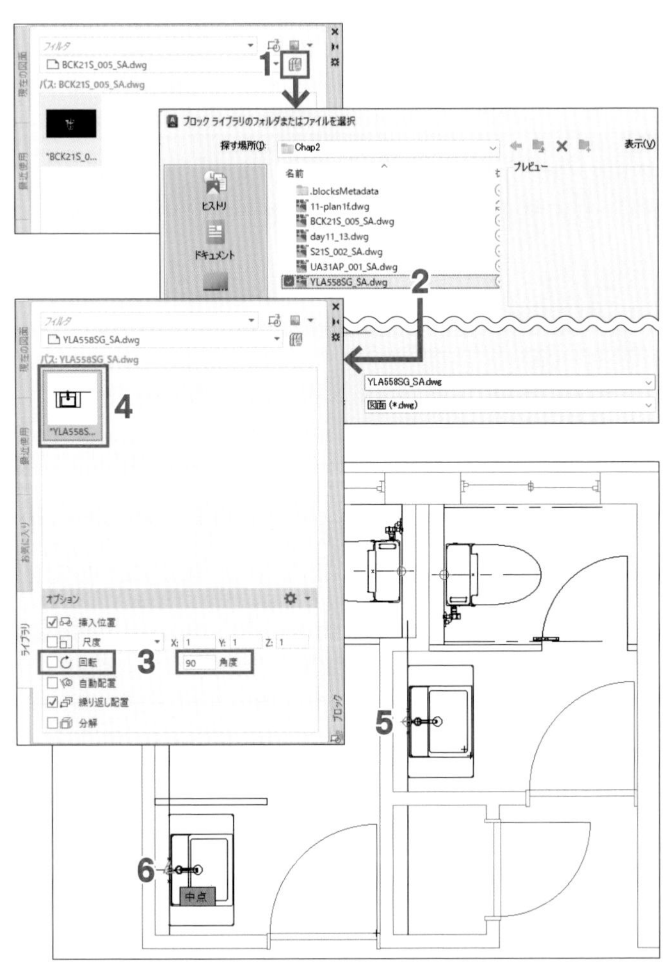

7 流し(S21S_002_SA.dwg)を**1**～**5**を参考に、右図のライニング中点に配置する

8 小便器(UA31AP_001_SA.dwg)を右図のライニング中点に配置する

POINT 挿入したブロックには、製品姿図以外に給排水ポイントや配置位置の目安を示す線なども含まれています。それらが、どの画層に作成されているのか、次項で確認しましょう。

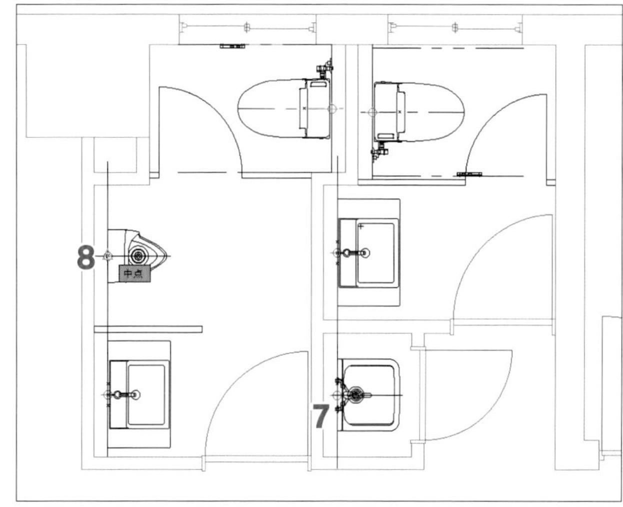

配置した衛生機器の画層を確認する

衛生機器挿入後の画層を確認しましょう。

1 [画層]ボックスをクリックし、画層を確認する

POINT 他のDWGファイルから衛生機器を挿入したことにより、挿入元のファイルでモデルが作成されていた画層も一緒に挿入されました。

2 「LIX_SHAPE」画層の[表示]マークをクリックし、非表示にする

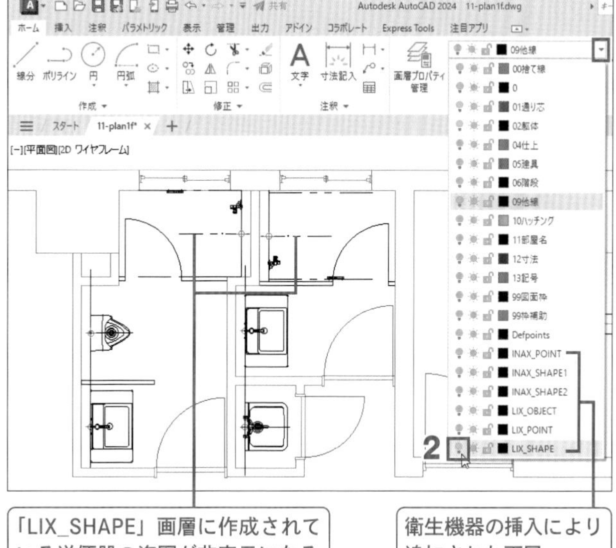

3 「INAX_SHAPE1」画層の[表示]マークをクリックし、非表示にする

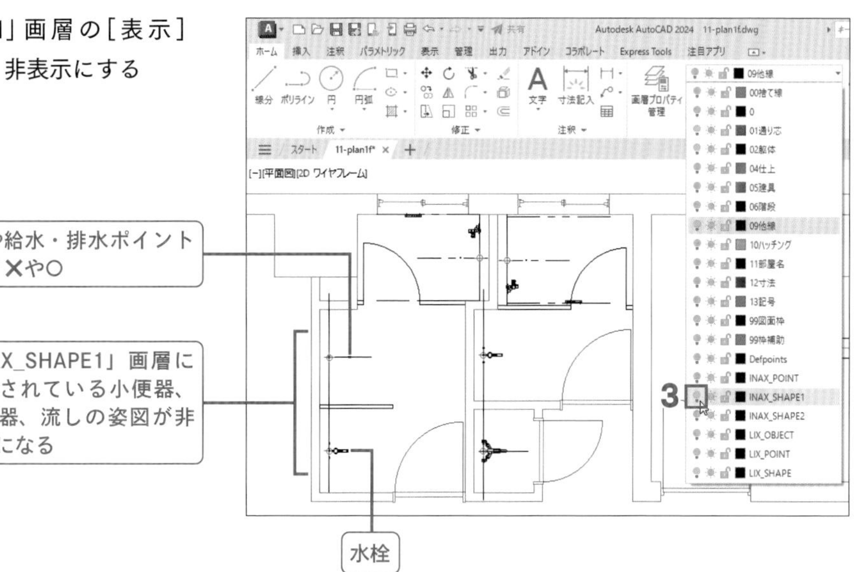

4 「LIX_SHAPE」「INAX_SHAPE1」画層を表示し、「0」画層を現在の画層にする

2で洋便器が「LIX_SHAPE」画層に作成されていることを確認しましたが、ここで、[現在層に設定]コマンドで洋便器を🖱してみましょう。

5 [現在層に設定]コマンドを🖱

6 洋便器を🖱

POINT 洋便器はブロックとして挿入されているため、マウスポインタを近づけると、右図のように洋便器全体がハイライトされます。**6**の操作の結果、洋便器が作成されている画層ではなく、ブロック挿入時の画層が現在の画層になります。

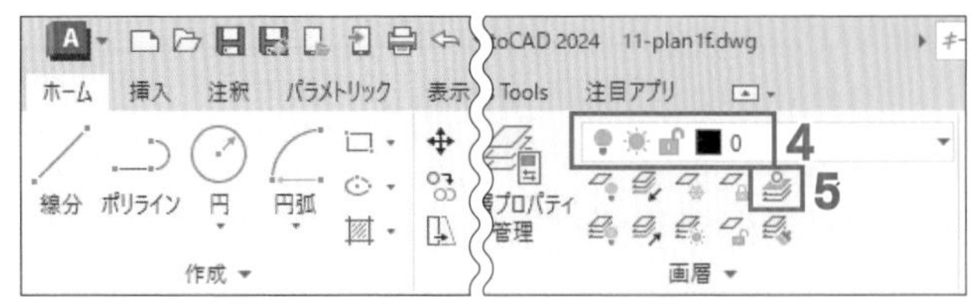

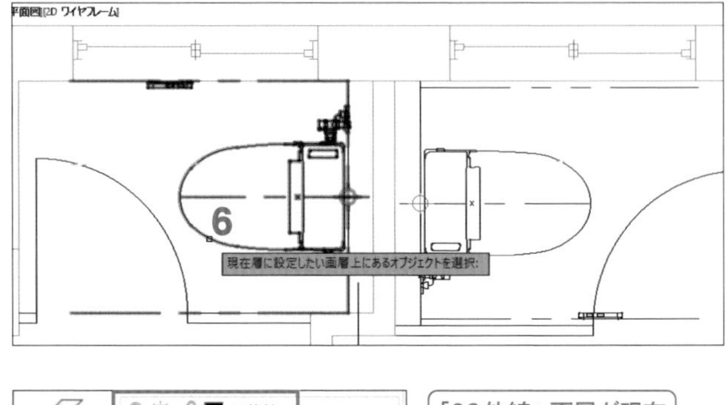

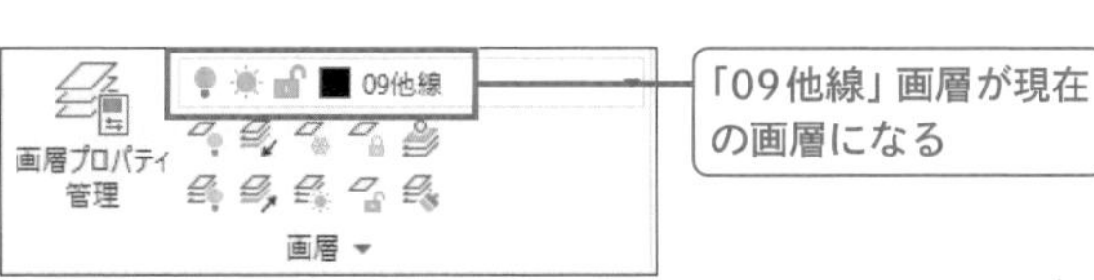

Column ブロックとして挿入された衛生機器の画層

洋便器姿図は「LIX_SHAPE」画層に作成されていますが、ブロック定義情報は挿入時の画層である「09他線」画層に作成されているため、[現在層に設定]コマンドで🖱すると、ブロック定義情報のある「09他線」画層が現在の画層になります。ここで挿入したブロックは、下図のように画層を使い分けています。

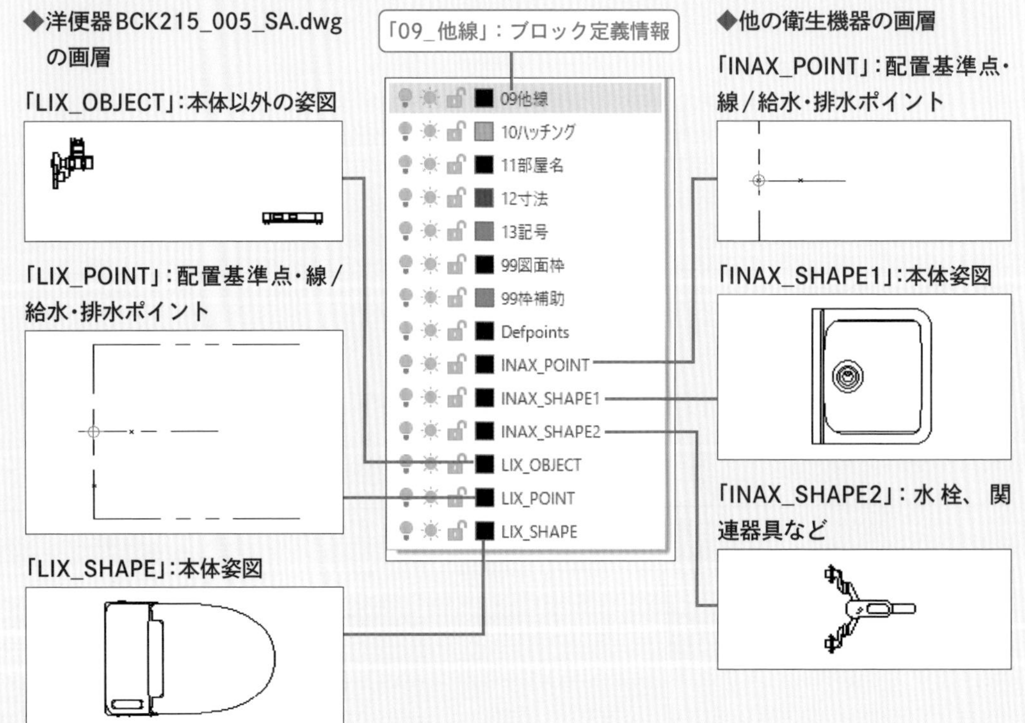

step 15 衛生機器のブロック情報をその姿図がある画層に変更する

洋便器のブロック情報は「09他線」画層ですが、姿図は「LIX_SHAPE」画層にあるため、「09他線」画層を非表示にしても、洋便器は非表示になりません。洋便器と他の衛生機器のブロック情報をそれぞれの本体姿図がある画層に変更しましょう。

1 2つの洋便器をして選択する

2 し、ショートカットメニューの[クイックプロパティ]を

3 [プロパティ]パレットの[画層]の▼をし、「LIX_SHAPE」を

4 [プロパティ]パレットを閉じ、Escキーを押して、すべての選択を解除する

5 他4つの衛生機器をして選択する

6 2～4と同様にして「INAX_SHAPE1」画層に変更する

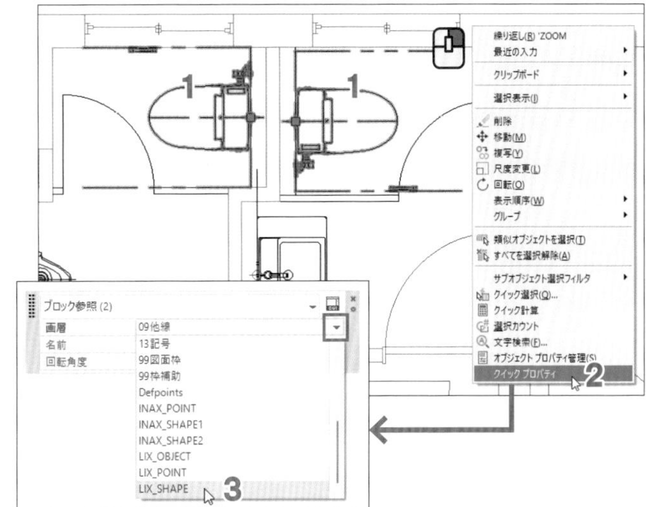

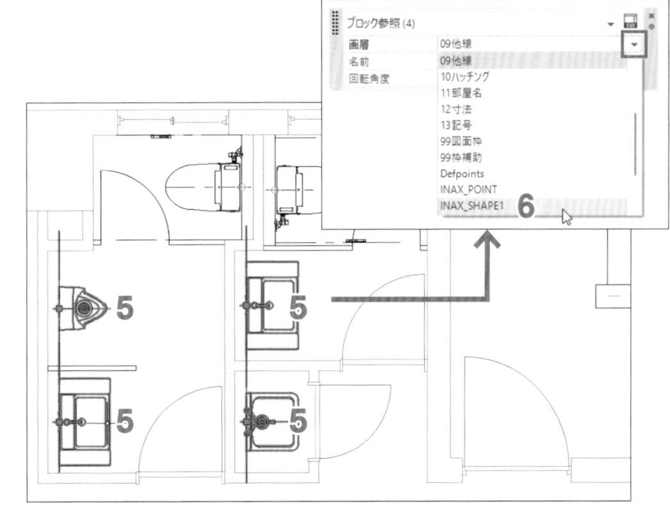

step 16 画層をフリーズにする

衛生機器の姿図以外が作成されている画層は表示されないよう[フリーズ]しましょう。

1 [画層]ボックスをし、「INAX_POINT」「LIX_OBJECT」「LIX_POINT」画層のを

POINT [すべてのビューポートでフリーズまたはフリーズ解除]をするとになり、その画層のオブジェクトが作業領域から消えフリーズします。[全画層表示]コマンドをしても[フリーズ]の画層は表示されません。

以上でDay15は終了です。
ファイルを上書き保存してください。

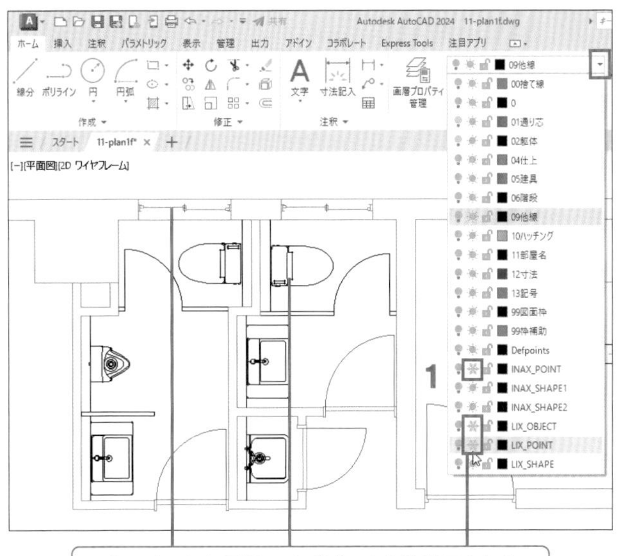

Day 16

ハッチングとレイアウト設定・印刷

11-plan1f.dwgを開き、部屋名を記入し、躯体にコンクリートハッチングを作成しましょう。また、「レイアウトA4」として、あらかじめ用意したA4図面枠に平面図をS=1:100でレイアウトし、印刷しましょう。

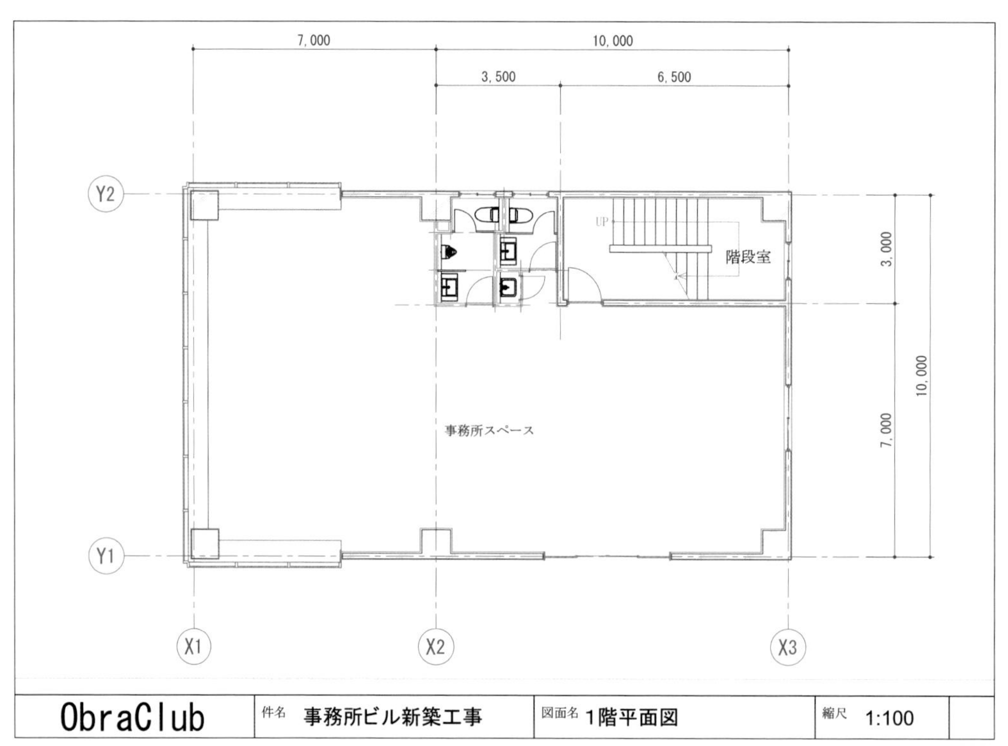

step 1 部屋名を記入する

部屋名を記入しましょう。

1 現在の画層を「11部屋名」にする

2 ［注釈▼］を🖱

3 ［文字スタイル］ボックスを🖱し、リストの「部屋名3M」を🖱

4 ［文字］コマンドの▼を🖱し、［文字記入］を🖱

5 部屋名「事務所スペース」と「階段室」を記入する

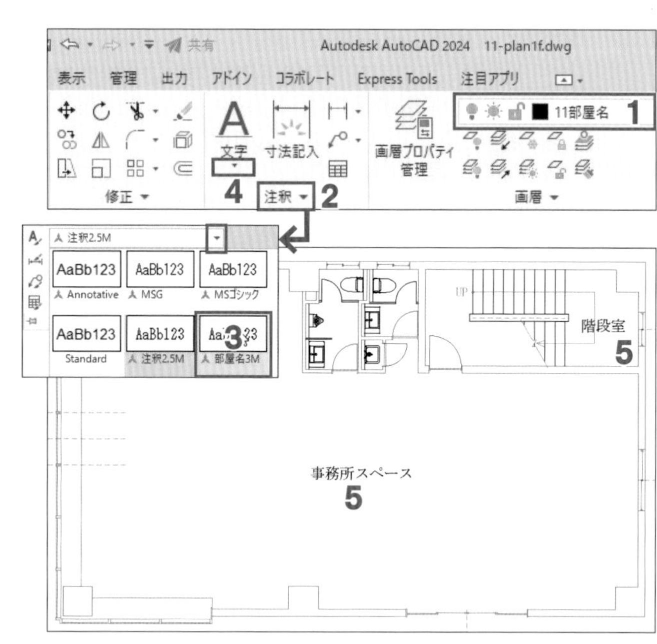

コンクリートハッチングを作成する

躯体にコンクリートハッチングを作成しましょう。

1 「02躯体」画層を表示し、現在の画層を「10ハッチング」にする

2 [ハッチング]コマンドを

3 [ハッチパターン]の▼をし、リストから「JIS_RC_10」を

4 [ハッチングの色]ボックスをし、「ByLayer」にする

5 [異尺度対応]を

POINT [異尺度対応]をオンにすると、ハッチングのピッチは文字・寸法スタイルの[異尺度対応]同様、尺度に影響されない間隔になります。

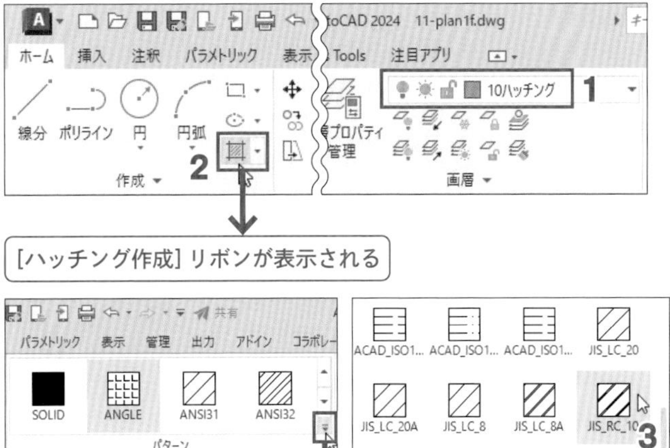

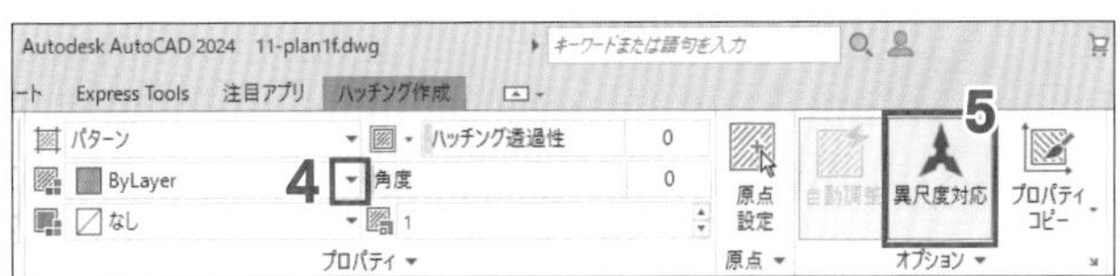

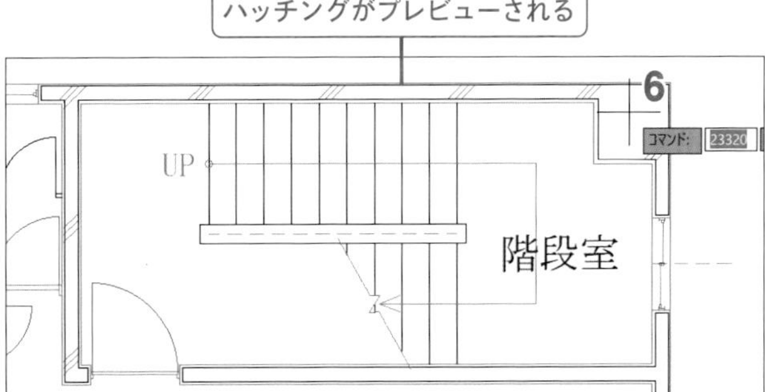

6 躯体の内側にマウスカーソルを合わせ、プレビューを確認し

POINT ハッチングは閉じた外形線の内側に作成されます。マウスカーソルを合わせると、ハッチングされる範囲に3で選択したハッチングがプレビューされます。するとハッチングが表示されたまま、その外形線がハイライトされます。この段階ではまだハッチングは作成されていません。

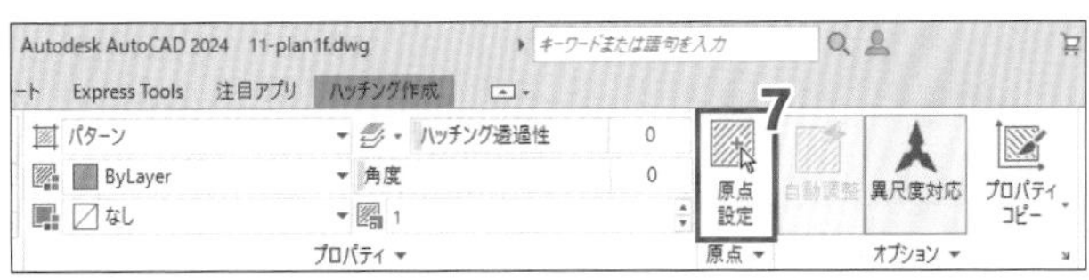

続けて、他の躯体部分にもハッチングの作成指示をしましょう。トイレの窓間の躯体は狭いため、ハッチングが作成されない場合があります。その場合は、ハッチングの原点（ハッチングの線が必ず通る位置）を指定します。

7 [ハッチングの原点設定]を

8 ハッチングの原点として、窓と窓の間の躯体の中央付近を

9 プレビューを確認し、躯体の内側で

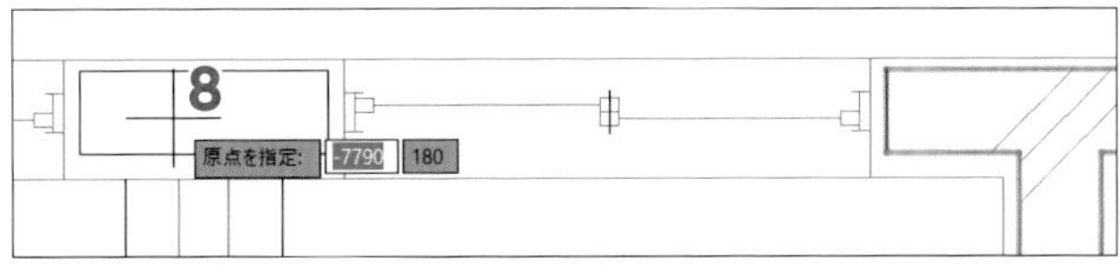

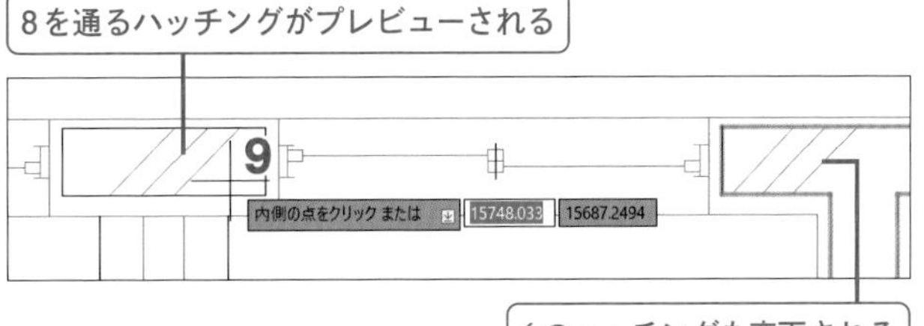

POINT すべての躯体にハッチングの作成指示をしたうえで、確定して作成します。この一連の操作で作成するハッチングは、同じ点を原点として同ピッチで作成されます。そのため、**6**で指定したハッチングも**8**を原点としたものに変更されます。

10 他の部分も躯体の内側にマウスカーソルを合わせ、プレビューを確認し

11 Enter キーを押して、確定する

↳プレビューされていたハッチングが作成される

12 ［ホーム］タブの［全画層表示］コマンドを

POINT 非表示になっていた画像も表示されますが、Day15で、［フリーズ］指定をした画層は表示されません。

13 上書き保存する

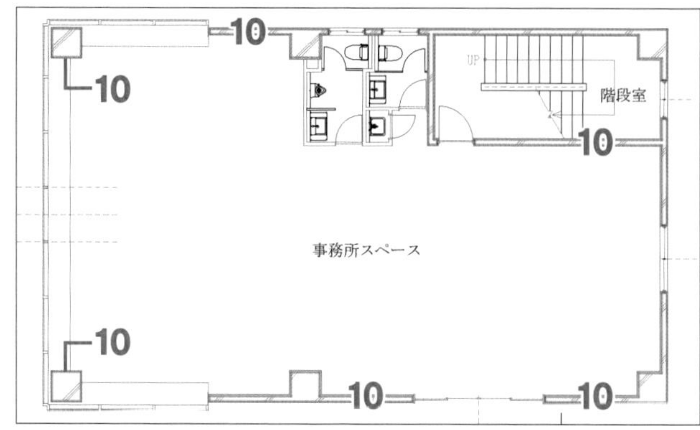

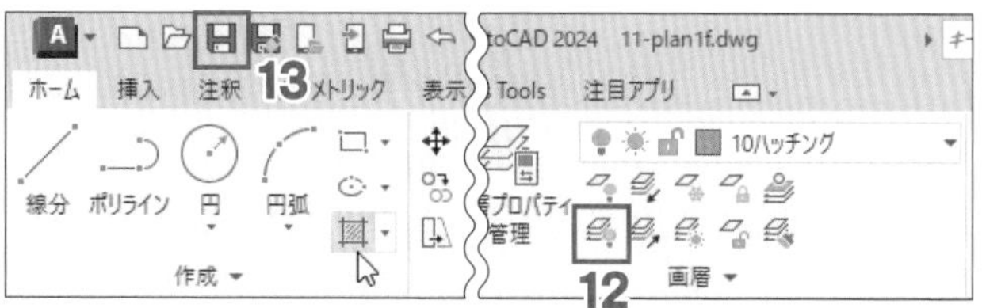

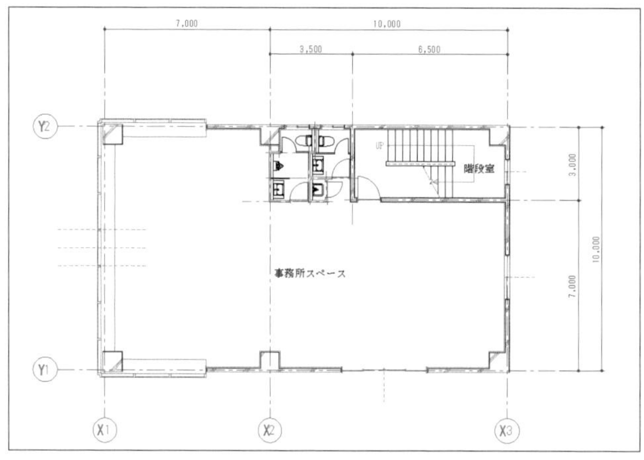

ハッチングのパターンや尺度の変更

作成済のハッチングをすると、同一ハッチングがハイライトされ、［ハッチングエディタ］リボンが表示されます。［ハッチングエディタ］リボンの［パターン］や［角度］［尺度］を変更することで、選択したハッチングを変更できます。

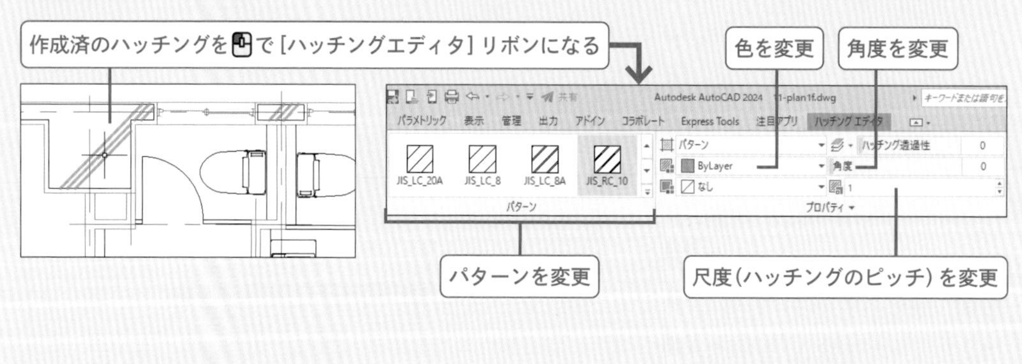

step 3 [レイアウトA4]のビューポート枠を図面枠に合わせ平面図を表示する

あらかじめA4図面枠を作成しておいた[レイアウトA4]タブのビューポート枠を図面枠の大きさに合わせましょう。

1 [レイアウトA4]タブを
2 ビューポート枠を
3 [直交モード]をオフにする
4 ビューポート枠右上角のグリップを
5 移動先として、図面枠の右上角を
6 同様にして、ビューポート枠の左上角と左下角を図面枠の左上角と左下角に合わせる

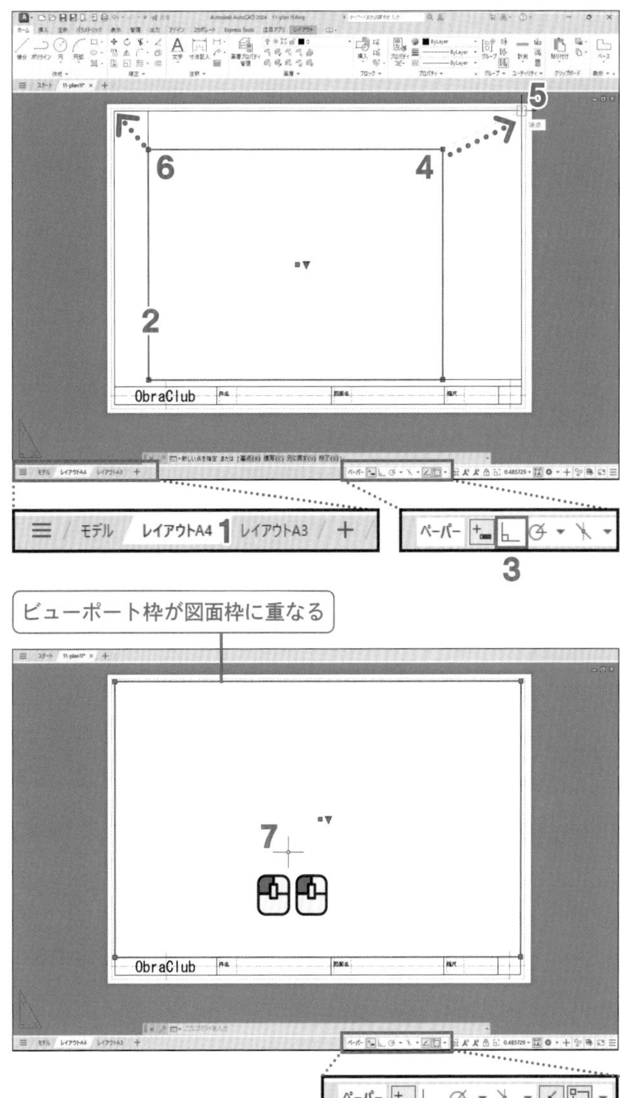

ビューポート内の編集に切り替え、モデル空間の平面図全体を表示しましょう。

7 ビューポート枠内で

POINT ビューポート枠内ですると、ビューポートの編集に切り替わり、ビューポートを通して、モデル空間のモデルを編集できます。

8 ビューポート枠内でまたは[オブジェクト範囲ズーム]コマンドを

POINT [レイアウト]タブでも、[モデル]タブと同様の操作で、ズームが行えます。ビューポート内のモデル編集モードで**8**の操作を行ったため、ビューポート枠にモデル空間の平面図全体が表示されます。

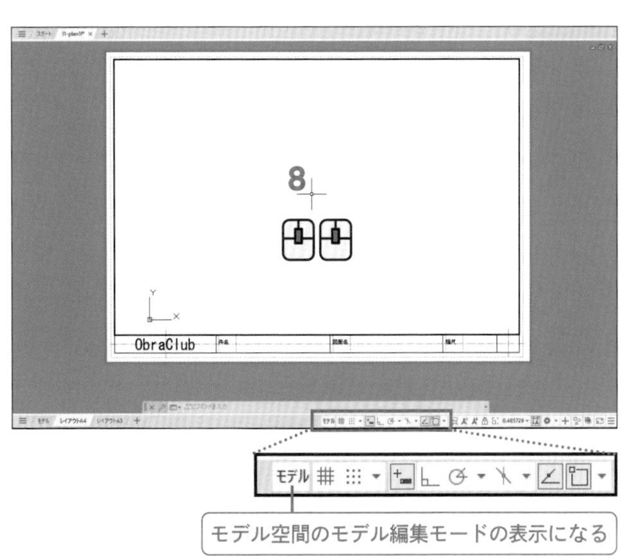

ビューポートの尺度を設定する

平面図が1:100の尺度で印刷されるよう、編集中のビューポートの尺度を1:100に設定し、レイアウトを整えましょう。

1 ステータスバーの[選択されたビューポートの尺度]の▼を🖱し、リストから「1:100」を🖱

? 通り芯が実線のように表示される
» p.279 Q16

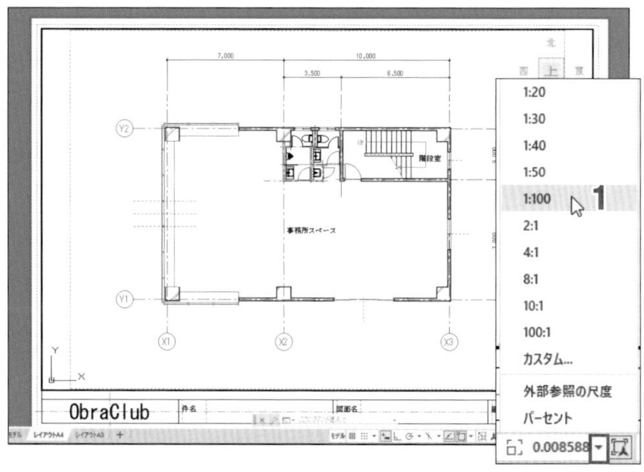

2 🖱→または[画面移動]コマンドで、図面枠の中央に平面図全体が表示されるよう調整する

POINT 2の操作中に誤って拡大・縮小した場合は、再度、1の操作を行い「1:100」にしてください。

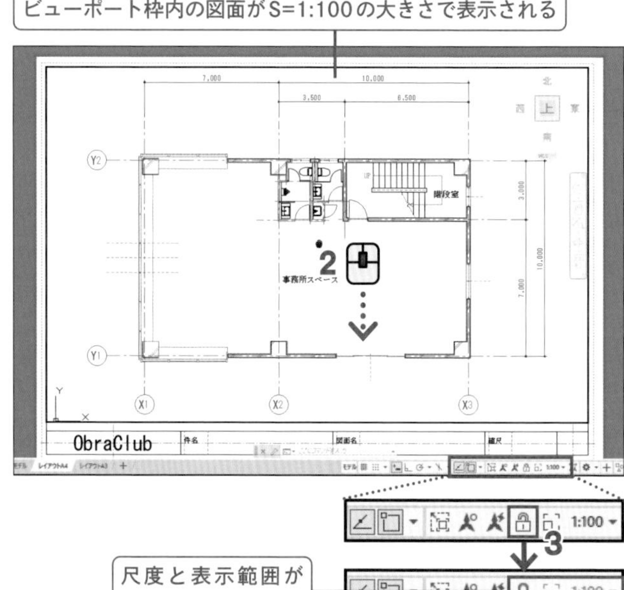

ビューポートに平面図全体が1:100で表示されたら、表示範囲と尺度に変更されないようロックしましょう。

3 ステータスバーの[ビューポートロック]を🖱

4 ビューポート枠の外側で🖱🖱

POINT ビューポート枠の外で🖱🖱すると、ペーパー空間での作成・編集に切り替わります。ペーパー空間でも、モデル空間と同様に、ズーム操作や作成・編集操作、画層のコントロールなどが行えます。

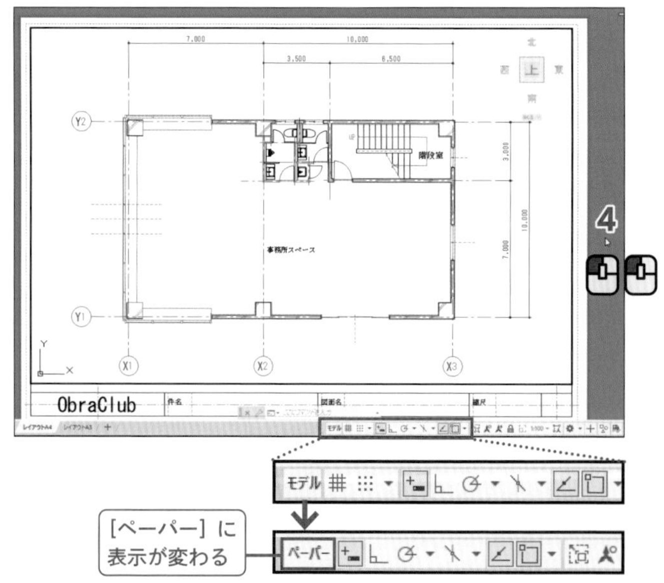

図面枠に件名等を記入する

図面枠の各項目欄に、件名、図面名、縮尺を文字スタイル「項目名4G」で記入しましょう。

1 現在の画層を「99図面枠」にする

2 文字スタイルを「項目名4G」にし、[文字記入]コマンドを🖱

3 文字の「左中央」を項目欄の捨て線交点に合わせ、件名「事務所ビル新築工事」を記入する

4 同様にして、図面名「1階平面図」、縮尺「1:100」も記入する

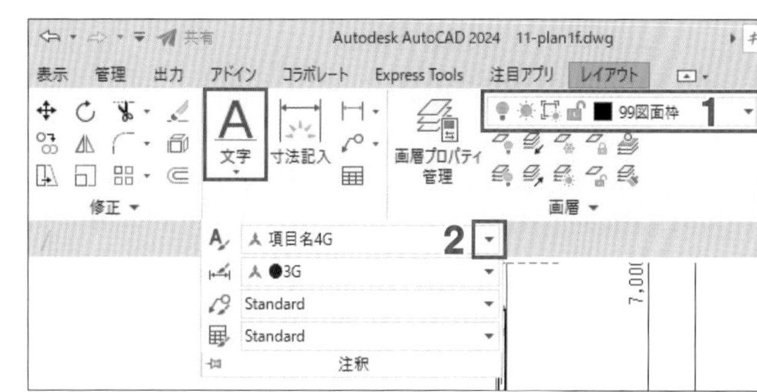

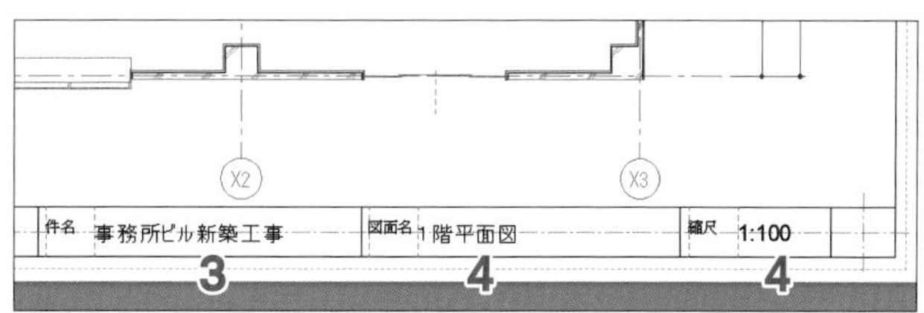

ペーパー空間とモデル空間の切り替え

ペーパー空間の用紙上に文字や線分を作図したり、用紙上にレイアウトしたビューポートを通してモデル空間のモデルを編集したりできます。ペーパー空間とモデル空間の切り替え、使い分けについて確認しましょう。

◆ペーパー空間での作図・編集

ペーパー空間に設定した用紙上に作図・編集を行います。ペーパー空間での長さなどは、すべて印刷される長さ(mm)で指定します。

◆モデル空間での作成・編集

ペーパー空間の用紙にレイアウトしたビューポートを通してモデル空間にあるモデルの作成・編集を行えます。長さなどは、すべて実寸(mm)で指定します。

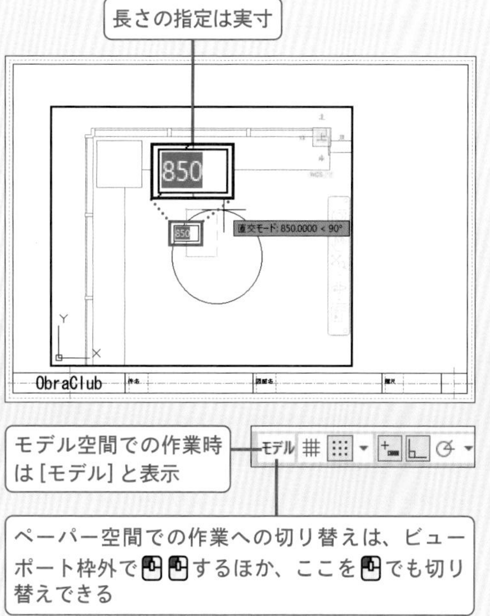

[レイアウトA4]をモノクロで印刷する

[レイアウトA4]をモノクロで印刷しましょう。

1 [印刷]コマンドを🖱し、[バッチ印刷]ダイアログの[1シートの印刷を継続]を🖱

2 [印刷－レイアウトA4]ダイアログの[印刷スタイルテーブル]の▼を🖱し、[monocrome.ctb]を🖱

POINT 印刷スタイルテーブルは、印刷時の色や線の太さ、線種などを色ごとに設定でき、ctbファイルとして保存されています。本書では画層ごとに色、太さ、線種の指定をしているため、通常、印刷スタイルテーブルは使用しません。ここでは、画層ごとに設定した色を変更することなく、すべての色を黒で印刷するため、[monocrome.ctb]を指定します。

4 [プレビュー]ボタンを🖱

5 プレビューを確認し、印刷する

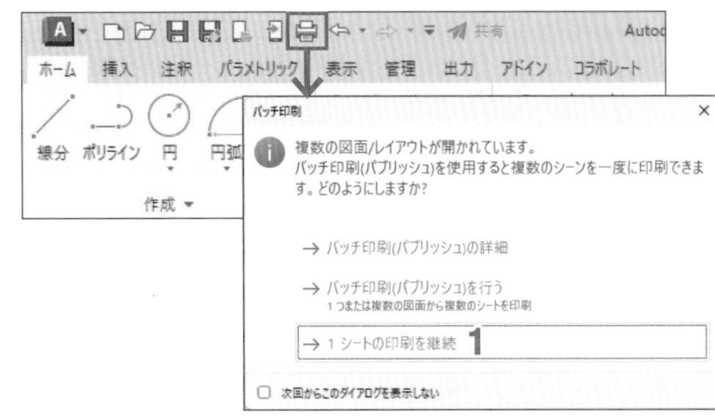

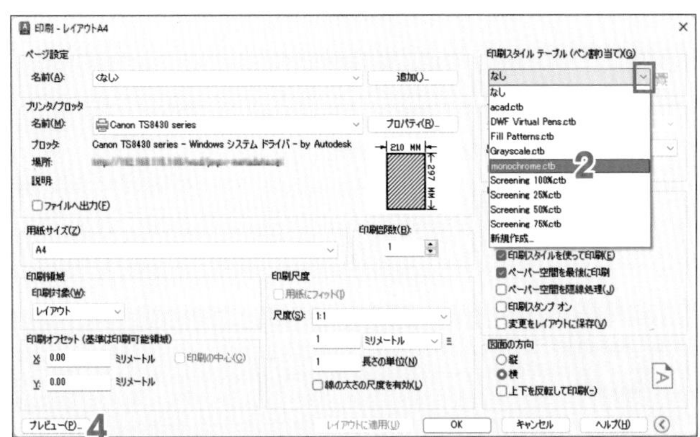

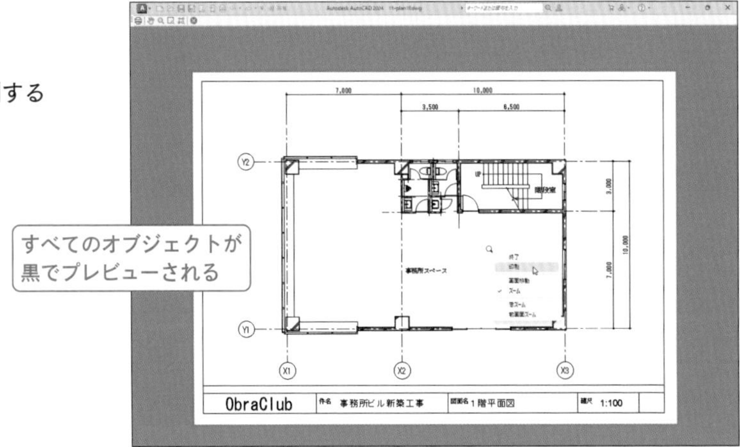

POINT 印刷すると、衛生機器の線が太くて潰れて見えるのが気になるかもしれません。これは、ブロック挿入した衛生機器の画層の[線の太さ]が「既定」(初期値0.25mm)になっているためです。[画層プロパティ管理]ダイアログで、各画層の[線の太さ]欄を🖱して太さを変更することで解消してください。

参考 [線の太さ]の設定 » p.139

以上でDay16は終了です。ファイルを上書き保存してください。

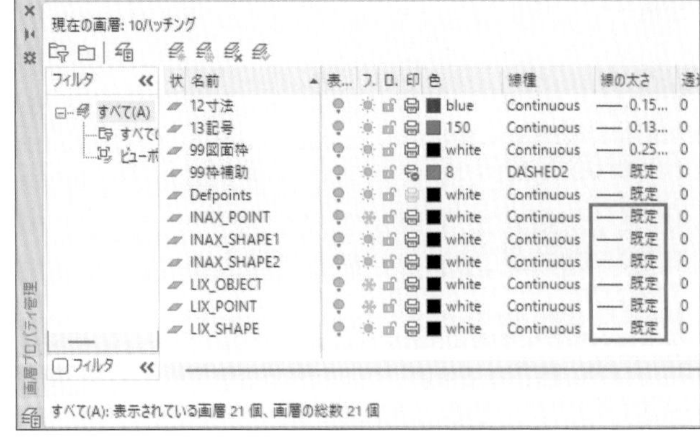

3章

トイレ廻り詳細図を作成する

この章では、2章で作成した平面図のトイレ廻りを新規ファイルにコピー＆貼り付けし、トイレ廻りの詳細図を作成します。メーカー提供のDWGファイルの流用方法や、異尺度対応のレイアウトが学べます。

3 トイレ廻り詳細図の作成

2章で作成した1階平面図（11-plan1f.dwg）のトイレ廻りを、新規のファイルにコピー＆貼り付けし、以下の手順でトイレ廻りの詳細図を作成しましょう。各単元の参考図は「Sample」フォルダに収録されています。必要に応じて印刷してご利用ください。

Day 17 平面図からトイレ廻りをコピー＆貼り付け

11-plan1f.dwgのトイレ廻りをコピー＆貼り付けする例で、他のファイルからのコピー＆貼り付けを学習しましょう。

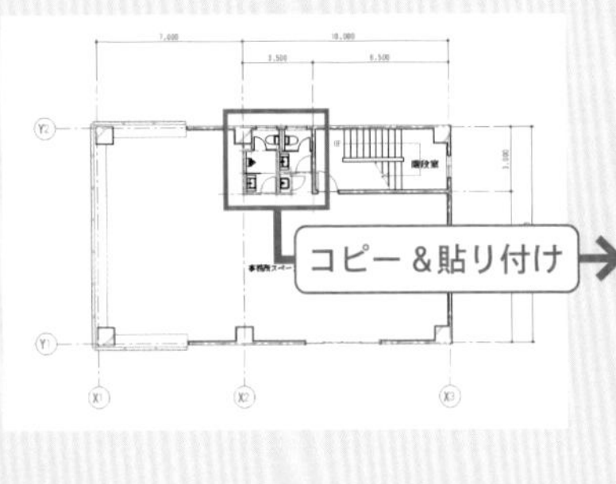

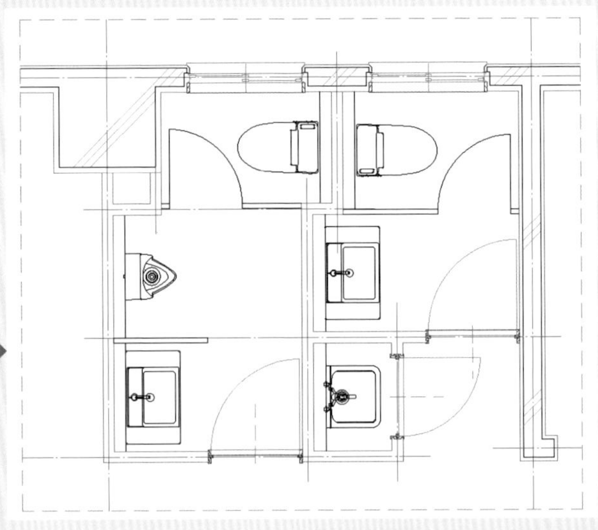

s_day17.dwg［参考図］

Day 18 下地の作成

間仕切壁の下地を作成します。教材ファイルに用意されたスタッド「LGS65」と開口補強「C60」のブロック配置を通して、ブロック挿入や複写のバリエーションを学習しましょう。

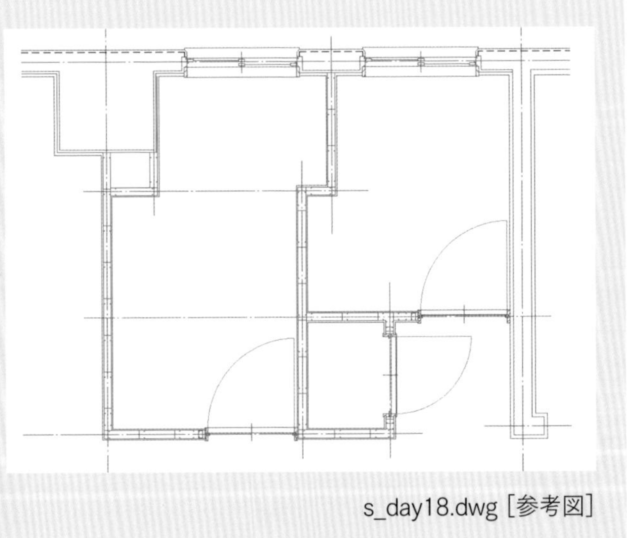

s_day18.dwg［参考図］

Day 19 洋便器ブロックの編集と寸法・文字記入

洋便器のブロックの「LIX_OBJECT」画層のフリーズを解除し、ブロックを分解せずにリモコンを削除する例でブロック編集を学習しましょう。合わて、寸法と文字を記入しましょう。

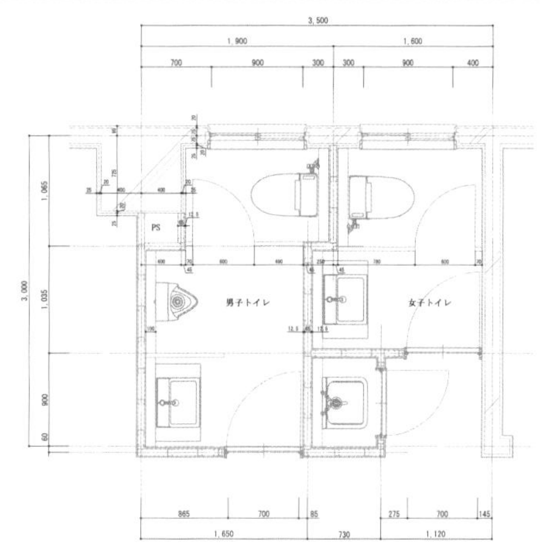

s_day19.dwg［参考図］

Day 20 トイレ廻り詳細図1:20と建具部分詳細図1:4のレイアウト

ペーパー空間に用意されたA3用紙に、2つの異なる縮尺の図をレイアウトし、建具部分詳細図に寸法を記入することで、ペーパー空間からの編集操作を経験しましょう。

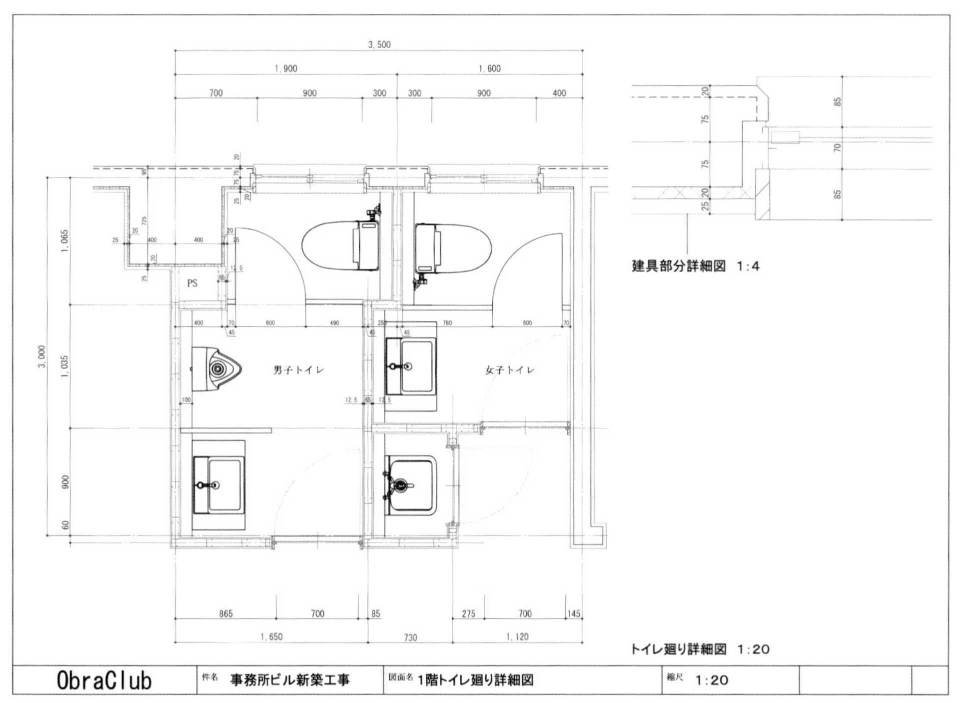

s_day20.dwg［レイアウトA3］

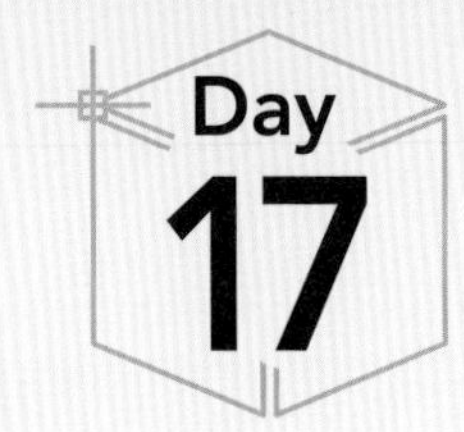

他のDWGファイルの一部をコピーする

2章で作成した11-plan1f.dwgから建具を除いたトイレ廻りをコピーし、新規作成の作業領域に貼り付けたうえで、不要なオブジェクトを削除し、詳細図用の建具を挿入しましょう。

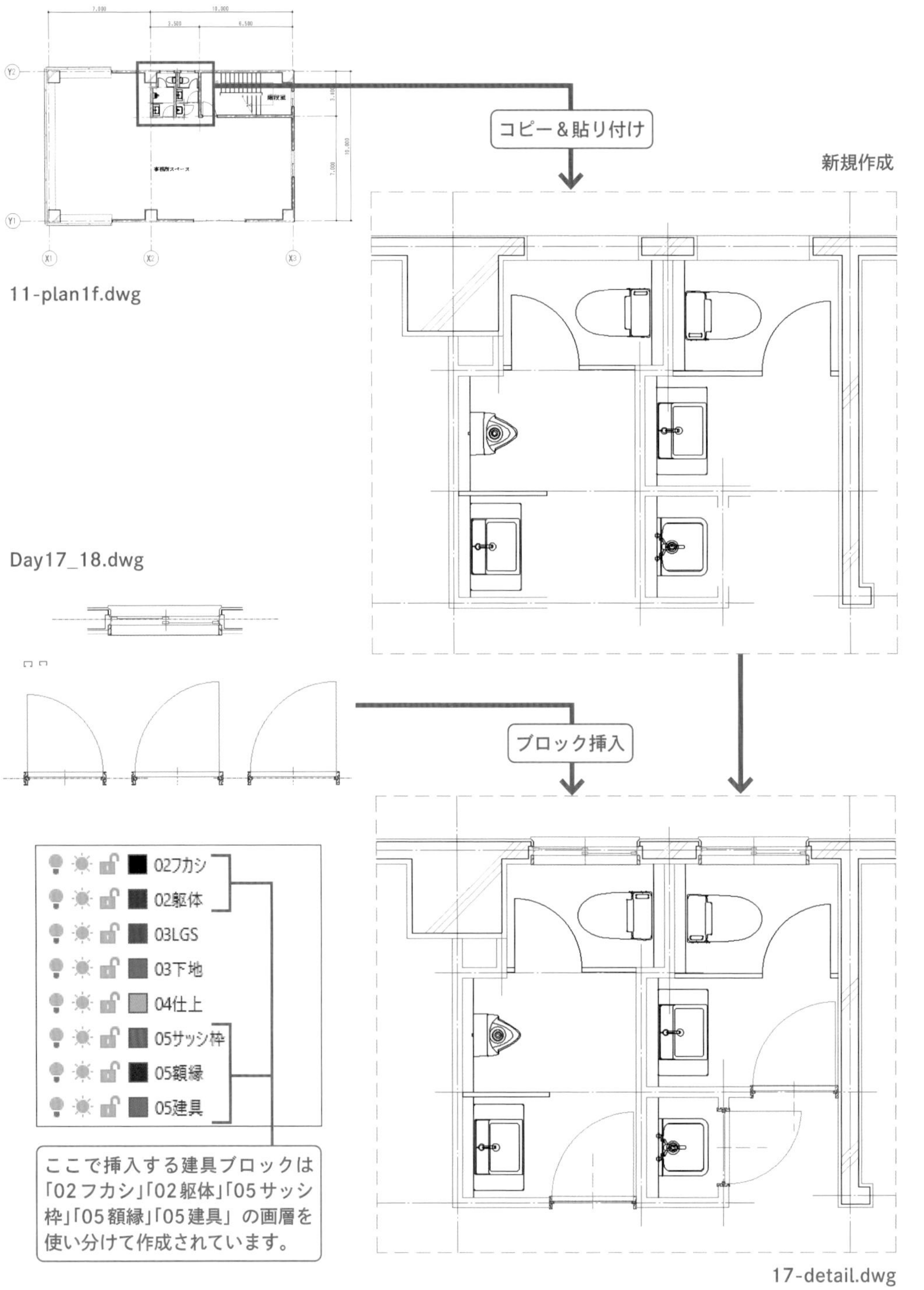

11-plan1f.dwg

コピー＆貼り付け

新規作成

Day17_18.dwg

ブロック挿入

02フカシ
02躯体
03LGS
03下地
04仕上
05サッシ枠
05額縁
05建具

ここで挿入する建具ブロックは「02フカシ」「02躯体」「05サッシ枠」「05額縁」「05建具」の画層を使い分けて作成されています。

17-detail.dwg

コピー元を指定する

11-plan1f.dwgを開き、トイレ廻りをコピー指定しましょう。建具は詳細図用の建具ブロックに置き換えるため、コピー対象から外します。

1 11-plan1f.dwgを開き、［モデル］タブを
2 画層「05建具」を非表示にする
3 交差選択のコーナーとして右図の位置で
4 交差選択枠で右図のように囲み、もう一方のコーナーを

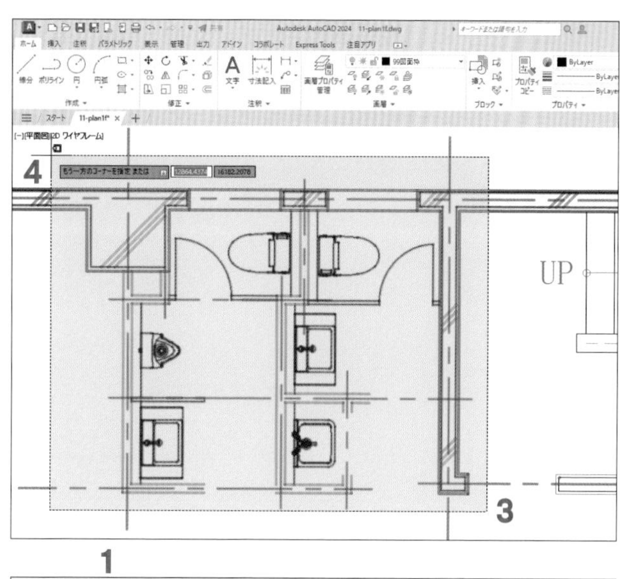

5 作業領域でし、ショートカットメニューの［クリップボード］をして［基点コピー］を

POINT 他のDWGファイルにコピーするには［クリップボード］を選択します。ここでは、コピー基点を指示するため、さらに表示されるメニューの［基点コピー］を選択します。6で基点を指示すると、ハイライトされたオブジェクトがWindowsのクリップボードにコピーされます。

6 コピー基点として、右図の位置で

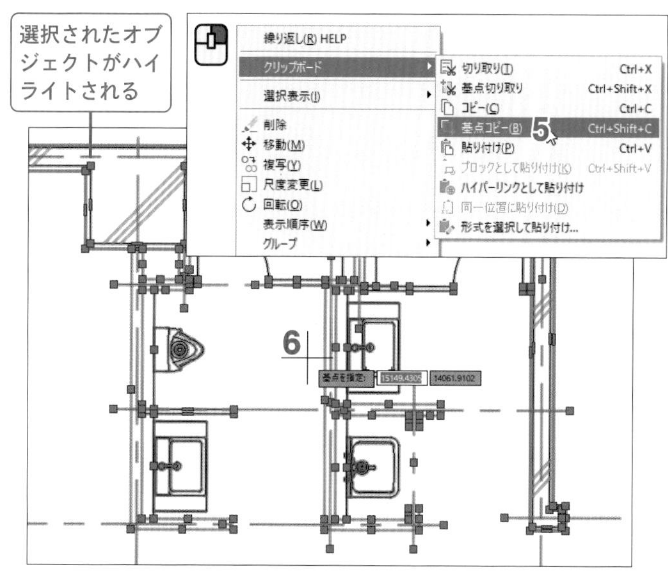

step
2

新規ファイルに貼り付ける

コピー先のファイルを新規作成し、前項でクリップボードにコピーしたオブジェクトを貼り付けましょう。

1 クイックツールバーの［クイック新規作成］コマンドを
2 ［テンプレート選択］ダイアログで、Day10で作成・保存した10tpl.dwtを

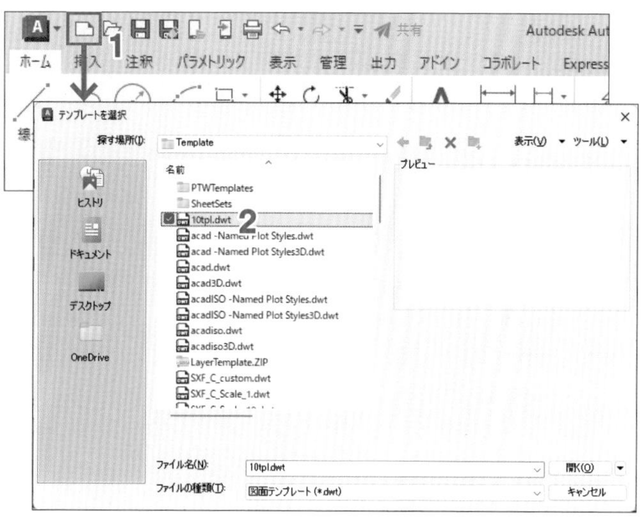

3 新規作成された[Drawing1]タブのモデル空間でし、ショートカットメニューの[クリップボード]をして[貼り付け]を

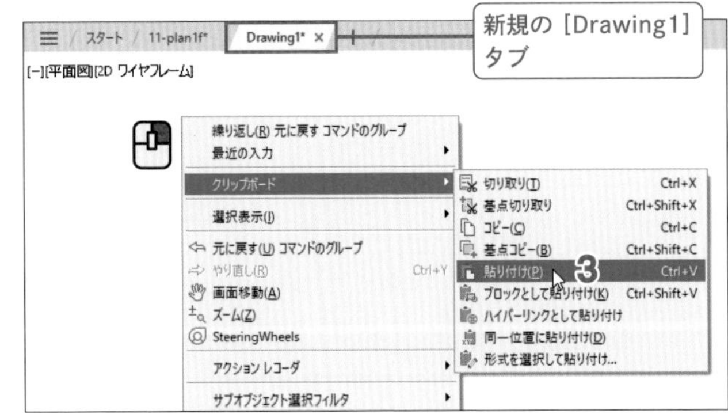

モデル　レイアウトA4　レイアウトA3　＋

4 プレビューを目安に貼付け先を

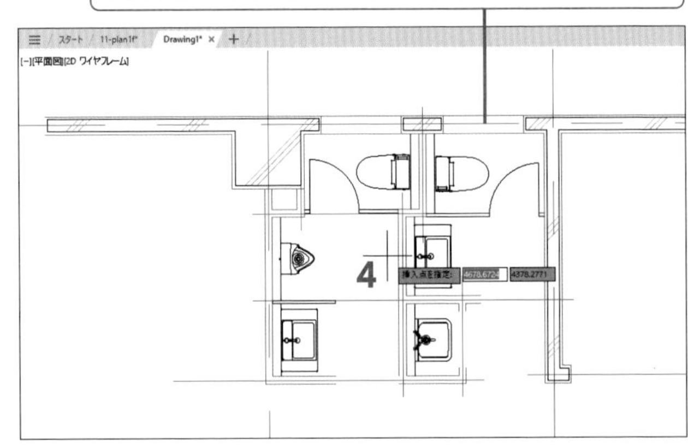

POINT 4の操作により、オブジェクトは、それぞれコピー元と同じ画層に貼り付けられます。

Column　貼り付け結果を確認

前項でコピー指定をしたオブジェクトは、以下のように貼り付けられます。

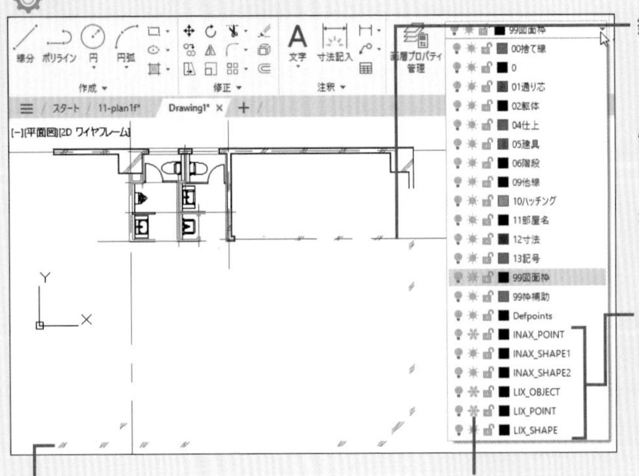

鎖線のピッチ：
コピー元のファイル11-plan1f.dwgで指定した[グローバル線種尺度]の情報はコピーされないため鎖線のピッチが粗い。ここでは、step6で線種を変更することで調整する

画層：
テンプレート10tpl.dwtに用意した画層に加え、衛生機器の画層もともにコピー＆貼り付けされる

ハッチング：
1回の操作で作成した同一ハッチングは、1オブジェクトとして扱われるため、交差選択枠の外側のものもコピー＆貼り付けされる

[フリーズ]状態の画層：
基本的に、[非表示][フリーズ]状態の画層とそのオブジェクトはコピーされないが、ここでは、衛生機器のブロックの一部が[フリーズ]状態の画層にあるため、画層ごとコピー＆貼り付けされる

step 3

必要な範囲を長方形で囲む

不要な部分を削除するため、必要な範囲を囲む長方形を作成します。

1 現在の画層を「00捨て線」にする
2 [長方形]コマンドを
3 長方形のコーナーとして、右図の位置で
4 必要な範囲を右図のように囲み、もう一方のコーナーとして右図の位置で

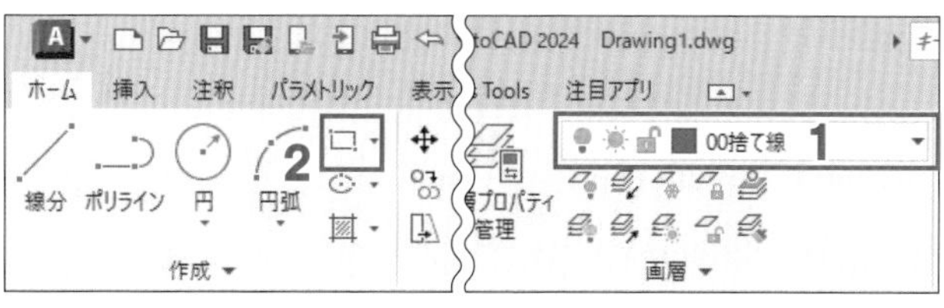

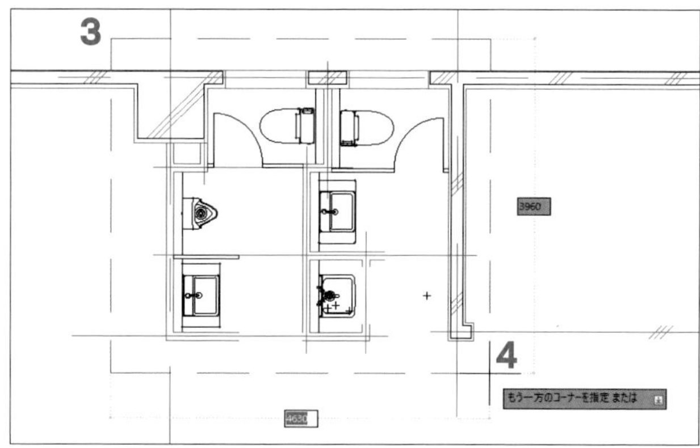

step 4

長方形からはみ出した部分を削除する

作成した長方形を切り取りエッジにして、長方形からはみ出した線分を切り取り削除しましょう。

1 前項で作成した長方形をして選択する
2 [トリム]コマンドを
3 フェンス選択の始点として右図の位置で
4 フェンスにトリム対象が交差する位置でフェンスの次の点を

POINT 3-4のフェンスに交差するオブジェクトがトリムされます。ハッチングはフェンスに交差してもトリムの対象になりません。

5 同様にフェンス選択を利用して、長方形の上側、左側、下側にはみ出した部分をトリムする

POINT 1度の操作で作成した躯体のハッチングは、1オブジェクトのため、すべてのハッチングが貼り付けされています。[削除]コマンドでは、長方形の枠外のハッチングだけを削除することはできないため[トリム]コマンドで個別に指示して削除します。

6 長方形の枠の外のハッチングにマウスカーソルを合わせ

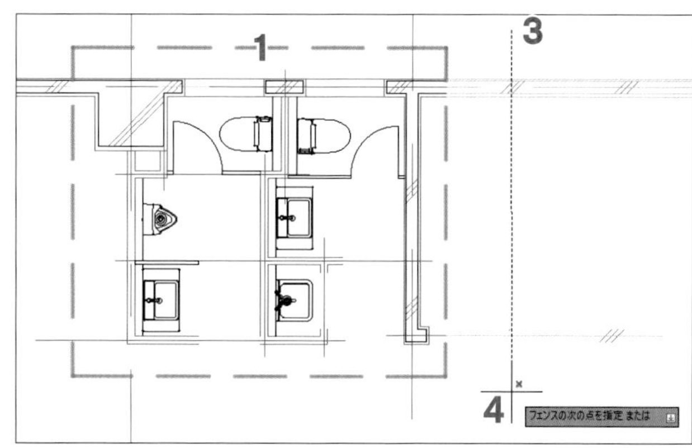

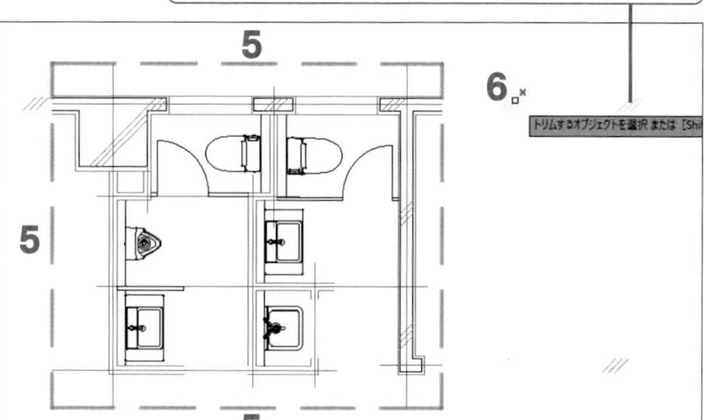

7 縮小表示して、長方形の枠外の他のハッチングもして削除する

8 作業領域で

POINT 長方形枠外のハッチングをすべて削除できていれば、**8**の操作（オブジェクト範囲ズーム）の結果、長方形枠が作図領域全体に表示されます。

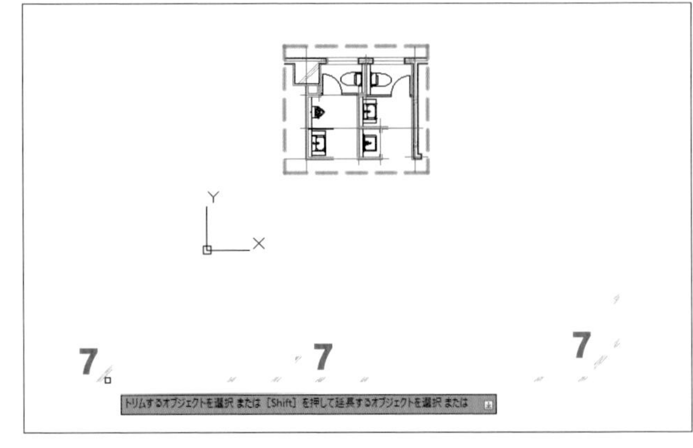

step
5 注釈尺度を1:20に変更し、通り芯の線種を変更する

詳細図は1:20で印刷するため、注釈尺度を1:20に変更します。また、通り芯の線種を「JIS_08_25」に変更しましょう。

1 ［現在のビューの注釈尺度］をし、［1:20］を

2 ［画層プロパティ管理］コマンドを

3 ［画層プロパティ管理］ダイアログの「01通り芯」画層の［線種］欄（CENTER）を

4 ［線種管理］ダイアログの［ロード］ボタンを

5 ［線種のロードまたは再ロード］ダイアログの「JIS_08_25」を

6 ［OK］ボタンを

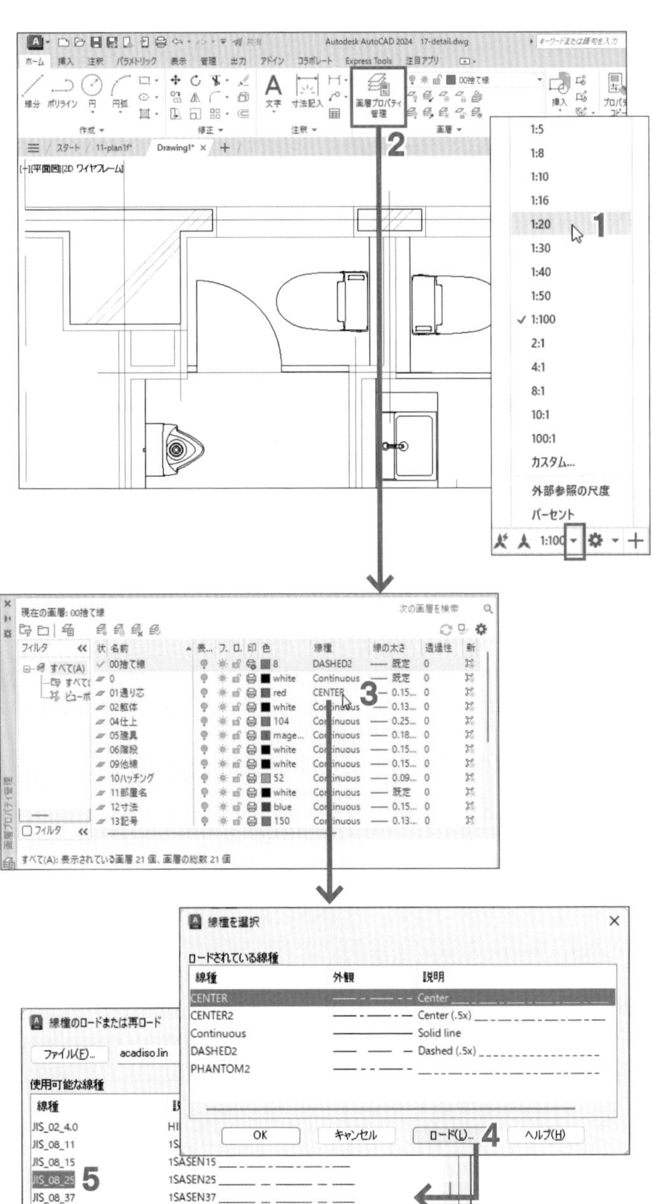

7 ［線種を選択］ダイアログで「JIS_08_25」を🖱
8 ［OK］ボタンを🖱
9 ［画層プロパティ管理］ダイアログの「01通り芯」画層の［線種］欄が「JIS_08_25」になったことを確認し、ダイアログを閉じる

? 通り芯のピッチが変わらない ≫ p.279 Q16

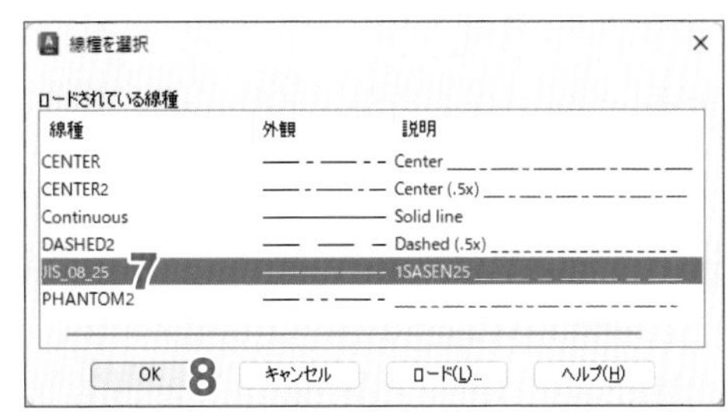

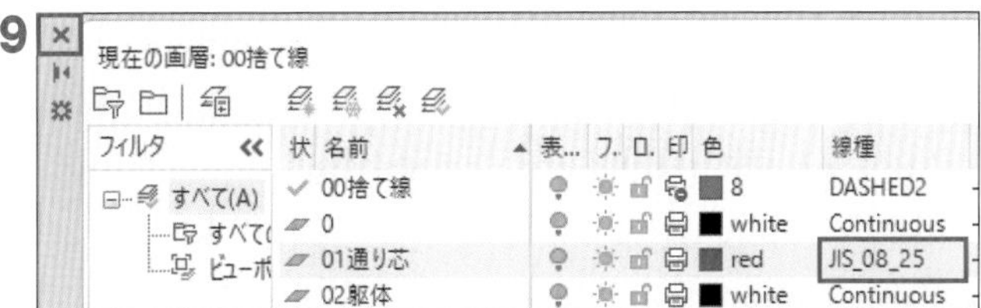

名前を付けて保存する

ここまでのファイルを17-detail.dwgとして、「Chap3」フォルダに保存しましょう。

1 ［名前を付けて保存］コマンドを🖱
2 ［保存場所］を「ACAD20day」フォルダ内の「chap3」フォルダにする
3 ［ファイル名］ボックスに「17-detail」と入力し、［保存］ボタンを🖱

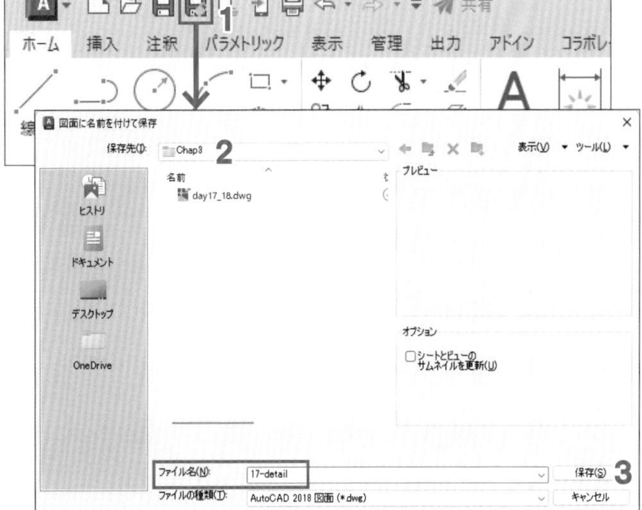

コピー元のファイルを閉じましょう。

4 ［11-plan1f］ファイルタブの✕を🖱
5 右図のメッセージウィンドウが表示されたら「いいえ」ボタンを🖱

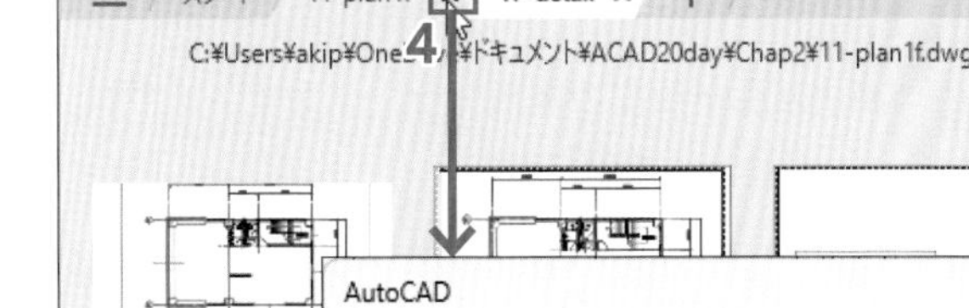

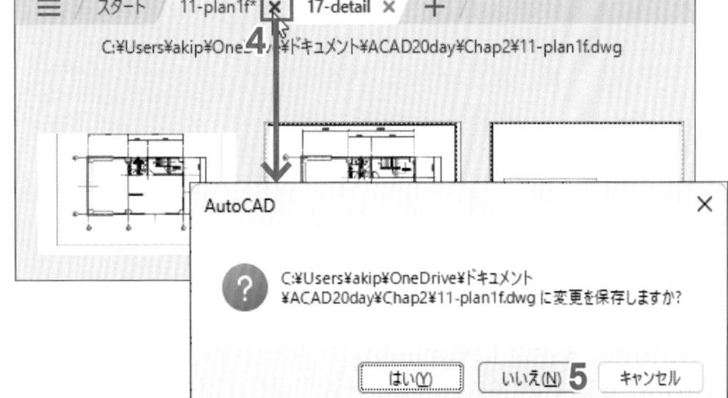

step 7 サッシのブロック挿入の準備をする

詳細図用に用意された建具（サッシ）のブロックを挿入する準備として、窓開口部分の仕上を削除し、窓開口に中心線を作成しましょう。

1 「01通り芯」画層を非表示にする

2 ［トリム］コマンドを

3 フェンス選択を利用して、左の窓開口の仕上げをトリムする

4 右の窓開口の仕上げも同様にしてトリムする

5 現在の画層が「00捨て線」であることを確認し、［注釈］リボンタブを

6 ［中心線］コマンドを

7 2カ所の窓開口に中心線を作成する

参考 ［中心線］コマンド » p.95

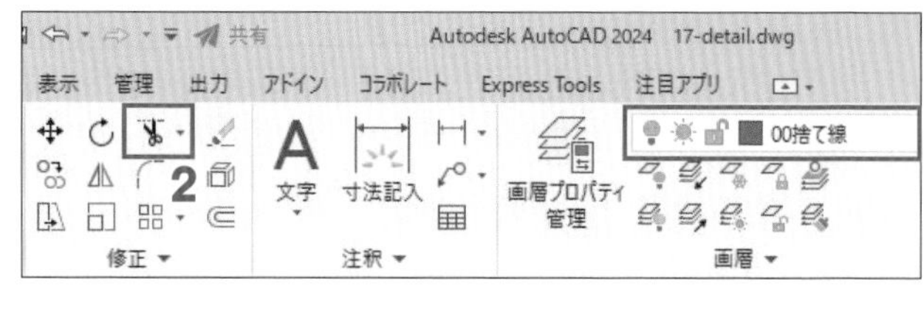

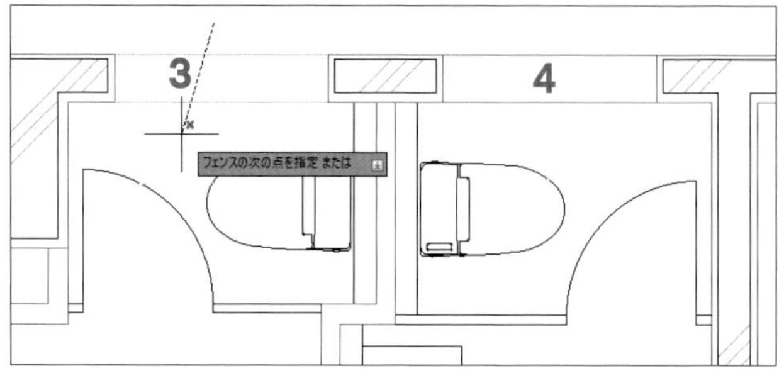

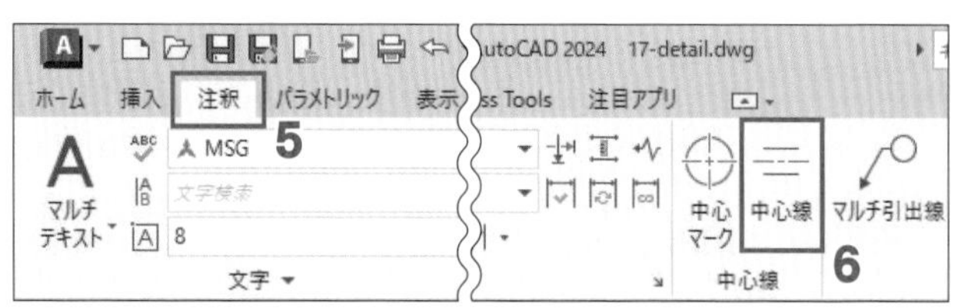

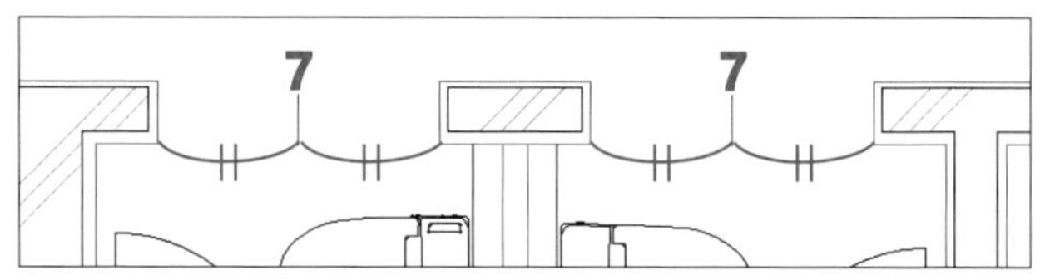

step 8 内部建具の開口に中心線を作成する

［線分］コマンドで、女子トイレ入り口に中心線を作成しましょう。

1 「00捨て線」画層が現在の画層であることを確認し、［線分］コマンドを

2 Shift キーを押したまま し、優先オブジェクトスナップメニューの［2点間中点］を

3 中点の1点目として、右図の間仕切壁の端点を

4 中点の2点目として、オブジェクトスナップ［延長］を利用し、1点目からの水平線（延長パス）と右の壁の交点を

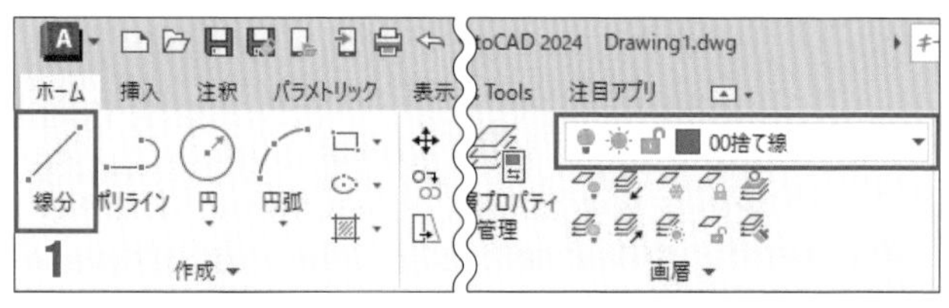

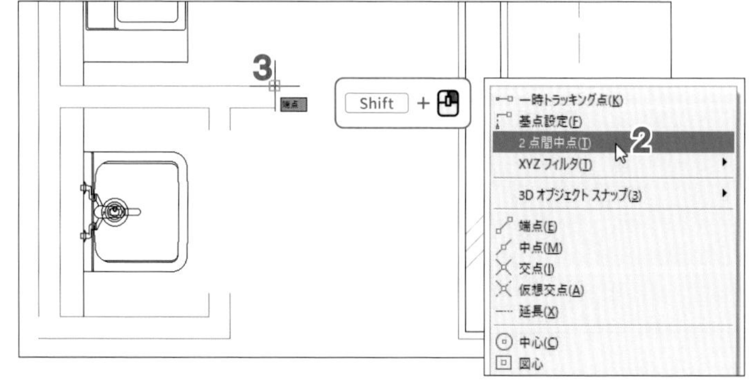

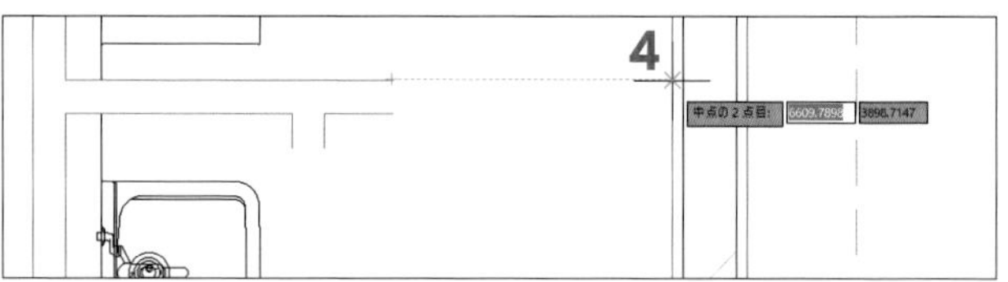

5 ［直交モード］がオンの状態で、マウスカーソルを下側に移動し、2点目として、右図の位置で

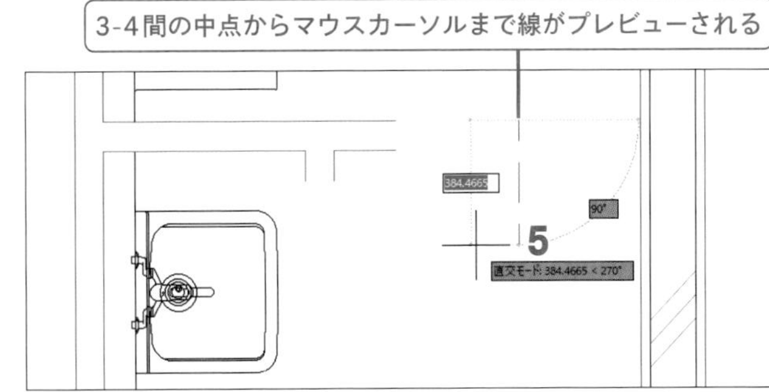

6 流しのドア開口と男子トイレ入り口に、同様にして中心線を作成する

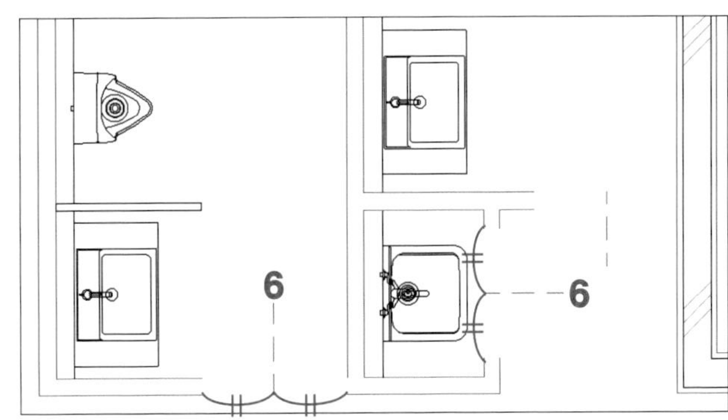

step 9 窓開口にサッシブロックを挿入する

day17_18.dwgに用意された詳細図用の建具ブロックを窓開口に挿入しましょう。

1 現在の画層を「05建具」にし、「01通り芯」画層を表示する

2 ［ブロック挿入］コマンドをし、［ライブラリのブロック］を

3 ［ブロック］パレットの［参照］ボタンを

4 ［ブロックライブラリのフォルダまたはファイルを選択］ダイアログで、「Chap3」フォルダのday17_18.dwgを

5 ［ブロック］パレットの［繰り返し配置］にチェックを付け、［角度］ボックスを「0」にする

6 ブロック「s_aw980」を

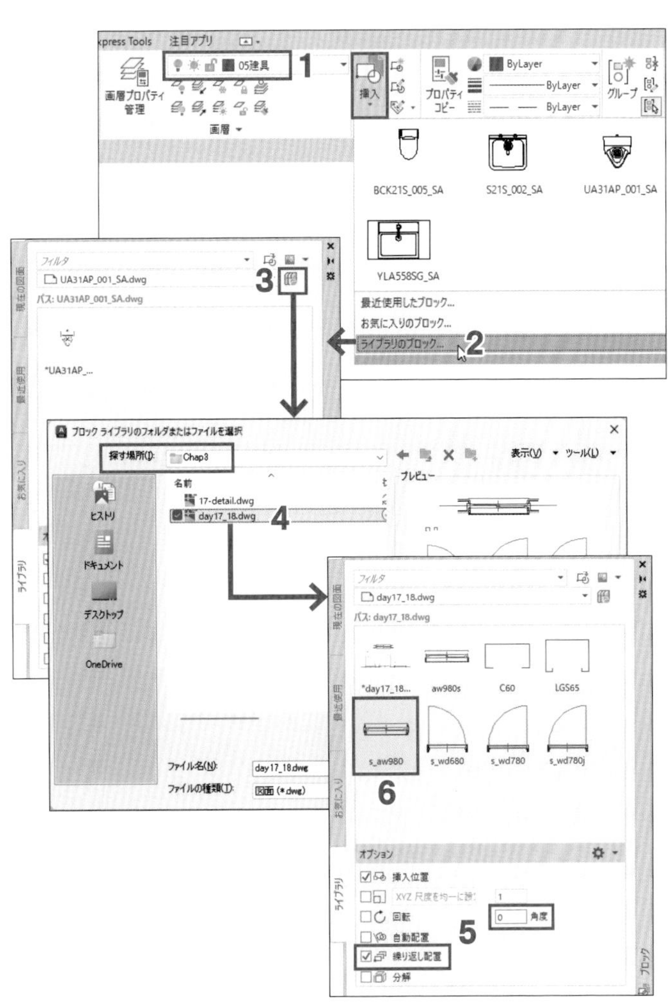

7 挿入位置として、開口の中心線と通り芯の交点を🖱

POINT 誤って中心線の中点をスナップしないよう注意してください。

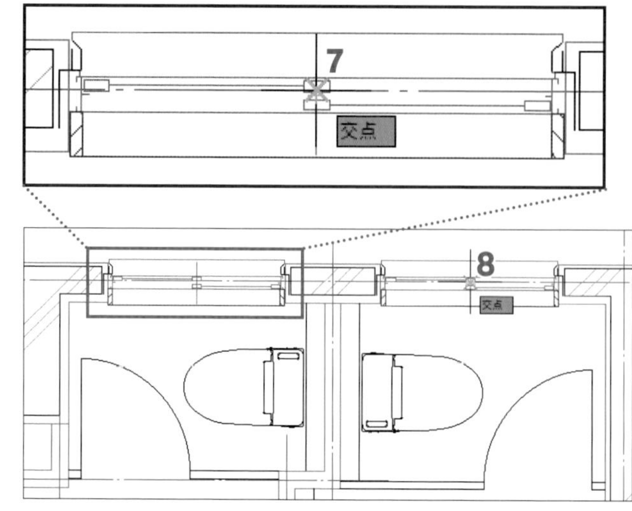

8 もう一方の開口の中心線と通り芯の交点を🖱

9 [Enter]キーを押して「s_aw980」の繰り返し配置を終了する

step 10 内部建具のブロックを挿入する

続けて、女子トイレ入り口にブロック「s_wd780j」を、男子トイレ入り口にブロック「s_wd780」を配置しましょう。

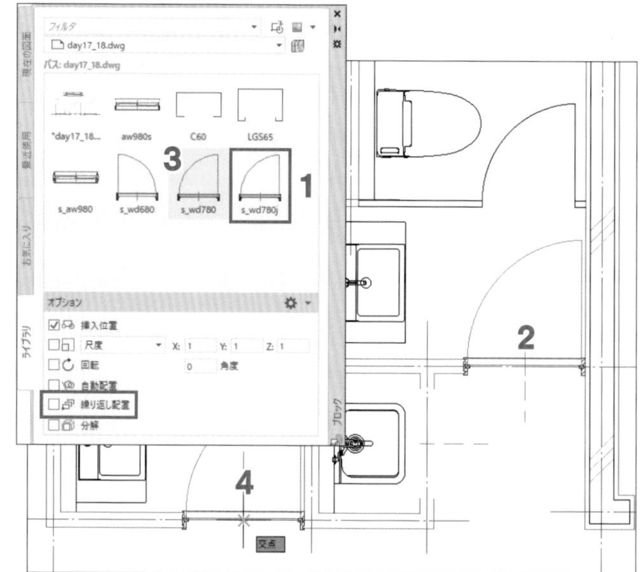

1 [ブロック]パレットの[繰り返し配置]のチェックを外し、ブロック「s_wd780j」を🖱

2 女子トイレ入り口の中心線と壁芯の交点を🖱

3 [ブロック]パレットのブロック「s_wd780」を🖱

4 男子トイレの入り口の中心線と壁芯の交点を🖱

流しのドア「s_wd680」を配置しましょう。

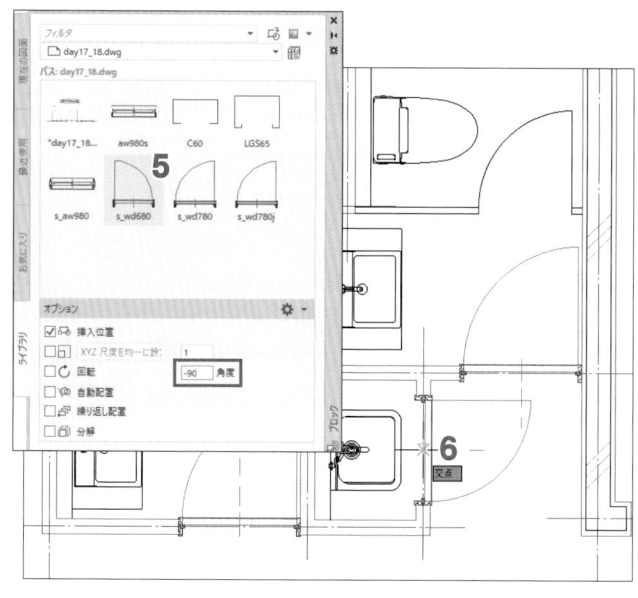

5 [ブロック]パレットの[角度]ボックスに「-90」を入力し、ブロック「s_wd680」を🖱

6 挿入位置として、開口の中心線と壁芯の交点を🖱

サッシのブロックを分解する

窓回りを加工するため、サッシのブロック「s_aw980」を分解しましょう。

1 「01通り芯」「10ハッチング」「INAX_SHAP1」「INAX_SHAP2」「LIX_SHAPE」画層を非表示にするサッシ2つをクリックして選択する

2 [分解]コマンドをクリック

POINT ブロック「s_aw980」は、右図のハイライト部分をブロック定義した後、さらに全体をブロック定義することで二重ブロックになっています。上記の操作で、外側のブロックが分解され、建具ブロックと線分になります。

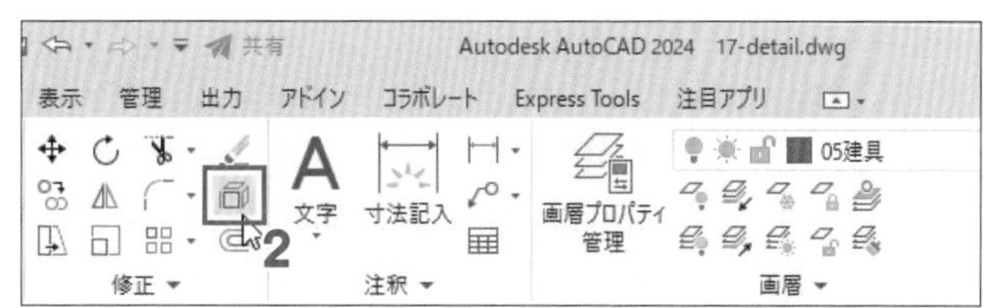

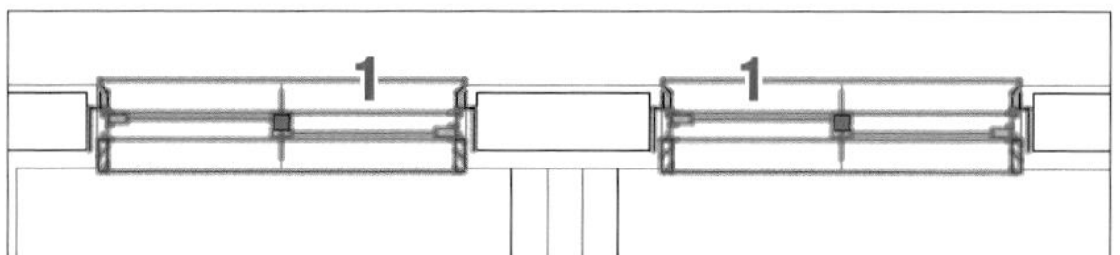

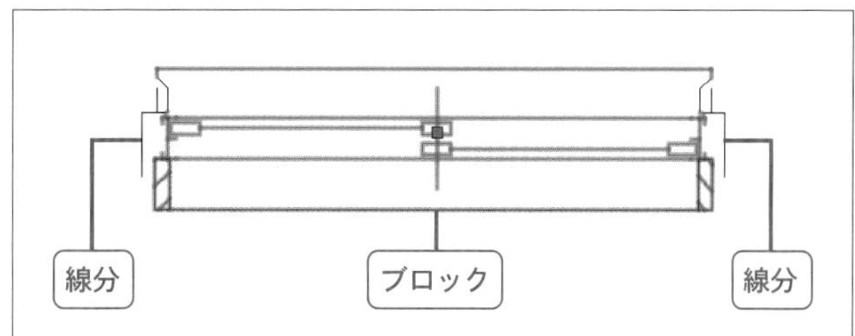

サッシ回りの仕上と躯体を整える

左のサッシの両端の仕上と躯体の線を削除しましょう。

1 サッシ両端の躯体と仕上の線をクリックで選択し、Delete キーを押して削除する

2 もう一方のサッシの両端の躯体と仕上の線も削除する

躯体と仕上の線を延長して整えましょう。

3 [延長]コマンドをクリック

4 フェンス選択の始点として右図の位置でクリック

5 延長する仕上と躯体の線（計4本）がフェンスに交差する位置でクリック

6 フェンス選択を利用して、残り3カ所も同様に整える

以上でDay17は終了です。
ファイルを上書き保存してください。

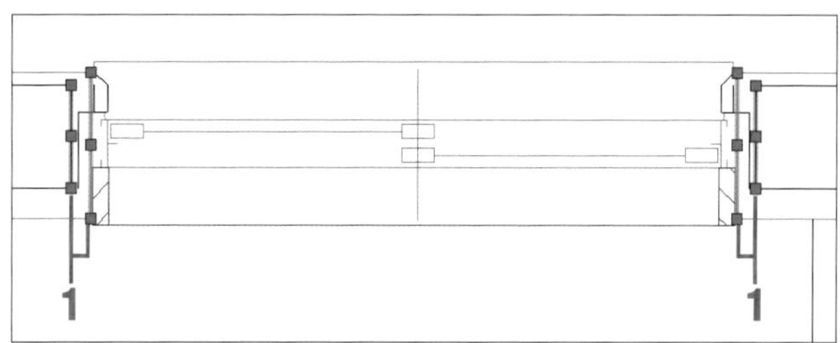

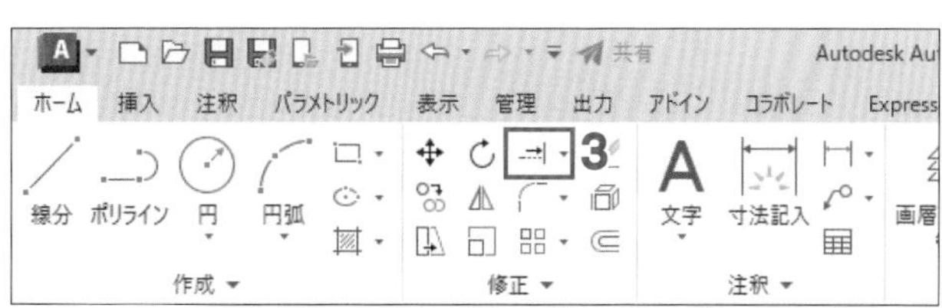

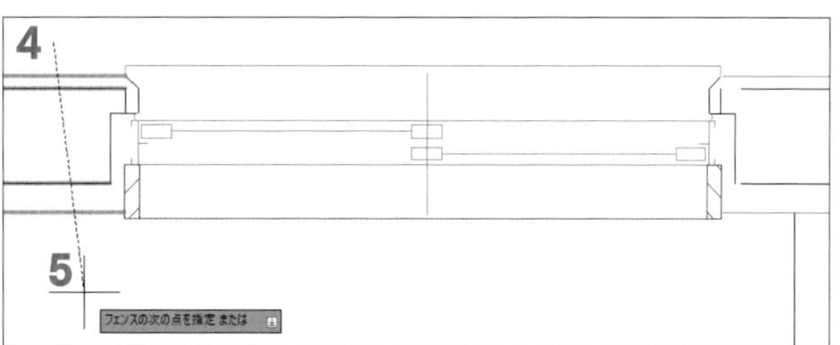

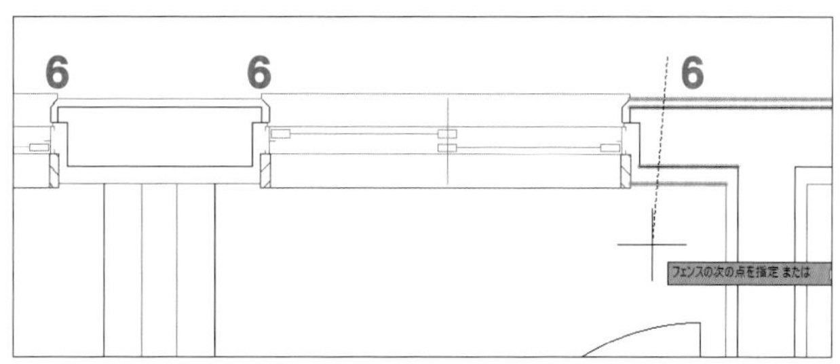

ブロックの配置と複写のバリエーション

Day17で保存したファイル17-detail.dwgを開き、「03下地」画層に下地を作成し、教材ファイルday17_18.dwgからスタッド「LGS65」と開口補強「C60」を配置しましょう。

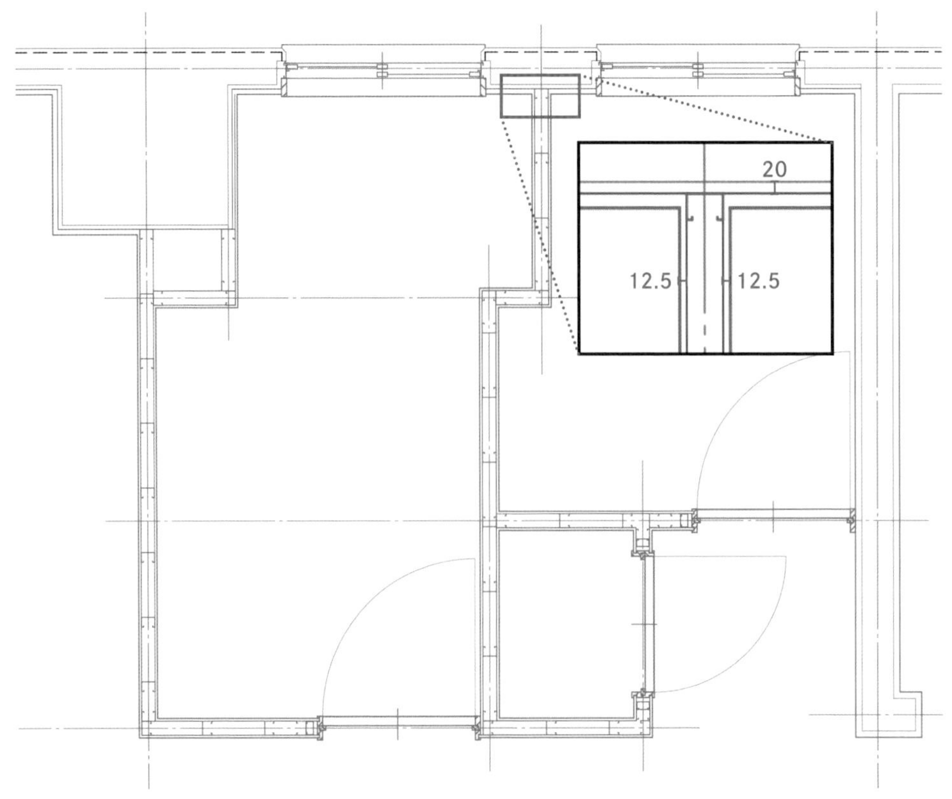

step 1

外部躯体と外部仕上の画層を変更する

外側の躯体線の画層を「02フカシ」画層に変更しましょう。

1 「04仕上」画層を非表示にする
2 右図の外部躯体線3本を🖱して選択する
3 🖱し、ショートカットメニューの[クイックプロパティ]を🖱
4 [クイックプロパティ]パレットの[画層]欄を🖱し、「02フカシ」を🖱
5 パレットを閉じる

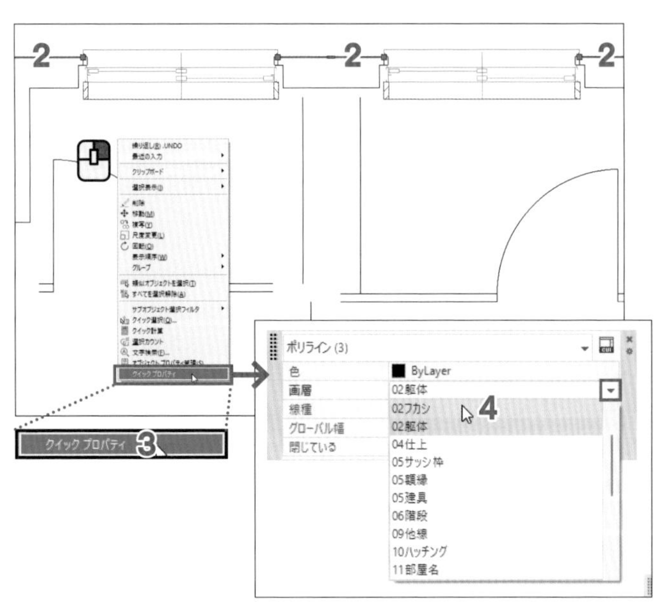

6 Esc キーを押し、すべての選択を解除する

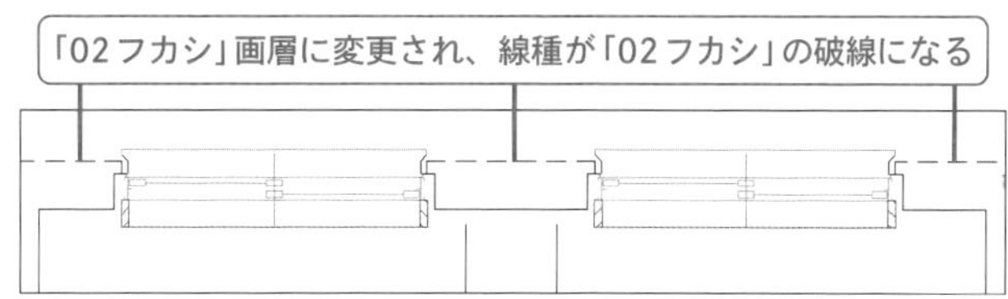

別の方法で、外部仕上の画層を「02躯体」画層に変更しましょう。

7 「04仕上」画層を表示する

8 右図の外部仕上の線3本をクリックで選択する

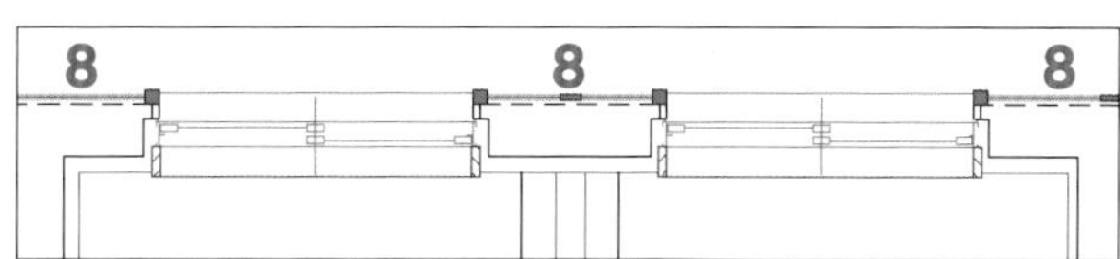

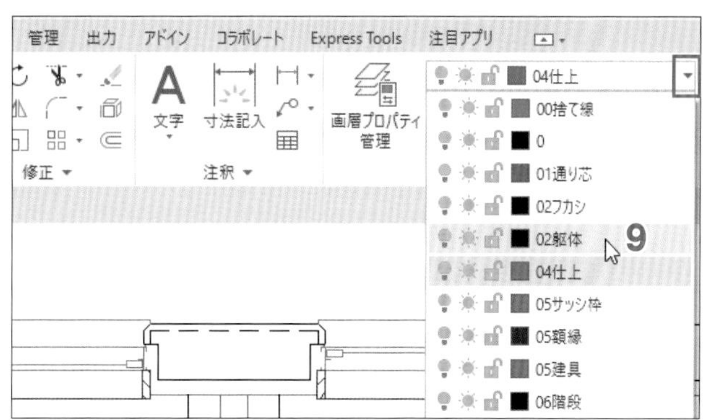

POINT **8**で「04仕上」画層のオブジェクトを選択すると、[画層]ボックスの表示が一時的に選択したオブジェクトの画層になります。選択した複数のオブジェクトがそれぞれ異なる画層の場合には、ブランクになります。続けて、**9**の操作を行うことで、選択したオブジェクトの画層を**9**で指定の画層に変更します。

9 [画層]ボックスをクリックし、「02躯体」画層をクリック

10 Esc キーを押し、すべての選択を解除する

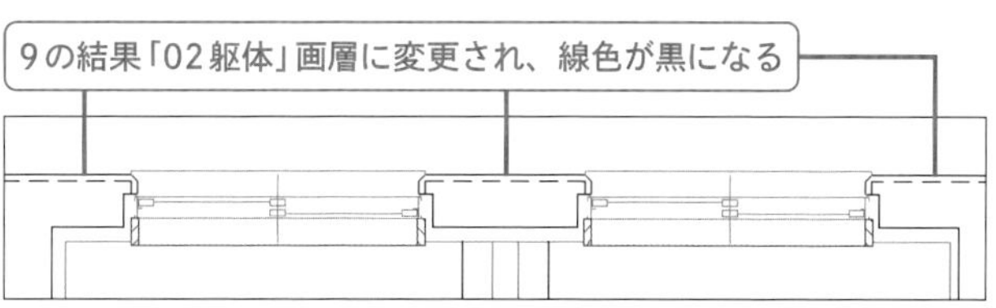

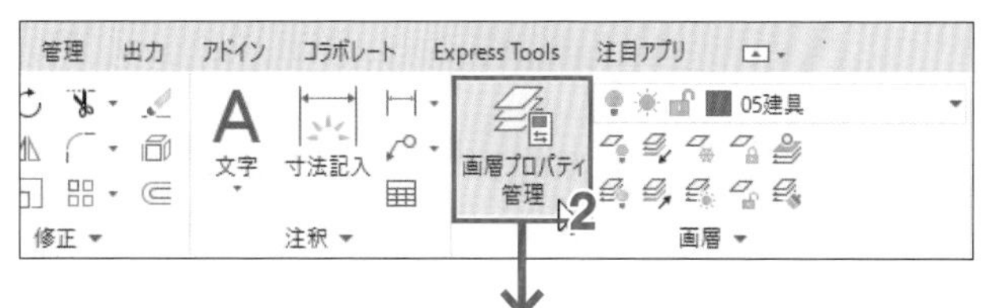

「03下地」画層を作成する

「04仕上」画層を非表示にし、新しく「03下地」画層を作成して現在の画層にしましょう。

1 [画層プロパティ管理]コマンドをクリック

2 [画層管理プロパティ]ダイアログで「04仕上」画層を非表示にする

3 「03下地」画層を新規作成し、色「blue」、線種「Continuous」、線の太さ「0.13」として現在の画層にする

参考 画層の新規作成 » p.102

4 ダイアログを閉じる

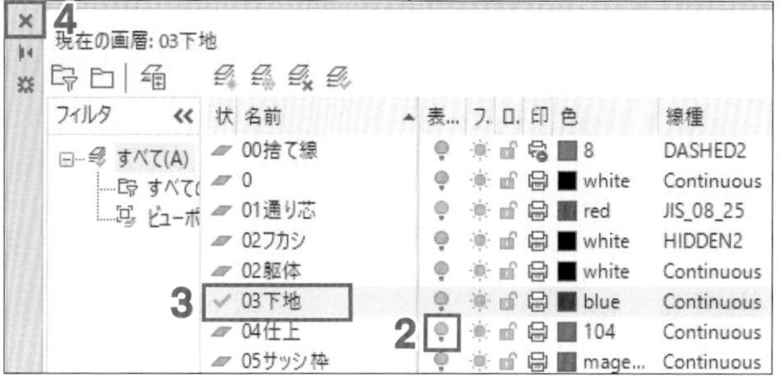

step

3 断熱材を作成する

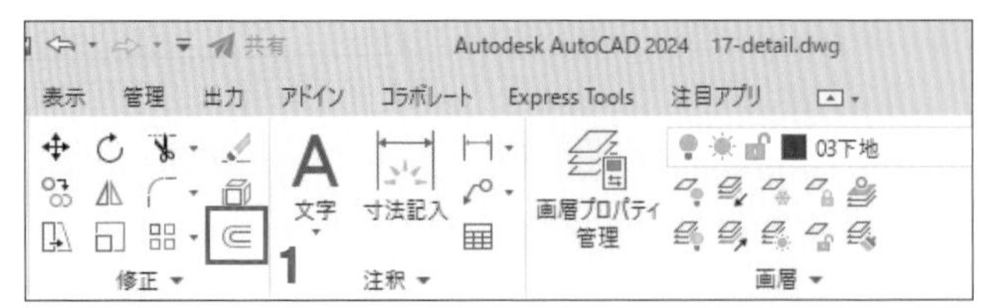

躯体から20mm室内側にオフセットして「03下地」画層に断熱材を作成しましょう。

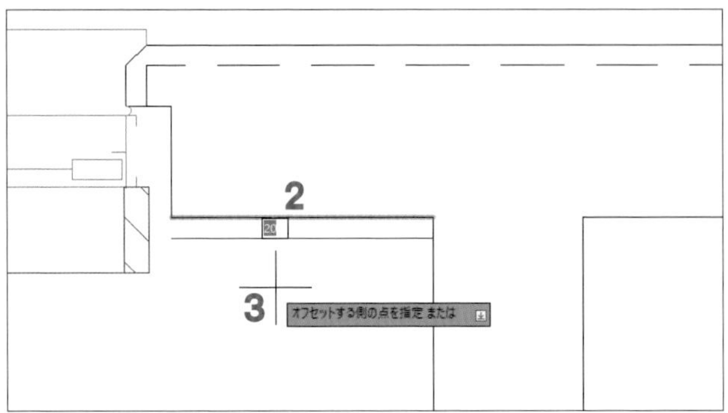

1 [オフセット]コマンドを選択し、[画層]オプションを[現在の画層]にしてオフセット距離「20」を指定する

2 女子トイレ窓右の内側の躯体線を

3 下側にマウスカーソルを移動して方向を決める

4 続けて、窓と窓の間の躯体から20mm下側にオフセットする

5 躯体柱の右辺をし、右側にマウスカーソルを移動して方向を決める

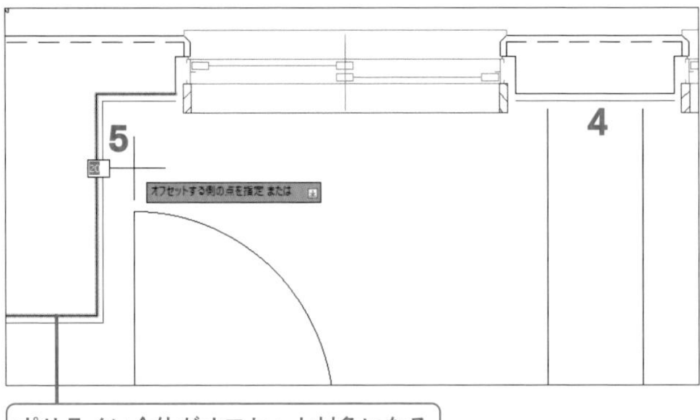

ポリライン全体がオフセット対象になる

POINT 躯体柱の右辺はポリラインの一部のため、ポリライン全体をオフセットすることになります。

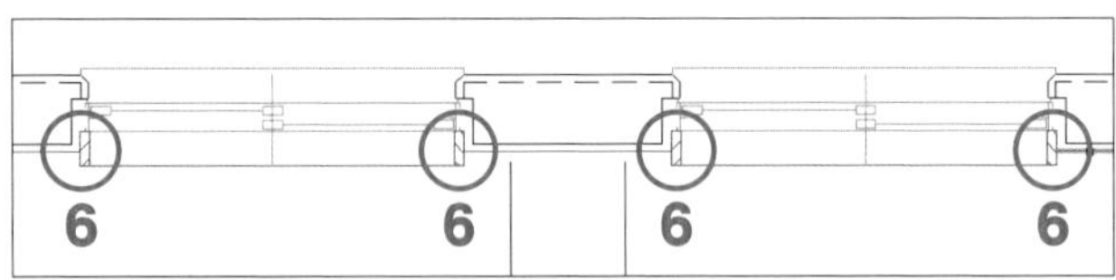

6 [延長]コマンドを選択し、右図4ヵ所の下地の線を額縁まで延長する

step

4 間仕切壁の仕上をポリラインにする

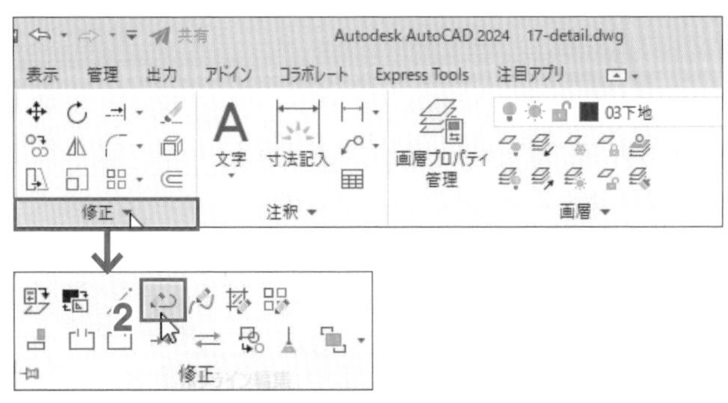

間仕切壁の下地を効率よく作成するため、連続線である間仕切壁の仕上をポリラインにしましょう。

1 「04仕上」画層を表示し、「00捨て線」「02躯体」「05サッシ枠」「05額縁」「05建具」「09他線」画層を非表示にする

2 [修正▼]をし、[ポリライン編集]コマンドを

3 ↓キーを押し、オプションメニューの[一括]を

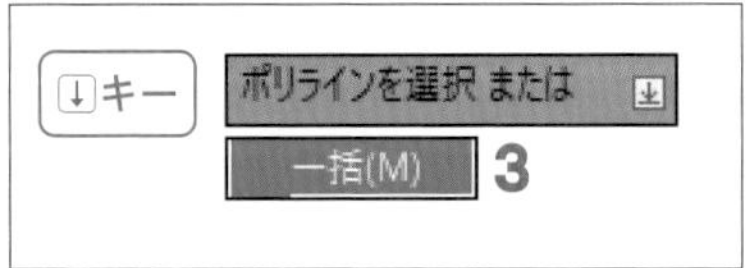

4 交差選択のコーナーとして右図の位置で[左クリック]

5 交差選択枠で右図のように間仕切壁の仕上を囲み[左クリック]

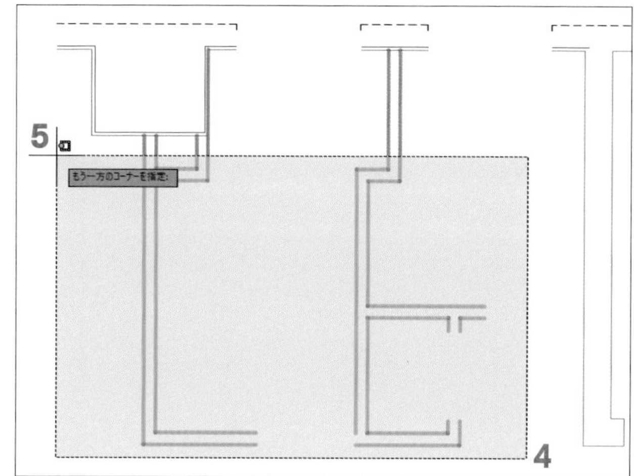

6 作業領域で[右クリック]するか、あるいは Enter キーを押してオブジェクトを確定する

7 入力ボックスの「Y」を確認し、Enter キーを押す

8 オプションメニューの[結合]を[左クリック]

9 入力ボックスの「0.0000」を確認し、Enter キーを押す

10 再び、オプションメニューが表示されたら Enter キーを押して終了する

↳ハイライトの連続した線分がそれぞれポリラインに変更される。

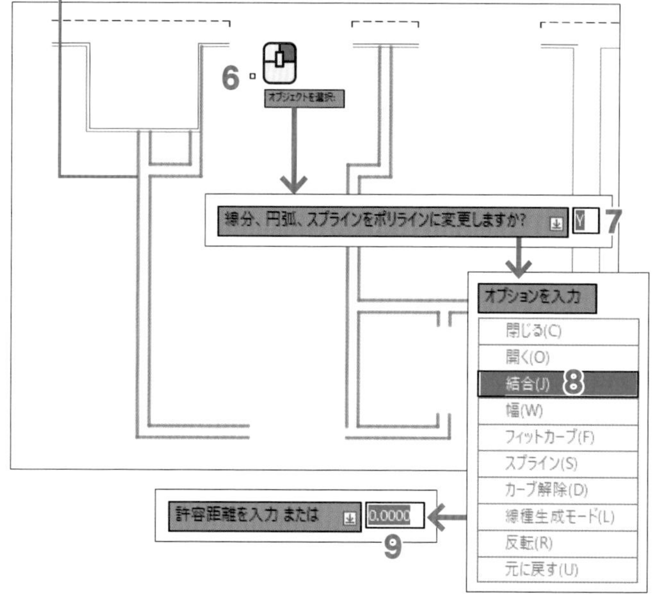

step 5 間仕切壁の下地を作成する

間仕切壁の仕上から12.5mmオフセットして現在の画層「03下地」に下地を作成しましょう。

1 [オフセット]コマンドを選択し、オフセット距離「12.5」を指定する

2 オフセット対象として、右図の仕上線を[左クリック]

3 オフセットの方向として、2の右側(内側)で[左クリック]

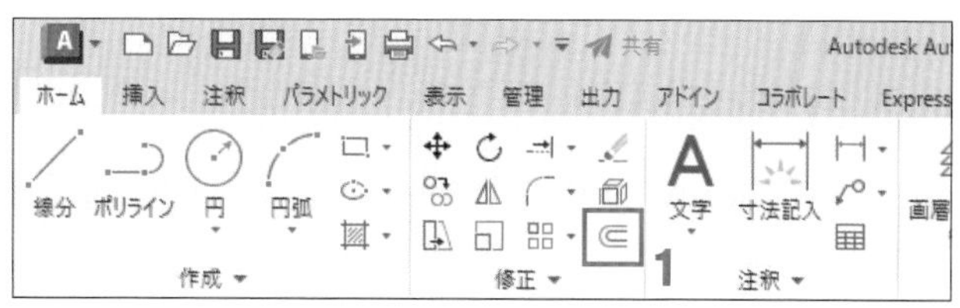

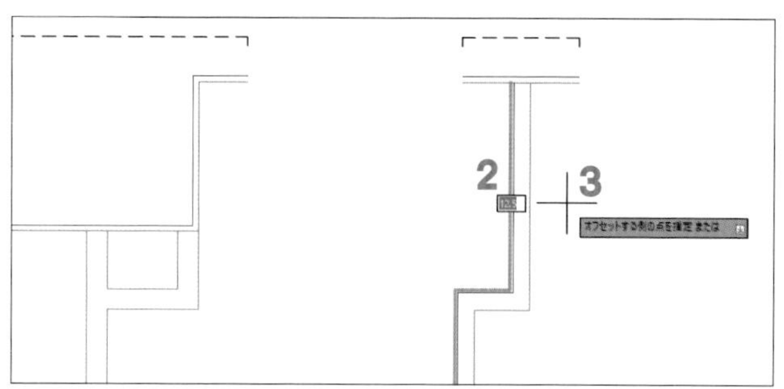

4 他の間仕切壁の仕上線をして12.5mm内側に下地を作成する

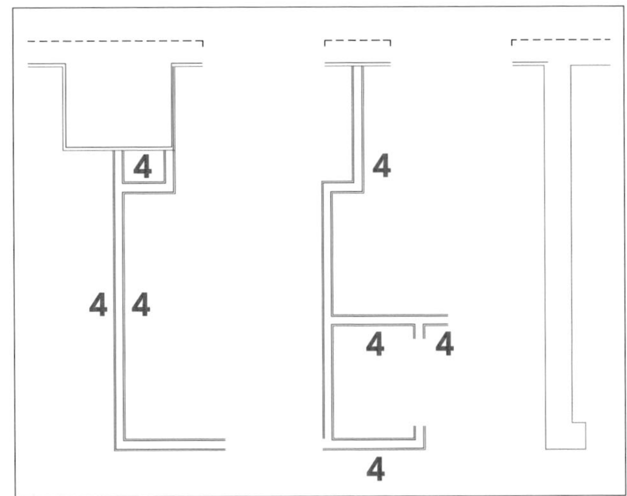

作成した下地端部を整える

PS廻りの仕上と下地の端部を整えましょう。

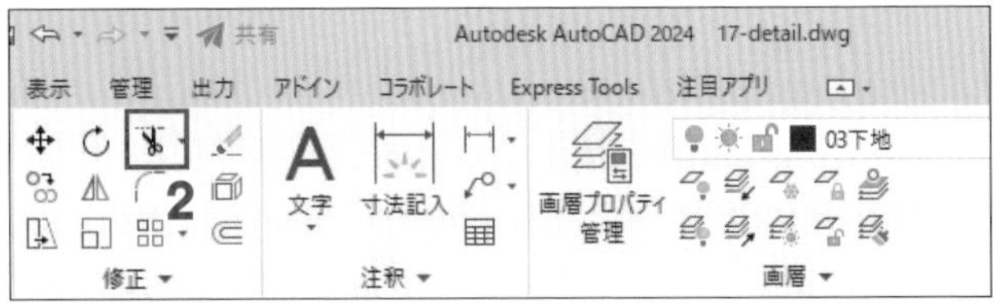

1 切り取りエッジにするため、右図2カ所の仕上をして選択する

2 [トリム]コマンドを

3 PS内の右図の仕上をしてトリムする

4 PS内の右図の仕上をして削除する

POINT 切り取りエッジに交差していないオブジェクトをした場合は、オブジェクト全体が削除されます。

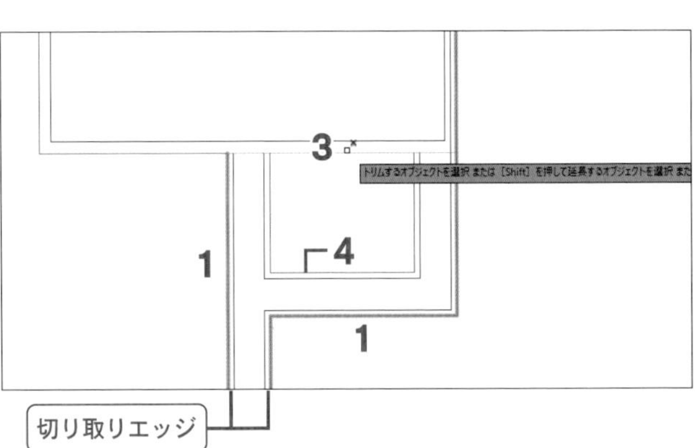

5 [延長]コマンドを選択し、間仕切壁の下地を躯体の下地まで右図のように延長する

6 [トリム]コマンドなどを利用して、仕上の角を右図のように整える

POINT [延長]コマンド選択時に Shift キーを押したまま操作することで、一時的に[トリム]コマンドの働きをします。» p.79

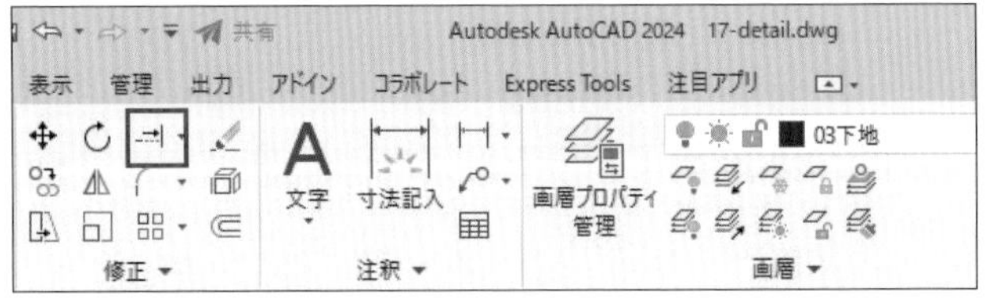

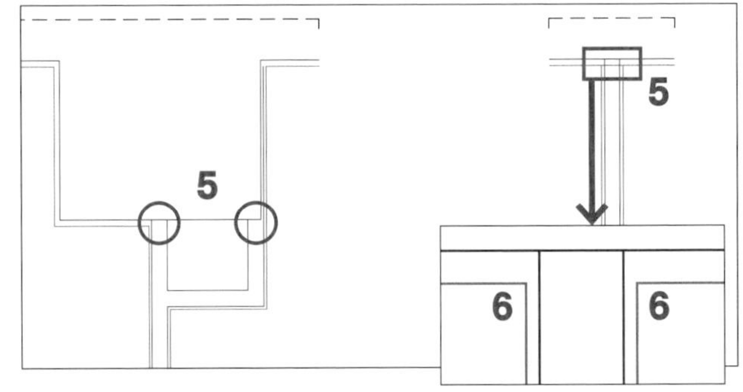

7 「05サッシ枠」「05額縁」「05建具」画層を表示する

8 [延長]コマンドで、間仕切壁の下地を内部建具の建具枠まで延長する

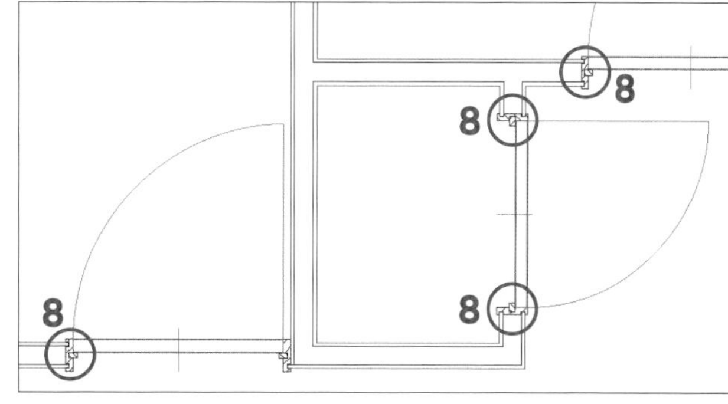

スタッド「LGS65」を配置する

ブロック「LGS65」を躯体下地と壁芯の交差部3カ所に配置しましょう。

1 「01通り芯」画層を表示し、「04仕上」画層を非表示にする

2 [ブロック挿入]コマンドを🖱し、[ライブラリのブロック]を🖱

3 [ブロック]パレットの[角度]ボックスを「0」にし、[繰り返し配置]にチェックを付ける

4 ブロック「LGS65」を🖱

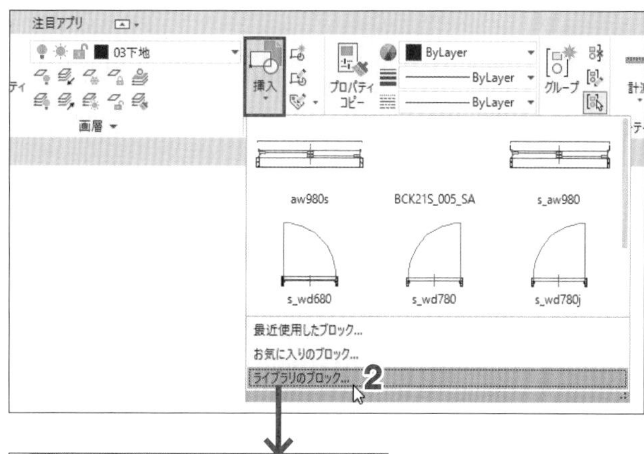

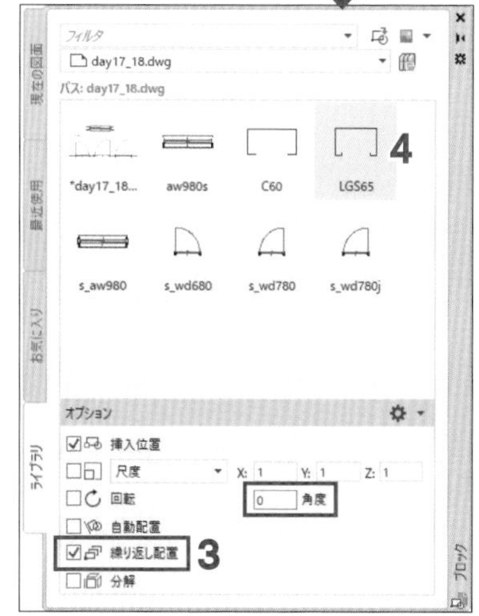

5 挿入位置として、柱下地と通り芯の交点を🖱

6 次の挿入位置として、その右隣の柱下地と壁芯の交点を🖱

7 次の挿入位置として、窓と窓の間の躯体下地と壁芯の交点を🖱

8 Enter キーを押して、「LGS65」の配置を終了する

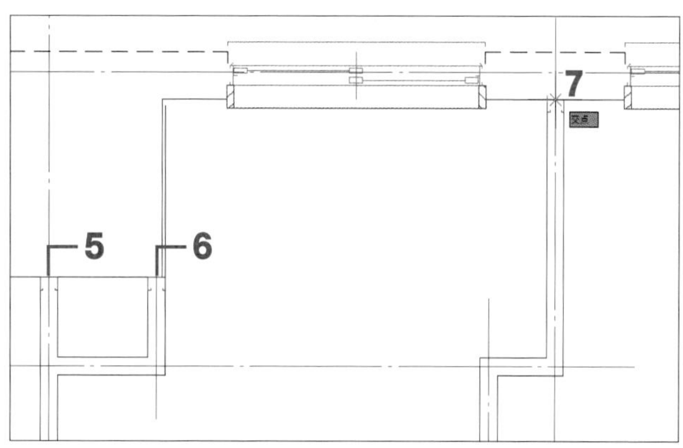

POINT ブロック「LGS65」は、day17_18.dwgで作成されている「03LGS」画層とともに挿入されます。

スタッドを間隔を指定して同方向に連続複写する

前項の**7**で配置した「LGS65」を壁芯上に300mm間隔で2個複写しましょう。

1 配置した「LGS65」を🖱で選択する

2 [複写]コマンドを🖱

3 基点として、ブロックの挿入基点を🖱

4 [直交モード]がオンの状態で、下方向にマウスカーソルを移動し、「300」を入力して Enter キーを押す

5 さらに下方向にマウスカーソルを移動し、「600」を入力して Enter キーを押す

POINT 複写元のオブジェクトからの距離を指定するため、「600」(300＋300)を入力します。それにより、**4**で複写したオブジェクトの300mm下に複写されます。

6 Enter キーを押して[複写]コマンドを終了する

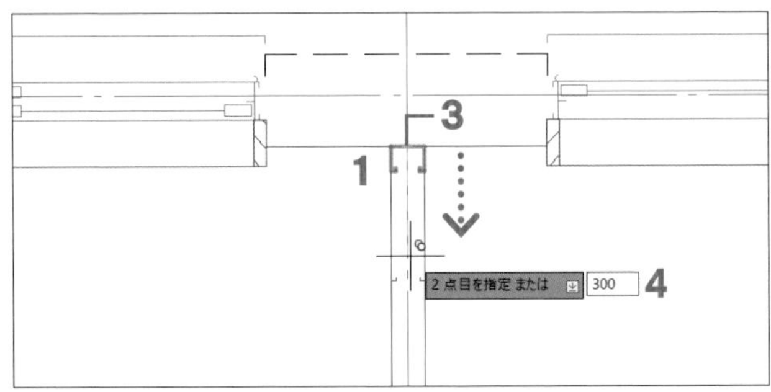

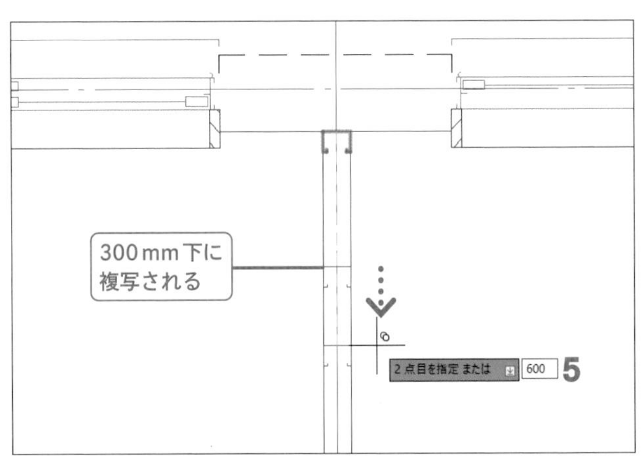

やってみよう

前項の**5**で柱下に配置したスタッドを300mm間隔で7個、一括して複写しましょう。上記の**1**～**3**と同様に行い、**4**で↓キーを押し、オプションメニュー[配列]を選択することで、指定方向に指定間隔(300)で、指定数の複写を行えます。

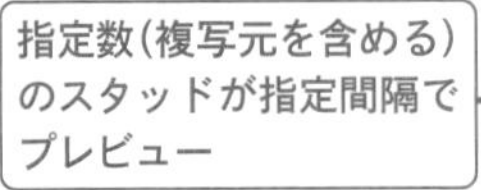
参考 [複写]配列 » p.192

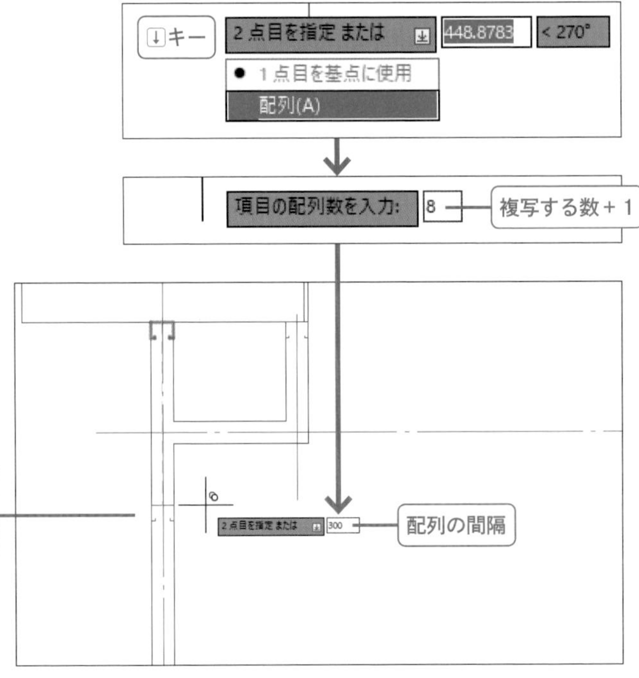

step 9 開口補強「C60」を建具枠から指定距離はなして配置する

女子トイレ入口左の建具枠から20mmはなして開口補強のブロック「C60」を配置しましょう。

1 ［ブロック］パレットの［回転］と［繰り返し配置］にチェックを付け、ブロック「C60」を🖱

2 Shift キーを押したまま🖱し、優先オブジェクトスナップメニューの［基点設定］を🖱

3 挿入基点として建具枠と壁芯の交点を🖱

4 「@-20, 0」を入力し、Enter キーを押す

POINT 基点から左に20mmなので、Xは「-20」、Yは「0」を入力します。基点から左と下は「-（マイナス）」値で入力します。

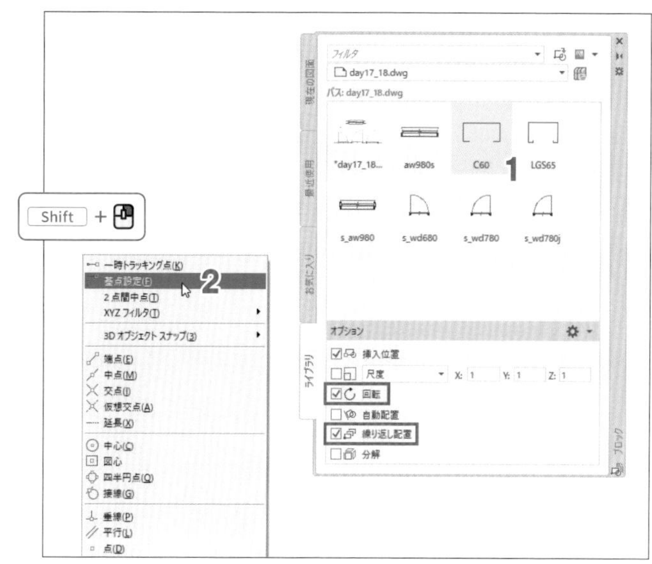

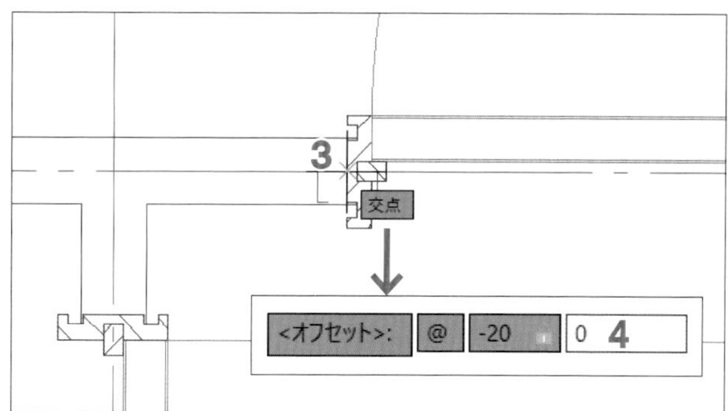

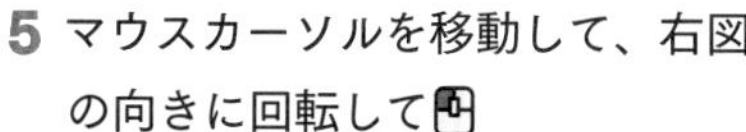

5 マウスカーソルを移動して、右図の向きに回転して🖱

POINT 3の点から20mm左に挿入基点を合わせ、5で指示した向きで配置されます。5の操作の代わりにキーボードから回転角度を入力しても同じ結果になります。

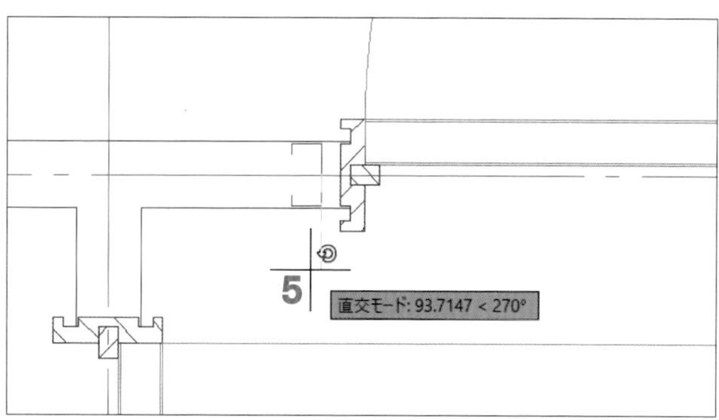

6 同様に優先オブジェクトスナップメニューの［基点設定］を利用して、男子トイレ入口、流しのドアの建具枠から20mm離した位置に「C60」を配置する

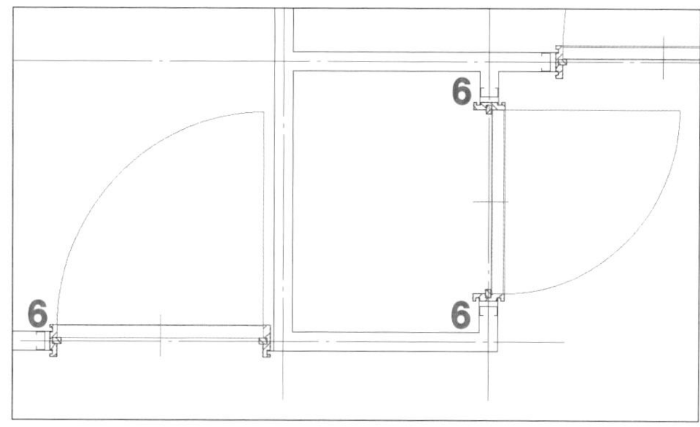

挿入済みのブロック「LGS65」を配置する

ファイルに挿入済みのブロック「LGS65」を、前項で配置した「C60」に連ねて配置しましょう。

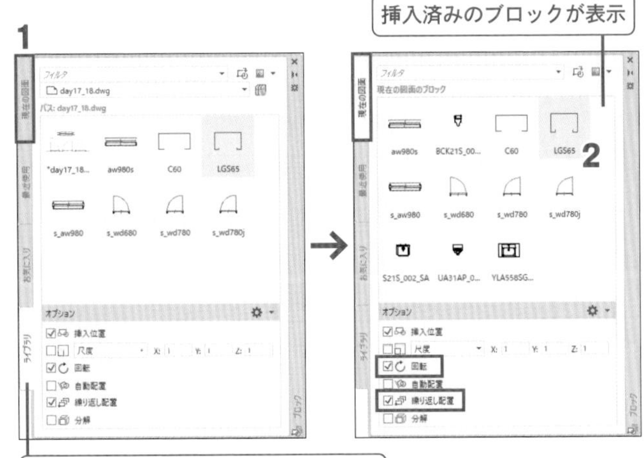

1 [ブロック]パレット左側の[現在の図面]タブを

POINT [ブロック]パレット左のタブでは表示パレットを切り替えできます。挿入済のブロックは、[現在の図面]から選択します。[ライブラリ]から選択した場合 » p.247Column

2 [回転]と[繰り返し配置]にチェックを付け、ブロック「LGS65」を

3 オブジェクトスナップ[延長]を利用して挿入位置を

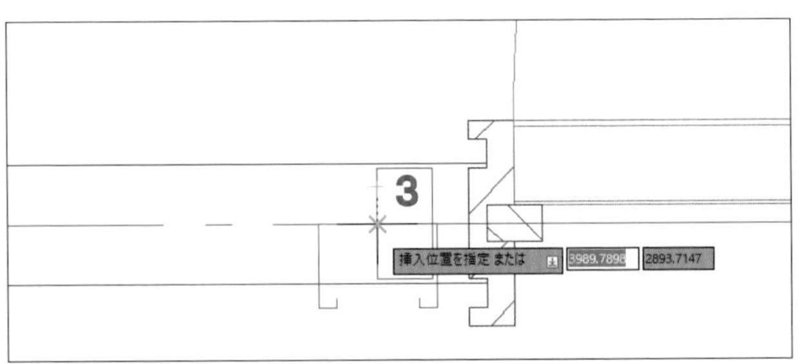

POINT 参考図面では、印刷した際に見やすいように「C60」から実寸5mm離しています。参考図面と同じにする場合は、優先オブジェクトスナップの[基点設定]を利用してください。

4 マウスカーソルを移動して、「LGS65」のプレビューを回転して

5 次の配置位置をして、他の箇所にも同様に配置する

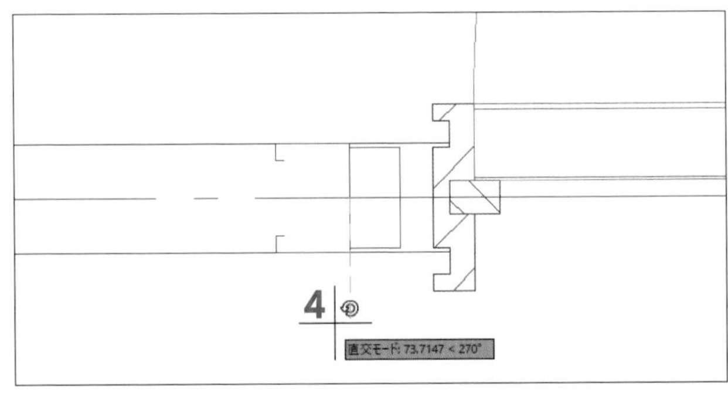

スマートブロック(自動配置)という機能

下図のように近くの線が黄色くハイライトされ、ブロックのプレビューの角度が自動的に変化することがあります。これは、AutoCAD 2024から追加されたスマートブロックが機能しているためです。

スマートブロックは、同ファイル内に配置されている同じブロックと類似した配置を提案する機能で、[ブロック]パレットの[自動配置]にチェックを付けていると機能します。

この機能を一時的に無効にして配置するには、Shiftキーと Wキーを押したまま、挿入位置の指示を行います。

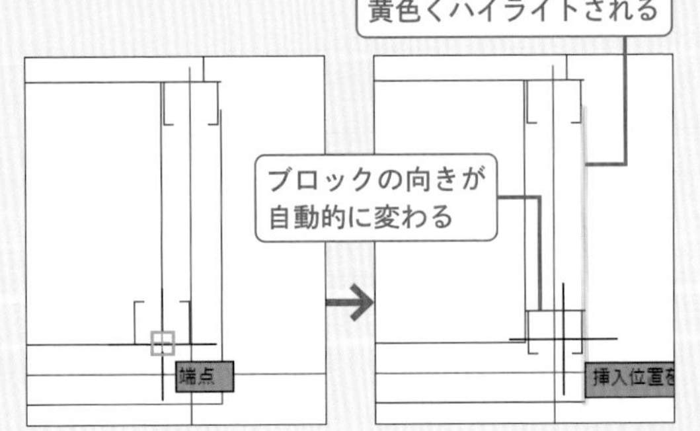

やってみよう

サンプルファイルs_day18.dwgを参考に、他の箇所にもスタッド「LGS65」を、[ブロック挿入][複写]コマンド(p.243～244)を利用して配置しましょう。

POINT 配置位置によって、定常オブジェクトスナップの[中点]が働き、オブジェクトトラッキングがうまく動作しないことがあります。適宜、定常オブジェクトスナップの[中点]を無効にするなどの対処をしてください。

配置が完了したら、Day18は終了です。ファイルを上書き保存してください。

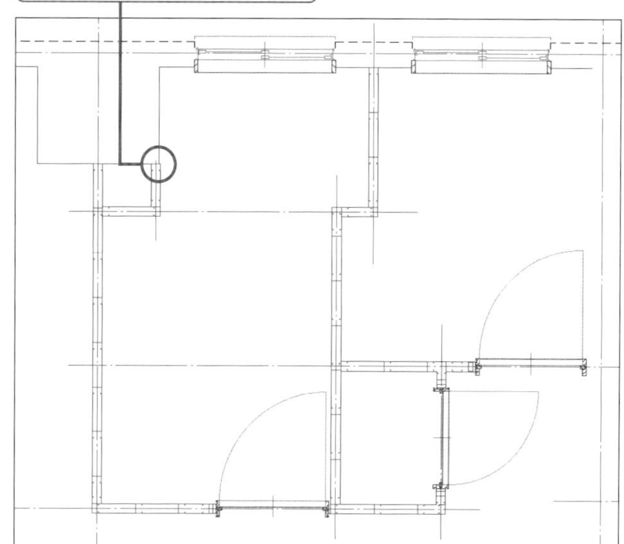

Column 挿入済のブロックを[ライブラリ]タブから選択した場合

[ブロック]パレットの[ライブラリ]タブから、挿入済みのブロックを選択した場合には、下記のメッセージが表示されます。同じ名前で内容の異なるブロックは同一ファイル上に存在できないため、その処理の選択肢3つが表示されています。

◆ブロックを再定義する

既に挿入済の同一名のブロックが、ここで選択したブロックに置き換えられます。同じ名前のブロックを一括置換したい場合に有効です。

◆再定義しない

ここで選択したブロックは、ファイル内の同一名のブロックと同じ内容で挿入されます。選択したブロックの形状が異なる場合でも、挿入済のブロックの形状になります。

◆追加するブロックの名前を「・・・(1)」に変更する

ここで選択したブロックは、ファイル内の同一名のブロックとは別個のブロックとして、名前を「既存ブロック名(1)」に変更して挿入されます。

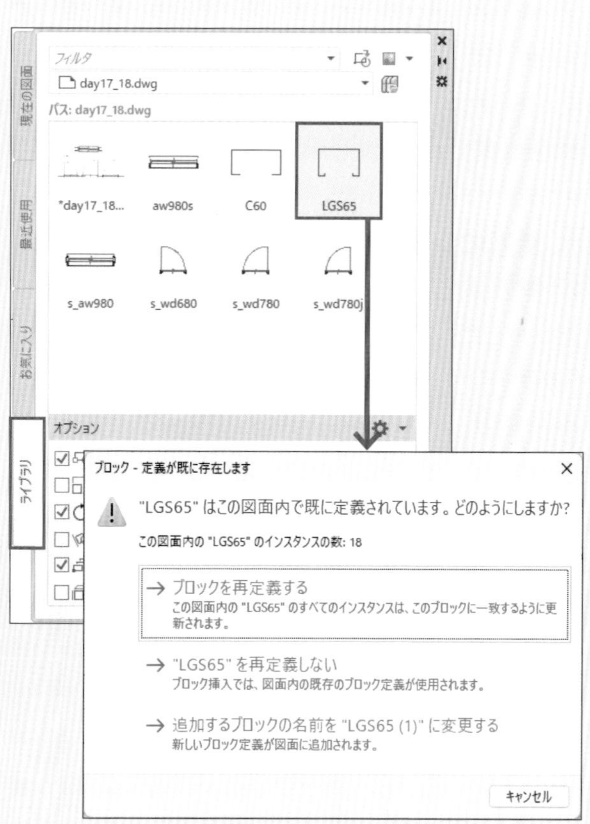

ブロック編集と寸法・文字の記入

17-datail.dwgを開き、洋便器のブロックを分解せずにリモコンだけを削除しましょう。また、寸法スタイルを追加して寸法と文字を記入しましょう。

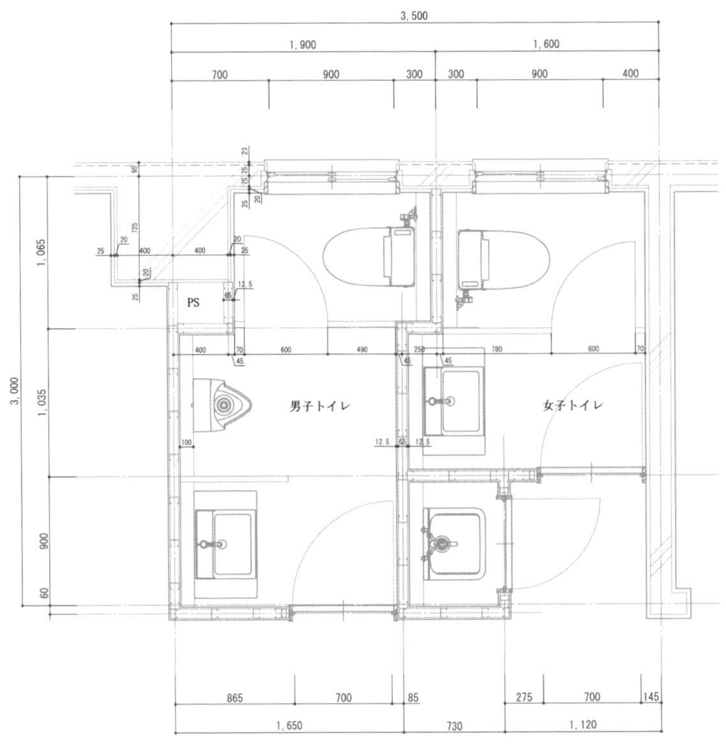

画層のフリーズを解除する

洋便器のリモコン他が作成されている「LIX_OBJECT」画層のフリーズを解除しましょう。

1 ［全画層表示］コマンドを🖱し、表示可能なすべての画層を表示する

2 ［画層］ボックスを🖱し、「LIX_OBJECT」画層の［フリーズ］を🖱して解除する

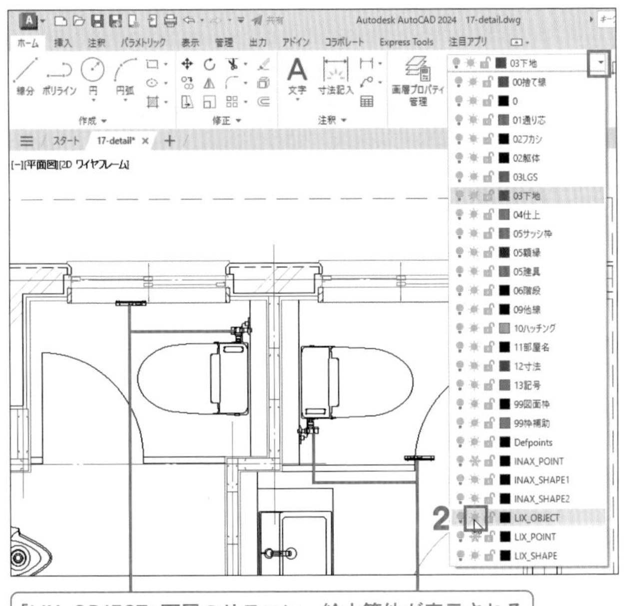

「LIX_OBJECT」画層のリモコン、給水管他が表示される

step 2 洋便器のブロック名を変更する

ここでは、リモコンの設置位置は展開図で指示する前提として、平面図上のリモコンを削除します。削除前のブロックとの区別がつくように、配置済の洋便器のブロック名を変更しておきましょう。

1 キーボードから「rename」を入力し、Enter キーを押す

POINT リボンに配置されていないコマンドは、キーボードからコマンド名を入力することで実行します。

2 ［名前変更］ダイアログの［ブロック］を

3 「BCK21S_005_SA」を

4 ［新しい名前］ボックスに「BCK21S_005_SA-delR」を入力する

5 ［OK］ボタンを

POINT ここでは、元のファイルが分かりやすいよう、元のブロック名に「-delR」を加えた名前にしました。ブロックの名前が変更されたことは、［ブロック挿入］コマンドをして表示される挿入済のブロックリストで確認できます。

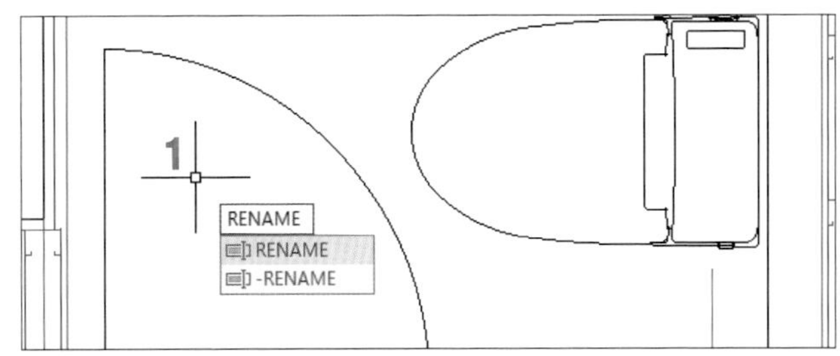

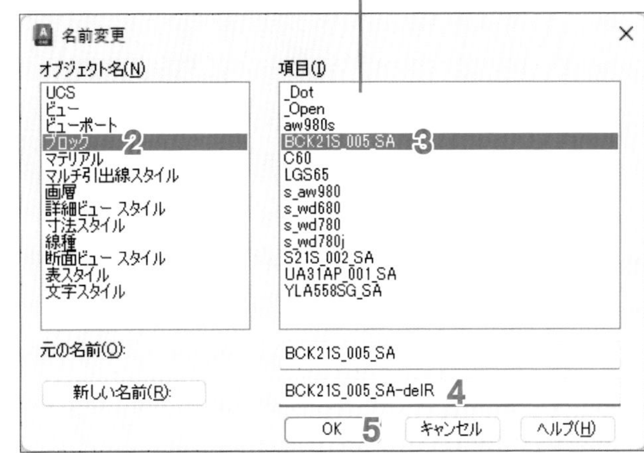

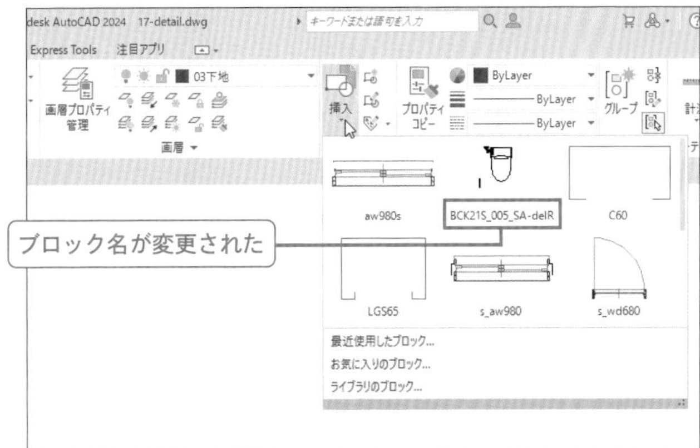

step 3 洋便器のブロックを編集する

ブロックを分解せずにその一部を編集するには、［ブロックエディタ］コマンドを使います。洋便器のブロック内のリモコンを削除しましょう。

1 編集対象のブロックの洋便器をして選択する

2 し、ショートカットメニューの［ブロックエディタ］を

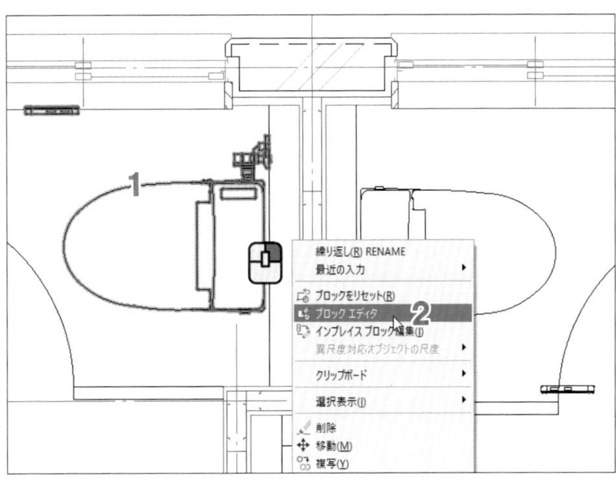

POINT [ブロックエディタ] コマンドを選択すると、1で選択したブロックを編集する画面になり、ブロックは定義時の向きで表示されます。[ブロックエディタ] リボンが表示されていますが、[ホーム] リボンタブをし、オブジェクトの作成や編集などに通常利用しているコマンドを選択することもできます。(利用できないコマンドもあります)

3 窓選択枠でリモコンを囲んで選択する

4 Delete キーを押して削除する

[ブロックエディタ] リボンが表示

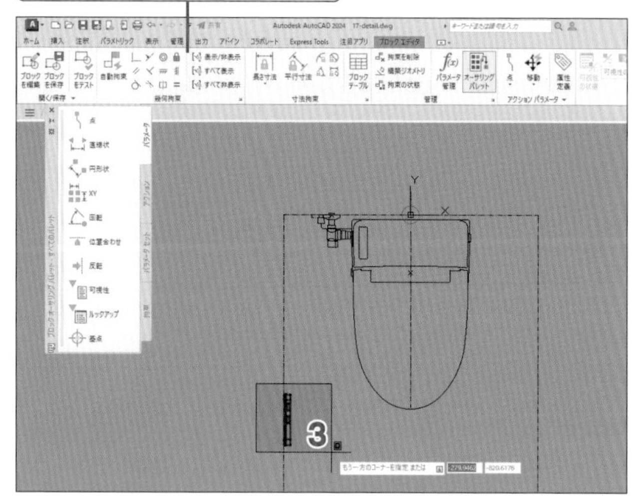

5 [ブロックを保存]を

6 [エディタを閉じる]を

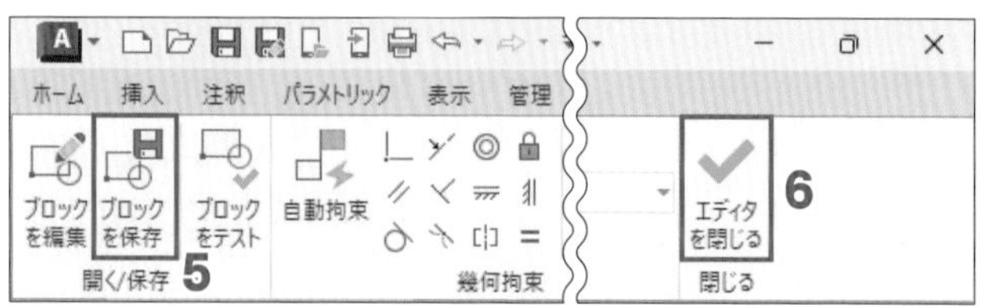

POINT 5の保存操作をせずに6の操作を行うと、以下の警告メッセージウィンドウが開きます。ブロック編集の結果を保存する場合には[変更を・・・に保存]を、保存せずにブロック編集を終了する場合は[変更を破棄し・・・閉じる]をします。

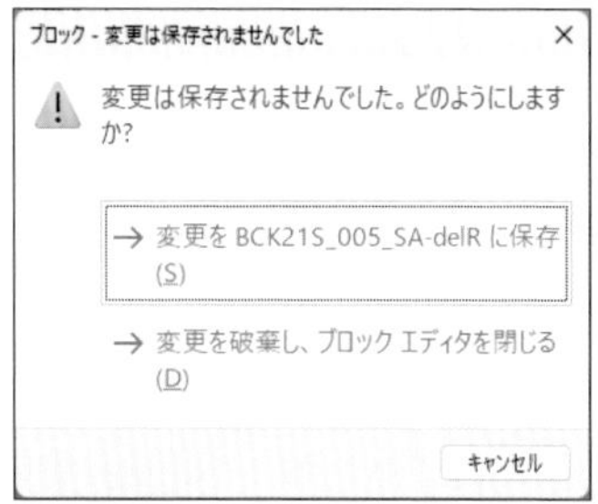

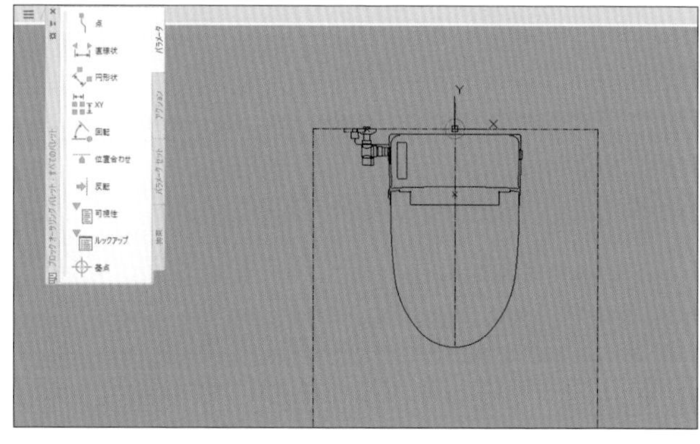

POINT [ブロックエディタ] コマンドが終了し、通常の画面に戻ります。ブロック編集の結果は、同一名称のすべてのブロックに反映されます。

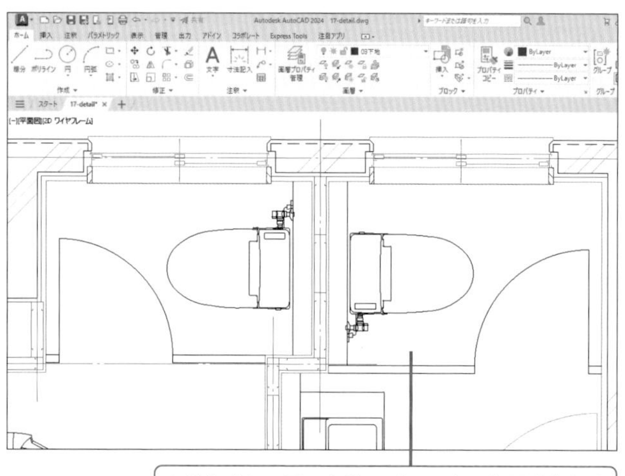

女子トイレの同一名称のブロックにも反映される

step 4 寸法記入の準備をする

壁芯の出をそろえ、「00捨て線」画層に寸法記入位置を示す線を作成しましょう。

1 「00捨て線」画層を現在の画層にし、「01通り芯」と「05サッシ枠」「05額縁」「12寸法」画層を残して他の画層は非表示にする

2 捨て線の長方形を境界エッジにし、[延長]コマンドで右図のように壁芯端部をそろえる

参考 境界エッジまでの延長 » p.157

3 捨て線の長方形(ポリライン)をクリックして選択する

4 [分解]コマンドをクリック

5 [オフセット]コマンドで、分解した上下左の辺から200mm間隔で右図のように線分をオフセットする

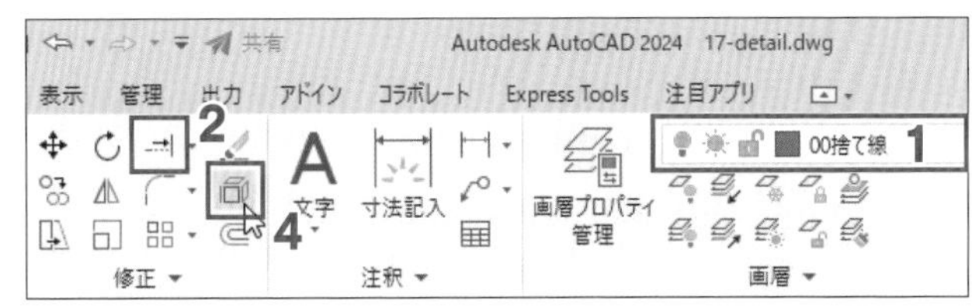

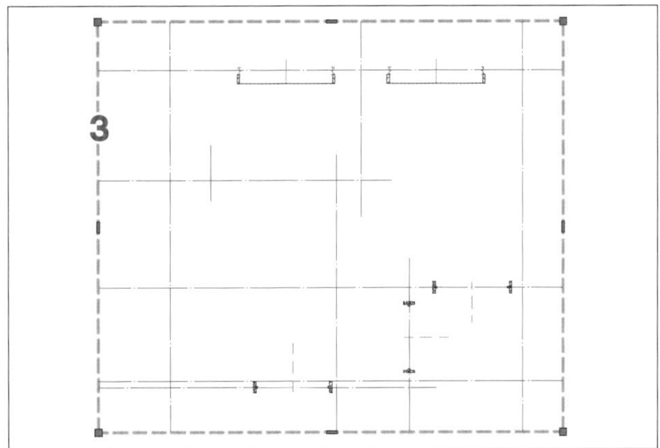

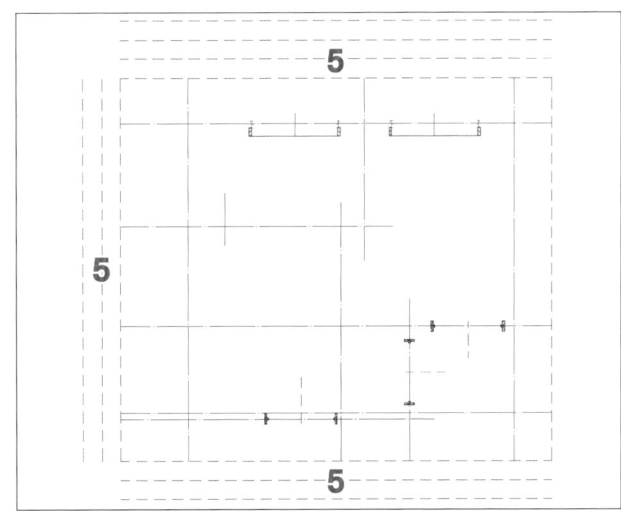

step 5 補助線の長さを固定した寸法スタイルを追加する

寸法スタイル「●3G」をベースに補助線の長さを10mmに固定した寸法スタイルを作成しましょう。

1 [注釈]リボンタブをクリック

2 [寸法記入▼]右の↘をクリック

3 [寸法スタイル管理]ダイアログの[スタイル]欄で「●3G」が選択されていることを確認し、[新規作成]ボタンをクリック

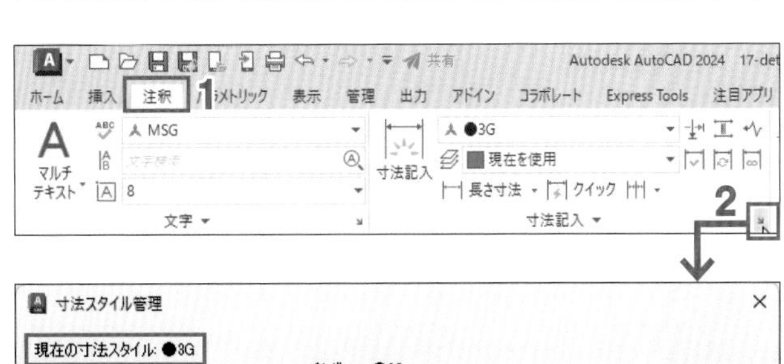

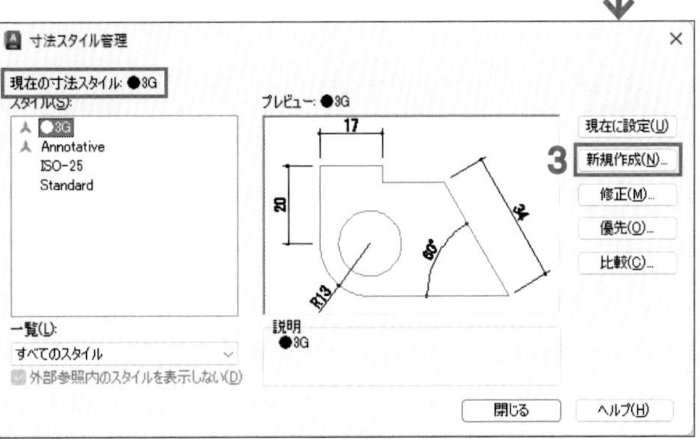

4 ［寸法スタイルを新規作成］ダイアログの［新しいスタイル名］ボックスを「●3G-h10」に変更する

5 ［異尺度対応］にチェックが付いていることを確認し、［続ける］ボタンを🖱

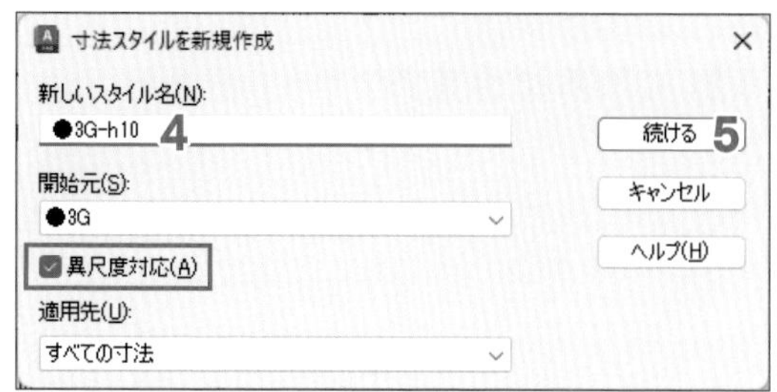

6 ［寸法線］タブの［補助線延長長さ］ボックスを「0」にする

7 ［起点からのオフセット］ボックスを「0」にする

8 ［寸法補助線の長さを固定］にチェックを付け、［長さ］ボックスを「10」にする

POINT 7,8の指定により、指示点から長さ10mmの寸法補助線が寸法線まで（6で「0」を指定）記入されます。そのほかの設定は「●3G」と同じです。

9 ［OK］ボタンを🖱

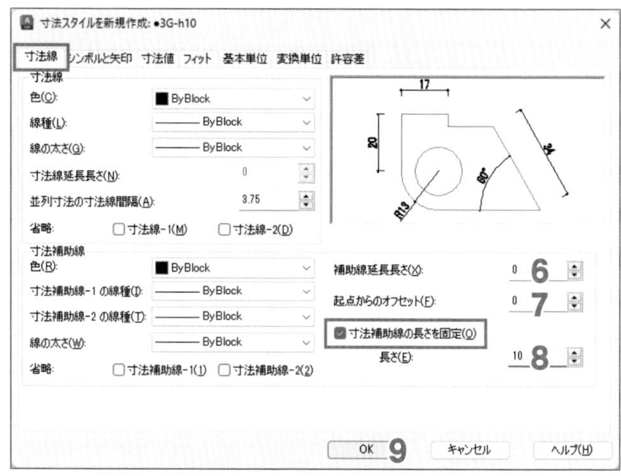

step 6 文字高2mmの寸法スタイルを追加する

続けて、寸法スタイル「●3G-10h」をベースに文字高を2mmにした、内部の寸法記入のため寸法スタイルを作成しましょう。

1 「スタイル」として「●3G-10h」が選択された状態で［新規作成］ボタンを🖱

2 ［新しいスタイル名］ボックスを「●2G-10h」に変更し、［続ける］ボタンを🖱

3 ［寸法値］タブの［文字の高さ］を「2」に変更する

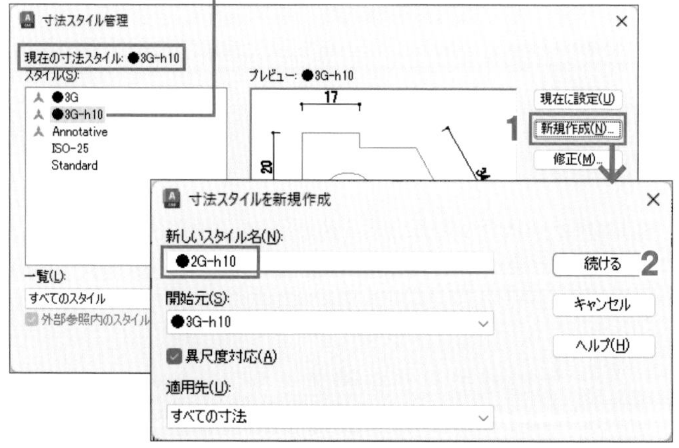

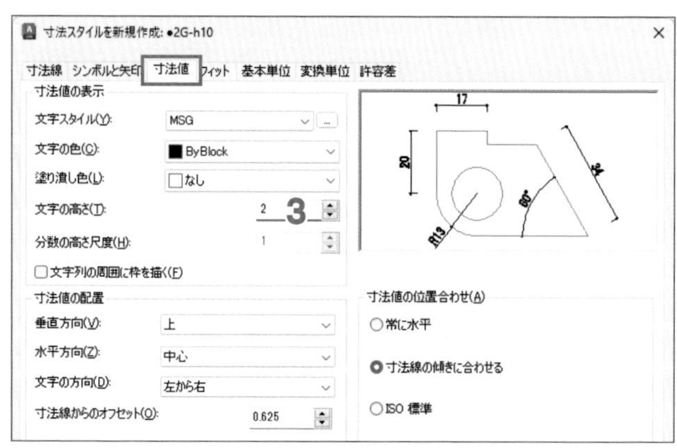

4 [基本単位]タブの[精度]ボックスを🖱し、リストから「0.0」を選択する

POINT 「12.5」のように、小数点以下1桁を表記する部分があるため、上記の精度にします。

5 [OK]ボタンを🖱

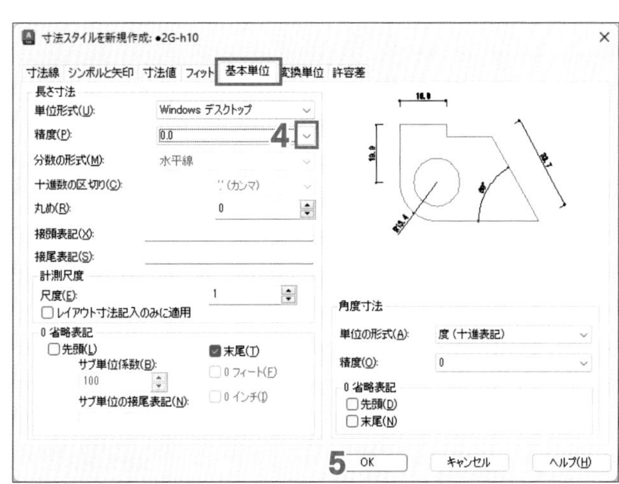

6 次項で使用する「●3G-h10」を🖱で選択する

7 [現在に設定]ボタンを🖱

8 [閉じる]ボタンを🖱

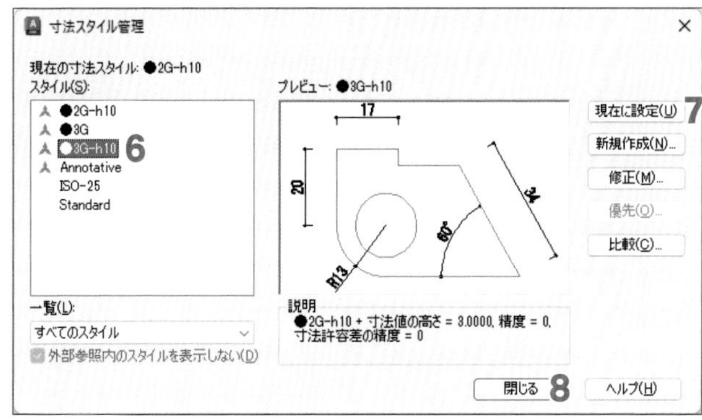

step 7 上1段目の寸法を記入する

左端の通り芯と右端の壁芯間の寸法を記入しましょう。

1 [注釈]リボンタブの[印刷スタイル]が「●3G-h10」であることを確認し、[寸法画層を優先]ボックスを「12寸法」画層にする

2 [長さ寸法]コマンドを🖱

3 1点目として、左端の通り芯の上端点を🖱

4 2点目として、右端の壁芯の上端点を🖱

5 寸法記入位置として一番上の捨て線端点を🖱

POINT 寸法補助線の長さは、3、4の🖱位置に関係なく固定された長さ(p.252で指定)です。[現在のビューの注釈尺度]が「1:20」なので、実寸換算では200mmの長さです。

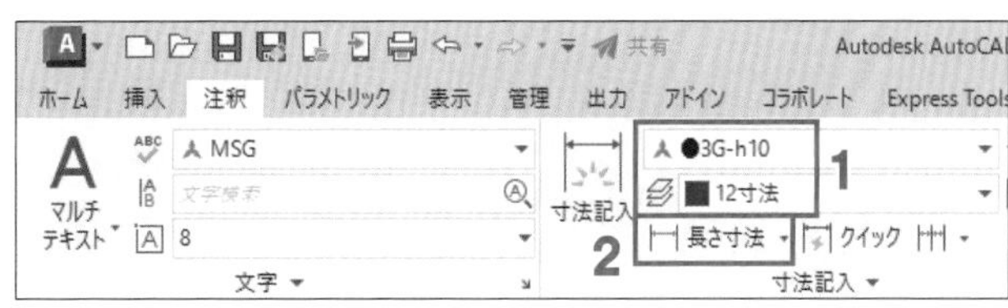

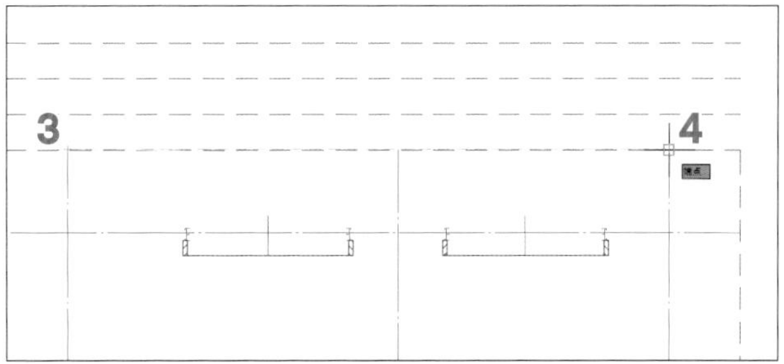

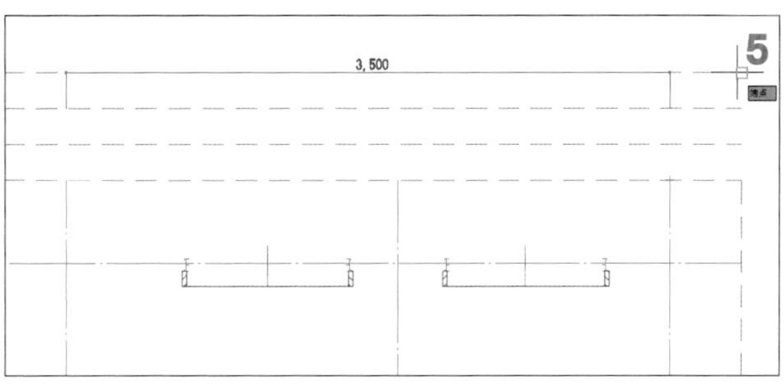

step 8
2段目の寸法を一括記入する

二段目の壁芯間の寸法は、一括記入しましょう。

1 [クイック寸法]コマンドを

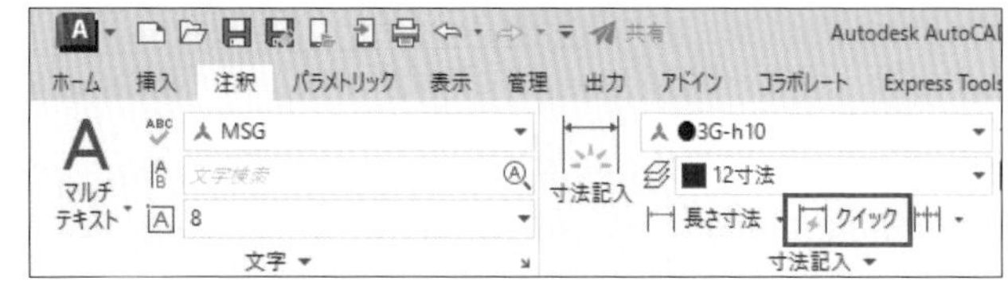

2 交差選択のコーナーとして右図の位置で

3 交差選択枠が3本の壁芯に交差する位置で

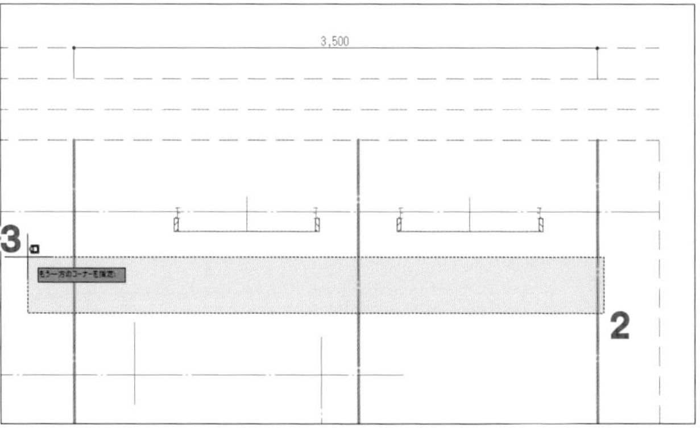

POINT [クイック寸法]コマンドは、選択したオブジェクトの寸法を一括して記入します。**3**の操作の結果、壁芯以外のオブジェクトも選択された場合は、Shiftキーを押したまますることで、そのオブジェクトの選択を解除してください。

4 作業領域でまたはEnterキーを押して、選択オブジェクトを確定する

壁芯3本が選択されハイライトされる

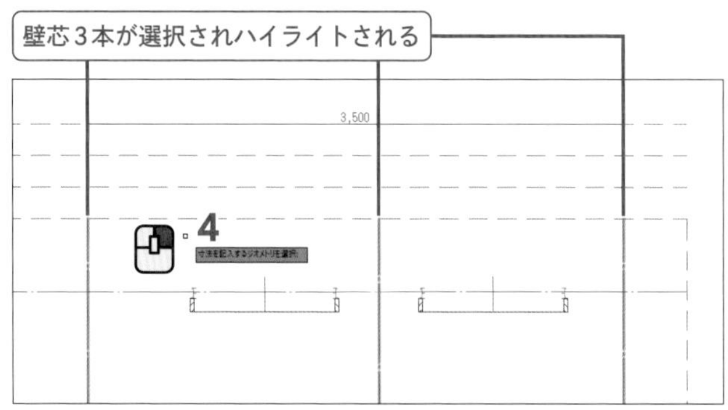

POINT マウスカーソルを右に移動すると垂直方向の寸法の外形が、上に移動すると水平方向の寸法の外形が現在の画層の線色・線種でプレビューされます。プレビューされる方向を確認し、記入位置をします。

5 マウスカーソルを上に移動し、寸法線の記入位置として2段目の捨て線端点を

寸法の記入方向と位置を示す外形がプレビュー

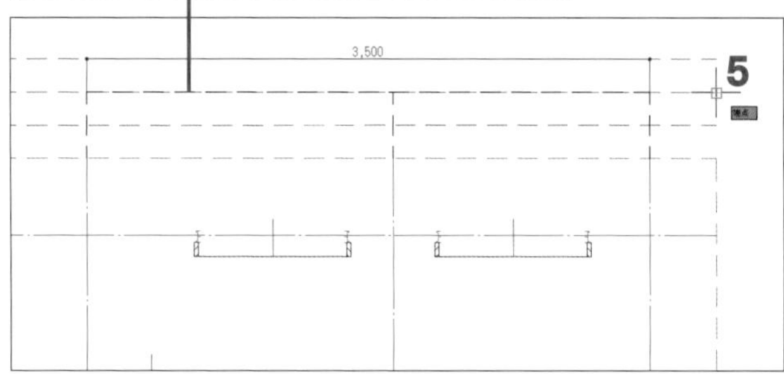

選択した壁芯間の寸法が一括記入される

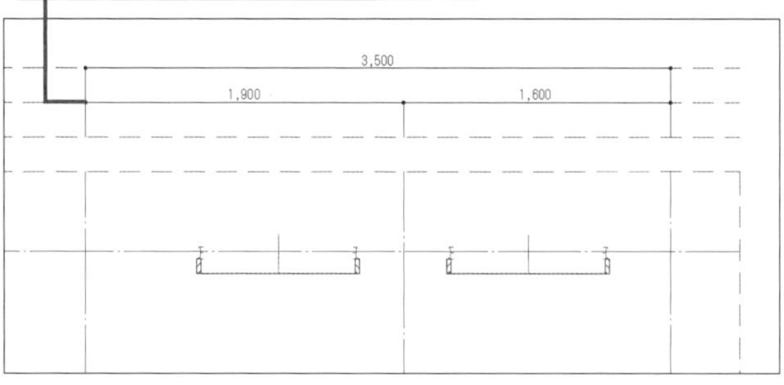

上側3段目の寸法を記入する

三番目の捨て線上に、左端の通り芯とその右のサッシ枠内法間の寸法を記入しましょう。

1 [長さ寸法]コマンドを選択し、1点目として、左端の通り芯上端点を🖱

2 2点目として、右図のサッシ枠の右端点を🖱

3 寸法線位置として、記入済の寸法補助線と捨て線の交点を🖱

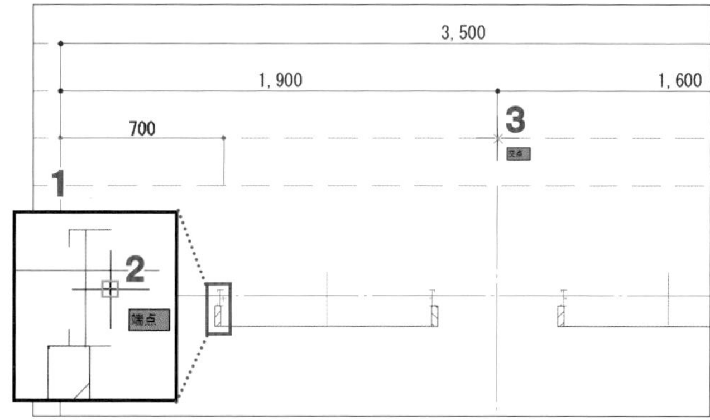

記入した寸法から右端の壁芯までの直列寸法を記入しましょう。

4 [直列寸法記入]コマンドを🖱

5 2点目として、右図のサッシ枠の左端点を🖱

6 次の点として、右隣の壁芯の端点を🖱

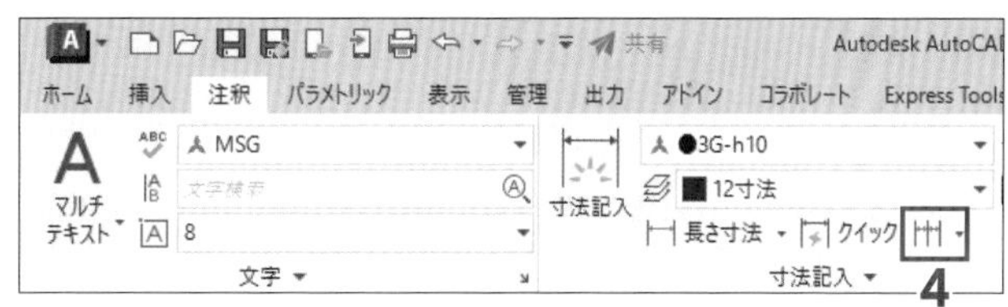

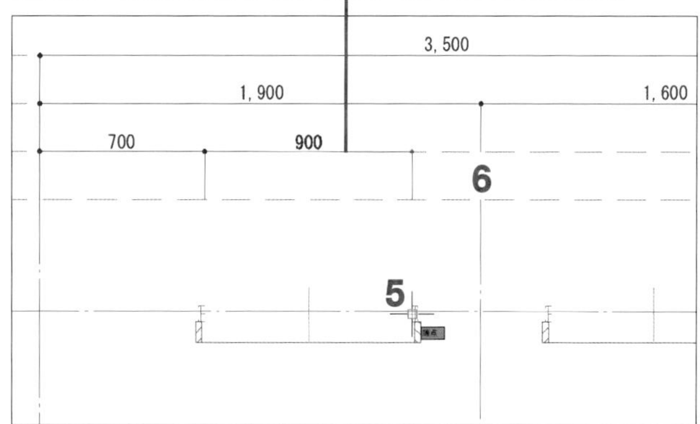

7 次のサッシ枠の右端点を🖱

8 次のサッシ枠の左端点を🖱

9 右端の壁芯の端点を🖱

10 Enter キーを押し、同列での直列寸法記入を終了する

11 再度、Enter キーを押し、[直列寸法記入]コマンドを終了する

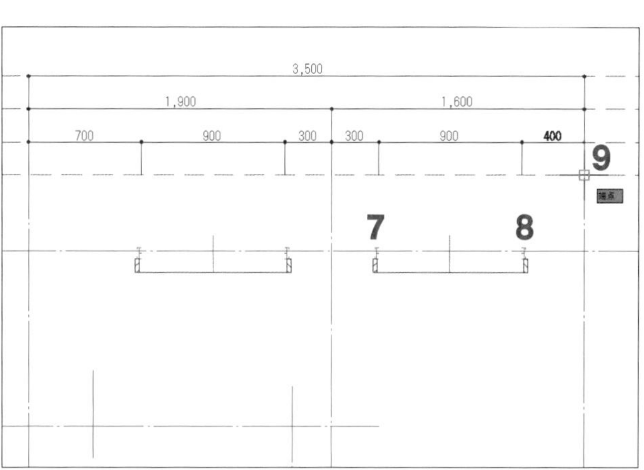

やってみよう

p.253 step7～9を参考に、右図のように左側、下側にも寸法を記入しましょう。

POINT ハッチング線の端点や交点は、基本、スナップ対象にならないため、スナップする点の近くにハッチング線の端点や交点が存在しても支障ありません。

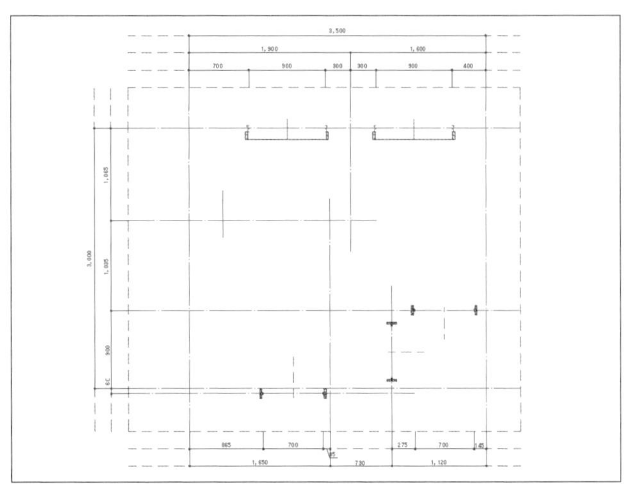

step 10 寸法値の位置を調整する

下側の間隔の狭い部分の寸法「85」を寸法線上に移動しましょう。

1 移動対象の寸法「85」を🖱

2 寸法値のグリップにマウスカーソルを合わせ、グリップメニューの[寸法線上]を🖱

3 Esc キーを押し、すべての選択を解除する

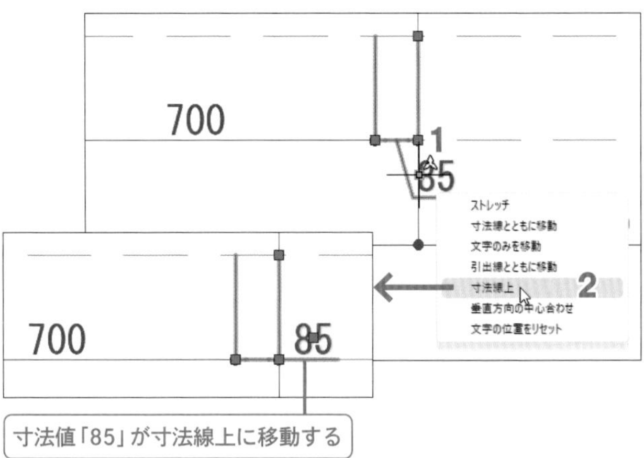

寸法値「85」が寸法線上に移動する

step 11 画層の表示状態を変更し、捨て線を作成する

すべての画層を表示したうえで、内部の寸法を記入する位置に捨て線を作成しましょう。

1 [全画層表示]コマンドを🖱し、表示可能なすべての画層を表示する

2 [現在の画層]が「00捨て線」であることを確認し、[線分]コマンドで右図の6ヵ所に寸法記入位置となる捨て線を作成する

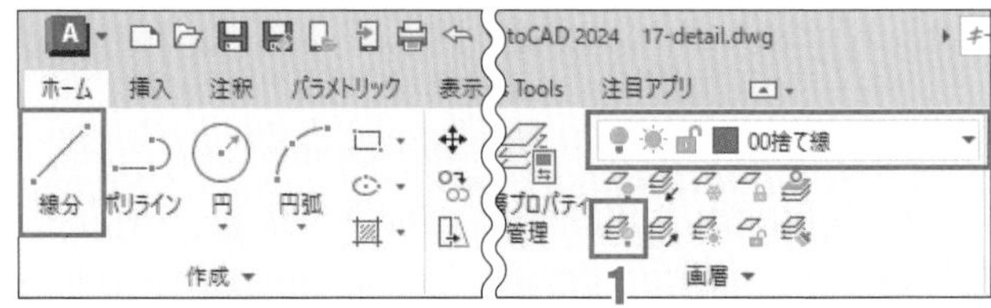

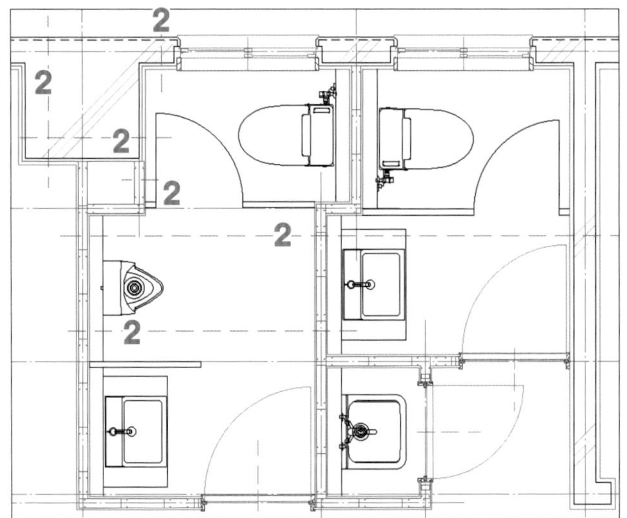

下地・仕上厚の寸法を記入する

PSの下地と仕上の寸法を記入しましょう。

1 [寸法スタイル]ボックスを「●2G-h10」にする

2 [長さ寸法]コマンドを🖱

3 1点目として右図の下地と捨て線の交点を🖱

4 2点目として右隣の下地と捨て線の交点を🖱

5 寸法記入位置として捨て線の端点を🖱

POINT 狭い間隔の寸法値は、2点目として🖱した補助線起点の側に記入されます。

6 [直列寸法記入]コマンドを🖱

7 2点目としてさらに右の仕上と捨て線の交点を🖱

8 Enter キーを2回押して[直列寸法記入]コマンドを終了する

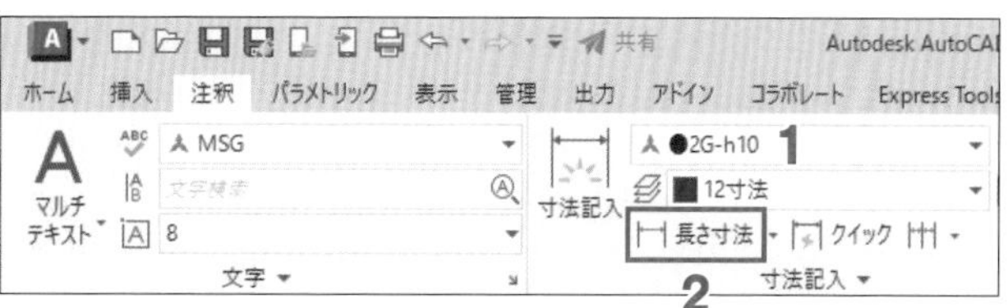

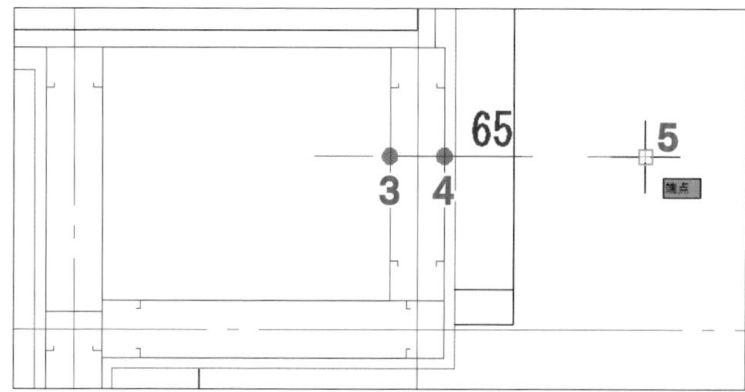

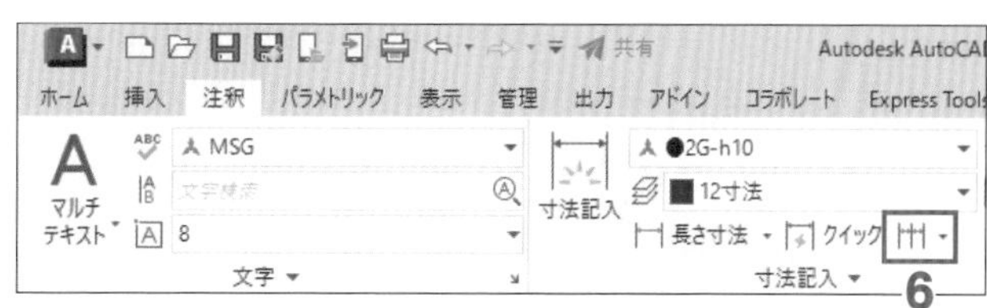

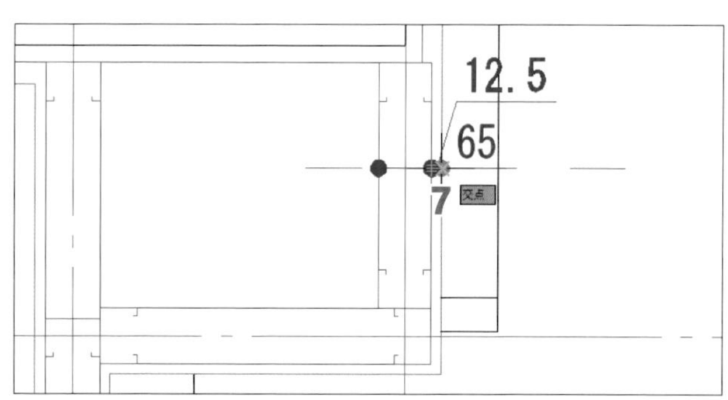

下地厚の寸法値「65」を下地の線間に移動しましょう。

9 寸法「65」を🖱して選択し、寸法値のグリップにマウスカーソルを合わせる

10 グリップメニューの[寸法線とともに移動]を🖱

11 寸法値の移動先として、右図の壁芯と寸法線(捨て線)の交点を🖱

12 Esc キーを押し、すべての選択を解除する

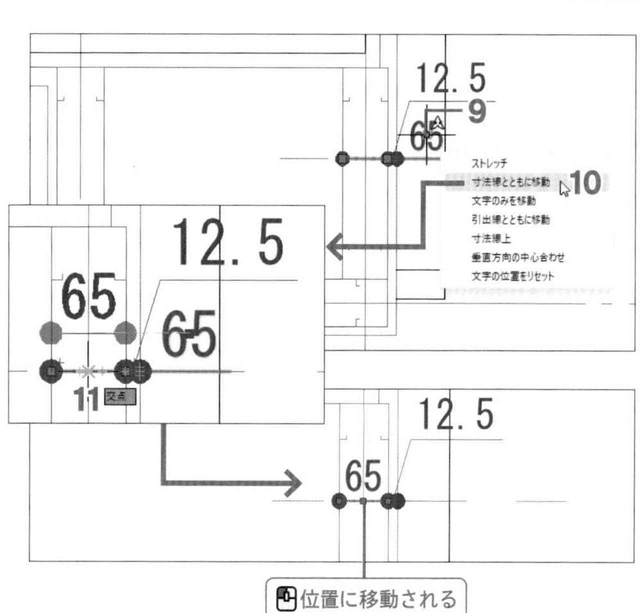

step 13

柱の内側に寸法を記入する

柱の内側に作成した水平方向の捨て線上に寸法を記入しましょう。

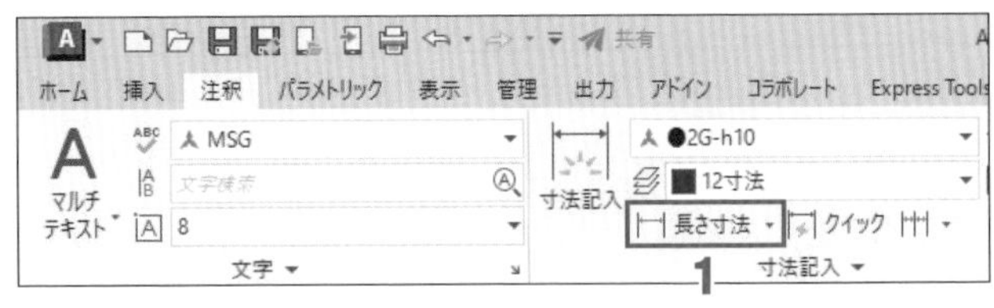

1 [長さ寸法]コマンドを🖱

2 1点目として、通り芯と捨て線の交点を🖱

3 2点目として、躯体柱の左辺と捨て線の交点を🖱

4 寸法の記入位置として、3と同じ交点を🖱

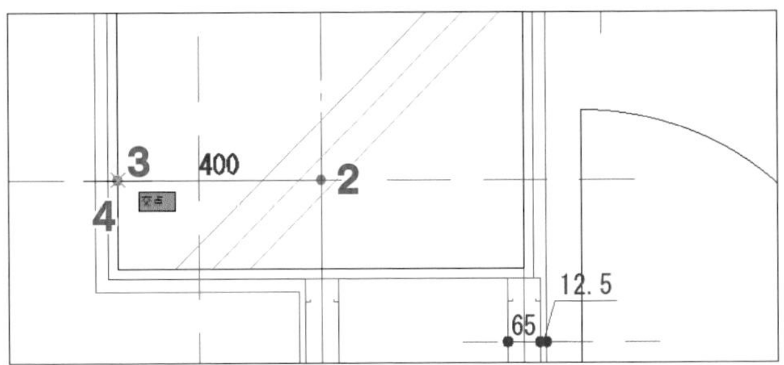

5 [直列寸法記入]コマンドを🖱

6 2点目として、断熱材と捨て線の交点を🖱

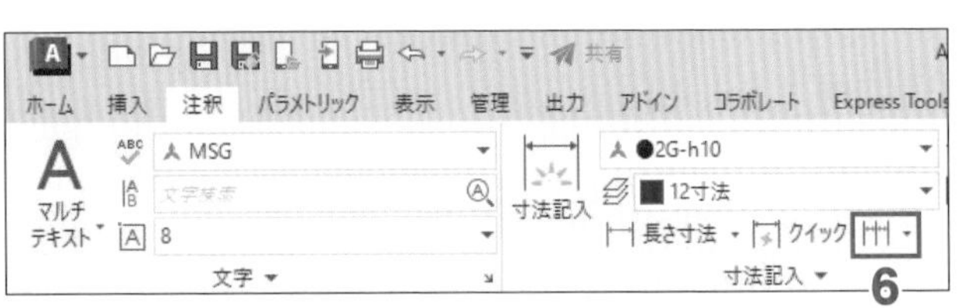

7 次の点として、柱左辺の仕上と捨て線の交点を🖱

8 Enter キーを押し、同列での直列寸法記入を終了する

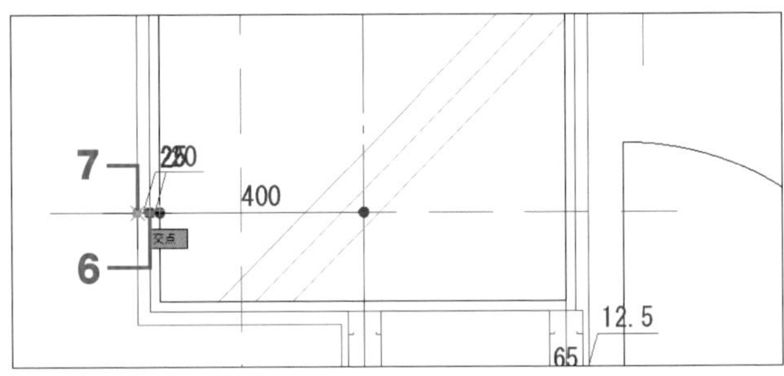

POINT 重なった寸法は後で移動します。8の操作で同列の直列寸法記入が終了し、次にどの寸法と同列の直列寸法を記入するかを指示する状態になります。寸法を指示する際は、直列寸法を記入する側を🖱します。

9 「400」の寸法オブジェクトの右側を🖱

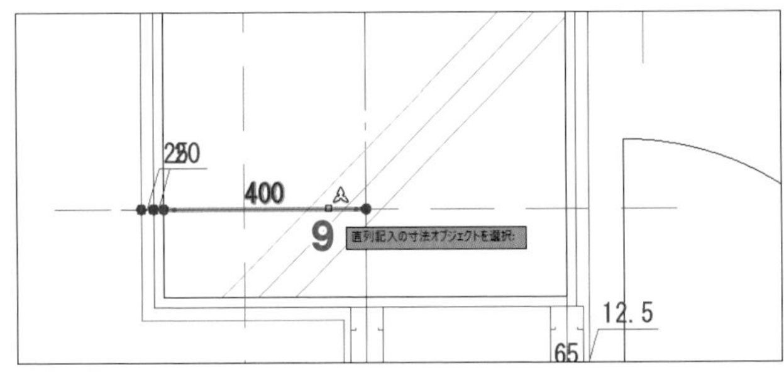

9で🖱した側の端点を始点とした直列寸法がプレビューされる

10 2点目として、躯体柱右辺と捨て線の交点を🖱

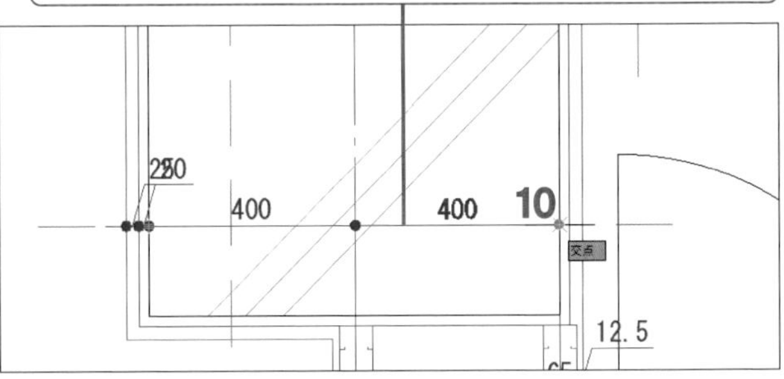

11 断熱材と捨て線の交点をクリック

12 仕上と捨て線の交点をクリック

13 Enter キーを2回押して［直列寸法記入］コマンドを終了する

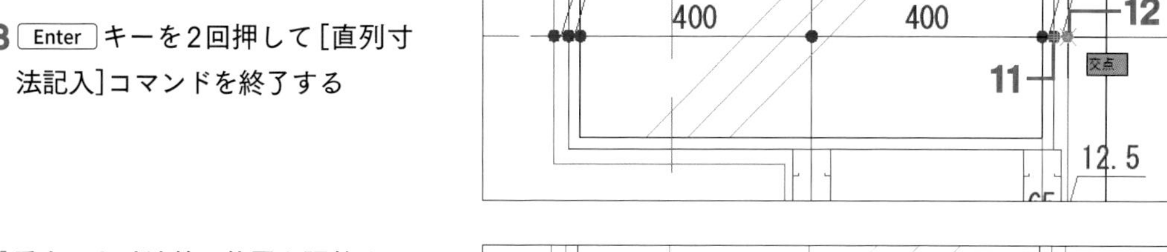

14 重なった寸法値の位置を調整する

参考 » step10

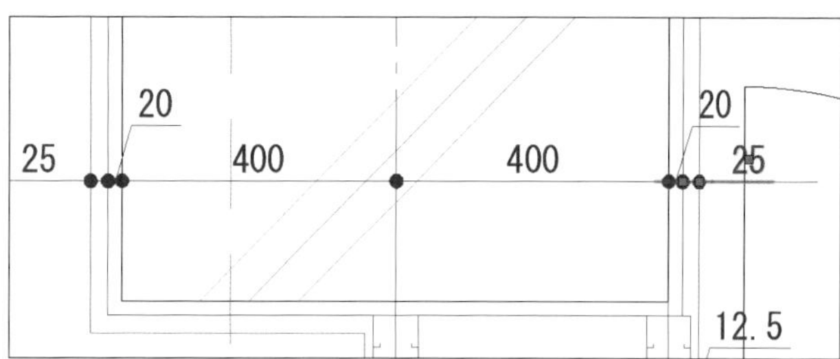

やってみよう

右図のように他の寸法も記入しましょう。

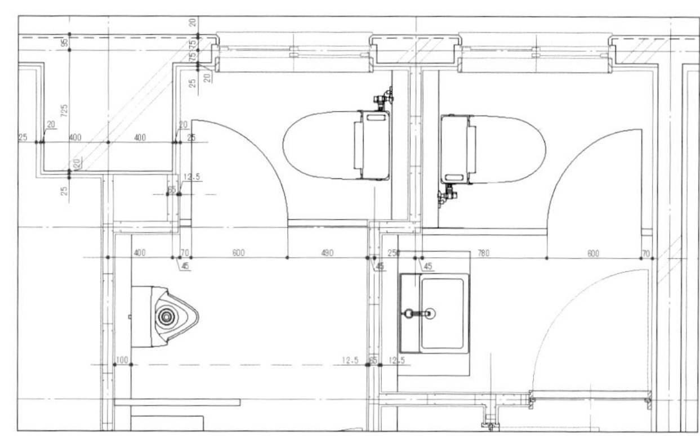

step

14 部屋名を記入する

文字スタイル「部屋名3M」で文字「男子トイレ」「女子トイレ」「PS」を記入しましょう。

1 ［現在の画層］を「11部屋名」にする

2 ［文字スタイル］を「部屋名3M」にする

3 ［文字記入］コマンドを選択し、右図のように「男子トイレ」「女子トイレ」「PS」を記入する

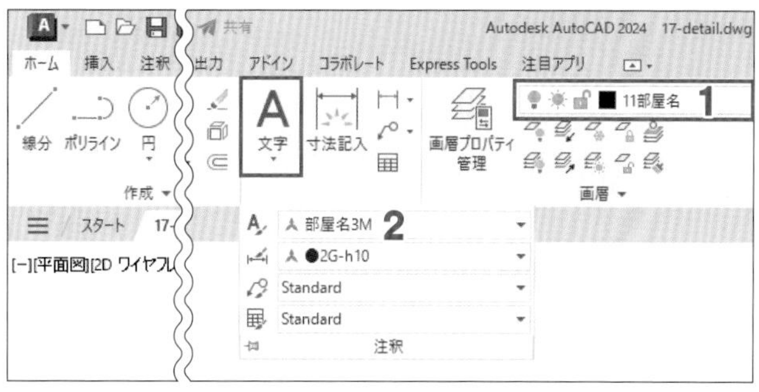

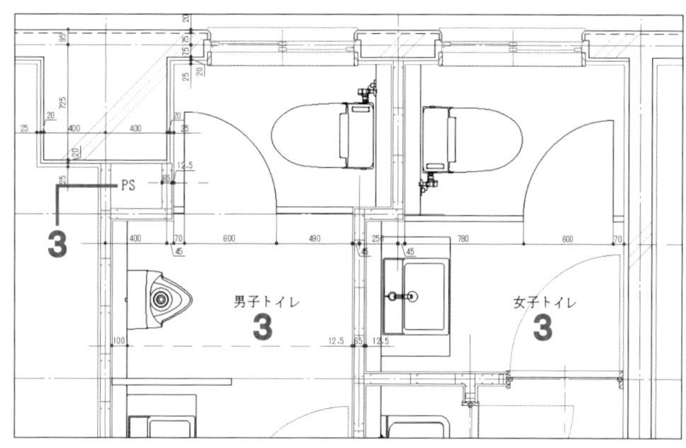

以上で、Day19は終了です。ファイルを上書き保存してください。

異なる縮尺の図のレイアウト

17-datail.dwgを開き、ハッチングを整え、あらかじめ用意した［レイアウトA3］にトイレ廻り詳細図と建具部分詳細図を下図のようにレイアウトし、建具部分詳細図の寸法を記入して印刷しましょう。

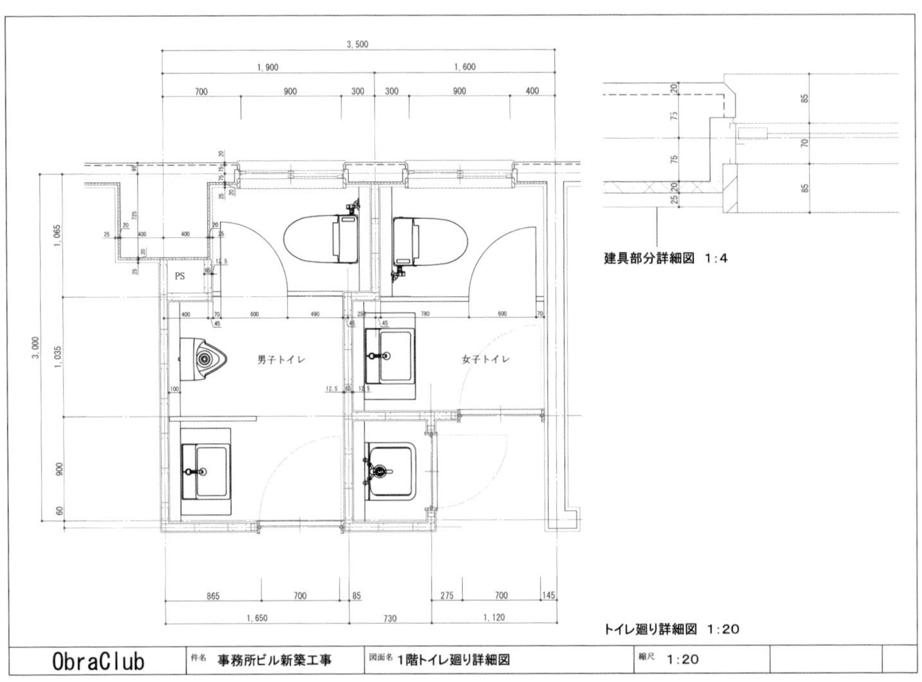

コンクリートハッチングをやり直す

本来外部躯体までコンクリートハッチングが掛かるべきところ、フカシの線までになっています。このハッチングを削除し、やり直しましょう。

1. ハッチングを［クリック］して選択する
2. Delete キーを押して、選択したハッチングを削除する

POINT ハッチングの線は［延長］コマンドでは伸ばせません。線分に分解すれば伸ばせますが、ハッチングの性質を失います。また、作成済みのハッチングの範囲変更は可能ですが、このモチーフでは、やり直す方が簡単です。

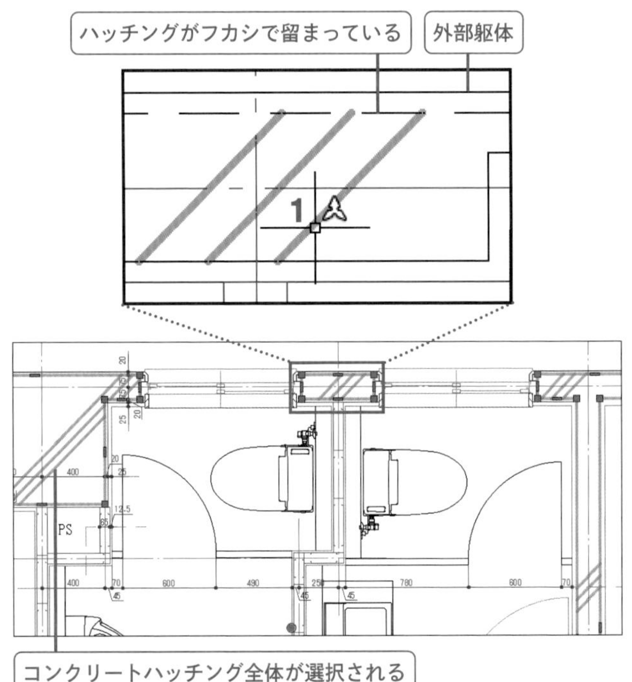

3 「10ハッチング」画層を現在の画層にし、「00捨て線」と「02躯体」以外の画層を非表示にする

参考 複数画層を一括変更 » 下Column

4 建具配置や寸法記入位置のために作成した捨て線を選択して、削除する

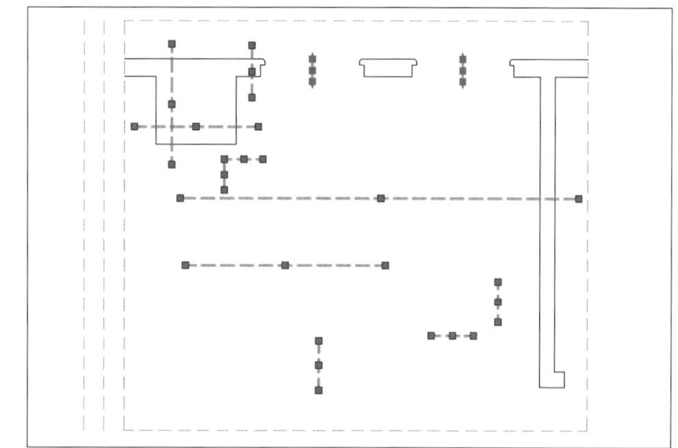

POINT ハッチング対象の躯体に交差する捨て線は、ハッチング操作の妨げになります。ここでは内部にある不要になった捨て線を削除します。

5 [ハッチング]コマンドを選択し、ハッチングパターンを「JIS_RC_30」、[ハッチングの色]を「ByLayer」、[異尺度対応]をオンにして躯体にハッチングを施す

参考 ハッチングの作成 » p.219

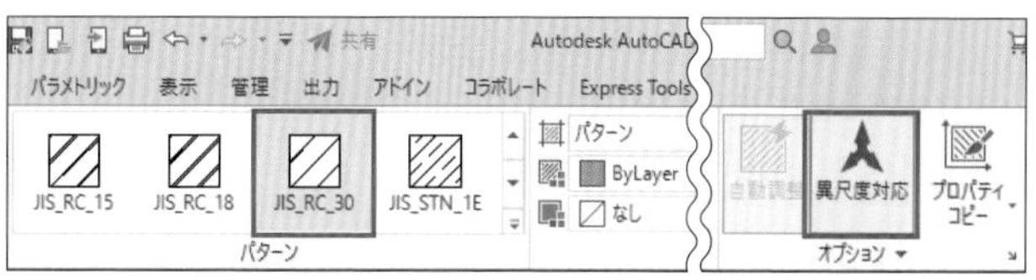

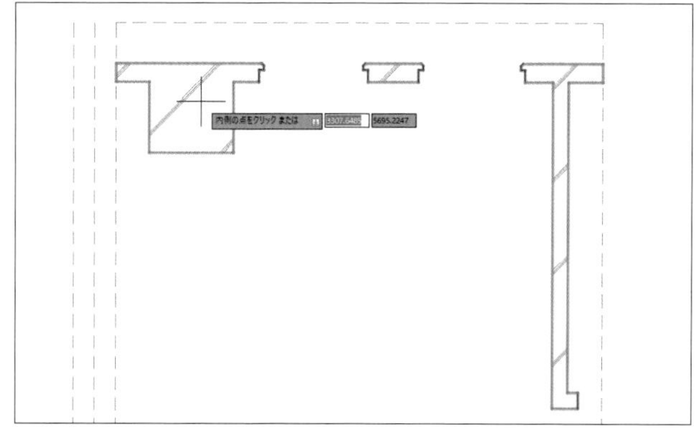

複数の画層の表示状態を一括して変更するには

Column

[画層プロパティ管理]ダイアログで、複数の画層を選択して[表示]マークを🖱することで選択した複数の画層の表示状態を一括して変更できます。以下では、「03LGS」画層から「09他線」画層までを一括して非表示にする例で説明します。

1 [画層プロパティ管理]コマンドを🖱

2 [画層プロパティ管理]ダイアログで「03LGS」画層を🖱

3 Shift キーを押したまま「09他線」画層を🖱

4 [表示]マークを🖱し、[非表示]にする

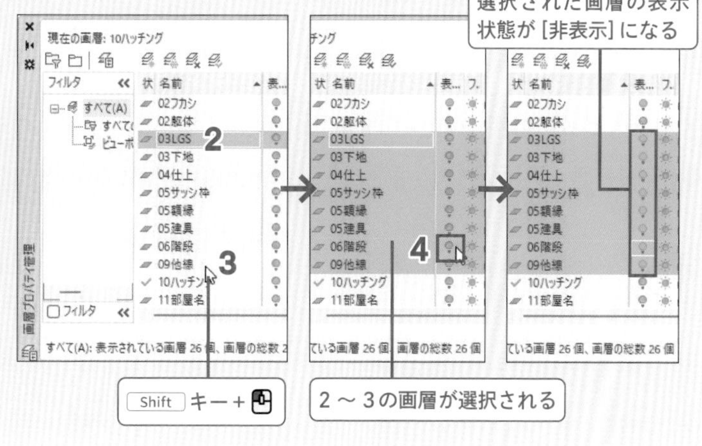

断熱材のハッチングを作成する

断熱材のハッチングを作成する準備として、「03断熱材ハッチング」画層を新規作成し、ハッチングに必要な画層を表示しましょう。

1 [画層プロパティ管理]コマンドを

2 [画層プロパティ管理]ダイアログで、「03断熱材ハッチング」画層を新規作成し、色「30」、線種「Continuous」、線の太さ「0.09」とし、ダイアログを閉じる

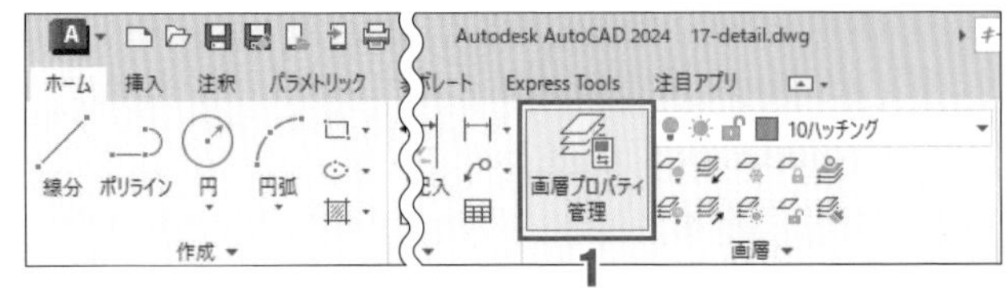

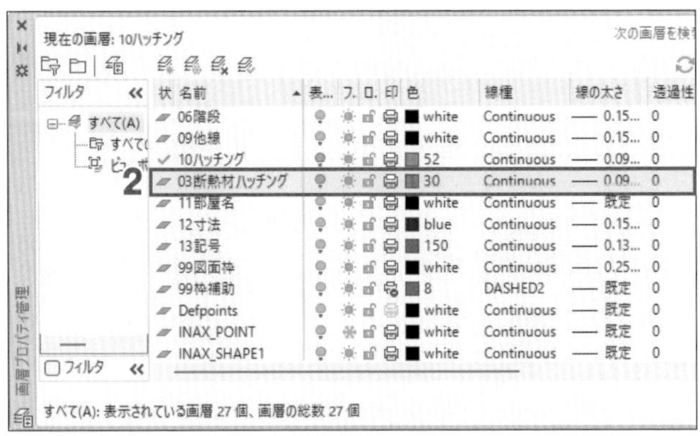

3 「03断熱材ハッチング」画層を現在の画層にし、「03下地」画層を表示、「10ハッチング」画層を非表示にする

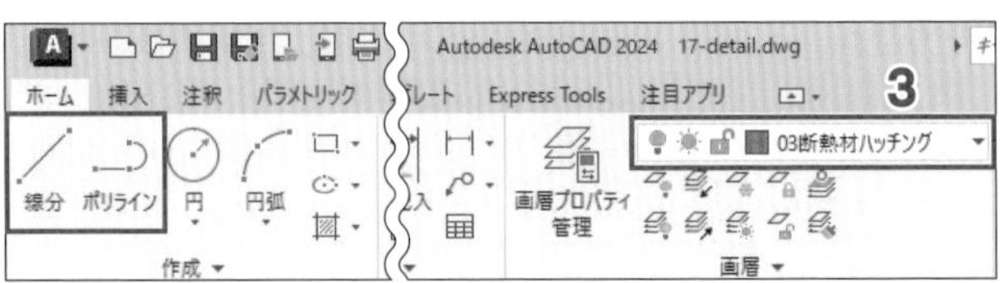

断熱材のハッチング範囲を閉じた図形にするために線を加えましょう。

4 [線分]または[ポリライン]コマンドを利用して、4カ所の下地線端部を右図のように閉じる

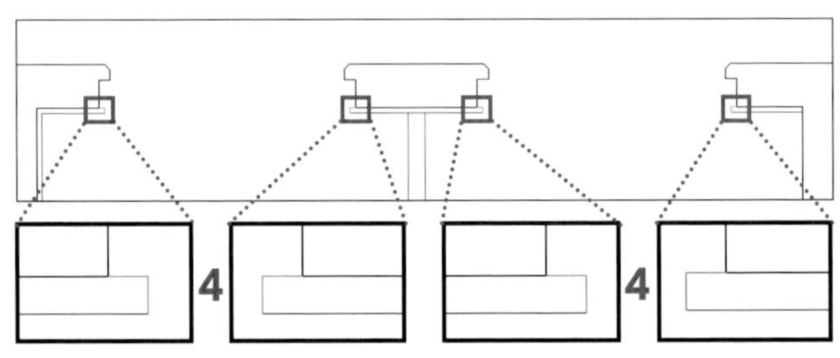

断熱材の範囲に格子状のハッチングを作成しましょう。

5 「03断熱材ハッチング」画層が現在の画層であることを確認し、[ハッチ]コマンドを

6 ハッチングパターンとして「USER」を

7 [角度]ボックスに「45」を入力する

8 [プロパティ▼]をし、[ダブル]を

POINT パターン「USER」を選択し、[ダブル]を指定することで、格子状のパターンになります。

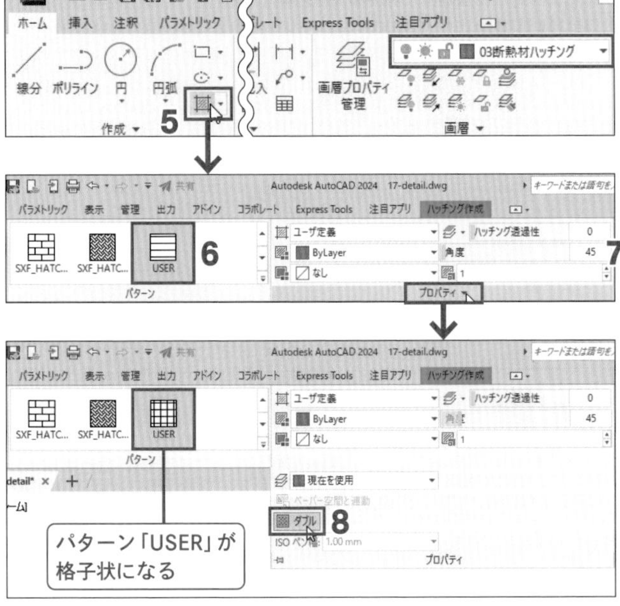

9 [異尺度対応]をオンにする

10 ハッチングを作成する範囲として、右図3カ所を🖱で指定し、Enter キーを押して確定する

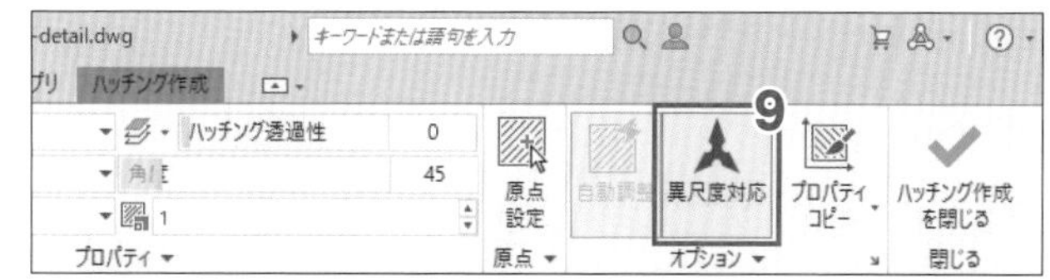

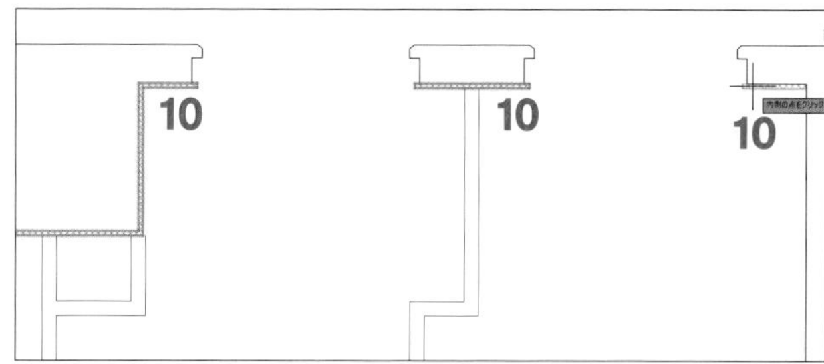

step 3 [レイアウトA3]に1:20で表示する

[レイアウトA3]に用意されたビューポート枠の大きさを調整し、トイレ廻り詳細図を1:20で表示しましょう。

1 [全画層表示]コマンドを🖱し、表示可能なすべての画層を表示する

2 [レイアウトA3]タブを🖱

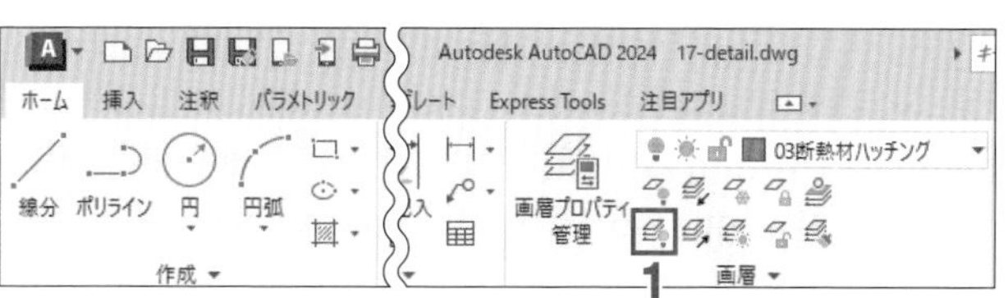

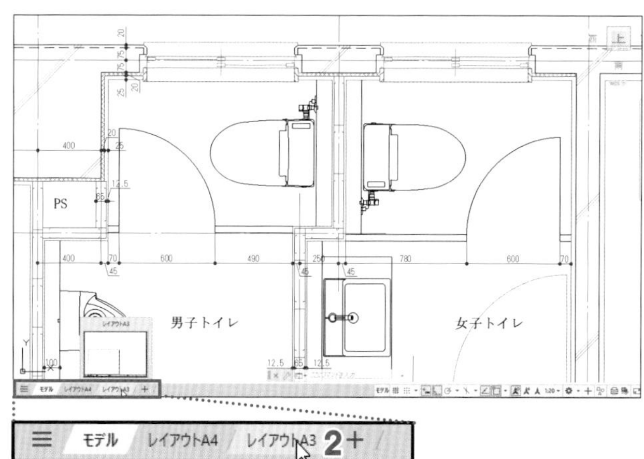

3 ビューポート枠を🖱

4 ビューポート枠右上角のグリップを🖱

5 [直交モード]をオフにし、右図の位置で🖱

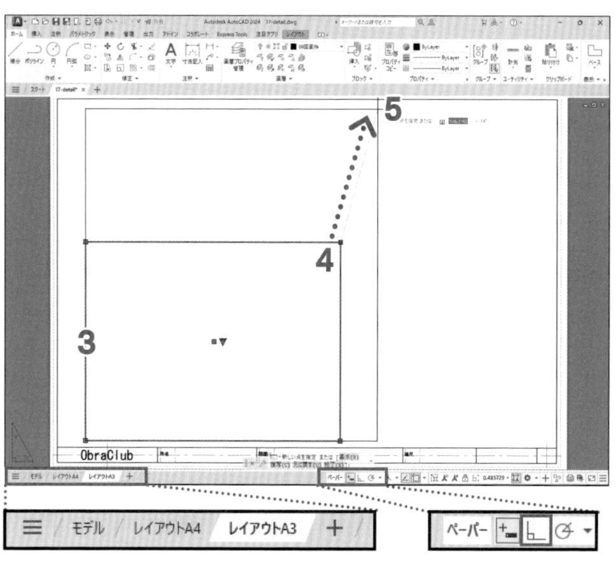

6 同様にして、左側も右図のように広げる

7 ビューポート枠内で🖱🖱して、ビューポート内（モデル）の編集に切り替える

8 ビューポート枠内で🖱🖱し、オブジェクト範囲を表示する

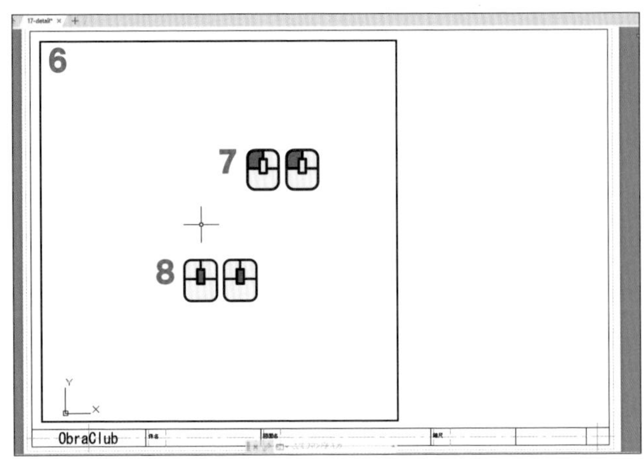

POINT ステータスバーの[注釈オブジェクトを表示]をオフにしているため、注釈尺度「1:20」で記入した異尺度対応の寸法、文字、ハッチングは、現在の尺度では表示されません。

9 ステータスバーの[選択されたビューポートの尺度]ボタンを🖱し、「1:20」を🖱

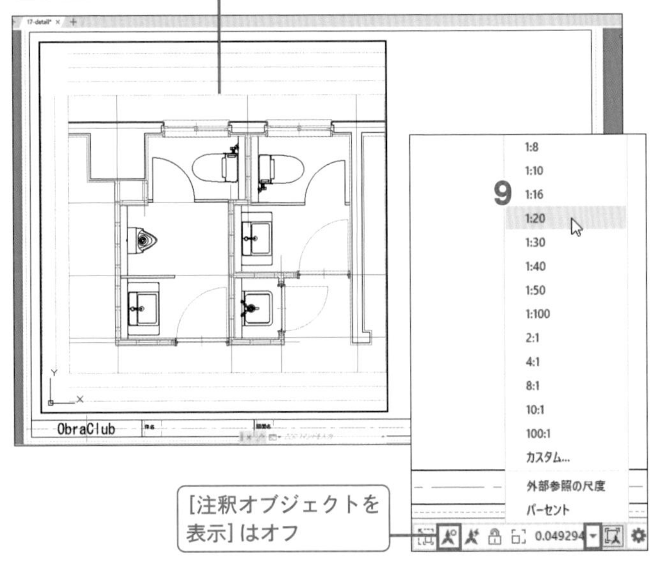

POINT ビューポートに平面図が1:20で表示され、注釈尺度1:20で記入した寸法、文字、ハッチングも表示されます。ビューポート枠が小さくて、1:20で平面図が収まらない場合は、次ページColumnを参照し、ビューポート枠の大きさを調整してください。

10 🖱→などで表示範囲を調整する

11 [選択されたビューポートの尺度]が「1:20」であることを確認し、ステータスバーの[ビューポートロック]を🖱

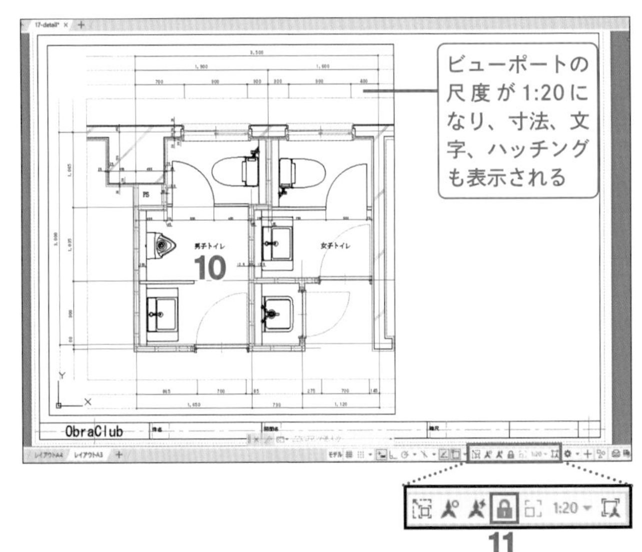

ビューポートに図面全体が収まらないときは

ビューポートの尺度を1:20にしたら、図面全体が収まらない場合には、ビューポートの大きさを調整しましょう。

1 ビューポートの外で してペーパー空間の編集に切り替える

2 ビューポート枠を

3 ビューポート枠角のグリップを し、ビューポートの大きさを変更する

POINT ビューポート中心のグリップ■を →すると、ビューポートを移動できます。再び、ビューポート内の表示範囲を調整するには、ビューポート内で してモデル空間の編集に切り替えたたうえで調整します

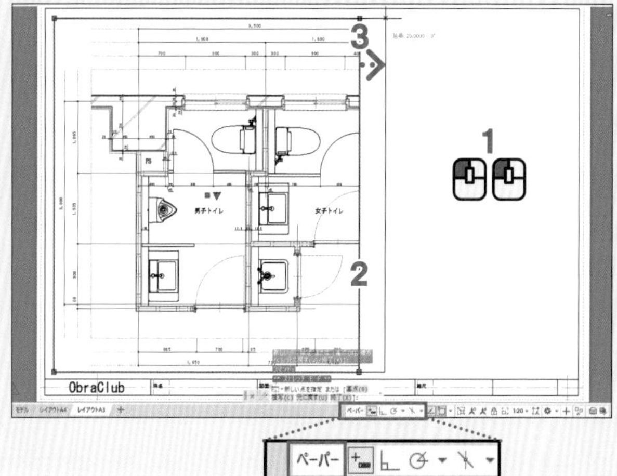

建具詳細用のビューポートを挿入し、1:4で表示する

用紙右上に建具詳細用のビューポートを挿入しましょう。

1 ステータスバーの[モデル]を し、[ペーパー]に切り替える

2 現在の画層を「00捨て線」画層にする

POINT ビューポート枠を印刷しないよう、印刷不可指定の画層「00捨て線」にビューポートを作成します。

3 [レイアウト]リボンタブを

4 [レイアウトビューポート]パネルの[矩形]コマンドを

5 オブジェクトスナップトラッキングを利用して1:20のビューポートの右上角と位置を揃えて、ビューポートの左上角を

6 ビューポートの右下角を

↳作成したビューポートにモデル空間のオブジェクト範囲が表示される

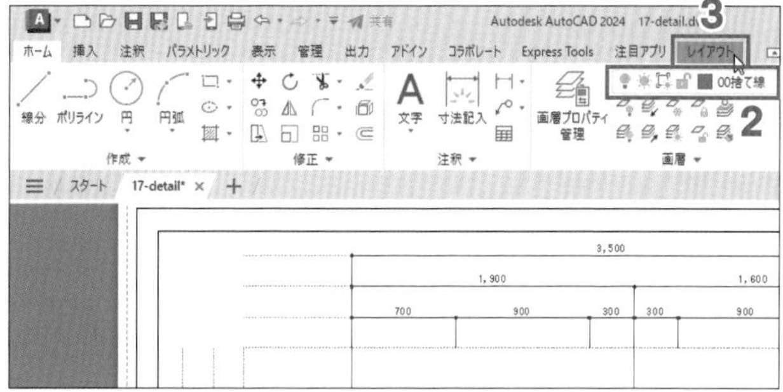

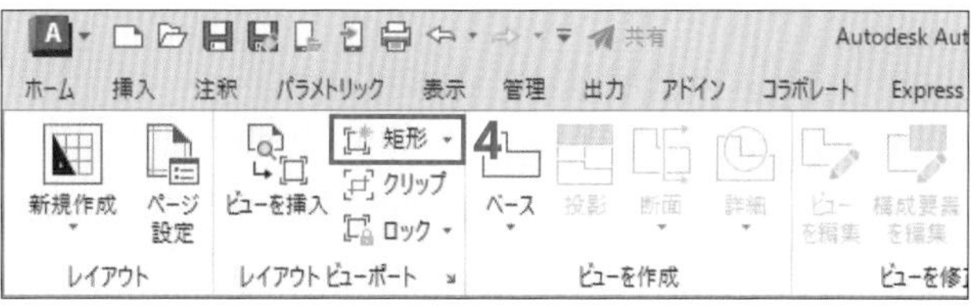

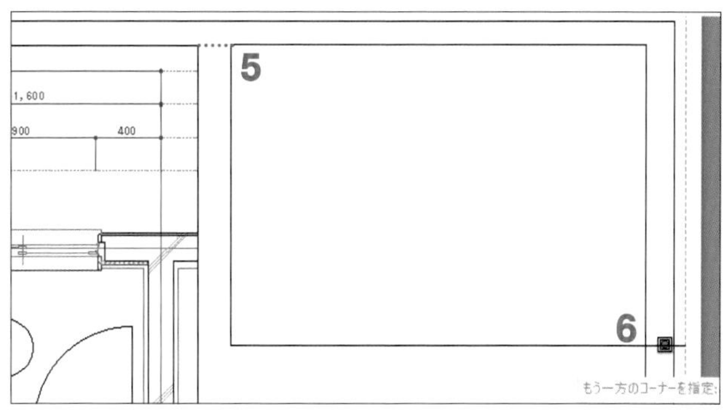

女子トイレサッシ左端付近を1:4の大きさで表示しましょう。

7 作成したビューポート枠内で[マウス左ボタン][マウス左ボタン]し、ビューポート内(モデル)の編集に切り替える

8 女子トイレのサッシ左端付近にマウスカーソルを合わせ、マウスホイールを前方に回して拡大表示する

POINT 8の操作の代わりに[窓ズーム]を選択して、窓の左端を囲んで拡大表示してもよいでしょう。

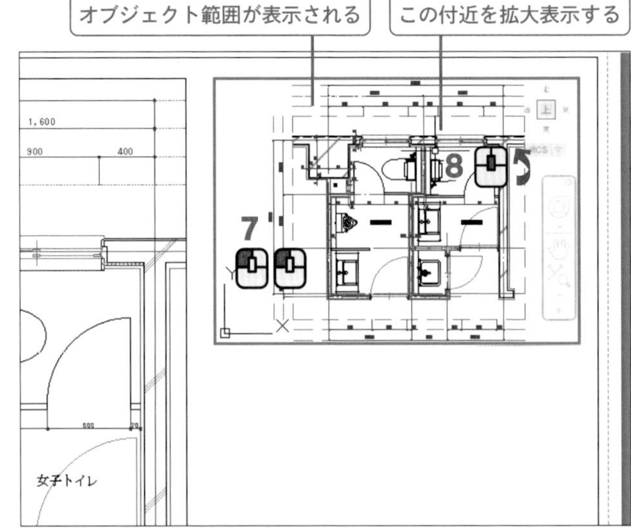

9 ステータスバーの[選択されたビューポートの尺度]を[マウス左ボタン]し、「1:4」を[マウス左ボタン]

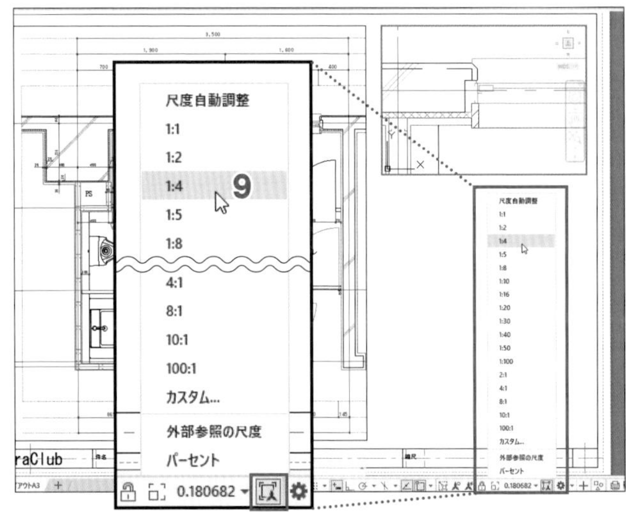

10 必要に応じて[マウスホイール]→で、表示範囲を調整する

11 [選択されたビューポートの尺度]が「1:4」であることを確認し、ステータスバーの[ビューポートロック]を[マウス左ボタン]

POINT 注釈尺度を「1:4」に変更したため、異尺度対応のハッチングは表示されません。[注釈オブジェクトを表示 - 現在の尺度のみ]をオンにして[注釈オブジェクトを表示 - 常に]にすることで表示できますが、ここでは、異縮尺対応のオブジェクトの性質を理解するため、このままの状態で進めます。

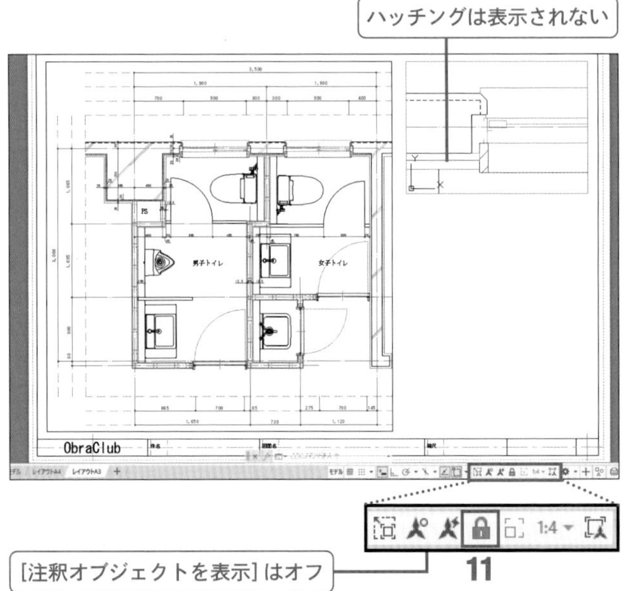

建具部分詳細図の寸法を記入する

続けて、建具部分詳細図のビューポートで寸法記入位置に捨て線を作成しましょう。

1 [ホーム]リボンタブで「00捨て線」画層が現在の画層であることを確認し、[線分]コマンドを🖱

2 ステータスバーの表示が[モデル]であることを確認し、右図の2ヵ所に寸法記入位置となる捨て線を作成する

POINT 2の操作では、1:4のビューポートを通してモデル空間のモデルに捨て線を作成します。そのため、作成した捨て線は、左の1:20のビューポートの図やモデル空間のモデルにも表示されます。

部分詳細図の寸法用に「12寸法-部分詳細」画層を作成しましょう。

3 [画層プロパティ管理]コマンドで、「12寸法」画層と同じ色、線種、線の太さで、「12寸法-部分詳細」画層を新規作成する

捨て線上に寸法を記入しましょう。

4 [注釈]リボンタブの[寸法スタイル]を「●3G」にし、[寸法画層を優先]ボックスを「12寸法-部分詳細」画層にする

5 [長さ寸法]、[直列寸法記入]コマンドを使って、右図のように部分詳細図の寸法を記入する

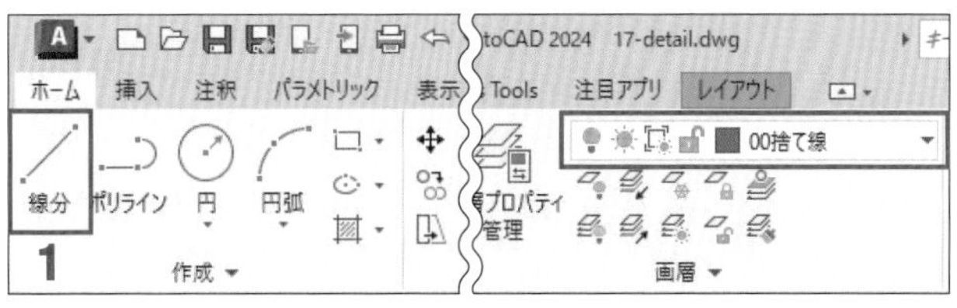

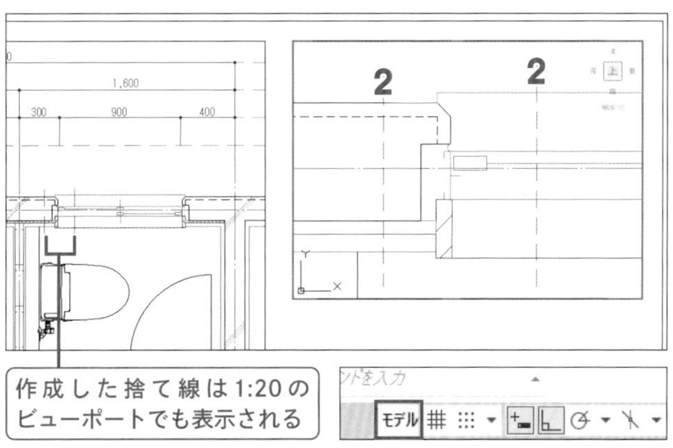

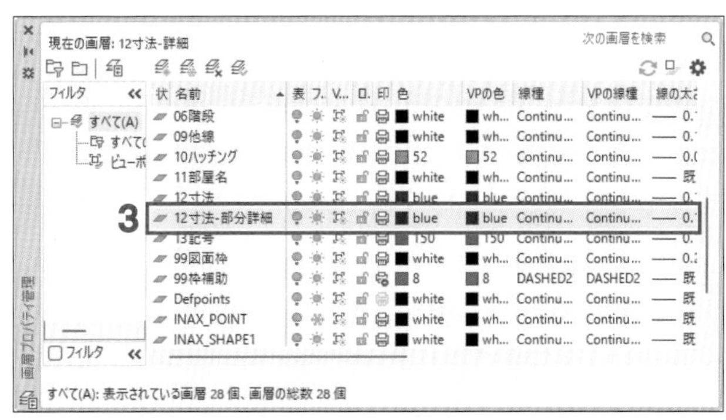

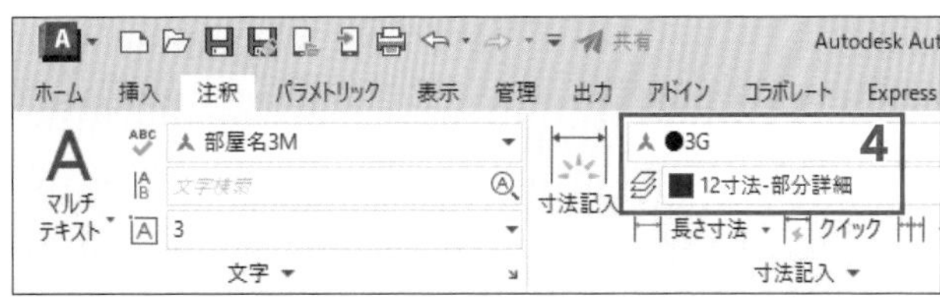

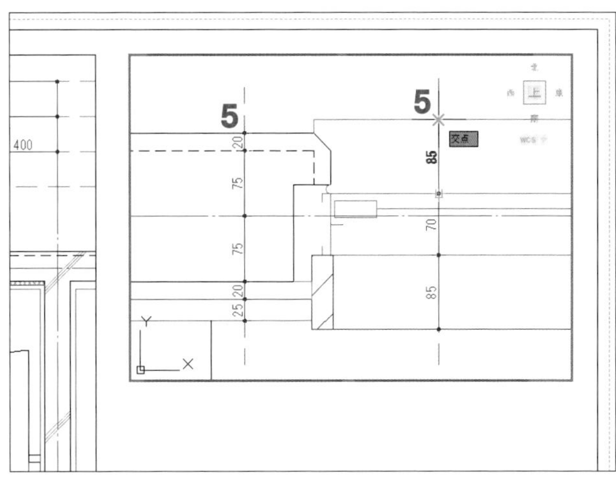

6 ビューポートの外でして、ビューポートの編集を終了する

POINT ステータスバーの[注釈オブジェクトを表示]がオフの状態では、異尺度対応の寸法オブジェクトは、記入時の尺度(1:4)とは異なる尺度では表示されません。そのため、左の1:20のビューポートには、**5**で記入した寸法は表示されません。

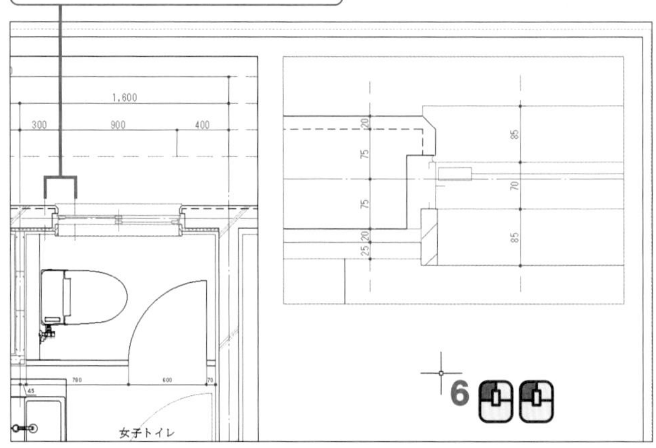

step 6 部分詳細図にハッチングを表示する

部分詳細図にハッチングが表示されるように設定を変更しましょう。

1 ステータスバーの[注釈オブジェクトを表示]を

POINT [注釈オブジェクト表示ー常に]になり、記入時とは異なる尺度でも異尺度対応の寸法、文字、ハッチングが表示されます。1:4のビューポートには、1:20のビューポートのハッチングをそのまま拡大したハッチングが表示されます。合わせて、1:4のビューポートに記入した寸法が1:20のビューポートにも表示されます。

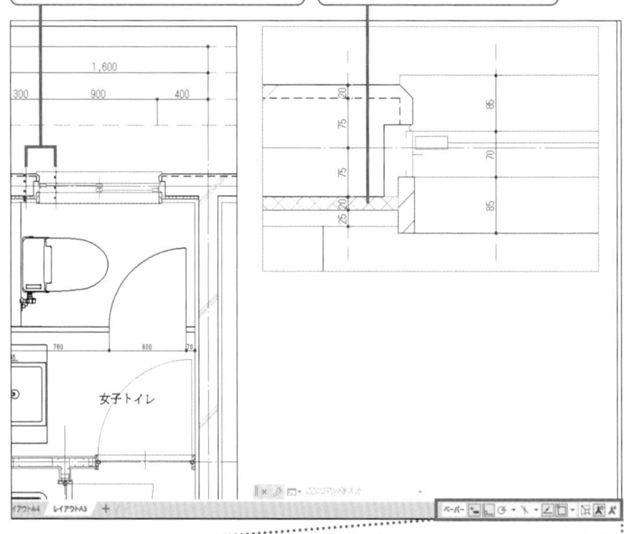

step 7 「12寸法-部分詳細」画層を1:20のビューポートで非表示にする

1:20のビューポートで「12寸法-部分詳細」画層を非表示にします。

1 1:20のビューポート内で

2 [画層]ボックスをし、「12寸法-部分詳細」画層の[現在のビューポートでフリーズまたは解除]を

POINT [現在のビューポートでフリーズまたは解除]をするとになり、その画層が現在のビューポートでフリーズになり、表示されません。

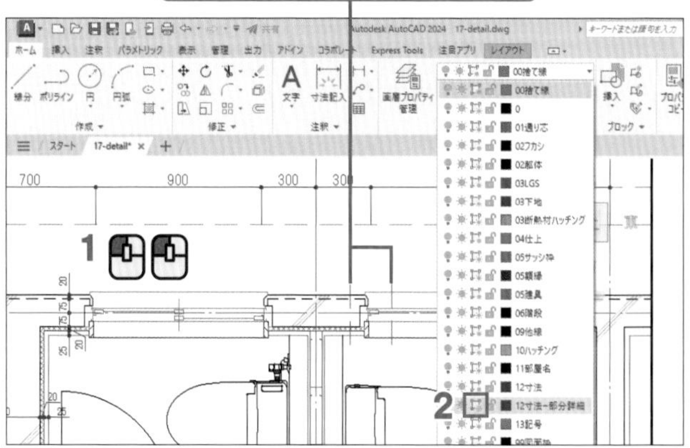

Column ［注釈オブジェクトを表示］をオフで部分詳細図にハッチングを表示する

異尺度対応のオブジェクトは作成時の注釈尺度を記憶しており、それ以外の尺度のビューポートでは表示されません。step6では［注釈オブジェクトを表示］をオンにすることで表示しましたが、オフのままで［オブジェクト尺度リスト］に表示する尺度を追加することでも表示できます。断熱材のハッチングに表示する尺度「1:4」を追加する例で説明します。

1 1:20のビューポートの編集で、断熱材のハッチングを🖱して選択する

2 🖱し、ショートカットメニューの［異尺度対応オブジェクトの尺度］を🖱し、［尺度を追加/削除］を🖱

3 ［異尺度対応オブジェクトの尺度］ダイアログの［追加］ボタンを🖱

4 ［尺度リスト］の［1:4］を🖱

5 ［OK］ボタンを🖱

6 ［異尺度対応オブジェクトの尺度］の［OK］ボタンを🖱

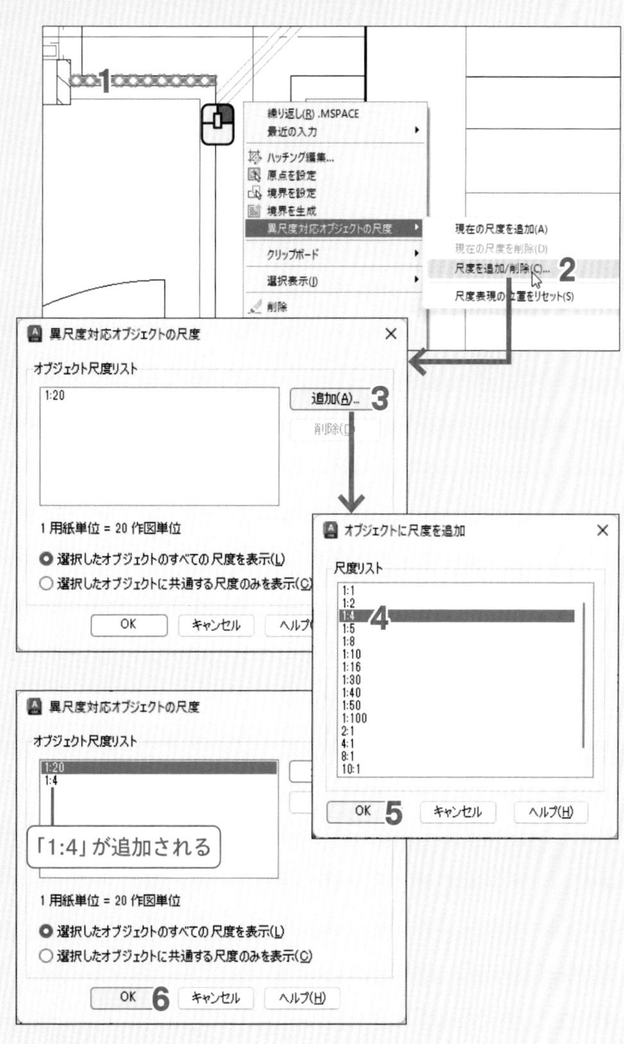

POINT 断熱材のハッチングの［オブジェクト尺度］に「1:4」を加えたことで、1:4のビューポートでも表示されます。step6の結果とは異なり、1:20と1:4のいずれの尺度でも同じピッチでハッチングが印刷されます。コンクリートハッチングも1:4のビューポートに表示するには、**1**～**6**の操作が必要です。

POINT p.265 step4で、ステータスバーの［注釈尺度を変更したときに異尺度対応オブジェクトに尺度を追加］をオンにして、**9**の尺度変更を行えば、その尺度が自動的に［オブジェクト尺度リスト］に追加され、上記**1**～**6**の操作は不要です。

注釈尺度を変更したときに異尺度対応オブジェクトに尺度を追加 - オン

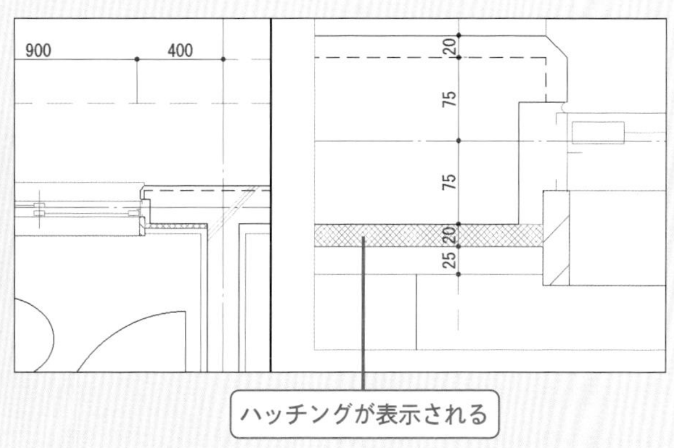

step 8 図面名他を記入する

ペーパー空間の図面枠に図面名他を記入しましょう。

1 ステータスバーの[モデル]をし、[ペーパー]に切り替える

2 現在の画層を「99図面枠」画層にする

3 [文字のスタイル]を「項目名4G」にし、[文字記入]コマンドを

4 ビューポート左辺と先頭を揃え、文字「建具部分詳細図1:4」「トイレ廻り詳細図1:20」を記入する

5 図面枠の記入欄に件名「事務所ビル新築工事」、図面名「1階トイレ廻り詳細図」、縮尺「1:20」を記入する

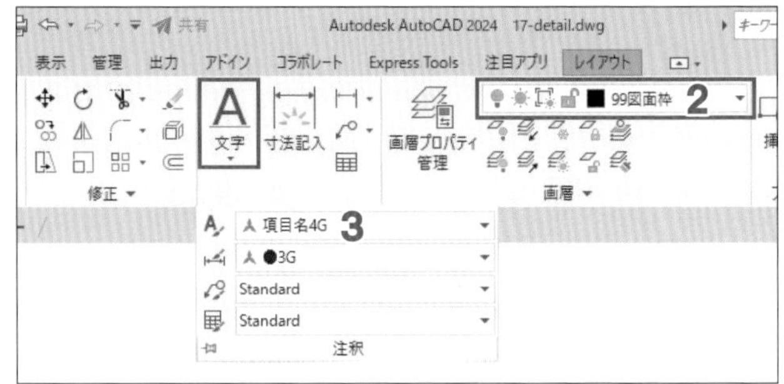

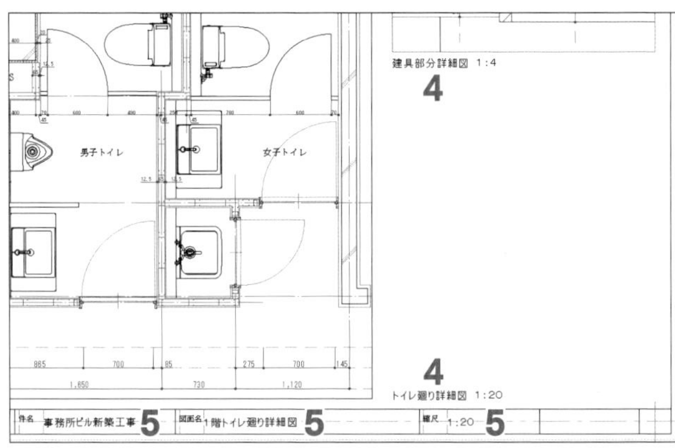

step 9 壁芯のみ赤、他は黒で、レイアウトA3を印刷する

壁芯を赤で、他を黒で印刷します。p.224でモノクロ印刷で指定した印刷スタイル「monocrome.ctb」では、True Colorはそのままの色で印刷されます。「01通り芯」画層の[色]をTrue Colorの赤に変更して印刷しましょう。

1 [画層プロパティ管理]コマンドを

2 「01通り芯」画層の[色]を

3 [色選択]ダイアログの[True Color]タブを

4 [色相スクリーン]上で印刷したい赤を

5 [OK]ボタンを

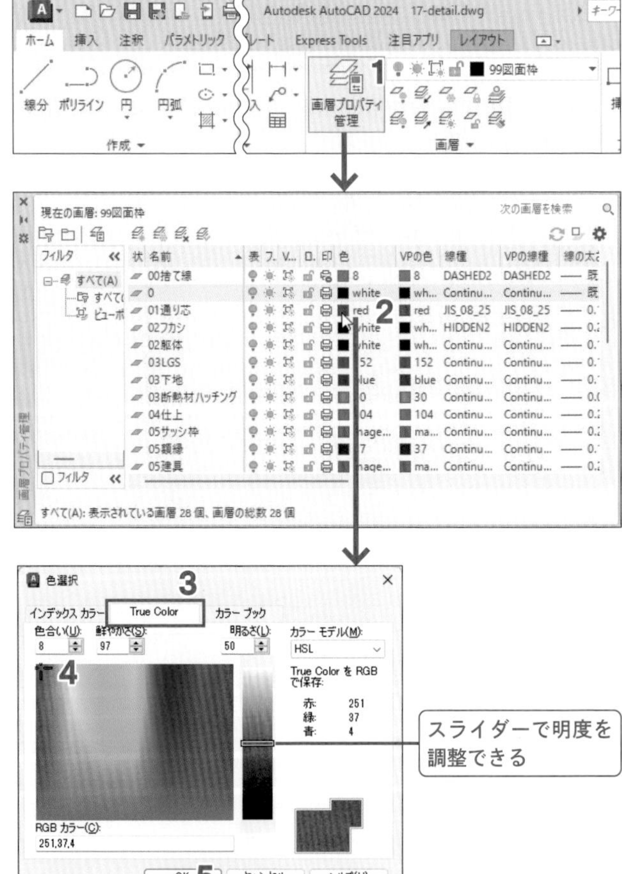

6 ［画層プロパティ管理］ダイアログを閉じる

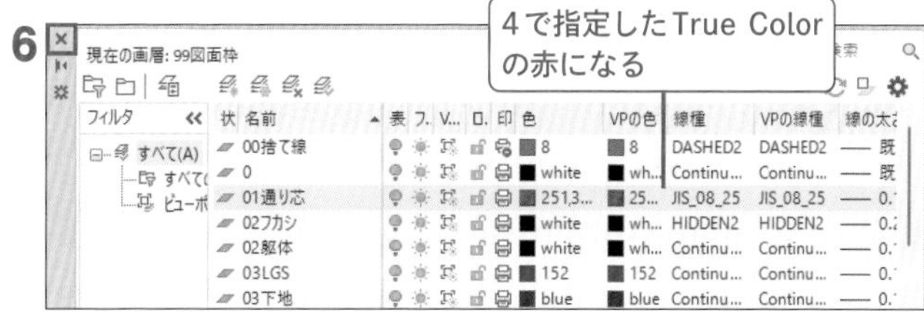

7 ［印刷］コマンドを
8 ［1シートの印刷を継続］を

バッチ印刷
複数の図面/レイアウトが開かれています。
バッチ印刷(パブリッシュ)を使用すると複数のシーンを一度に印刷できます。どのようにしますか?
→ バッチ印刷(パブリッシュ)の詳細
→ バッチ印刷(パブリッシュ)を行う
1つまたは複数の図面から複数のシートを印刷
→ 1 シートの印刷を継続 8
次回からこのダイアログを表示しない

9 ［印刷-レイアウト］ダイアログの［名前］ボックスで印刷するプリンタを指定する

10「印刷スタイルテーブル」の▼をし、「monocrome.ctb」を

11 ［用紙サイズ］が「A3」、［印刷対象］が「レイアウト」、［尺度］が「1:1」、［印刷の向き］が「横」であることを確認し、［プレビュー］ボタンを

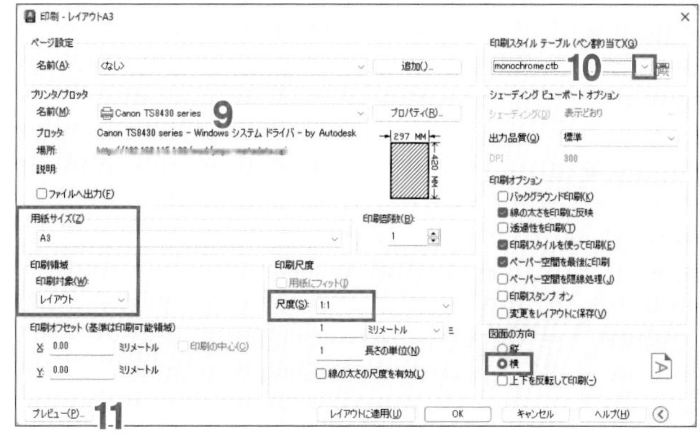

POINT 「01通り芯」画層のオブジェクト(壁芯)のみ赤で、他は黒で表示されます。寸法記入位置のための捨て線や右のビューポート枠など、印刷不可指定の「00捨て線」画層に作成されたオブジェクトは表示されません。左のビューポート枠が表示(印刷)されるのは、印刷される画層に作図されているためです。このビューポート枠の画層を印刷不可の「00捨て線」画層に変更すれば、印刷はされません。

12 プレビューを確認し、印刷する

以上で、Day20は終了です。ファイルを上書き保存してください。

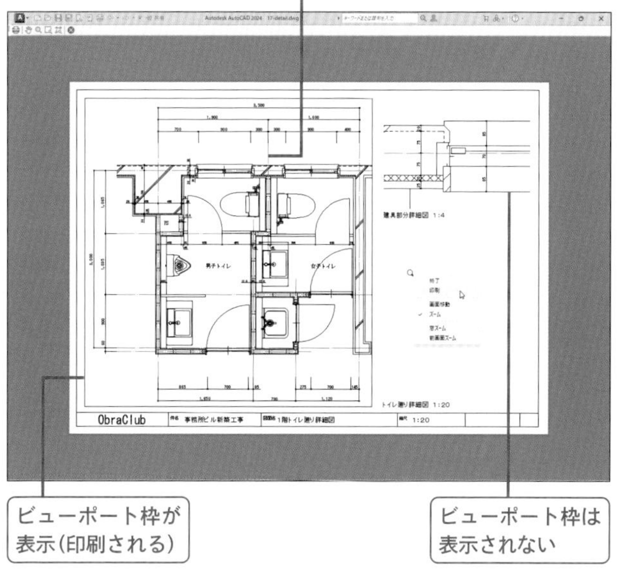

Q&A

本書の各操作指示は、AutoCAD 2024のインストール後、p.14～15の設定を行った前提で記載しています。本書の記載とは、画面上の表示が異なったり、操作結果が異なったりした場合の確認事項、対処方法について、下記に記載します。

Q01

» p.16　ファイルの拡張子を表示するには？

day01_02.dwg

day04.dwg

day05.dwg

day06.dwg

day07.dwg

エクスプローラーで、ファイルの拡張子を表示する設定を行います。

1 [表示](または[…]をし、プルダウンメニューの[表示])を

2 プルダウンメニューの[表示]を

3 さらに表示されるメニューで、チェックが付いていない[ファイル名拡張子]を

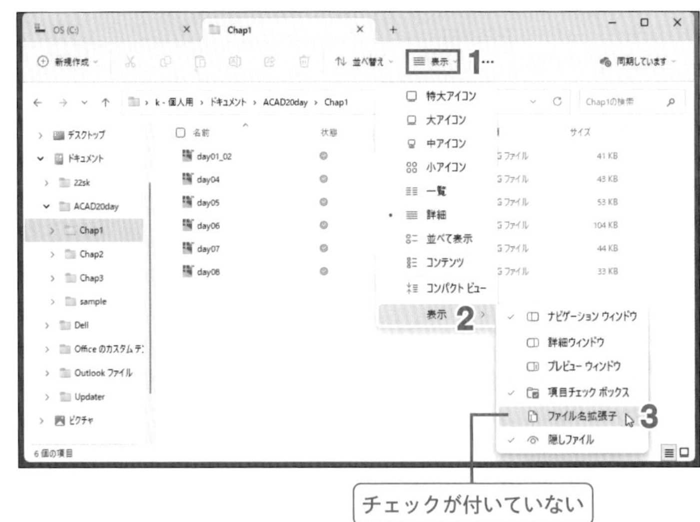

この設定により、エクスプローラーやAutoCADの［開く］ダイアログで、拡張子の付いたファイル名で表示されます。

Q02

» p.17 「ACAD20day」フォルダがない

「ACAD20day」フォルダは、教材ファイルのダウンロードと「ドキュメント」への展開を行っていない場合にはありません。

p.16「教材ファイルのダウンロード」を行ってください。

Q03

» p.17 ナビゲーションバーがない

以下の操作でナビゲーションバーをオンにしてください。

1 [表示]リボンタブを

2 [ビューポートツール]パネルの[ナビゲーションバー]を

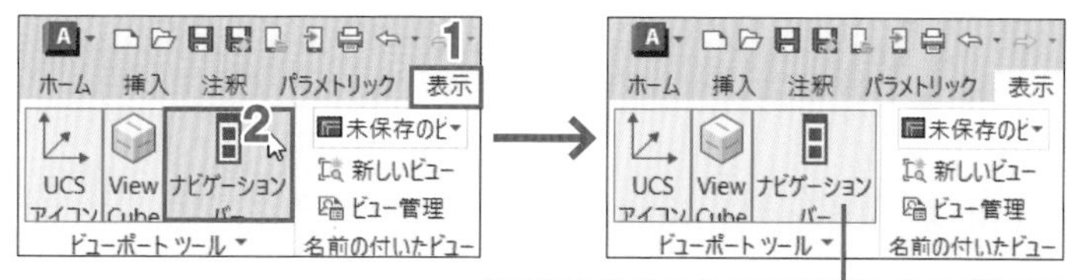

» p.17 ナビゲーションバーに[オブジェクト範囲ズーム]のアイコンがない

ナビゲーションバーに配置するツールアイコンは、カスタマイズできるため、ズームツールを表示しない設定になっているのかもしれません。

以下の手順で、本書で利用する[オブジェクト範囲]などのズームルールを配置する設定にできます。

1 ナビゲーションバー右下の(カスタマイズ)を

2 チェックの付いていない[ズーム]を

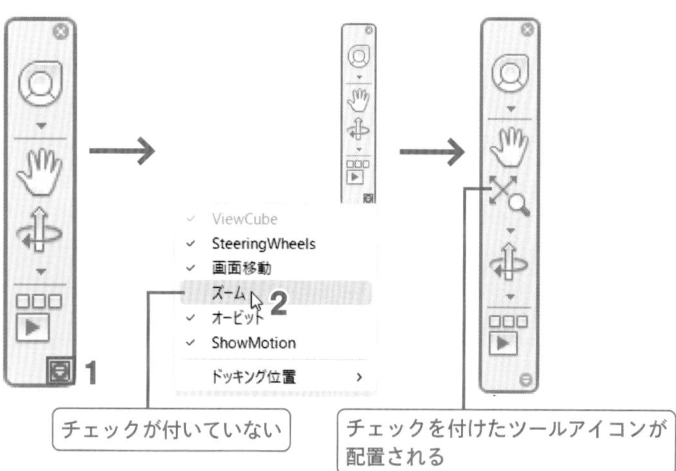

Q04

» p.18、23　操作メッセージや[ダイナミック入力]ボックスが表示されない

ステータスバーの[ダイナミック入力]がオフになっている可能性があります。

ステータスバーの[ダイナミック入力]をし、オン(青くハイライト)にしてください。

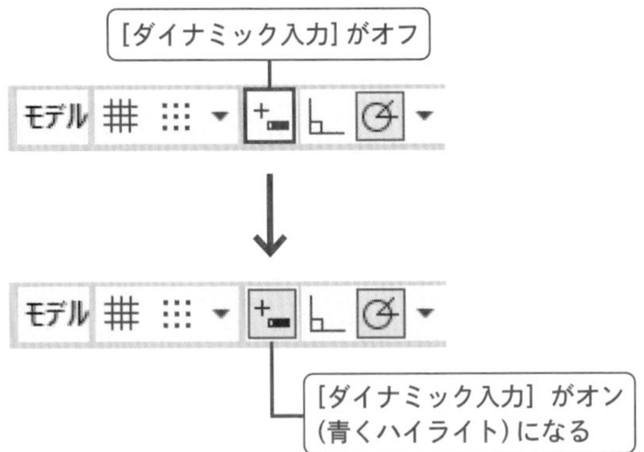

ステータスバーに[ダイナミック入力]が無い場合は、p.??の操作**9**〜**11**を行ってください。

Q05

» p.23　[線]コマンドの線のプレビューが水平線または垂直線にしかならない

カーソルの移動を水平方向または垂直方向に制限する[直交モード]がオンになっていることが原因です。

ステータスバーのハイライトされている[直交モード]をし、オフにしてください。

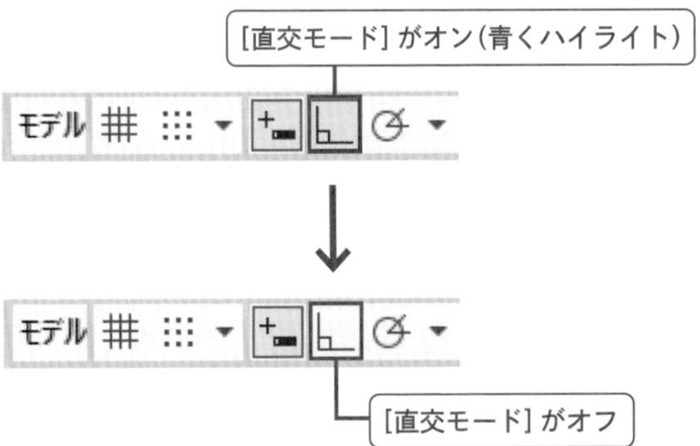

Q06

» p.24 □しか表示されない

端点は、少し遅れて表示されたり、マウスカーソルを移動すると消えたりします。**端点**が表示されなくとも□が表示された状態でクリックすれば、その端点をスナップできます。

» p.24 □端点が表示されない

» p.61 ×交点が表示されない

» p.179 △中点が表示されない

[オブジェクトスナップ] がオフになっているか、あるいは[端点]や[交点] [中点] などがオブジェクトスナップ対象になっていないことが原因です。

ステータスバーの [オブジェクトスナップ] がハイライトされていない場合は、[オブジェクトスナップ] をクリックして、をオンにしてください

[オブジェクトスナップ] がオンになっている場合は、以下の手順で[端点]や[交点][中点]などを必要に応じて、オブジェクトスナップ対象に設定してください。

1 [オブジェクトスナップ]右の▼をクリック

2 表示される定常オブジェクトスナップメニューの [端点] や [交点][中点]をクリックしてチェックを付ける

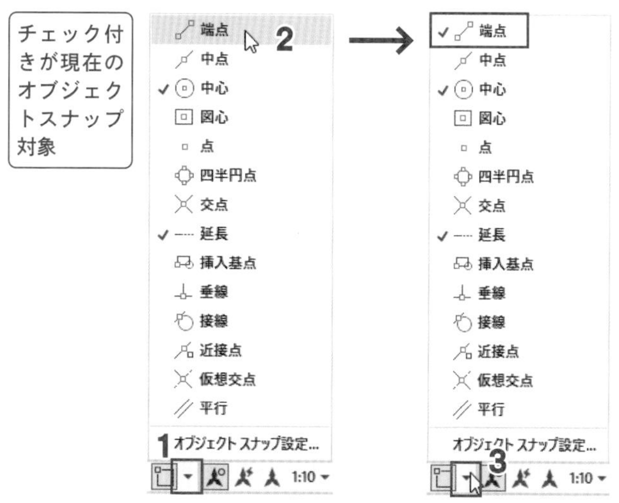

3 [オブジェクトスナップ] 右の▼をクリックし、リストを閉じる

Q07

» p.28　誤って、Tab キーの代わりに Enter キーを押してしまった

作業領域でし、表示されるショートカットメニューの[元に戻す]をしてください。**5**の操作を行う段階に戻るので、**5**の操作からやり直してください。

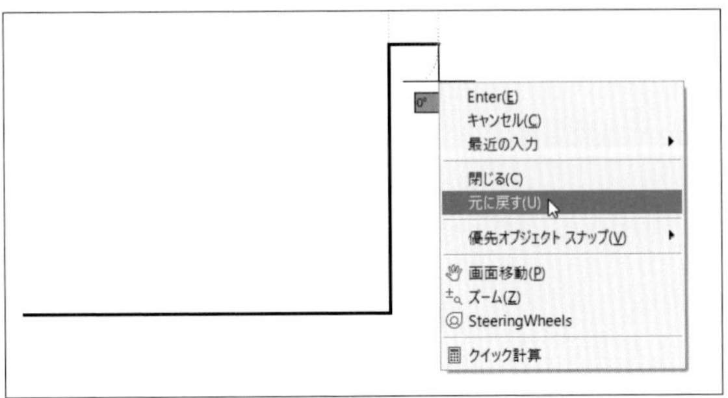

Q08

» p.32　位置合わせパスが表示されない

ステータスバーの[オブジェクトスナップトラッキング]がオフになっていることが原因です。ステータスバーの[オブジェクトスナップトラッキング]をし、オンにしてください。

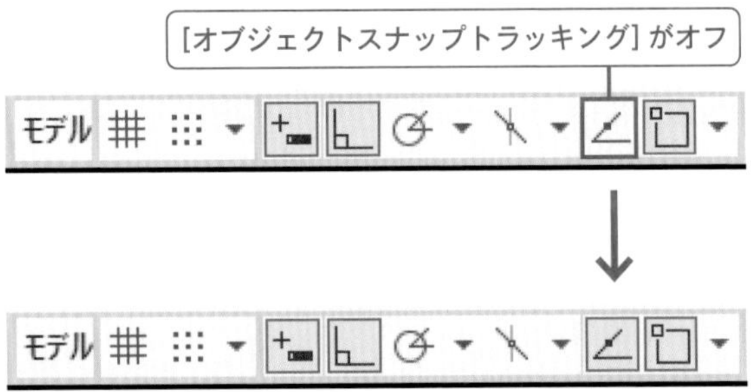

Q09

» p.61　✕交点ではなく、△が表示される

[オブジェクトスナップ]の設定(前ページQ06)で、[交点][中点]ともにスナップ対象に設定されており、かつマウスカーソルを合わせた点が、2つのオブジェクトの交点であると同時にオブジェクトの中点である場合、✕交点または△中点が表示されます。

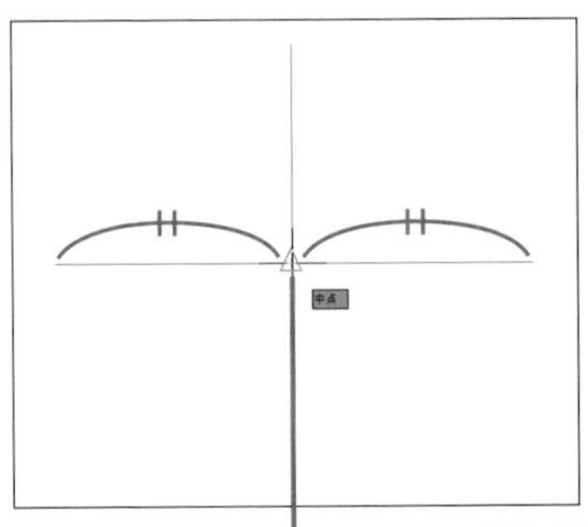

Q10

» p.67　円弧が逆向きにプレビューされる

始点と終点を逆に指示したことが原因です。円弧の始点⇒終点は、反時計回りに指示するきまりがあります。Esc キーを押して、**1**～**3**の操作を取り消し、右角⇒左角の順に指示し直してください。

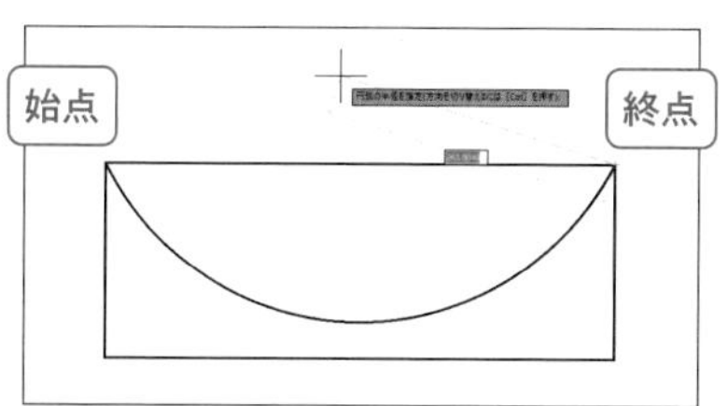

左角を始点⇒右角を終点とすると、開始角180°⇒終了角360°の円弧がプレビューされる

Q11

» p.73、74　オブジェクトのない位置で🖱したらマウスカーソルまで点線が表示される

[トリム]コマンドや[延長]コマンド選択時に、オブジェクトが無い位置で🖱すると、フェンス選択と呼ぶ選択機能が働き、マウスカーソルまで点線が表示され、**フェンスの次の点を指定または**と操作メッセージが表示されます。この機能ついては、p.??で学習します。

ここでは Esc キーを押して、操作を中断してください。再度、[トリム]または[延長]コマンドを選択し、何もない位置を🖱しないように気を付けて、続きの操作を行ってください。

Q12

» p.100　グリッドが表示されない

グリッド自体は、ステータスバーの[作図グリッドを表示]をオンにすることで表示されます。

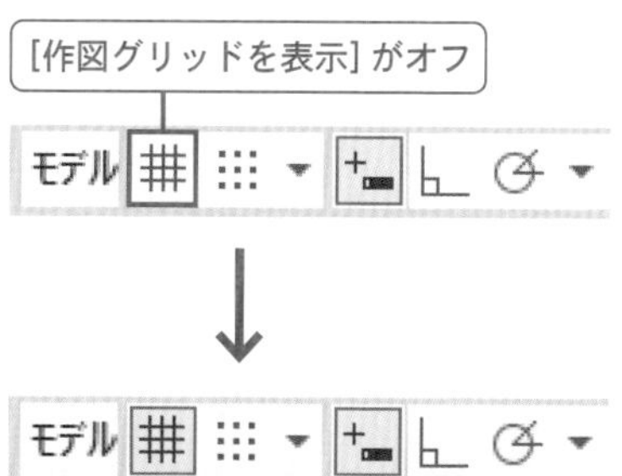

しかし、ここでは、**1**の操作の結果、グリッドが表示されないことに問題があります。グリッドを表示する設定にしてこのまま進めても、本書とは違う設定状態のため、本書の通りに練習ができない可能性があります。

次の **Q13** の対処方法を行ったうえで、p.100の**2**からの操作を行ってください。

Q13

» p.101　現在の画層が「0」画層でない

» p.137　［線種管理］ダイアログに本とは違う線種が既にある

» p.138　［画層管理プロパティ］ダイアログに「0」以外の画層がある

p.100、136の**1**の操作では、前回使用したテンプレート（各設定をしたひな型）を採用して新しくモデルを作成する状態にします。本書では、これまでテンプレートを使用していない前提で進めています。ここで「0」画層以外の画層が存在したり、［線種管理］ダイアログに「ByLayer」「ByBlock」「Continuous」以外の線種が存在するのは、独自のテンプレートを既に使用しているためです。

本書と同じ設定で練習を進めるため、以下の操作を行ったうえで、p.100、p.136の**2**の操作からやり直してください。

1. クイックアクセスツールバーの［クイック新規作成］を
2. ［テンプレートを選択］ダイアログで、acadiso.dwtを
3. ［開く］ボタンを

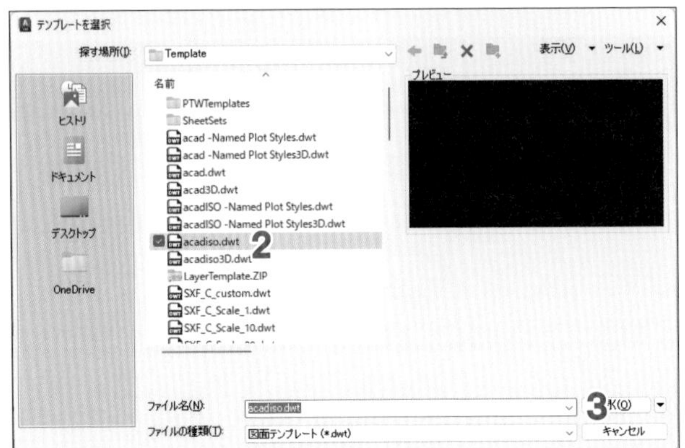

Q14

» p.103　［ブロック］パレットが開く

以前にブロックを使用している場合には、［ブロック］パレットが開きます。

その場合には、［ブロック］パレットの［ライブラリを参照］をしてください。

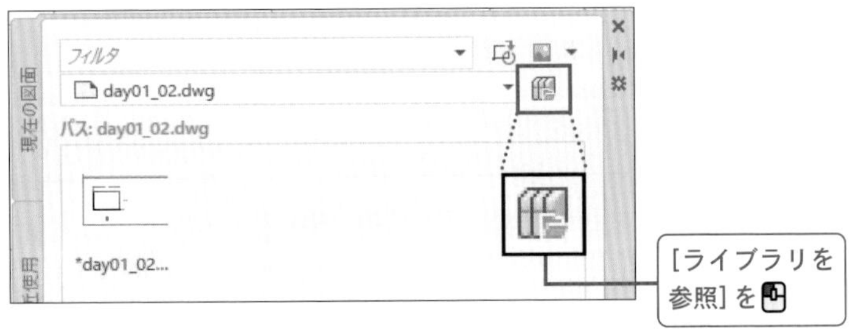

p.103の**2**と同様に［ブロックライブラリのフォルダまたはファイル選択］ダイアログが開きます。

Q15

» p.112　楕円中心の⊕と中心が表示されない

マウスカーソルは、楕円の中心付近ではなく、楕円円周上に合わせてください。それでも表示されない場合は、[オブジェクトスナップ] がオフになっているか、あるいはオブジェクトスナップの設定で [円中心] にチェックが付いていないかのいずれかが原因です。

p.275　**Q06** を参照し、確認してください。

Q16

» p.118　文字のフォントが変更されない

» p.222　通り芯が実線のように表示される

» p.233　線種を変更しても画面上の表示が変わらない

文字のフォントを変更したのに画面上、変化がない、注釈尺度変更して鎖線や破線のピッチが変更されるはずなのに、画面上変化がない、線種を変更したのに画面上の表示が変わらないなどのように、変更結果が、画面上に反映されないことがあります。

そのような場合には、以下の再作図を行います。

1 キーボードから「re」を入力し、Enter キーを押す

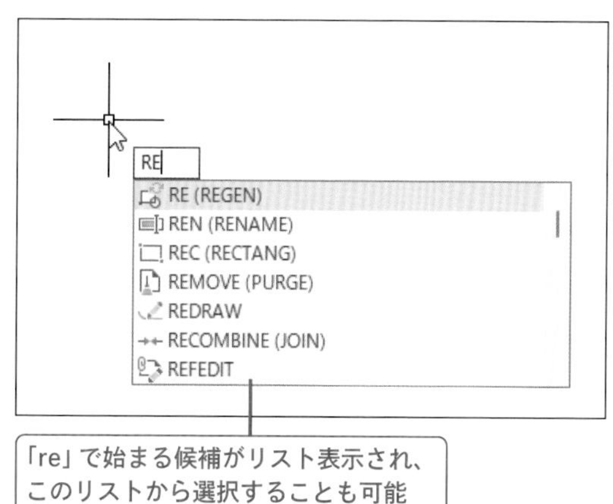

作図領域が再作図され、正しく表示されます。

再作図は、円や曲線がカクカクとした線分で表示される場合にも有効です。

Q17

» p.209　ドア枠の長方形の1辺を🖱したら4辺すべてがハイライトされる

長方形の4辺がポリラインになっていることが原因です。p.87のstep8「枠のポリラインを分解する」の操作を行わずに建具を作図してブロック定義したと思われます。

ここで、枠のポリラインを分解するには、ブロックの分解またはブロック編集を行う必要があり、初心者にとって簡単なことではありません。本とは異なり、手数が増えますが、このまま4辺のポリラインを切り取りエッジとしてトリムを行ってください。

索 引

記号・数字

英字

あ

か

さ

た

な

は

ま

や

ら

ObraClub（オブラクラブ）

設計業務におけるパソコンの有効利用をテーマとして活動。Jw_cadやAutoCAD、SketchUpなどの解説書を執筆する傍ら、会員を対象にJw_cadに関するサポートや情報提供などを行っている。運営するホームページでは、読者からの質問を元にした書籍ごとのQ&Aも掲載している。

http://www.obraclub.com/

20日で身につくAutoCAD入門講座

2023年8月21日　第1版第1刷発行

著者　ObraClub
発行者　中川ヒロミ
編集　進藤 寛
発行　株式会社日経BP
発売　株式会社日経BPマーケティング
〒105-8308　東京都港区虎ノ門4-3-12
装丁　小口翔平＋後藤司（tobufune）
本文デザイン・制作　クニメディア株式会社
印刷・製本　図書印刷株式会社

ISBN978-4-296-07072-5